江苏省高等学校重点教材
（编号：2021-2-016）

新工科人才培养系列丛书 · 大数据科学与应用

云计算与大数据

徐小龙◎主编

电子工業出版社
Publishing House of Electronics Industry
北京•BEIJING

内 容 简 介

云计算和大数据已经被誉为 21 世纪发展的科技新动力。云计算与大数据有机结合，为电子商务、电子政务、在线金融、智能制造、智慧城市等各个领域提供强有力的支持，推动着新经济时代的发展。本书共 16 章，分为云计算篇、大数据篇、平台篇。云计算篇包括第 1 章到第 6 章，主要介绍云计算的一般性概念、原理和相关机制；大数据篇包括第 7 章到第 11 章，主要介绍大数据的基本概念、关键技术和典型应用；平台篇包括第 12 章到第 16 章，主要介绍云计算与大数据的相关平台。

本书既可作为高等学校云计算、大数据相关课程的教材，也可供分布式计算、网络通信、网络空间安全技术、信息应用系统等领域的科研人员参考。

本书配有教学课件与视频教程，读者可登录华信教育资源网（www.hxedu.com.cn）免费注册后下载。

图书在版编目（CIP）数据

云计算与大数据 / 徐小龙主编. —北京：电子工业出版社，2021.12
（新工科人才培养系列丛书. 大数据科学与应用）
ISBN 978-7-121-42340-6

Ⅰ. ①云…　Ⅱ. ①徐…　Ⅲ. ①云计算－研究②数据处理－研究　Ⅳ. ①TP393.027②TP274

中国版本图书馆 CIP 数据核字（2021）第 229019 号

责任编辑：田宏峰
印　　刷：北京雁林吉兆印刷有限公司
装　　订：北京雁林吉兆印刷有限公司
出版发行：电子工业出版社
　　　　　北京市海淀区万寿路 173 信箱　邮编 100036
开　　本：787×1 092　1/16　印张：25.25　字数：646 千字
版　　次：2021 年 12 月第 1 版
印　　次：2023 年 5 月第 5 次印刷
定　　价：98.00 元

凡所购买电子工业出版社图书有缺损问题，请向购买书店调换。若书店售缺，请与本社发行部联系，联系及邮购电话：（010）88254888，88258888。

质量投诉请发邮件至 zlts@phei.com.cn，盗版侵权举报请发邮件至 dbqq@phei.com.cn。

本书咨询联系方式：tianhf@phei.com.cn。

前　　言

随着移动互联网、物联网、5G等技术的高速发展及其在各行各业中的广泛应用，人类社会已进入“无处不网、无时不网”的时代。数以亿计的设备接入网络，导致对处理能力、存储空间、数据资源的需求日益强烈，呈现出爆炸式增长的态势。

以云计算、大数据为代表的数字基础设施建设是支撑社会高速发展的新型基础设施的重点，也成为满足各类用户信息服务需求的基础。

云计算基于数据中心为单一用户或多租客提供高性能的、规模可扩展的服务平台，成为满足全球对海量计算资源迫切需求的首选。世界多个国家和具有显著影响力的企业机构纷纷构建了大规模的云数据中心。与云计算密切相关的是大数据，大数据技术的本质是从海量的数据中挖掘人们感兴趣的、隐含的、尚未被发现的有价值的信息。大数据时代已经到来。

云计算和大数据被誉为21世纪发展的科技新动力。云计算与大数据的有机结合，为电子商务、电子政务、在线金融、智能制造、智慧城市等各个领域提供了强有力的支持，推动着新经济时代的发展。应用云计算与大数据创造价值、财富及未来，需要掌握云计算与大数据等前沿科技的人才，目前很多高校均开设了云计算与大数据的相关课程，可满足政府、科研单位和企业对云计算与大数据技术相关人才的需求。

本书面向当前IT领域对云计算与大数据技术相关人才的迫切需求，系统地对云计算与大数据的核心理论、关键技术、体系架构、重要平台及典型应用等进行了深入浅出的阐述，可帮助读者全面掌握云计算与大数据的知识体系、技术原理和平台应用。

本书作者在云计算、大数据等领域开展了多年的科研和教学工作，具有扎实的理论知识基础和丰富的教学实践经验。作者所领导的科研团队承担的云计算与大数据的科研项目包括国家重点研发计划专项项目、国家自然科学基金项目、江苏省重点研发计划项目、江苏省“333工程”科研项目、江苏省“六大人才高峰”高层次人才资助项目等。

本书内容取自云计算与大数据领域的国内外最新资料，在认真总结作者主持的相关科研成果的基础上精心编写而成。本书共16章，分为云计算篇、大数据篇、平台篇。

（1）云计算篇。包括第1章到第6章，主要介绍云计算的一般性概念、原理和相关机制。其中，第1章概要介绍了云计算定义与特征、产生与发展、体系架构、关键技术、云计算数据中心，以及云计算与大数据、区块链、病毒防御、边缘计算等技术的关系；第2章详细介绍了虚拟化定义与特征、产生与发展、特征与优势、关键技术、典型虚拟化软件，以及以Docker为代表的容器技术；第3章具体阐述了云存储的基本概念、层次结构、主要特征、关键技术，以及典型的云存储系统和应用平台；第4章详细介绍了云计算系统的监管体系、监管目标、监测架构，特别是介绍了一种分布式协同检测模型；第5章在分析云计算安全问题的基础上，介绍了云计算安全目标以及代表性的身份认证、访问控制、隔离技术、云数据加密、数据完整性验证、审计与安全溯源，以及AWS、Azure、BlueCloud中的安全机制；第6章介绍了云数据中心能耗问题的现状、本质、能效评价体系，重点阐述了绿色云计算节能关键技术、计算模型以及节能云数据管理机制等内容。

（2）大数据篇。包括第7章到第11章，主要介绍大数据的基本概念、关键技术和典型应用。其中，第 7 章主要介绍了大数据的基本概念、生命周期、关键技术、数据思维与大数据价值，以及大数据的重点应用领域和典型大数据；第 8 章具体介绍了数据采集的基本概念、采集工具、分布式数据采集、定向数据采集和网络数据采集系统；第 9 章重点介绍了大数据预处理、数据处理任务、数据处理工具、数据处理方法、大数据处理架构等；第 10 章对颇具特色的生物电大数据、轨迹大数据、文本大数据和图像大数据的处理方法及应用系统进行了详细描述；第 11 章在数据隐私保护问题的基础上，介绍了数据隐私保护关键技术，重点介绍了差分隐私保护机制和轨迹大数据隐私保护系统。

（3）平台篇。包括第 12 章到第 16 章，主要介绍云计算与大数据的相关平台。其中，第 12 章详细阐述了国内外具有代表性的 Amazon 云计算平台 AWS、Microsoft 云计算平台 Azure，以及阿里云计算平台阿里云；第 13 章在介绍操作系统基本概念和云操作系统定义的基础上，重点介绍了云操作系统 OpenStack 的来源背景、版本演变、体系架构、核心组件，以及 OpenStack 的安装与部署；第 14 章介绍了仿真的基本概念、典型的云仿真平台，重点介绍了 CloudSim 的来源背景、版本演变、体系架构、核心类，以及 CloudSim 的安装与部署；第 15 章介绍了分布式系统的基本概念以及典型的分布式系统，重点介绍了 Hadoop 的来源背景、版本演变、体系架构、核心组件，以及 Hadoop 的安装与部署；第 16 章介绍了内存计算的基本概念和典型内存计算平台，重点介绍了 Spark 的来源背景、版本演变、体系架构、核心组件，以及 Spark 的安装与部署。

本书注重从实际出发，采用读者容易理解的体系和叙述方法，深入浅出、循序渐进地帮助读者掌握云计算与大数据的主要内容。与国内外已出版的同类图书相比，本书选材新颖、体系完整、内容丰富，范例实用性强，表述深入浅出、概念清晰、通俗易懂，紧跟技术的发展。

为了帮助读者高效率地学好本书涉及的相关内容，作者团队还配套制作了在线教学课件和教学视频等数字资源。这也是本书的一个重要特色。

本书及与之配套的数字资源既可作为开设云计算、大数据相关课程的高校各专业的本科生和研究生的教材或教学参考书，对从事分布式计算、网络通信、网络空间安全技术、信息应用系统研究和开发工作的科研人员也具有重要的参考价值。

本书由南京邮电大学徐小龙教授主持编写，并负责全书的统稿工作。南京邮电大学的董益豪、张梓铭、孙雷、丁群、徐诗成、王俪颖、费岳凡、王磊等人参与了本书相关资料的收集和整理工作。本书不仅融合了徐浩严、孔诚恺、范泽轩、刘聪、邱玉华、赵家瀚等团队成员的研究成果，还参考了云计算、大数据等领域的国内外教学和研究成果，在此一并表示衷心感谢！

由于编写时间仓促，加上作者水平有限，书中错误及不妥之处在所难免，敬请广大读者批评指正。

作　者
2021 年 8 月

目　　录

第 1 篇

云计算篇

第1章 云计算概览

1.1 云计算的定义与特征

1.1.1 云计算的定义

随着信息技术的迅速发展，互联网进一步普及，各行业对信息化的依赖越来越大，传统的单机运算已不能满足日益增长的数据与应用处理需求。于是，分布式计算（Distributed Computing）、网格计算（Grid Computing）、集群计算（Cluster Computing）等新型计算模式相继被提出。同时，虚拟化技术（Virtualization Technology）不断发展并且日趋成熟，与网格计算、效用计算（Utility Computing）等技术混合孕育出了云计算（Cloud Computing）。

云计算[1,2]是当前计算机领域的研究热点。从狭义上讲，云计算是一种 IT 基础设施的交付和使用模式，即用户可以借助网络以按需使用（On-demand）、按量计费（Pay-as-you-go）的方式获得各种硬件和软件资源；从广义上讲，云计算是服务的交付和使用模型，即用户可以借助网络获得所需的服务，云计算的服务能力由大规模集群和相关软件共同决定。

云计算目前还没有统一的定义，下面给出的是两个有代表性的定义：

（1）美国国家标准与技术研究院（National Institute of Standards and Technology，NIST）的定义。云计算是一种资源利用率高、便于部署的计算模式，提供了一种便捷的、可通过网络接入的、可管理的共享资源池，该资源池提供了存储、计算、网络等硬件和软件资源。云计算具有自我管理的能力，用户以最小的代价就能获得快速的服务[3]。

（2）美国加利福尼亚大学伯克利分校（University of California-Berkeley，UCB）的定义。云计算既指以服务形式通过互联网交付的应用程序，也指这些服务所依托的数据中心的系统软硬件。这些服务包括基础设施即服务（Infrastructure as a Service，IaaS）、平台即服务（Platform as a Service，PaaS）和软件即服务（Software as a Service，SaaS）。数据中心的硬件和软件设施就是我们所说的云[4]。

综上所述，云计算是一种将硬件基础设施、软件系统平台等资源通过互联网以按需使用、按量计费的方式为用户提供动态的、高性价比的、规模可扩展的计算、存储和网络等服务的信息技术。图 1.1 展示了云计算的基本特性、服务模型和部署模型[5-12]。

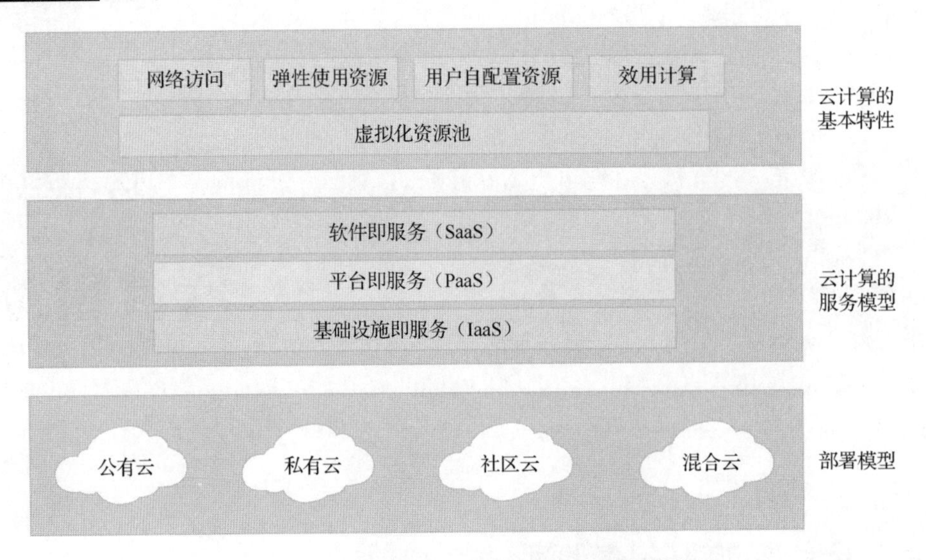

图 1.1　云计算的基本特性、服务模型和部署模型

1．云计算的基本特性

云计算具有以下 5 个基本特性：

（1）虚拟化资源池。云计算使用虚拟化技术对硬件资源进行抽象，按用户所需进行资源的分配。

（2）用户自配置资源。用户可以远程自行管理和配置自己的资源，无须与云服务提供商（Cloud Service Provider，CSP）的管理人员交互。

（3）网络访问。CSP 提供资源的网络访问，用户可以在任意时间和地点通过网络获取所需的资源。

（4）弹性使用资源。CSP 支持用户申请扩容和释放资源，当用户的需求增加时可扩容所需资源，当用户的需求减少时可释放持有的资源，从而实现资源的最优化使用。

（5）效用计算。CSP 提供可计量的服务，用户仅需要为所用资源付费，可降低用户使用 IT 服务的成本，使得用户可以像使用水、电一样使用资源。

2．云计算的服务模型

从云计算的核心服务层次看，云计算包括 3 种服务模型，即基础设施即服务（IaaS）、平台即服务（PaaS）和软件即服务（SaaS）。

（1）基础设施即服务。IaaS 可以提供存储、网络和防火墙等虚拟化的硬件资源，用户可在虚拟化资源的基础上部署自身所需的数据库、应用程序。IaaS 可让用户动态申请、释放资源，并且根据使用量来收费。IaaS 对硬件设备等基础资源进行了封装，为用户提供了基础性的计算、存储等资源。比较典型的 IaaS 有 Amazon 云计算平台 AWS（Amazon Web Services）的弹性计算云（Elastic Compute Cloud，EC2）和简单存储服务（Simple Storage Service，S3），用户可以根据需求动态申请或释放资源。

（2）平台即服务。PaaS 强调平台的概念，提供操作系统、编程环境、数据库、中间件和 Web 服务器等作为应用开发和运行的环境，用户可在此环境下开发、部署和运行各种应用。

比较典型的 PaaS 有 Windows Azure。与 IaaS 不同的是，PaaS 自身负责资源的动态扩展和容错管理，用户无须管理底层的服务器、网络和其他基础设施。PaaS 将用户与底层设施等隔离，使得用户可以专注于应用的开发。

（3）软件即服务。SaaS 提供立即可用的软件或功能服务模块，如企业资源规划（Enterprise Resource Planning，ERP）、客户关系管理（Customer Relationship Management，CRM）等。SaaS 将某些特定应用软件功能封装起来，由 CSP 负责管理并为客户提供服务，用户只需要通过 Web 浏览器、移动应用或轻量级客户端应用就可以访问这些服务，如 Salesforce 公司提供客户关系管理服务。

云计算的 3 种服务模型之间的关系是：IaaS 提供虚拟化的硬件资源，支撑 PaaS 对平台的虚拟化，而 PaaS 又支撑了 SaaS 对软件的虚拟化。

3. 云计算的部署模型

云计算的部署模型包括公共云、私有云、社区云和混合云：

（1）公共云。将云底层基础设施作为服务提供给一般公众或各行业使用，并将云计算作为一种服务提供给客户，核心是共享资源服务。

（2）私有云。云底层基础设施专为某个客户搭建，提供对数据的安全性和服务质量（Quality of Service，QoS）最有效的控制。

（3）社区云。云底层基础设施由若干个组织共享使用，结合社区用户的共性需求，如安全、政策或行业标准等，由该组织或第三方管理。

（4）混合云。云系统基础设施由两个及以上云计算的部署模型组成，通过标准的或特定的技术连接，并达到数据和应用可移植、云间负载平衡等目标。

1.1.2 云计算的产生与发展

云计算是在互联网高速发展、资源利用率需求日益增长的背景下产生的计算模式。云计算综合了虚拟化技术、分布式计算、网格计算、效用计算、并行计算（Parallel Computing）等技术，并在这些技术的基础上进行发展、混合、演变、跃进，是由需求驱动的。

分布式计算和网格计算可通过互联网把分散各处的硬件、软件、信息资源连接成一个巨大的整体，利用地理上分散于各处的资源，完成大规模、复杂的计算和数据处理任务。多核技术、高性能存储技术等的广泛应用对云计算的发展提供了必要的技术条件。

如今已进入“泛在互联时代”，在人类工作、生产、学习和日常生活的过程中，所用到的很多设备都已经接入网络，享受网络提供的信息服务，人们正处于“无处不网、无时不网”的时代。更进一步来说，目前已进入“泛在智能时代”。近年来，人工智能得到了非常快速的发展和推广应用，以深度学习、强化学习、迁移学习为代表的深度神经网络、对抗神经网络等人工智能技术在日常生活中也得到了非常广泛的应用。常见的基于深度学习的人脸识别、图像识别、语音识别和各种信息推荐都用到了人工智能技术。2016 年，AlphaGo 在围棋领域打败了世界冠军，也要归功于人工智能技术。但是，人工智能想要拥有“智能”，除了要有算法的支持，还要有大量计算能力的支持。以 AlphaGo 为例，打败李世石的 AlphaGo 系统使用了 1920 个 CPU 和 280 个 GPU，运算速率大概是 3000 万亿次/秒[13]。因此，在泛在智能时代，如果需要一个能够提供这样庞大的计算能力、存储能力和信息服务的平台，那么云计算就是一个很好的选择。

早在20世纪60年代，MIT的John McCarthy就说："计算迟早有一天会变成一种公用基础设施。"计算能力可以像煤气、水、电一样，取用方便、费用低廉。与此同时，他也首次提出了分时（Time-Sharing）的技术理念，希望借此可以满足多人同时使用一台计算机的需求[14]。随着虚拟化、公共计算服务等概念的提出，美国麻省理工学院和美国国防高级研究计划局（Defense Advanced Research Projects Agency，DARPA）下属的信息处理技术办公室共同启动了MAC（Multiple Access Computing）项目。这就是云计算的雏形。

之后，网格计算进入了人们的视野。网格计算的目的和公共计算服务相同，都是把大量机器整合成一个虚拟的超级机器，供分布在世界各地的人们使用。直到1996年，康柏（COMPAQ）公司首次使用了"云计算"一词。他们认为商业计算未来会向云计算方向转移。自此，云计算的发展掀起了一个小高潮：1998年VMware公司成立；1999年世界上第一个商业化IaaS平台LoudCloud成立。

2002年，Amazon公司启用了AWS平台，旨在帮助其他公司在Amazon上构建自己的在线购物网站系统；又于2006年分别推出了S3和EC2，奠定了自己在云计算领域的地位。在2006年的搜索引擎大会（SES San Jose 2006）上，Google公司首席执行官Eric Schmidt描述了Google的云计算概念。Google的分布式文件系统GFS、分布式并行计算编程模型MapReduce、数据管理系统BigTable和分布式资源管理模块Chubby等研究成果不仅成为Google云计算系统的核心技术，也为云计算的发展提供重要参考，吸引了更多人的关注，让云计算迅速成为产业界和学术界研究的热点。

根据IDC发布的《全球及中国公共云服务市场（2020年）跟踪》[15]报告显示，2020年全球公共云服务整体市场规模（IaaS、PaaS、SaaS）达到3124.2亿美元，同比增长24.1%。其中，中国公共云服务整体市场规模达到193.8亿美元，同比增长49.7%，云计算已经成为全社会、全行业应用的普遍技术，成为全行业的基础设施[16]，各行业都在大力探索云计算与各产业之间的深度融合。随着云计算产业规模的扩大，云计算技术本身也在不断发展。

1.1.3 云计算的典型特征

云计算的典型特征主要包括[17]：

（1）规模庞大。云计算中心一般都有相当大的规模，如阿里云目前在全球几十个地区都部署了数据中心，服务器总规模达数百万台[18]，通过整合海量的服务器集群，可提供巨大的计算和存储能力。

（2）资源聚合。云计算将大规模的分散计算资源和存储资源聚合起来，共同支撑用户完成各种计算任务并满足存储需求。

（3）虚拟抽象。云计算基于物理服务器为用户提供虚拟化的服务器，以便用户使用、提高资源利用率；虚拟机之间相互隔离，提高了安全性。

（4）按需使用，按量计费。云计算拥有庞大的资源池，云服务使得计算能力也可以像水、电一样作为一种公共资源来使用，用户可按照需要像购买水、电一样购买计算资源，按使用量计费。

（5）高可靠性。当云计算中的计算节点出现问题时，可通过节点互保来保障云平台的可靠性。云平台利用数据多副本备份、资源监控等措施保障系统的高可靠性。

（6）高扩展性。云是由海量的服务器等资源通过网络组成的，服务器可以相对方便简单地并入和退出云，云的规模可根据用户的实际需要动态调整和伸缩。

（7）高利用率、高性价比。云计算通过资源聚合等方式使服务器资源得到了充分利用，通过 IT 资源和按需使用的商业化模式，大幅减少了软件服务成本，实现了使用更少的资源提供更多的服务。小规模机构通过租用云服务提供商（如阿里云、AWS 等）的服务器等计算资源，可减少人力和财力的支出，把精力放在公司自身的业务上。

1.2 云计算的体系架构与关键技术

1.2.1 云计算的体系架构

随着云计算技术的不断发展和成熟，各大 IT 厂商根据自身业务的需求和发展，分别提出了各自的云计算解决方案。这些方案各有特色，但也有共同之处，如技术架构大都相似，都使用了类似甚至相同的技术和开发平台来构建云计算系统。

云计算的体系架构包括物理资源层、虚拟化资源池层、管理中间件层和 SOA（Service-Oriented Architecture）构建层，如图 1.2 所示。

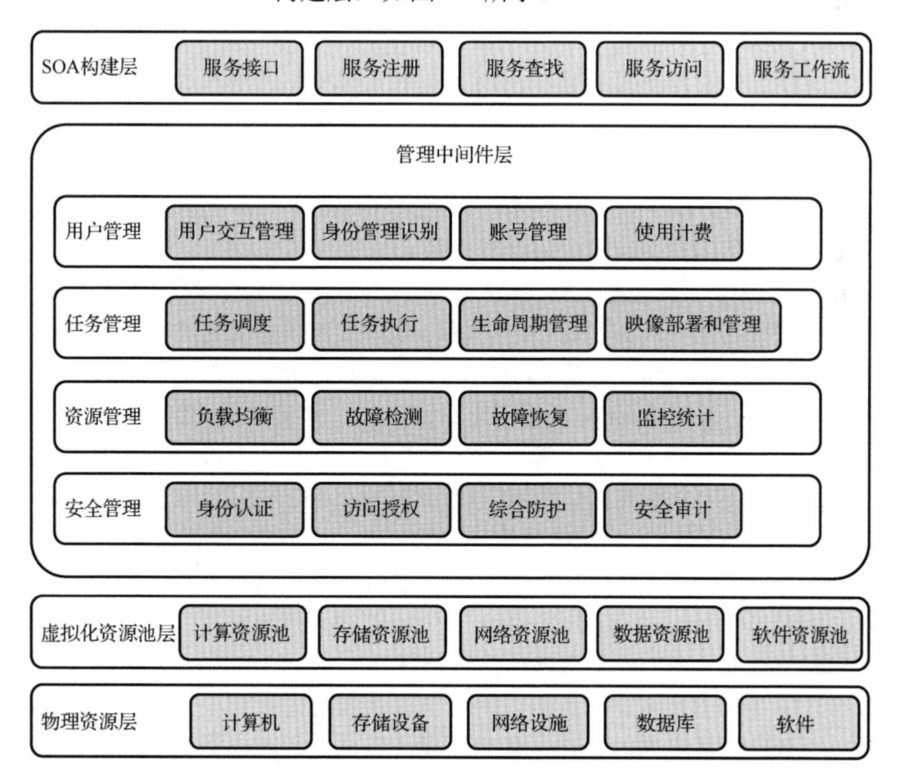

图 1.2 云计算的体系架构

（1）物理资源层。最底层的物理资源层由各种软/硬件资源构成，包括计算、网络、存储等各种资源，具体包括服务器集群（计算机）、存储设备、网络设施、数据库和软件等。

（2）虚拟化资源池层。云计算普遍利用虚拟化或容器等技术对物理资源进行封装，构建可以共享使用的资源池，从而为上层应用和服务提供支撑。虚拟化资源池层作为实际物理资源的集成，可以更加有效地对资源进行管理和分配。

（3）管理中间件层。为了让整个云计算可以有序地运行，还需要管理云计算的中间件，负责对云计算的用户、任务、资源和安全等进行管理。

（4）SOA 构建层。SOA 构建层是一个面向应用和服务的构建层，为各种应用提供各种服务，并且有效地管理各种应用，提供诸如服务注册、服务工作流等一系列用户可选择的操作。SOA 构建层将云服务进行封装并提供服务接口，用户只需要调用接口就可以方便地使用云服务。

公开云和私有云都可以按照类似的体系架构来构建，但也会有一些侧重点。例如，相对于私有云，公开云是不同的单位、机构和个人共享使用的平台，容易存在安全隐患，所以公开云不仅强调对用户应用的隔离，如使用虚拟化、虚拟机或容器等技术对各个用户进行有效的隔离，做到互不干扰，还特别关注使用计费等模块。

1.2.2 云计算的关键技术

云计算的关键技术包括虚拟化技术、分布式并行编程模型技术、分布式数据存储技术、分布式任务调度技术、监控管理技术、云计算安全保障机制、云计算网络技术和绿色节能技术等：

（1）虚拟化技术。虚拟化技术是指在物理主机上虚拟出若干台虚拟机，通过虚拟化技术可以隔离高层的应用与底层的硬件。虚拟化技术包括分解模式和聚合模式，可以分别将单个资源划分成多个虚拟资源和将多个资源整合成一个虚拟资源。利用虚拟化技术能够提高资源利用率、降低能源消耗。关于虚拟化技术的详细内容将在本书第 2 章详细介绍。

（2）分布式并行编程模型技术。云计算提供了分布式编程模型，最典型的代表是 Google 提出的 MapReduce 模型[19]。这是一种简洁的分布式并行编程模型和高效的任务调度模型，主要用于大规模数据集的分布式并行处理。MapReduce 的主要思想是将待处理的任务分解成映射（Map）任务和化简（Reduce）任务，先用 Map 函数将大数据集分块后调度到计算节点处理，进行分布式计算，再用 Reduce 函数汇总中间数据，并输出最终结果。

（3）分布式数据存储技术。云计算通过集群系统、分布式文件系统等将不同类型的存储设备集成到网络中，采用分布式存储技术存储海量数据，采用多副本技术保证数据的可靠性。Google 的文件系统 GFS[20]和基于 GFS 思想开发的 Hadoop 分布式文件系统（Hadoop Distributed File System，HDFS）得到了广泛使用。同时，云计算采用高效的数据管理技术管理分布的、海量的数据。例如，Google 的 BigTable[21]是一个为管理大规模结构化数据而设计的分布式存储系统，具有高可靠性、高性能、可伸缩性等特性。

（4）分布式任务调度技术。云计算在为用户提供服务的过程中，存在着任务与资源之间的调度问题，即云计算需要同时处理大量的计算任务，并对用户提交的各种任务快速分配所需的计算资源。高效的任务调度策略可以提高云计算的工作效率，保证云计算的服务质量[22]。而分布式任务调度就是一种高效的调度策略，由于云计算中的任务调度是一个 NP-hard 问题，启发式算法（Heuristic Algorithm），如遗传算法（Genetic Algorithm，GA）和蚁群算法（Ant Colony Algorithm，ACA）等经常被应用在任务调度策略中。

（5）监控管理技术。资源监控是云平台资源管理必不可少的部分。云监控不仅包括对计算、存储、网络等物理资源的监控，还包括对虚拟化资源的监控，它对云服务提供商和云消费者来说都是非常重要的部分，是云平台诸多活动的前提。目前，大规模监控系统主要采用集中式监控和分布式监控这两种监控架构。这两种监控架构既可独立应用，也可相互融合，以满足不同规模、不同性能的云平台监控需要。

（6）云计算安全保障机制。与其他网络信息系统相比，云计算对安全的需求既有相似的地方，也有其特殊要求，安全风险来源和安全目标不尽相同。云计算安全保障技术主要包括身份认证机制、访问控制机制、隔离技术、云数据加密技术、数据完整性验证技术和审计与安全溯源技术[23]。云计算安全服务体系由一系列云安全服务构成，根据所属层次不同，可以进一步分为云基础设施服务、云安全基础服务和云安全应用服务。不同的云服务提供商可以采用不同的安全保障机制[24]。

（7）云计算网络技术。云计算数据中心的网络结构、协议、管理、优化对于整个云计算的性能有重要的影响。目前云计算普遍应用软件定义网络（Software Defined Network，SDN）和网络功能虚拟化（Network Function Virtulization，NFV）技术。其中，SDN 是一种新型网络技术[25]，通过将网络设备控制平面与数据平面相互分离实现了网络流量的灵活控制，让网络成为一种可以灵活调配的资源。

（8）绿色节能技术。随着云计算应用规模的不断扩大，云计算的能耗也越来越高。绿色计算顺应低碳社会建设的需求，是推动社会可持续发展和科技进步的一个重要方面。云计算也正在向绿色云计算的方向发展。在云计算中，不仅可以采用关闭/休眠技术，通过关闭或休眠空闲节点的方式来降低能耗；还可以采用低功耗硬件和功耗调节技术，如低功耗 CPU 或固态硬盘，以及动态电压调节（Dynamic Voltage Scaling，DVS）技术。DVS 技术可以根据系统实时负载的大小来调节功率的大小，在保证系统性能的同时降低系统的能耗。

1.3 云计算数据中心

1.3.1 数据中心定义

百度百科对数据中心（Data Centre）的定义是[26]：数据中心是全球协作的特定设备网络，用来在 Internet 网络基础设施上传递、加速、展示、计算、存储数据信息。

随着云计算技术的迅速发展，数据中心也发生了巨大的变革，产生了新一代的数据中心，称为云数据中心。云数据中心可为单一用户或多租客（Multi-tenant）提供高性能的、规模可扩展的服务平台，成为满足全球对于海量计算资源迫切需求的首选。世界主要国家政府和具有显著影响力的企业机构纷纷构建大规模的云数据中心（Cloud Data Centre），为搜索引擎、电子商务、电子政务、在线金融、智能制造、智慧城市等应用提供支持[27]。

目前，云数据中心已经能够承载成千上万台服务器，已不仅仅是一个单纯的服务器和网络设备托管场所，更是一个能够提供大规模运算和海量数据存储、实现资源共享和任务高效处理的集中平台[28]。

1.3.2 数据中心构成

广义上讲，一个完整的数据中心不但包括服务器等硬件、管理系统等软件，还包括工程师、安保等工作人员；从物理意义上看，数据中心是一个建筑群，数据中心的构成如图 1.3 所示，按照功能区划分可以分为主机房、辅助区、支持区和行政管理区[29]。

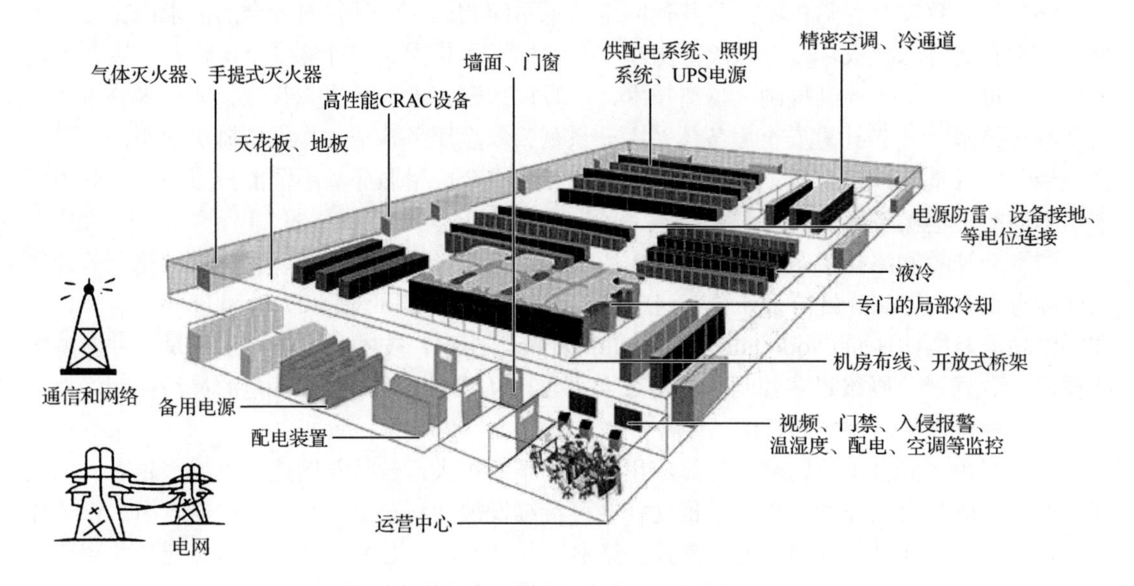

图 1.3 数据中心的构成（来源：际智网络）

（1）主机房。安装和运行数据设备的建筑空间，包括服务器机房、网络机房和存储设备机房等。

（2）辅助区。主要负责安装、调试、维护、运行、监控和管理电子信息设备及软件，包括设备维修室、测试机房、消防和安防室等。

（3）支持区。主要负责为主机房和辅助区提供动力支持及安全保障，包括配电室、电池室和空调间等。

（4）行政管理区。日常行政管理工作人员所在的区域，负责工作人员的管理调度和设备的状态管理等。

1.3.3 典型的数据中心

接下来介绍部分典型的数据中心。

1. 腾讯数据中心[30]

截至 2020 年 11 月，腾讯的服务器总量已经超过百万台，覆盖全球 30 多个国家和地区。清远数据中心是腾讯目前为止在华南地区最大的数据中心集群。贵安七星数据中心总占地面积约为 47 万平方米，是国内安全防护等级最高的商用数据中心之一，率先使用了腾讯第四代数据中心技术 T-block。

2. 百度数据中心[31]

百度阳泉数据中心于 2014 年正式投入使用，总建筑面积约为 12 万平方米，服务器设计装机规模超过 16 万台。百度阳泉数据中心内建立了污水处理系统，对被污染的冷却水进行回收利用，每年可节水约 48 万吨，相当于 4000 多户居民一年的用水量；百度还搭建了太阳能光伏发电系统为数据中心供电。

3. 特色数据中心

除了常规的数据中心，还有很多很有特色、具有借鉴意义的数据中心。Google 在芬兰 Hamina 的数据中心是由当地一座废弃的造纸厂改建而来的，位处海边。数据中心通过管道将冰冷的海水采集上来用于服务器的水冷降温。用电效率（Power Usage Effectiveness，PUE）值是评价数据中心能源效率的指标，PUE 值越接近 1 说明非 IT 设备的能耗越少，即能效水平越高。据 Google 的描述，Hamina 数据中心的 PUE 值为 0.9，数值低于 1 的原因是当冰冷的海水在服务器之间流转，将服务器产生的热量带走时，冷水变成了热水，而 Google 并没有把这些热水浪费掉，而是通过管道将热水输送到附近的居民小区中用作供暖，整个生态的 PUE 值经过计算小于 1。Hamina 数据中心对建立绿色数据中心很有指导意义。

Microsoft 同样建立了自己的特色数据中心，通过把多台服务器装进卡车集装箱，将数据中心变成可移动的数据中心。当某地需要临时建设一个数据中心时，只需要几台这样的卡车经过供电和网络互联就可以立刻组装一个具有一定规模的数据中心。当然，这种方案也面临着许多问题。例如，每个集装箱都搭载了 2000～4000 台高密度的刀片式服务器，这些服务器同时工作时将产生大量的热量，如何解决在集装箱这样狭小的空间里实现制冷，并给数以千计的服务器供电，是需要重点解决的问题。这种可移动、可以像搭积木一样快速组装的数据中心在很多领域都有迫切的需求，如军事演习、野外勘探等，都需要这样的数据中心来代替传统的数据中心。

Microsoft 还将数据中心建在海底，把服务器用金属罩罩起来，把密封好的像胶囊一样的服务器沉到海底，若干个这样的服务器就可以组成一个水下数据中心。水下数据中心的好处是可以利用海边的风能、潮汐能等可再生能源进行供电，而数据中心处在水中，可以方便地进行热交换，实现降温，做到了真正意义上的绿色、节能和环保。

1.4 云计算与其他技术

1.4.1 云计算与大数据

目前已经进入大数据时代。1998 年，图灵奖获得者 James Gray 在他的获奖演说中预言：“未来每 18 个月产生的数据量等于有史以来的数据量之和。”也就是说，每 18 个月全球的数据量就会翻一番。IDC 发布的研究报告也证实了这一点，研究报告显示全球的数据正以每年超过 50%的速度爆发式增长。根据国际权威机构 Statista 的统计和预测，到 2035 年，全球的数据量将达到 2142 ZB，全球数据即将迎来更大规模的爆发[32]。

关于 ZB 等计算机中的数据存储单位的换算如表 1.1 所示。

表 1.1　数据存储单位换算表

单 位 换 算	单 位 换 算
1 Byte (B) = 8 bit	1 Zetta Byte (ZB) = 1024 EB
1 Kilo Byte (KB) = 1024 B	1 Yotta Byte (YB) = 1024 ZB
1 Mega Byte (MB) = 1024 KB	1 Bronto Byte (BB) = 1024 YB
1 Giga Byte (GB)= 1024 MB	1 Nona Byte (NB) =1024 BB
1 Tera Byte (TB)= 1024 GB	1 Dogga Byte (DB) =1024 NB
1 Peta Byte (PB) = 1024 TB	1 Corydon Byte (CB) = 1024 DB
1 Exa Byte (EB) = 1024 PB	1 Xero Byte (XB) = 1024 CB

快手大数据研究院发布的《2019 快手内容报告》显示，快手的日活跃用户已经突破 3 亿个，快手 App 内有近 200 亿条视频，数据处理需求正以每天超过 10 PB 的数量增长，快手也将在全国范围内布局超大规模数据中心，规模将达到 30 万台服务器、60 EB 存储容量[33]。一个国内的大型城市可以部署近 25 万个高清摄像头，摄像头每天采集的数据可达到 3～5 PB[34]。

可见，当前数据的产生数量非常惊人，要存储这些数量庞大的数据，就需要云数据中心的支撑；而数据的采集、存储、处理等，都需要云计算的基础架构作为支撑。因此，云计算支撑着大数据，大数据的获取、清洗、转换、存储、分析和统计都需要依靠云计算。反过来，大数据对云计算也有支撑作用，云计算系统的建设、云计算任务优化调度、根因溯源都是通过大数据分析得到的。所以，云计算和大数据相互支撑，相辅相成。

以阿里云为例，阿里巴巴 99.99%的数据都在阿里云平台上进行存储和处理，每年“11 •11”产生的大量交易数据都依靠阿里云进行支撑和处理。阿里云还支撑了气候大数据，对气候领域的天气、天文、地理等数据进行分析。游戏数据也可以使用云计算平台进行存储、处理和分析，尤其是当前的 3D 游戏、网络游戏等，需要大量的计算能力，同时也产生了大量的数据，阿里云同样提供了对游戏大数据的支撑。图 1.4 展示了大数据支撑的学校能源系统。

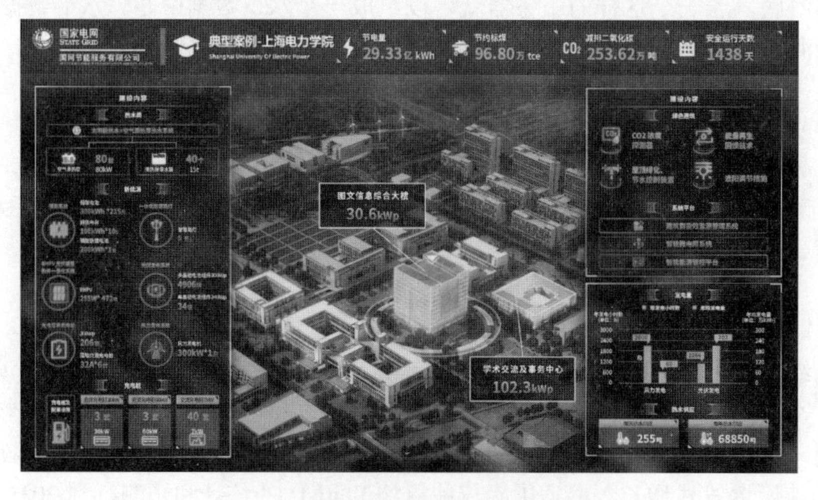

图 1.4　大数据支撑的学校能源系统

1.4.2　云计算与区块链

近年来，区块链（Blockchain）技术[35-38]在全球范围内受到广泛关注。区块链本质是一种点对点网络下的不可篡改的分布式数据库。区块链以某种共识算法保障节点间数据的一致性，并以加密算法保证数据的安全性，同时通过时间戳和 Hash 值形成首尾相连的链式结构，创造了一套技术体系，具有公开透明、可验证、不可篡改、可追溯等技术特征。区块链技术的应用十分广泛，主要应用于互联网金融、物流、产品供应链等需要追溯的环节和领域。区块链技术架构如图 1.5 所示。

图 1.5　区块链技术架构

（1）数据层。数据层将底层数据封装成链式结构，通过哈希算法和 Merkle 树，将某一时间段内接收到的交易记录打包成一种带有时间戳的数据区块，并链接到区块链网络。

（2）网络层。网络层封装了区块链系统的 P2P 组网方式、消息传播协议和数据验证机制等，使区块链网络中每一个节点都能参与区块数据的校验和记账过程，仅当区块数据通过全网大部分节点验证后才能记入区块链。

（3）共识层。共识机制是区块链的核心，是区块链网络中各个节点达成一致的方法，能够在决策权高度分散的去中心化系统中使得各节点高效地针对区块数据的有效性达成共识。区块链网络按照参与共识过程的节点是否需要准入门槛，可分为公有链、私有链和联盟链。

（4）激励层。激励层将价值度量、账户等集成到区块链中，建立适合的经济激励机制，以及代币发行与分配机制。通过经济激励遵守规则的记账节点，惩罚不遵守规则的节点，使得整个区块链网络朝着良性循环的方向发展。

（5）合约层。合约层集成了各类脚本、算法和智能合约，建立了可监管、可审计的合约形式化规范，是区块链可编程特性的基础。

（6）应用层。区块链系统上的链式数据具有不可篡改性和去中心化的特点，可用来承载智能合约的运行，同时链上数据具有安全性高和隐私保护能力强等显著特点，使得区块链可以被应用于金融服务、供应链、物联网、医疗和公共服务等领域。

云服务提供商利用云平台支撑区块链的优势主要体现在成本效率、应用生态和安全隐私三个方面。区块链可以加载在云平台之上，甚至可以和云平台底层进行相应融合。通过与云服务提供商结合，区块链技术可以被整合打包交付，为应用落地打下了基础。

Google、Amazon、IBM、Microsoft 等大型企业都基于其云平台提供了相应的区块链解决方案。Google 为银行客户在 Google Cloud 平台上部署了分布式账本“区块链孵化器”测试基础架构；Amazon 的 AWS 通过沙盒功能协助金融客户构建区块链产品；IBM 面向中国市场推出 Bluemix 上的服务，使企业可以在基于 Docker 的云环境中安装并运行区块链网络，通过云端获取服务；Microsoft 的 Azure 为银行业提供了区块链开发环境和测试工具。由此可见，云计算和区块链可以很好地融合。

在某些条件下，区块链也可以反过来支撑云计算。例如，区块链的不可篡改性可以使云计算本身变得更加安全可靠，保证数据完整性。

1.4.3 云计算与病毒防御

传统的网络杀毒软件为各个用户提供病毒防御服务，通过在每个节点上安装相应的杀毒软件来监控计算机的运行，当发现计算机疑似被病毒感染时就开始进行查杀工作，网络杀毒软件提供商也通过监控互联网的一些情况来发现病毒，对病毒库进行更新。这种方法的问题是对病毒的响应有较大的滞后性，反应不够及时。

基于云计算的病毒防御系统不但在每一个用户终端上安装杀毒软件，还安装一个探针程序，通过探针程序收集疑似病毒的样本，将样本打包发送给病毒防御系统的云数据中心。当系统发现很多用户都提交了相同或者相似的疑似病毒样本时，就可能及时发现新型病毒，从而更快地对病毒进行响应，尽快提供病毒解决方案。用户越多，根据搜集的样本进行安全分析就越可靠。Windows Defender 是一种典型的基于云计算的病毒防御系统，如图 1.6 所示，可以通过访问云中的最新保护数据更快地提供增强保护。

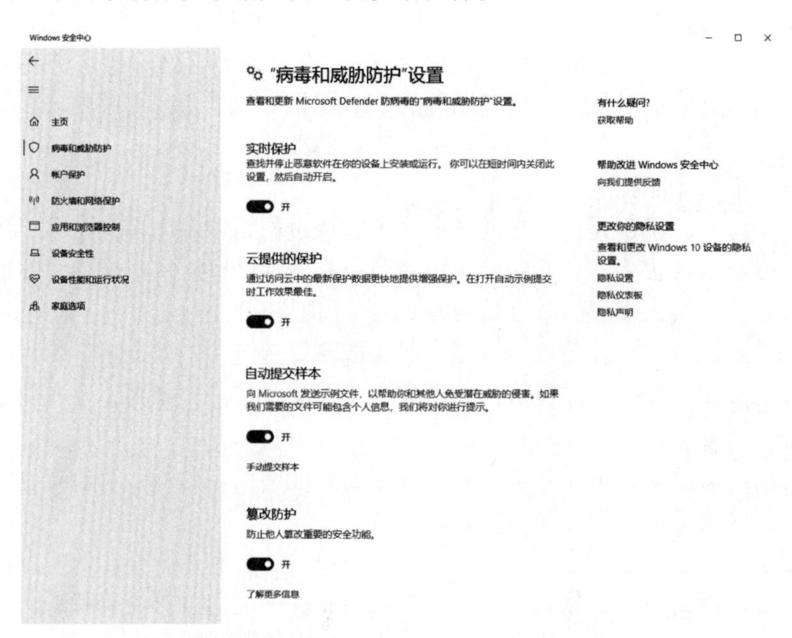

图 1.6　基于云计算的 Windows Defender

基于云计算的病毒防御系统还可以让客户端的杀毒软件体积更小，查杀病毒能力更强，更适用于移动设备。随着智能手机的普及，大量针对智能手机的病毒也随之出现。云安全可以把病毒查杀的工作放到云端来处理，用户在每次访问互联网的时候可以通过云安全层对访问的请求和返回的结果进行过滤，甚至不安装杀毒软件也可以防御病毒。

1.4.4 云计算与边缘计算

目前数量众多、持续增长、用户密集的各类大规模应用对于云计算平台的集中依赖，已经导致了一系列问题[39]：

（1）系统延时大，网络传输代价高。以云计算为核心的应用常需要将数据传输至云计算数据中心，等待数据处理完成后再返回结果，从而产生很大的系统延时和传输开销[40]，这对于无人驾驶等对延时敏感的应用来说是很难接受的。

（2）计算能耗巨大，带来了环境问题。目前云数据中心的持续建设与扩容，导致数据中心的能耗快速上升，甚至使局部地区用电紧张，云数据中心的高能耗甚至带来了严重的环境问题[41-43]。

（3）信息资源集中造成安全攻击靶点。通过部署集中的云计算数据中心，可以组织安全专家以及专业化安全服务团队实现整个系统的安全管理，避免了分散个体的不专业导致安全漏洞而被黑客利用；然而，集中管理的云计算数据中心也成为黑客攻击的重点目标，而且由于云系统的巨大规模以及开放性、复杂性，其安全风险将可能不是减少而是增大了[44]。

（4）网络边缘计算资源的闲置与浪费。过度依赖云计算数据中心资源，不但会导致服务高峰期间服务质量难以保证和低谷期间的资源浪费，而且会导致网络系统中大量远离云计算数据中心的边缘节点以及用户侧终端拥有的计算能力、存储空间等资源常处于闲置状态，海量资源被浪费[45]。

与云计算不同，边缘计算（Edge Computing）[46]将计算任务放在接近数据源的计算资源上运行，将云端计算放到网络边缘，可以有效减小计算系统的延时，减少数据传输带宽，缓解云计算数据中心的压力。边缘计算的起源可以追溯到 Akamai 公司提出的内容分发网络（Content Delivery Network，CDN）以及对等计算（Peer-to-Peer Computing）技术，随着对边缘计算研究的深入，学术界和工业界相继提出了雾计算（Fog Computing）和移动边缘计算（Mobile Edge Computing）等边缘化计算模型。

相较于云计算，边缘计算的优势在于：

（1）边缘计算能够带来极低的延时。这是由于边缘计算网络中具有计算能力的设备往往都聚集在用户侧附近，因此能够实时做出响应。

（2）边缘计算能够以极低的带宽运行。在边缘计算网络中，工作被迁移至用户侧附近，减少了向云端中枢节点发送大量数据的处理请求，降低了带宽限制所带来的影响。

（3）边缘计算具有保护隐私的优点。边缘计算有效地减少了隐私数据被上传到云端的机会，有助于保护用户的数据隐私。

云计算和边缘计算也可以进行有效的融合形成“云边计算”。可以从 PaaS 的层面上将云计算模型扩展为云边聚合计算（Cloud-Edge Computing，CEC）模型，把云计算数据中心服务器和边缘服务器、用户终端的各层次计算、存储资源均有机聚合在一起，充分发挥云计算数据中心、网络边缘和用户终端各自的地理、性能、成本优势，将任务分解、封装后，有序地部署到不同节点上，按需求解各类复杂的用户应用，从资源集中共享模式走向分布式互助共享模式，实现最大范围的业务协作与资源分享，真正达到高效率、低成本、资源利用最大化等计算目标。云边聚合计算模型如图 1.7 所示。

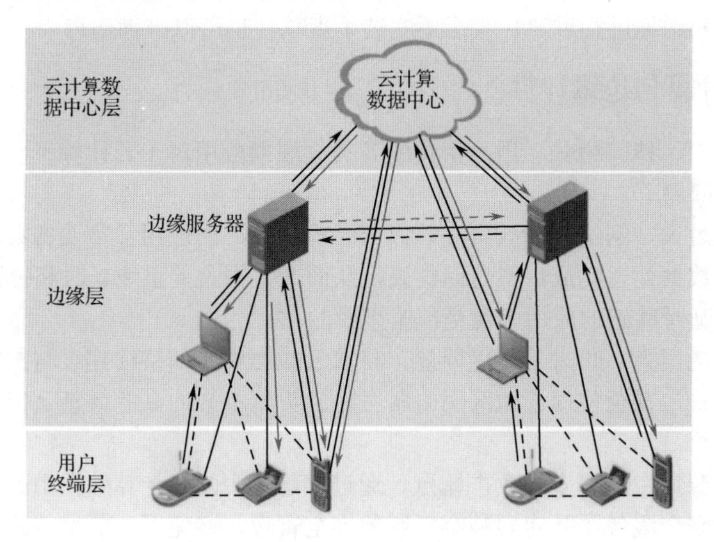

图 1.7　云边聚合计算模型

1.5　本章小结

本章主要介绍了云计算的相关概念。云计算是一个按需供取的概念，表现出的是一个系列服务的集合，将 IT 资源和功能以服务的方式通过网络交付给用户。通过本章的学习，读者能够对云计算有一个基本的认知，了解云计算的产生与发展，掌握云计算的特点与体系架构。本章还介绍了云计算数据中心和与云计算相关的技术。后续章节将详细介绍云计算的相关技术。

本章参考文献

[1] 吴吉义．基于 DHT 的开放对等云存储服务系统研究[D]．杭州：浙江大学，2011.

[2] 刘鹏．云计算[M]．3 版．北京：电子工业出版社，2015.

[3] Achara S, Rathi R. Security Related Risks and their Monitoring in Cloud Computing[J]. International Journal of Computer Applications, 2013, 86(13): 42-47.

[4] Armbrust M, Fox A, Griffith R, et al. A View of Cloud Computing[J]. Communications of the ACM, 2010, 53(4): 50-58.

[5] 云安全联盟．云计算关键领域安全指南 V4.0[R]．云安全联盟，2017.

[6] 徐雷，张云勇，吴俊，等．云计算环境下的网络技术研究[J]．通信学报，2017, 33(Z1): 216-221.

[7] Sabyasachi A, Sohini D, Suddhasil D. Uncoupling of Mobile Cloud Computing Architecture Using Tuple Space: Modeling and Reasoning[C].the 6th ACM India Computing Convention, 2013.

[8] 林闯，苏文博，孟坤，等. 云计算安全：架构、机制与模型评价[J]. 计算机学报，2013, 36(9): 1765-1784.

[9] Abouzamazem A, Ezhilchelvan P. Efficient Inter-Cloud Replication for High-Availability Services[C]. IEEE International Conference on Cloud Engineering, 2013.

[10] Su Y P, Chen W C, Huang Y P, et al. Time-Shift Current Balance Technique in Four-Phase Voltage Regulator Module with 90% Efficiency for Cloud Computing[J]. IEEE Transactions on Power Electronics, 2014, 30(3): 1521-1534.

[11] Wang N, Yang Y, Mi Z Q, et al. A Fault-Tolerant Strategy of Redeploying the Lost Replicas in Cloud[C]. the 8th International Symposium on Service Oriented System Engineering, 2014.

[12] 罗军舟，金嘉晖，宋爱波，等. 云计算体系架构与关键技术[J]. 通信学报，2011, 32(7): 3-21.

[13] 阿尔法围棋[EB/OL]. [2021-08-04]. https://baike.baidu.com/item/阿尔法围棋/19319610.

[14] 云计算 [EB/OL]. [2021-07-07]. https://baike.baidu.com/item/云计算/9969353.

[15] 全球及中国公有云服务市场（2020 年）跟踪[R]. IDC，2021.

[16] 艾瑞咨询系列研究报告（2020 年第 11 期）[R]. 上海艾瑞市场咨询有限公司，2020.

[17] Liu F, Tong J, Mao J, et al. NIST Cloud Computing Reference Architecture [J]. NIST Special Publication, 2011, 500(292): 1-28.

[18] 刘江. 阿里云：布局全球云计算[J]. 中国品牌，2015(07): 26-27.

[19] Dean J, Ghemawat S. MapReduce: Simplified Data Processing on Large Clusters [J]. Communications of the ACM, 2008, 51(1): 107-113.

[20] Ghemawat S, Gobioff H, Leung S. The Google File System [C]. ACM Special Interest Group on Operating Systems Operating Systems Review, 2003.

[21] Chang F, Dean J, Ghemawat S, et al. BigTable: A distributed Storage System for Structured Data [J]. ACM Trans on Computer Systems, 2008, 26(2): 1-26.

[22] 黄少荣. 云计算任务调度算法研究[J]. 沈阳师范大学学报（自然科学版），2015, 33(3): 417-422.

[23] 冯朝胜，秦志光，袁丁，等. 云计算环境下访问控制关键技术[J]. 电子学报，2015, 43(02): 312-319.

[24] 拱长青，肖芸，李梦飞，等. 云计算安全研究综述[J]. 沈阳航空航天大学学报，2017, 34(4): 1-17.

[25] 吴斌伟. 移动通信网络功能虚拟化部署的关键技术研究[D]. 成都：电子科技大学，2020.

[26] 数据中心[EB/OL]. [2021-08-04]. https://baike.baidu.com/item/数据中心/967340?fr=aladdin.

[27] 张栖桐. 面向绿色云计算的虚拟机迁移机制的研究[D]. 南京：南京邮电大学，2017.

[28] 胡金安. 云数据中心计算资源监控系统的设计与实现[D]. 成都：电子科技大学，2012.

[29] 贾冉. 基于 IDC 技术的机房建设研究[D]. 北京：北京邮电大学，2012.

[30] 本刊编辑部. 新闻资讯 [J]. 中国建设信息化，2020(13): 4.

[31] 本刊编辑部. 百度再建超大规模云计算中心[J]. 智能城市，2019, 5(08): 11.

[32] 中国信息通信研究院. 大数据白皮书（2020 年）[EB/OL]. [2021-06-21]. http://www.caict.ac.cn/kxyj/qwfb/bps/202012/t20201228_367162.htm.

[33] 祝悦. 呈现与建构：快手中小镇青年媒介依赖研究[D]. 北京：中国社会科学院，2020.

[34] 韩志明. 在模糊与清晰之间——国家治理的信息逻辑[J]. 中国行政管理，2017(03): 25-30.

[35] 区块链[EB/OL]. [2021-08-04]. https://baike.baidu.com/item/区块链/13465666?fr=aladdin.

[36] 王磊，赵晓永. 基于区块链机制的云计算环境下服务组合策略的研究[J]. 计算机应用研究，2019, 36(1): 1-21.

[37] 邵奇峰，金澈清，张召，等. 区块链技术：架构及进展[J]. 计算机学报，2018, 41(05): 969-988.

[38] 蔡维德，郁莲，王荣，等. 基于区块链的应用系统开发方法研究[J]. 软件学报，2017, 28(6): 1474-1487.

[39] 谈海生，郭得科，张弛，等. 云边端协同智能边缘计算的发展与挑战[J]. 中国计算机学会通讯，2020, 16(1): 38-44.

[40] Liu C, Bennis M, Debbah M, et al. Dynamic Task Offloading and Resource Allocation for Ultra-Reliable Low-Latency Edge Computing [J]. IEEE Transactions on Communications, 2019, 67(6): 4132-4150.

[41] 徐小龙. 云计算技术及其性能优化[M]. 北京：电子工业出版社，2017.

[42] Mishra S, Puthal D, Sahoo B, et al. An Adaptive Task Allocation Technique for Green Cloud Computing [J]. Journal of Supercomputing, 2018, 74(1): 1-16.

[43] Xu X L, Cao L, Wang X H. Resource Pre-Allocation Algorithms for Low-Energy Task Scheduling of Cloud Computing [J]. Journal of Systems Engineering and Electronics, 2016, 27(2): 457-469.

[44] Varadharajan V, Tupakula U. Securing Services in Networked Cloud Infrastructures [J]. IEEE Transactions on Cloud Computing, 2018, 6(4): 1149-1163.

[45] Sonmez C, Ozgovde A, Ersoy C. Fuzzy Workload Orchestration for Edge Computing [J]. IEEE Transactions on Network and Service Management, 2019, 16(2): 769-782.

[46] 施巍松，张星洲，王一帆，等. 边缘计算：现状与展望[J]. 计算机研究与发展，2019, 56(1): 73-93.

第2章 虚拟化与容器技术

2.1 虚拟化概述

2.1.1 虚拟化技术的定义

虚拟化技术[1]将计算机（物理主机）的各种物理资源（如 CPU、内存、磁盘空间、网络适配器等）予以抽象，经过虚拟化转换后呈现为可供分割和组合的资源支撑与任务执行环境。虚拟化资源不受现有物理资源的硬件差异、地域或配置的限制。

虚拟化技术是从逻辑角度而不是物理角度来对资源进行配置的，将有限的物理资源根据不同需求进行灵活规划，以达到最大化利用率的目的。虚拟化技术可以让一台物理主机同时运行多个逻辑计算机，每个逻辑计算机都有其独立的 CPU、内存和硬盘等资源，可以分别运行不同的操作系统，应用程序也都可以在相互独立的空间内运行而互不影响。对于用户来说，虚拟化技术实现了软件与硬件的分离，用户不需要考虑具体的硬件配置。

虚拟化技术是云计算的核心技术之一，通过虚拟化技术，云计算中每一个部署于虚拟环境的应用和物理平台解耦合，通过虚拟平台实现对应用的管理、扩展、迁移和备份等操作。

虚拟化技术通过在宿主机操作系统上加入虚拟化层来实现多个虚拟机（Virtual Machine）共享同一台物理主机。每个虚拟机看起来就是完整的计算机系统，虚拟化技术隐藏了实际的物理特性，为用户提供抽象、统一、模拟的计算环境。虚拟化层的核心是 Hypervisor、虚拟机监视器（Virtual Machine Monitor，VMM），可以对下层主机的物理硬件资源进行封装和隔离，将其抽象为逻辑资源，供上层虚拟机使用，其中物理主机上的操作系统被称为宿主机操作系统（Host OS），虚拟机中运行的操作系统被称为客户机操作系统（Guest OS）。虚拟化层本质上是物理主机和虚拟机之间的一个中间件。典型的虚拟化架构如图 2.1 所示。

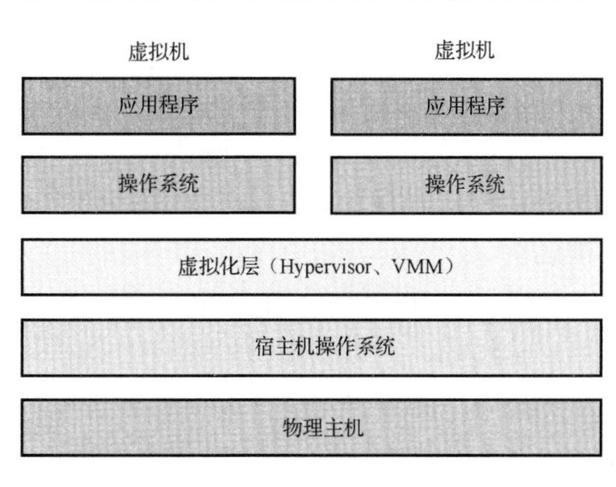

图 2.1　典型的虚拟化架构

2.1.2 虚拟化技术的产生与发展

虚拟化技术的提出早于云计算，最早是由牛津大学教授 Christopher Strachey 在 1959 年 6 月的国际信息处理大会上发表的学术报告 *Time Sharing in Large Fast Computers*[2]中提出的。在 20 世纪 60 年代，IBM 公司在大型机系统上应用了虚拟化技术，使其能在一台大型机上运行多个操作系统，从而让用户尽可能地充分共享利用昂贵的大型机资源。

随着多任务、多用户操作系统的普及以及硬件成本的下降，虚拟化技术无法发挥其优势，人们冷却了对它的研究热情。

然而，在目前计算机硬件具有强大性能的前提下，如何降低系统成本、提高系统资源利用率、降低管理成本、提高安全性和可靠性、增强可移植性，以及提高软件开发效率等，使虚拟化技术的重要性越来越明显，也使虚拟化技术重新成为研究的热点之一。

2.1.3 虚拟化技术的特征与优势

（1）虚拟化技术的主要特征包括：

① 分区。分区意味着虚拟化层为多个虚拟机划分物理主机的资源，每个虚拟机可以各自运行单独的操作系统，这些操作系统可以是相同的，也可以是不同的。用户能够在一台物理主机上运行多个应用程序，每个操作系统只能看到虚拟化层为其提供的虚拟硬件，并感觉自己运行在专用的物理主机上。

② 隔离。隔离指的是同一台物理主机上的虚拟机之间是相互隔离的，一个虚拟机的崩溃或故障不会影响同一台物理主机上的其他虚拟机；还可以对物理资源进行控制，以提供性能隔离，用户可以为每个虚拟机指定物理资源的最小和最大使用量，确保某个虚拟机不会占用所有的物理资源而使得同一系统中的其他虚拟机没有物理资源可用。

③ 封装。封装意味着将整个虚拟机，包括它的内存状态、BIOS 配置、CPU 状态、I/O 设备状态等都存储在文件系统中，用户只需要复制文件，就可以根据需要来复制、保存和移动虚拟机中的数据。

④ 硬件独立。硬件独立指的是虚拟机和物理主机之间是相互独立的，虚拟机运行在虚拟化层之上，只能访问虚拟化层提供的虚拟硬件，不必考虑物理主机的差异等具体情况，从而可以打破操作系统和物理主机，以及应用程序和操作系统之间的约束。

（2）虚拟化技术的优势主要包括[3]：

① 有效地利用物理资源。利用虚拟化技术可以使云计算数据中心中一台物理主机运行多个虚拟机，实现物理资源的多租客共享，从而提高物理主机的利用率，减少硬件的总开销。

② 更好的容错能力。虚拟机可以从一个节点迁移到另一个节点，实现不间断运行。如果物理主机、操作系统或应用程序出现运行故障，虚拟机能够迁移到另一台物理主机上继续运行。

③ 提高可用性。当 Web 服务、电子邮件服务、数据库服务程序运行于同一台物理主机时，会出现一个应用程序干扰另一个应用程序的可能性，甚至导致系统崩溃。利用不同的虚拟机承载不同的服务，就会减少应用程序之间的相互干扰，从而提高系统的可用性。

④ 简化服务器的创建与管理。通过虚拟化技术创建虚拟服务器供用户使用仅需几分钟。相比之下，用户自行购买一台物理主机的成本显然高很多，安装操作系统和应用程序非常耗

时。管理几十个虚拟服务器比管理十几台物理主机也更容易。

⑤ 节约系统能源消耗。云计算系统基于虚拟化技术将云计算数据中心的各类资源整合为一个统一的虚拟资源池，又将一个个虚拟机部署在不同的物理主机上，实现大规模物理资源有效、统一的管理和利用。通过在物理主机上合理部署虚拟机，并采用虚拟机动态迁移技术，可将虚拟机聚集以便关闭空闲的数据节点，从而在最小化所需的物理主机数量的同时满足当前负载的要求，在降低云计算数据中心能耗的同时，保证 QoS 和服务等级协议（Service Level Agreement，SLA）。

2.1.4 虚拟化技术的类型

从虚拟化的实现程序来看，虚拟化技术可分为以下三种类型：

（1）全虚拟化技术。全虚拟化技术通过 VMM 对底层的硬件资源进行管理，虚拟机上运行独立的操作系统，从而有效利用物理主机的资源。客户操作系统的指令由 Hypervisor 来捕获和处理，不需要修改操作系统，使用简单但效率不高。典型的全虚拟化技术有 VMware ESXi、Linux KVM。硬件辅助虚拟化是一种特殊的全虚拟化，借助硬件的支持来完善全虚拟化，主流的硬件辅助虚拟化有 Intel VT-x 和 AMD-V。

（2）半虚拟化技术。半虚拟化技术在全虚拟化技术的基础上，对客户操作系统进行了修改，增加专用接口，对客户操作系统发出的指令进行了优化。由于操作系统自身能够与虚拟进程进行很好的协作，无须 Hypervisor 捕获和处理特殊指令，性能得到了提高。典型的半虚拟化技术有 Microsoft Hyper-V、Xen、IBM PowerVM。

（3）操作系统级虚拟化技术。全虚拟化技术和半虚拟化技术的性能开销一般较大，操作系统级虚拟化技术的内核与 Hypervisor 集成，操作系统上层与内核共同组成完整的操作系统。典型的操作系统级虚拟化技术有 VMware Workstation、VMware Server。容器技术也是一种操作系统级虚拟化技术，以 Docker[4]为代表的容器技术直接利用了宿主机的内核，抽象层比虚拟机更少，可以为应用程序提供低开销的隔离运行空间，是一种轻量虚拟化技术。容器技术和 Docker 技术的相关内容将在 2.4 节进行详细介绍。

2.2 虚拟化关键技术

2.2.1 服务器虚拟化

服务器虚拟化是指通过虚拟化技术使多个虚拟服务器存在于一台物理主机中。服务器虚拟化的架构有两种：宿主机虚拟化和裸金属虚拟化。宿主机虚拟化利用宿主操作系统的功能来实现硬件资源的抽象和虚拟机的管理，典型应用有 VMware Workstation；而在裸金属虚拟化架构中，Hypervisor 直接运行在硬件之上，提供指令集和设备接口以支持虚拟机，实现从虚拟资源到物理资源的映射，以及不同虚拟机切换过程中的上下文保护，保证了各个客户虚拟系统之间能够得到有效的隔离，典型应用有 Xen、Linux KVM。

服务器虚拟化的核心是 CPU、内存与 I/O 设备等的虚拟化。

1. CPU 虚拟化

CPU 虚拟化是指将单个物理 CPU 虚拟成多个虚拟 CPU，供虚拟机使用，由 VMM 为虚拟 CPU 分配时间片，同时对虚拟 CPU 的状态进行管理，本质上是采用时分复用技术来完成对 CPU 资源的共享利用的。例如，在 X86 体系的 CPU 指令集中，提供了 4 个 CPU 权限级别（Ring0、Ring1、Ring2、Ring3），其中 Ring0 是最高级别，Ring3 是最低级别。操作系统要直接访问硬件和内存，它的代码需要运行在最高级别 Ring0 上，而应用程序的代码运行在最低级别 Ring3 上。如果要访问硬件和内存，实现设备访问、文件读写等操作，就要执行相关的系统调用，将 CPU 的运行级别从 Ring3 切换到 Ring0，完成操作后再切换回去。VMM 本质上是一个 Host OS，运行在 Ring0 上，客户操作系统运行在 Ring1 上，其他上层应用程序运行在 Ring2 和 Ring3 上。CPU 虚拟化结构如图 2.2 所示。

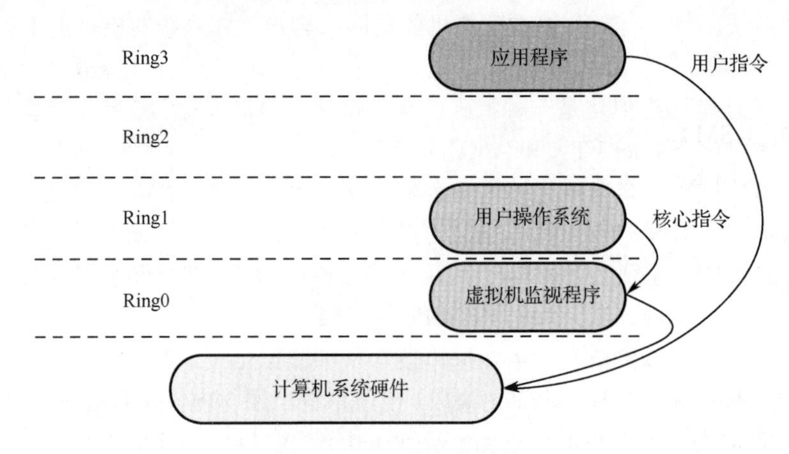

图 2.2　CPU 虚拟化结构

为了提高 CPU 虚拟化的性能，CPU 硬件辅助虚拟化在 Ring 模式的基础上引入了一种新的模式，即虚拟机扩展（Virtual Machine Extension，VMX）模式。VMX 模式包括根操作（VMX Root Operation）模式和非根操作（VMX Non-Root Operation）模式，由于这两种模式中都存在 Ring0 到 Ring3 的特权级，所以在描述某个应用程序时，除了描述它属于哪个特权级，还要指明它处于根操作模式还是非根操作模式。引入 VMX 模式的优势在于客户操作系统运行在 Ring0 上，意味着它的核心指令可以直接下达到硬件层去执行；而特权指令等敏感指令的执行则是由硬件辅助直接切换到 VMM 执行，由于是自动执行，应用程序无法感知，性能也就得到了提高。CPU 硬件辅助虚拟化结构如图 2.3 所示。

2. 内存虚拟化

内存虚拟化用于统一管理物理内存资源，将其包装成多片虚拟内存空间，分别供若干个虚拟机使用，使得每个虚拟机拥有各自独立的内存空间，实现了内存空间的合理分配、管理和隔离，以及高效可靠的使用。

以 Linux KVM 为例，在 Linux KVM 中，使用到的内存虚拟化技术有内核同页合并（Kernel Samepage Merging，KSM）、内存气球和巨型页三种[5]：

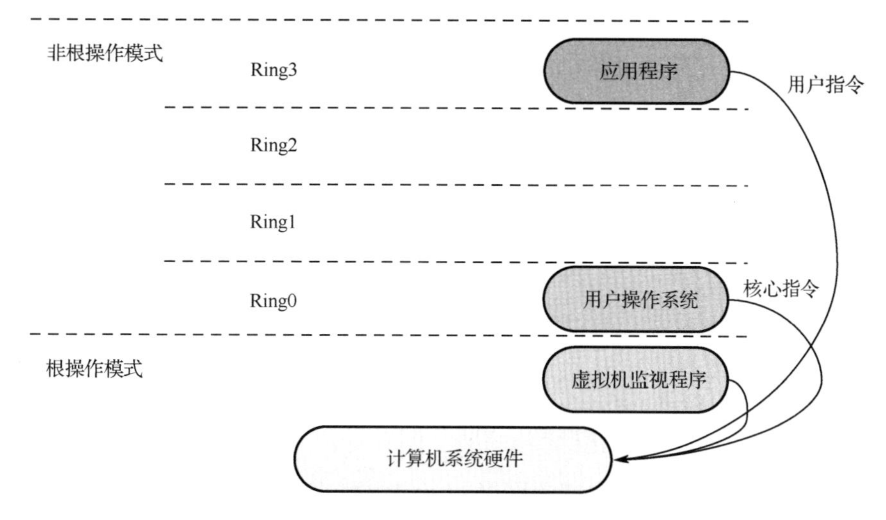

图 2.3　CPU 硬件辅助虚拟化结构

（1）KSM。KSM 将相同的内存分页进行合并，从而达到节省空间的目的。当存在多台相同的虚拟机时，采用 KSM 可以减少多台虚拟机占用的内存，从而提高宿主机的内存使用效率。

（2）内存气球。当虚拟机所需内存大小发生改变时，内存气球可以在虚拟机之间按照实际需求动态调节内存大小，即动态调节宿主机和虚拟机之间的内存分配，以提高内存的利用率。当宿主机需要内存时，虚拟机将部分内存放入特定分区，宿主机可以回收这些内存；当虚拟机需要内存时，也可以从特定分区中获取内存。

（3）巨型页。在 X86 体系中，系统默认的内存页大小是 4 KB，但也存在 2 MB 甚至 1 GB 的巨型页。系统中的巨型页可以传输给虚拟机，Linux KVM 中的虚拟机可以通过分配巨型页来提高性能。

3. I/O 设备虚拟化

除了 CPU 和内存，在服务器中需要虚拟化的关键部件还包括 I/O 设备。I/O 设备虚拟化用于对物理设备进行统一管理，将物理设备包装成多个虚拟设备，分别供若干个虚拟机使用，响应每个虚拟机的 I/O 设备请求。

联合使用分布式计算和虚拟化技术的资源整合方式可以整合多台服务器的资源，从而使单个应用程序通过虚拟化技术运行在多台物理主机上，即实现应用程序的跨物理主机运行。

服务器虚拟化提高了服务器的利用率和灵活性，但由于单台服务器上运行了多个独立的虚拟机，在维护和升级服务器时会影响该服务器上运行的所有虚拟机和应用程序。对于这个问题，vSphere 虚拟化软件通过 VMotion 技术，可以在服务器需要维护升级时动态地将虚拟机迁移到其他服务器上，通过内存复制技术确保每个虚拟机对外的服务，实现了“停物理硬件，不停应用”。一旦服务器发生故障，可以及时快速地在其他服务器上重新启用虚拟机，从而保证虚拟机的稳定性。

2.2.2　存储虚拟化

存储虚拟化是指通过虚拟化技术把多个物理存储介质（如硬盘、磁盘阵列等）组成一个虚拟存储池进行统一管理。通过对存储系统或存储服务内部的功能进行隐藏、隔离及抽象，可以使存储与网络、应用程序等相互分离，使存储资源得以合并，为用户提供大容量、高数据传输性能的存储系统，从而提升资源利用率。

存储虚拟化通过增加虚拟层来管理和控制所有存储资源，结合负载均衡、数据迁移、数据块重组等技术，可以整合和重组底层物理资源，并提供存储服务。服务器不直接与存储硬件打交道，存储硬件的增减、调换、分拆、合并对服务器层是完全透明的。

存储虚拟化的实现方式有三种：

（1）基于主机的存储虚拟化。基于主机的存储虚拟化也称基于系统卷管理器的存储虚拟化，一般是通过逻辑卷管理来实现的。

（2）基于存储设备的存储虚拟化。基于存储设备的存储虚拟化主要是指在存储设备的磁盘或者控制器上实现虚拟化功能。

（3）基于网络的存储虚拟化。基于网络的存储虚拟化是指在网络设备上实现存储虚拟化功能。

2.2.3 网络虚拟化

网络虚拟化是将网络的硬件资源与软件资源进行整合，向用户提供虚拟网络连接的虚拟化技术，能够让一个物理网络支持多个逻辑网络。网络虚拟化保留了网络层次结构、数据通道和能够提供的服务，使得用户的体验与独享物理网络一样。网络虚拟化将网络服务抽象化，与物理层解耦，为多用户提供安全的隔离网络。

典型的网络虚拟化主要包括虚拟局域网（Virtual Local Area Network，VLAN）、虚拟专用网络（Virtual Private Network，VPN）。

1．VLAN

VLAN 和局域网的区别在于，VLAN 中的设备和用户是逻辑上的“邻居”，这些设备和用户并不受物理位置的限制，可以根据功能、部门及应用程序等因素将它们组织起来，可以像在同一个网段中一样相互通信。

2．VPN

VPN 属于远程访问技术，简单地说就是利用公用网络架设专用网络。如果用户想要在公网环境下访问特定的内网服务器资源，如员工想要在家访问企业内部网络的资源（这种访问就属于远程访问），就可以使用 VPN。

对于云计算数据中心来说，网络虚拟化主要分为三个层次：

（1）核心层网络虚拟化，主要指的是云计算数据中心核心网络设备的虚拟。

（2）接入层网络虚拟化，可以实现云计算数据中心接入层的分级设计，接入层交换机能够支持各种灵活的部署方式和新的以太网技术。

（3）虚拟机网络虚拟化，在服务器内部虚拟出相应的交换机和网卡功能。

网络虚拟化涉及两个层次的虚拟化，即网络本身的虚拟化和网元（Network Element，NE）的虚拟化。其中，网元指的是网络中的元素（设备），是网络关系中可以监视和管理的最小单位[6]。SDN 负责网络本身的虚拟化，将网络设备控制平面与数据平面相互分离，实现了网络流量的灵活控制，让网络成为一种可以灵活调配的资源。网络功能虚拟化（Network Function Virtualization，NFV）也是一种网络架构概念，负责将网元虚拟化，实现软件和硬件的彻底解耦，并具有自动部署、弹性伸缩、故障隔离和自愈等优点，可大幅提升网络运维效率，降低风险和能耗[7]。

2.2.4 应用程序虚拟化

应用程序虚拟化指的是将应用程序从桌面操作系统中分离出来，按照需求提供服务，无须在客户端安装软件。用户访问虚拟化的应用程序时，只需要把客户端人机交互逻辑发送给服务器端，服务器端就会为用户建立会话来运行应用程序的计算逻辑，并把处理后的显示逻辑传回客户端并显示，从而使用户获得如同运行本地应用程序一样的感受。

应用程序虚拟化的优势在于：

（1）可以实现基于浏览器方式难以实现的应用，丰富应用程序的服务。

（2）可以快速实现 SaaS。

（3）在用户体验方面，和独立的计算机应用没有差别，容易被接受。

（4）支持多样化的终端，同一个设备也可以运行相同软件的不同版本。

依据应用程序依赖的虚拟执行环境是否支持异构操作系统，应用程序虚拟化可以分为同构应用程序虚拟化和异构应用程序虚拟化。

2.2.5 桌面虚拟化

桌面虚拟化指的是在服务器上安装虚拟主机系统，由虚拟主机系统模拟操作系统所需要的硬件资源（如 CPU、内存、网卡、存储等），可以通过联网设备，在任何地点、任何时间访问在网络上属于用户个人的桌面系统。服务器上存放的是每个用户的完整桌面环境。也就是说，桌面虚拟化可以将用户的桌面环境与其使用的终端解耦，将远端的操作系统通过虚拟交付协议推送给客户端。

第一代桌面虚拟实现了在同一个独立的计算机上同时安装多个操作系统，并同时运行这些操作系统。第二代桌面虚拟化进一步将桌面系统的运行环境与安装环境、应用程序和桌面配置文件进行了分离，从而大大降低了管理的复杂度与成本，提高了管理效率。

桌面虚拟化的优势在于：

（1）安全性。将数据与终端分离，便于集中管理。

（2）高效率。可以实现随时随地的接入，实现移动办公。

（3）稳定性。可以快速恢复故障，减少业务中断时间，提高业务的一致性及应变能力。

（4）灵活性。可以动态调整配置，减少硬件资源浪费，降低成本。

2.2.6 虚拟机迁移

虚拟机迁移是指将虚拟机从源宿主机迁移到目标宿主机，并且在目标宿主机上将虚拟机运行状态恢复到其在迁移之前的状态，继续完成任务。虚拟机迁移一般用于两种情况：一种是由于云计算数据中心的服务器负载经常处于动态变化中，当一台服务器的负载过大时，可以将其上的虚拟机迁移到其他服务器，达到负载平衡；另一种是云计算数据中心的服务器需要定期进行升级维护，当升级维护服务器时，管理员可以将其上的虚拟机暂时迁移到其他服务器，等升级维护完成之后，再将虚拟机迁移回来。

虚拟机迁移的核心技术是实时迁移（Live Migration）技术，即保持虚拟机运行的同时，把它从源宿主机迁移到目标宿主机，并在目标宿主机上恢复运行。实时迁移过程如图 2.4 所示，用户通过网络在服务器 1 中的虚拟机 1 上观看流媒体视频，此时服务器 1 或者虚拟机 1 出现问题，就需要进行虚拟机迁移。按照迁移策略，选定服务器 2 作为目标宿主机迁移虚拟机，在迁移过程中用户察觉不到服务中断。

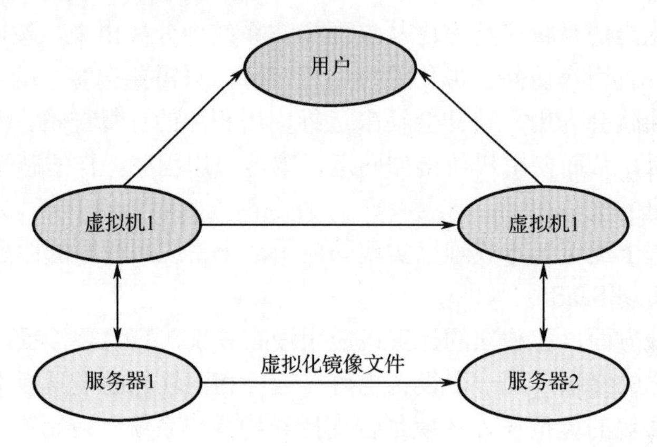

图 2.4　实时迁移过程

评价虚拟机迁移效率的主要性能指标如下：

（1）总迁移时间。从开始迁移到被迁移的虚拟机在目标宿主机上运行，并且和源宿主机上的虚拟机达到一致状态时的持续时间。

（2）停机时间。从被迁移的虚拟机在源宿主机上被挂起，到它在目标宿主机上恢复所经历的时间，在这段时间内虚拟机不能提供服务。

（3）总数据传输量。在同步虚拟机状态时总共传输的数据量。

（4）应用性能损失。在迁移过程中对虚拟机性能的影响，如虚拟机内部应用程序的执行延时或性能抖动。

虚拟机迁移包括网络信息迁移、存储信息迁移和内存信息迁移。

1．网络信息迁移

在迁移虚拟机时，虚拟机的所有网络信息，包括协议状态（如 TCP 连接状态等）和 IP 地址等，都随之一起迁移。在局域网内，可以先通过发送地址解析协议（Address Resolution Protocol，ARP）重定向数据包，将虚拟机的 IP 地址与目标主机的 MAC 地址绑定，再将所有数据包发送到目标主机上。

2．存储信息迁移

虚拟机的运行需要存储设备的支持，迁移存储信息需要大量时间和网络带宽。通常的解决办法是以共享的方式共享数据和文件系统，而非真正迁移存储信息。目前大多数集群使用网络存储技术来存储和共享数据。

3. 内存信息迁移

内存信息迁移方法可以总结为预复制迁移、后复制迁移和 CR/TR-Motion 三类方法[8]。

（1）预复制迁移。预复制迁移是当前应用最多的动态迁移算法，可在虚拟机运行的同时进行迁移，并且具有可靠性。预复制迁移过程主要有六个步骤：

① 预迁移。选择一个目标宿主机作为迁移目标。

② 预定资源。向目标宿主机发送迁移请求，并确认目标宿主机中是否存在所需的资源。

③ 预复制。将虚拟机的全部内存页面从源宿主机复制到目标宿主机。

④ 迭代复制。将上一轮过程中被修改过、且到目前为止在本轮复制过程中没有被修改过的页面迭代复制到目标宿主机。

⑤ 停机复制。将虚拟机剩余的少量没有同步的内存页面和虚拟机系统运行的信息复制到目标宿主机。

⑥ 启动。在目标宿主机上启动被迁移的虚拟机。

（2）后复制迁移。在后复制迁移过程中，源宿主机首先向目标宿主机传送包括虚拟 CPU 等系统状态在内的、虚拟机在目标宿主机上能够运行的最小数据集，停止源虚拟机的运行；然后在目标宿主机收到最小工作数据集后恢复虚拟机的运行，目标宿主机上的虚拟机通过网络从源宿主机获取内存页面。

同时，预复制迁移和后复制迁移也可以结合使用：首先通过预复制迁移把所有内存页复制到目标宿主机上；然后挂起虚拟机，将处理器状态和不可分页的脏页面复制到目标宿主机上，并在目标宿主机上恢复虚拟机；最后进行后复制迁移，从源宿主机推送剩余的脏页面。

（3）CR/TR-Motion。通常情况下，日志文件较小，通过日志的跟踪和重现技术可以减少数据的传输量。CR/TR-Motion 采用检查点/恢复和跟踪重现技术，可记录足够的信息，并在源宿主机上生成进行跟踪的日志，重现源虚拟机的执行来同步虚拟机的状态，实现虚拟机的快速、动态迁移。

2.3 典型虚拟化软件

2.3.1 Xen

Xen 是一个开放源代码的虚拟机监视器[9]，是由剑桥大学主导的一个开源 VMM 项目，是最早的开源虚拟化软件之一。Xen 可以在单台服务器上运行多达上百个虚拟机，无须特殊硬件的支持。Xen 的架构如图 2.5 所示。

2.3.2 VMware 的 vSphere

VMware 的 vSphere 是最早的 X86 平台上的虚拟化引擎之一[10]，产品成熟、稳定、兼容性都比较出色。VMware 的虚拟化产品线主要包括针对个人使用的 VMware Workstation、针对 iOS 用户的 VMware Fusion 和针对企业级用户的 VMware ESXi 服务器。vSphere 的架构如图 2.6 所示。

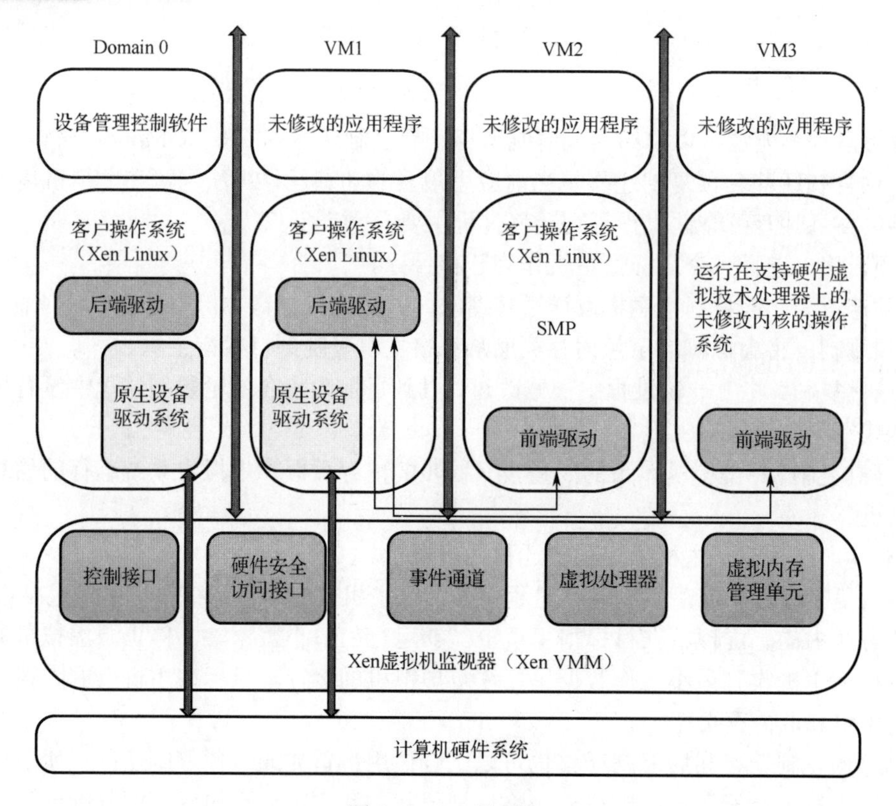

图 2.5　Xen 的架构

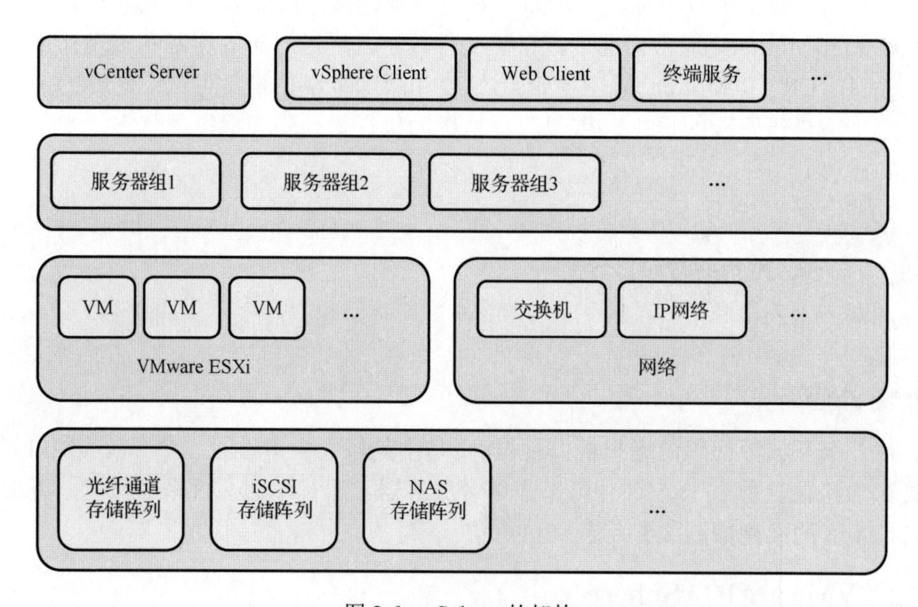

图 2.6　vSphere 的架构

vSphere 包含的主要组件如下：

（1）VMware ESXi。VMware ESXi 是一个在服务器上运行的虚拟化层，将处理器、内存、存储器和资源虚拟化为多个虚拟机。VMware ESXi 是一个 Linux 内核的操作系统，只有安装了 VMware ESXi，才能创建虚拟机。

（2）vCenter Server。vCenter Server 负责配置和管理虚拟化的资源，提供访问控制、性能监控和警报管理等服务，可监控虚拟机的运行、调整虚拟机的资源、调整迁移虚拟机等情况。

（3）vSphere Client。vSphere Client 是一个允许用户从任何 PC 远程连接到 vCenter Server 或 VMware ESXi 的界面。

（4）Web Client。Web Client 是一个允许用户从各种外部浏览器远程连接到 vCenter Server 的 Web 界面。

2.3.3 Microsoft 的 Hyper-V

Hyper-V 是 Microsoft 的一款虚拟化产品[11]，其架构如图 2.7 所示，只有服务器硬件、Hyper-V 和虚拟机（包括根分区和多个子分区）三层，不包含第三方驱动，代码简单、安全可靠、执行效率高，能充分利用硬件资源，使虚拟机的性能接近真实系统的性能。

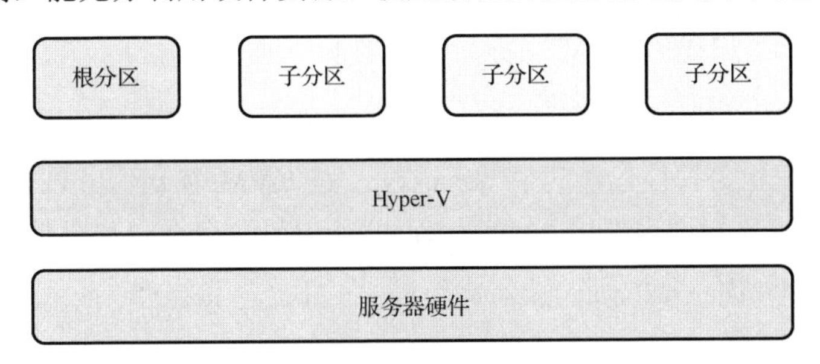

图 2.7 Hyper-V 的架构

Hyper-V 支持分区隔离，分区无法访问 CPU，也无法处理 CPU 的中断，但它们具有 CPU 的虚拟视图，并可在分区虚拟内存地址中运行。

2.3.4 Linux 的 KVM

KVM 的全称是 Kernel-based Virtual Machine，是一种开源的基于内核的虚拟化模块[12]，自 Linux 2.6.20 之后集成在 Linux 的各个主要发行版本中。KVM 使用 Linux 自身的调度器进行管理，相对于 Xen，其核心代码较少。KVM 目前已成为业界主流的 VMM 之一。KVM 的虚拟化需要硬件支持（如 Intel VT 技术或者 AMD-V 技术），是基于硬件的完全虚拟化。KVM 的架构如图 2.8 所示。

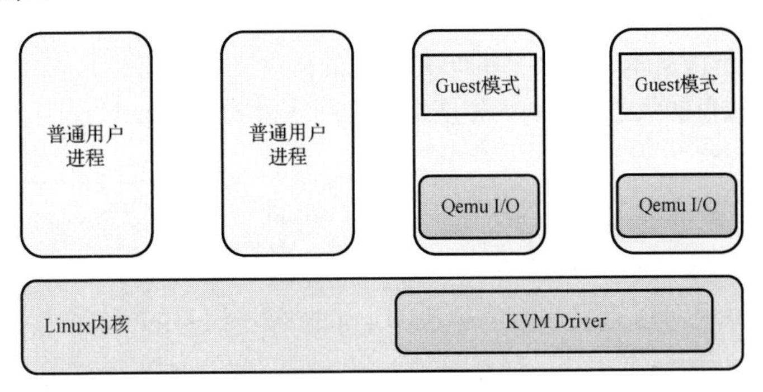

图 2.8 KVM 的架构

KVM 嵌入到了 Linux 内核中，利用 Linux 内核的调度和资源管理能力管理虚拟资源。在 KVM 中，每个虚拟机都是一个 Linux 进程，KVM 将虚拟机按照正常进程的调度方式进行调度，虚拟机的内存也由 Linux 分配，按普通进程进行管理。正常进程有核心和用户两种模式，KVM 增加了 Guest 模式，用于执行 Qemu I/O 的客户操作系统代码。KVM 主要有两个组件：一个用来管理虚拟硬件的驱动程序；另一个用来模拟计算机硬件。

接下来简单介绍 KVM 的安装和虚拟机的创建。

（1）在安装 KVM 之前，首先要查看当前系统版本是否支持 KVM 的安装，以 CentOS 系统为例，通过下面的代码可查看当前版本是否支持 KVM 的安装。

```
[root@openstack ~]# cat /etc/centos-release
```

（2）验证 CPU 是否支持虚拟化，代码如下：

```
[root@openstack ~]# cat /proc/cpuinfo | egrep ‘vmx|svm’
```

（3）查看是否已经加载了 KVM 服务，代码如下：

```
[root@openstack ~]# lsmod | grep kvm
```

（4）安装 KVM 相关软件包，其中 qemu-kvm 是 KVM 模块，libvirt 是虚拟管理模块，virt-manager 是图形界面管理虚拟机，virt-install 是虚拟机命令行安装工具，代码如下：

```
[root@openstack ~]# yum install qemu-kvm qemu-img virt-manager libvirt libvirt-python virt-manager libvirt-client virt-install virt-viewer -y
```

（5）安装 KVM 后可以通过图形化界面和命令行两种方式创建虚拟机。图形化界面安装虚拟机如图 2.9 所示。

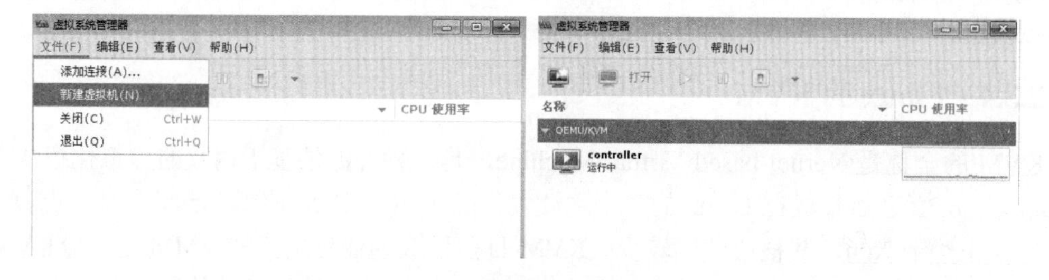

图 2.9　图形化界面安装虚拟机

以命令行方式安装虚拟机时：name 是虚拟机名称；ram 是虚拟机内存；vcpus 是虚拟机 CPU 个数；cdrom 是指从本地安装；disk 是生成的磁盘文件的路径，可以自动生成，也可以提前创建；size 是磁盘的大小；network 是指定的网络模式；default 说明选择的是 net 模式。安装代码如下：

```
[root@openstack ~]# virt-install --name template --ram=10240 --vcpus=2 --cdrom=/home/iso/CentOS-7-x86_64-DVD-1708.iso
```

利用命令行方式还可以查看当前虚拟机的运行情况，代码如下：

```
--disk path=/home/images/template.qcow2,size=100 --network network=default --graphics vnc
```

2.4 容器技术

2.4.1 容器技术的定义与优势

随着应用场景的日益复杂，虚拟化技术也暴露出了一些缺陷[13]：首先，每个虚拟机都是一个完整的系统，当虚拟机数量增多时，虚拟机本身消耗的资源势必显著增多；其次，开发环境和线上环境通常存在区别，所以开发环境与线上环境之间无法形成很好的桥接，在部署线上应用时，依旧需要花时间去处理环境不兼容的问题。

容器技术可以把开发环境及应用程序整个打包，打包后容器可以在众多环境中运行，解决了开发环境与运行环境不一致的问题。

如果把操作系统比作一艘船，把应用程序看成各种货物，那么可以将容器类比为运输过程中使用的集装箱。如果把每件货物都放到集装箱里面，那么船就可以用同样的方式安放和堆叠集装箱，省时省力。容器中运行的是一个或者多个应用程序，以及应用程序所需要的运行环境，可直接运行在操作系统内核之上的用户空间。容器技术是对进程（操作系统内核）的虚拟，从而可提供更轻量级的虚拟化，实现进程和资源的隔离，使得多个独立的用户空间可以运行在同一台宿主机上。

容器技术是在操作系统层面进行的虚拟，虚拟机主要是从硬件角度进行的虚拟，容器不像虚拟机那样需要独立的操作系统。容器与虚拟机的对比如表 2.1 所示。

表 2.1　容器与虚拟机的对比

	容　　器	虚　拟　机
原理	和宿主机共享内核，所有容器都运行在容器引擎之上，容器并不具备独立的操作系统，所有容器共享操作系统，在进程级进行隔离	每个虚拟机都建立在虚拟的硬件之上，提供指令级的虚拟，每个虚拟机都具备独立的操作系统
资源管理	弹性资源分配，可以在没有关闭容器的情况下添加资源，也无须重新分配数据卷大小	虚拟机需要重启，虚拟机的操作系统需要处理新加入的资源，如磁盘需要重新分区
启动时间	较快	较慢
资源占用	容器需要的资源更少。容器是在操作系统级别进行的虚拟，和内核交互，几乎没有性能损耗。容器更轻量，容器的架构允许其共用一个内核并共享应用程序库，所占内存极小。同样的硬件环境，容器运行的镜像数远多于虚拟机数量，系统的利用率非常高	虚拟机是在 Hypervisor 层与内核层进行的虚拟，等同于虚拟出一台计算机，占用的资源较多
安全性	容器的安全性更弱。容器的用户 Root 权限和宿主机 Root 权限等同，一旦容器内的用户从普通用户权限提升为 Root 权限，它就直接具备了宿主机的 Root 权限	虚拟机用户 Root 权限和宿主机的 Root 权限是分离的，并且虚拟机利用的是硬件隔离技术，这种隔离技术可以防止虚拟机突破宿主机的 Root 权限和彼此交互
部署	容器的创建是秒级的，它的快速迭代性决定了无论开发、测试还是部署都可以节约大量时间	虚拟机可以通过镜像实现环境交付的一致性，但镜像分发难以体系化

Docker 是容器虚拟化技术的代表。它是一个开源的应用容器引擎[14]，采用 Go 语言开发，开发者可将其应用程序以及支撑软件打包放到一个可移植的容器中，将应用程序变成一种标准化的、可移植的、自管理的组件。

与虚拟机相比，Docker 的优势显而易见[15]。Docker 取消了 Hypervisor 层和 Guest OS 层，使用 Docker Engine 进行调度和隔离，所有的应用程序共用主机操作系统，因此 Docker 较虚拟机更轻量，在性能上优于虚拟机，更接近裸机性能。传统的虚拟机运行在 Hypervisor 层，性能稍逊于宿主机，启动时间很慢；而 Docker 则直接运行在宿主机的内核上，不同 Docker 共享一个 Linux 内核，接近于宿主机的本地进程，它的启动时间相较于传统的虚拟机非常迅速；Docker 占用的存储空间较小，一台主机可以启动成千上万个 Docker，而传统的虚拟机占用存储空间较大。

虚拟机与 Docker 的架构对比如图 2.10 所示。

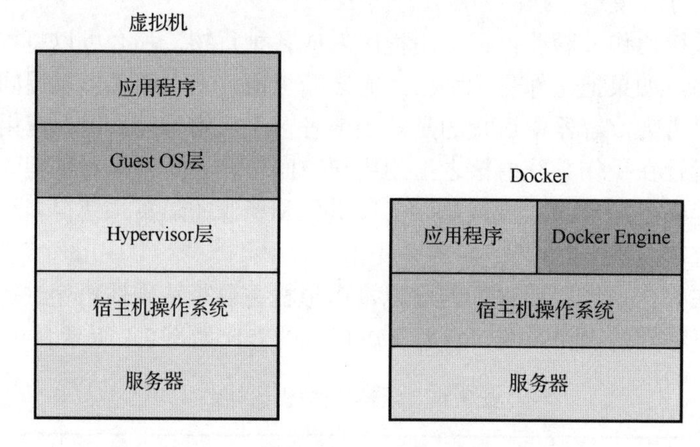

图 2.10　虚拟机与 Docker 的架构对比

以 Docker 为代表的容器的主要优势如下：

（1）持续集成。在开发与发布应用程序的生命周期中，不同的环境有细微的不同，这些差异可能是由于不同安装包的版本和依赖关系引起的，Docker 可以通过确保应用程序从开发到发布整个过程环境的一致性来解决这个问题。

（2）版本控制。Docker 可以回滚到当前镜像的前一个版本，可以避免因为完成部分组件的升级而导致对整个环境的破坏。

（3）可移植性。Docker 最大的优势之一是其具有良好的可移植性，Docker 可以移动到任意一台宿主机上，几乎不受底层系统的限制。目前所有主流的云计算系统，包括 Amazon 的 AWS 和 Google 的 GCP，都将 Docker 融入平台并提供了相应的支持。

（4）安全性。Docker 实现了不同容器（Container）中应用程序的隔离，能确保每个应用程序只能使用分配给它的 CPU、内存和磁盘空间等资源。

2.4.2　Docker 的核心组件

Docker 的核心组件[16]（见图 2.11）有很多，主要包括容器（Container）、镜像（Images）和仓库（Repositories）。其中，Docker 容器是独立运行的一个或一组应用；Docker 镜像用于创建 Docker 容器的模板；Docker 仓库用来保存镜像，可以理解为代码控制中的代码仓库。这三者协作完成了构建、分发以及执行的任务。Docker Hub 提供了庞大的镜像集合供使用。

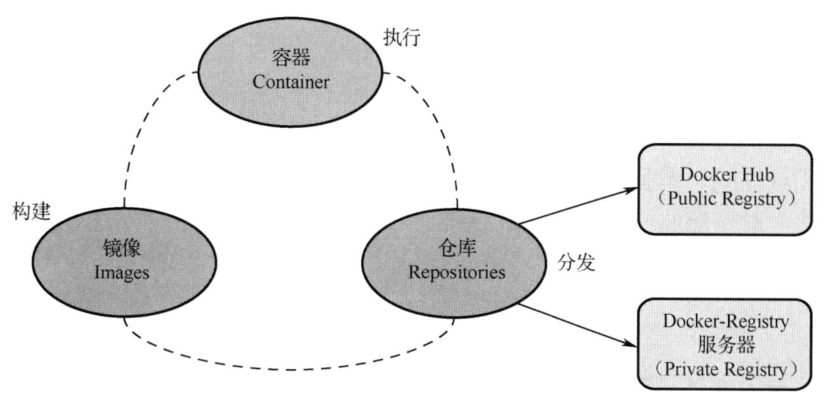

图 2.11 Docker 核心组件

下面对 Docker 的相关核心组件进行详细介绍。

1. 镜像

Docker 中的镜像与虚拟机中的镜像类似，用来创建 Docker 的容器。镜像是一个只读模板，一个镜像可以包含完整的操作系统、数据库或应用程序。镜像分为父镜像和基础镜像，每一个镜像都可能依赖于由一个或多个下层组成的另一个镜像（下层镜像），下层镜像是上层镜像的父镜像，没有任何父镜像的镜像称为基础镜像。

每个镜像都有一个镜像 ID，镜像 ID 是一个 64 bit 的十六进制字符串（内部是一个 256 bit 的值），为了简化使用，前 12 bit 的字符可以组成一个短 ID 用于命令行中，短 ID 有一定的碰撞概率，所以服务器后台通常返回长 ID。

Docker 的镜像采用分层结构，每个镜像层中包含的关于本层的信息称为元数据（Metadata）。元数据能够让 Docker 获取运行和构建时的信息以及父层的层次信息。每个镜像层都包括一个指向父层的指针，如果某一层没有指针则说明它是基础镜像层。

2. 容器

Docker 中的容器类似于从模板中创建的虚拟机。容器是从镜像创建的运行实例，Docker 可以启动、开始、停止、删除容器。容器可以看成一个简易版的操作系统平台及运行在其中的应用程序。

3. 仓库

Docker 中的仓库是集中存放镜像文件的场所[17]，类似于代码仓库。仓库分为公共仓库（Public Registry）和私有仓库（Private Registry）两种形式。最大的公共仓库是 Docker Hub，存放了数量庞大的镜像供用户下载。仓库注册（Docker-Registry）服务器上往往存放着多个私有仓库，每个私有仓库中又包含了多个镜像，每个镜像有不同的标签，在下载时标签大部分是版本号。仓库的使用流程为：将镜像 push 到仓库，从仓库 pull 下镜像。

4．CGroup（Control Groups）

CGroup[18]通过限制、控制与分离一个进程组群的资源，从而实现对资源的配额和度量，主要功能有：

（1）限制资源使用。限制内存使用上限以及文件系统的缓存限制。

（2）优先级控制。控制 CPU 的顺序和磁盘 I/O 的吞吐量。

（3）计费。对资源的使用情况等进行统计，以实现计费。

（4）控制。对资源进行控制，执行挂起进程、恢复执行进程等操作。

5．卷

卷（Volume）绕过了默认的文件系统，以正常文件或目录的形式存在于宿主机之上，能够保存持久化的数据，并实现容器间卷数据的共享。卷容易备份，也可以在删除容器时一并把卷删掉。如果某个卷被多个容器共享，则必须将所有共享这个卷的容器都删掉才能同时删除这个卷。

6．网络

Docker 的网络分为单机网络和跨主机网络。单机网络有 4 种网络模式，分别是 Bridge 模式、Host 模式、Container 模式和 None 模式[19]。例如，采用 Host 模式的 Docker 网络可以直接使用宿主机的 IP 地址与外界进行通信；若宿主机的 eth0 是一个公有 IP，那么容器也拥有这个公有 IP，同时容器内服务的端口也可以使用宿主机的端口，无须进行额外的 NAT 转换。Host 模式架构如图 2.12 所示。

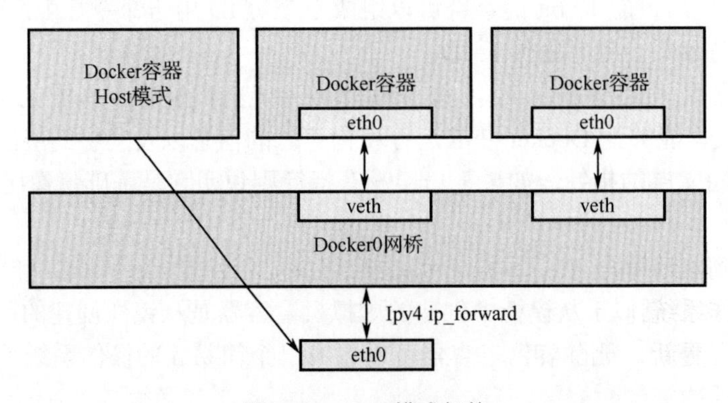

图 2.12　Host 模式架构

在同一台宿主机内，容器间可以相互访问，但跨主机的访问性能较差，还存在安全问题。为解决这个问题，先后出现了多种方案，包括 Weave、覆盖网（Overlay Network）、Open vSwitch Network 等方案[20,21]。

覆盖网是一种在网络架构上进行叠加的虚拟化网络模式[21]。基于覆盖网的容器跨主机访问通信过程如图 2.13 所示。eth0 是 Overlay 网络分配的唯一的 IP 地址，是 veth pair 虚拟设备对，用于实现点对点的通信，通过桥接到 br0 网桥，可以实现不同 NameSwitch 之间容器的通信。br0 是 Overlay 默认创建的网桥。VETP 是对 vxlan 数据包的封装与解封装。eth1 是容器主机的默认网络，主要提供容器访问外网所需的服务。Docker_gwbridge 是容器所创建的网桥，替代了 docker0 的服务。eth0 同样也是主机的网卡。

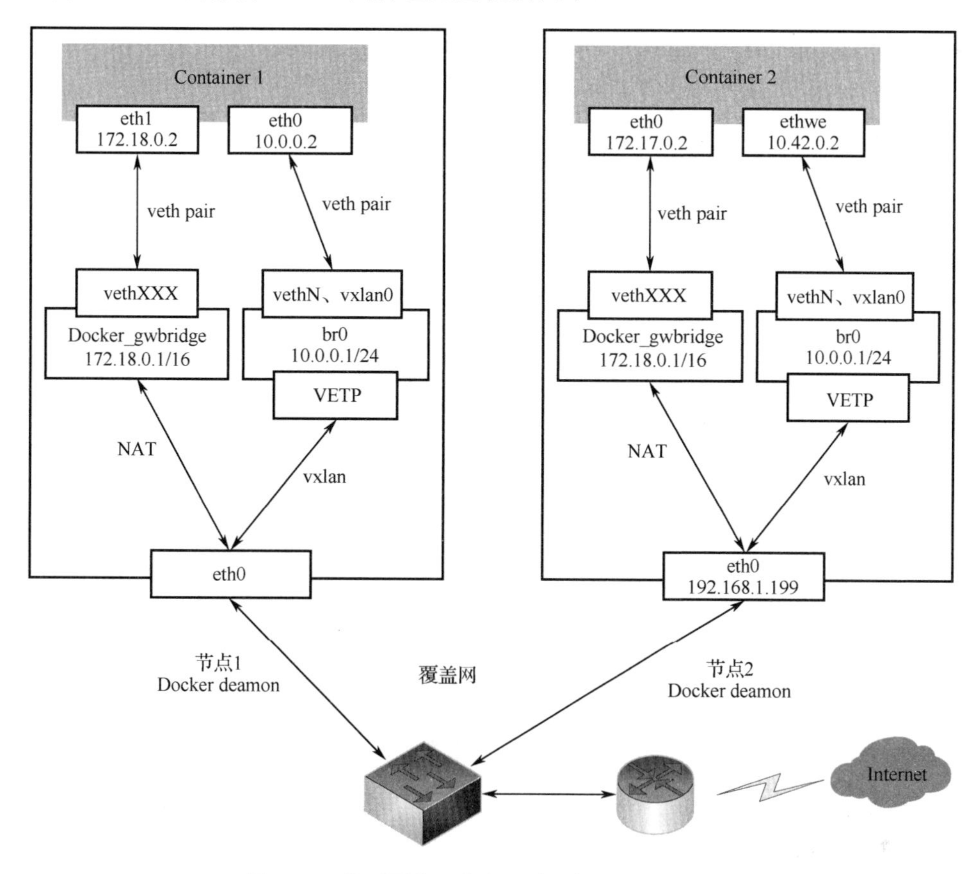

图 2.13　基于覆盖网的容器跨主机访问通信过程

容器、镜像和仓库的协作流程如图 2.14 所示。Client 是用户输入的命令行；Docker_host 是本地服务器的操作；Registry 是镜像仓库，保管用户所需要的镜像文件；Docker pull 将远端仓库的镜像下载到本地服务器；Docker run 负责运行下载的镜像，来创建所需的容器，类似于在本地安装操作系统，一个镜像可以启动多个容器；Docker build 是在本地创立镜像，初始下载的镜像是没有更新、没有安装 VM 的，通过 Docker build 可以创建一个已经更新并安装所有必需基础软件的镜像，这样使用这个镜像启动容器就节省了很多重复的步骤；Docker push 将创建的镜像复制到仓库，其他的服务器就可以自由地使用这个镜像来启动容器了。

2.4.3　Docker 的安装

Docker 支持 CentOS，一般需要安装在 64 bit 的平台上。在 CentOS 7 环境下可以使用“$ yum install docker –y”命令自动安装 Docker，默认安装的是最新版本；使用“$ chkconfig docker on”命令设置 Docker 开机的自动启动；使用“$ service docker start”命令启动 Docker 服务。

相较于自动安装，手动安装的流程较为烦琐，具体如下：

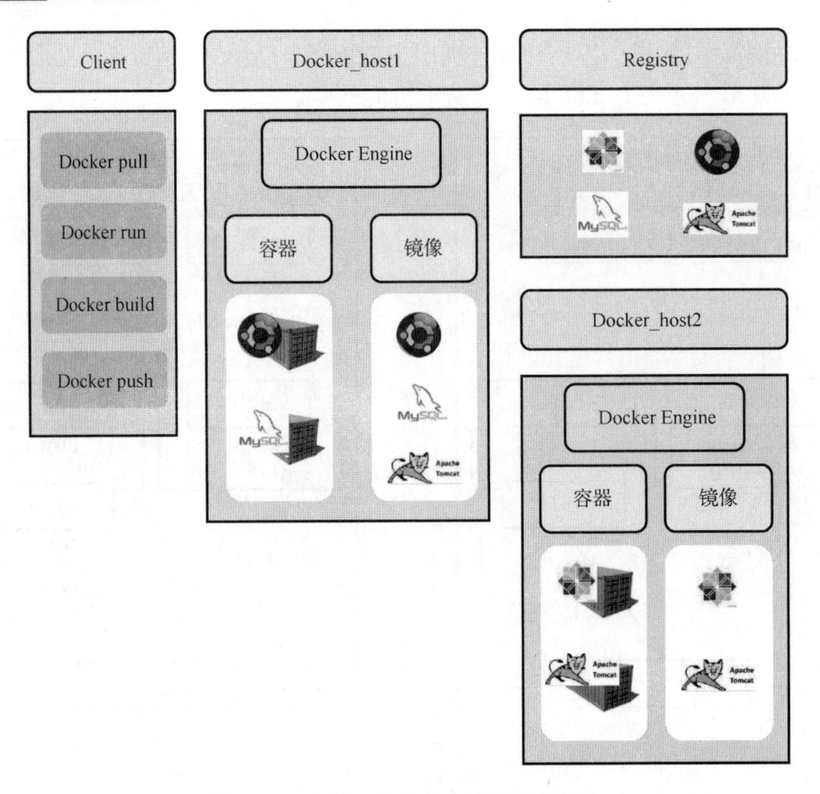

图 2.14　容器、镜像和仓库的协作流程

（1）添加内核参数，编辑配置文件“/etc/sysctl.conf”，添加以下代码：

```
[root@client ~]# vi /etc/sysctl.conf
net.ipv4.ip_forward = 1
net.ipv4.conf.default.rp_filter = 0
net.ipv4.conf.all.rp_filter = 0
```

（2）添加 yum 源代码如下：

```
[root@registry ~]# cat /etc/yum.repos.d/yum.repo
[centos]
name=centos
baseurl=ftp://10.0.0.254/file/cr/2017/centos7.2/
gpgcheck=0
enabled=1
[iaas]
name=IaaS
baseurl=ftp://10.0.0.254/file/cr/2017/IaaS/IaaS-repo/
gpgcheck=0
enabled=1
```

（3）安装 docker-io，代码如下：

```
[root@registry ~]#   yum -y install docker-io
```

（4）使用 DaoCloud 加速器，加快镜像下载速度，代码如下：

```
[root@client ~]# curl -sSL  https://get.daocloud.io/daotools/set_mirror.sh | sh -s http://ef0cb1d0.m.daocloud.io
```

（5）启动 Docker 并设置为开机自启，代码如下：

```
[root@localhost yum.repos.d]# systemctl start  docker.service
[root@localhost yum.repos.d]# systemctl enable docker.service
```

（6）检查 Docker 的安装是否正确，代码如下：

```
[root@localhost yum.repos.d]# docker info
```

2.4.4 Docker 的调度工具

Docker 容器调度工具的主要任务是负责在最合适的主机上启动容器，并且将它们关联起来。Docker 的调度工具通过自动故障转移来处理错误，并且当一个实例不足以处理或计算数据时，能够扩展容器来解决问题。

Docker 的常用调度工具有 Swarm[22]和 Kubernetes[23]等。

1. Swarm

Swarm 是一个由 Docker 研发团队开发的调度工具，可以使用标准的 Docker 应用编程接口（Application Programming Interface，API）。Swarm 有三个核心概念：节点（Node）、服务（Service）和任务（Task）。节点是已加入 Swarm 的 Docker 引擎的实例，包含 Manager 节点和 Worker 节点。服务是在 Worker 节点上执行的，在创建服务时，需要指定容器的镜像。任务是在 Docker 容器中执行的命令，Manager 节点根据指定数量的任务副本分配任务给 Worker 节点。

2. Kubernetes

Kubernetes（简称 K8s）是 Google 开源的容器集群管理系统，可提供应用程序部署、维护、扩展机制等功能，利用 Kubernetes 能方便地管理跨主机运行的容器应用程序。Kubernetes 的主要功能有：

（1）使用 Docker 来包装（Package）、实例化（Instantiate）和运行（Run）应用程序。

（2）以集群的方式运行、管理跨主机的容器。

（3）解决 Docker 跨主机容器之间的通信问题。

（4）Kubernetes 的自我修复机制使得容器集群能够运行在用户期望的状态。

Kubernetes 支持 GCE、vSphere、CoreOS、OpenShift、Azure 等平台，也可以直接运行在物理主机上。

相较于 Swarm，Kubernetes 的优势在于：

（1）设计思想的先进性。Kubernetes 基于模块化的思维，功能更单纯，复用率更高，高度解耦合，用户不需要关心扩容、容错、通信、安全、资源配额、服务发现等底层的问题。开发行为将因为微服务的概念而发生改变。

（2）部署工作更加便捷和自动化。Kubernetes 将运行环境打包，使应用程序在开发、测试、生产系统等运行环境中没有差别，具备自动部署的能力。

（3）运维更加简单。Kubernetes 具有监控、错误定位、网络容灾、扩容、资源管控等功能，使运行维护更加便捷。

2.4.5 Docker 的作用

由于 Docker 的强大功能，使其在多个应用领域发挥了重要的作用。

（1）简化配置。Docker 简化了运行部署配置，同样的配置可以应用于不同的环境，降低了对硬件的要求，以及应用环境间的耦合度。

（2）代码流水线管理。代码从开发者的设备到最终在生产环境上的部署，需要经过很多有差异的中间环境，Docker 给应用程序提供了一个从开发到上线一致的环境，让代码实现了流水线管理。

（3）整合服务器资源。Docker 可以有效整合服务器的资源，使多个容器实例能够有效共享闲置的资源，比虚拟机有更好的资源整合性能。

（4）多用户支持。Docker 可以为每一个用户的多个应用层实例创建隔离的环境，并利用 Docker 的轻量化来支持服务器上的多个用户容器的共享资源和并发运行。

（5）快速部署。在虚拟机之前，引入新的硬件资源需要消耗几天的时间，虚拟化技术将这个时间缩短到了分钟级别；Docker 通过为进程创建一个容器，无须启动操作系统，再次将这个时间缩短到了秒级。

接下来介绍两个具体的 Docker 应用。

(1)京东云利用基于 Docker 的容器技术来承载电子商务系统的关键业务，基于 Docker 的弹性云支撑数以万计的 Docker 容器在线上运行。基于 Docker 的弹性云可以自动管理资源，做到弹性扩展，能经受大流量的考验；在流量低谷期又可以回收资源，在确保运维系统的稳定性的同时提升了资源利用率。京东的核心交易、配送、售后、金融等都平稳运行在容器上。

（2）阿里云平台使用 Docker 和 Kubernetes，将应用服务打包为 Docker 镜像，通过 Kubernetes 来动态分发和部署镜像。在某些业务高峰到达时，通过启动 Docker 镜像可以有效增强服务的性能，在业务高峰过后通过关闭镜像可以节省资源消耗，整个过程对平台的其他业务没有影响。

2.5 本章小结

本章主要介绍了虚拟化技术与容器技术的相关知识。虚拟化技术使用户可以更好地共享计算机的硬件资源。以 Docker 为代表的容器技术作为新型的虚拟化技术，在虚拟化技术的基础上对功能、性能等做了进一步的改进。

本章参考文献

[1] 计算机虚拟化技术[EB/OL]．[2021-08-04]．https://baike.baidu.com/item/计算机虚拟化技术/2480791?fr=aladdin.

[2] Strachey C. Time Sharing in Large Fast Computers[C]. International Conference on

Information Processing, 1959.

[3] 徐小龙．云计算技术及性能优化[M]．北京：电子工业出版社，2017.

[4] 郭甲戌，胡晓勤．基于 Docker 的虚拟化技术研究[J]．网络安全技术与应用，2017(10): 28-29.

[5] 肖力．深度实践 KVM[M]．北京：机械工业出版社，2015.

[6] 网元[EB/OL]．[2021-07-26]．https://baike.baidu.com/item/网元/11040242?fr=aladdin.

[7] 周伟林，杨芫，徐明伟．网络功能虚拟化技术研究综述[J]．计算机研究与发展，2018, 55(04): 675-688.

[8] 常德成，徐高潮．虚拟机动态迁移方法[J]．计算机应用研究，2013, 30(04): 971-976.

[9] 刘国乐，何建波，李瑜．Xen 与 KVM 虚拟化技术原理及安全风险[J]．保密科学技术，2015(04): 24-30.

[10] 武佳宁．基于 VMware vSphere 的数据中心服务器虚拟化解决方案[J]．微型电脑应用，2016, 32(09): 32-34.

[11] 韩寓．服务器虚拟化技术研究与分析[J]．电脑知识与技术，2011, 7(07): 1654-1655.

[12] KVM[EB/OL]．[2021-08-04]．https://baike.baidu.com/item/KVM/522955?fr=aladdin.

[13] 汪恺，张功萱，周秀敏．基于容器虚拟化技术研究[J]．计算机技术与发展，2015, 25(08): 138-141.

[14] Docker[EB/OL]. [2021-07-26]. https://baike.baidu.com/item/Docker/13344470?fr=aladdin.

[15] 肖伟民，邓浩江，胡琳琳，等．基于容器的 Web 运行环境轻量级虚拟化方法[J]．计算机应用研究，2018, 35(06): 1768-1772.

[16] 伍阳．基于 Docker 的虚拟化技术研究[J]．信息技术，2016(01): 121-123, 128.

[17] 陈清金，陈存香，张岩．Docker 技术实现分析[J]．信息通信技术，2015, 9(02): 37-40.

[18] 陈晓．基于 Linux Container 的 Android 移动终端虚拟化[D]．广州：华南理工大学，2013.

[19] 肖小芳，宋建新．Docker 网络通信研究与实现[J]．通讯世界，2017(22): 1-2.

[20] 杨约社．云环境下多租户的网络隔离的研究与实现[D]．成都：电子科技大学，2019.

[21] 武凌峰，杨磊，龙文君．浅谈跨主机容器间网络方案[J]．电脑知识与技术，2020, 16(15): 265-266, 268.

[22] 卢胜林，倪明，张翰博．基于 Docker Swarm 集群的调度策略优化[J]．信息技术，2016(07): 147-151, 155.

[23] Kubernetes[EB/OL]．[2021-07-08]．https://baike.baidu.com/item/kubernetes/22864162?fr=aladdin.

第3章 云存储

3.1 云存储的基本概念

3.1.1 数据存储需求

现代数据存储从磁带存储发展到磁盘存储，再从磁盘存储发展到阵列存储，继而从阵列存储发展到网络存储。而今，随着集群技术、网格技术、分布式存储技术、虚拟化存储技术的发展，逐步进入了云存储时代。

起初，人们用磁带来存储数据，但由于磁带是顺序存储设备，定位数据和读写数据的速度慢。磁盘出现后，在很多领域，磁带很快被磁盘所取代，但单块磁盘的存储容量是有限的，速度也是有限的，无法满足现代大数据应用的需求。独立磁盘冗余阵列（Redundant Arrays of Independent Disks，RAID）技术将多个磁盘组合成磁盘阵列，通过对多个磁盘同时存储和读取数据来大幅提高存储系统的数据吞吐量，并通过数据校验和备份提供容错和冗余功能。

随着 Internet 及网络技术的迅猛发展，数据存储也进入了网络时代，磁盘阵列通过光纤通道（Fiber Channel，FC）协议、Internet 小型计算机系统接口（Internet Small Computer System Interface，iSCSI）、网络文件系统（Network File System，NFS）协议、通用 Internet 文件系统（Common Internet File System，CIFS）等接口协议以不同的方式连接到一起。

随着计算机技术的发展以及互联网技术，尤其是移动互联网技术的普及，每个人都成为大数据的生产者，全球数据量呈现爆炸式的增长[1]。

传统的网络存储已不能满足目前庞大的数据存储需求。随着中小企业规模的扩大，其购置、部署和维护存储服务器的成本越来越高，这使得人们对大容量、易扩展、低价格的云存储（Cloud Storage）产生了强烈的需求。

云存储的诞生为各类用户带来了经济、高效的存储服务。在云存储系统中，用户可以根据需要来获取和使用存储资源，存储设备的购买、部署和维护由云服务提供商负责，有效降低了用户对数据存储的负担。目前，云存储已经成为大型云计算平台提供的重要服务之一[2]。

3.1.2 云存储的定义

对于个人用户而言，云存储的主要服务形式是网盘，如百度网盘、腾讯微盘等。网盘把用户的文件数据存储到远程的云端，通过数据的托管来实现数据的存储、归档、备份，这仅仅是云存储一种形式。对于云服务提供商而言，云存储是通过集群技术和分布式文件系统等，将大量存储设备集合起来协同工作，对外提供数据存储和业务访问的一整套系统平台。

云计算通过网络有效聚合虚拟化计算资源，为系统中的用户提供动态、可扩展的计算、存储和应用服务。云存储[3]是由云计算的概念延伸和发展而来的，将网络中大量存储设备通过集群系统、虚拟化技术或分布式文件系统等组织起来，为用户提供一个集业务访问和数据存储服务于一体的复杂存储池系统。

云存储在本质上不仅是一种存储技术，还是一种服务，通过系统软件和存储设备的结合，实现从存储技术到存储服务的转变[4,5]。

在云存储系统中，存储设备、架构方式对于用户是透明的，并且云存储系统的接口可兼容不同的终端，在任何地方的授权用户只需连接到云端就能访问云存储系统。对于需要数据存储服务的用户，云存储系统会根据其需求分配合适大小的存储空间[6]。

3.1.3 云存储系统的体系架构

云存储系统的体系架构如图 3.1 所示，云存储模型自上向下可划分为访问层、应用接口层、管理调度层和存储层。

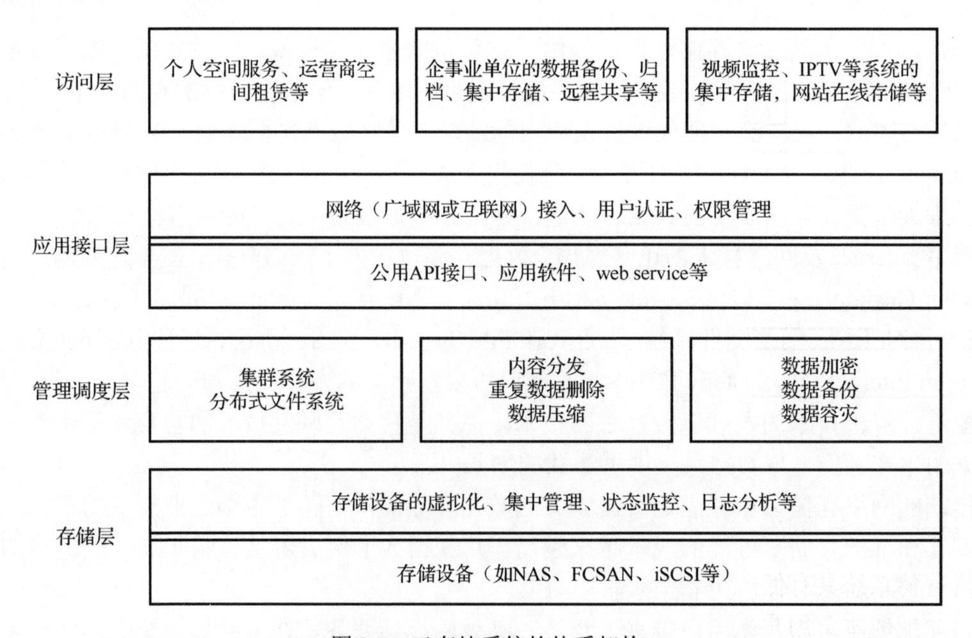

图 3.1 云存储系统的体系架构

（1）存储层。云存储系统体系架构中的存储层是 NAS、FCSAN、iSCSI 等存储设备，并实现了存储设备的虚拟化。存储层对存储设备进行了集中管理，提高了存储设备的利用率，通过状态监控、日志分析可以及时发现存储设备的故障和性能问题，对底层存储系统的可用性提供了保障。

（2）管理调度层。云存储系统体系架构中的管理调度层运用集群系统、分布式文件系统等技术，以协同大规模存储设备之间的工作，提供对用户的专项服务；利用内容分发、重复数据删除、数据压缩技术（使内容传输得更快、更稳定），以及数据加密、备份、容灾技术（保障云存储中数据的安全性、可靠性和服务的稳定性），实现了数据资源的优化访问，降低了存储开销，提升了能效[7]。

（3）应用接口层。云存储系统体系架构中的应用接口层处于管理调度层和访问层之间，是获取云存储丰富资源和调用基础功能的入口；利用不同应用接口，可以支撑不同的业务服务[8]。

（4）访问层。云存储系统的用户可通过访问层登录云存储系统，获取所需的云存储应用服务。用户可以选择不同的云存储应用服务，包括云存储空间租赁服务，对数据进行备份、归档等的数据管理服务，支撑视频监控的实时数据服务等[8]。

3.1.4　云存储系统的网络架构

用户可以通过各种合适的客户端软件和网络接入云存储系统。云存储系统的网络架构如图 3.2 所示，在云存储系统的网络架构中，存储节点（Storage Node）承担存储数据文件的任务，控制节点（Control Node）用来存储元数据并控制存储节点的负载平衡。从用户的角度来看，云存储透明支持 HTTP、NFS、FTP、WebDav 和其他网络客户端，因此可以轻松地与应用系统结合，为用户提供不同类型的数据存储和共享服务。

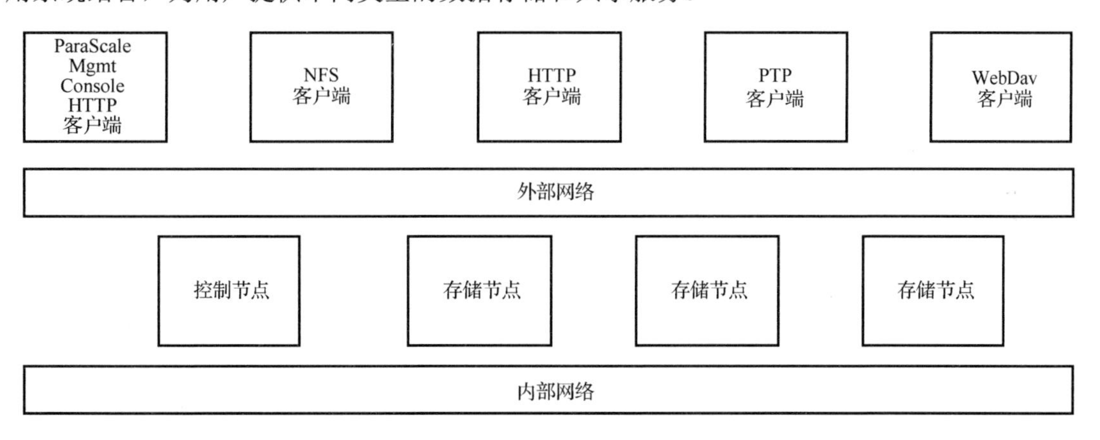

图 3.2　云存储系统的网络架构

3.1.5　云存储系统的主要优势

云存储系统具有低成本、高安全性、易扩展、丰富接口、支持同步、灾备恢复等优势：

（1）低成本。用户采用云存储服务，无须自行购置存储软硬件系统，也无须自行运营、维护、灾备恢复等，从而显著降低数据存储的成本。

（2）高安全性。专业的云服务提供商提供的数据存储服务，广泛采用数据副本和备份机制，使业务相关数据的存储变得更加安全、可靠；数据在传输过程中也可以得到有效保护，传输更稳定。

（3）易扩展。从用户的角度来看，用户无须预测将来对存储空间的需求，可按需动态申请存储空间，云服务提供商一般采用按需计费的存储空间租赁服务政策；从系统的角度来看，云存储系统本身也可动态扩展存储资源池，当新的存储节点添加到系统时，会自动实现资源扩展。

（4）丰富接口。目前的商用云存储系统一般都提供了丰富的应用程序接口（API），为用户及应用提供了便捷的开发与运行平台。云存储系统的 API 如图 3.3 所示。

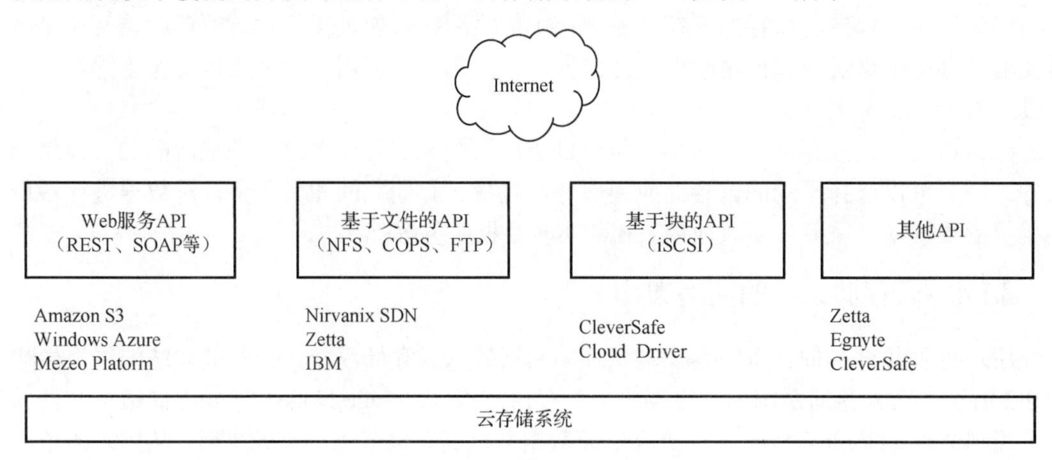

图 3.3　云存储系统的 API

（5）支持同步。基于云存储平台，用户可以在多台设备（如笔记本电脑、平板电脑、智能手机、智能手表等）之间实现数据、程序、状态的同步，从而为多设备协同提供支持。

（6）灾备恢复。网络备份一般是通过专业的数据存储管理软件结合相应的硬件和存储设备来实现的，云存储基于多数据中心平台，云计算数据中心通过互联网将数据副本存储在异地的云计算数据中心中，即搬迁数据异地备份，一旦发生地震、洪水等巨大灾害，也能实现灾备恢复。

3.2 云存储的关键技术

3.2.1 分布式存储

云存储关键技术之一是分布式存储。分布式存储将数据分散存储在经过虚拟化形成的统一存储资源池中，数据服务的提供也呈现分布式状态。与分布式存储相关的技术主要有网络存储、分布式文件系统等[7]。

1. 网络存储

网络存储（Network Storage）主要包含网络连接存储（Network Attached Storage，NAS）[9,10]、存储区域网络（Storage Area Network，SAN）[11]。

（1）网络连接存储。NAS 集成了操作系统和存储设备，提供跨平台的文件共享服务。NAS 将存储设备与主机分离，集中管理数据，提高了系统的整体性能。

NAS 通过网络与应用程序连通，应用程序基于文件系统访问 NAS，NAS 通过操作系统将文件访问请求转换为数据块访问请求，并将其发送到内部存储驱动器。NAS 具有易于安装、易于管理、文件共享和高可扩展性等优点，可以根据需要动态地添加或删除 NAS 设备，操作方便，支持海量数据存储。

（2）存储区域网络。光纤网络具有高带宽、低延时、低误码率等特点。SAN 利用光纤通道作为网络存储的连接技术，以数据存储为中心，采用可扩展的网络拓扑结构；通过光通道直接连接，大大增加了服务器与应用系统的距离；数据管理集中到相对独立的 SAN 中，可以最大限度地实现数据共享和数据优化管理。

SAN 可以满足数据的高可用性、高可扩展性、高性能、远程维护和交换等要求，成为重要的高端存储解决方案。

2. 分布式文件系统

分布式文件系统将固定于某个节点的某个文件系统，扩展到任意多个节点，众多的节点组成一个文件系统网络。目前应用于云存储领域的典型分布式文件系统有 HDFS、GFS 等[12]。

Google 提出的 GFS 分布式文件系统是一种可扩展的分布式文件系统，用于管理大量数据的存储和使用，可运行在廉价的硬件平台上，具有较强的容错能力。

GFS 与其他分布式文件系统在访问性能、可扩展性、可靠性和可用性方面有着类似的要求。基于 GFS 的服务器集群中通常包含一个主服务器和多个数据块服务器，支持多客户端的并行访问。文件被划分为固定大小的数据块进行存储，在创建数据块时，主服务器会为每个数据块分配一个固定的、唯一的句柄，数据块服务器将数据块以 Linux 文件方式存储在本地硬盘上，并根据指定的块句柄和字节范围读写块数据。为确保可靠性，每个数据块被复制为多个副本，主服务器管理文件系统所有的元数据，包括命名空间、访问控制信息、文件到数据块的映射信息和数据块的当前位置。

GFS 系统中节点分为三类：

（1）客户端（Client）。客户端是 GFS 提供给应用程序的访问接口，是一组专用接口，以库文件的形式提供，应用程序可直接调用这些库函数。

（2）主服务器（Master）。主服务器是 GFS 的管理节点，在逻辑上只有一个，用于保存系统的元数据，负责整个文件系统的管理。

（3）数据块服务器（Chunk Server）。数据块服务器负责具体的存储工作，数据以文件的形式存储在数据块服务器上，数据块服务器的数目直接决定了 GFS 系统的规模。GFS 将文件按照预设的大小进行分块，每一块称为一个数据块（Chunk），每个数据块都有一个对应的索引号（Index）。

当客户端访问 GFS 时，首先访问主服务器，获取数据块服务器的信息，然后直接访问该数据块服务器完成数据的存取。GFS 的设计方法实现了控制流和数据流的分离，客户端和主服务器之间只有控制流，没有数据流，降低了主服务器的负载，尽量避免主服务器成为系统的性能瓶颈，数据直接在客户端和数据块服务器之间传输。同时，由于文件被分为多个数据块进行分布式存储，因此客户端可以并行访问多个数据块服务器，提高了系统的整体性能。

与传统的分布式文件系统相比，GFS 根据 Google 搜索等应用的特点进行了多方面的优化，以在一定规模上实现成本、可靠性和性能的最佳平衡。

（1）中心化管理模式。GFS 采用中心化管理模式对整个文件系统进行管理，简化了设计，降低了实现难度。主服务器管理分布式文件系统中所有的元数据，维护一个命名空间，在系统添加一个新的数据块服务器非常容易，数据块服务器只需要在主服务器上注册即可。当然，中心化管理模式也有一些固有的缺点，如主服务器可能成为整个系统的性能瓶颈等。

（2）不缓存数据。缓存机制是提高文件系统性能的重要手段。为了提高文件系统的性能，有必要实现缓存机制。然而，GFS 文件系统没有进行缓存，主要是因为 Google 认为大多数应用程序的读写都是按流的顺序进行的，重复读写的频率不高，不缓存数据对系统的整体性能影响并不大；对于频繁读取的数据，数据块服务器则可利用本地操作系统的文件系统缓存机制来优化性能。

（3）基于用户模式。根据应用程序对系统资源和机器指令的使用权限，可以将处理器设置为不同的模式，如内核模式与用户模式，处于不同模式的 CPU 允许执行的指令集合不一样，这和操作权限密切相关。在内核模式下，CPU 既可以执行特权指令，也可以执行非特权指令；在用户模式下，CPU 只允许执行非特权指令。GFS 的管理与工作进程都运行在用户模式下，单个进程不会影响整个操作系统，从而提升了整个系统的稳定性。GFS 和操作系统在不同的空间运行，尽量采用松耦合，提升了彼此的通用性，便于 GFS 和内核的单独升级。

（4）提供专用 API。GFS 提供了专用 API，API 以库文件的形式提供，应用程序通过调用这些 API 来完成对 GFS 文件系统的访问。专用 API 可以根据应用程序的属性为应用程序提供个性化的支持。应用程序通过专用 API 直接与客户端、主服务器、数据块服务器交互，更为简单、便捷。

（5）提供容错机制。GFS 中主服务器存储三种类型的 GFS 元数据，包括命名空间（整个文件系统的目录结构）、数据库和文件名的映射表、数据库副本位置信息。为了防止主服务器完全崩溃导致命名空间等数据的丢失，GFS 提供了主服务器的远程实时备份；GFS 主要使用副本来实现数据块服务器的容错，多个相同的数据副本分布在不同的数据块服务器上，在写入或修改数据时所有副本都必须成功写入才能视为操作成功。

（6）提供系统管理机制。作为分布式文件系统，GFS 由相应的系统管理机制支持整个 GFS 的应用。GFS 是一种构建大规模集群之上的文件系统，节点数量众多。这些节点常出现故障，需要集群监控技术来在尽可能短的时间内找到并确定发生故障的节点和原因。当增加一个新的数据块服务器时，GFS 支持节点的动态加入和系统扩展。

目前分布式文件系统的性能要求主要包括[13-17]：

（1）高效率。分布式文件系统都应该能够提供稳定的高效率存储服务，克服或缓解网络环境的动态性对服务性能造成的影响，减少网络数据传输延时，提供合理高效的数据缓存、负载平衡机制等。

（2）高可靠性。分布式文件系统的每个组件设计都必须考虑可靠性，保证数据的高可靠性是分布式文件系统的基本目标。系统采用有效的容错机制，可解决节点失效、网络断开、资源损坏等问题，当用户访问文件时，即使发生故障也可获得高可靠的文件服务。

（3）高扩展性。分布式文件系统的可扩展性表现在存储规模、用户数以及系统的总体服务能力上。分布式文件系统要能适应节点规模和数据规模的增长，系统的存储容量可以随着用户存储需求的增长而增长，以支持海量存储。分布式文本系统的总吞吐率能够随着系统规模的增大而同步增大，且文件访问性能始终较高。

（4）透明性。分布式文件系统让用户和应用程序与使用集中存储空间一样，即具有透明性。分布式文件系统通过内部实现机制和 API 为用户提供了透明的存储服务。分布式文件系统的透明性可分为以下几种：

① 位置透明性。在具有位置透明性的分布式文件系统中，用户看到的是全局名字空间，用户访问文件不需要知道文件的物理存储位置，在创建文件时，分布式文件系统自动选择合适的存储位置。

② 故障透明性。当部分服务器出现故障、离线或网络不可用时，分布式文件系统必须为用户提供持续的存储服务，让用户不会感知到内部的服务器故障。

③ 迁移透明性。在文件和目录的物理存储位置改变时不需要改变名字，甚至在数据迁移过程中，数据仍然是可访问的。

④ 副本透明性。分布式文件系统通常在不同节点上保存同一文件的多个副本，用户不必知道文件副本细节，副本的产生、分布和访问都是自动的[17]。

⑤ 并发透明性。具有并发透明性的分布式文件系统能够保证并发的用户文件访问之间不会发生冲突，解决了共享文件的读写一致性问题。

（5）自治性。分布式文件系统包含着大量的节点和存储对象，系统的管理和存储空间的维护将是一个巨大挑战，很难想象指定专人管理这个地理分布的系统，因此，分布式文件系统必须是一个自治系统，具有自维护、自恢复的功能。

3.2.2 数据副本技术

数据副本技术[15-18]是一种将同样数据复制成多份，通过网络分布到另外一个或者多个地理位置不同的系统中[18]，从而防止数据被损坏而永久性丢失，同时支撑负载均衡以减轻服务器的压力，避免单点故障或瓶颈造成服务中断的技术，为大规模并行数据稳定访问提供了可能，提升了数据访问速度[19]。

1．副本复制模式

在数据保存的多个副本中，其中一个副本为主副本，其他副本为二级副本。目前存在两种数据复制模式[20-22]：

（1）同步复制模式。同步复制模式需要各数据节点之间频繁通信，以实时完成同步操作。同步复制模式的优点是数据的多个副本保持高度的数据一致性，任何有变动文件信息的操作都会等到所有副本都更新之后，该操作才被认为成功。同步复制模式的缺点是开销较大，如果在同步过程中某个节点由于某种原因崩溃了，则正在进行的操作会整体失败，当副本之间出现网络或者其他故障时，写操作将被阻塞，可用性无法得到满足。

（2）异步复制模式。异步复制模式允许事务不需要同时访问所有复制的数据备份。异步复制模式的优点是即使系统中某个节点出现故障，只要数据已经被成功写入其中一个节点，复制及更新工作就可以在系统恢复之后再做处理。异步复制模式的主要缺点是不能保证所有节点在任意时刻都具有相同的数据。

2．副本管理机制

云存储系统在采用副本技术提高数据存储服务能力的同时，也增加了系统数据管理的难度[23,24]。在云存储系统中，副本管理机制的主要内容包括副本部署、副本数量控制、数据一致性保障，以及副本删除等问题。

（1）副本部署。当新数据到达云存储系统时，需要考虑其副本的放置节点、合适的副本数量，这些是影响数据可靠性、负载均衡性及访问延时等系统性能的重要因素。

① 数据可靠性。数据可靠性依赖于各个副本的可靠性，不仅依赖于数据在传输过程中的安全保护，还依赖于数据存储环境的安全性。不同的副本部署和数量调节策略将会导致数据副本的实体安全度有所不同，当云存储系统中副本总数越多、副本实体安全度越高时，能够成功访问的副本数量就越多，系统的数据可靠性就越高。

② 负载均衡性。良好的副本部署方法能根据节点负载、用户访问需求和网络带宽等情况将副本均匀地分布在系统中。在云存储系统达到负载均衡状态时，节点负载相差不大，高热度节点数量占节点总数比例较小，从而提升系统的服务质量。

不同云存储系统中的数据副本存储方法常有不同，根据不同的存储方法，副本部署策略可分为路径部署、源请求部署、邻居节点部署、随机部署等方式[25]。

① 路径部署。当用户访问副本时，访问请求到达云存储系统的第一个节点往往不是目标副本的存储节点，而是副本查询的请求节点。在云存储系统中，路径部署方法将副本发送给查询请求路径上的所有节点。该方法的优点是实现原理简单，数据查找方便，其缺点是创建的副本数量往往供过于求，会增加维护副本一致性的开销。

② 源请求部署。源请求部署方法仅发送副本给查询请求的发起节点，如用户副本访问请求的第一个接收节点。轻量级自适应复制（Lightweight Adaptive Replication，LAR）算法是源请求部署策略的一个经典算法，其思想是：当访问请求到达目标节点时，若目标节点未过载，则读取数据；若目标节点处理能力不够，则创建一份新副本。对于目标节点来说，LAR 算法的优点是减少了副本的部署数量；然而，只要请求路径上有该副本且达到部署阈值时，将均存一份副本到请求节点上，这样易造成请求节点过载。

③ 邻居节点部署。在邻居节点部署方法中，网络中的副本都保存访问历史记录。在云存储系统中，如果有节点对某份副本的查询次数达到一个阈值，则新建该副本的一份新副本并将其发送到该节点的邻居节点，当请求节点再次访问该数据时，就不必远而求之了。邻居节点部署方法的优点是减少了请求的跳数，缺点在于基于历史记录预测会有一定概率的失误。

④ 随机部署。随机部署方法会随机选择一个或多个节点来存放副本，节点的随机选择方法有两种，一种是选择请求路径上的节点，另一种是选择整个网络的节点，后者主要运用多哈希函数和关联哈希两种方法。多哈希函数方法让每个节点都保存其上数据文件的访问频率，当超过一定阈值时，就根据该频率决定要新建的副本数量 k，然后从 n 个哈希函数依次选择 k 个函数进行一致性 Hash，以获取副本的存储位置。关联哈希方法允许部署多个副本，副本的存储位置由哈希分配函数决定，请求报文可以并行地转发给所有存储该副本的节点，或者转发给空间关联最近的节点。

（2）副本数量控制。一般来说，在云存储系统中，副本数量的确定应与数据对象的受欢迎程度相关。副本数量过多会造成节点存储资源和网络带宽的浪费，加重网络负担；数量过少会使数据的可用性和访问速度得不到保证。

也就是说，副本数量的确定与副本属性、系统环境、访问情况等因素有关。当数据访问过热时，增加副本数量可以缓解系统访问瓶颈问题，提高副本可用性；而当文件访问较少时，减少副本数量可以降低系统存储和副本更新的开销。

决定副本数量的方法有3种[26]：均匀复制，所有的数据对象都复制相同数量的副本；比例复制，副本数量与被访问频率成正比；方根复制，副本数量与被访问频率的平方根成正比。

（3）副本一致性保障。云存储系统中的数据副本一致性保障机制至关重要。数据一致性是指复制源相同的多个副本之间的数据一致，分为弱数据一致性和强数据一致性：最终达到一致即可满足弱数据一致性，强数据一致性是指任何时候都要求数据一致。

目前典型的数据一致性算法[27]是Paxos算法，该算法是由Leslie Lamport提出的基于消息传递的一致性算法，用于解决分布式系统中的数据一致性问题。此外，还有基于系统应用和用户需求的自适应副本一致性维护机制，其是为达到系统副本一致性、可用性和系统性能之间的动态平衡而提出的一种包含数据副本的更新一致性和归并一致性的算法。

（4）副本删除。副本删除的目的是整理存储空间，减少维护成本。副本删除发生的原因通常包括副本的生命周期结束、副本被访问频率低、副本所在节点存储空间不够或处理能力达到极限等。如果给副本设定生命周期，则在生命周期结束时就删除副本；当副本的需求度不够，即被访问频率很低时就删除副本；如果节点需要接纳一个新数据，而本身存储空间不够，则会从已有副本中删除一个或多个副本，直到能够存储该新数据为止；如果节点的处理能力已达到极限，有时会新建一份副本到其他节点上以转移负载，甚至选择删除副本。目前常用的副本删除策略[28]是基于灰色预测理论（Gray Prediction Theory，GPT）的副本删除策略等。

副本管理策略分为静态副本管理策略和动态副本管理策略[29]。静态副本管理策略适用于资源和环境状况相对稳定的情况，如新数据刚到达云存储系统时，用户的访问较少，需要创建的初始副本数量、部署位置容易确定。动态副本管理策略会根据该数据对象总体的受欢迎程度、目标用户区域的变动对副本的数量和部署位置进行实时调节。

（1）静态副本管理策略。副本的数量和位置是在创建文件时确定的，不会随系统状态的变化而变化，这就要求在创建文件时，提前预测文件的访问模式，以及在文件上工作的节点区域，就可以在相应的系统节点上分发相应数量的副本。一旦创建了文件，副本的数量和位置就不会改变。静态副本管理策略的优点是复制方案是固定的，大大简化了后期副本管理的复杂性，结构相对简单，但这种方法需要对文件访问模式和访问节点的范围进行预测，而文件访问模式在其生命周期内是不可持续的。随着云存储系统规模的不断扩大和移动用户的不断增加，接入节点的位置和范围也会随时发生变化，静态副本管理策略在现代大规模分布式文件系统中具有很大的局限性和低性能。

（2）动态副本管理策略。在文件创建后的整个生命周期中，副本方案会根据云存储系统当前状态的变化而调整，包括副本数量的增减和副本位置的变化，以最小的存储成本和网络成本获得更好的系统性能。

根据云存储系统的体系结构和节点部署来划分，副本管理策略又可以分为集中式副本管理策略和分布式副本管理策略[30]。

（1）集中式副本管理策略。集中式副本管理策略是一种典型的索引节点策略，在云存储系统中会把所有的文件的元数据信息集中起来，方便管理。其中针对元数据节点的操作包括系统对副本的创建、布局以及副本的放置位置。集中式管理策略的优点是对整个云存储系统有全盘的了解，可以快速知道任意节点及副本的状态情况，但其缺点也非常明显，随着文件副本的数量不断增加，作为独立出来的中心节点，其负载会急剧增加，容易成为云存储系统的性能瓶颈。

（2）分布式副本管理策略。分布式副本管理策略将整个云存储系统的副本管理分布在各个存储节点上。各个存储节点之间可采用类似心跳机制进行通信，从而指导相互连接的存储节点之间的信息来协同完成的副本管理。分布式副本管理策略对各个存储节点的性能有一定的要求，虽然没有集中式副本管理策略的性能瓶颈，但是维护存储节点间通信所花费的代价较大，增加了网络的通信成本。

综上所述，合理、高效的副本管理策略不仅能提高云存储系统的数据存储能力，也能提高存储数据的可用性、安全性和容错性等。

3.2.3 数据备份技术

数据备份的目的是恢复数据，即在数据丢失、毁坏或受到威胁时，使用备份的数据来恢复数据。在源数据被破坏或丢失时，备份的数据必须由备份软件恢复成可用数据，才可让数据处理系统访问。

数据备份在一定程度上可以保证数据的安全，但应用于容灾系统时却有众多问题需要考虑[31]。

（1）备份窗口。备份窗口是指应用程序允许完成数据备份作业的时间。由于数据备份作业会导致主机的性能下降，甚至使服务水平不可接受，因此数据备份作业必须在停机或业务量较小时进行。典型的解决途径包括加快备份速度和实现在线备份等。

（2）恢复时间。备份数据的恢复时间直接关系到容忍业务停止服务的最长时间，当备份数据量较大或者备份策略比较复杂时，备份数据往往需要较长的恢复时间。

（3）备份间隔。鉴于数据备份作业对主机系统的性能影响，数据备份作业之间的间隔不能太短；然而数据备份作业之间的间隔不能也不能太长，在两次备份之间发生意外，数据的丢失量太大对于一些重要的信息系统是不可接受的。

（4）数据的可恢复性。数据备份的目的是数据恢复，但往往由于存储介质失效、人为错误、备份出错等原因，造成备份数据的不可恢复。

（5）数据备份的成本。数据备份的本质是用数据冗余来提升系统的稳定性；高频率、高稳定性的数据备份的成本一般也较高。

对于高等级的容灾系统，需要采用基于多数据中心的异地数据备份技术来保证数据的安全。

3.2.4 数据一致性技术

数据一致性是指关联数据之间的逻辑关系是否正确和完整，可以理解为应用程序自己认为的数据状态与最终写入磁盘的数据状态是否一致。例如，一个事务操作，实际发出了 5 个写操作，当系统把前面 3 个写操作的数据成功写入磁盘后，系统突然故障，导致后面 2 个写操作没有将数据写入磁盘中。此时，应用程序和磁盘对数据状态的理解就不一致。当系统恢复后，数据库程序重新从磁盘中读出数据时，就会发现数据在逻辑上存在问题，数据不可用。

在进行数据备份和数据复制时，保证数据的一致性是非常重要的。引起数据一致性问题有两个原因：

（1）Cache 引起的数据一致性问题。由于不同系统模块处理 I/O 数据的速度存在差异，所以就需要添加 Cache 来缓存 I/O 操作，适配不同模块的处理速度。这些 Cache 在提高系统处理性能的同时，也可能会“滞留”I/O 操作，带来一些负面影响。

如果在系统发生故障时，仍有部分数据“滞留”在 I/O 操作中，那么真正写到磁盘中的数据就会少于应用程序实际写出的数据，造成数据的不一致。当系统恢复时，直接从硬盘中读出的数据可能存在逻辑错误，导致应用程序无法启动。尽管一些数据库系统（如 Oracle、DB2 等）可以根据 Redo 日志重新生成数据，修复逻辑错误，但这个过程是非常耗时的，而且也不一定每次都能成功。对于一些功能相对较弱的数据库（如 SQL Server 等），这个问题就会变得更加严重。

解决此类文件的方法有两个，即关闭 Cache 或创建快照（Snapshot）。尽管关闭 Cache 会导致系统处理性能下降，但在有些应用程序中，这却是唯一的选择。例如，一些高等级的容灾方案中（RPO 为 0），都是利用同步镜像技术在生产中心和灾备中心之间实时同步复制数据的，由于数据是实时复制的，所以必须关闭 Cache。

快照的目的是为数据卷创建一个在特定时间点的状态视图，通过这个状态视图，只可以看到数据卷在创建时刻的数据，在此时间点之后，源数据卷的更新（有新的数据写入）不会反映在状态视图中。利用这个状态视图，就可以进行数据的备份或复制。快照是如何保证数据一致性的呢？这涉及多个实体（存储控制器和安装在主机上的快照代理），以及一系列的动作。

典型的操作流程是：存储控制器在为某个数据卷创建快照时，通知快照代理；快照代理收到通知后，通知应用程序暂停 I/O 操作（进入 Backup 模式），并刷新（Flush）数据库和文件系统中的 Cache，之后给存储控制器返回消息，指示已可以创建快照；存储控制器收到快照代理返回的指示消息后，立即创建快照，并通知快照代理已创建好快照，快照代理通知应用程序正常运行。由于应用程序暂停了 I/O 操作，并且刷新了主机中的 Cache，所以保证了数据的一致性。

（2）时间不同步引起的数据一致性问题。引起数据不一致性的另外一个主要原因是在对相关联的多个数据卷进行操作（如备份、复制等）时，时间不同步。例如，一个 Oracle 数据库的数据库文件、Redo 日志文件、归档日志文件分别存储在不同的数据卷上，如果在备份或复制时未考虑几个数据卷之间的关联，分别对每个数据卷进行操作，那么备份或复制生成的数据卷就会存在数据不一致问题。此类问题的解决方法就是首先建立卷组（Volume Group），把多个关联数据卷组成一个组，在创建快照时同时为组内的多个数据卷建立快照，保证这些快照在时间上的同步；然后利用数据卷的快照进行复制或备份等操作，由此产生的数据副本就严格保证了数据的一致性。

（3）文件共享中的数据一致性问题。在云存储系统中，通常采用双机或集群方式实现同构和异构服务器、工作站与存储设备间的数据共享，主要应用在非线性编辑等需要多台主机同时对一个磁盘分区进行读写。

在 NAS 环境中，可以通过网络共享协议 NFS 或 CIFS 来实现数据的共享。但是，如果不在 NAS 环境中，多台主机同时对一个磁盘分区进行读写则会带来写入数据的一致性问题，造成文件系统被破坏或者当前主机写入后其他主机不能读取当前写入数据等问题。这时就需要通过使用数据共享软件在多台主机上实现磁盘分区的共享，由数据共享软件来调配多台主机数据的写入，以保证数据的一致性[31]。

在云存储系统的底层，通常使用 Paxos 算法来解决分布式系统中的一致性问题。Paxos

算法可运行在允许宕机故障的异步系统中，不要求可靠的消息传递，可容忍消息的丢失、延时、乱序和重复。Paxos 将云存储系统中的角色分为提议者（Proposer）、决策者（Acceptor）和学习者（Learner）：

Proposer：提出提案（Proposal），包括提案编号（Proposal ID）和提案的值（Value）。

Acceptor：参与决策，回应 Proposer 的提案。收到提案后可以接受该提案，若提案获得多数 Acceptor 的接受，则称该 Proposal 被批准。

Learner：不参与决策，从 Proposer、Acceptor 学习最新达成一致的提案。

在多副本状态机中，每个副本同时具有 Proposer、Acceptor、Learner 三种角色。一个或多个提议进程可以发起提案，Paxos 算法使所有提案中的某一个提案，在所有进程中达成一致。系统中的多数派同时认可该提案，即达成了一致。最多只针对一个确定的提案达成一致。

Paxos 算法通过一个决议的过程可分为两个阶段（Learn 阶段之前决议已经形成）：

第一阶段：Prepare 阶段。Proposer 向 Acceptor 发出 Prepare 请求，Acceptor 针对接收到的 Prepare 请求进行承诺（Promise）。

第二阶段：Accept 阶段。Proposer 收到多数 Acceptor 的承诺后，向 Acceptor 发出 Propose 请求，Acceptor 针对收到的 Propose 请求进行 Accept 处理。

第三阶段：Learn 阶段。Proposer 在收到多数 Acceptor 的 Accept 之后，表示本次 Accept 成功，决议形成后 Proposer 将形成的决议发送给所有 Learner[32]。

3.3 典型的云存储服务 S3

3.3.1 AWS 中的 S3 简介

Amazon 云平台 AWS 中的存储服务 S3[33]提供了高度可扩展、持久、可用的云存储服务，用户和应用程序可通过互联网和 Web 服务接口访问 S3 数据。

S3 利用访问控制保证存储数据的安全性，并支持读、写、删除等各种授权操作。

3.3.2 S3 基本数据结构

S3 的数据存储结构非常简单，是一个扁平的两级结构：一个结构是存储桶（Bucket），另一个结构是一个存储对象（Object），也称为元数据。存储桶是 S3 中对数据进行分类的一种方法，根据存储容器的不同，每个存储对象都必须存储在一个存储桶中，存储桶是 S3 命名空间的最高级别，是用户访问数据的域名的一部分。因此，存储桶的名称必须是唯一的。

由于数据存储的地理位置有时对用户非常重要，因此 S3 在创建存储桶时会检索选择区域的信息，存储对象是用户实际想要保存的内容，其由对象数据内容和一些元数据信息组成，对象数据通常是一个文件，元数据是描述对象数据的信息，如数据修改的时间等。S3 的数据存储结构如图 3.4 所示。

S3 的数据存储结构只有两层，不支持多层目录，用户可以通过设计带有“/”的存储对象名来模拟树状结构，一些 S3 工具提供的操作选项之一是创建文件夹，实际上是通过控制存储对象名来实现的。

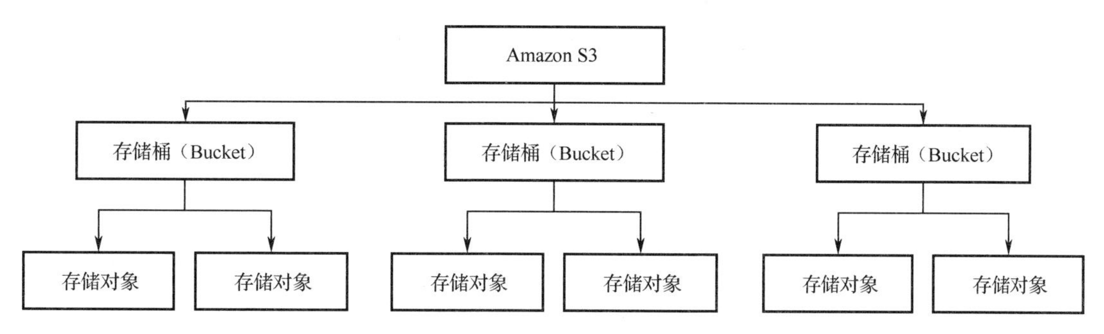

图 3.4 S3 的数据存储结构

3.3.3 S3 的性能优势

作为云存储的典型代表，S3 在扩展性、可用性、持久性和性能等几个方面有明显的优势：

（1）持久性和可用性。存储在 S3 中的数据可同步存储在多个数据中心和设备中，提供了数据持久性和可用性。S3 还内置了数据一致性保障机制，实现了数据纠错功能。S3 系统可以保护数据不受应用程序和 S3 版本控制意外删除的影响。

（2）弹性和可扩展性。S3 提供高度的弹性和可扩展性，可以支持在任何存储桶中无限存储数据。S3 的单个存储对象的大小不能超过 5 TB，但可以保存尽可能多的存储对象。S3 可自动复制数据副本并将其分发到其他服务器。

（3）高数据访问速度。S3 支持使用多个线程、多个应用程序或多个客户端同时访问 S3。为了加快相关数据的访问速度，许多开发人员将 Amazon 的 S3 与 DynamioDB、Amazo RDS 等结合使用，由 S3 存储当前信息，由 DynamioDB 或 RDS 存储相关元数据等，提供索引和搜索功能。元数据搜索可以高效地找到存储对象的引用信息，这样用户就能够准确地定位数据对象并从 S3 中获取数据。

（4）用户接口简单。S3 提供了基于 SOAP 和 REST 的 Web 服务 API 作为数据管理操作。这些 API 提供的管理和操作包括存储桶和存储对象。为了方便开发，AWS 为基于 REST 的 Web 服务 API 的通用开发语言（如 Java、.Net、PHP、Ruby 和 Python 等）提供了高级工具包或软件开发工具包，还为 Windows 和 Linux 环境提供了集成 AWS 命令行界面和 Web 管理控制台来简单地使用 S3 服务，包括创建存储桶、上传和下载数据对象。

3.4 典型的云存储服务平台

3.4.1 iCloud

iCloud 是 Apple 公司于 2011 年 6 月 7 日正式发布的供 Apple 终端使用的云端存储服务。通过使用 iCloud，同一个 Apple ID 的不同设备（iPhone、iWatch、iPad）之间可实现文件传输，数据同步便捷；在文件的修改过程中能够进行实时的备份；在删除一个文件时，iCloud 会同步地将文件在各个设备上删除。iCloud 的界面如图 3.5 所示[34]。

图 3.5　iCloud 的界面

iCloud 通过网络实现了用户终端信息的每天自动备份，备份的内容包括通讯录、日历、文档、照片、音乐和书籍等。

3.4.2　百度网盘

百度网盘是百度软件公司推出的云存储服务，其客户端支持的终端有 Windows PC、Mac、Android 手机、iPhone 和 iPad。安装百度网盘客户端后，即可实现用户的计算机、智能手机、平板电脑之间的跨平台数据同步与文件互传。百度网盘的界面[35]如图 3.6 所示。

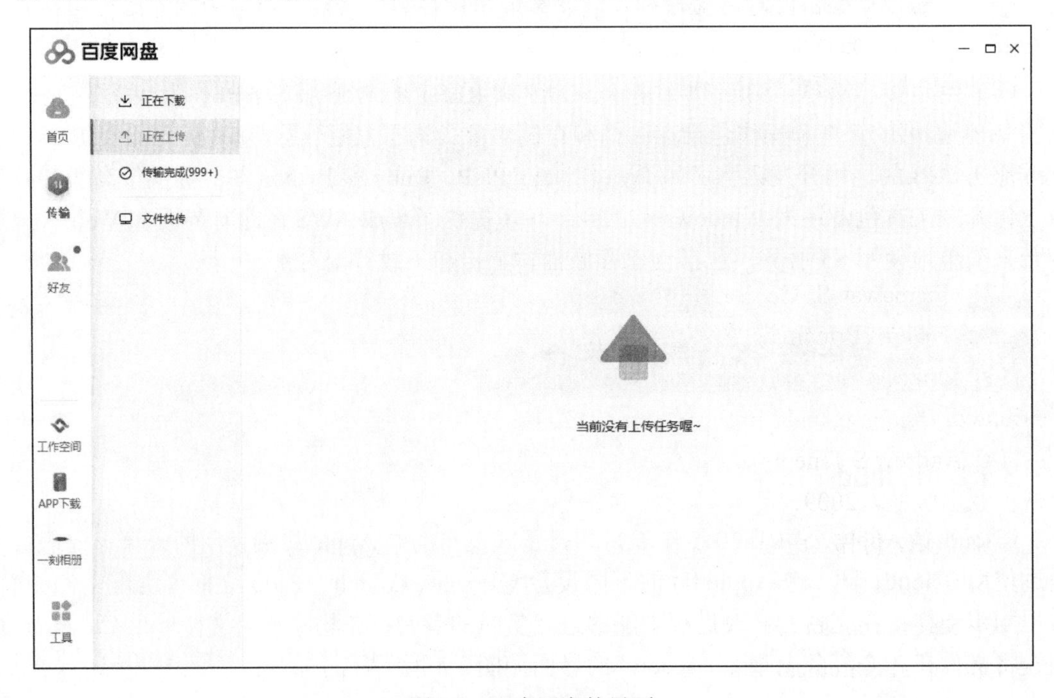

图 3.6　百度网盘的界面

用户通过百度网盘客户端的最常用云存储服务就是实现数据远程托管，将自己的文件上传到云端上，并可跨终端随时随地查看和分享。目前，百度网盘提供了多元化数据服务，用户可自由管理其存储的文件。为了满足用户工作生活各类需求，百度网盘还提供了网络相册、通讯录备份、手机定位等服务。

3.5 本章小结

本章介绍了云存储的相关概念，以及云存储系统的网络架构与层次模型，相较于传统的存储系统，云存储系统易扩容、易管理、成本低、可靠性高、服务不间断。本章还介绍了云存储中的关键技术，如分布式存储技术、数据副本管理技术、数据备份技术和数据一致性技术，并介绍了目前市场上典型的成熟云存储系统。

本章参考文献

[1] 汪慧波．计算机磁盘存储设备研究[J]．计算机光盘软件与应用，2011(24): 59-59.

[2] 张冬．大话存储[M]．北京：清华大学出版社，2015.

[3] 云存储[EB/OL]．[2021-07-21]．https://baike.baidu.com/item/云存储.

[4] 周静岚．云存储数据隐私保护机制的研究[D]．南京：南京邮电大学，2014.

[5] 涂群．云存储系统中重复数据删除机制的研究[D]．南京：南京邮电大学，2016.

[6] 宋凯，耿义良．云存储技术[J]．才智，2010(4): 16-19.

[7] 邹勤文．云存储系统中副本管理机制的研究[D]．南京：南京邮电大学，2014.

[8] 贡晓杰．云存储系统中副本放置策略研究[D]．南京：南京邮电大学，2015.

[9] 魏青松．大规模分布式存储技术研究[D]．成都：电子科技大学，2004.

[10] 张江陵，冯丹．海量信息存储[M]．北京：科学出版社，2000.

[11] Marc Farley．SAN 存储区域网络[M]．2 版．孙功星，等译．北京：机械工业出版社，2001.

[12] Ghemawat S, Gobioff H, Leung S T. The Google file system [C]. the Symposium on Operating Systems Principles, 2003.

[13] Mukesh Singhal, Niranjan G Shivaratri. Advanced Concepts in Operating System, Distributed, Database, and Multiprocessor Operating Systems [M]. McGraw-Hill, 1994.

[14] Andrew S Tanenbaum，Herbert Bos．现代操作系统[M]．4 版．陈向群，等译．北京：机械工业出版社，2009.

[15] 肖侬，付伟，卢锡城．数据网格中服务质量感知的副本放置方法[J]．中国科学，2009, 39(10): 1063-1071.

[16] Shorfuzzaman M, Graham P, Eskicioglu R. Popularity-Driven Dynamic Replica Placement in Hierarchical Data Grids [C]. the 9th International Conference on Parallel and Distributed Computing, Applications and Technologies, 2008.

[17] Rasool Q, Li Jianzhong, George S, et al. A Aomparative Study of Replica Placement Strategies in Data Grids [C]. the APWeb/WAIM Workshops, 2007.

[18] Lin G, Dasmalchi G, Zhu J. Cloud Computing and IT as a Service: Opportunities and Challenges [C]. the 6th IEEE International Conference on Web Services, 2008.

[19] 王彩亮．云存储环境下数据副本管理策略研究[D]．昆明：云南大学，2011.

[20] Yi S, Kondo D, Andrzejak A. Reducing Costs of Spot Instances via Checkpointing in the amazon Elastic Compute Cloud [C]. the 3rd IEEE International Conference on Cloud Computing (CLOUD), 2010.

[21] Ghemawat S, Gobioff H, Leung S T. The Google File System [C]. the 19th ACM Symposium on Operating Systems Principles, 2003.

[22] Cappellari M, Emsellem E, Krajnovi D, et al. The ATLAS 3D project-I. A Volume-Limited Sample of 260 Nearby Early-Type Galaxies: Science Goals and Selection Criteria[J]. Monthly Notices of the Royal Astronomical Society, 2011, 413(2):813-836.

[23] Camerons D G, Carvajal-Schiaffino R, Millar A P, et al. Evaluating Scheduling and Replica Optimisation Strateghies in OptiorSim [M]. IEEE Computer Society, 2003.

[24] Kingsy G R, Manimegalai R, Ranjith V. RPLB: A Replica Placement Algorithm in Data Grid with Load Balancing [J]. International Arab Jorunal of Information Technology, 2016, 14(5): 633-643.

[25] 徐小龙，邹勤文，杨庚．分布式存储系统中数据副本管理机制[J]．计算机技术与发展，2013, 23(2): 245-249.

[26] 葛建清．异质结构化对等网络动态副本访问负载均衡策略研究[D]．上海：华东师范大学，2010.

[27] 王喜妹，杨寿保，王淑玲，等．云存储中一种自适应的副本一致性维护机制[J]．中国科学院研究生院学报，2013, 30(1): 90-97.

[28] Guo Liangmin, Yang Shoubao, Wang Shuling. Replica Deletion Strategy based on Gray Prediction Theory and Cost in P2P Network[C]. Computer Science & Service System (CSSS), 2012.

[29] 周旭．面向 Internet 的大规模分布式存储技术研究[D]．成都：电子科技大学，2004.

[30] Foster I, Zhao Y, Raicu I, et al. Cloud Computing and Grid Computing 360-Degree Compared[C]. the Grid Computing Environments Workshop, 2008.

[31] 张继平．云存储解析[M]．北京：人民邮电出版社，2013.

[32] 杨革，徐虹．Paxos 算法的研究与改进[J]．科技创新与应用，2017, 07(07): 31-32.

[33] 韩燕．用于数字保存的云存储：Amazon S3 和 Glacier 的最佳使用[J]．图书馆高科技，2015, 33(2): 261-271.

[34] 尹上升．云端服务及 iCloud[J]．北方经济，2012(04):105-106.

[35] 周超，蔡家骐，王圣东．几种常见存储云的取证研究[J]．中国安全防范认证，2017(06): 62-66.

第4章 云计算系统监管

4.1 云计算系统的资源监管体系

4.1.1 云计算系统的资源监管对象

云计算系统监管[1]包含对云数据中心中的软硬件资源，以及各类业务的监测和管理。由于云数据中心规模庞大、功能复杂，云计算系统面临更多的问题与风险，也会使其运维监管的难度系数成倍增长[2]。

维基百科将资源定义为任何一种有形或者无形、有限可利用的物体，或者任何有助于维持生计的事物。该定义强调了资源的一种特质——有限可利用性。因此为了尽可能地让有限资源来满足更多用户的需求，通常会要求基于资源监管来实现资源分配。计算机资源也符合以上的描述，通常认为计算机资源既包括 CPU、内/外存储器、各类接口控制器、网络连接器等硬件设备，也包括数据文件、系统组件、应用程序等软件，以及虚拟机、容器、计算机进程等运行实体。

在云计算系统中，重点监管的资源可分为计算资源、存储资源和网络资源。

（1）计算资源是在特定计算模型下，解决特定问题所消耗的资源，常用的衡量指标包括计算时间（即解决特定问题花费的 CPU 时间），以及内存空间（即解决该问题所需的内存空间）。

（2）存储资源是指持久化存储数据文件的能力，常用的衡量指标包括内/外存储空间的大小等。

（3）网络资源是指将多个计算、存储节点相连的交换机、路由器、光纤、网络软件等资源，常用的衡量指标包括带宽、延时、误码率等。

资源监管通常包括资源部署、资源配置、资源监测、资源管理、资源调度五种功能。作为一种大规模分布式环境，云计算系统拥有的资源类型和数量都是巨大的，在对外提供服务的过程中要求这些资源在不同程度上进行协同工作。此外，云计算系统中的资源是动态变化的，资源池中的资源随时都可能被某个应用程序租用一部分；被租用的资源也可能随着服务的终止而被释放回资源池中。与此同时，节点故障的发生也是导致资源变化的一个重要因素。因此，云计算系统需要一种分布式、可扩展、能适应资源动态变化的监管架构。

4.1.2　云计算系统的资源监管目标

随着云数据中心集群规模的日益庞大，其拥有的资源也越来越多，需要处理更多的任务，部署在其中的应用也越来越复杂。如果没有高效的监管系统，就不能持续提升整个系统的监管能力，就无法充分利用系统资源，云计算的各项优势也就无从谈起。优秀的系统监管策略、方法与工具，才能保障云计算系统的性能。

云计算系统的资源监管主要包含如下几个目标：

（1）自动化监管。自动化是指整个云计算系统在尽量少甚至完全不需要人工干预的情况下，自动完成资源部署、资源配置、资源监测、资源管理、资源调度等各项监管功能。

（2）资源优化。云计算系统需要灵活实施多种资源调度策略来对系统资源进行统筹安排，资源优化通常包含资源调优、负载均衡等。

（3）虚拟资源监管：虚拟资源是在物理资源上实施虚拟化技术后产生的，因此动态地对虚拟机、容器等虚拟资源进行监管变得尤为重要。

（4）弹性可伸缩：弹性可伸缩是指云计算系统可根据系统规模、资源种类数量的增大或减小，按需增加或减少资源的监管能力。

4.1.3　云计算系统的资源监管架构

云计算系统的资源监管是保证云平台的正常运营、提高云服务质量、为云服务资费提供定价基础的前提。云计算系统中的资源不仅包括计算、网络和存储等硬件资源，也包括数据、应用程序、虚拟机等软件资源。云计算系统资源监管的架构如图 4.1 所示，主要包括物理资源监管、虚拟资源监管、资源监测和系统管理四个模块[1]。

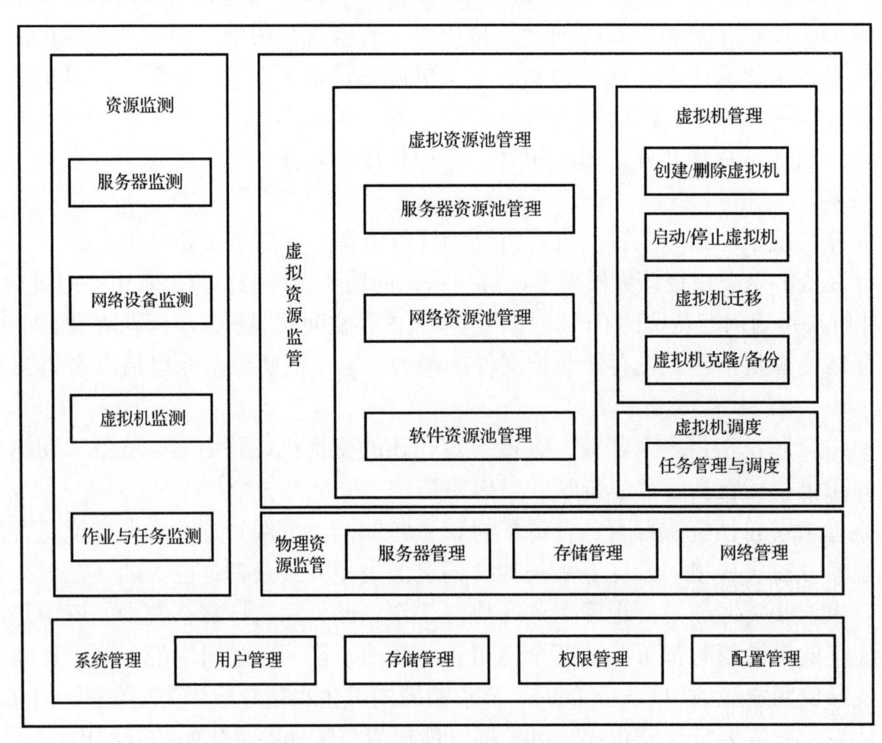

图 4.1　云计算系统资源监管的架构

通常，对基于虚拟化的云数据中心来说，虚拟机对各种资源的需求大多是动态变化的，如何实现高效的云数据中心资源监管来避免资源过载导致的性能退化，以及资源欠载而造成的资源浪费，是至关重要的问题。此外，大型的云服务提供商建立了多个异地的分布式云数据中心，越来越关心分布式云数据中心能耗成本，尤其是在考虑可靠性、性能和能耗成本（如异地数据中心电价差异）等多个因素时，云数据中心的资源监管变得异常复杂。高效的云数据中心资源监管核心面对两个问题[1]：一是资源监管问题的多因素关联建模，特别是可靠性、性能和能耗的关联分析；二是资源调度优化方案，如何利用系统优化理论来设计高效的优化调度算法也是云数据中心资源监管的核心问题之一。

4.2 云计算系统的资源监测

4.2.1 云计算系统资源监测的挑战

云计算系统的核心是借助网络将各种资源以服务的形式提供给用户。由上述所知，云计算中资源不仅包括计算资源、网络资源、存储资源，还包括由虚拟化技术抽象出的虚拟资源，这些资源数量庞大、类型复杂，监管如此庞大复杂的资源，其监管压力巨大，因而必须采取高效措施来监管这些资源，从而合理调度资源，提高资源的利用率。

其中云计算系统的资源监测，是云计算系统资源监管必不可少的部分。云计算系统的资源监测能够对系统的可用资源、计算效率、系统安全等多方面进行实时监测、计量和评估，以满足用户的需求，提高系统的运行和应用效率。通过云计算系统资源监测技术，云计算系统可将众多的物理资源及虚拟资源进行整合，实现服务的动态伸缩，将服务按需提供给用户。

总之，云计算系统作为一个大型的分布式系统，需要监测大量的运行数据，以完成系统实现资源管理、资源调度、负载均衡、故障恢复、性能预测等任务，特别是及时发现系统故障，从而保证云计算系统的服务质量。

相较于传统的系统监测，云计算系统中的资源监测存在以下挑战：

（1）系统规模巨大。云计算系统通常有多个云数据中心，每个云数据中心包含了数以万计物理服务器，每个物理服务器上又运行着数十个虚拟机。规模庞大的云计算系统必然给云监测带来巨大的压力。

（2）资源异构性。云数据中心的服务器硬件、操作系统、数据格式等类型多样，服务器之间的配置千差万别，异构性大大增加了资源监测的难度。

（3）服务多样性。云计算系统提供了诸如计算、存储、网络等各类服务，而不同的服务需要监测的内容和目标也不相同。

（4）资源动态性。云计算系统中的被监测资源本身具有动态变化性，如物理节点的动态增减和虚拟机的动态部署，需要不时地更新监测对象。

（5）性能与监测矛盾性。云计算系统的资源监测不能影响系统本身的正常运行，需要尽可能地减少资源监测的开销，如何有效平衡资源监测性能和系统正常运行也是一个难点。

云计算系统资源监测的主要任务是对物理节点或者虚拟机的资源使用进行动态跟踪，以便全面了解系统的运行状态。为了达到有效监测的需求，需要对资源的多个方面、多个层次的监测信息进行采集、传输和处理，达到有效监测和低资源消耗的平衡。

因此，要在云计算系统中实行高效稳定的资源监测，其需求包括：

（1）传统的系统监测侧重于监测特定的资源，利用相互独立的模块；云计算系统资源的特点和规模导致云监测必须从全局出发，监测相关联的所有组件，给出关于基础设施资源的可用性和消费报告[3]。

（2）传统的系统监测主要针对的是物理服务器，监测简单；而云计算系统的资源种类多样，不仅需要监测物理服务器，还需要监测在物理服务器上运行的虚拟机。

（3）云计算系统的资源负载多变，虚拟机不断地被创建、迁移和删除，物理服务器常出于节能等目的被关机或休眠，这些原因导致监测拓扑不停变化，影响监测的部署和监测负载均衡，因而监测的可扩展性、均衡性、易部署性变得尤为重要。

（4）云计算系统的资源中存在大量冗余信息，影响了正常的监测任务的执行，甚至其他业务。在不影响监测任务的基础上有效过滤冗余信息，只呈现有价值的监测信息，可以减少不必要的网络开销，减轻监测负载。

（5）提供支持有效管理的可视化监测界面，以便系统管理员快捷地了解云计算系统全局和局部资源的使用情况。

4.2.2　云计算系统资源监测的目标

云计算系统资源监测的目标包含以下几个方面：

（1）可扩展性：云计算系统常常会动态增加资源，以提高系统的性能，监测应当能适应这种变化并动态可扩展，使监测继续保持稳定的运行状态。

（2）准确性：准确性是指监测系统获取监测信息和计算测量的准确程度。

（3）自治性：自治性是指监测能在动态环境中工作的能力。

（4）全面性：监测需要具备支持多种资源的信息收集能力，能够从不同类型的资源、多种类型的监测数据，以及大量的用户数据中获取最新信息。

4.2.3　云计算系统资源监测的架构

面向大规模云计算系统的监测主要采用集中式监测和分布式监测这两种架构。尽管这两种监测架构有显著的不同，但两者仍可以相互补充，满足各种不同类型资源的监测需要。

1. 集中式监测架构

集中式监测架构由监测节点（主节点）和被监测节点（数据节点）组成，采用客户端/服务器模式，监测节点直接监测所有被监测节点的运行状态，监测节点处理获取的监测数据。集中式监测架构如图 4.2 所示。

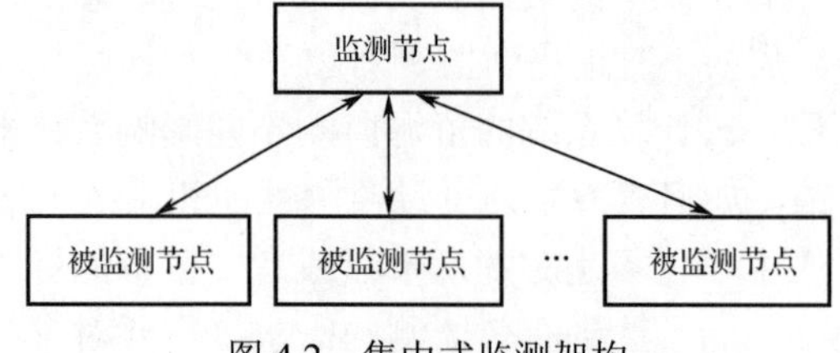

图 4.2　集中式监测架构

在集中式监测中，需要首先在被监测节点上安装监测代理守护进程，守护进程负责采集每个被监测节点上设定的监测信息；然后主动、周期性地向监测节点推送监测信息，或接收监测节点命令，被动地推送监测信息，来达到与监测节点传输数据的目的。监测节点收集由监测代理守护进程推送的监测信息后，分析这些数据，在监测界面上展示分析结果。

集中式监测适用于被监测节点较少的应用场景，具有以下优点：

（1）低延时性。监测节点直接与被监测节点通信，无须中间传输，能够快速收集被监测节点上的数据。

（2）易管理性。监测节点向指定的监测代理发送控制指令，实现监测的动态配置和管理。

（3）方便部署。由于只有监测节点和被监测节点，因此功能模块关系简单，且易于增加或减少被监测节点，也易于启动监测服务。

然而，一旦被监测节点增多，就会有以下缺点：

（1）单点故障问题。在只有单个监测节点的情况下，一旦监测节点出现故障，整个监测就会瘫痪。对于单点故障问题，可以设置镜像备份的方式，即建立备份系统和监测节点的辅助节点。

（2）性能瓶颈问题。如果监测代理的数量增加，则监视节点的并发流量和工作量将迅速增加，会出现网络堵塞和性能瓶颈，使监测响应时间增长，导致整个监测的实时效果下降。

由此可见，集中式监测适合被监测节点个数较少、地理位置相对集中的场合。在这种场合下，集中式监测的部署简单，易于监测，延时小。

2. 分布式监测

当节点规模庞大、环境复杂时，集中式监测不能满足监测需要，这时可采用分布式监测。分布式监测采用分布式汇聚的方式分担监测任务，其架构如图 4.3 所示。

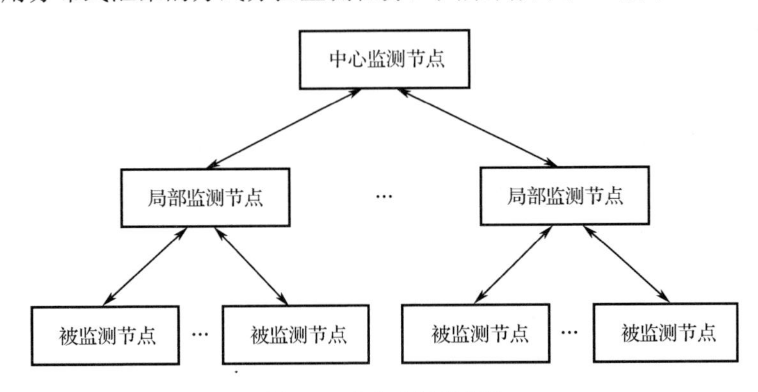

图 4.3 分布式监测架构

分布式监测架构由中心监测节点、多个局部监测节点以及被监测节点组成。

（1）为减轻监测节点的监测负载，将整个监测网络根据一些要求划分为多个局部监测域。

（2）每个局部监测域内部采用集中式监测架构，设置一个局部监测节点，负责监测该局部监测域内所有节点，独立处理本域内的监测信息，并上报监测信息。

（3）中心监测节点不再直接接收被监测节点的监测信息，而是接收局部监测节点汇聚的本域监测信息。

由此可见，分布式监测架构是由一个个局部的集中式监测组合的。

除了适合被监测节点规模较大的环境，分布式监测还有以下优点：

（1）网络负载低。监测代理不与中心监测节点直接通信，而是与每个局部监测节点通信，降低了监测系统内部单个监测节点的工作负载，从而有效避免了因监测节点而发生的网络拥塞和瓶颈问题。

（2）可靠性高。每个局部监测域等同于一个集中式监测系统，当某个局部监测域运行异常时，其他局部监测域仍能正常运行，从而有效地隔离了故障，降低了整体风险。

分布式监测存在如下缺点：

（1）部署难度增大。当被监测节点较多时，系统的层次会增多，结构也会变得复杂，导致监测系统部署变得更为烦琐。

（2）系统延时增大。监测代理与被监测节点的通信，需要通过局部监测节点转发，增加了延时。

总之，分布式监测的优势是可以将大量的监测数据收集工作分散到多个局部监测域，大大减少了中心监测节点的工作压力和网络负载，限制了故障范围，降低了整个系统的故障风险。但缺点是监测系统的部署复杂，需要为每个被监测节点指定合适的局部监测节点，局部监测域的扩大将导致增设局部监测节点和监测层次，增加监测的成本。

一些云计算数据中心采用了廉价、性能一般的服务器，导致节点状态可能会频繁变化，使得网络拓扑结构经常变化，为监测也带来了难题[3]。

4.2.4 监测数据采集

为了达到有效监测的需求，需要对资源多个方面、多个层次的监测信息进行采集、传输和处理。

1. 物理节点数据采集

监测数据可以分为静态数据和动态数据。静态数据是指与物理节点和虚拟机本身相关的监测数据，包括主机名、主机 IP 地址、CPU 个数、磁盘空间等。动态数据是指与资源使用情况相关的监测数据，包括 CPU 利用率、内存利用率、网络吞吐量等。这样分类的好处可以减少监测数据传输占用的网络带宽，静态数据只需要传输一次，从而可避免重复数据的传输。

影响云计算系统正常运行的因素很多，为了全面地了解云计算系统的运行状况，需要及时获取云计算系统中各节点的 CPU、内存、磁盘、网络等运行状态。物理节点数据如表 4.1 所示。

表 4.1　物理节点监测信息

数据类型	描　述	备　注
ID	物理节点名/编号	静态数据
IP 地址	物理节点的 IP 地址	静态数据
机架	物理节点所属的机架号	静态数据
CPU 个数	物理节点上 CPU 数量	静态数据
CPU 利用率	物理节点上 CPU 使用情况	动态数据

续表

数 据 类 型	描　　述	备　　注
内存总量	物理节点总内存	静态数据
内存使用量	物理节点已使用的内存	动态数据
存储总量	物理节点上硬盘总量	静态数据
存储使用量	物理节点上已使用硬盘	动态数据
…	…	…

在以 Linux 操作系统中，使用“/proc”组件收集、保存物理节点数据，该组件提供了获取 Linux 内核信息的接口，通过该接口可以与 Linux 内核交互，查看，获取 Linux 内核的运行状态，如计算机属性、进程信息等。“/proc”组件中的相关文件如表 4.2 所示。

表 4.2　“/proc”组件中的相关文件

文　件　名	描　　述
/proc/cpuinfo	节点 CPU 相关信息
/proc/diskstats	磁盘信息
/proc/loadavg	某段时间内的系统负载情况
/proc/meminfo	内存相关信息（如内存总量、内存使用量等）
/proc/net	网卡设备信息
/proc/stat	节点所有的 CPU 使用情况
/proc/swaps	系统交换空间的使用情况
/proc/uptime	系统的运行时间

2. 虚拟机数据采集

监测的对象不仅包括物理节点资源，还包括物理节点上运行的虚拟机。虚拟机数据如表 4.3 所示。

表 4.3　虚拟机数据

数 据 类 型	描　　述	备　　注
ID	虚拟机名/编号	静态数据
IP 地址	虚拟机的 IP 地址	静态数据
宿主机 ID	虚拟机所属的宿主机 ID	静态数据
CPU 利用率	虚拟机的 CPU 使用情况	动态数据
内存总量	虚拟机分配的内存容量	静态数据
内存使用量	已使用的内存	动态数据
存储总量	虚拟机分配的存储空间总量	静态数据
存储使用量	虚拟机已使用的存储空间	动态数据
…	…	…

虚拟化技术是云计算的关键技术，以云平台 OpenStack 为例，虚拟机数据可以通过底层的 Hypervisor 进行采集，而 OpenStack 默认使用 Libvirt API 从 Hypervisor 获取虚拟机的资源使用情况。Libvirt 是一款开源、免费的 C 语言函数库，支持 KVM、QEMU、Xen 等虚拟化技术，被广泛地运用在虚拟化平台上。

4.2.5 分布式协同监测模型

云数据中心通常拥有大量的物理节点、虚拟机，监测如此多节点的资源将会在网络中传输大量的监测数据，不仅会消耗网络资源，还会造成主监测节点的高负荷[4]。本节重点介绍分布式协同监测模型，该模型采用了一种高分散和协作的架构。

分布式协同监测模型主要包括主监测节点（Master Node，MN）、消息路由器（Message Router）、数据节点（Data Node，DN），以及数据节点上运行的守护进程（Daemon）。数据节点既是被监测节点也是监测节点，数据节点彼此间存在监测关系，数据节点既可能是物理服务器节点，也可能是虚拟机。

在云计算系统中可设 2 个监测节点实例，不仅可以通过执行主从备份机制来确保系统不会存在单点失效的故障，还能够分担监测任务负载，备份各个节点的信息，增强系统的鲁棒性。在接下来的部分，为了叙述方便，将多个物理的 MN 看成一个逻辑的 MN。

1. 分布式协同监测的原理

分布式协同监测的实现主要建立在消息队列机制的基础上，采用先进消息队列协议（Advanced Message Queuing Protocol，AMQP）作为消息传递协议，实现了节点间通信。任何支持 AMQP 的软件都可以作为通信中间件。AMQP 是一种提供统一异步消息传递的应用层协议，是为消息的中间件设计的，无须在意消息的发送方和接收方，实现了消息发送方和接收方之间解耦。采用 AMQP 的客户端可以和消息中间件通信，不会受开发语言等因素的限制。

在消息队列架构中，维持着一个全局队列与所有数据节点对应的自身消息队列，所有的节点必须通过消息路由与其他节点通信，避免了节点间的直接通信，有效降低了节点间的耦合度，保证了网络安全。通信中间件维护整个系统的全局队列和每个监测节点对应的消息队列。

全局队列被用来接收被监测节点周期性报告自己心跳信息，表明自身活性。这种方法已在目前的云基础设施得到应用，例如开源云平台 OpenStack。主节点的所有副本都订阅这样的队列，以确保它们所有的数据库都是最新的。当活动主节点不提供对给定请求的答复时，将执行一个选择过程，随机地从主节点中选择一个新的活动主节点来应答请求。通信中间件中其他可用的队列用于承担所有被监测节点之间的通信任务。这种消息队列的好处是，MN 只负责保持云数据中心的拓扑信息，监测任务被分散到基础设施中的普通节点。每个可用节点都运行一个守护进程，这个守护进程负责周期性地采集该节点的监测信息，并及时将节点状态反映到网络拓扑表中。

云数据中心的分布式协同监测拓扑结构如图 4.4 所示，这个拓扑在逻辑上是一个包含一个核心的环状拓扑。例如，DN_1 的前继节点（PreNode）是节点 DN_8，节点 DN_1 的后继节点（PostNode）是节点 DN_2，节点 DN_1 仅受到节点 DN_2 的监测，同时 DN_1 仅负责监测 DN_8 的状态。在这种拓扑结构中，由 DN_2 负责收集 DN_1 的监测数据，向 MN 发送监测数据。

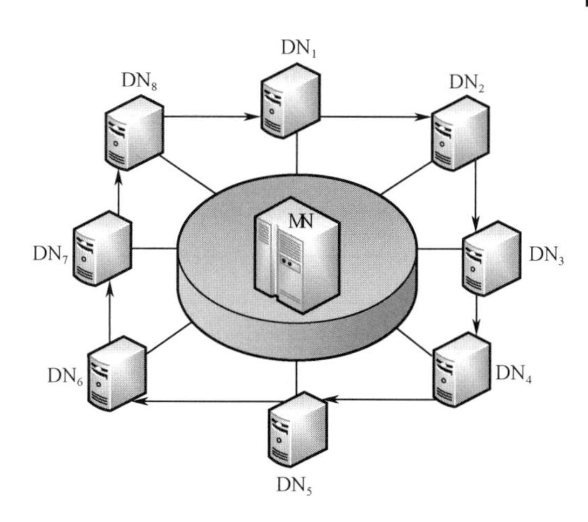

图 4.4 云数据中心的分布式协同监测拓扑结构

另外，云基础设施中的每个数据节点都维持局部路由表。局部路由表仅包含本节点及其前继节点的相关信息，其优点在于，每个节点不必周期性地向 MN 询问其前继节点信息，可减少 MN 的访问量以及通信流量。同时，为了保证局部路由表的准确性，MN 维持着一个全局路由表，该全局路由表保存着所有节点以及其前继节点的相关信息，如表 4.4 所示。

表 4.4 全局路由表

NID	IP	QID	PreNode	PreQID
DN_1	198.1.1.1	Q_1	DN_m	Q_m
DN_2	198.1.1.2	Q_2	DN_1	Q_1
…	…	…	…	…
DN_i	198.1.1.i	Q_i	DN_{i-1}	Q_{i-1}
DN_{i+1}	198.1.1.(i+1)	Q_{i+1}	DN_i	Q_i
…	…	…	…	…
DN_m	198.1.1.m	Q_m	DN_{m-1}	Q_{m-1}

当云基础设施中某个 DN 退出或加入逻辑环状拓扑，导致网络拓扑变化时，MN 才会查询全局路由表，将这些变化报告给受影响的 DN，以更新局部路由表，并修复逻辑监测环。

2. 分布式协同监测的流程

分布式协同监测的流程为：加入网络→正常运行→退出网络。

（1）加入网络。当某个数据节点（DN）首次加入网络系统时，运行在该节点上的守护进程将与消息路由通信，消息路由将为该节点建立一个消息队列。消息路由维持着所有的消息队列，无论这些节点目前是否在线。每个在线的节点将会周期性地向新加入节点对应的消息队列推送监测信息。新增加 DN 记录和监测路由表如表 4.5 所示。

表 4.5　新增 DN 记录和监测路由表

NID	IP	QID	PreNode	PreQID
DN_1	198.1.1.1	Q_1	DN_m	Q_m
DN_2	198.1.1.2	Q_2	DN_1	Q_1
…	…	…	…	…
DN_i	198.1.1.i	Q_i	DN_{i-1}	Q_{i-1}
DN_x	198.1.1.x	Q_x	DN_i	Q_i
DN_{i+1}	198.1.1.(i+1)	Q_{i+1}	DN_x	Q_x
…	…	…	…	…
DN_m	198.1.1.m	Q_m	DN_{m-1}	Q_{m-1}

当某个数据节点（如 DN_x）首次或重新加入系统时，需要主动向 MN 汇报 DN_x 的信息。MN 将会把该节点信息插入全局路由表中。一个自动增长的节点 ID（Node ID，NID）被分配给这个节点。值得注意的是，如果所有新加入的 DN 都直接插入路由表中最后，这将导致 DN_1 频繁地被干扰，不断地更新自身的局部路由表。因此，应该为 DN_x 分配一个合适的 PreNode。

数据库存储的云数据中心节点信息可以通过快速查询功能来获得，然后 MN 将合适的 PreNode 信息将被推送给 DN*x*，这样可避免某个节点频繁路由表，同时可以有目的性地选择两个节点间的监测关系，如在距离很近的两个节点间建立监测关系，从而减少监测数据的传输。DN*x* 向消息路由的全局监测队列发布一个主题为“登录”的消息包，当主节点获得“登录”消息包时，立刻从该消息包中提取所需监测的节点信息（NID，IP，QID）以及前继节点信息，主节点修改全局路由表。新节 DN_x 的信息被插入 DN_i 记录后，将原来表 4.4 中的 DN_{i+1} 的前继节点信息（即 DN_i），填入 DN_x 记录的对应项中，将 DN_{i+1} 的前继节点修改为 DN_x。另外还需要修改 DN_{i+1} 和 DN_x 上局部路由表内的前继节点信息。通过上述过程可建立新的监测关系，重构监测拓扑。

（2）正常运行。在分布式协同监测模型下，每个数据节点（DN）不仅是监测节点，还是被监测节点。DN 监测其前继节点，同时又被其后继节点监测。分布式协同监测的负载被均衡地分散到云基础设施中各个 DN 上。

每个 DN 采集自身的资源利用情况（如 CPU 利用率），并周期性地向消息路由中对应的消息队列推送监测信息。同时，每个 DN 持续监听其前继节点对应的消息队列，一旦消息队列中存在新消息，DN 立刻获取该消息，从而获得其前继节点的监测信息。

DN 的状态分为 5 种，如表 4.6 所示，分别为轻松（Easy）、正常（Normal）、繁忙（Busy）、严重（Serious）、宕机（Down），前 4 种状态代表不同的资源利用率，由主节点（MN）依据资源利用率识别前 4 种状态，当 DN 突然宕机时，MN 不再接收 DN 的监测数据，无法判断其资源利用率。解决该问题的策略是当监测节点连续几个周期没有收到被监测节点的监测数据时，认为该节点处于宕机状态，并及时汇报给 MN。该策略的好处是监测节点在一定程度上分担了 MN 的工作压力。

表 4.6　DN 的状态

NID	IP	CPU	Status
DN_1	198.1.1.1	25%	Normal
DN_2	198.1.1.2		Down
…	…	…	…
DN_x	…198.1.1.x	5%	Easy
…	…	…	…
DN_y	198.1.1.y	72%	Busy
DN_z	198.1.1.z	89%	Serious
…	…	…	…

（3）退出网络。首先详细讨论单个或稀疏节点发生宕机时的情况。如果节点 DN_{i+1} 连续几个周期（如连续 3 个周期）没有从消息队列 Q_i 中获得消息，则 DN_{i+1} 立刻向消息路由中全局监测队列发布一个主题为“宕机”的消息包。这个消息包能在 DN 和 MN 之间执行信令，以便发现拓扑变化，并更新监测网络拓扑。MN 获得“宕机”消息包后，从该消息包可得知发出宕机故障信息的节点为 DN_{i+1}，再从表 4.7（a）中发现 DN_{i+1} 监测对象（即前继节点）为 DN_i，因此 MN 判定 DN_i 宕机，同时更新监测路由表。单个节点或稀疏节点失效后全局路由表的变化如表 4.7 所示，MN 首先从 DN_i 中提取其前继节点信息（Pre QID），以便修改 DN_{i+1} 记录中对应的条目；然后从全局路由表中删除 DN_i 记录；随后 DN_{i+1} 向消息路由申请订阅消息队列 Q_{i-1}，这意味着新的监测关系在 DN_{i+1} 和 DN_{i-1} 之间建立，以及环状监测网络拓扑也被重构。MN 也需要让任务调度器知道 DN_i 已经失效，让任务调度器将不再分配任务给 DN_i，除非 DN_i 重新上线。

表 4.7　单个节点或稀疏节点失效后全局路由表的变化

（a）DN_i 失效之后

NID	IP	QID	PreNode	PreQID
DN_1	198.1.1.1	Q_1	DN_m	Q_m
DN_2	198.1.1.2	Q_2	DN_1	Q_1
…	…	…	…	…
DN_{i-1}	198.1.1.(i−1)	Q_{i-1}	DN_{i-2}	Q_{i-2}
DN_i	198.1.1.i	Q_i	DN_{i-1}	Q_{i-1}
DN_{i+1}	198.1.1.(i+1)	Q_{i+1}	DN_i	Q_i
…	…	…	…	…
DN_m	198.1.1. m	Q_m	DN_{m-1}	Q_{m-1}

（b）建立 DN_{i+1} 和 DN_{i-1} 间的监测关系

NID	IP	QID	PreNode	PreQID
DN_1	198.1.1.1	Q_1	DN_m	Q_m
DN_2	198.1.1.2	Q_2	DN_1	Q_1

续表

NID	IP	QID	PreNode	PreQID
…	…	…	…	…
DN_{i-1}	198.1.1.(i−1)	Q_{i-1}	DN_{i-2}	Q_{i-2}
DN_{i+1}	198.1.1.(i+1)	Q_{i+1}	DN_{i-1}	Q_{i-1}
…	…	…	…	…
DN_m	198.1.1. m	Q_m	DN_{m-1}	Q_{m-1}

在大规模的云数据中心中，除了单个节点或稀疏节点失效，还存在成片节点失效的问题。虽然这种情况发生概率很低，但仍可能发生，特别是那些处在同一机架共享相同电源的节点。成片节点失效后全局路由表的变化如表 4.8 所示。

表 4.8　成片节点失效后全局路由表的变化

（a）DN_{i-1} 和 DN_i 失效之后

NID	IP	QID	PreNode	PreQID
DN_1	198.1.1.1	Q_1	DN_m	Q_m
DN_2	198.1.1.2	Q_2	DN_1	Q_1
…	…	…	…	…
DN_{i-2}	198.1.1.(i−2)	Q_{i-2}	DN_{i-3}	Q_{i-3}
DN_{i-1}	198.1.1.(i−1)	Q_{i-1}	DN_{i-2}	Q_{i-2}
DN_i	198.1.1.i	Q_i	DN_{i-1}	Q_{i-1}
DN_{i+1}	198.1.1.(i+1)	Q_{i+1}	DN_i	Q_i
…	…	…	…	…
DN_m	198.1.1. m	Q_m	DN_{m-1}	Q_{m-1}

（b）建立 DN_{i+1} 和 DN_{i-1} 间的监测关系

NID	IP	QID	PreNode	PreQID
DN_1	198.1.1.1	Q_1	DN_m	Q_m
DN_2	198.1.1.2	Q_2	DN_1	Q_1
…	…	…	…	…
DN_{i-2}	198.1.1.(i−2)	Q_{i-2}	DN_{i-3}	Q_{i-3}
DN_{i-1}	198.1.1.(i−1)	Q_{i-1}	DN_{i-2}	Q_{i-2}
DN_{i+1}	198.1.1.(i+1)	Q_{i+1}	DN_{i-1}	Q_{i-1}
…	…	…	…	…
DN_m	198.1.1. m	Q_m	DN_{m-1}	Q_{m-1}

（c）建立 DN_{i+1} 和 DN_{i-2} 间的监测关系

NID	IP	QID	PreNode	PreQID
DN_1	198.1.1.1	Q_1	DN_m	Q_m
DN_2	198.1.1.2	Q_2	DN_1	Q_1

续表

NID	IP	QID	PreNode	PreQID
…	…	…	…	…
DN_{i-2}	198.1.1.(i−2)	Q_{i-2}	DN_{i-3}	Q_{i-3}
DN_{i+1}	198.1.1.(i+1)	Q_{i+1}	DN_{i-2}	Q_{i-2}
…	…	…	…	…
DN_m	198.1.1. m	Q_m	DN_{m-1}	Q_{m-1}

当连续几个节点极短时间内同时宕机（失效），这就意味着除最后一个节点外，其他几个失效节点的后继节点也失效，无法向 MN 汇报节点失效情况，这和单节点失效情况有着明显的区别。这种更复杂、现实的场景意味着不会有任何节点向 MN 汇报这种成片失效的情况。

如表 4.8（a）所示，这里假设 DN_{i-1}、DN_i 两个节点失效，意味着 DN_i 不能够向全局监测队列推送主题为“宕机”的消息包，MN 也就无法了解 DN_{i-1} 宕机信息。由于 DN_{i+1} 并没有失效，DN_{i+1} 仍然具备监测 DN_i 的能力。成片节点失效处理的第一步工作与单节点失效的处理流程一样，DN_{i+1} 检测到 DN_i 已经失效，于是发布“宕机”消息包，MN 订阅全局消息队列，及时获得宕机消息，并修改全局路由表，删除 DN_i 记录，建立 DN_{i+1} 和 DN_{i-1} 间的监测关系，如表 4.8（b）所示。但由于 DN_{i-1} 也失效了，很快 DN_{i+1} 将发现它连续 3 个周期没有从 Q_{i-1} 消息队列中获得消息，于是 DN_{i+1} 将向 MN 推送“宕机”消息包，让 MN 及时知道 DN_{i-1} 也宕机了。然后重复第一步的工作，MN 再次更新全局路由表，删除 DN_{i-1} 记录，在 DN_{i+1} 和 DN_{i-2} 之间建立新的监测关系，如表 4.8（c）所示。至此，环状网络拓扑也再次重建完成，监测网络可恢复正常。

即使发生更大规模的成片节点失效，其处理流程与上述相似，MN 能够迟早获知所有的失效节点，证明了这种机制的鲁棒性。然而如果失效节点的数量非常大，可能会有一定的延时。这种节点失效处理机制使得在大规模云计算系统的监测系统具有良好的健壮性，保证了监测的稳定进行。

上述节点失效处理机制的主要问题是需要较长的时间来实现网络拓扑结构的完全收敛，并且这种收敛将与在所创建的逻辑环中发生故障节点的连续数量相关。

4.3 云计算系统的任务调度

4.3.1 任务调度的概念

云计算将任务调度到由大量计算和存储资源节点构成的资源池上，通过虚拟化技术，有效地整合资源，使用合理的资源与任务的调度和监管机制，提高了资源利用率[5-9]。

资源与任务的调度是指在特定的资源环境下，根据一定的资源使用规则，在不同的使用者之间调整资源的过程，不同的使用者对应着不同的任务，每个任务在系统中对应着一个或者多个进程。通常有两种途径可以实现资源与任务的调度：在任务所在的机器上调整分配给该任务的资源使用量，或者将该任务迁移到其他机器上[4]。

4.3.2 任务调度的原则

云计算系统的任务调度策略主要解决以下问题：

（1）按照何种原则分配资源和调度任务，主要涉及任务调度算法的设计，目的是通过优化的算法让云计算系统的性能处于最优。

（2）选择何时分配资源和调度任务，即在确定了相应的任务调度算法后，要确认任务调度的时机。

一般来说，任务调度机制追求简洁、高效，避免采用过于复杂的方法，防止任务调度模块在执行过程中带来较多的系统开销。任务调度机制按照任务调度算法、资源使用情况、确定的任务调度时机，来完成相应的任务调度。

任务调度要遵循以下两项基本原则：

（1）调度的合理性。调度的合理性是指在进行任务调度时，既要保证实现特殊的功能，同时要让各个任务分配到所需的资源。例如，有些任务有实时性需求，有些任务有低能耗需求，任务调度要能满足各自的特殊要求，同时还要尽量满足云计算系统中各个任务能够分配到所需的资源。

（2）调度的有效性。调度的有效性体现在云计算系统中的 CPU、存储和网络设备等资源得到合理有效的分配，使资源得到充分的利用，提升资源利用率。

因此，在设计任务调度机制时，需要考虑以下因素。

（1）系统的设计目标。不同的系统，设计目标并不一样。实时系统强调实时性，批处理系统强调任务吞吐量。在设计任务调度机制时，需要清楚系统的类型和应用领域，这是选择和设计合理有效的任务调度机制的主要依据。

（2）系统的资源利用率。合理的任务调度机制，应能够让系统有尽可能高的资源利用率，要发挥好各种资源的效能。不会出现系统存在一大堆任务在等待被调度、执行的情况下，各种资源反而处于闲置状态的现象。

（3）均衡系统的全局性能和局部性能。合理的调度机制应既能够照顾系统的全局、性能，也能够考虑系统的局部性能，从而在系统的全局性能和局部性能发生冲突时进行协调。

4.3.3 任务调度的算法

任务调度机制性能的优劣，关键在于任务调度算法是否合理。在理想的情况下，任务调度算法应实现以下目标：

（1）在单位时间内完成尽可能多的任务，使系统的吞吐率尽可能高。

（2）使系统在有任务需要完成的情况下，尽可能保持忙碌工作状态。

（3）对于用户的服务请求、提交的任务，系统的响应时间和周转时间应尽可能短，降低用户和任务的等待时间。

（4）使各种设备得以充分利用，提高所有设备的资源利用率。

（5）系统提供服务性能公平合理，避免一些任务分配到太多的资源，而另外一些任务处于没有资源可用的状态。

在实际中，很难同时实现上述目标，因此在设计任务调度算法时，应兼顾各目标的平衡，进行折中考虑。常用的设计理念包括：

（1）任务调度算法应该与特定系统的设计目标要保持一致，要根据系统的需求设计和应用相应的任务调度算法。

（2）注意系统资源（如 CPU、存储、网络等资源）的均衡使用。

（3）要确保提交的任务在限定的时间期限内完成，避免不公平、不合理、饥饿等情况的发生。

对于任务调度而言，最基本的算法是先来先服务。这种任务调度算法所依据的唯一参数就是任务到达系统的时间；通过将各任务按照到达系统的先后次序加入队列，排在队列前面的任务先得到调度。可见，先来先服务的任务调度算法非常简单，很容易实现，且比较公平合理，按照任务到达系统的先后次序为任务提供服务即可。

另外一种典型的任务调度算法是基于优先级的调度算法，该算法将任务的优先级作为任务调度次序。任务的优先级既可以由用户或系统在任务被执行前确定，系统按照预先为任务设定的优先级来确定任务的调度次序；也可以由系统根据任务的 CPU 执行时间和等待时间等多个因素来动态确定，并可在任务的执行中动态调节任务的优先级。

此外，基于性能保证的任务调度算法是对相关任务做出明确的性能保证，然后努力达到目标。彩票调度算法是基于性能保证的任务调度算法的一种有效实现方式。彩票调度算法的基本思想是向每一个任务发放针对资源的彩票，低级调度程序随机选择一张彩票，持有该彩票的任务就可以获得资源。如果任务优先级相同，那么可以分配给各任务平等数量的彩票（即中奖概率相同）；如果任务的优先级有差异，那么可以分配给高优先级任务较多的彩票，以增加其中奖的机会，达到优先调度的目的。

云计算系统往往会同时运行多个任务时，如何保证系统高效地进行任务调度，是充分利用资源的前提。常用的方法是由主节点负责将用户或应用提交的作业切分为若干任务，并将各个任务调度到任务节点上去执行。

在分布式集群系统中，典型的调度流程如下：

（1）任务节点统计本地正在执行的任务数量。

（2）任务节点判断正在执行任务数是否小于其启动前预先设定的最大可并行执行任务数。

（3）如果正在执行任务数小于最大可并行执行任务数，则表示该任务节点还可以接收新的任务，任务节点可向主节点汇报节点的状态信息，以及是否要索取新任务。当主节点接收到任务节点的心跳信息后，将任务封装起来后，发给任务节点执行。

4.3.4 任务调度的模型

云计算系统中典型的任务调度模型如图 4.5 所示，该模型主要由监测模块、任务获取模块、任务执行模块和通信模块组成[4]。

（1）监测模块。部署于任务节点，负责监测任务节点的负载状况及其资源使用情况，将监测信息汇报给任务获取模块。

（2）任务获取模块。部署于任务节点，负责采用合适的任务获取机制。任务节点根据监测模块的监测信息判断自身状态，以此为基础进行任务调节，改变任务获取的方式，以适应自身的负载变化。

（3）任务执行模块。负责任务的具体执行。

（4）通信模块。负责任务节点和主节点之间的通信。

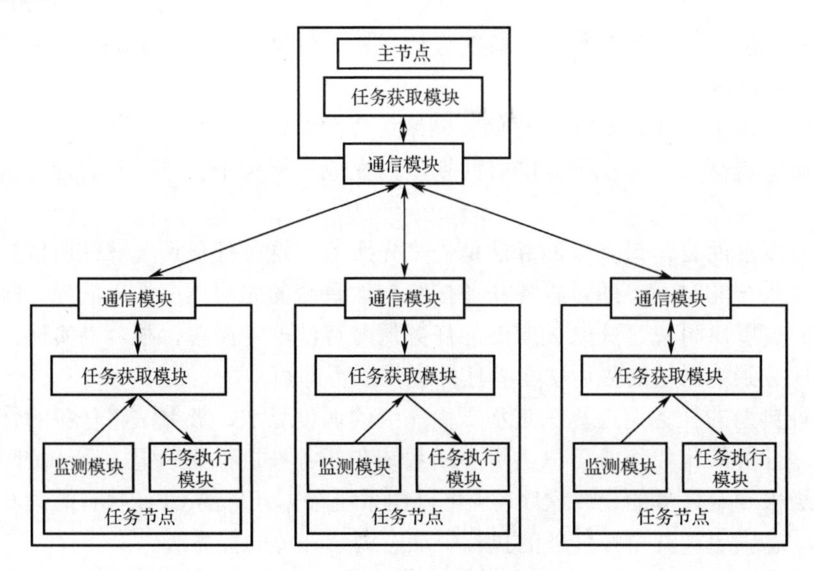

图 4.5　典型的任务调度模型

监测和任务获取是在任务节点进行的，因此，能够在保证云计算系统响应实时性的同时，减轻主节点的负担。

虚拟机的出现使得所有的任务都被封装在虚拟机内部。由于虚拟机具有隔离特性，因此可以采用虚拟机的动态调度和迁移方案来达到任务合理调度的目的[10]。

任务调度需要考虑资源的实时使用情况，这就要求对云计算系统的资源的使用进行实时监测，通过迁移的方式实现负载均衡，如图 4.6 所示。云计算系统中资源的种类多、规模大，

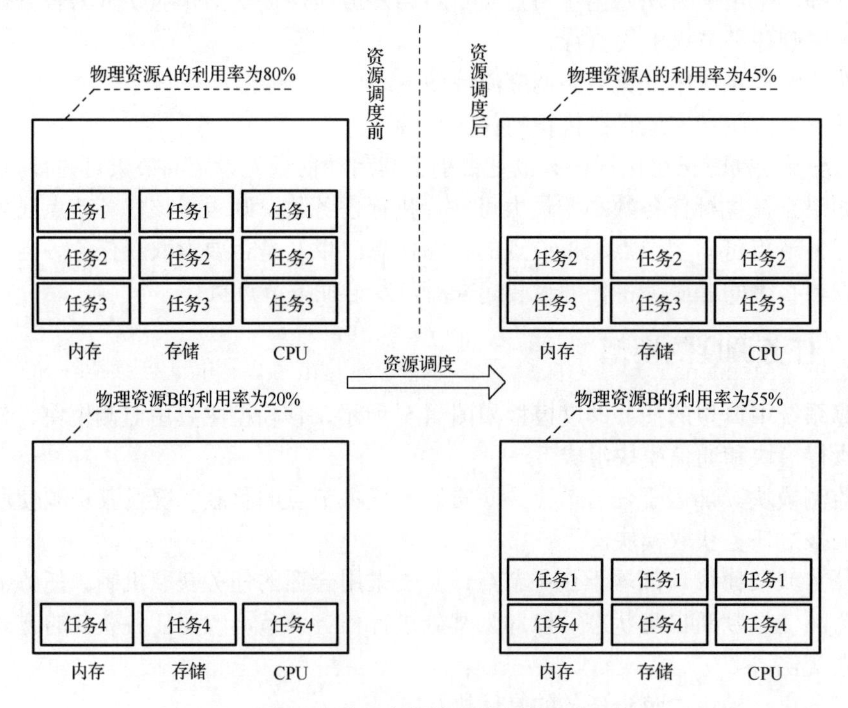

图 4.6　基于负载均衡的任务调度

对资源的实时监测十分困难。一个云计算系统可能有成千上万的任务，这对任务调度算法的复杂性和有效性提出了挑战。对于基于虚拟化技术的云基础设施层，大规模、并行的虚拟机迁移操作很有可能会因为网络带宽等各因素的限制而变得缓慢。

从任务调度的粒度来看，虚拟机内部的应用调度才是云计算用户更加关心的。如何调度资源满足虚拟机内部应用的服务级别协定也是目前亟待解决的一个难题。例如，任务调度需要监测应用的实时性能指标，如吞吐量、响应时间等，通过这些性能指标，结合历史记录及预测模型，分析未来可能的性能值，并与用户预先制定的性能目标进行比较，得出应用是否需要，以及如何进行资源调整的结论。

4.4 云计算系统的网络监管

4.4.1 网络监管的概念

云计算系统本质上是基于网络的分布式计算系统，云数据中心中的各个资源节点和功能节点都是用网络连接在一起的。若云计算系统的规模非常庞大，有多个云数据中心，则云数据中心之间也依赖网络连接在一起。简言之，网络是云计算系统的重要组成部分。目前云计算系统的网络监管已经吸引了大量专家、工程师进行了深入的研究。

网络监管通过对网络资源进行合理的分配和控制，以满足业务的需要，使网络资源可以得到有效的利用，使整个网络可以更加经济地运行，并提供连续、可靠和稳定的服务。

简单地说，网络监管的本质是实时的网络监测和控制。网络监管人员通过监测到网络信息来控制网络的状态。监测是手段，控制是目的，二者相互配合，使网络在发生链路阻塞、故障等情况下，仍可以尽量运行在可容忍的状态下。网络监管的基本目标是保持网络正常、经济、安全运行，满足用户对网络的有效性、可靠性、开放性、综合性和经济性等的要求。

网络监管通常包括以下内容：

（1）运行（Operation）。面向用户服务、针对网络整体进行的监管，如用户流量监管、用户带宽计费等。

（2）控制（Administration）。面向用户服务，为满足 QoS 要求而进行的监管活动，如对网络流量的监管等。

（3）维护（Maintenance）。为保障网络及其设备的正常、可靠、连续运行而进行的监管，如故障的检测、定位和恢复，以及设备测试等。

（4）提供（Provision）。针对网络资源进行的支撑活动，如安装软件、配置参数等。

4.4.2 网络监管的功能

网络监管的功能包括故障监管、配置监管、性能监管、安全监管等方面，网络监管的复杂性取决于网络资源的数量和种类。

1. 故障监管

故障监管是监测和确定网络环境中异常操作所需的一组措施，目的是保证网络能够提供连续可靠的服务。无论故障是短暂的还是持久的，都可能导致网络达不到指标。故障监管通过监测异常事件来发现故障，通过日志记录故障情况，根据故障现象采取相应的跟踪、诊断和测试措施。

2. 配置监管

配置监管的目的是实现某个特定功能或使网络性能达到最优。通过配置网络，可以调整或改变网络设备、结构和环境，使网络更有效地工作。网络配置包括配置开放系统中有关路由操作的参数、被监管对象及其组名字初始化或关闭被监管对象，根据要求收集系统当前状态的信息，获取系统的重要变化，更改系统配置等。

配置监管功能至少包括识别被监管网络的拓扑结构、标识网络中的各个对象、自动修改指定设备的配置、动态维护网络、配置数据库等。

3. 性能监管

性能监管涉及网络信息的收集、加工和处理等一系列活动，目的是保证在最少的网络资源和最小的延时的前提下，网络能够提供可靠、连续的通信能力，并使网络资源的使用达到最优化。性能监管通过监测和分析被监管网络及其所提供服务当前状态的信息，估计系统资源的运行状况及通信效率等系统性能。性能分析的结果可能会触发某个诊断测试过程，根据结构重新配置网络，以保持网络的良好性能。

性能监管的具体内容包括：

（1）从被监管对象中收集与网络性能有关的数据。

（2）分析和统计历史数据，建立性能分析的模型。

（3）预测网络性能的长期趋势，并根据分析和预测的结果，对网络拓扑结构、某些对象的配置和参数进行调整，逐步达到最佳。

（4）当需要做出的调整较大时，可扩充或重建网络。

4. 安全监管

网络中主要有以下几个安全问题：

（1）网络数据私有性。保护网络数据不被入侵者非法获得。

（2）授权。防止入侵者在网络上发送恶意信息。

（3）访问控制。控制对网络资源的访问。

安全监管需要提供鉴别、授权和访问控制等安全方面的监管，并维护和检查安全日志。安全监管负责提供一个安全策略，根据安全策略确保只有授权的合法用户才可以访问受限的网络资源。因此，安全监管有两层含义：

（1）安全监管要保证网络用户和网络资源不被非法使用。

（2）安全监管要确保网络监管系统本身不被未经授权的访问。

安全监管的主要内容包括：

（1）与安全措施有关的信息分发，如密钥的分发和访问权限的设置等。

（2）与安全有关的事件通知，如网络有非法侵入、无权用户对特定信息的访问等。

（3）安全服务设施的创建、控制和删除。

（4）与安全有关的网络操作事件的记录、维护和查阅等日志监管工作等。

4.4.3　云数据中心网络

云计算系统与云数据中心网络的支持密不可分，对云数据中心网络的要求如下[11]：

（1）多条转发链路。如果云数据中心网络出现故障，为了保证网络的可靠性，需要备用链路，即冗余链路。多条转发路径不仅作为发生故障的备用链路，还可被用于网络负载均衡，提高网络效率。

（2）网络虚拟化。云计算系统采用虚拟技术实现了多租户的同时运行，云计算系统能够在物理网络的基础上虚拟出多个抽象网络，租户运行在抽象网络上，各个租户之间独立存在，不能互相感知，实现了虚拟机的独立创建、销毁和扩展等。

（3）网络部署的灵活化和自动化。云计算系统中有大量的网络设备需要维护，在实现网络的灵活化和自动化部署后，监管人员可以按照相关需求和策略动态地监管网络；在网络运行的过程中，可以减少人为干预。

目前，智能网络还未被大范围运用，但智能网络的优势已经超越了其他计算机网络。随着云数据中心规模的爆发式扩大，传统的网络架构已经很难满足云计算系统的需求。传统网络的可扩展性差、监管难，各式各样的网络协议不断被提出，但网络协议之间相对独立，每种网络协议往往只是为了解决某种问题，众多的网络协议加重了网络的复杂性，使监管任务变得越来越繁重。云计算系统希望将抽象网络按照需要提供给用户，这要求网络能够快速响应、动态配置。云数据中心的大规模服务集群依赖数量众多的网络设备，系统管理员需要配置不同的网络设备，如交换机、租户隔离等，而配置和监管成百上千的网络设备也会使网络变得更加复杂。这些问题亟待新的更好的监管网络方法[12]。

针对目前云数据中心网络的问题，有两种典型的解决思路[13]：

（1）改良思路。改良思路的主旨是认为现在的 IP 网络架构本质上没有太大问题，只需改良现有网络，做适当的修补即可。但结果常常是解决了一部分网络问题，却又会引发另外一些问题，如网络架构变得越来越复杂、臃肿，运营成本不断增加。

（2）变革思路。变革思路的主旨是认为传统的网络架构与基础设备紧耦合，不能满足云计算系统的要求，与其费时费力地修补原来的网络架构，不如用新的网络架构来替换传统的网络架构。

变革思路的代表是软件定义网络（Software Defined Network，SDN）技术[14-16]，SDN 是一种基于软件的新型网络技术，已逐渐成为云数据中心网络的研究热点和应用热点。SDN 与传统的网络架构存在明显的区别。

在传统网络中，每个路由器同时包含控制平面和数据平面，各路由器之间通过路由协议计算合适的路由，然后交互路由条目，最终达到路径共享。控制平面分布在每个网络设备中，因而网络控制比较分散，无法有效掌控全局网络。而 SDN 的核心是借助 OpenFlow[17]协议，改变传统网络架构中控制平面和数据平面混合在一起的模式，将控制平面和数据平面分离，具有较松的耦合。数据平面的交换机只需负责简单地接收控制器下发的流表，以及根据流表项进行数据转发，无须理解各式各样的网络协议和流表的制定，简化了交换机的工作负载，提高了交换机的工作效率。控制器向用户提供灵活的可编程接口，制定流表并下发给相应的交换机，控制器可以随时根据当前网络状况更新流表。SDN 具有灵活的软件编程能力，通过编写相关代码就可以制定数据转发策略，网络监管和控制能力得到了进一步的提升。

SDN 架构如图 4.7 所示，共分为应用层、控制层和设备层。

（1）设备层是交换机等硬件转发设备，失去了控制功能，专注于遵循控制层的命令，进行单纯的数据转发任务。

（2）应用层通过控制层暴露的编程接口与设备层的网络设备交互，将网络的控制权赋予用户。

（3）控制层是 SDN 架构的核心，起着承上启下的作用，将原来交换机等转发设备的控制功能抽离出来，集中监管所有网络设备，将整个网络抽象为资源池。

控制层的 SDN 控制器是 SDN 架构的核心组件，该控制器掌控全局网络状态、拓扑信息，根据用户的不同需求，灵活地进行网络配置和网络监管，控制器的性能直接影响着云数据中心网络的运行效率。随着 SDN 受到越来越多的关注，各式各样的 SDN 控制器层出不穷，已出现了二十余种控制器，极大地推动了 SDN 的发展。目前常见的 SDN 控制器包括 Floodlight[18]、OpenDaylight[19]和 POX[20]等。

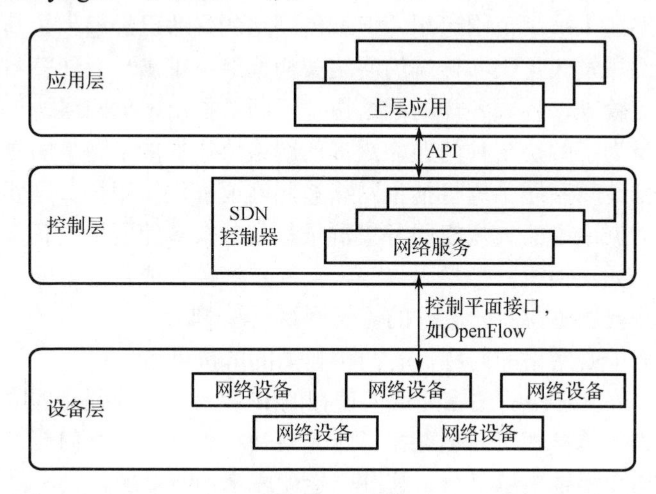

图 4.7　SDN 架构

云数据中心向外界提供的各种服务离不开大量服务器的支撑，这些服务器通过网络设备连接在一起，共享整个云数据中心的资源，有机地结合在一起，为不同的用户提供不同的服务。

云数据中心网络的拓扑结构直观地展示了云数据中心的所有交换机、服务器等网络设备的连接关系。随着云数据中心网络中流量的急剧增长，基于传统网络拓扑结构的云数据中心经常存在网络拥堵、延时大、可靠性差等问题[21]。

目前，云数据中心网络通常采用 Dcell 结构、胖树结构和雪花结构等，其中 Dcell 和雪花结构是常用的递归结构，胖树结构是树状结构的典型代表。

1．Dcell 结构[22]

递归的最大特点就是容易按照自身规律进行扩展。为了解决云数据中心网络的可扩展问题，递归结构往往是一种很好的选择。在递归结构中，最基础和最重要的就是最小单元，因此在利用递归设计云数据中心网络时，首先要设计好最小单元，其次要确定一个好的递归规律，这样才能搭建高效的网络结构。Dcell 是一种非常典型的递归结构，图 4.8 所示为一个具有 1 层递归结构的 Dcell，由 4 个递归单元构成，每个递归单元的服务器都连接到其他递归单元的服务器。这种连接方法使得云数据中心的服务器都连接在一起，实现了全连通性，提高了云数据中心的可靠性。Dcell 最基础的递归规则就是使用完全图进行节点连接。在这种结构中，服务器都处于并列或者平行的位置，并且高级层次的网络结构由低层的网络结构按照递归规律实现，同时也是更高层次网络的递归单元。采用 Dcell 结构，不用改变现有的网络拓扑结构，就可以对云数据中心网络进行灵活的扩展；只需要增加它的递归层次，就可以大量地增加服务器的数量。

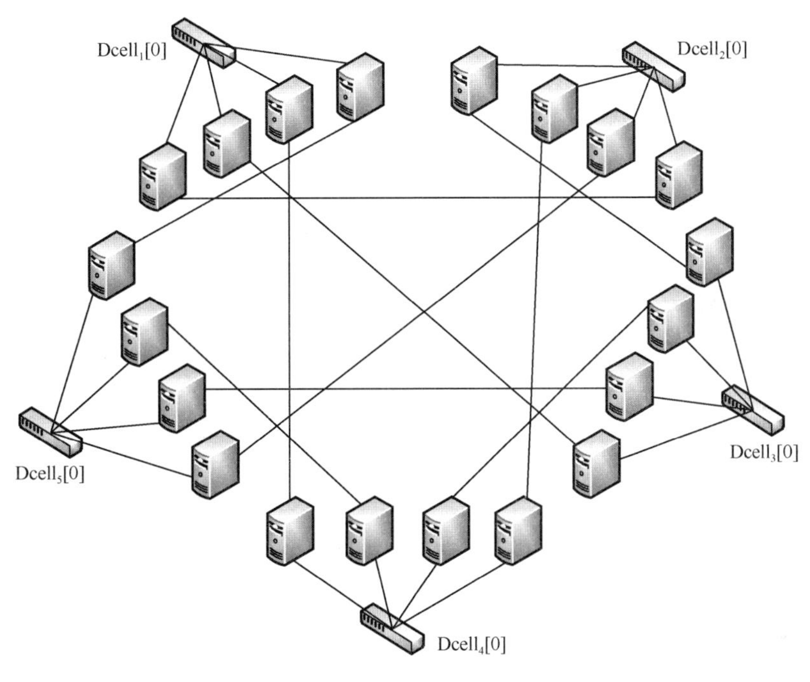

图 4.8　具有 1 层递归结构的 Dcell

2. 胖树结构[23]

胖树结构，即 Fat-Tree 结构，是一种对传统树状结构进行改进的结构。胖树结构是一种层次化的结构，该结构以交换机为中心。根据交换机的不同位置和能力，胖树结构可分为三层，从上到下分别为核心层交换机、聚合层交换机和边缘层交换机。理论上，这三层都可以使用性能相同的交换机。但在实际应用中，往往存在很大的区别，边缘层交换机只需接入少量的交换机，对性能要求不高，所以为了节约成本，通常采用一般性能的交换机。而对于核心层交换机和聚合层交换机，因为它们处于网络转发的核心地位，转发负载较大，所以需要性能较高的交换机。

图 4.9 所示为一个典型的四叉胖树结构。k 叉胖树结构包含 k 个 POD（Performance Optimization Datacenter），每个 POD 其实是由 k 个聚合层交换机和边缘层交换机组成的，每一层包含 $k/2$ 个交换机。核心层交换机与每一个 POD 连接，而每个 POD 又完全连接在一起。这种结构最大的特点就是多路径，网络中的主机之间具有多条互不影响的路径可用，具有一定的容错能力，同时也可以降低单一链路的负载，实现负载均衡，解决网络拥塞的问题。

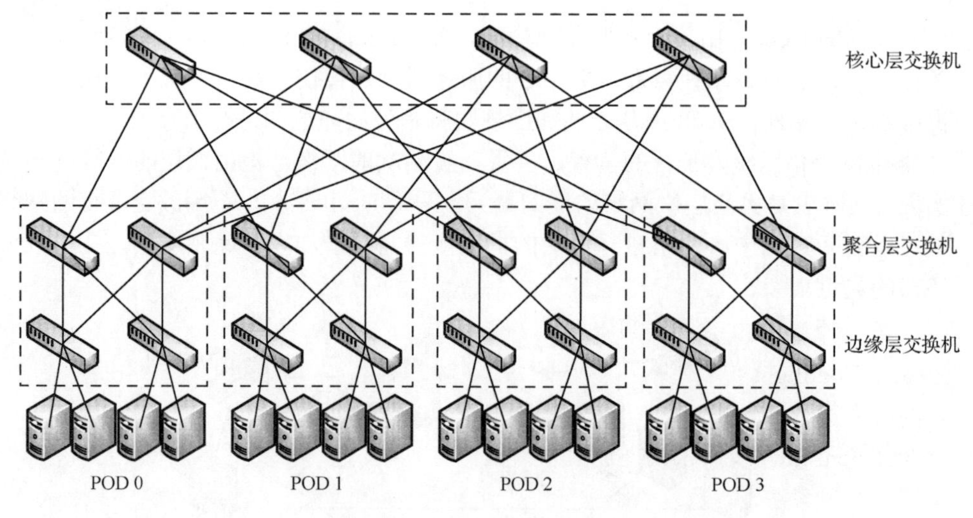

图 4.9　典型的四叉胖树结构

3．雪花结构[24]

云数据中心网络在发展的过程中，也出现了一些新型的网络结构。雪花结构与 Dcell 结构一样，都采用递归进行定义，高层的雪花结构也是通过低层的雪花结构进行递归组成的，最小单元是 0 级雪花结构。在雪花结构中，虚连接和实连接是两个重要的概念。图 4.10（a）所示为一个 0 级雪花结构，包含 3 个服务器和 1 个交换机。从图 4.10（a）可以看到，0 级雪花结构的服务器之间有 3 条虚连接，它们在实际网络中是不存在的，而对实连接而言是实际存在的。虚连接的作用是在雪花结构进行扩展时，连接新加入的 0 级雪花结构，此时，虚连接就变成了实连接。

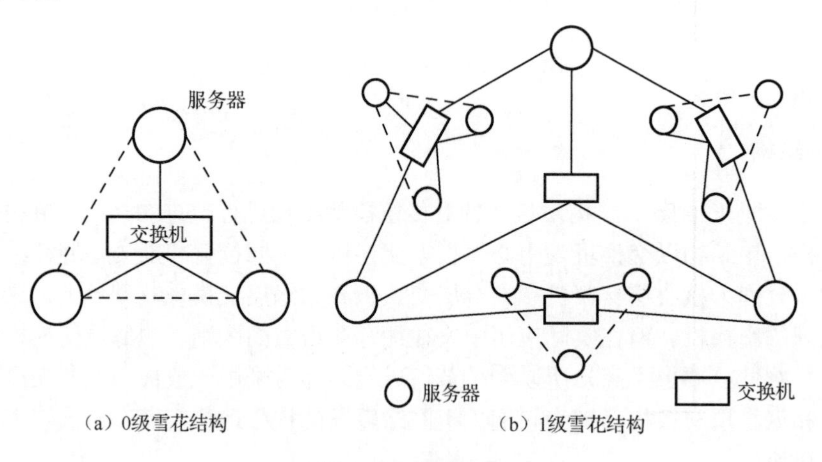

（a）0级雪花结构　　（b）1级雪花结构

图 4.10　雪花结构

图 4.10（b）所示为一个 1 级雪花结构，它是通过 0 级雪花结构扩展得到的。在扩展过程中，实连接和虚连接的数量发生了变化，拥有 0 条实连接和 3 条虚连接，而扩展成 1 级雪花结构后，就变成了 6 条实连接和 6 条虚连接。因此在雪花结构的扩展过程中，每扩展一次，就要断开一处实连接和虚连接，然后按照递归规律依次增加 0 级雪花结构。在 0 级雪花结构

中，服务器的数量是可以动态变化的，通常取 3～8 个。n 级雪花结构包含 $k(k+1)n$ 个服务器，在这种结构中交换机的数量随着结构层级成指数增长，达到了对云数据中心网络规模的要求。同时也可以得到一个结论，任意两个服务器之间的最短路径不会超过 $2n+1$ 跳，它们之间也存在 $2\sim2^n$ 条可用路径。雪花结构不仅保证了网络直径的最小化，还保证了服务器之间多路径负载均衡。

4.4.4 网络流量的调度

本节介绍一种基于 SDN 的多路径流量调度方法。

（1）采用 Floodlight 控制器集中控制，将控制层面抽离出来，利用 OpenFlow 网络对 OVS 交换机中的流表进行下发和更新，控制数据流在网络中的转发。

（2）在 OpenFlow 网络中，当加入新的数据流时，首先获取实时的链路负载，计算出最优路径，然后下发流表。

（3）周期性地监测网络中每一条链路的流量负载，及时发现负载较重的链路，修改链路经过的所有交换机上的流表，从而将该链路中流速最大的数据流转换到较为空闲的新路径上，实现网络各链路负载均衡，提高云数据中心网络的吞吐量。

图 4.11 所示为最优路径算法的架构，该算法的主要模块部署在 Floodlight 控制器上，主要模块有 3 个，分别为负载监测模块、路径优化模块、流表下发模块。三个模块相互合作，为后续模块提供相关信息。

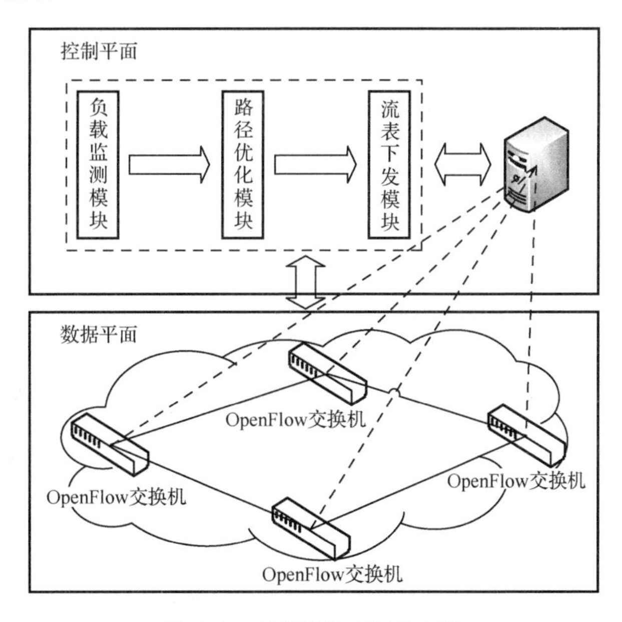

图 4.11 最优路径算法的架构

1. 负载监测模块

负载监测模块负责周期性地查询、收集网络拓扑中各交换机的网络信息，该模块能够方便地获取各类网络信息。作为 OpenFlow 网络最核心的组件，OpenFlow 交换机负责数据平面的数据转发。OpenFlow 交换机的结构如图 4.12 所示，主要由安全通道、流表、OpenFlow 协议组成。OpenFlow 交换机的流表中计数器用来统计已经处理的数据包数量和大小等信息。OpenFlow 主要有四种计数器，分别是各个流表的计数器、各个交换机端口的计数器、各个流表项的计数器和各个队列的计数器。通过这些计数器，OpenFlow 交换机能够获得诸如单条流的数据包数目、交换机端口吞吐量等信息。

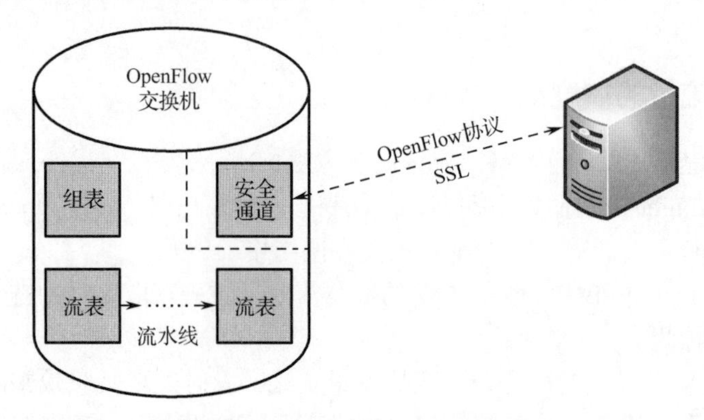

图 4.12　OpenFlow 交换机的结构

负载监测模块获取所有交换机每个端口的吞吐量统计信息，随后根据 Floodlight 控制器掌握的全局网络拓扑结构计算出全网交换机之间各链路的流量负载情况，并存储在负载矩阵中。当某条链路的使用率超过阈值时，分析该链路上所有数据流，找出其中流速最大的数据流。从对应的流表项提取出源地址和目的地址，以便路径优化模块制定最优路径策略，实现该条数据流从此链路调离到其他空闲链路上。

链路利用率的阈值可以看成容忍度，是追求网络绝对均衡，还是在追求均衡的同时尽量减少调度频率，可基于不同的目的设定不同的容忍程度。如果阈值设置得过高，链路中可能已经发生拥塞，不能充分利用冗余链路，发挥胖树结构中多路径的优势；如果阈值设置得过低，可能导致数据流链路频繁变动，影响通信效果。

2．路径优化模块

路径优化模块首先接收负载监测模块处理后的全链路负载矩阵及源地址、目的地址，然后计算基于当前链路负载情况下主机和目的主机间的最优路径。路径优化模块的核心是路径优化算法，目前的路径优化算法常常采用粒子群、蚁群等启发式算法来找到最优路径，下面简要介绍一种基于粒子群的路径优化算法。

对于群体中的 N 个粒子来说，单个粒子效果有限，但粒子与粒子之间的相互影响，使得整体搜索多样化，可以大大提升性能。每个粒子都是一个抽象的概念，代表着一条路径，即路径搜索中一个解，搜索从源地址到目的地址的数据传输路径。每条路径由若干个节点构成，节点即网络中的交换机，用集合 X_j（j=1,2,3,4…）表示。在搜索过程中，粒子不断地向自身最优解和全局最优解靠拢，根据自身历史最优解、整个群体的全局最优解实时调整路径中的下一个节点。最终所有粒子中最优的解就是所求得的最优路径。

假设群体中有 N 个粒子，对于第 i 个粒子，用$[X_1, X_2,\cdots, X_j,\cdots, X_n]$表示，$X_j$表示路径上的一个交换机，而$X_j$的所有邻接交换机作为下一个节点$X_{j+1}$的候选点节，这些候选节点拥有不同的概率，粒子将以某种概率规则选择其中一个作为 X_{j+1}，若某个交换机对应的概率越高，则表明其更容易被选为下一个节点。

基于粒子群路径优化算法找到最优路径的过程可分为两个阶段：初始化阶段和迭代阶段。

在初始化阶段中，假设第 i 个粒子对应路径经过的当前交换机为 X_j，首先根据 X_j 与所有邻接交换机之间链路负载计算各候选节点的概率，然后生成随机数 $X \in (0,1)$，确定 X_j 的下一个交换机，依次为每个交换机选择下一跳，从而为 N 个粒子都分别初始化一条路径，此时每条路径作为每个粒子的局部最优路径。评价函数如式（4.1）所示，可以根据该式计算出每个粒子的评价值 F，并记录保存，然后从初始化的 N 条路径中选择评价值最大的一条路径作为全局最优路径。

$$\begin{cases} F = S / L\{[D - \omega(L - L_{\min})] / D\} \\ D = L_{\max} - L_{\min} \end{cases} \tag{4.1}$$

式中，S 表示某条路径的总可用带宽；L 表示该路径所包含的链路数；$L_{\max}$ 表示所有可达路径最大长度；$L_{\min}$ 表示所有可达路径中最小长度；D 表示最大与最小长度之间差值；ω（$0 \leqslant \omega \leqslant 1$）为系数中的关键调节因子。通过 S 和 L 可以计算出平均可用带宽。在基于粒子群路径优化算法中，容易出现一个问题，即如果粒子过分追求可用带宽，则可能导致路径比较长，数据包转发次数过多，从而影响数据传输效率，增加数据包传输延时。通过设置调节系数可以平衡可用带宽和路径长度的关系，调节 ω 的大小，可以调节路径长度对调节系数的影响，进而影响最终的评价值，从而人为地控制算法的偏向，即是偏向追求可用带宽，还是偏向追求最短路径。ω 越小，路径长度在路径优化算法中的影响就越小，当 $\omega=0$ 时，路径优化算法不再考虑路径长度对所选路径的影响；ω 越大，路径长度在路径优化算法中的影响就越大，使得路径长度偏向 $L_{\min}$。当然，并不是路径越短越好，还要考虑实际的网络状况，ω 值的大小对路径优化算法的性能至关重要。

在迭代阶段中，粒子以其初始化路径为基础，根据原来概率、邻接交换机是否出现在当前粒子局部最优路径和全局最优路径中的情况计算新概率，概率公式如式（4.2）所示。按照和初始化节点一样的步骤依次选出 N 个粒子对应路径中的每个交换机，然后根据式（4.2）计算各粒子新的评价值，选出全局最优路径，自此完成一次迭代。在以后的每次迭代中都更新每个粒子自身的局部最优路径和全局最优路径。

$$\begin{cases} p_x = [p_y + (n_1\alpha + n_2\beta) / (n_3\alpha + n_4\beta)] / 2 \\ n_1, n_2 = 1 \text{or } 0 \end{cases} \tag{4.2}$$

式中，α 为节点出现在全局最优路径中的权重；β 为节点出现在当前粒子局部历史最优路径中的权重；n_1 和 n_2 分别为邻接节点中某个节点在全局最优路径和局部最优路径中出现的次数；n_3 和 n_4 分别为所有邻接节点在全局最优路径和局部最优路径中出现的总次数；p_y 为每个粒子在上一次迭代中的概率；p_x 为每个粒子在本次迭代中的概率。基于粒子群的路径优化算法可能出现另外一个问题是，粒子容易在路径搜索过程中陷入局部最优，缺乏更好的全局搜索能力。为了解决这一问题，引入 α 和 β 两个系数，α 引导粒子向全局最优路径靠拢，避免陷入局部最优；β 引导粒子沿着粒子自身最优路径探索，扩大路径的多样性，避免粒子早早结束搜索。在这两个系数的调节下，粒子不断地向最终的最优路径靠拢。

基于粒子群路径优化算法的步骤如下：

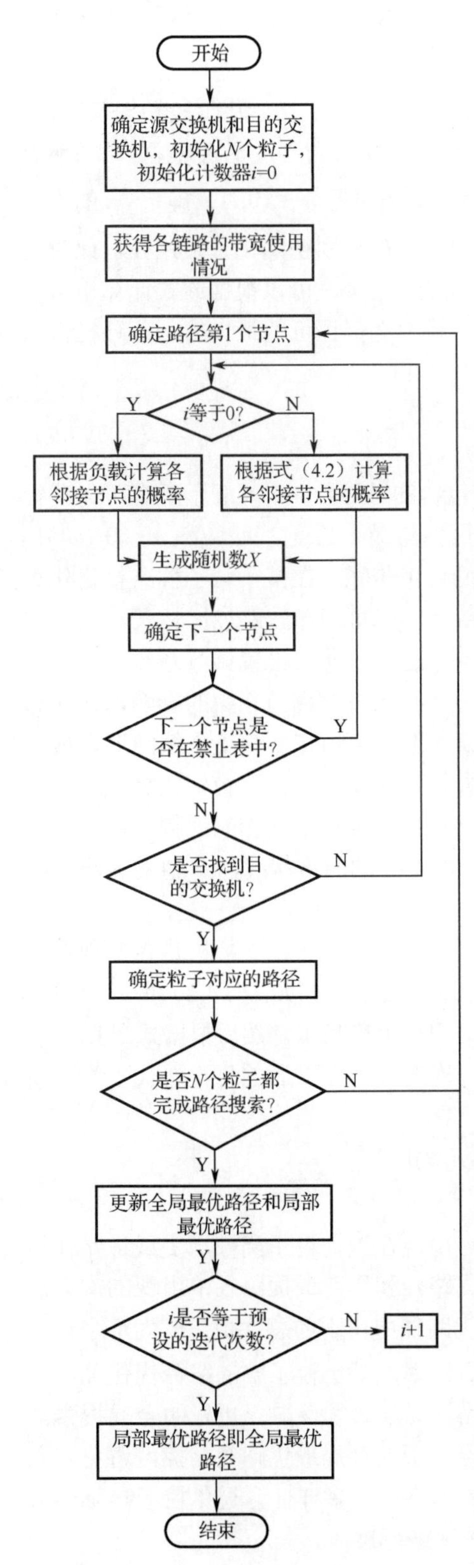

图 4.13　算法流程图

步骤 1：首先根据源地址和目的地址确定路径的源交换机和目的交换机，并初始化 N 个粒子，初始化计数器 i=0。

步骤 2：查询整个拓扑，初始化每个交换机的邻接节点表。

步骤 3：接收负载监测模块获取的各链路可用带宽，建立可用带宽表。

步骤 4：对于每个粒子，设定源交换机为路径中第一个节点，在搜索过程中已搜索出的部分路径的最后一个节点为当前节点。

步骤 5：当 i=0 时，即初始化阶段，根据可用带宽表和邻接节点表，计算当前节点的邻接节点的概率，否则根据式（4.2）计算相应的概率，确定当前节点到其每个邻接节点的概率。

步骤 6：生成随机数 $X \in (0,1)$，结合当前节点的各邻接节点概率确定下一个节点。同时，为了防止粒子在搜索路径时陷入死循环，重复选择途径的节点，设置禁止表，将已经途径的节点放入禁止表，后续节点在选择节点时应将禁止表中的节点排除在外。若禁止表中的某个节点被选中，则重复步骤 5，直到选择不在禁止表中的节点为止。粒子在搜索路径时，周围节点可能都在禁止表中，此时该路径无效，直接跳到步骤 7。

步骤 7：将被选择的节点放入到路径中，返回步骤 5，直到选择的节点为目的节点为止。

步骤 8：根据式（4.1）计算路径的评价值，当路径无效时，评价值为 0，返回步骤 4。依次搜索出 N 个粒子对应的路径，并根据式（4.1）计算评价值。当 i=0 时，每个粒子对应的路径就是局部最优路径，并从中选出最优的一条路径为全局最优路径，否则比较每个粒子对应的路径的评价值与局部最优路径的评价值，以及比较第 i 次迭代所有路径的评价值与全局最优路径的评价值，更新全局最优路径和局部最优路径。

步骤 9：若 i 等于预设的迭代次数，则进入步骤 10，否则 i 加 1，返回步骤 4。在每一次迭代过程中都要更新每个粒子的局部最优路径和全局最优路径。

步骤 10：当迭代结束，整个流程结束，当前的局部最优路径即全局最优路径。

基于粒子群路径优化算法的流程如图 4.13 所示。

3. 流表下发模块

在路径优化模块计算出的全局最优路径后，流表下发模块负责向所有途径的交换机下发流表。OpenFlow 交换机支持主动式和被动式两种方式插入流表，当数据包到达 OVS 交换机后，若没有匹配到任何流表项，则 Floodlight 控制器被动插入流表。也可使用主动式插入流表，即在数据包到达 OVS 交换机前主动下发流表项。静态流推送器作为 Floodlight 控制器的一个功能模块，通常采用主动式插入流表，该模块提供 REST API，应用程序可以调用 API 与 Floodlight 控制器交互，很方便地插入流表，从而控制数据的转发，将负载较重链路上的数据流迁移到负载较轻的链路上，达到网络负载均衡的目的。

在流表更新过程中，必须保证数据流路径的无缝切换，始终存在一条连通的路径，不能出现数据流无法匹配流表中的任一流表项，造成断流，影响传输延时，进而可能发生丢包。因此，在删除旧流表时需要采用一定的方式解决这一问题。解决该问题的常用方法有两种：第一种方法是设置新流表的优先级低于旧流表，找出所有新旧流表中共同的交换机，并依次删除其上的旧流表，在调整过程中，数据流逐渐转移到新路径上；第二种方法是倒序插入新流表，根据途径的交换机，按从目的交换机到源交换机的次序依次逆序插入流表，在插入新流表的过程中，数据流依然按旧流表传输，插入完成后再删除那些新旧流表中共同的交换机上的旧流表，当这些旧流表删除后，此时数据流才转移到新路径上。

流表更新的步骤如下：

步骤 1：接收路径优化模块的全局最优路径，分析得出途径的所有交换机。

步骤 2：调用 API 获取网络拓扑信息，记录各交换机之间，以及交换机与主机之间的连通端口。

步骤 3：制定流表项对应的代码模板，根据交换机对应的数据流进出端口为每个交换机修改模板，确定实际的新流表项，每个流表项都包含交换机的 MAC 地址、流表项名、流入端口号、流出端口号等信息。

步骤 4：Floodlight 控制器将制定好的流表依次倒序下发给相应的交换机。

步骤 5：删除那些新旧流表中共同的交换机上的旧流表，避免流表冗余。

步骤 6：交换机迅速生成新的转发规则，负载较重链路上的一些数据流将被转移到可用路径中负载较轻的链路上。

4.5 云资源监管系统

4.5.1 云资源监管系统的架构

本节主要介绍一个简单的云资源监管系统[3]，其架构如图 4.14 所示。

该云资源监管系统主要包含图形用户界面、节点资源监管模块、网络资源监管模块，以及基于 MySQL 数据库的数据存储模块。图形用户界面为用户提供了可视化的数据显示和操作界面，系统管理员可以直截了当地了解节点资源状况和网络资源状态。节点资源监管模块可以基于分布式协同监测模型实现，不仅可监测节点间的数据传输，实现数据采集和数据处理，还可监管故障节点，并在图形用户界面上对故障节点进行故障标记。网络资源监管模块利用 SDN 技术实现云数据中心网络进行全局网络监测，记录每条链路的带宽利用情况。数据存储模块用于存储节点和网络资源监测数据。

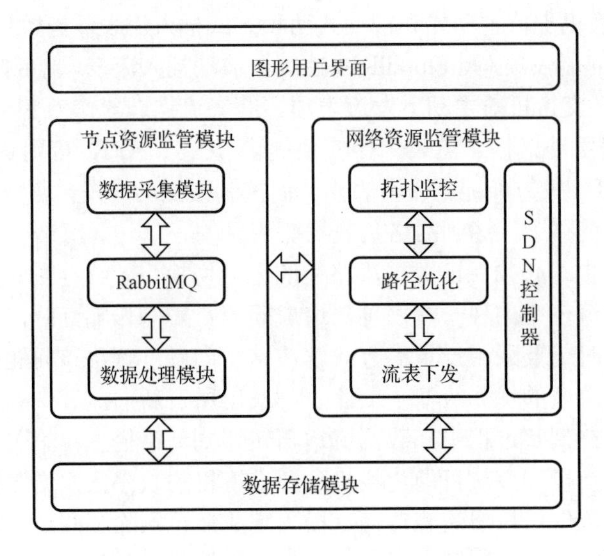

图 4.14　一种简单的云资源监管系统架构

4.5.2　云资源监管系统的实现

云资源监管系统主要分为系统界面和后端处理程序两个部分，系统界面负责展示监测结果，后端处理程序负责采集监测节点资源的监测数据、数据传输、数据处理、网络监管等任务。

系统界面显示了节点资源的使用情况以及网络拓扑情况，方便系统管理员直观了解整个云计算系统的运行情况。系统概览页面如图 4.15 所示，该页面清晰地显示了云计算系统的整体情况，包括目前在线物理主机、已用存储、已用内存、CPU 和在线虚拟机等的百分比，系统管理员可以根据整体资源的使用情况制定合适的监管方案，如增加存储设备、扩大内存等。

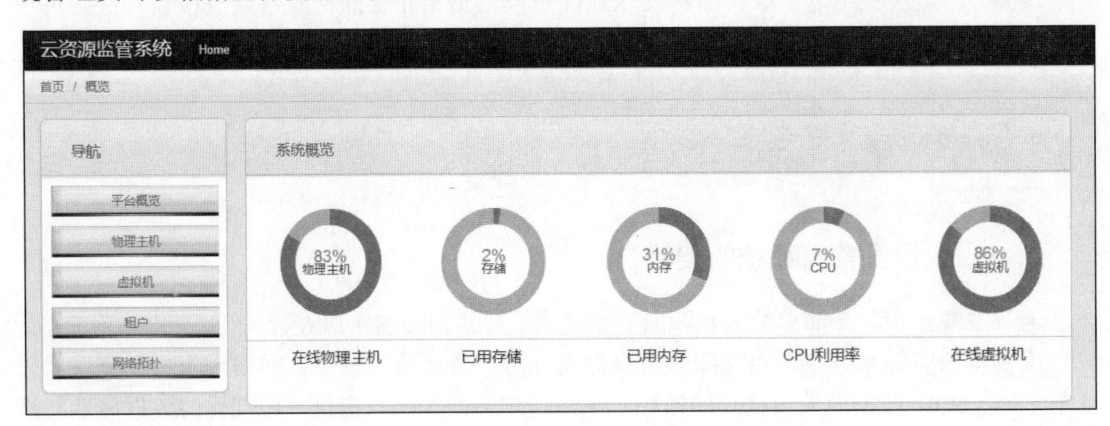

图 4.15　系统概览页面

系统管理员在系统概览页面查看物理主机列表和虚拟机列表，如图 4.16 所示，按照物理主机所属的区域显示物理主机的基本信息，按照虚拟机所在的宿主机显示虚拟机列表，列表包含主机 ID、宿主机、状态三个基本信息，当虚拟机处于关机状态时，用红色标记，以提醒系统管理员。

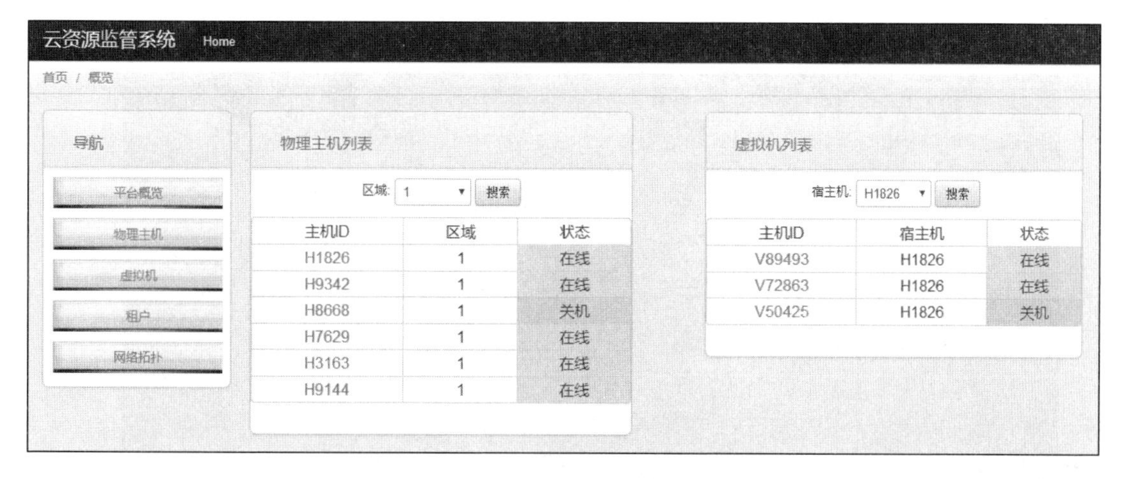

图 4.16　物理主机列表和虚拟机列表

另外，在物理主机列表中或者页面导航的物理主机栏中单击某个主机 ID 就可以直接看到该物理主机的详细信息。主机信息页面如图 4.17 所示，在该页面可以看到物理主机的主机信息，以及其上运行的虚拟机列表。主机信息包括操作系统版本、物理主机运行时间、CPU 使用率、内存使用率、磁盘使用率；虚拟机列表包括物理主机上运行的所有虚拟机基本信息。

图 4.17　主机信息页面

云资源监管系统周期性地监测 CPU、内存、负载和网络等的数据。图 4.18 所示为各指标的历史监测数据，包括 CPU 利用率、已用内存、负载情况和流量，反映了过去一段时间内某物理主机的运行状态。

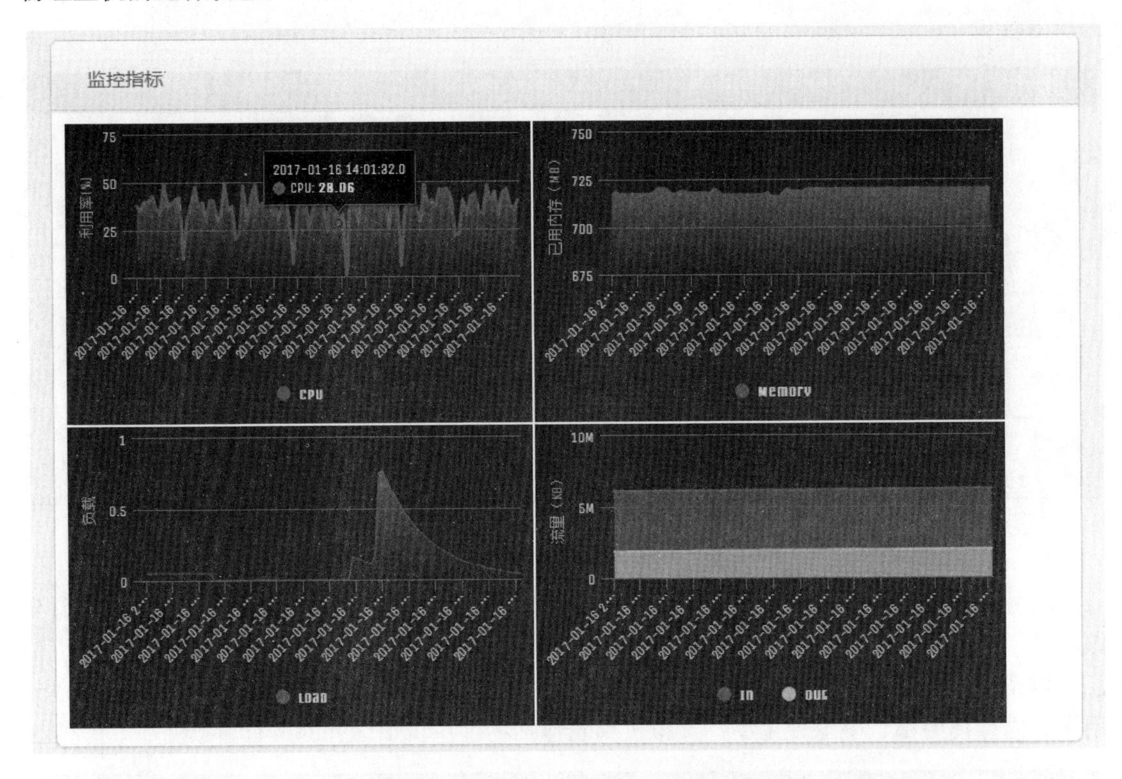

图 4.18　某物理主机各指标的历史监测数据

同样，系统界面还可以显示每一台虚拟机的运行状况，图 4.19 所示为某虚拟机的系统信息，包括虚拟机的状态、所在的宿主机、运行时间、资源利用率等情况。图 4.20 所示为某虚拟机的历史监测数据。

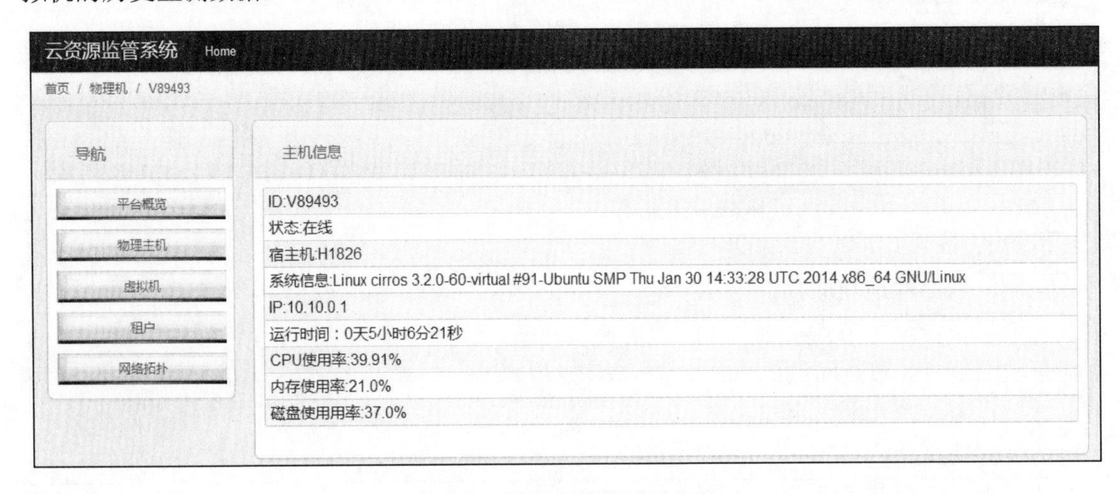

图 4.19　某虚拟机的系统信息

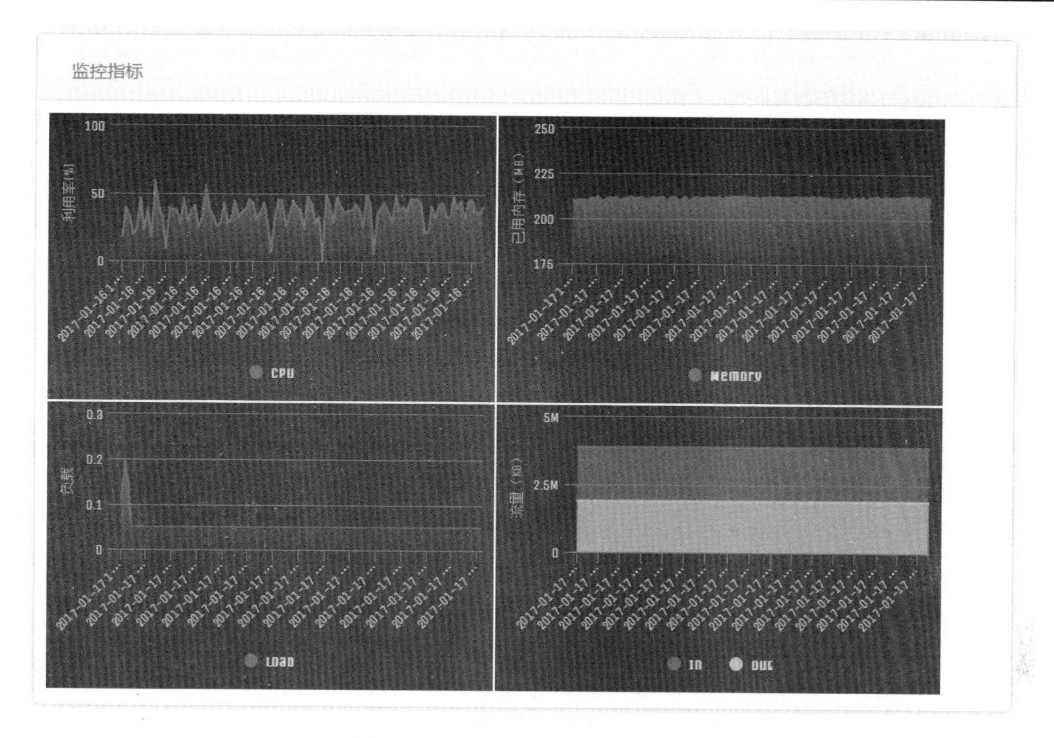

图 4.20　某虚拟机的历史监测数据

云计算系统涉及租户这个概念，租户可以看成一个项目、团体或组织，云计算系统中的所有虚拟机分别属于不同的租户。图 4.21 所示为某租户所拥有的虚拟机基本信息。

云资源监管系统　Home

首页 / 租户 / tenant1

导航

平台概览
物理主机
虚拟机
租户
网络拓扑

租户拥有的虚拟机

租户	虚拟机名	运行时间	状态
tenant1	V89493	0天5小时10分46秒	在线
tenant1	V72863	0天5小时9分12秒	在线

图 4.21　某租户所拥有的虚拟机基本信息

4.2.5 节介绍了分布式协同监测模型，每个节点负责监测它的前继节点，同时被它的后继节点监测，周期性地获取被监测节点的监测数据，当被监测节点发生故障时，监测节点立刻将故障消息报送至主节点，主节点接收到故障消息后，根据监测路由表得出发生故障的节点并显示故障消息。节点间的监测关系如图 4.22 所示，如节点 H1826 负责监测节点 H9342，同时又被节点 H4027 监测，所有节点相互感知，彼此监测，这样就形成了一个环状的监测网络。这时的监测网络架构将整个系统的监测任务从原来的主节点或者多个子监测节点分散到每一个监测节点，既保证了系统管理员能及时获知所有节点的状态，还降低了监测负载。

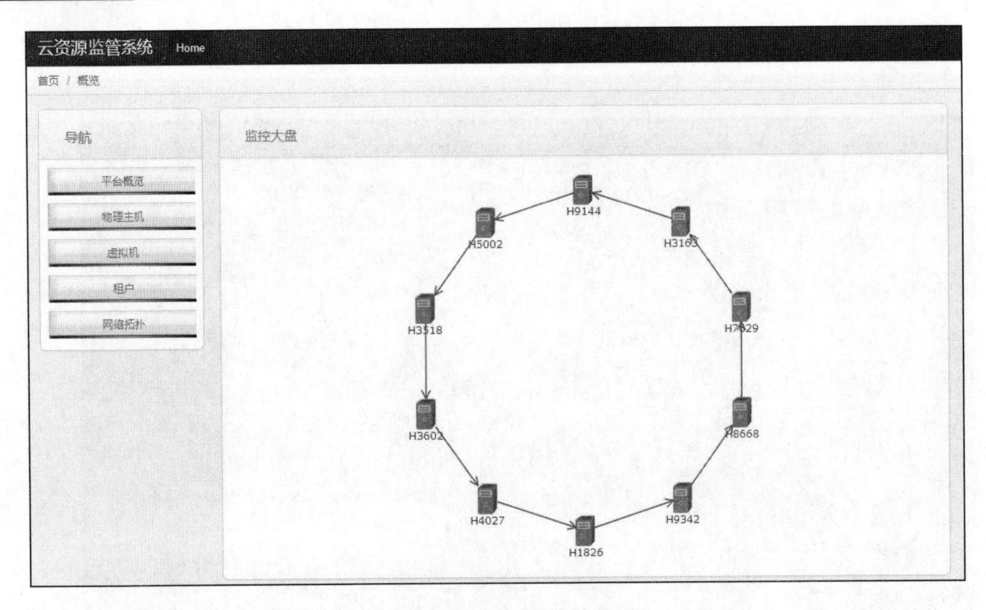

图 4.22　节点间的监测关系

云数据中心运行着成千上万的物理服务器，节点经常会发生故障，因此监测关系会随着节点加入或退出而发生变化，监测网络拓扑也随之变化。节点加入网络的情况，本节不做详述，重点讨论节点发生故障而退出网络的情况。首先讨论当一个节点故障时的情况。当某个节点发生故障时，它的后继节点将无法从节点对应的消息队列中接收到监测数据，当超过几个周期没有接收到监测数据时，后继节点立即判断它的前继节点已经发生故障，这时将向主节点发送故障报文，主节点接收到故障报文后会显示故障消息。当单个节点发生故障时监测关系的变化情况如图 4.23 所示，当节点 H8668 发生宕机故障时，它的后继节点 H9342 监测到故障情况后主节点发送故障报文，主节点接收到故障报文后显示“请注意：H8668 已宕机”的消息，便于系统管理员准确定位故障节点，及时处理故障。

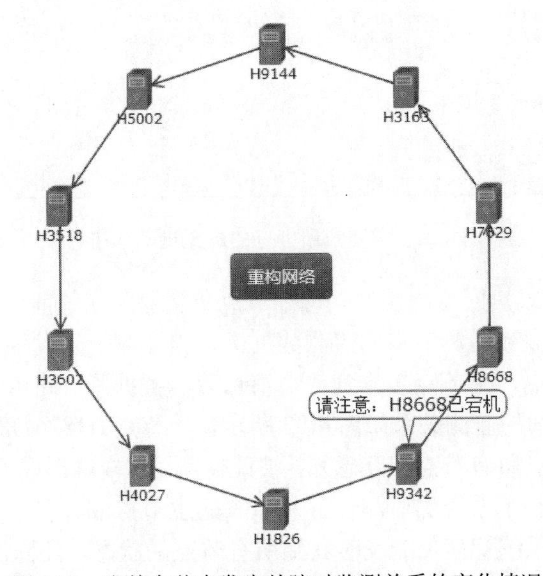

图 4.23　当单个节点发生故障时监测关系的变化情况

当系统管理员获知故障节点时，通过“重构网络”功能修补云资源监管系统的监测网络拓扑。云资源监管系统将首先解除节点 H9342 与节点 H8668 之间的监测关系，并查询全局监测路由表获知节点 H8668 的前继节点；然后构建节点 H9342 与节点 H7629 的监测关系。单个节点发生故障后构建的新监测关系如图 4.24 所示，发生故障的节点移到监测网络之外，直到节点故障解决后重新加入监测网络为止。在大规模的云计算系统中，“发现－报警－解决”这一过程可由云资源监管系统自动化执行。一旦云资源监管系统发现故障节点，就会自动更新节点的监测关系。

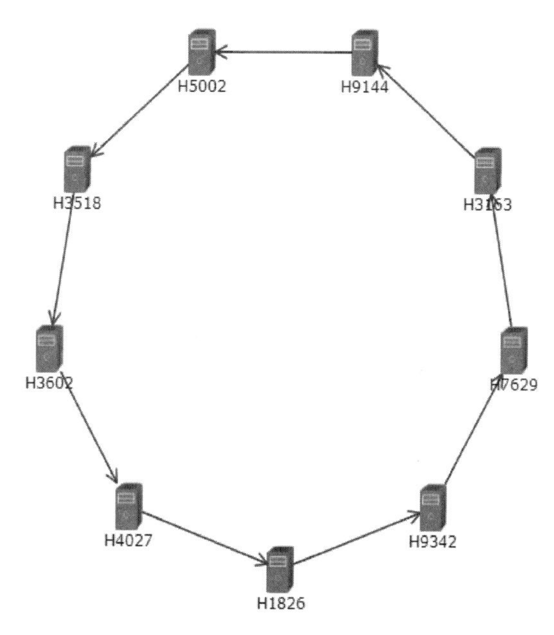

图 4.24 单个节点发生故障后构建的新监测关系

云数据中心中除了会发生单个节点故障，也会发生成片节点故障，虽然成片节点故障发生的概率较小，但也是有可能出现的，如某区域突然断电。当成片节点故障时，意味着某些节点的后继节点也已经故障了，云资源监管系统应当能够发现这些节点故障，避免将任务分配到这些故障节点上。当成片节点发生故障时监测关系的变化情况如图 4.25 所示，这里用 2 个相连节点发生故障的情况描述成片节点发生故障的处理过程。当节点 H3602 和节点 H4027 都发生故障时，意味着节点 H4027 的后继节点 H3602 也发生故障了，将不会有节点报告节点 H4027 的状态。节点 H3602 的后继节点 H3518 没有故障，所以它将汇报节点 H3602 故障情况，如图 4.25（a）所示。

云资源监管系统将重构监测网络，将节点 H3602 移出监测网络，构建节点 H3518 和节点 H4027 的监测关系。但是由于节点 H4027 也发生故障，同样节点 H3518 也将报告节点 H4027 故障情况，如图 4.25（b）所示，并将节点 H4027 移出监测网络，构建节点 H3518 和节点 H1826 的监测关系，构建的新监测关系如图 4.25（c）所示，这时没有提醒故障信息，说明成片故障的节点均已被找出。更多的成片节点发生故障的处理过程和连续 2 个节点发生故障的处理过程类似。

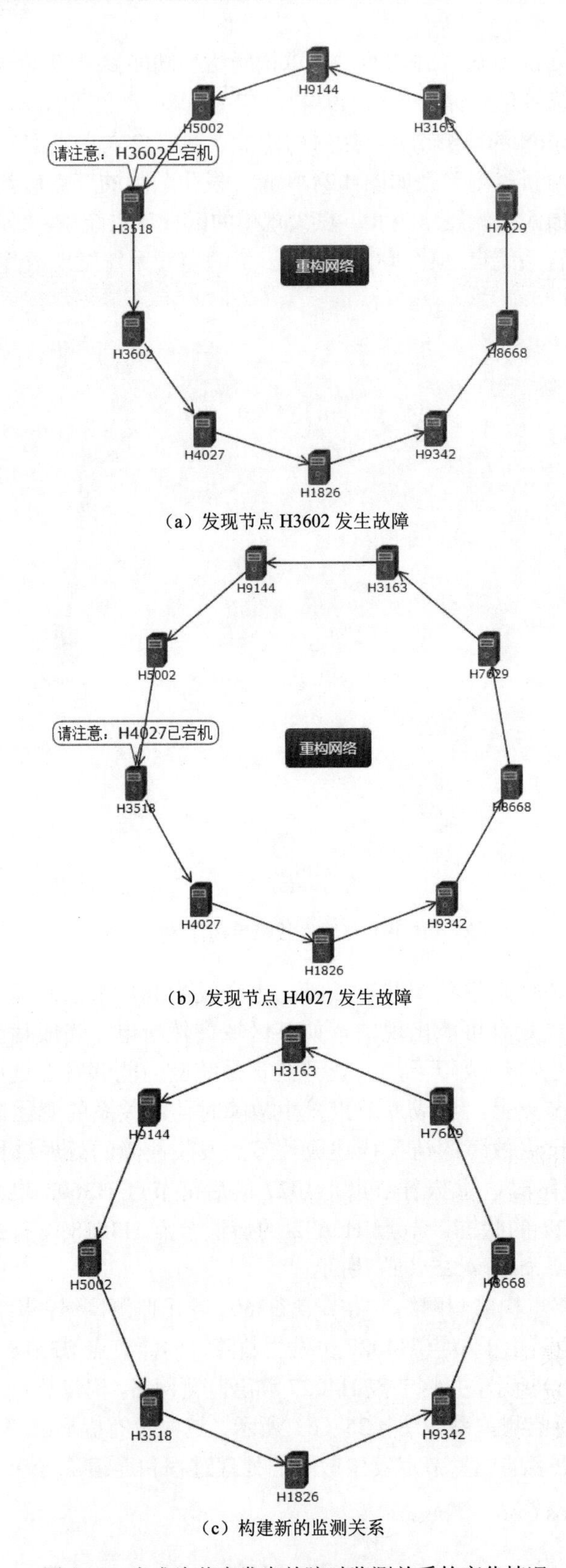

（a）发现节点 H3602 发生故障

（b）发现节点 H4027 发生故障

（c）构建新的监测关系

图 4.25　当成片节点发生故障时监测关系的变化情况

云资源监管系统利用 SDN 技术掌控全局网络的能力来实时采集网络各链路的负载情况，并显示监测结果，可一目了然地知道每条链路的带宽利用情况，如图 4.26 所示，并根据链路情况调整设备部署，更利于平台高效稳定运行。云资源监管系统周期性地监测并显示全局网络链路的带宽利用情况。根据全局网络各链路的带宽使用情况，采用流量调度算法可合理地制定转发路径，从而均衡链路负载，在一定程度上降低网络发生拥塞的可能性。

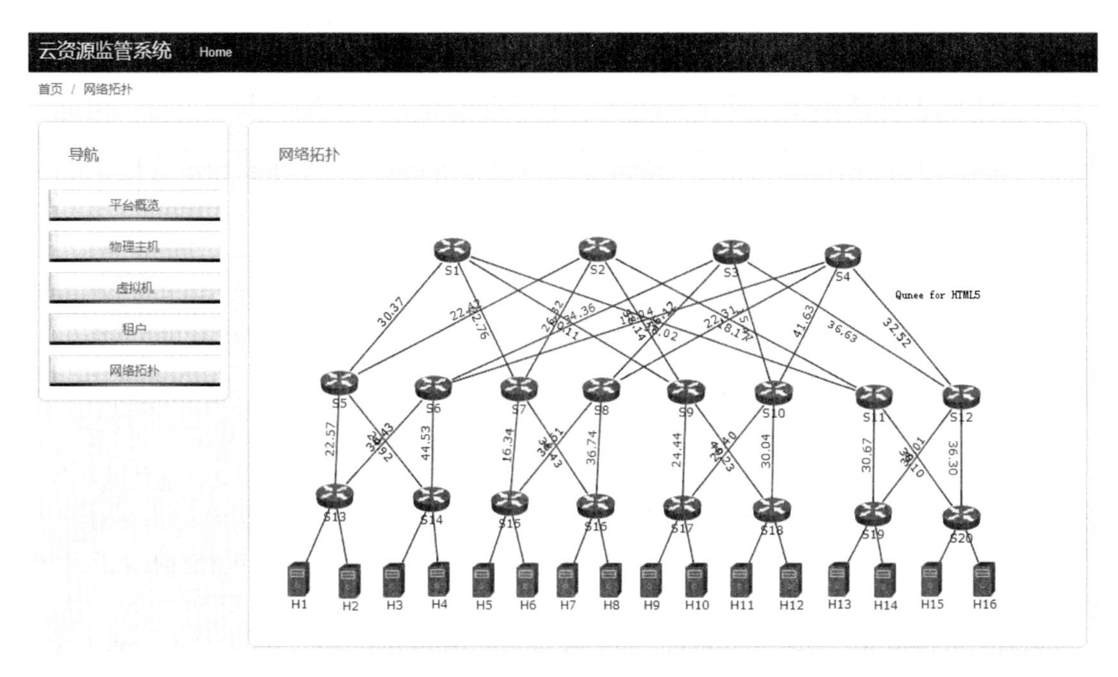

图 4.26　每条链路的带宽利用情况

4.5.3　常用的云资源监管系统

目前，在云计算系统中，常用的云资源监管系统有以下几种。

1. Nagios

Nagios[25]是一个开源的免费网络监测工具，是一个高效的集群性能监管工具，可以有效地监测采用 Windows、Linux 和 UNIX 等操作系统的主机状态，以及交换机、路由器等网络设备，并提供一个 Web 界面，方便云资源监管系统管理员查看。如果云计算系统或服务状态异常，Nagios 就会在第一时间通过发送邮件或短信报警通知网站运维人员，并在恢复正常后发送邮件或短信通知。

Nagios 最初是为集中式监测设计的，但改进后的 Nagios 在一定程度上也支持分布式监测[26]。Nagios 设计了远程插件执行（Nagios Remote Plugin Execution，NRPE）等监测插件，通过在本地或者远程执行这些插件，可获得云资源信息。

当使用插件进行扩展后，Nagios 还可以对一些公开协议的服务进行监测。Nagios 主要包含三个部分，即 Nagios Core、Nagios Plugins 和 Nagios Addons，其架构如图 4.27 所示[26]。

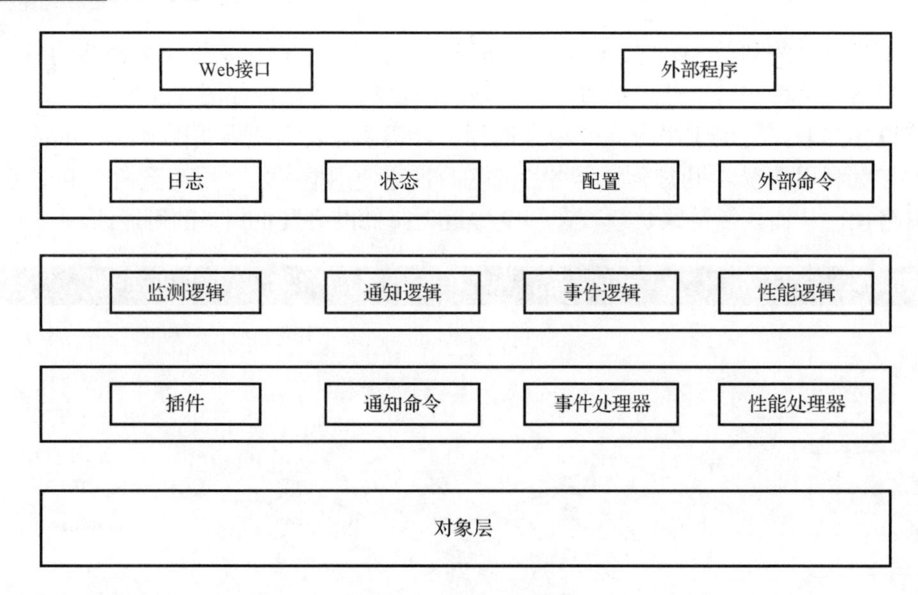

图 4.27 Nagios 的架构

Nagios Core 是 Nagios 的核心组件，包括核心监测引擎和一个基本的 Web 界面，它不包含监测实现，所有的监测都是由插件实现的。Nagios Core 只负责对象的定义、插件的执行、结果的实现、状态变化的报告等，将变量抽象出来，执行监测逻辑，具体动作可由外部定义。

Nagios Plugin 是基于 Nagios Core 定义的接口所开发的插件，负责监测特定的项目，插件位于监测逻辑和监测对象之间，充当监测抽象层。

Nagios Addons 是一个额外的项目，可以实现 Nagios 没有的功能，并扩展 Nagios 的应用范围。例如，NSNlient++模块负责监测采用 Windows 操作系统的主机，NRPE 模块用于远程监测其他主机，NDOUtils 模块可以在数据库中持久化存储监测数据等。

综上，Nagios 具备的功能如下：

（1）监测网络服务（如 SMTP、POP3、HTTP、NNTP 和 PING 等）情况。

（2）监测主机资源（如 CPU 负荷和磁盘利用率等）情况。

（3）插件化使得用户可以方便地扩展自己服务的监测方法。

（4）支持并行服务检查机制。

（5）具有定义网络分层结构的能力，可及时发现主机宕机或不可达状态。

（6）当服务或主机发生故障和解决故障时，可将相关信息发送给联系人。

（7）定义了自动化处理程序，可预防服务或主机发生故障。

（8）支持自动的日志滚动功能。

（9）支持对主机的冗余监测。

（10）提供用户界面，方便管理员查看网络状态、通知和故障日志文件等。

2．Ganglia

加利福尼亚大学伯克利分校开发的 Ganglia[27,28]是一个基于分布式架构的、可扩展的云资源监管系统。针对网络集群的特点，Ganglia 采用分布式监测架构监测集群的状态，以点对点连接的树状结构来汇集监测数据；使用 XML 格式表示数据；压缩数据以便于传输；采用精简的数据结构和算法以减少节点的开销。

在集群中，Ganglia 利用接收到的心跳消息来判定节点是否可达。如果接收到节点的心跳消息则判定节点在线，否则认为节点发生故障。所有的节点都能收集和维护其他节点的监测数据，具有整个集群状态相似的监测视图，监测到节点发生故障后可以很容易地重建集群的监测拓扑。

Ganglia 采用点对点连接的树形结构，每个叶子节点表示集群中具体的监测节点，中间节点表示监测数据的汇集节点。树中的每个中间节点定时从叶子节点汇集监测数据[29]。

Ganglia 由 2 个守护进程（Ganglia Monitoring Daemon 和 Ganglia Meta Daemon）、PHP 页面前端（Ganglia PHP Web Front-end）和其他小工具程序组成，其架构如图 4.28 所示：

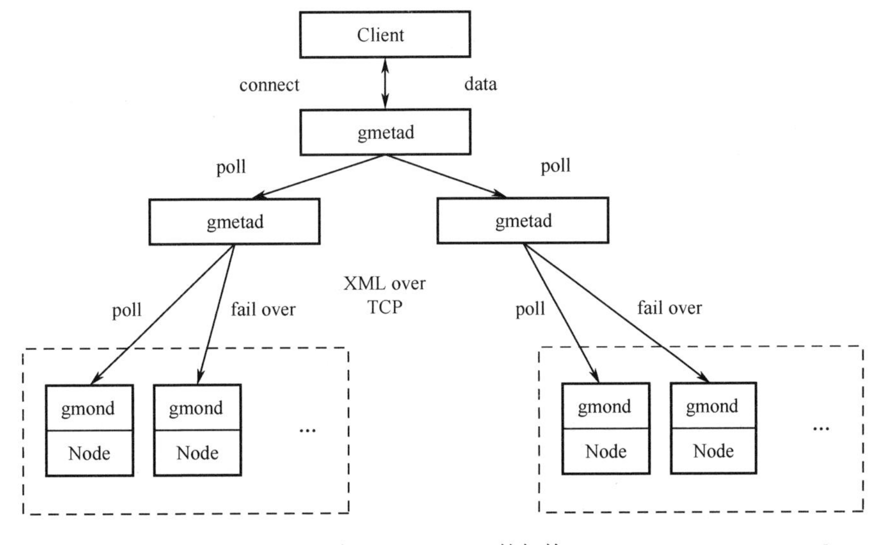

图 4.28　Ganglia 的架构

（1）Ganglia Monitoring Daemon（gmond）是一个必须在被监测集群的每个节点上运行的数据收集代理，其主要活动包括监测节点的状态变化、监测其他节点的状态变化，以及回答状态询问。

（2）Ganglia Meta Daemon（gmetad）是一个数据集成代理，通常在单个面向作业监测的节点中运行。一个大型集群常需要多个 gmetad，gmetad 定期将节点的状态存储在数据库中[30]。

（3）Ganglia PHP Web Front-end 提供了一个查看实时数据的页面，该页面可以直观地显示收集的数据，既可以显示 XML 树，也可以以丰富的图表形式显示数据和信息。

在 Ganglia 架构中，gmond 是集群中每个节点上运行的监测守护进程，负责记录节点的性能指标数据。gmond 通过监测分发协议，将监测数据打包成 XML 格式，采集并传输节点当前的 CPU 利用率、内存利用率、流量、硬盘利用率等信息。gmond 由多个线程组成，其中 collect 和 poll 线程用于采集节点的监测指标并通过组播发送；listening 线程用于监听组播端口，并将监测数据存储在多级哈希表中；XML export 线程组用于发送集群中的监测数据。gmond 不存储数据，只监测、发送数据。gmond 之间通过心跳消息来识别彼此的生存状态。如果节点在一段时间内没有多播数据，则其他 gmond 将被视为停机，每次在 gmond 启动时，都会发送启动时间。

gmetad 运行在集群节点监管服务器上，定期向 gmond 发送轮询包，收集性能指标数据并进行分析，将其存储在循环复用的数据库中，即新的数据将会覆盖一定期限之前的旧数据。

由此可见，Ganglia 的优势是可将大量的监测任务分散到多个监测节点，可减轻主节点的监测压力，从而限制故障范围，降低云资源监管系统的故障风险。但同样存在一些缺点，如部署复杂，系统管理员需要为每个节点指定合适的监测节点，而且监测区域的扩展需要更多的监测节点，会增加运行成本、降低可扩展性、加大系统的开销。

3．Chukwa

Chukwa[31]是一个用于监测大型分布式系统的开源数据采集系统，采用 Hadoop 分布式文件系统和 MapReduce 框架，可以监测作业执行、使用资源、剩余资源、系统性能、硬件故障和作业失败等状况。Chukwa 通过数据收集代理程序来收集数据并通过 HTTP 将其发送到集群收集器；数据接收器将数据存储在 Hadoop 文件系统中，定期执行 MapReduce 程序来分布式地并行分析数据并将结果呈现给用户。Chukwa 的架构如图 4.29 所示。

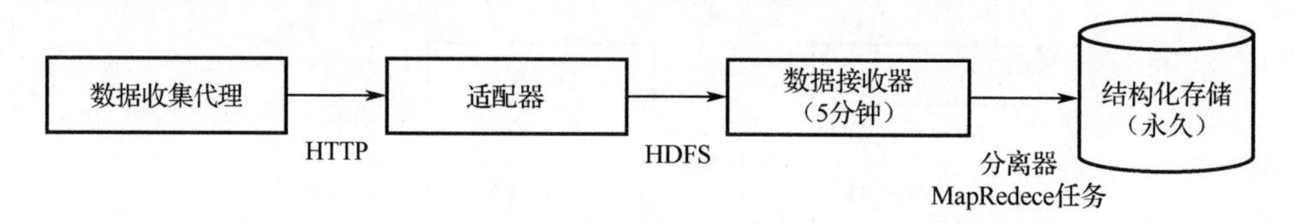

图 4.29　Chukwa 的架构

Chukwa 中的适配器用于收集日志信息、应用程序数据和系统信息等。为了使适配器便于写数据，Chukwa 设置了运行在监测节点中的代理进程，为适配器提供多种服务：

（1）通过外部命令启动或停止适配器。

（2）通过 HTTP 向适配器提交数据。

（3）可定期检查适配器的状态。

由于 Chukwa 采用的是 Hadoop 文件系统，并行写速率并不高，Chukwa 对其进行了改进，设置了数据接收器用来接收来自不同主机的数据，然后进行统一存储。

4.6　本章小结

本章介绍了云计算监管系统，分别从监管和监测两个方面介绍了云资源的监测架构及相关技术，就虚拟机资源监管、网络资源监管进行了详细的描述，并介绍了一些常用的云资源监管系统。

本章参考文献

[1] 席敏晖．浅谈企业级数据中心运维管理[J]．科技创新与应用，2014(12): 47-47．

[2] Saha S, Sarkar J, Dwivedi A, et al. Erratum to: A Novel Revenue Optimization Model to

Address the Operation and Maintenance Cost of a Data Center[J]. Journal of Cloud Computing, 2016, 5(1): 13.

[3] 谌运. 云系统节点与网络资源监管机制的研究与实现[D]. 南京：南京邮电大学，2017.

[4] 曹玲玲. 面向绿色云计算的资源配置及任务调度研究[D]. 南京：南京邮电大学，2014.

[5] 钱琼芬，李春林，张小庆，等. 云数据中心虚拟资源监管研究综述[J]. 计算机应用研究，2012, 29(7): 2411-2415, 2421.

[6] 黄峰. 分布式云数据中心架构及监管关键技术[J]. 自动化仪表，2014, 35(8): 1-4, 9.

[7] 张旭辉. 运营商云数据中心网络安全技术研究综述[J]. 中国新通信，2015, 17(09): 19-20.

[8] 向旭东. 云计算性能与节能的动态优化研究[D]. 北京：北京科技大学，2015.

[9] 张栖桐. 面向绿色云计算的虚拟机迁移机制的研究[D]. 南京：南京邮电大学，2017.

[10] Zhou W Y, Chen H P, Yang S B, et al. Resource Scheduling in Virtual Machine Cluster based on Live Migration of Virtual Machine [J]. Journal of Huazhong University of Science and Technology (Natural Science Edition), 2011, 39: 130-133.

[11] Aujla G S, Kumar N. SDN-based Energy Management Scheme for Sustainability of Data Centers: An Analysis on Renewable Energy Sources and Electric Vehicles Participation[J]. Journal of Parallel and Distributed Computing, 2018, 117: 228-245.

[12] Paul Göransson, Chuck Black. 软件定义网络：原理、技术与实践[M]. 王海，等译. 北京：电子工业出版社，2016.

[13] 魏凯. 基于蚁群算法 SDN 负载均衡的研究[D]. 长春：吉林大学，2015.

[14] Feamster N, Rexford J, Zegura E. The Road to SDN: an Intellectual History of Programmable Networks [J]. Acm Sigcomm Computer Communication Review, 2014, 44(2): 87-98.

[15] Megyesi P, Botta A, Aceto G, et al. Available Bandwidth Measurement in Software Defined Networks [C]. the 31st Annual ACM Symposium on Applied Computing, 2016.

[16] 张朝昆，崔勇，唐翯翯，等. 软件定义网络（SDN）研究进展[J]. 软件学报，2015, 26(1):62-81.

[17] Pakzad F, Portmann M, Tan W L, et al. Efficient Topology Discovery in OpenFlow-based Software Defined Networks[J]. Computer Communications, 2015, 77(1): 52-61.

[18] Noskov A A, Nikitinskiy M A, Alekseev I V. Development of Active External Network Topology Module for Floodlight SDN Controller[J]. P.g.demidov Yaroslavl State University, 2015, 22(6): 852-861.

[19] Medved J, Varga R, Tkacik A, et al. OpenDaylight: Towards a Model-Driven SDN Controller Architecture[C]. the 15th International Symposium on a World of Wireless, Mobile and Multimedia Networks, 2014.

[20] Kaur S, Singh J, Ghumman N S. Network Programmability Using POX Controller[C]. the International Conference on Communiction, Computing & Systems, 2014.

[21] Varghese B, Buyya R. Next Generation Cloud Computing: New Trends and Research Directions[J]. Future Generation Computer Systems, 2018, 79(3): 849-861.

[22] Wang X，Fan J X, Lin C K, et al. BCDC: A High-Performance, Server-Centric Data Center Network[J]. Jouranl of computer science and Technology, 2018, 33(2): 400-416.

[23] Wang J H, Wang D H, Qiu M K, et al. A Locality-Aware Shuffle Optimization on Fat-Tree Data Centers[J]. Future Generation Computer Systems, 2018, 89: 31-43.

[24] 刘晓茜，杨寿保，郭良敏，等．雪花结构：一种新型数据中心网络结构[J]．计算机学报，2011, 34(001):76-86.

[25] 刘士珺．基于 Nagios 的云计算平台监控系统的设计与实现[D]．上海：上海交通大学，2017.

[26] Ward JS, Barker A. Semantic based Data Collection for Large Scale Cloud Systems[C]. the 5th International Workshop on Data-Intensive Distributed Computing, 2012: 13-22.

[27] 卫晓锋．基于 Ganglia 的 Hadoop 集群监视系统研究与实现[D]．西安：西安电子科技大学，2017.

[28] Massie M L, Chun B N, Culler D E. The Ganglia Distributed Monitoring System: Design, Implementation, and Experience[J]. Parallel Computing, 2004, 30(7): 817-840.

[29] 张棋胜．云计算平台监控系统的研究与应用[D]．北京：北京交通大学，2011.

[30] 林鹏翔．低开销云应用性能监控技术研究及应用[D]．杭州：浙江大学，2016.

[31] 李阳．云计算平台性能监管的研究[D]．南京：南京邮电大学，2013.

第5章 云计算安全

5.1 云计算安全问题分析

5.1.1 云计算安全现状

随着云计算技术的快速发展和应用，越来越多的企事业单位将业务向云平台迁移，云平台也聚集了大量的应用系统和数据资源，因而云平台的安全问题成为业界关注的重点。

根据《2019 年中国互联网网络安全报告》[1]数据，2019 年云平台已成为网络攻击的重灾区。此外，越来越多的黑客倾向于利用云主机进行网络攻击，同时也说明云服务提供商对此类事件缺乏检测手段和处置机制。得益于云服务提供商提供的基础安全防护策略，大部分云平台自身遭受网络攻击的损失较少。2019 年，我国境内云平台遭受分布式拒绝服务攻击（Distributed Denial of Service，DDoS）攻击次数占我国境内遭受 DDoS 攻击次数的 74.0%；被植入的“后门”数占被植入的“后门”总数的 86.3%；被篡改页面数被篡改页面总数的 87.9%；受“木马”或“僵尸”网络控制的 IP 地址占受“木马”或“僵尸”网络控制的 IP 地址总数的 1.0%。虽然我国境内云系统感染“木马”或“僵尸”网络的概率较低，但由于云上承载的业务和数据越来越多，云平台成为网络攻击的主要目标。从总体情况来看，云计算安全态势不容乐观。

2019 年 10 月 Amazon 公司旗下云平台 Amazon Web Services（AWS）遭到了 DDoS 攻击，并被迫中断了服务，此次宕机共持续了 8 小时[2]。黑客攻击了 AWS 的 Router53 DNS Web 服务，导致其 DNS 名称解析发生了间歇性错误，并使得包括关系数据库服务和弹性计算云在内的多种 AWS 服务受到了影响。大量的垃圾网络流量干扰了 Amazon 的 DNS 系统，其中一些合法的域名查询被丢弃，众多网站和应用软件试图联系亚马逊托管的后端系统（如 S3 存储桶）均以失败告终，从而导致用户看到错误消息或空白页面。

而在大约同一时间，Google 公司的云平台也遭到了类似的网络攻击，波及 Google 计算引擎、Kubernetes 引擎、Cloud BigTable 和云存储服务等。

5.1.2 云计算安全问题来源

与传统信息系统相比，云计算系统的信息安全需求、基本属性并不存在特殊之处，依然是要保证系统或网络中的所有信息资源的安全，确保其免受干扰、破坏和威胁。云计算将用网络连接的各类资源整合成一个复杂整体，一些成熟、可靠的安全措施不能完全适用于云计算环境，云计算的安全防护难度更大。

云计算安全问题的来源有以下几种[3]：

（1）合法云计算用户进行不法行为。在云计算系统的众多合法用户中，不能排除一些用户利用其所租用的云计算资源从事不法行为的可能性，如非法破解密码、实施 DDoS 攻击，以及从事法律禁止的服务等，因此获得合法使用权的云计算用户也可能成为云计算的安全风险来源之一，即造成云计算资源被非法使用。

（2）云服务提供商管理可能出现疏漏。由于云计算的计算、存储、软件、带宽等服务由运营商提供给用户，安全防护策略也由运营商制定，云计算的管理体系难以面面俱到。若云服务提供商安全管理方面出现疏漏，则会产生安全隐患，甚至会导致企业用户业务系统出现运营风险。

（3）云服务提供商内部管理人员滥用职权。云服务提供商内部的管理人员拥有对云计算中资源的高级访问权，并且承担者系统备份、切换等多项工作。如果内部工作人员出于某些目的擅用用户数据，就可出现用户数据被滥用、盗卖等现象，带来云计算的数据安全风险。

（4）恶意攻击者攻击盗取云计算系统信息。云计算系统存储了大量的用户隐私信息、运营数据等，极易成为恶意攻击者的目标。攻击者的恶意行为（如窃取用户数据、窃取特定服务、盗用或中断服务器）将对云计算的计算和存储、网络违法行为的溯源和调查带来风险。

5.1.3 云计算安全问题分类

云计算安全问题可总结为以下几种类型：

1．安全攻击问题

因为云计算具有开放和资源共享的特性，针对云计算的攻击方式已经出现，如基于共用物理机的旁通道攻击和基于共驻子网的拒绝服务攻击等，需要设计相应的防御措施以抵抗这些攻击。此外，在面向多租户的云计算中，一台物理服务器通过运行多台虚拟机来同时为多个租户提供服务，理论上来说这些虚拟机之间是逻辑隔离并独立的，但由于共用相同的物理设备，这些虚拟机并不是真正完全独立，可能会相互攻击。

2．可信性难题

云计算平台主要包含私有云和公共云。私有云由企事业等机构自行投资、建设、运营和管理，仅限特定机构的用户使用，提供对数据、安全性和服务质量的有效控制，用户可以自由配置自己的服务；公共云则是基于云服务提供商构建并集中管理的面向公众的大型数据中心，供多租客通过互联网接入设备以按需付费等方式并行使用。

开放的公共云计算环境由大规模集群服务器节点构成的数据中心被不同的机构共享，共享数据中心资源的多租客向系统提交服务请求来共享计算与存储基础设施，这就给计算安全的可信性和服务质量保障机制的实现带来困难。目前云计算平台中存在的可信性难题主要有：

（1）任务的代码和数据在网络的传输过程被恶意节点攻击或窃取。

（2）任务的代码和数据被内部人员恶意攻击或窃取。

（3）任务包含的病毒和恶意代码对执行环境及网络系统进行攻击、破坏或窃取信息。

（4）多租客提交的任务执行代码互相攻击或窃取对方的信息。

3. 多租户隐患

在基于多租户技术的云计算系统中，多个租户或用户的数据会存放在同一个存储介质上，甚至存放在同一数据表中[4]。尽管云服务提供商会使用一些数据隔离技术来防止对混合存储数据的非授权访问，但通过系统漏洞仍然可以进行非授权访问，例如，Google Docs 就发生过不同用户之间文档的非授权交互访问。

4. 虚拟化安全

虚拟化是云计算的核心技术，是资源动态伸缩和充分利用的关键。共享硬件资源的虚拟机在虚拟机监控器的控制下彼此隔离，但是攻击者通过虚拟机逃逸、流量分析、旁路攻击等手段，仍然可以从一台虚拟机上获取其他虚拟机上的数据。虚拟机面临着两方面的安全性：一方面是虚拟机监督程序的安全性，另一方面是虚拟机镜像的安全性。在以虚拟化为支撑技术的云计算系统中，虚拟机监督程序安全的重要性毋庸置疑。

5.2 云计算安全保障技术

5.2.1 云计算安全目标

针对云计算安全问题的来源和类型，云计算安全目标包括保障合法云计算用户进行合法的访问行为，避免合法云计算用户越权访问，禁止非法云计算用户访问或系统管理员的非法访问。

与其他信息系统相比，云计算的安全目标有相同之处也有自身特色，因此采用的安全保障技术也相同和不同之处。

云计算安全保障技术主要包括[5]：

（1）身份认证机制。云计算身份认证是云服务提供商验证服务使用者身份的过程，在互联网中，用户拥有的数字身份是由一组特定数据表示的，云服务服务商会对这一数字身份进行认证和授权。不同于每个人独一无二的物理身份，数字身份可能会遭受复制、代替等攻击，云服务提供商需要鉴别真实的授权用户并为其提供服务。

（2）访问控制机制。云计算访问控制用于在鉴别用户的合法身份后，通过某种途径准许或限制用户访问信息资源的能力及范围，特别是关键资源的访问，防止因非法用户的侵入或者合法用户的非法操作而造成破坏。

（3）隔离机制。云计算隔离机制使得用户业务运行于封闭、安全的环境中，便于云服务提供商管理用户；从用户的角度来看，可避免不同用户间的相互影响，降低受到非法用户攻击的安全风险。

（4）数据加密技术。云计算数据加密技术可通过适合云计算的加密算法在数据的传输、存储、使用过程中对数据进行加密处理，确保数据的私密性。

（5）数据完整性保障技术。云计算数据完整性保障技术用于在数据传输、存储和处理过程中，确保其不被破坏或丢失，如果被破坏或丢失，也能及时发现并恢复数据。

（6）审计与安全溯源技术。云计算审计与安全溯源技术用于在云计算系统中记录各用户以及管理的活动过程，以便后期查询，在发现异常时可以通过查询系统日志来进行安全溯源与修复。

5.2.2 身份认证机制

云计算系统的用户利用专用客户端或浏览器接入云平台来使用云服务，身份认证是作为用户合法获取云服务的第一道关卡。

身份认证方案可分为基于秘密信息、基于信任物体和基于生物特征的身份认证三类，云服务提供商可根据所需的安全级别选择一种或多种认证策略，将用户的数字身份和物理身份对应起来[6]。

云计算系统的用户规模非常庞大，通常数以万计。基于云平台的应用系统种类庞杂，规模同样庞大。不同应用系统的用户管理模式及认证方式各不相同，如果缺少以用户身份为核心的身份管理和统一认证，则会给系统带来很大的安全风险，以及不必要的资源浪费。云计算系统如果缺乏标准化、流程化、自动化的用户身份生命周期管理，则导致用户身份管理成本高，发生网络安全事件后难以追责；如果各信息系统独立认证，未实施安全统一的口令策略、访问控制策略及符合国家等级保护要求，则用户为了方便记忆，会在不同应用系统使用相同的账号口令、频繁使用弱口令，从而导致身份信息被盗、信息系统信息外泄。

云计算系统需要使用数字安全身份管控模块来达到集中身份管理及统一身份认证的目的。为了解决以上问题，云计算系统应当满足以下需求：

（1）支持单点登录。支持单点登录是指云计算系统提供用户一次认证后即可安全访问多个相关应用系统的功能，在用户登录各应用系统时进行访问控制和审计，根据登录时间、登录 IP、用户类型、目标系统决定是否可以进行访问，甚至可以进行二次认证。

（2）集成多种认证及密码服务。云计算系统可为不同应用、环境、受访资源提供灵活、差异化的认证服务，满足复杂化的应用场景对效率与安全的要求，支持扫码登录、动态码登录、短信验证码登录、指纹认证登录等，并且可对接数字证书认证和各种密码服务，根据业务场景与其他系统集成，实现自动化的身份生命周期管理及认证服务的集成。

（3）提供不同强度的认证方式。云计算系统可以根据用户应用的实际需要，为用户提供不同强度的认证方式，以平衡安全和效率。例如，云计算系统既可以使用静态口令方式，又可以提供具有双因子认证方式的高强度认证，还能够集成生物特征等认证方式，从而通过可配置化的多种认证方式的组合认证，提升认证强度。

（4）支持分布式可扩展架构。云计算系统的主认证与管理节点支持分布式多活数据中心部署模式，身份认证服务具备分布式扩展能力，能够支持不断增长的用户规模和应用系统规模。

（5）支持身份生命周期管理。支持用户身份生命周期管理是指云计算系统能够实现用户整个身份生命周期过程中的身份开通/关闭、启用/禁用、有效期、口令重置、状态更新、用户会话的自动化、流程化的高效申请、审批等管理功能，以适应用户身份生命周期动态变化，智能化地调整用户权限。

身份管理标准和协议有很多，可用于云计算系统的包括[7]：

（1）安全断言标记语言（Security Assertion Markup Language，SAML）：支持身份验证和访问授权，使用 XML 在身份提供者和依赖方之间做出鉴别，能够实现身份验证和授权决策，得到了云服务提供商的广泛支持。

（2）开放授权协议（Open Authorization，OAuth）：为用户资源的授权提供了一个安全、开放且简易的认证服务标准。云服务提供商可以使用 Java、Ruby 等多种语言的开发包来实现自身的 OAuth 认证服务，可节约开发的时间。例如，Google、Yahoo、Microsoft 等云服务提供商都提供了 OAuth 认证服务。

（3）OpenID：是一种开放、去中心化的网络身份认证系统，用户需要预先在 OpenID 身份提供者处注册。OpenID 以网络的统一资源标识符（Uniform Resource Identifier，URI）为核心，采用基于 URI 的用户身份认证。使用 OpenID，可将用户密码存储在信任的 OpenID 服务网站上。任何网站都可以使用 OpenID 作为用户登录的一种方式，也都可以作为 OpenID 身份提供者。

下面具体介绍基于 OpenID 的身份安全认证过程。OpenID 主要由标识符（Identifer）、依赖方（Relying Party，RP）和 OpenID 提供方（OpenID Provider，OP）组成。其中，标识符为“http/https”形式的 URI 或可扩展的资源标识符（eXtensible Resource Identifier，XRI），XRI 是一套与 URI 兼容的抽象标识符体系。RP 是需要对访问者的身份进行验证的 Web 系统或受保护的在线资源，依赖于 OP 提供的身份认证服务。OP 作为 OpenID 认证服务器，在为用户提供和管理标识符的同时，还可为用户提供在线身份认证服务，是整个 OpenID 系统的核心。

OpenID 的认证流程如图 5.1 所示[8]：

（1）用户请求 OpenID 的 RP，并选择以 OpenID 方式登录。

（2）RP 同意用户采用 OpenID 方式登录。

（3）用户重新以 OpenID 方式登录，并让 RP 向自己提供标识符。

（4）RP 对标识符进行规范化处理，将用户的标识符规范化为 OP 确定的格式。

（5）建立 RP 与 OP 之间的关联，并在网络中建立一条安全的密钥交换通道。

（6）OP 处理 RP 的关联请求。

（7）RP 向 OP 发送身份认证要求，同时将用户重定向到 OP 的身份认证入口处。

（8）若用户是首次认证，则 OP 要求用户提交必要的认证信息，以便对其身份进行验证。

（9）用户登录，并向 OP 提交必要的身份认证信息。

（10）通过对用户的身份认证后，OP 将结果通知 RP，并缓存该用户的登录信息，以实现单点登录。

（11）RP 对 OP 的反馈结果进行判断，决定是否允许该用户访问其资源。

（12）当通过身份认证后，用户便可以使用该 RP 提供的服务。

在合理的时间范围内（具体根据用户与系统之间的交互需求，由 OP 设定），当该用户登录安全逻辑域中其他受该 OP 保护的 RP 时，由于 OP 发现该用户的登录信息已经在缓存区中并与之建立了关联，所以不再要求用户提交认证信息，而是直接将结果告知 RP，从而实现单点登录。

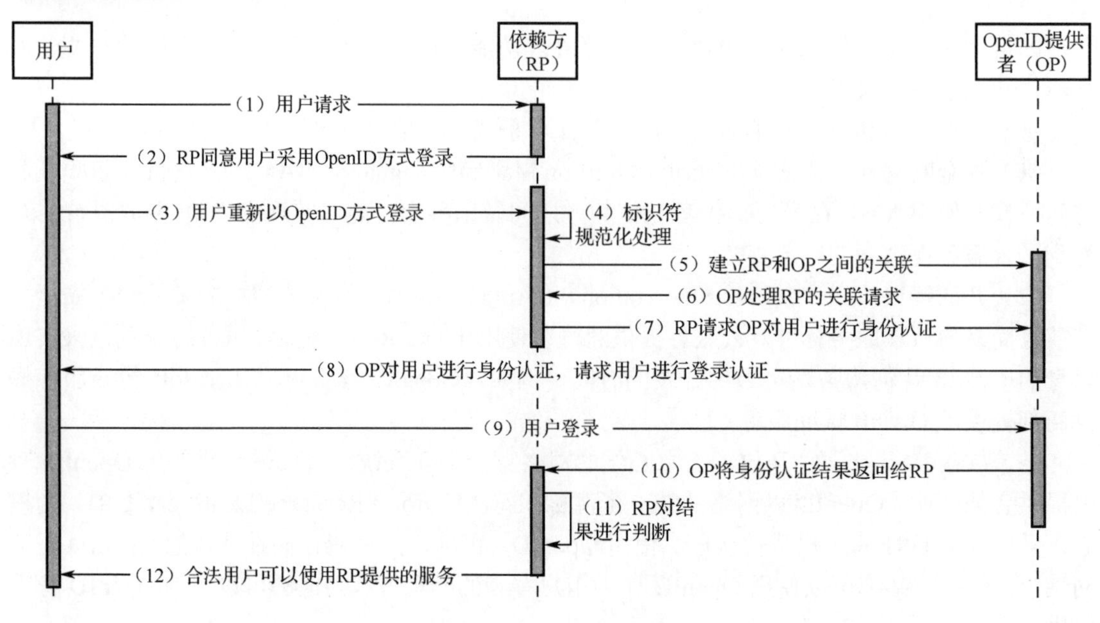

图 5.1　OpenID 认证流程

5.2.3　访问控制机制

访问控制技术[9-11]起源于 20 世纪 70 年代，当时是为了满足管理大型主机系统上共享数据授权访问的需要。访问控制可以防止非法用户访问受保护的系统信息资源，确保合法用户可访问受保护的系统信息资源，防止合法的用户对受保护的系统信息资源进行非授权的访问。

在访问控制技术的发展和实践中，出现了许多可用于对用户访问和授权管理和流程进行描述的语言，这些语言作为访问控制理论和实践之间的桥梁，起到了重要的作用，也是研究和实现访问控制技术的主要工具。例如，可扩展访问控制标记语言（eXtensible Access Control Markup Language，XACML）[11]是一种基于 XML 的访问控制决策语言，支持参数化的策略描述，可对 Web 服务进行有效的访问控制。XACML 不仅定义了一种表示授权规则和策略的标准格式，还定义了一种评估规则和策略，以进行授权决策。XACML 提供了处理复杂策略集合规则的功能，补充了 SAML 的不足，很适合用于大型云计算系统的访问控制，对于跨多个信任域的访问控制起着重要作用。

访问授权方法可分为访问控制模型和加密机制。访问控制模型是指根据访问策略建立角色，在用户申请访问时检查其对应的角色，判断其是否具有访问特定资源的权限；加密机制是指在加密数据后对用户发放密钥，只有拥有密钥的用户才能解密其权限范围内的密文。

本节以基于属性加密算法（Attribute Based Encryption，ABE）的访问控制方法为例来介绍访问控制机制。

基于属性的加密方案又可分为基于密钥策略的加密方案（Key Police Attribute Based Encryption，KP-ABE）和基于密文策略的加密方案（Ciphertext Policy Attribute Based Encryption，CP-ABE）两类。KP-ABE 将密文与属性集关联，密钥与访问策略关联；CP-ABE 则将密文与访问策略关联，密钥与属性集关联。当属性满足访问策略时，两种方式下密文均可被解密。

实际应用中，KP-ABE 由服务器负责公开系统公钥并生成对应于访问策略的用户私钥，用户解密时也从服务器得到密钥，因此，整个算法的实现依赖于可信服务器。CP-ABE 算法将密文与访问控制关联的好处在于，用户在加密数据后，就已经确定具有某些相关属性的用户才能对此密文解密，所以不需要可信服务器。CP-ABE 这一特点在云存储环境下具有很大优势，可以实现不同用户对于存储在云服务提供商提供的不可信服务器上特定数据的不同权限的访问和处理。

图 5.2 所示为基于 ABE 算法的云访问控制模型，包括 4 个参与方[12]：数据提供者、可信授权中心、云存储服务器、用户。该模型的工作流程如下：

（1）可信授权中心生成主密钥和公开参数，将系统公钥传给数据提供者。

（2）数据提供者收到系统公钥之后，采用策略树和系统公钥对文件加密，将密文和策略树上传到云服务器。

（3）当用户加入系统后，将自己的属性集上传给可信授权中心，并提交私钥申请，可信授权中心针对用户提交的属性集和主密钥计算生成私钥，将私钥传给用户。

（4）用户下载感兴趣的数据。如果其属性集合满足密文数据的策略树结构，则可以解密密文；否则，访问数据失败。

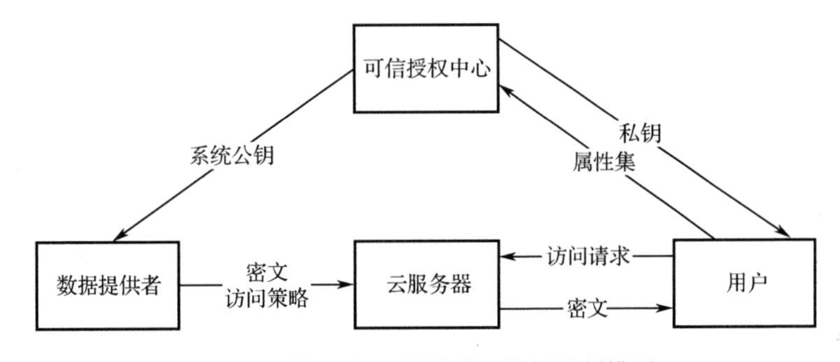

图 5.2　基于 ABE 算法的云访问控制模型

CP-ABE 从如下方面保证数据隐私安全：

（1）安全管理访问权限。将云服务提供商提供的存储服务器认为是不可信的，由于数据加密密钥的产生和分发与用户本身的属性设置有关，云服务提供商均未参与，增强了访问权限管理的安全性。

（2）客户端加密控制。数据上传前在客户端进行加密，使得传输过程中和存储时的文件是以密文形式存在的，保证了数据的私密性。

（3）混合加密密钥管理。先使用对称密钥加密数据，再使用公钥密码体制对此密钥进行加密，保证了密钥的安全性。

（4）防止非授权用户窃取、篡改合法用户保存在云端的数据。通过身份认证阻止非授权用户的访问，实现数据的分层次共享访问；即使非授权用户能够破解得到加密数据，但由于不知道数据所有者的签名密钥，所以被篡改的数据在传到云服务器时也会被拒绝。

5.2.4　租户隔离技术

资源共享、虚拟化、开放性、多租户、安全边界模糊的云计算系统面临着租户隐私被泄露、业务被窃取，以及数据完整性被破坏等众多的安全威胁与挑战。租户隔离技术[13]是保证每个租户数据不受其他租户非法干扰的关键手段。

多租户架构是指同一系统或应用实例可以服务于多个租户的架构，可确保租户业务、数据间的相互隔离。各个租户在不同层次上共享的资源及程度不同。

多租户在共享资源时的隔离安全可分为数据平面的隔离安全、程序平面的隔离安全、网络平面的隔离安全。

（1）数据平面的隔离安全。数据平面的隔离主要是指多租户数据共享存储时的隔离。租户通常需要将数据上传至云端，并且大多情况下将数据存储在云服务器中，失去对自身数据的直接控制权。云存储的共享性和租户数据的复杂性，给租户数据的存储隔离带来了巨大挑战。在现阶段，多租户架构下数据存储隔离技术大多从共享存储资源的角度入手，通过切割数据库、切割存储区、切割数据表来完成租户数据的隔离存储。但是，不同的隔离方法有不同的实现难度和安全风险，并且单纯的切割方法不足以充分保证租户数据的隔离存储与访问。

（2）程序平面的隔离安全。程序平面的隔离主要是指多租户在进程层面隔离不同租户应用程序间的运行。在云计算中，由于高度的虚拟化和共享性，为提高资源的利用率，会出现多个租户共享同一应用实例、同一套基础设施的情况。由于底层信息的流动对上层是透明的，租户无法掌握自身信息在虚拟机进程间的流动情况，加之租户身份复杂性，给租户在共享资源时数据操作层面的安全隔离带来了安全威胁。在现阶段，多租户架构主要从多租户应用程序的运行环境入手，确保租户进程间信息流动和操作的隔离，实现底层租户数据操作和信息流动的隔离安全。然而，由于租户应用需求的动态变化和服务的动态迁移，使得共享资源中租户私有数据操作的安全边界模糊，缺乏有效的边界标识及信息流控制方法，因此解决问题的关键在于如何识别共享资源中租户数据的安全边界，以及如何保证多租户间数据流动的安全。

（3）网络平面的隔离安全。网络平面的隔离主要是指租户数据在网络传输时的隔离。在云计算中，租户规模庞大，网络节点众多且分布分散，不同租户的逻辑网络可能与同一物理网络相映射，大大增加了租户数据在网络中传输的安全风险。为此，可通过虚拟化技术，将物理实例单元切割成不同的虚拟网络单元（如虚拟机、虚拟路由器、虚拟交换机等），并通过网络划分技术和安全协议来保证租户数据在逻辑网络中的通信隔离。

5.2.5 数据加密技术

典型的加密系统一般包含三个组成部分：数据、加密引擎和密钥管理。数据是要加密的信息；加密引擎是加密的数学过程；密钥管理是对加密密钥的管理。为了保障云计算中数据的私密性，最直接的方法仍然是数据加密技术，即采用某种加密技术将加密后的数据托管到云中[10]。

1. TEA

TEA（Tiny Encryption Algorithm）是一种小型的分组对称加密算法，最初由 David Wheeler 和 Roger Needham 于 1994 年设计，其特点是速度快、效率高，实现简单，采用 C 语言实现仅需二十几行代码。尽管 TEA 十分简单，但它具有很强的抗差分分析能力。相比其他算法，TEA 的安全性相当好，其可靠性不是通过算法的复杂度而是通过加密轮数保证的。在加密过程中，密钥不变，主要的运算是移位和异或。TEA 使用长度为 64 bit 的明文分组和 128 bit 的密钥，进行 64 轮迭代，每轮数据经过 Feistel 结构模块进行处理，使用一个来源于黄金比率的神秘常

数 δ 作为倍数，保证每轮加密都不同。

随着针对 TEA 攻击的不断出现，TEA 被发现存在一些缺陷，几个升级的版本被提出，分别是 XTEA、Block TEA 和 XXTEA，这些算法降低了加密过程中密钥混合的规律性，提高了安全性，但降低了处理速度。

2．数据染色

数据染色是指对数据经过若干函数变换后，使其表现形态发生很大改变的一种方法。由于数据是经过模糊化后上传的，这种方法能保证非授权用户在没有获得函数的模糊化参数情况下，即使得到模糊化后的数据，也无法在多项式时间内还原得到原始数据。

李德毅院士提出了正态云模型，云是用来将定性概念转换为定量的不确定性的转换模型，其数字特征由期望 E_x、熵 E_n 和超熵 H_e 三个特征值来表现，把随机性和模糊性完全结合了起来。其中，期望 E_x 指空间内最能代表某个定性概念的点；熵 E_n 反映定性概念的不确定性；超熵 H_e 用来度量熵的不确定性。在云模型中，“模糊”的概念被定义为一个边界弹性不同、收敛于正态分布函数的云。云是由一系列的云滴构成的，每个云滴是定性概念映射到一维、二维或多维空间的一个点；云模型给出了这个点代表此定性概念的确定度，以反映其不确定性。

黄铠教授基于正态云模型设计了一种通用的数据染色方法，使用正态云模型的三个特征值生成颜色：期望 E_x 取决于用户数据的内容；熵 E_n 和超熵 H_e 独立于数据内容，是只有数据所有者知道的随机值，可作为数据所有者的私钥。使用这三个特征值经过云发生器生成一组云滴，这组云滴是云服务提供商和其他用户无法获得的。使用这组云滴对数据进行模糊化后上传，可降低用户数据被非法用户窃取后泄露的风险。数据上传过程如下：

（1）客户端上传的文件通过哈希运算后得到参数 E_x，生成独立于数据内容、只有数据所有者才知道的关键参数 E_n、H_e，并将哈希值和 E_n、H_e 保存在本地。

（2）由 E_x、E_n、H_e 通过正态云发生器算法得到一组云服务提供商和其他用户无法获得的云滴。

（3）使用生成的云滴对上传的数据进行染色。

（4）通过服务器身份认证后将模糊化数据序列送到云端，由分布式文件系统进行分块，将数据块存储到分布式数据服务器，将数据分块信息和数据块存储位置信息存储在主控服务器。

数据下载过程如下：

（1）通过身份认证后，用户登录服务器，透明地选择需要下载的文件。

（2）分布式文件系统根据标识查询对应的模糊化文件，并向主控服务器查询数据分块信息和数据块存储位置信息。

（3）根据数据块分块信息和数据块存储位置信息，从分布式数据服务器获取所有的数据块，并组装成模糊化数据序列。

（4）将模糊化数据序列安全地下载到本地，根据只有数据所有者知道的关键参数 E_n、H_e 得到去模糊化函数。

（5）用去模糊化函数对模糊化数据序列进行去模糊化，得到原始数据，对该数据序列进行哈希运算，与本地存储的哈希值比对，若相同，则说明数据完整且未被篡改。

使用数据染色的方法保护图像、软件、视频、文档，以及其他类型数据的隐私性，其开销远远低于传统加密/解密的方法。

3．椭圆曲线加密

椭圆曲线在代数与几何方面的研究已经超过了百年，积累了丰富的理论成果，但椭圆曲线被应用于密码学，最早是由 Koblitz 和 Miller 于 1985 年分别提出的。椭圆曲线加密（Elliptic Curve Cryptography，ECC）属于公钥机制，其安全性依赖于解决椭圆曲线离散对数问题（Elliptic Curve Discrete Logarithm Problem，ECDLP）的难度。ECC 将椭圆曲线中的加法运算、乘法运算分别与离散对数中的模乘运算、模幂运算相对应，建立了相应的基于椭圆曲线的密码体制。

ECC 的优点之一是可以用一串很短的数字表示一个可观的存储，相当于其他加密方法（如 RSA）使用更小的密钥提供相当的或更高的安全级，被认为是在给定密钥长度时最强大的非对称加密算法。ECC 的另一个优点是可以定义群之间的基于 Weil 对或 Tate 对的双线性映射，双线性映射在密码学领域中被大量应用，如基于身份的加密、密钥协商协议等。但是双线性映射的计算非常费时，导致 ECC 的加密和解密操作会比采用其他密码体制花费更长的时间。

在实际的云数据加密过程中，由于大部分数据加密技术都会带来较大的开销[6]，因此需要考虑加密选项。例如，是选择在客户端加密还是选择在网络加密，或者选择基于代理的加密。基于代理的加密是指将加密放在用户终端和云端之间的可信区域中进行，代理在将数据传输到云端之前负责加密。

《云计算关键领域安全指南 v4.0》[7]按照云计算的服务模式将云数据加密技术分为 IaaS 层加密、PaaS 层加密和 SaaS 层加密。

5.2.6 数据完整性验证

数据完整性要求数据在未经授权的情况下无法被修改或者丢弃。传统的数据完整性验证方案主要是针对本地磁盘数据和数据库数据的完整性，一般采用数字签名、消息验证码、数字水印等技术，但是这些技术并不完全适合云计算系统。

随着云计算系统的不断普及，远程数据的完整性验证受到越来越多学者的关注。云计算系统中的数据完整性验证是指用户验证存储在云端数据的完整性和可用性[14,15]。一种面向云计算系统的数据完整性验证方案需要本地存储已被托管到云端的文件对应的哈希值，在验证数据完整性时，需要从云端获取数据并存储到本地，通过哈希算法验证与预存本地的哈希值是否一致。这种方案要求在验证过程中下载全部的数据，并且要求本地具有一定的哈希运算能力。另外，这种方案也不兼容云计算系统中数据动态更新等操作，在数据量庞大的背景下验证效率的问题会更加突出。

云计算系统为用户提供了海量数据的存储服务，可降低本地存储和维护的高昂费用，保证数据拥有者可在任意时间、地方通过网络访问云端数据。为了防止云端数据被篡改或破坏，用户随时可以向云服务提供商（CSP）发出完整性验证的请求，CSP 根据相应的请求计算证据并交由用户进行校验，向用户证明其能诚实、可靠地存储用户的数据，用户可根据 CSP 返回的证据鉴定自身的数据是否完整。

根据参与方的数量，数据完整性验证模型可分为两方验证模型和支持公开审计的三方验证模型。如图 5.3 所示，两方模型由用户和云服务提供商组成，用户将数据存储到云端，保留完整性验证必需的元数据信息。当需要使用数据时，向云服务提供商发出请求，云端返回用户数据，当用户想要验证自己数据的完整性时，通过“挑战—应答”模式，根据云服务提供商返回的证据来验证自身的数据是否完整。

在两方验证模型中，无论用户还是 CSP，都不适合进行数据完整性验证，因为二者都无法保证提供公正、可信的验证结果，用户和云服务提供商二者互不信任。另外，用户需要一定的计算和存储能力，因此大多数的数据完整性验证协议引入了第三方审计机构，用来沟通用户与云服务提供商，不仅可提高数据完整性验证效率，还可减轻用户的计算和存储开销。支持公开审计的三方验证模型如图 5.4 所示。

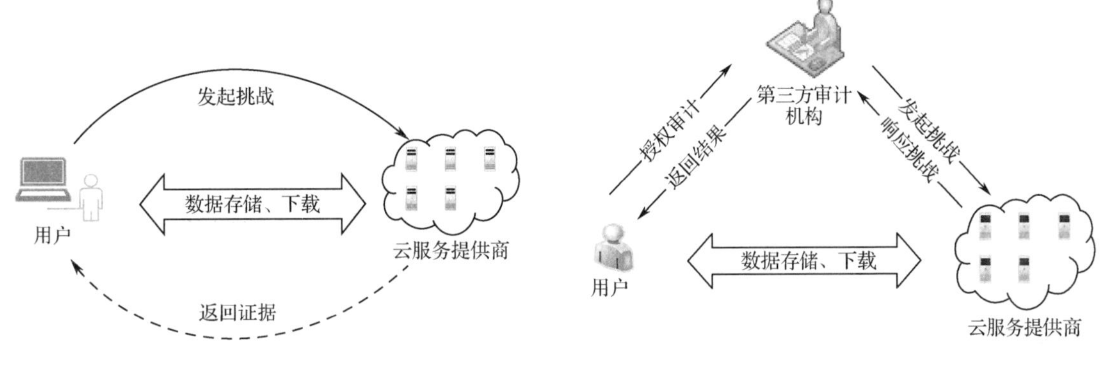

图 5.3　两方验证模型　　　　图 5.4　支持公开审计的三方验证模型

在支持公开审计的三方验证模型中，用户将数据上传至云端，当用户需要进行数据完整性验证时，用户授权第三方审计机构对云服务提供商进行挑战，云服务提供商根据挑战获取相应数据和完整性证据，并返回给第三方审计机构，经过第三方审计机构进行验证并将结果告知用户。

但仍然存在第三方审计机构与云服务提供商合谋欺骗用户或者虚假验证的潜在威胁。一个理想的支持公开审计的验证模型应不会增加额外的计算、存储代价，不会泄露数据隐私性，并支持数据的动态操作。

目前，云计算系统常用的数据完整性验证方案包括数据持有性证明（Provable Data Possession，PDP）方案和数据可恢复证明（Proofs of Retrievability，POR）方案[16]。为了减少用户的计算、存储和传输开销，PDP 方案和 POR 方案引入了第三方审计机构，抽样验证数据的完整性。POR 方案采用容错预处理的机制，使用纠错码的编码公式，既完成数据完整性的验证，也能在一定程度上恢复被破坏的数据，主要应用于重要数据的安全存储；PDP 方案不能对数据进行恢复，注重数据完整性验证的效率，主要应用于海量数据的完整性验证。

区块链[17]能够以独特的共识算法保障节点间数据的一致性，并以加密算法保证数据的安全性，同时通过时间戳和哈希值形成首尾相连的链式结构，创造了一套公开透明、可验证、不可篡改、可追溯的技术体系，具有公开透明、可验证，不可篡改、可追溯等技术特征。利用区块链技术可以解决“互信”问题，通过多用户间的信息交流来达成行动协议共识，以完成可信的完整性验证，是目前数据完整性验证领域的研究与应用重点。

基于区块链的数据完整性验证流程如图 5.5 所示。首先，用户随机抽取某数据块，向云服务提供商发起挑战，云服务提供商获取文件位置，生成并返回证据；其次，用户计算证据是否有效，若有效则进行第二步验证，否则表示验证失效；最后，用户通过默克尔哈希树（Merkle Hash Tree，MHT）计算哈希值并判断其与根哈希值是否一致，若一致则证明文件完整，否则表示文件被破坏。

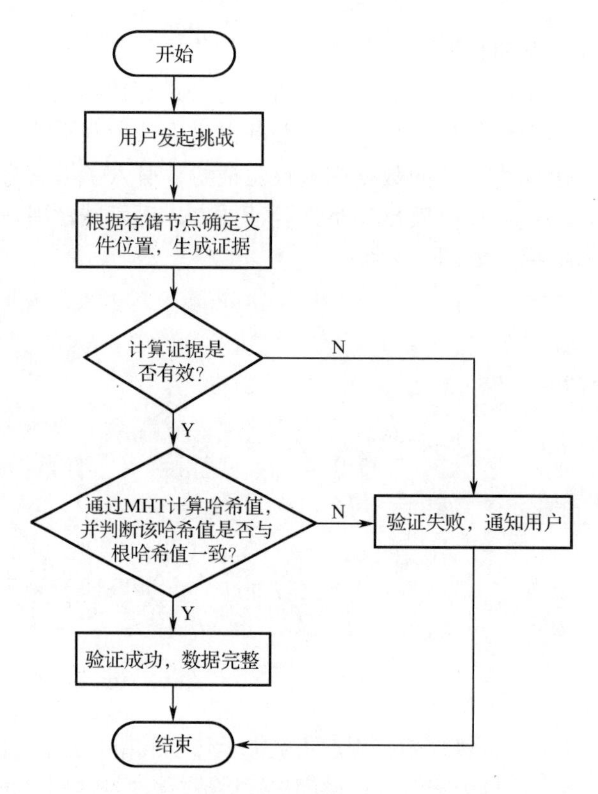

图 5.5　基于区块链的数据完整性验证流程

5.2.7　云计算审计与安全溯源

云计算审计[6]是证明云计算系统中的活动符合内部或外部要求的合规性机制，通常重点集中在评估安全管理和控制的有效性。云计算审计主要包括数据安全、操作系统安全、数据库系统安全、网络安全、设备安全、环境安全等方面。

简言之，云计算审计的目标一方面是记录来自互联网外部对云计算系统及其用户的威胁，另一面是记录来自云服务提供商内部对云计算系统及其应用的威胁。以 Amazon 的云计算（AWS）审计模块为例，借助 AWS 的 CloudTrail 服务，AWS 的审计模块详细地记录了用户登入登出、管理员用户的管理行为、管理控制台的操作、软件调用等关键行为，重点记录了用户访问某些数据、何时可以访问这些数据，以及如何保存访问记录，以便在发生安全问题时可以检测溯源，并做出针对性的修复。

需要重点关注的是云计算系统通常提供大量开放接口，黑客可能利用这些接口对云计算系统进行攻击，如果控制中心受到攻击，那么云计算系统的安全就受到了很大威胁，甚至会导致网络直接瘫痪。高效检测网络攻击并找出攻击源，做出响应并及时阻断攻击，对于云计算系统的安全至关重要。

随着 SDN 的快速发展，云数据中心网络也普遍采用了 SDN 技术。基于 SDN 的网络攻击检测溯源技术已经成为重要的研究课题。SDN 中的攻击检测溯源机制主要可分为两种类型：一种基于检测数据包，另外一种则基于流表项。本节主要介绍基于流表项的攻击检测溯源机制。

在检测攻击阶段，检测算法会通过控制器的接口实时地获取交换机对数据包的计数值，得到通过交换机的数据包数量，形成一个预处理文件，并对文件中的数据进行求均值、标准值和组内极差等一些系列操作。

在 SDN 中，网络流量具有一种二阶渐近自相似性，并存在长期稳定性[18]，即存在自相似指数 H，其值介于 0.5 和 1 之间；当网络中出现攻击时，网络中的流量常常会爆发式地增长，在这种情况下，网络流量就会出现一种聚集情况，正常网络流量的二阶渐近自相似性消失，自相似指数迅速大于 1。如果出现 H 大于 1 或者小于 0.5 的情况，则说明网络可能存在安全问题。

溯源算法流程如图 5.6 所示，一旦检测到网络攻击，就对被攻击者进行溯源操作。首先通过控制器获取交换机信息，同时通过控制器接口获取所有的流表项，基于这两个信息可构建基于流表项有向图。其次更新交换机数组，对交换机进行统一记录，选定被攻击者，并从交换机数组中筛选出被攻击者的相邻交换机（如果两个交换机有流表项直接进行连接，则为相邻交换机）。最后利用基于流表项的有向图对所有相邻交换机进行遍历检测，如果检测到该交换机中存在相应的流表项并且匹配域完全被匹配，那么可以将该交换机标记为转发过攻击流量的交换机（恶意交换机），并加入攻击路径中；否则标记为转发普通流量的交换机（良好交换机）。当对遍历检测完所有的相邻交换机后，就可得到攻击路径，同时也可以追溯到攻击源[19]。

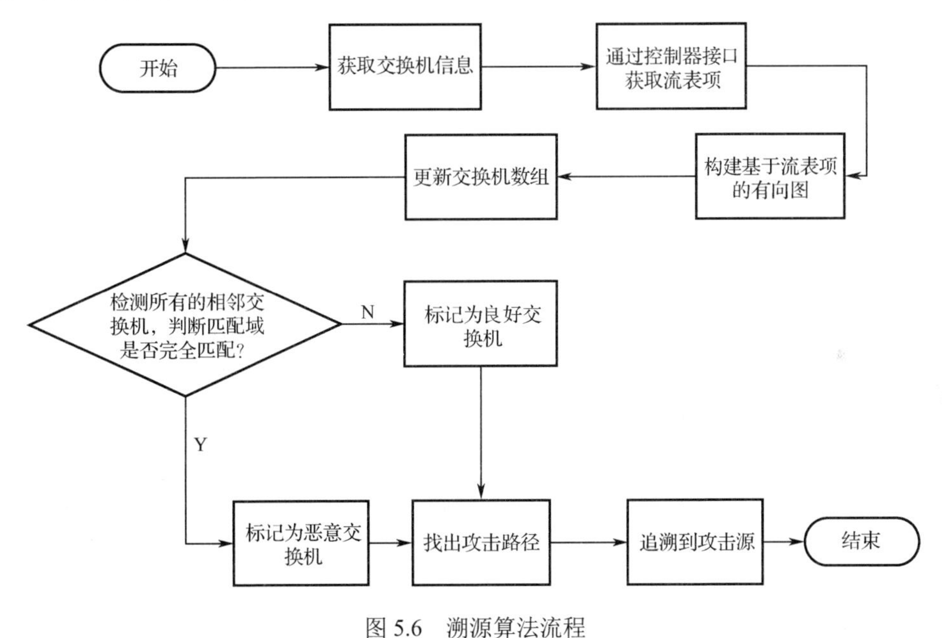

图 5.6　溯源算法流程

5.3　云计算安全服务体系

5.3.1　云计算安全服务体系的架构

云计算安全服务体系由一系列云安全服务构成，根据云安全服务所属层次的不同，可以进一步分为云基础设施服务、云安全基础服务和云安全应用服务。云计算安全服务体系的架构如图 5.7 所示。

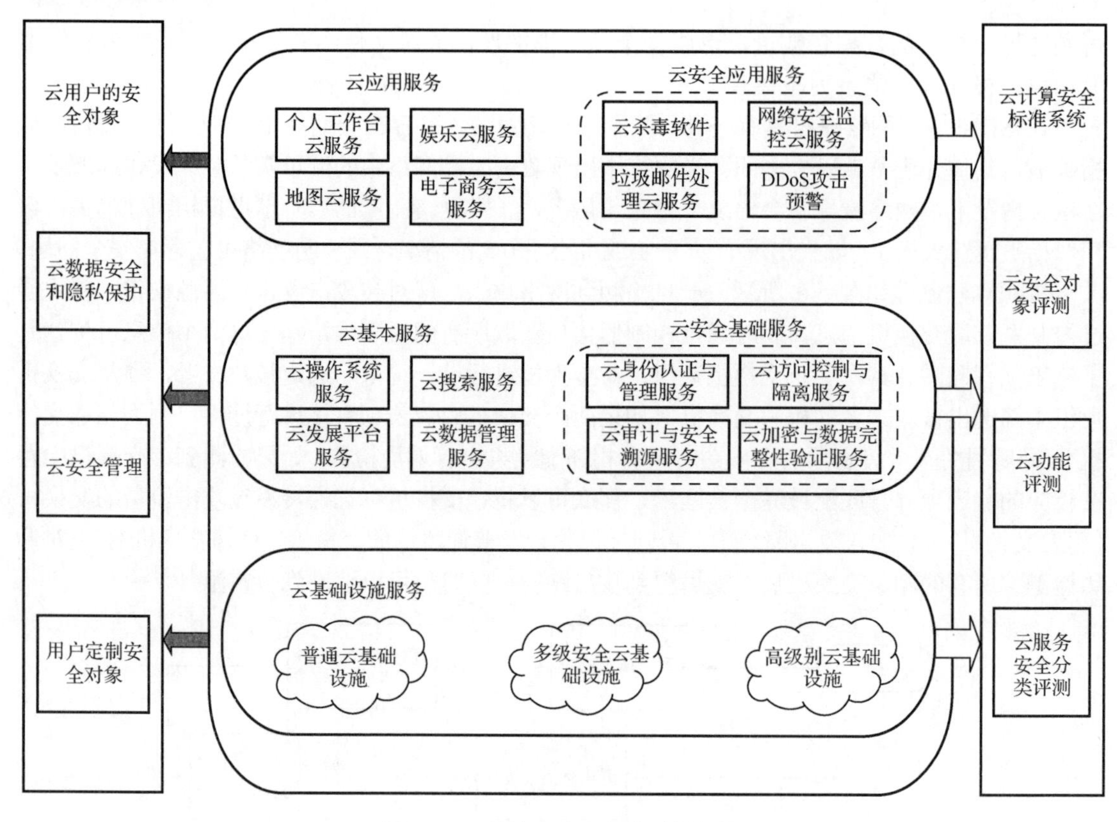

图 5.7 云计算安全服务体系的架构

1. 云基础设施服务

云基础设施服务为上层应用提供安全的计算、存储、网络等服务，是整个云计算安全服务体系的基石。这里的安全性包含两个层面的含义：其一是抵挡来自外部黑客的安全攻击的能力；其二是证明自己没有破坏用户数据与应用的能力。

一方面，云基础设施服务根据其面临的安全问题，在各层次采取严密的安全措施。其中，在物理层考虑硬件设施安全，在存储层考虑数据完整性和文件/日志管理、数据加密、备份、灾难恢复等，在网络层考虑拒绝服务攻击、DNS 安全、网络可达性、数据传输私密性等，在系统层考虑虚拟机安全、补丁管理、系统用户身份管理等安全问题，在数据层考虑数据库安全、数据的隐私性与访问控制、数据备份与清洁等，在应用层应考虑程序完整性检验与漏洞管理等。另一方面，云计算系统应向用户证明自己具备某种程度的数据私密性、完整性等保护能力。例如，在云存储服务中证明用户数据能够以可靠密文形式保存，在计算服务中证明用户代码运行在受保护的内存中等。

2. 云安全基础服务

云安全基础服务为各类云应用提供共性的信息安全服务，是支撑云应用满足用户安全目标的重要手段。比较典型的云安全基础服务包括：

（1）云身份认证与管理服务。云身份认证与管理服务主要涉及身份的创建、注销以及身份认证过程。在云计算系统中，实现身份联合认证和单点登录认证可以支持云中合作企业之间更加方便地共享用户身份信息和认证服务，减少重复认证带来的开销。但云身份联合管理过程应在保证用户数字身份隐私性的前提下进行。由于数字身份信息可能在多个组织间共享，其生命周期各个阶段的安全性管理更具有挑战性，而基于联合身份的认证过程在云计算系统中也具有更高的安全需求。

（2）云访问控制与隔离服务。云访问控制与隔离服务的实现依赖于如何妥善地将传统的访问控制模型（如基于角色的访问控制、基于属性的访问控制、强制/自主访问控制模型等），以及各种授权策略语言标准（如 SAML 等）扩展后移植入云计算系统中。此外，鉴于云计算系统中各组织提供的资源服务兼容性和可组合性的日益提高，组合授权问题也是云访问控制与隔离服务需要考虑的重要问题。如 5.2.4 节所述，隔离机制使得用户信息运行于封闭、安全的环境中，从云服务提供商的角度来看，便于其管理用户；从用户的角度来看，避免了不同用户间的相互影响，降低了受到非法用户攻击的安全风险。

（3）云审计与安全溯源服务。由于用户缺乏安全管理与举证能力，要明确安全事故责任就要求云服务提供商提供必要的支持，因此，由第三方实施的审计就显得尤为重要。云审计服务必须提供审计事件列表的所有证据，以及证据的可信度说明。当然，若要求证据不会泄露其他用户的信息，则需要设计特殊的数据取证方法。此外，云安全溯源服务能够追踪到不法分子对云计算系统的攻击行为，帮助系统管理员成功检测网络攻击行为并找出攻击源，做出响应并及时阻断攻击和预防后续攻击。

（4）云加密与数据完整性验证服务。云计算系统中的各种应用与数据普遍存在加/解密需求。云加密服务除了最基本的加/解密算法服务，密码运算中的密钥管理与分发、证书管理及分发等都能以云安全基础服务的形式存在。云加密服务不仅可为用户简化密码模块的设计与实施，也使得密码技术的使用更集中、规范、易于管理。云数据完整性验证服务可保证云存储正常服务，提供数据完整性验证与保障服务，防止云计算系统的数据被非法篡改或破坏。

3. 云安全应用服务

云安全应用服务与用户应用的需求紧密结合，典型的例子包括 DDoS 攻击预警、僵尸网络检测与监控云服务、页面过滤与杀毒应用、内容安全服务、安全事件监控与预警服务、垃圾邮件处理云服务等。传统的网络安全技术在防御能力、响应速度、系统规模等方面存在限制，难以满足日益复杂的安全需求，而云计算系统提供的超大规模计算能力与海量存储能力，能在安全事件采集、关联分析、病毒防范等方面实现性能的大幅提升，可用于构建超大规模安全事件信息处理平台，提升全网安全态势把握能力。此外，还可以通过海量终端的分布式处理能力进行安全事件采集，并上传到云安全中心分析，可极大地提高安全事件采集与及时处理的能力。

云计算安全标准系统为云计算安全服务体系提供了云计算安全标准及其测评体系，包括云安全对象、云功能和云服务安全分类的测评。

现在大型的云计算系统都将云安全模块作为设计与建设的重点，接下来将介绍几个大型云计算系统的云安全模块。

5.3.2 AWS的云安全模块

Amazon 云计算系统 AWS 的弹性计算云（Elastic Compute Cloud，EC2）能提供安全且可调整大小的计算能力，让开发人员能够更轻松地实现 Web 规模的云计算。EC2 的 Web 服务接口非常简单，用户可轻松获取和配置容量，完全控制计算资源[20]。

在 EC2 中，安全保护包括宿主操作系统安全、用户操作系统安全、防火墙和 API 保护。宿主操作系统安全基于堡垒主机和权限提升。用户操作系统安全基于用户对虚拟实例的完全控制，利用基于令牌（Token）或密钥（Key）的认证来获取对非特权账户的访问。此外，要求为每个用户建立带有日志的权限提升机制，并能够生成自己独一无二的密钥对。在防火墙方面，网络通信可以根据协议、服务端口和源 IP 地址进行限制。API 保护指所有 API 调用都需要 X.509 证书或用户的接入密钥的签名，并且能够使用成熟的安全套接字协议（Secure Sockets Layer，SSL）进行加密。此外，同一个物理主机上的不同实例通过使用虚拟机平台 Xen 的监督程序进行隔离，并提供对抗 DDoS、中间人攻击和 IP 欺骗的保护[21]。

5.3.3 Azure的云安全模块

Azure[22]提供的是 PaaS 服务平台，其云安全模块提供的安全机制具有私密性、完整性、加密和审计能力。

在私密性方面，Azure 提供基于自签名数字证书的身份认证、最小权限客户软件、基于 SSL 的内部控制通信互认证、证书和私钥管理、控制程序硬件设备凭证、Azure 存储访问控制机制等，并提供虚拟机监督程序和虚拟机之间的隔离、Fabric 控制器之间的隔离、分组过滤、VLAN 隔离和用户访问隔离等机制。

此外，通过.NET 密码服务，用户可以很容易地在存储数据或传输数据上实现加密、哈希运算和密钥管理功能。在数据完整性方面，Azure 提供底层操作系统和用户应用程序的完整性、用户配置的完整性、基于密钥的存储访问控制和 Fabric 完整性控制等。

在可用性方面，Azure 对数据提供数据冗余备份、软硬件失效监测、虚拟机迁移机制等。如果用户服务存在多个实例，则在 Azure 或用户服务软件更新时，将多个实例划分为不同的更新域，分阶段进行更新，以保证服务在更新期间是可用的。在审计方面，Azure 提供监测代理和监测数据分析服务，对监测和诊断日志信息进行收集，并记录在审计日志文件中。

5.3.4 BlueCloud的云安全模块

IBM 的云计算系统 BlueCloud[23]建立在 IBM 自身的大规模分布式计算软硬件系统和服务技术基础上，支持开放标准。BlueCloud 作为 IBM 云计算中心开发的企业级云计算系统，可以通过虚拟化技术和自动化技术对企业现有的基础架构进行整合，协助企业构建自己的云计算中心，实现企业硬件资源和软件资源的统一管理、统一分配、统一部署、统一监控和统一备份，打破应用对资源的独占，从而帮助企业实现云计算系统。BlueCloud 包含云计算中心的软硬件资源、IBM Tivoli 管理软件、BlueCloud 部署服务及用户个性化服务，统一管理云计算系统中的服务器、网络、存储、软件等基础设施，实现对资源的有效掌控，降低运维风险，提升资源利用率，并降低系统维护成本，实现企业对资源需求的快速响应。

IBM 认为 BlueCloud 应提供确保授权用户可以访问所需数据和工具，并可在需要时阻止未授权的访问。大部分用户将数据保护作为其最重要的安全因素，如数据如何安全存放及访问、如何遵从法规及审计要求，以及数据丢失对企业业务的影响等问题。此外，用户通常会考虑云应用的安全需求，需要遵循及支持安全的开发过程。在共享的云计算系统中，用户需要确保每个独立网域之间是相互隔离，能够配置可信任的虚拟域或基于策略的安全域。云的基础架构包括服务器、路由、存储设备、电力设备及其他支持运维的组件，这些组件可从物理层得到安全保管[24]。

5.4 本章小结

云计算系统简化了服务交付、降低了资金和运营成本、提高了效率，具有诸多的优势和好处，但是也面临着安全、互操作性和可迁移性等问题和挑战。安全已经成为阻碍云计算系统应用的主要因素之一。各国对云计算系统的安全问题高度重视，美国、欧盟等纷纷提出云计算安全保障要求，全球主要的云服务提供商也都制定了云计算系统的安全策略。

本章首先分析了云计算系统中的安全问题，然后介绍了目前云计算系统中的一些关键的安全保障技术，最后介绍了目前主流云计算系统的安全模块。

本章参考文献

[1] 国家互联网应急中心. 2019年中国互联网网络安全报告[EB/OL]. [2021-07-12]. http://www.cac.gov.cn/2020-08/11/c_1598702053181221.htm.

[2] 陈铁明. 网络空间安全实战基础[M]. 北京：人民邮电出版社，2018.

[3] 徐伟. 当前云计算存在安全风险及解决途径研究[J]. 计算机光盘软件与应用，2013, 16(22):137-138.

[4] 冯朝胜，秦志光，袁丁. 云数据安全存储技术[J]. 计算机学报，2015, 38(1):150-163.

[5] 王于丁，杨家海，徐聪，等. 云计算访问控制技术研究综述[J]. 软件学报，2015, 26(5): 1129-1150.

[6] 何昶辉. 面向云计算的分布式可信身份认证系统的研究与实现[D]. 西安：西安电子科技大学，2020.

[7] 云计算关键领域安全指南 v4.0[R]. 云安全联盟（CSA），2017.

[8] 李馥娟，王群. 云计算环境中的身份认证模型[J]. 数学的实践与认识，2017, 47(6):116-126.

[9] Cantor S, Moreh J, Philpott R, et al. Metadata for the OASIS Security Assertion Markup Language (SAML) V2.0[R]. OASIS Open, 2005.

[10] 周静岚. 云存储数据隐私保护机制的研究[D]. 南京：南京邮电大学，2014.

[11] Erik R, Axiomatics A B. OASIS eXtensible Access Control Markup Language (XACML) Versions 3.0[R]. OASIS Open, 2013.

[12] John B, Amit S, Brent W. Ciphertext-Policy Attribute-based Encryption[C]. the IEEE Symposium on Security and Privacy, 2007.

[13] 卢新．云多租户数据安全隔离控制关键技术研究[D]．郑州：战略支援部队信息工程大学，2020．

[14] 陈康，郑纬民．云计算：系统实例与研究现状[J]．软件学报，2009, 20(5): 1337-1348．

[15] 刘鹏．云计算[M]．3 版．北京：电子工业出版社，2015．

[16] 冯登国，张敏，张妍，等．云计算安全研究[J]．软件学报，2011, 22(1):71-83．

[17] 刘广沛．基于区块链的云数据完整性保护机制[D]．南京：南京邮电大学，2018．

[18] Liu L, De Vel O, Han Q L, et al. Detecting and Preventing Cyber Insider Threats: A Survey[J]. IEEE Communications Surveys & Tutorials, 2018, 20(2): 1397-1417.

[19] 胡留赟．软件定义网络中流表优化及攻击检测机制研究与应用[D]．南京：南京邮电大学，2019．

[20] Amazon EC2 [EB/OL]. [2021-07-12]. https://baike.baidu.com/item/亚马逊 EC2.

[21] 俞能海，郝卓，徐甲甲，等. 云安全研究进展综述[J]. 电子学报，2013, 41(2): 371-381.

[22] Windows Azure [EB/OL]. [2021-07-12]. https://baike.baidu.com/item/Windows Azure.

[23] 蓝云（IBM 的云计算解决方案）[EB/OL]. [2021-07-12]. https://baike.baidu.com/item/蓝云/15974924?fr=aladdin.

[24] 闫晓丽．云计算安全问题[J]．信息安全与技术，2014, 5(3):3-5．

第6章 云计算节能技术

6.1 云数据中心的能耗

6.1.1 云数据中心的规模

近年来，互联网技术与 5G 通信技术的蓬勃发展驱动数据流量呈现爆发式的增长，随着数据产业规模的快速拓展，支撑数据业务的云数据中心数量、规模在全球范围内迅速扩大，尤其是在中国。有统计报告预测[1]，到 2030 年，数据产业规模将占经济总量的 15%，中国的总数据将超过 4 YB，占全球总数据的 30%；全球云数据中心基础设施服务支出增长 37%，超过 300 亿美元。以云数据中心为代表的云基础设施服务每年将突破 1070 亿美元。物联网的兴起和流行同样刺激着云数据中心的发展。随着物联网的发展，互联设备数量逐步增加，这将产生大量的数据，而这些数据大部分都会流向云数据中心。为了承载这些流量以及数据，云服务提供商也需要进一步扩大云数据中心的规模。

我国的云数据中心市场规模增速远高于全球水平。从 2017 年至 2018 年，我国的云数据中心市场规模从 946.1 亿元人民币增至 1277.2 亿元人民币，增速高达 35%。我国的云数据中心大部分都集中在北京、上海、广州、深圳、南京、成都等大中城市，但这些地区并不利于云数据中心的节能降耗，且可用资源有限，用地成本相对较高。相比而言，我国中部、西部、东北地区的可用土地资源、清洁能源资源等更加丰富，价格优势明显，有利于云数据中心的节能降耗[2]。例如，百度在我国山西省阳泉市建立的云数据中心，服务器设备规模超过 16 万台；我国江苏省南通市也将建成阿里巴巴江苏云计算数据中心，其服务器规模达到 30 万台[3]。

6.1.2 云数据中心的能耗现状

随着云计算如火如荼地发展，需要构建规模庞大的云数据中心来支撑数据和业务的管理、组织、调度和维护，造成巨大的能量消耗。根据国际数据公司（International Data Corporation，IDC）等调研机构对世界各地所有企业电能花费的调查及评估结果显示，每年全球企业在数据中心能耗上的花费在 400 亿美元左右。全球云数据中心建设总量已经达数百万个，耗电量占全球总耗电量的比例为 1.1%～1.5%，其高能耗问题已经引起政府、环境保护组织等的高度重视。我国已建设的云数据中心超过 50 万个，年耗电量超过全社会用电量的 1.5%。美国的云数据中心每年消耗的电能超过 900 亿千瓦时（kW·h），约等于 34 个大型燃煤电厂一年的发电量，每年需要支付 91.637 亿美元的电费。全球云数据中心的能耗约为 420 太瓦时（1 太瓦时约为 10 亿千瓦时），约占总耗电量的 3%，大约每四年翻一番[4-8]。

云数据中心的高能耗问题不仅造成能量的利用效率低，同时也增加了云计算系统运行的不稳定性，更增加了温室气体的排放，对环境造成了不良影响。高能耗问题在国家安全、气候变暖、空气质量、电网可靠性等方面造成的严重影响已经引起各国政府的高度关注。随着社会信息化水平的飞速提高，信息产业在政治、经济及社会各领域占据了举足轻重的地位，同时信息产业的能耗也越来越高。

伴随着近些年各大 IT 企业都在积极推广云计算并推出自己的云端产品，更多的计算资源和存储资源都将集中在云端，给能耗的高效管理带来了更大的挑战。目前与 IT 企业相关的排放已经成为最大的温室气体排放源之一，云数据中心能耗占 56%。尽管人们正在大力提高设备、组件等装置和云数据中心的能效，2020 年全球与 IT 相关的碳排放也达到了 15.4 亿吨。针对低成本、低能耗的绿色云计算的模型、技术和应用的研究，已成为信息技术领域的热点和面临的一项重大挑战。

1987 年联合国发布了报告《我们共同的未来》[9]，该报告提出了“可持续发展”的概念，其基本思想立即得到广大环境保护者、经济学者和社会活动家的认可。自哥本哈根大会之后，建设低碳社会已经成为全球共识。面向可持续发展的低成本、低能耗的新型云计算的模型和应用研究，已成为未来信息技术领域面临的重大挑战。为了探索如何建设绿色云数据中心，工业和信息化部、国家机关事务管理局、国家能源局于 2015 年 3 月联合开展了国家绿色数据中心试点工作，致力于解决数据中心的高能耗问题，提高能源使用效率。在此次试点工作中，约有 84 家大中小型企业的数据中心参与，最终有 49 家通过了验收，基本实现了降低能耗 8% 的目标，这意味着推动开展绿色数据中心建设提高能源使用效率的可行性；然而仍有约 4 成的企业没有通过验收，足以见得建设绿色数据中心的难度和复杂性。在试点工作的基础上，2019 年 2 月，工业和信息化部、国家机关事务管理局、国家能源局联合发布了《关于加强绿色数据中心建设的指导意见》，致力于引导云数据中心走高效、清洁、集约、循环的绿色发展道路，实现数据中心的持续健康发展[10]。

2020 年 9 月，我国在联合国大会上宣布争取在 2030 年前将二氧化碳排放量达到峰值，并争取在 2060 年前实现碳中和。以云数据中心为代表的信息产业作为我国第五大高能耗的产业，将为建设低碳与绿色社会承担重大责任。

6.1.3 云数据中心的能耗组成

云数据中心中的组件主要包括负责处理计算任务的服务器集群硬件设备、路由器和交换机等网络通信硬件设备、数据存储硬件设备，以及能源、环境控制等基础设施。关于云数据中心的能耗组成及相应的比例，国内外很多企业和学者都做了大量的调查和研究，例如，美国某云数据中心用电量比例如图 6.1 所示。虽然研究结果中各组成部分占比不尽相同，但能耗的组成及排序基本相同。

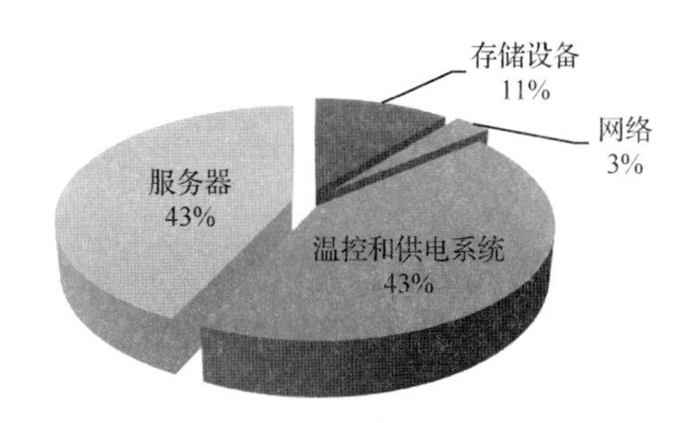

图 6.1　美国某云数据中心用电量比例图[1,12]

云数据中心的能耗组成如下：

1．服务器集群的能耗

服务器是云数据中心的核心，服务器集群的能耗占据了云数据中心能耗的绝大部分。一台服务器的平均能耗约为每小时 600 瓦，则其平均每年将消耗 5256 千瓦时的电量[11]。此外，闲置服务器的能耗问题也十分严重，2020 年，约有 1800 万台服务器部署在全球云数据中心[12]，很多服务器没有得到充分利用，有效运行的只有 50%左右，很多闲置的服务器还在消耗着电量。

2．基础设施的能耗

云数据中心的基础设施主要包括云数据中心能源支持设施和云数据中心环境控制设施等。云数据中心能源支持设施，即供电系统，旨在为 IT 设备和其他设备的正常运行提供能量，配电装置和电源装置负责分配和调整服务器的电源，其本身也要消耗了电量。

云数据中心的大量 IT 设备和相关电缆，在工作过程中会产生大量的热量。而 IT 设备对温度和湿度非常敏感，因此，云数据中心必须配备足够的温度和湿度等环境控制设施，以确保云数据中心能正常运行。其中，温控设备消耗的电能甚至与 IT 设备消耗的电能相同，因此许多研究致力于降低云数据中心温控设备的能耗[13-15]，或提高云数据中心产生的热量的二次利用率[16-19]。

3．网络设备的能耗

过去，许多研究人员通常将网络通信系统和服务器的能耗视为一个整体，但实际上网络设备能耗占比随不同使用场景的变化非常大。在某些情况下，网络设备的能耗甚至可以占整个云数据中心能耗的近 50%[20]。随着云数据中心数据量和任务的增加，网络设备的能耗受到越来越多的关注。在理想情况下，网络设备的能耗应该与工作负载成正比例，能量比描述了能量消耗和系统负载之间的关系[21]。Aslan 等人[22]计算得出，网络设备的能耗大致为 0.06 kWh/GB。

4．存储设备的能耗

根据 Masanet 等人的统计[23]，全球云数据中心的存储容量在 2010 年至 2018 年期间增长了 25 倍。机械硬盘的能耗较高，从待机状态切换到工作状态，需要进行电机加速，移动磁头臂需要的瞬时电流达到硬盘正常工作电流的 2 倍以上。固态硬盘取代机械硬盘可以很大程度上降低存储设备的能耗。固态硬盘的启动电流几乎和工作电流一样，因此无须进行额外的电源功率设计；固态硬盘只需极短时间就能从待机状态切换到工作状态，所以可频繁将固态硬盘切换到待机状态，而不会增加额外的能耗，从而实现有效节能。目前，云数据中心的数据主要存储在硬盘上。自 2010 年以来，固态磁盘的能耗一直保持在 6 W/硬盘，但是每 TB 数据的能耗一直在增加[12]。

6.2 云数据中心的能效评价体系

6.2.1 云数据中心的能效评价标准

不同地区和组织提出了不同的云数据中心能效评价指标。2014 年开放数据中心委员会和国际绿色网格组织在国内联合开展了对云数据中心的绿色等级评价，评价指标涉及能效、节能技术和绿色管理三个维度。2015 年，我国住房和城乡建设部印发了《绿色数据中心建筑评价技术细则》，对云数据中心开展绿色建筑评价给出了具体准则；2018 年，中国电子学会发布了团体标准《绿色数据中心评估准则》；2019 年中国建筑学会发布了团体标准《绿色数据中心评价标准》。

表 6.1[24]对以上各类政策和评价技术方法进行了汇总，得出了云数据中心的主要评价指标点。

表 6.1　云数据中心的主要评价指标点

对象或领域	可靠性	能效	碳排放	水资源	土地资源	污染排放	资源回收利用
建筑布局	√	√	√	√	√		
动力和环境设施	√	√	√	√		√	√
IT 设备	√	√	√			√	√
管理	√	√	√	√			√

由表 6.1 可以看出，面对不同的对象或领域，可靠性、能效、碳排放都是重要的评价指标。因此，实现绿色云数据中心，可以从基础设施、IT 设备、能源利用率以及能耗管理四方面入手[25,26]。

（1）尝试不断引入节能环保新技术，采用高能效的基础设施来支撑绿色云数据中心的部署。

（2）降低计算设备在计算过程中的能耗，可以从源头上提高 IT 设备的能源利用率。

（3）利用汇聚技术和虚拟化技术提高绿色云数据中心的能源利用率，可以有效提高云数据中心的整体能效。

（4）实时、全面地监控整个云数据中心乃至网络的能耗情况，对每天产生的海量能耗数据进行多维度的分析，并给出合理的节能建议，设计有针对性的能效优化策略。

实现绿色云数据中心是一个复杂的优化问题，涉及能耗成本、能源利用率、服务性能、碳排放以及带宽成本等多种类型的优化指标，如何协同平衡这些优化指标是需要解决的关键问题。另外绿色云数据中心是一个动态变化的系统，主要体现在云计算系统中的各个参数设置，如用户请求到达率、电价、负载端能耗以及电力供给等参数均随时间动态变化，并且难以预测。在参数未知的情况下，如何最大化提升优化方案的性能也是需要关注的问题之一。

总之，实现绿色云数据中心还面临着很多挑战。同时，这也意味着如果实现了上述措施，就能有效降低云数据中心的能源成本。如何系统地管理云数据中心的用电过程，实现能耗的持续降低，提高能效，对实现一个绿色节能的云数据中心具有重大意义。

6.2.2　云数据中心的能效评价指标

能效指标是能效评估和能效管理的衡量标准，云服务提供商通过分析核心参数，可以更好地发现潜在的低能效场景并改善其能效。研究者们从不同的维度研究了数百个云数据中心的能效评价指标，特别是考虑到了绿色云数据中心的可持续发展，例如 Schodwell 等人[27]将云数据中心能效评价指标定义为绿色绩效指标（Green Performance Index，GPI），对不同的绿色绩效指标进行分类和整理，构建了绿色绩效评价体系。

从云数据中心运营的角度来看，云数据中心的能效评价指标包括能源性能指标、热管理性能指标和绿色性能指标。能源性能指标包括电能使用效率（Power Usage Effectiveness，PUE；Electric Energy Usage of Effectiveness，EEUE）、云数据中心能源生产率（Data Center Energy Productivity，DCEP）、局部电能使用效率（Partial PUE，PPUE）、云数据中心平均效率（Corporate Average Datacenter Efficiency，CADE）、单位能源云数据中心效率（Datacenter Performance Per Energy，DPPE）、总电能使用效率（Total-power Usage effectiveness，TUE）。热管理性能指标包括供热指数（Supply Heat Index，SHI）、回热指数（Return heat Index，RHI）。与此同时，云数据中心不仅导致显著的能耗，同时伴随着严重的环境影响。Green Grid[28]提出了碳使用效率（Carbon Usage Effectiveness，CUE）。由于云数据中心需要全年制冷，其耗水量也需要高度重视，Green Grid 还提出了水利用效率（Water Usage Effectiveness，WUE），深入研究了如何降低云数据中心的耗水量。绿色性能指标不仅包括 CUE 和 WUE，还包括绿色能源系数（Green Energy Coefficient，GEC）。

PUE 是国内外云数据中心普遍接受和采用的一种衡量云数据中心基础设施能效的指标，其值为云数据中心的总耗电量除以 IT 设备的耗电量。云数据中心的总耗电是维持其正常运行的所有耗电量，包括 IT 设备、制冷设备、供配电系统和其他设施的耗电量总和。在云数据中心中，只有 IT 设备的耗电量被认为是“有意义”的耗电量。

PUE 的实际含义是计算在提供给云数据中心的总电能中，有多少电能是真正用到了 IT 设备上。PUE 值的取值范围为[1.0, ∞)。云数据中心的 PUE 值越大，则表示制冷和供电等基础设施的耗电量越大。PUE 的定义简单，易于操作，只需分别测量云数据中心的总耗电量和 IT 设备的耗电量，就能计算出云数据中心的 PUE 值。

DCEP 用于衡量云数据中心的生产率，计算公式为：

$$\mathrm{DCEP} = \frac{W_{\mathrm{ef}}}{E_{\mathrm{T}}} \tag{6.1}$$

式中，E_{T} 为数据中心的总能耗；W_{ef} 为数据中心中有价值的工作量。尽管 DCEP 能有效衡量云数据中心的生产率，但难以定义云数据中心中有价值的工作。Green Grid 曾给出衡量有价值工作的几个替代特征：聚合一个子集报告中有用的单元来评价的生产率，从运行样本工作负载的服务器检测子集中获取有效工作数，评价系统中所有输出的功率、CPU 利用率、每千瓦功率的操作系统实例数，用有效的计算单元数量来衡量有价值工作，先定义出有效的计算任务，然后为每个完成的特定单元分配重要性指标或经济价值。

TGG 和 ASHRAE 给出了相同的 PPUE 定义：某区间内云数据中心的总耗电量与该区间内 IT 设备的耗电量之比。区间（也可称为范围）既可以是实体，如集装箱、房间、模块或建筑物，也可以是逻辑上的边界，如设备或对云数据中心有意义的边界。在这种定义下，PPUE 是 PUE 的延伸，主要用于对云数据中心的局部区域或设备的能耗进行评估和分析。国际标准化组织（International Organization for Standardization，ISO）给出的 PPUE 的定义是某子系统内云数据中心的总耗电量与 IT 设备的耗电量之比。这里的子系统是指云数据中心中某一部分基础设施组件，而且其能效需要统计，计算公式为：

$$\mathrm{PPUE}=\frac{E_{\mathrm{sub}}+E_{\mathrm{IT}}}{E_{\mathrm{IT}}} \tag{6.2}$$

式中，E_{sub} 为云数据中心子系统的能耗，E_{IT} 为 IT 设备的能耗。PPUE 适用于云数据中心区间能耗的研究。

数据中心平均效率 CADE 是由 MGI 提出的一种能源效率指标，计算公式为：

$$\mathrm{CADE}=\mathrm{FE}\times\mathrm{ITAE} \tag{6.3}$$

$$\mathrm{FE}=\mathrm{FEE}\times\mathrm{FU} \tag{6.4}$$

$$\mathrm{ITAE}=\mathrm{ITU}\times\mathrm{ITEE} \tag{6.5}$$

式中，FE 为设备能效；ITAE 为 IT 设备能效；FEE 为设备能效，等于 IT 设备的负载除以云数据中心总耗电量；FU 为 IT 设备实际负载与 IT 设备总功率之比；ITU 为 CPU 平均利用率；ITEE 为设备未来能源效率期望值。CADE 提出时被认为其优于其他云数据中心能效评价指标[1]。

单位能源数据中心效率 DPPE 的计算公式为：

$$\mathrm{DPPE}=\mathrm{ITEU}\times\mathrm{ITEE}\times\frac{1}{\mathrm{PUE}}\times\frac{1}{1-\mathrm{GEU}} \tag{6.6}$$

$$\mathrm{ITEU}=\frac{E_{\mathrm{IT}}}{E_{\mathrm{RIT}}} \tag{6.7}$$

$$\mathrm{ITEE}=\frac{V_{\mathrm{IT}}}{E_{\mathrm{PIT}}} \tag{6.8}$$

$$\mathrm{GEU}=\frac{E_{\mathrm{GE}}}{E_{\mathrm{IT}}} \tag{6.9}$$

式中，ITEU 为 IT 设备利用率；GEU 为绿色能源效率；E_{RIT} 为 IT 设备额定工况下总能耗；E_{PIT} 为 IT 设备总功率；V_{IT} 为 IT 设备总容量；E_{GE} 为绿色能源（太阳能、风能等）产生和使用的能量。DPPE 不仅包括 PUE，还包括一个显示 IT 设备效率的指标，即云数据中心计算服务的总效率 ITEU。同时 DPPE 还包括光伏发电和风力发电等绿色能源的利用率 GEU。DPPE 可以客观地评价整个云数据中心能效，并通过改进设备来提高能效。DPPE 是按月累积计算的。

TGG 提出的碳使用效率 CUE 是指云数据中心总的碳排放量与 IT 设备的耗电量之比，计算公式为：

$$\mathrm{CUE}=\frac{E_{\mathrm{CO_2}}}{E_{\mathrm{IT}}} \tag{6.10}$$

式中，$E_{\mathrm{CO_2}}$ 为云数据中心全年总的碳排放量。碳排放量按照联合国气象组织颁布的方法进行统计[1]。CUE 在评估云数据中心的可持续性时，具有重要的意义。

水利用效率 WUE 的定义为云数据中心总的用水量与 IT 设备年耗电量之比[1]。WUE 计算公式为：

$$\mathrm{WUE}=\frac{W_{\mathrm{t}}}{E_{\mathrm{IT}}} \tag{6.11}$$

式中，W_{t} 为数据中心全年总的用水量。

云数据中心的用水包括冷却塔补水、加湿耗水、机房日常用水等。目前，云数据中心的用水主要为冷却塔补水。对于使用冷水工程的云数据中心来说，PUE 与 WUE 呈现负相关。采用江河水或海水作为自然冷却源时，只是取冷，未消耗水，不考虑在 WUE 的计算范围内，所以云数据中心在选址时应考虑 WUE，尽量利用江河水或海水作为自然冷却源。

6.3 绿色云计算节能技术

6.3.1 绿色计算与绿色云计算

绿色计算顺应低碳社会建设的需求，是推动社会可持续发展和科技进步的一个重要方面。本着对环境负责的原则使用计算机及相关资源的行为，绿色计算（Green Computing）强调减少资源消耗，妥善处理电子垃圾。绿色计算涉及系统结构、系统软件、并行分布式计算及计算机网络，以保证计算系统的高效、可靠及提供普适化服务为前提，以计算系统的低能耗为目标，强调采用高效节能的 CPU、服务器和外围设备，是面向新型计算机体系结构和包括云计算在内的新型计算模型，通过构建能耗感知的计算系统、网络互联环境和计算服务体系，为日益普适的个性化、多样化信息服务提供低能耗的支撑环境。

在计算系统的性能不断提高、可靠性不断增强以及应用需求丰富多样的情况下，绿色计算可以更加合理、协调地利用计算资源，以低能耗的方式满足日益多样的计算需求。

绿色计算是一种环境友好型的计算模式，结合包括云计算在内的计算模式，通过构建低能耗的计算环境，合理的资源配置环境和高效的任务执行环境，来保证计算系统的高效性和可靠性，以达到节能环保的目的。

作为一种新型的计算模式，绿色计算受到了学术界与产业界的广泛关注并取得了一定的成果。各个企业对绿色计算的概念都有不同的理解，也采取了不同的方式开发自己的绿色计算产品。总体来说，产业界关注的绿色计算，强调在配备 IT 产品的时候，除了需要获得高的性能，也要考虑电力消耗、空间占用、热耗散等因素，从而达到节能环保的目的。

对于单机系统的节能而言，重点关注 CPU 的节能，因为 CPU 的能耗占计算机总体能耗的较大比例。传统 CPU 采取在同一个芯片中安置大量晶体管的架构，并且运行在极高的频率上，其结果就是 CPU 芯片消耗的电量和产生的热量很大，不仅为系统带来较大能耗，而且往往因散热问题增加了系统设计的复杂性。

企业不仅要考虑市场和利润，更要考虑社会价值和环境影响，这一点在IT行业更显重要。事实上，用绿色科技创造社会价值，正在成为当今社会的一种共识，节能环保已成为发展的趋势[29,30]。

绿色云计算是云计算结合绿色计算的产物，是指在云计算中进行有效的能效管理，并同时满足服务质量和绿色计算的标准。

云计算的一个很大优势就在于，它可以提供集成的存储和计算服务，从而达到规模效应，用户按需支付服务费用，从而可使用户减少购买资源的成本。根据估算[31]，如果所有的机构都将自己的电子邮箱系统、办公系统和客户管理软件转移到集中的云计算系统中，可将计算能耗降低87%。从云计算的出发点而言，云计算本身就是一个绿色环保的概念，可以更好地节约能源。由于云数据中心规模庞大，自身的能耗是非常巨大的，因此需要进一步针对云计算系统设计和实施绿色节能技术。绿色云计算系统应能平衡能耗和性能，从而实现真正意义上的高能效绿色计算。

6.3.2 节能优化技术

针对云计算等信息系统，目前主要采用的节能优化技术包括：

1. 低功耗硬件

CPU的多核技术是提高其计算能力的一种重要手段，但多核技术使得CPU的功率不断增加，能耗问题更为突出。如何实现高能效是低功耗CPU设计的一个重要指标。采用最新的架构、最新的工艺和最新的节能技术，可以在很大程度上实现CPU高性能、低能耗。Intel、AMD等的CPU芯片设计与制造商不断改进工艺，降低了CPU的能耗。

如前所述，固态硬盘取代机械硬盘可以很大程度上降低硬件的能耗[32]。在设计数据存储系统时采用低能耗的存储节点，可从硬件层面上降低了系统能耗，同时为系统的高度集成打下了基础。

除了处理器和硬盘，还有很多因素会影响服务器硬件层面上的能耗。另外，可对服务器主板进行修改以降低能耗，例如Google通过在主板上设置蓄电池提高了能源的利用率。

2. 关闭/休眠技术

关闭/休眠技术也是常用的分布式系统节能技术，通过关闭/休眠空闲节点的方式可降低空转能耗。关闭/休眠技术的缺点是当在线节点数量不满足需求时，重启节点需要很长时间，这会导致系统的响应时间变长，影响服务质量。

关闭/休眠技术通常会提前设定或预测需要关闭/休眠主机或关键部件的时机。对于拥有大量计算资源的复杂云计算系统而言，关闭/休眠技术需要解决的难题是在不清楚未来任务到达量的前提下，提前确定需要关闭/休眠多少主机以及关闭哪些主机等问题。

3. 动态电压频率调节技术

同一个芯片运行在不同的频率上，所需的电压也是不相同的。通常，芯片运行频率越高，所需的电压也会越高，处理能力一般也越高。

根据CMOS电路动态功率计算公式可知，动态功率与电压的平方成正比。如果要降低

CPU 的动态功率，则可以采取降低 CPU 电压的方式。

动态电压频率调节技术（Dynamic Voltage and Frequency Scaling，DVFS）指根据计算机运行的应用程序对计算能力的需求程度的不同，运用动态技术，对 CPU 的运行频率和电压进行动态调节，以降低系统功耗，从而达到节能的目的。将动态电压频率调节技术用于单机时效果明显，但应用于云计算系统时，对云计算系统的能耗优化能力比较有限。

4. 绿色网络通信

绿色网络通信一般通过减少网络中的不必要能耗、提高网络带宽等资源的利用率来达到节能的目的，通常是通过优化网络的拓扑结构，以及监控网络各链路带宽利用情况来节约能耗的。例如，绿色代理技术结合休眠机制作为国际前沿研究领域，就是通过优化网络拓扑结构来节约能耗的典型。引入绿色代理技术，在需要节点工作时在代理端唤醒节点，不仅可减少能耗，还不会降低网络的性能。

为了提高网络资源利用率，保证云数据中心服务器间的通信质量，更好地提供云服务，可对网络链路进行监控并实施管理。通过监控网络各链路带宽利用情况，合理规划服务器间的数据包转发路径，充分利用空闲链路，可实现对流量多路径调度，保证各链路负载均衡，避免网络拥塞，缩短数据包传输时间，提高网络吞吐量。

5. 温控节能技术

云数据中心的配套温控设施的能耗巨大。为了节能和降低开销，有些云数据中心采用水冷技术，有些采用自然冷却策略，将云数据中心建设在气候寒冷的地域，以降低温控设备的能耗。有些云数据中心综合采取多项节能措施，甚至在环境温度超标时关闭云数据中心，将任务请求迁到其他低气温地域的云数据中心中，但这种机制不适用于基于单一云数据中心的云计算系统。

Microsoft 的集装箱式云数据中心在一个卡车集装箱中放置了数千台服务器，这种方式增强了云数据中心部署的灵活性和机动性，但随之产生了狭小空间散热的问题。Microsoft 采取了一系列节能措施来应对这个问题，既解决了散热问题，还节约了 25%的能耗。

6. 虚拟化技术

虚拟化技术是实现云计算节能的一种重要方式。虚拟化技术通过将物理资源抽象为虚拟资源的方式，可在一台物理主机上虚拟出多台虚拟机，将若干个任务分配到这些虚拟机上运行，可通过提高主机资源的利用率来减少所需主机的数量，从而降低能耗。另外，利用虚拟机迁移技术，可实现虚拟机的聚集，从而为关闭/休眠技术提供支持。

但虚拟化本身要付出较高的能效代价，且虚拟化的层次越深能耗代价越高，因此仅采用现有的虚拟化技术，在云计算系统性能和能效方面的优化效果是有限的。现有的虚拟机管理器不能与其上层支撑的多操作系统相互传递能耗特征，也不能感知上层应用的负载和运行状况，导致在进行任务调度时的能效比不能令人满意。

7. 资源配置

采取合理的资源配置策略，调整资源的需求，不仅能够保证云计算系统具有足够的计算和存储资源来完成用户提交的各种任务，还能提高系统资源的利用率，降低能耗。一种有效的方法是根据动态变化的负载请求、资源利用状况等对集群系统中的资源进行动态配置，在保证用户服务质量的情况下提高集群的资源利用率，实现绿色计算。

例如，可采用虚拟化技术，首先精准预测用户请求的负载大小，结合当前系统状态和资源分布情况，采取适度保守控制策略，计算下一个周期内任务对系统资源的需求量；然后利用模拟退火算法等优化算法，设计低能耗资源配置算法，实现资源配置，有效避免资源配置滞后于用户请求的问题，从而达到激活更少主机，实现激活主机集合之间更好的负载均衡和资源的最大化利用，提高云计算系统的响应比和稳定性，降低云计算系统的整体能耗。

8．节能调度技术

合理的任务调度算法可以提高任务的执行效率和资源的利用率，减少整个集群的总能耗。任务节点在运行过程中及时地自适应负载的变化，按照计算能力获取任务，可实现各个节点的自我调节，同时避免因采用复杂的调度算法，使得管理节点承载巨大的系统开销，成为系统性能的瓶颈。高效的任务调度算法可以提高资源的利用率，减少整个云计算系统的总能耗。

9．绿色数据部署机制

在云计算系统中，可按照节点和数据在不同时段的运行规律动态分布数据，实现数据和节点的重新部署，使各个节点能够动态运行，部署于云数据中心各区域的温控设备可以更加精确地实施定点环境温度控制，降低整体能耗；针对数据密集型服务，围绕云计算系统的数据多重冗余、无序访问以及由此产生的额外能耗问题，预防、避免及消除系统中不必要的文件级、数据块级及字节级多重冗余数据，可以有效地在数据托管前和托管后减少数据量，同时避免数据冲突的发生，保障数据访问的效率。

6.3.3 绿色云计算模型

本节重点介绍绿色云计算系统模型，建立云数据中心功耗和能耗模型是构建绿色云计算的前提，而建立科学能耗模型的前提是对云数据中心的各个耗电部件进行功耗测量和评估。

以服务器为例，服务器的能耗主要来自 CPU、内存、磁盘 I/O 设备等部件，其中 CPU 和内存的能耗占有服务器能耗的大部分，也是目前节能研究的关键领域。CPU 芯片通过 DVFS 技术，能够使得服务器的能耗和 CPU 的工作频率成线性关系，服务器安装的操作系统通过监测 CPU 的利用率，动态地调整 CPU 的工作频率，而 CPU 的能耗主要和 CPU 工作频率有关。主板、内存等其他部件的能耗基本是一个固定值，只与服务器是否开机有关。相较于其他部件的能耗，CPU 的能耗是服务器能耗的主要部分。

云数据中心为了能够承受服务高峰的负载，保障令用户满意的 QoS 和系统稳定性，在系统设计、构建时留有裕量，并采用冗余机制。但在非服务高峰时段，处于空转状态的空闲服务器将产生不必要的能耗。数据中心中各个节点在不同时间的负载不同，导致难以实施精确的温控，基于热力学稳态系统的工作模式使得云数据中心的有效制冷量还不到 50%。通过建立热力学散热模型，基于集群功耗的实时监控数据与功耗分配策略进行精确制冷是必然的发展方向。

目前云数据中心的总功耗 $P_{\text{executing}}$ 主要由 3 部分构成，不同的设备具体功耗模型不同，但大多数都符合多项式分布，计算公式如下：

$$P_{\text{executing}}(s) = P_{\text{static}} + P_{\text{dynamic}}(s) + P_{\text{aircondition}}(s) \tag{6.12}$$

式中，P_{static} 是系统的静态功耗，即系统处于不执行任何任务、处于空转状态时的功耗，与具体设备采用的制造工艺和所采用的操作系统软件关系密切；s 是任务执行点的工作速率；$P_{\text{dynamic}}(s)$是系统的动态功耗，该功耗随着工作速率 s 变化而变化，计算公式为：

$$P_{\text{dynamic}}(s) = \mu_{\text{e}} s^{\alpha}, \qquad \alpha > 1 \tag{6.13}$$

式中，μ_{e} 和 α 为常数，与具体的设备有关。

$P_{\text{aircondition}}(s)$是温控系统（即制冷设备）针对该计算设备的功耗，当任务执行节点的负载加重、工作速率 s 增加时，任务执行点的 CPU 等部件温度也将显著升高，为了继续将设备维持于安全的温度范围内，$P_{\text{aircondition}}(s)$也必然随着增加。除此之外，$P_{\text{aircondition}}(s)$还受制于制冷能效比 eer、空间因素 r 。假设当前的环境温度为 t ，安全温度上限为 ρ ，则 $P_{\text{aircondition}}(s)$为：

$$P_{\text{aircondition}}(s) = \begin{cases} 0 & t \leqslant \rho \\ b + f\left[\dfrac{g(s)q(r)}{h(\text{eer})}\right] & t > \rho \end{cases} \tag{6.14}$$

式中，b 是温控设备的基本能耗。由式（6.14）还可以看出：制冷能效比 eer 越高，$P_{\text{aircondition}}(s)$越低；温控设备需要覆盖的范围越大（即 r 越大），$P_{\text{aircondition}}(s)$ 越高。制冷能效比 eer 主要取决于设备的制造工艺（产品标准），是比较恒定的参数。在制冷策略上，如果能实现精确的、具有较强针对性的环境温度控制，将可以有效地控制制冷系统的能耗。

仅用功耗这一指标来衡量云计算系统是否“绿色”并不全面、准确，降低功耗并不总能降低能耗。例如，通过简单地降低工作速率可以减少系统的能耗，但是如果系统处理事务的时间相应地延长了，那么系统的总能耗可能不变甚至变大。系统的总能耗（即系统能耗）应该受制于功耗和时间两个因素，其计算公式为：

$$E = \sum_{k=1}^{n} E_{\Delta_k}, \quad E_{\Delta_k} = \int_{t}^{t+\Delta_k} P_{\text{executing}} \mathrm{d}t \tag{6.15}$$

绿色云计算作为一种环境友好型的云计算模式，通过构建低能耗、高能效、可持续的基于大规模云数据中心的云计算系统，可实现合理的资源整合和高效的任务调度，保证整个系统全局服务的高效性和可靠性，达到节能、环保的目的。基于绿色云计算思想和云计算体系架构，设计高效的绿色云计算体系架构，有利于推动云数据中心的合理设计。绿色云计算模型应在保证系统 QoS 的前提下，使系统的各个环节运行有序化，有效、合理地降低云数据中心的能耗，其设计思路如图 6.2 所示。

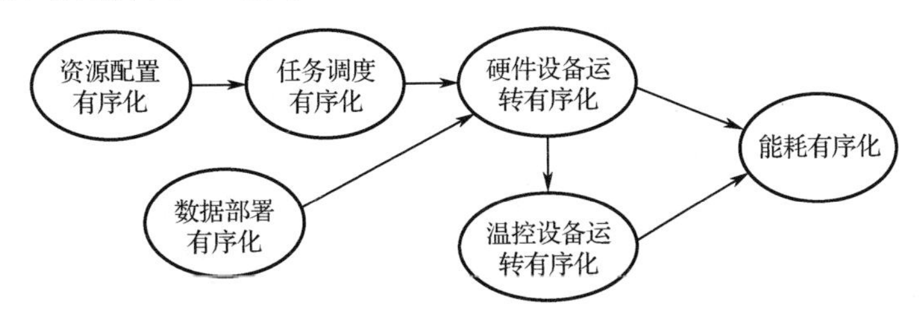

图 6.2　绿色云计算模型设计思路

绿色云计算模型通过资源配置和任务调度模块可实现系统内部计算与存储设备的配置和调度；通过能耗监测和温控模块可实现外部监测系统的控制和调节。资源配置模块可保证云计算系统具有足够的计算/存储资源来完成用户提交的各种不同类型的任务，任务调度模块可实现云计算系统对不同类型任务的实时调度。绿色云计算模型如图 6.3 所示。

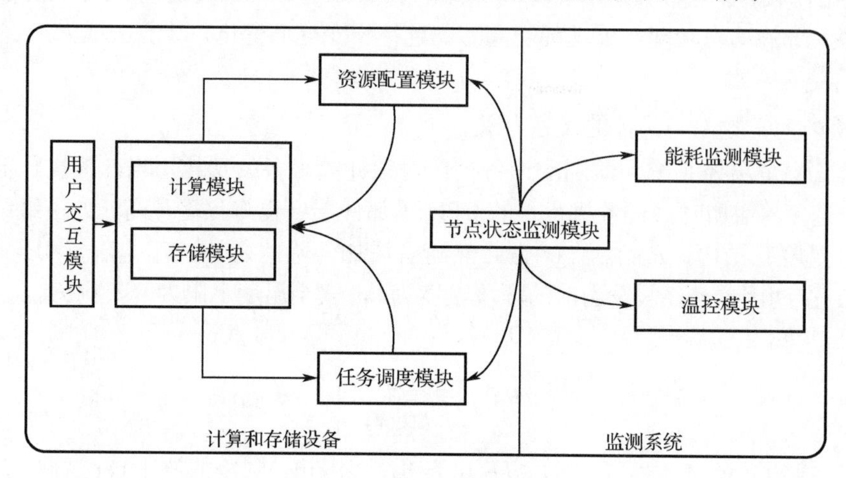

图 6.3　绿色云计算模型

绿色云计算模型包含以下主要模块：

（1）用户交互模块。用户和云端资源交互的接口，该模块帮助用户简化任务的提交过程，使用户可以实时高效地获取任务的响应。

（2）计算模块与存储模块。这两个模块由管理节点和任务节点组成，负责具体任务的执行和存储工作，实现用户与云端计算/存储资源的交互。

（3）资源配置模块。对云计算系统而言，任务对节点需求表现为对某种计算与存储资源的需求。资源配置模块负责资源的总体配置，统筹全局的资源分配。为了实现高效可靠的资源配置，资源配置模块包括预测子模块、资源调度器子模块等。资源调度模块采取合理的资源配置策略，调整资源的需求，可保证云计算系统具有足够的计算/存储资源来完成用户提交的任务。

（4）任务调度模块。该模块负责各种不同类型的任务调度，从局部（即任务节点）的角度提高不同类型任务的执行效率，降低管理节点的负担。为了实现高效可靠的任务管理，任务调度模块需要采用高效的任务调度算法，提高云计算系统资源的利用率，减少整个系统的总能耗。

（5）节点状态监测模块。该模块负责监测管理节点和任务节点的各种状态，包括任务的执行状态、节点的温度和资源利用率等各类信息，将这些信息汇总并分类汇报给相应的模块，可帮助整个云计算系统实现绿色计算。

（6）能耗监测模块。该模块负责监测整个云计算系统的能耗。

（7）温控模块。该模块负责监测外界环境温度，根据收集的实时温度进行合理性调节，降低云计算系统的能耗。

下面重点介绍绿色云计算模型中的资源配置模块，如图 6.4 所示，包括 3 个子模块。

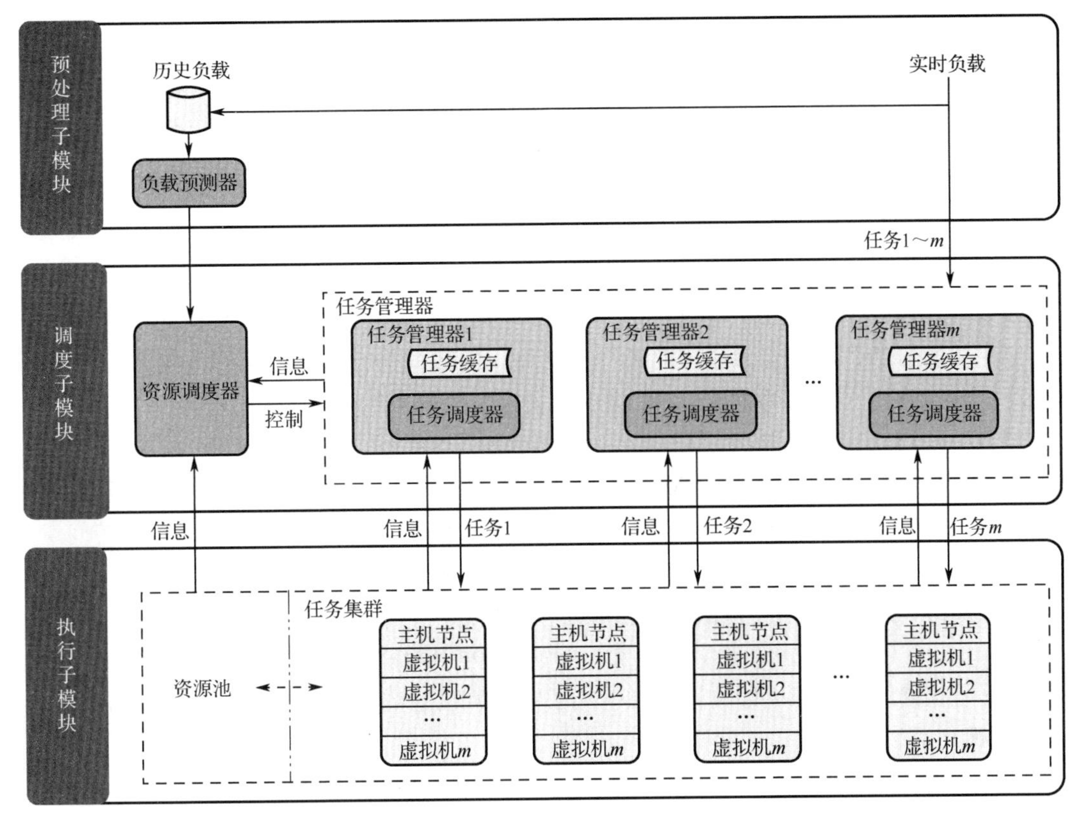

图 6.4 绿色云计算模型中的资源配置模块

（1）预处理子模块。该子模块负责作业的预处理工作，主要功能为周期性地预测系统的作业请求量，为资源调度提供数据，从而能够有效地避免资源配置滞后于用户请求的问题。云计算系统首先读取存储在硬盘上的历史负载数据；然后负载预测器根据读取的历史负载数据，结合当前系统的实时负载量，采用合适的预测算法对云数据中心下一个周期内的作业请求量进行预测，并将预测结果汇报给系统的资源调度器。

（2）调度子模块。该子模块包括资源调度器和任务管理器，其实际的工作由资源调度器和任务管理器完成。根据预测负载量的大小和当前任务集群的负载状况，资源调度器采取适当的控制策略，对下一个周期内的任务请求所需的资源（包括虚拟机和物理主机资源）进行预配置，调整执行子模块中开启的主机节点和运行的相应类型任务的虚拟机数量。

（3）执行子模块。该子模块实际负责任务的执行，物理主机被虚拟化为一个资源池，任务在相应的虚拟机上运行，在满足用户计算需求的前提下提高任务集群的资源利用率，减少整个集群系统的能耗。

当作业到达时，首先被预处理子模块切分，将任务分发到相应类型的任务管理器中，由其中相应的任务调度器以尽可能最优的方式将到达的任务调度到对应类型的虚拟机上执行；然后比较实时负载和预测结果，将超出预测的负载存储在任务缓存中，反馈给资源调度器，做出相应的资源配置优化，解决预测结果和实际负载相偏差带来的问题。

6.4 节能的云数据管理

6.4.1 云数据模型

云计算系统中不同数据访问的时段和强度具有很大的差异，例如有些数据的访问集中在每天 8:30～17:30 之间，而有些数据则集中在每天 19:00～21:00 之间；有些数据平时访问量很低，但在节假日的访问量会激增。对云计算系统中的数据进行合理的部署能够使云计算系统的性能得到提升。云数据模型（CloudData）被定义为以下的 6 元组：

$$\text{CloudData}=(\text{DID},\text{Content},\text{Storage},\text{Visits},\text{Access},\text{Place}) \tag{6.16}$$

式中，DID 是数据的唯一标识；Content 是数据内容；Storage 是指存储数据所需消耗的存储量；Visits 反映了各个时段内数据的总访问量情况，时段 Δ_k（$k=1,2,3,\cdots,n$）的数据访问量 M_k 表示为 $V_k=(\Delta_k,M_k)$，则 $\text{Visits}=V_1,V_2,\cdots,V_k\cdots$；Access 是指数据涉及的访问方式，包括读和写两种方式；Place 是数据所存储的节点原始位置信息：

$$\text{Place}=\text{Section.NID}$$

数据所存储的节点的原始位置信息包括了节点所在的数据中心的区域（Section）和节点标识（NID）。

6.4.2 有序数据聚集

随着云计算系统提供的服务数量的大规模增长，以及数据多副本的设置，云计算系统中的数据规模也变得异常庞大。显然单个服务器或存储节点，甚至单个数据中心，已经无法容纳所有的数据，因此，必须先将这些数据进行分割切片，然后将其分散地存放在云计算系统中合适的云数据节点或区域中。

在现实的云计算系统下，通常部署并执行着数量众多的事务密集型应用，这些应用往往需要同时访问多个数据切片，如果数据切片放置策略不合理，则会增加数据访问成本，从而极大地降低云计算系统的性能[33-39]。

在将数据切片放置在云数据中心节点时，还应考虑云数据中心的全局负载均衡问题。也就是说，既要让相关性大、协作成本高的数据切片尽量放在同一个数据节点或区域中，又要保持全局云数据中心的负载均衡，保证云数据中心能够提供持续的服务能力。利用数据聚集算法将相关性较大的数据迁移到相近或者同一数据节点上，让某些数据节点高负载运行，同时关闭或休眠空闲的节点，有助于降低云数据中心的能耗。云数据中心中各个节点在不同时间的负载不同，导致难以实施精确温控，应通过建立热力学散热模型，基于集群功耗的实时监测数据与功耗分配策略进行精确制冷是重要的发展方向。

数据聚集的目标是将原本随机部署的数据与节点进行有序化聚集和重新分布，从而充分利用云数据中心中的部分计算节点、存储节点，而允许另外一部分计算节点、存储节点处于深度休眠状态或者关机状态，与服务器关联的温控设备也可以处于相应的待机或关闭状态，从而在保障 QoS 的同时，达到绿色节能目标。

云数据中心在运行一段时间后，可基本获得不同数据在不同时段的访问规律，可为每个节点设置服务提供量上限 β。资源聚集分为数据聚集与节点聚集两个层次。

数据聚集流程的步骤如下：

1．数据迁移

如果分别承载于节点 A 上的数据 D_i 和承载于节点 B 上的数据 D_j 具有基本相似的访问规律，则将 D_i 和 D_j 重新部署于其中一个节点上。

通过分析所有节点上的数据历史访问记录，基于数据访问规律，将所有的数据划分为若干个数据子集合。由于数据 D_i 和 D_j 具有基本相似的访问规律，因此被归入一个数据子集合中。

节点 A 的当前服务提供量为 $Visits_A$，节点 B 的服务提供量为 $Visits_B$。若在时段 Δ_k 内，节点 A 的访问量大于节点 B，且 $Visits_A+Visits_j \leqslant \beta$，则将 D_j 将转移至节点 A；否则，若 $Visits_B+Visits_i \leqslant \beta$，则将数据 D_i 重部署于节点 B。这样做的目的是进一步降低计算和数据重部署的系统开销。如果上述两种情况均不满足，则放弃本次数据聚集。

反复进行上述操作，直到所有的数据与任务都实现有序化聚集和重新部署为止。

2．节点部署

在数据聚集后，将具有基本相似运行规律的节点部署于云数据中心的同一区域内。经过上述的数据聚集，重新考察各节点的服务提供量。若节点 A 和节点 B 的运行规律相同或基本相似，则将节点 A 和节点 B 重置于同一个区域中，以实现集中的温度调控。

3．数据备份

在实现数据和节点的重新部署后，节点的深度休眠状态和关闭状态将有可能导致部分数据无法被少数用户访问的情况出现。

数据聚集算法通过运行规律相反节点数据的相互备份来实现数据的不间断访问。假设节点 A 和节点 B 的运行规律基本相反，云计算系统运行时段分为 Δ_1、Δ_2、Δ_3、Δ_4 和 Δ_5，节点 A 在 Δ_1、Δ_3 和 Δ_5 处于高度活跃状态，而在 Δ_2 和 Δ_4 处于不活跃状态，而节点 B 的运行规律与节点 A 基本相反。云计算系统将节点 A 的数据副本存放于节点 B，节点 B 的数据副本存放于节点 A。当节点 A（Δ_2 和 Δ_4 期间）进入深度休眠状态或关机状态时，将原本需要节点 A 提供的数据服务将改由节点 B 来提供；反之亦然。

6.4.3　重复数据删除

IDC 调查发现数字世界中有将近 75%的重复数据[40]，在备份、归档系统中数据的冗余度超过了 90%，这大大浪费了存储资源。采用重复数据删除技术可以有效减小数据量，缓解存储压力。云存储系统是一个多租户的存储系统，不同用户往往存储大量相同的文件，重复数据的删除对于节省存储容量和降低能耗具有重要意义。

目前，备份、归档系统中有很多较为成熟的重复数据删除技术，然而云存储系统与备份、归档系统在功能、数据集的构成、数据的动态性等方面都不相同，无法简单地应用这些重复数据删除技术，需要根据云存储系统中数据冗余的特征来删除重复数据。

重复数据删除[41]技术通过比对数据的指纹值等唯一特征，相同的数据仅保留一份，并用指向唯一数据的指针来代替重复数据的存储，其目的是消除数据冗余和降低存储容量需求。

典型的重复数据删除技术主要包括文件切分、指纹值计算、指纹值索引查找和数据存储这四个过程[42]，重删率与数据集本身的冗余度紧密相关。

随着云存储技术的普及，对于重复数据删除技术的研究趋势正由备份、归档系统逐步转向云存储系统。重复数据删除策略主要从分块方法、分块的粒度、元数据的处理（包括哈希索引表）等方面并依据应用场景的特性来提高重删的性能。

下面具体介绍面向云存储系统的重复数据删除机制。

1. 云存储重复数据删除系统架构

云存储重复数据删除系统架构如图 6.5 所示，该系统主要由客户端（Client）、元数据服务器（Metadata Server，MDS）、二级元数据服务器（Secondary Metadata Server，SMDS）和存储节点（Storage Node，SNode）共同构成。其中，客户端的功能主要是发起文件上传、访问、修改、删除等操作的对象；元数据服务器主要用于存放文件系统的所有元数据信息，提供存取控制和全局重删的依据，它相当于整个系统架构的中枢，一旦出现故障，整个系统就会瘫痪；二级元数据服务器主要承担同步备份元数据的镜像文件和操作日志的工作；存储节点则负责存储实际的数据块。

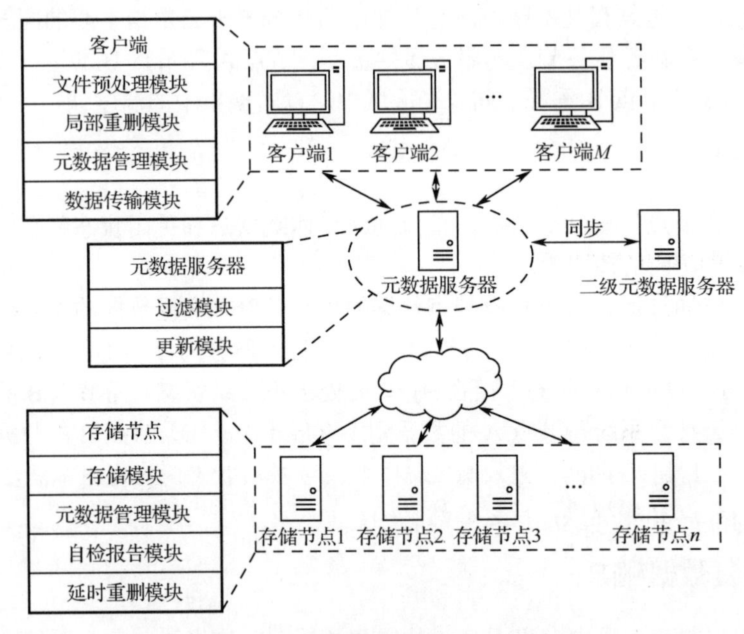

图 6.5　云存储重复数据删除系统架构

客户端主要包括文件预处理模块、局部重删模块、元数据管理模块和数据传输模块。其中，文件预处理模块依据文件的类型进行文件分类并计算文件的指纹值；局部重删模块从文件级进行重删并为数据块级重删做好准备，包括数据块切分和数据块指纹值计算；元数据管理模块主要记录客户端已上传文件的指纹值信息，以避免本地上传相同的重复数据；数据传输模块负责将处理后的待上传文件元数据信息上传到元数据服务器，将非重复数据块上传到存储节点。

元数据服务器主要包括过滤模块和更新模块。其中，过滤模块主要用于过滤来自不同客户端的重复数据信息；更新模块根据存储节点发送来的数据块的元数据修改信息，更新元数据索引表。

存储节点主要包括存储模块、元数据管理模块、自检报告模块和延迟重删模块。其中，存储模块主要负责数据块的存储，记录数据块的物理地址；元数据管理模块记录本节点上的数据块的元数据；自检报告模块主要用于检测数据块的修改所带来的重复数据并将修改的元数据报告给元数据服务器；延时重删模块则判断重复数据块是否为热点重复数据块，对于热点重复数据块延时重删，对于非热点重复数据块则删除合适节点上的相同数据块。

为了实现云存储重复数据删除系统中各个模块的功能，客户端、元数据服务器和存储节点需要维护对应的数据结构和数据表。

（1）客户端。客户端通过对比待上传数据的元数据与历史已上传文件的元数据信息表，从文件级对待上传的文件 $F_{\text{tobe\_uploaded}}$ 进行重复数据检查，以避免上传重复数据。历史已上传文件的元数据信息表也称为历史元数据信息表（History Metadata Table，HMDT），该表记录了已上传文件的指纹值和基本信息，每条记录由以下 5 元组表示：

$$\text{HMDT} = (\text{file\_fp}, \text{file\_name}, \text{file\_type}, \text{file\_size}, \text{file\_mtime}) \tag{6.17}$$

式中，file_fp 为文件指纹值；file_name 为文件名称；file_type 为文件的类型；file_size 为文件的大小；file_mtime 为文件的修改时间。若文件未曾修改后，则 file_mtime 为文件创建的时间。

处理后的文件分为两类：重复文件 F_{dup} 和重复性不明的文件 $F_{\text{dup\_unknown}}$。对于文件 $F_{\text{dup\_unknown}}$，首先在元数据服务器中确定该文件是否为重复文件，并反馈给客户端，这一操作可避免客户端对重复文件进行数据块切分和指纹值计算等不必要的操作；然后由客户端对非重复文件进行过滤操作，过滤掉那些 file_size 小于或等于 C_{fs} 的文件（C_{fs} 可视为只有一个数据块的文件），这些文件可不进行切分操作，其中 C_{fs} 为数据块切分时的固定尺寸；对过滤后的文件进行定长切分，最后一个数据块大小必然小于或等于 C_{fs}；最后由客户端计算数据块的指纹值，通过数据传输模块来上传处理后的元数据 $M_{\text{after\_process}}$。

$$M_{\text{after\_process}} = (\text{UncheckedFpSet}, \text{DupFileFpSet}) \tag{6.18}$$

式中，UncheckedFpSet 为需要元数据服务器根据自己的元数据来确定重复数据的指纹值信息集，UncheckedFpSet={file_fp,ChunkSet}，file_fp 是客户端无法判断是否包含重复数据块的文件的指纹值，ChunkSet 是组成该文件的数据块集合，ChunkSet={chunk1_fp,chunk2_fp,⋯,chunk$i$_fp,⋯,chunk$p$_fp}。chunk$i$ _ fp 为构成该文件的第 i（$1 \leqslant i \leqslant p$）个数据块的指纹值，按构成文件的逻辑顺序排列。对于小于或等于 C_{fs} 的文件，ChunkSet 中只有一个数据块，该数据块就是文件本身。DupFileFpSet 为客户端待上传文件 $F_{\text{tobe\_uploaded}}$ 中已确定为重复文件的文件指纹值集合，若该集合中重复文件有 q 个，则 DupFileFpSet = {file1_fp, file2_fp,⋯, file$i$_fp,⋯, file$q$_fp}。

客户端等待元数据服务器对元数据 $M_{\text{after\_process}}$ 的处理，在收到元数据服务器反馈的非重复数据信息后，再将非重复数据上传到存储节点上。

（2）元数据服务器。元数据服务器通过元数据信息表（MDS's Metadata Table，MMDT）来管理所有数据块的元数据信息。不同客户端上传的元数据信息都会与元数据服务器中的 MMDT 进行比对，从而在全局范围内进行重复数据检查。MMDT 由以下 4 个元组组成：

$$\text{MMDT} = (\text{chunk}i\text{\_fp}, \text{SNode\_IP}, \text{refcount}, \text{uid}) \tag{6.19}$$

式中，chunk$i$ _ fp 为某个数据块的指纹值，即数据块的全局唯一标识；SNode _ IP 为该数据块所在存储节点的 IP 地址；uid 为云存储系统为用户分配的全局唯一标识，该字段用来记录该数据块被哪些用户所共享；refcount 为该数据块的引用次数，用来记录共享该数据块的文件数量。若存储节点上已有该数据块，则 refcount 进行加法操作；若删除某个数据块，则 refcount 进行减法操作（此过程称为逻辑删除）。当 refcount 的值为 0 时，系统可以根据 SNode_IP 找到存储该数据块的存储节点，将该数据块物理删除。

数据块是分散存储在各个存储节点上的，在上传和下载数据块时会使存储节点的负载有所分摊，也充分发挥了存储节点的并行性。客户端要想从存储节点上获取文件时，元数据服务器还必须维护文件的重构信息表（File Reconstruction Table，FRT）。

$$\text{FRT}=(\text{file\_fp},\text{chunk1\_fp},\text{chunk2\_fp},\cdots,\text{chunk}i\text{\_fp},\cdots,\text{chunk}n\text{\_fp}) \tag{6.20}$$

式中，file _ fp 为文件的指纹值，即文件的全局唯一标识；chunk$i$_fp 为构成文件的各个数据块的指纹值，即数据块的唯一标识。用户想要获取数据块，可通过 FRT 中的 chunk$i$_fp 结合 MMDT 找到存放该数据块的存储节点的 IP 地址。客户端根据 MMDT 以及 FRT 就可以从相应的存储节点上下载数据块，并在客户端进行重组。

（3）存储节点。每个存储节点也维护着自己的元数据信息表（SNode's Metadata Table，SMDT），该表用于记录数据块存放在本地磁盘上的位置。当数据块被修改后，其指纹值首先会被重新计算，然后比对 SMDT 中的元数据信息以确定修改后的数据块是否为重复数据。SMDT 由以下 4 个元组组成：

$$\text{SMDT}=(\text{chunk}i\text{\_fp},\text{offset},\text{refcount},\text{access\_num}) \tag{6.21}$$

式中，chunk$i$_fp 表示数据块的指纹值，即数据块的唯一标识；offset 表示数据块存放在硬盘上的物理地址；refcount 表示数据块的引用次数，其值与元数据服务器上的元数据信息表中的 refcount 值始终同步；access_num 记录了本节点上数据块的访问次数。

2．重复数据的检测与避免

（1）客户端。为了最大程度地避免将重复数据上传到存储资源池中，每个客户端都要先对文件资源进行文件级的局部重删操作，并做好在元数据服务器上进行数据块级重删的准备工作，包括数据块的切分和指纹值计算。利用“不同类型文件之间的重复数据块是可以忽略的”和“文件类型和大小相同的文件极有可能为重复文件”这两点来不断缩小指纹比对的范围。因此，在设计客户端文件级重删时首先要进行文件分类和排序。具体流程如下：

步骤 1：搜集待上传文件的类型、大小等信息，按文件类型将文件分组并在组内按照文件大小进行升序排序。

步骤 2：利用 MD5 算法计算每个文件的指纹值，作为该文件的唯一标识。

步骤 3：比较每组文件中大小相等文件的指纹值就可避免一部分文件级的重复数据。若文件的指纹值相等则为重复文件，将其信息保存到 $M_{\text{after\_process}}$ 中。

步骤 4：将去重后的文件的指纹值与 HMDT 中的文件指纹值进行对比，可避免客户端再次将相同的文件上传到存储节点。若找到该指纹值则为历史重复文件，将其信息保存到 $M_{\text{after\_process}}$ 中。

步骤 5：将经过步骤 4 仍无法确定是否为重复文件的指纹值批量上传到元数据服务器中进行查找，并将查找结果反馈给客户端，将重复文件的信息保存到 $M_{\text{after\_process}}$ 中。

步骤 6：客户端对于非重复文件（过滤小于或等于 C_{fs} 的文件），对文件进行分块，块长为

C_{fs}，并利用 MD5 算法计算每个数据块的指纹值，将文件指纹值和组成该文件数据块的指纹值信息保存到 $M_{after\_process}$。

步骤 7：将元数据信息 $M_{after\_process}$ 上传到元数据服务器，等待元数据服务器返回的非重复数据块的信息和应存的存储节点地址。

步骤 8：将非重复数据块上传到相应的存储节点，待存储节点返回上传成功的信号后，更新本地的 HMDT。

从上述处理流程可以看出，客户端对待上传的文件 $F_{tobe\_uploaded}$ 进行了三次文件级的重复数据删除，第一次是在步骤 3 中避免单次上传的文件中的重复文件，第二次是在步骤 4 中避免多次上传的文件中的重复文件，第三次是在步骤 5 中与元数据服务器上的文件指纹值进行比对，避免了一部分其他用户已上传的重复文件，节约了客户端不必要的开销，包括数据块切分和数据块指纹值计算。

（2）元数据服务器。元数据服务器上保存着存储节点上所有数据的元数据，客户端的数据在上传到存储节点前需要比对元数据服务器上的元数据表，确定存储节点是否已经存在该数据，而存储节点上数据的修改也需要比对元数据服务器，以防重复数据的产生。元数据服务器避免重复数据的具体流程如下：

步骤 1：元数据服务器接收到多个客户端发送的元数据信息 $M_{after\_process}$，从 UncheckedFpSet 中依次读取每个文件的 ChunkSet 数据块的指纹值，对这些文件进行数据块级重复数据的避免。

步骤 2：查找比对内存、硬盘和写缓存区中的指纹索引表，若发现指纹值已存在，则更新 MMDT 索引表中的 refcount，向客户端发送“找到”信息。

步骤 3：若未找到指纹值，则向客户端发送“未找到”信息和对应数据块应存的存储节点地址。

步骤 4：将完成上传的文件元数据信息及组成该文件数据块的指纹值一并写入 FRT 中。

（3）存储节点。客户端和元数据服务器对上传到存储节点的数据已进行了局部范围和全局范围内的重复数据避免，但是在多用户共享相同数据块的大环境下，用户在线修改数据会引入新的重复数据。此外，副本冗余策略对副本的数量管理不当，也会给存储节点引入重复数据。对于用户在线修改文件，首先通过元数据服务器获取数据块的 SNode_IP，可以定位到某个数据块，然后直接访问数据块并对其做出相应的修改操作即可。具体流程如下：

步骤 1：请求。存储节点 SNode_*i* 接收到来自客户端对数据块（记为 A）的修改请求后，将数据块 A 复制读取到内存中。

步骤 2：修改。客户端对内存中数据块 A 进行修改，为了方便区分，将修改后的数据块记为 B，则 SMDT 中数据块 A 的 refcount 做减 1 操作，修改 A 的 user_id。

步骤 3：检查。存储节点 SNode_*i* 利用 MD5 算法计算数据块 B 的指纹值，并在 SMDT 中查找数据块 B 的指纹值是否已经存在，以避免重复数据的存储。若无指纹值则跳到步骤 5，否则数据块 B 为重复数据块，这里将存储节点 SNode_*i* 中与数据块 B 指纹值相同的数据块为 B′，转入步骤 4。

步骤 4：重删。删除数据块 B，并使用指向数据块 B′ 的指针替换数据块 B 的存储。

步骤 5：存储。将修改后的新数据块 B 存储在该节点 SNode_*i* 上，并更新节点 SNode_*i* 上的 SMDT，节点 SNode_*i* 将更新的元数据信息发送到元数据服务器。

步骤 6：检查。元数据服务器从更新的元数据信息中读取数据块的指纹值，判断其他存储节点 SNode_j ($j \neq i$) 上是否有相同数据块，若不存在相同的数据块则跳到步骤 4。若不存在相同数据块则转入步骤 7。

步骤 7：重复。由元数据服务器为新数据块 B 选择合适的存储节点创建副本。

在存储节点中，对数据块修改如图 6.6 所示，在 SNode_1 上修改后的数据块 B 已存在于 SNode_2、SNode_3、SNode_4 上；在 SNode_2 上修改后的数据块 A 在本节点上已有；在 SNode_3 上修改后的数据块 G 为全新的数据块。

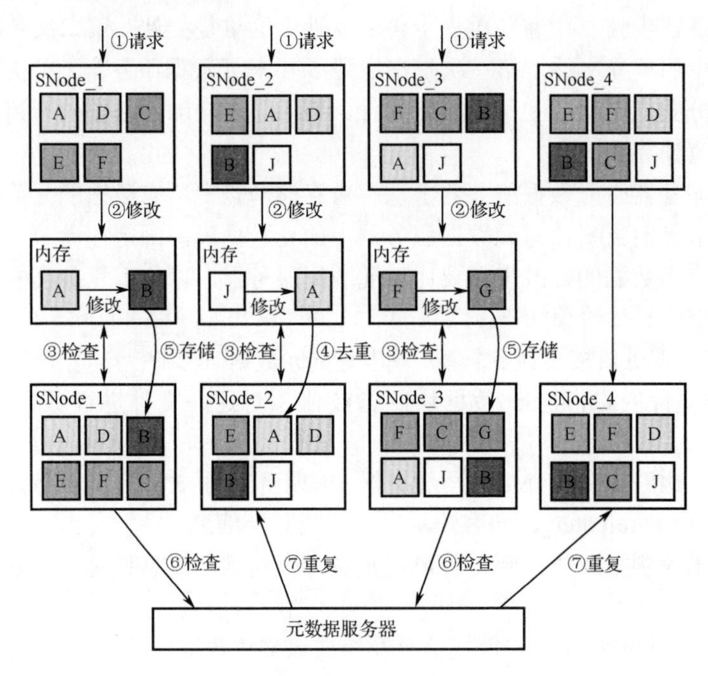

图 6.6　在存储节点中对数据的修改

6.5　本章小结

本章介绍了云计算能耗现状、绿色云计算节能技术及云数据管理概念及技术。首先介绍了云数据中心规模，能耗组成；接着介绍了能耗评价体系，在此基础上，从低功耗硬件、体系结构、关闭/休眠技术、动态电压调整技术、网络通信等方面对绿色计算的研究成果进行了详尽的分析和总结；然后从虚拟化技术、资源调度、任务调度、数据存储与部署、网络结构和温控设施等角度出发，对云计算节能技术进行详细阐述；最后从数据角度介绍云计算节能中的有序数据聚集与重复数据删除技术。

本章参考文献

[1] 李云，李哲涛，龙赛琴．数据中心能效指标体系技术报告[R]．2021．

[2] Li Y, Wen Y, Tao D, et al. Transforming Cooling Optimization for Green Data Center Via Deep Reinforcement Learning [J]. IEEE Transactions on Cybernetics, 2019, 50(5): 2002-2013.

[3] 王道翔. 数据中心产业风口渐现[J]. 杭州金融研修学院学报，2019(9): 8-13.

[4] 王浩然. 绿色数据中心节能技术研究[D]. 成都：电子科技大学，2014.

[5] Bari M, Boutaba R, Esteves R, et al. Data Center Network Virtualization: a Survey [J]. IEEE Communications Survey Tutorials, 2013, 15(2): 909-928.

[6] Delforge P, Whiteney J. Data Center Efficiency Assessment [R]. Beijing: Natural Resources Defense Council, 2014.

[7] Shoukourian H, Kranzlmller. Forecasting Power-Efficiency Related Key Performance Indicators for Modern Data Centers Using LSTMs [J]. Future Generation Computer Systems, 2020, 112: 362-382.

[8] 晁晖. 中国新能源发展战略研究[D]. 武汉：武汉大学，2015.

[9] 徐小龙. 云计算技术与性能优化[M]. 北京：电子工业出版社，2017.

[10] 郭丰，王娟，朱沛琦. 我国绿色数据中心建设工作的实践与探索[J]. 中国能源，2020, 42(7): 38-41.

[11] 张泉. 面向云数据中心的存储服务质量技术研究[D]. 武汉：华中科技大学，2014.

[12] Shehabi A, Smith S, Sartor D, et al. United States Data Center Energy Usage Report. Lawrence Berkeley National Lab [R]. Berkeley, CA (United States), 2016.

[13] Meijer G I. Cooling Energy-Hungry Data Centers [J]. Science, 2010, 328(5976): 318-319.

[14] Zhang X, Lindberg T, Xiong N, et al. Cooling Energy Consumption Investigation of Data Center IT Room with Vertical Placed Server [J]. Energy Procedia, 2017, 105(2017): 2047-2052.

[15] Ham S W, Kim M H, Choi B N, et al. Simplified Server Model to Simulate Data Center Cooling Energy Consumption [J]. Energy and Buildings, 2015, 86(58): 328-339.

[16] Brunschwiler T, Smith B, Ruetsche E, et al. Toward Zero-Emission Data Centers through Direct Reuse of Thermal Energy [J]. IBM Journal of Research and Development, 2009, 53: 1-11.

[17] Zimmermann S, Meijer I, Tiwari M K. et al. Aquasar: A Hot Water Cooled Data Center with Direct Energy Reuse [J]. Energy, 2012, 43: 237-245.

[18] Ebrahimi K, Jones G F, Fleischer A S. A Review of Data Center Cooling Technology, Operating Conditions and the Corresponding Low-Grade Waste Heat Recovery Opportunities [J]. Renewable and Sustainable Energy Reviews, 2014, 31: 622-638.

[19] Taniguchi Y, Suganuma K, Deguchi T, et al. Tandem Equipment Arranged Architecture with Exhaust Heat Reuse System for Software-Defined Data Center Infrastructure [J]. IEEE Transactions on Cloud Computing, 2015, 5: 182-192.

[20] Abts D, Marty M R, Wells P M, et al. Energy Proportional Datacenter Networks [C]. the 37th Annual International Symposium on Computer Architecture, 2010.

[21] Fiandrino C, Kliazovich D, Bouvry P, et al. Performance and Energy Efficiency Metrics for Communication Systems of Cloud Computing Data Centers [J]. IEEE Transactions on Cloud Computing, 2015, 5: 738-750.

[22] Aslan J, Mayers K, Koomey J G, et al. Electricity Intensity of Internet Data Transmission: Untangling the Estimates [J]. Journal of Industrial Ecology, 2018, 22: 785-798.

[23] Masanet E, Shehabi A, et al. Recalibrating Global Data Center Energy-Use Estimates [J]. Science, 2020, 367: 984-986.

[24] 蒋京鑫．数据中心的绿色化发展方向探讨[J]．信息通信技术与政策，2020, 6(1): 17-20.

[25] Baccour E, Foufou S, Hamila R, et al. PTNet: an Efficient and Green Data Center Network [J]. Journal of Parallel and Distributed Computing, 2017, 107(9): 3-18.

[26] Yan S, Xiao S, Chen Y, et al. GreenWay: Joint VM Placement and Topology Adaption for Green Data Center Networking[C]. the 26th International Conference on Computer Communication and Networks (ICCCN), 2017.

[27] Schdwell B. Data Center Green Performance Measurement: State of the Art and Open Research Challenges [C]. the 9th Americas Conference on Information Systems (AMCIS), 2013.

[28] 邓维，刘方明，金海，等．云计算数据中心的新能源应用：研究现状与趋势[J]．计算机学报，2013, 36(3): 582-598.

[29] 孙大为，常桂然，陈东，等．云计算环境中绿色服务级目标的分析、量化、建模及评价[J]．计算机学报，2013, 36(7): 1509-1525.

[30] 过敏意．绿色计算：内涵及趋势[J]．计算机工程，2010, 36(10): 1-7.

[31] 马威. 云计算环境中高保证隔离模型及关键技术研究[D]. 北京：北京交通大学，2016.

[32] 田洪亮，张勇，许信辉，等．可信固态硬盘：大数据安全的新基础[J]．计算机学报，2016, 39(1): 154-168.

[33] Miller M．云计算[M]．姜进磊，译．北京：机械工业出版社，2009.

[34] 陈康，郑纬民．云计算：系统实例与研究现状[J]．软件学报，2009, 20(5): 1337-1348.

[35] 金海，吴松，廖小飞，等．云计算的发展与挑战[M]．北京：机械工业出版社，2010.

[36] 刘鹏．云计算[M]．3 版．北京：电子工业出版社，2015.

[37] Pavlo A, Jones E P C, Zdonik S. On Predictive Modeling for Optimizing Transaction Execution in Parallel OLTP System [J]. Proceedings of the VLDB Endowment, 2011, 5(2): 86-96.

[38] Hu J, Deng J, Wu J. A Green Private Cloud Architecture with Global Collaboration [J]. Telecommunication Systems, 2013, 52(2): 1269-1279.

[39] 林闯，田源，姚敏．绿色网络和绿色评价：节能机制、模型和评价[J]．计算机学报，2011, 34(4): 593-612.

[40] 付印金，江泓. 集群重复数据删除与大数据保护[J]. 中国计算机学会通讯，2012, 8(10): 20-26.

[41] 谢平．存储系统重复数据删除技术研究综述[J]．计算机科学，2014, 41(1): 22-30.

[42] 韩书婷. 基于在线重复数据删除技术的OpenStack镜像管理系统的设计与实现[D]. 杭州：杭州电子科技大学，2013.

第 2 篇

大数据篇

第7章 大数据概览

7.1 大数据的基本概念

7.1.1 DIKW 体系

本节首先介绍数据的相关概念。数据的整体体系可以用 DIKW 体系来描述，这是一种关于数据（Data）、信息（Information）、知识（Knowledge）及智慧（Wisdom）的体系。DIKW 体系将数据、信息、知识、智慧纳入一种金字塔形的层次体系，如图 7.1 所示。

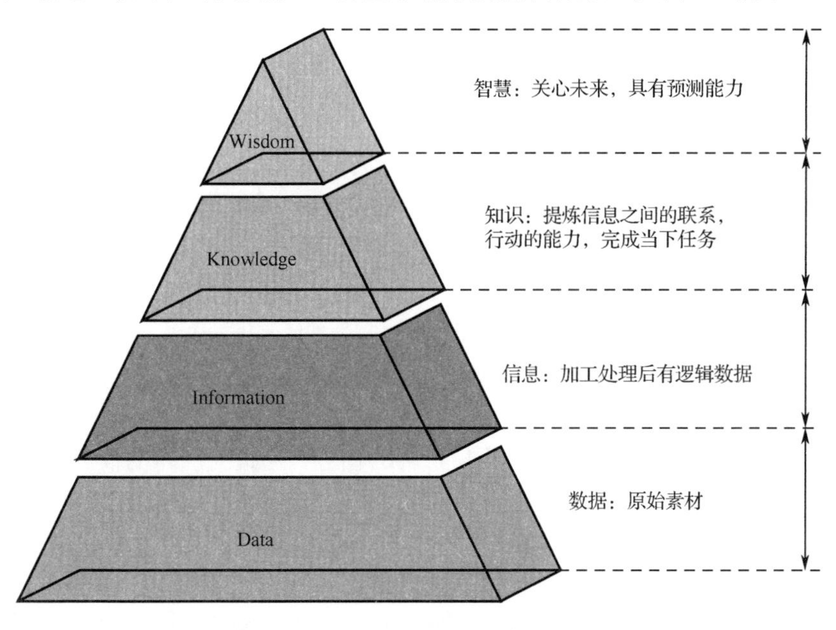

图 7.1　DIKW 体系

数据是指对客观事件进行记录并可以鉴别的符号，是对客观事物的性质、状态及其相互关系等进行记载的物理符号或这些物理符号的组合。数据是可识别的、抽象的符号，不仅可以是狭义上的数字，也可以是具有一定意义的文字、字母、数字符号的组合（如图形、图像、视频、音频等)，还可以是客观事物的属性、数量、位置及其相互关系的抽象表示。例如，“0、1、2…”“阴、雨、下降、气温”“学生的档案记录、货物的运输情况”等都是数据。简单地说，数据就是以某种方式观察客观世界所得到的信息的最基本表现形式，就像光、热、声音、味道等，这些最基本的数据能够以各种各样的方式被感知、表示和存储。

在计算机科学中，数据是指所有能输入计算机并能被计算机程序处理的符号总称，是用于计算机进行处理的、具有一定意义的数字、字母、符号和模拟量等的通称。计算机存储和处理的对象十分广泛，表示这些对象的数据也随之变得越来越复杂[1]。

信息，是数据在传递过程中的另外一种形态，具备在空间不同位置之间传递、在不同感知主体之间传递、在不同形态之间转换的能力。数据只有在传递的过程中才能够被称为信息，例如，存储在计算机中的数据，当人们需要它时，就会将数据从计算机中传递到用户的认知系统，在传递的过程中，被传递的数据就可以被称为信息。数据的可传递性是普遍的，现实世界中的绝大多数数据在某种特定的条件下都可以成为信息。可以说，信息集合是数据集合的动态子集，所有信息都是数据，但并不是所有数据在任何时候都是信息。

信息与数据既有联系，又有区别。数据是信息的表现形式和载体，可以是符号、文字、数字、语音、图像、视频等。信息是数据的内涵，信息加载在数据上，对数据进行具有含义的解释。数据和信息是不可分离的，信息依赖数据来表达，数据可生动具体地表达出信息。数据是符号，是物理性的，信息是对数据进行加工处理之后所得到的并对决策产生影响的数据，是逻辑性和观念性的；数据是信息的表现形式，信息是数据有意义的表示。数据是信息的表达、载体，信息是数据的内涵，是形与质的关系。数据本身没有意义，数据只有对实体行为产生影响时才成为信息[2]。

信息的时效性对于信息的使用和传递具有重要的意义，失去时效性的信息甚至会变成毫无意义的数据流。信息是具有时效性、一定意义和逻辑的、经过加工处理的、对决策有价值的数据流。

信息虽然给出了数据中一些有一定意义的东西，但它的价值往往会在时间效用失效后开始衰减，只有通过归纳、演绎、比较等手段对信息进行挖掘，使其有价值的部分沉淀下来，并与人类的知识体系相结合，这部分有价值的信息才能转变成知识。例如，北京 7 月 1 日的气温为 30℃，12 月 1 日的气温为 3℃，这些信息一般会在时效性消失后变得没有价值；但当人们对这些信息进行归纳和对比就会发现北京每年的 7 月气温会比较高，12 月气温比较低，进而总结出一年有春夏秋冬四个季节。因此，知识就是经过沉淀并与人类已有知识体系结合的有价值信息。

智慧是人类基于已有的知识，针对物质世界的问题，通过对获得的信息进行分析、对比、演绎找出解决方案的能力[3]。这种能力运用的结果是将信息中有价值的部分挖掘出来并使之成为已有知识体系的一部分。

DIKW 体系可以帮助我们更好地理解数据、信息、知识和智慧之间的关系，该体系展示了数据是如何一步步转化为信息、知识乃至智慧的。在 DIKW 体系中，数据是基础，数据的转化是关键，而数据挖掘是大数据中最关键也是最有价值的工作。通常来讲，数据挖掘（Data Mining）泛指从大量数据中挖掘出隐含的、未知的有用信息的工程化和系统化的过程。

7.1.2 大数据时代

随着计算机和互联网的广泛应用，人类社会产生的数据量呈爆炸式增长。人类采集、存储和处理数据能力的大幅提升，使数据渗透到了生活中的每个角落，使生产方式和生活方式随之发生深刻改变。以大数据（Big Data）为基础的时代已经来临，大数据将引导整个社会全方位升级和变迁，丰富着我们的生活。

大数据从计算领域发端，之后逐渐延伸到了科学和商业领域。大数据这一概念最早公开出现于1998年，美国硅图（Silicon Graphics）公司的首席科学家约翰·马西在一份国际会议报告中指出，随着数据量的快速增长，必将出现数据难理解、难获取、难处理和难组织四个难题，并用“Big Data”来描述这一挑战，在计算领域引发思考。2007年，数据库领域的先驱人物吉姆·格雷指出，大数据将成为人类触摸、理解和逼近现实复杂系统的有效途径，并认为在实验观测、理论推导和计算仿真三种科学研究范式后，将迎来第四种科学研究范式——数据探索。后来同行学者将其总结为“数据密集型科学发现”，开启了从科研视角审视大数据的热潮。2012年，牛津大学教授维克托·迈尔·舍恩伯格在其畅销著作 *BIG DATA: A Revolution That Will Transform How We Live, Work and Think* 中指出，数据分析将从“随机采样”“精确求解”“强调因果”的传统模式演变为大数据时代的“全体数据”“近似求解”“只看关联”的新模式，从而引发商业领域对大数据方法的广泛思考与探讨[4]。

大数据的概念于2014年后逐渐成形，人们对其认知亦趋于理性。大数据相关技术、产品、应用和标准不断发展，逐渐形成了由数据资源与API、开源平台与工具、数据基础设施、数据分析、数据应用等构成的大数据生态系统，并持续发展和不断完善，其发展热点从技术向应用、再向治理的逐渐迁移。经过多年的发展，人们对大数据已经形成了基本共识：大数据现象源于互联网及其延伸所带来的无处不在的信息技术应用，以及信息技术的不断低成本化。

大数据的发展可大致分为三个阶段[5]：

（1）萌芽阶段（20世纪90年代至21世纪初）。1997年，美国国家航空航天局（NASA）武器研究中心的大卫·埃尔斯沃思和迈克尔·考克斯在数据可视化研究中首次使用了大数据的概念。1998年，《Science》杂志发表了一篇题为《大数据科学的可视化》的文章，大数据作为一个专用名词正式出现在期刊上。随着数据挖掘理论和数据库技术的逐步成熟，一批商业智能工具和知识管理技术开始被应用，如数据仓库、专家系统、知识管理系统等。

（2）成熟阶段（21世纪初至2010年）。在21世纪的前十年，互联网行业迎来了一个快速发展的时期。2001年，全球权威的IT研究与顾问咨询公司Gartner率先开发了大型数据模型。2006年，Hadoop应运而生，成为数据分析的重要技术。2007年，数据密集型科学的出现，不仅为科学界提供了一种新的研究范式，还为大数据的发展提供了科学依据。2008年，《Science》杂志推出了一系列大数据专刊，详细讨论了一系列大数据的问题。2010年，美国信息技术顾问委员会发布了一份题为《规划数字化未来》的报告，详细描述了在政府工作中大数据的收集和使用。此时，随着Web 2.0的应用发展，产生了大量非结构化的数据，传统的处理方法难以应对，带动了大数据技术的快速突破，大数据解决方案逐渐走向成熟，形成了并行计算与分布式系统两大核心技术，Google的GFS和MapReduce等大数据技术受到追捧，Hadoop平台开始大行其道。在这一阶段，大数据作为一个新名词，开始受到理论界的关注，其概念和特点得到进一步丰富，相关的数据处理技术层出不穷，大数据开始显现出活力。

（3）大规模应用阶段（2011 年至今）。2011 年，IBM 开发了沃森（Watson）超级计算机，每秒能够扫描和分析 4 TB 的数据，大数据计算技术达到了一个新的高度。随后，麦肯锡全球研究院（McKinsey Global Institute，MGI）发布了 *Big data: The next frontier for innovation, competition, and productivity*，详细介绍了大数据在各个领域的应用，以及大数据的技术框架。2012 年在瑞士举行的世界经济论坛讨论了一系列与大数据有关的问题，发表了题为 *Big Data, Big Impact* 的报告，并正式宣布了大数据时代的到来。之后越来越多的学者对大数据的研究从基本的概念、特性转到了数据资产、思维变革等多个角度。大数据也渗透到各行各业之中，不断变革原有行业的技术并创造出新的技术，数据驱动决策，信息社会智能化程度大幅度提高，大数据的发展呈现出一片蓬勃之势。

当前，数据规模呈几何级数高速增长。根据国际权威机构 Statista 的统计和预测结果，2020 年全球数据存储量达到 47 ZB，而到 2035 年，这一数字将达到 2142 ZB，全球数据量即将迎来更大规模的爆发。

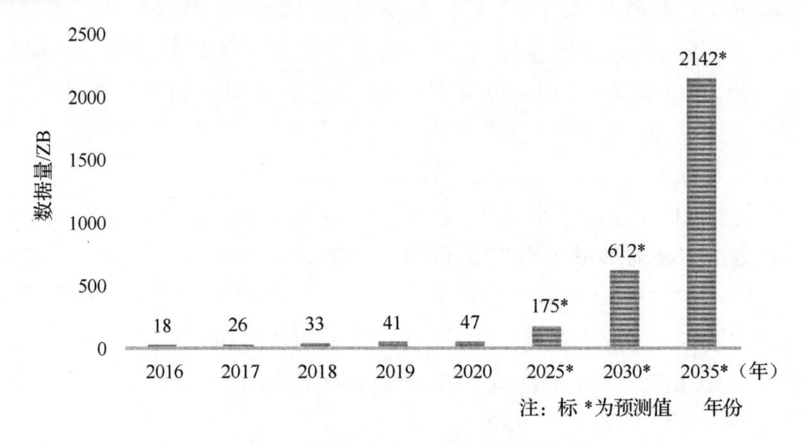

图 7.2　全球每年产生数据量估算图[6]

7.1.3　大数据的定义

高速发展的信息时代，正在加速推进新一轮科技革命和变革，技术创新日益成为重塑经济发展模式和促进经济增长的重要驱动力量，而大数据无疑是核心推动力。人们之所以重视大数据，要归结于近年来互联网、云计算、移动互联网和物联网的迅猛发展。无所不在的移动设备、射频识别技术，无线传感器每分每秒都在产生大量的数据，数以亿计的互联网用户之间的交互也在不断生成新的数据。要处理的这样规模大、增长快且实时性、有效性具有更高要求的大数据，传统的技术和手段已经无法应付了。

大数据一词经常被用以描述和指代信息爆炸时代产生的海量信息。研究大数据的意义在于发现和理解信息内容及信息与信息之间的联系。研究大数据首先要了解和厘清大数据的特点及基本概念，进而理解和认识大数据。目前，不同的机构对大数据给出了有一定差异的定义。

IDC 将大数据定义为：大数据是为了更经济地从高频率、大容量、不同结构和类型的数据中获取价值，而设计的新一代架构和技术。

Amazon 的科学家将大数据定义为：大数据就是任何超过了一台计算机处理能力的庞大数据量。

Gartner 将大数据定义为：大数据是需要新处理模式才能具有更强的决策力、洞察发现力和流程优化能力的海量、高增长率和多样化的信息资产。

百度百科将大数据定义为：大数据是指无法在一定时间范围内用常规软件工具进行捕捉、管理和处理的数据集合，是指需要新处理模式才能具有更强的决策力、洞察发现力和流程优化能力的海量、高增长率和多样化的信息资产。

综上，本书将大数据定义为：数据规模庞大，类型复杂，信息全面、维度高，难以基于传统软、硬件工具在有效的时间范围内进行采集、存储、分析、处理和展示的数据集合，对该数据集合进行处理有可能获得高价值处理结果，有助于机构或个人洞察事物真相，预测发展趋势，进行合理的判断和决策。

7.1.4　大数据的特征

从数据的表现形式看，大数据主要具有以下四个方面的典型特征，即所谓的“4V”特征。

（1）海量（Volume）。数据体量巨大，从 TB 级，跃升到 PB 甚至 EB 级。有调查统计显示，人类生产的所有印刷材料的数据量大约是 200 PB，相对于个人计算机硬盘的 TB 级存储容量，而一些大型 IT 企业拥有的数据量已接近 EB 级。大部分的数据信息在互联网和云计算系统中创建、存储和处理，数据总量和实时性等需求将远远超越传统 IT 基础设施的承载能力。

（2）多样（Variety）。数据类型繁多，包含网络日志、视频、图片、传感器数据、位置信息等，各类数据可归纳为结构化数据和非结构化数据两种形式。相对于关系数据库为代表的结构化数据，非结构化数据越来越多；产生价值的大数据，很大比例是非结构化数据，对数据的处理能力、处理方法提出了更高的要求。

（3）快速（Velocity）。随着物联网、移动互联网、人工智能（Artificial Intelligence，AI）等技术的发展，数据的产生速度越来越快。同时，在很多领域，如股市行情预测、智能无人驾驶等，对大数据的处理数据、响应速度的要求也越来越高，甚至要达到实时性，数据的输入、处理与丢弃必须立刻见效，低延时。

（4）价值（Value）。大数据的核心特征是价值，价值密度的高低和数据总量的大小往往成负相关关系。利用低密度价值的数据，常常能带来很高的价值回报。大数据有巨大的潜在价值，但同其呈几何指数爆发式增长相比，某一对象或模块数据的价值密度较低，数据集合中的每个数据个体往往价值很低，或者有价值的少量数据被混杂在大量的无价值数据中。例如，在监控视频中，重要的往往是其中的几分钟的片断。如何快速地提取有价值的数据成为目前大数据背景下亟待解决的难题。

从实际应用和大数据处理的复杂性来看，大数据还具有以下新的“4V”特征[7]：

（1）变化性（Variable）。在不同的场景、不同的研究目标下，数据的结构和意义可能会发生变化，在实际研究中要考虑具体的文场景和研究目标。

（2）真实性（Veracity）。获取真实、可靠的数据是保证分析结果准确、有效的前提，只有对包含大部分真实而准确信息的数据集进行处理才能获取正确、有意义的结果。

（3）波动性（Volatility）。数据本身包含的噪声，以及数据分析流程的不规范，采用不同的算法或不同分析过程与手段时可能会得到不稳定的分析结果。

（4）可视化（Visualization）。在大数据环境下，通过便于洞察的数据可视化方式可以更加直观地阐释数据的本质意义，帮助人们理解数据、解释结果。

7.2 大数据技术及平台

7.2.1 大数据的生命周期

大数据的本质是从海量的数据中挖掘出有价值的信息。数据的价值通常体现在使用中，有时甚至可能在未来才有用。数据生命周期的所有阶段都有相关的成本和风险，但只有在使用阶段，数据才能够带来价值。

数据先被创建，然后存储、维护和使用，最终被销毁。在其生命周期中，数据可能被提取、导入、导出、迁移、验证、编辑、更新、清洗、转型、转换、整合、隔离、汇总、引用、评审、报告、分析、挖掘、备份、恢复、归档和检索，最终被删除。

大数据的生命周期主要分为数据采集、数据预处理、数据存储、数据处理和结果可视化五个阶段，如图 7.3 所示。

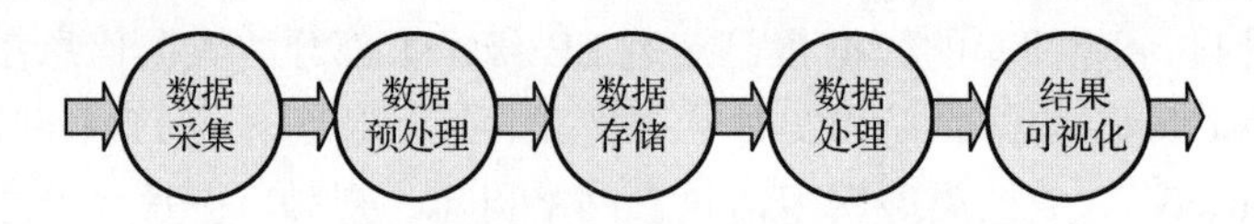

图 7.3　大数据的生命周期

7.2.2 大数据的关键技术

大数据生命周期中的五个阶段，对应的技术分别是数据采集技术、数据预处理技术、数据存储技术、数据处理技术和结果可视化技术。

1. 数据采集技术

数据采集是指从传感器、智能设备、企业信息化系统、社交网络和互联网平台等获取数据的过程。在大数据系统中，不但数据源的种类多，数据的类型繁杂，数据量大，而且数据产生的速度快，传统的数据采集方法难以胜任。要对来自物联网和互联网等各类信息系统的异源，甚至异构的数据尽可能全面收集。

例如，大数据分布式定向抓取技术可利用主题抓取算法分布式，并行地抓取异构数据源中的所需数据，成为后续联机分析处理、数据挖掘的基础。此外，还可将实时采集的数据作为流计算系统的输入，进行实时处理分析。

2. 数据预处理技术

大数据预处理指的是在数据挖掘分析前对数据进行的一些必要的清洗、去噪、去重，以达到去伪存真的目的。

通过数据采集环节获取到的数据通常包含很多脏数据。脏数据指的是对于实际业务毫无意义、格式非法、数值错误、超出给定范围或存在逻辑混乱的数据。通过数据预处理可以补全数据的缺失值，纠正错误的数据，去除多余、重复的数据，使数据更加规范；通过与历史数据对照，还可以从多个角度验证数据全面性和可信性。数据预处理的常见方法有数据清洗、数据集成、数据转换、数据归约。

3．数据存储技术

大数据的一个显著特征就是数据量巨大，并且种类和来源多样化，存储管理复杂。因此在大数据时代，必须解决海量数据的高效存储问题，达到低成本、低能耗、高可靠性目标，常常需要综合利用分布式文件系统、数据仓库、关系数据库、NoSQL 数据库等，对结构化、半结构化和非结构化海量数据进行存储和管理。

4．数据处理技术

大数据的分布式处理技术与存储形式、业务数据类型等密切相关。目前针对大数据处理的主要计算模型有 MapReduce 分布式计算框架、分布式内存计算系统、分布式流计算系统等。MapReduce 是一个批处理的分布式计算框架，可对海量数据进行并行分析与处理。以 Spark 为代表的分布式内存计算系统可有效减少数据读写和移动的开销，提高大数据处理性能。以 Storm 为代表的分布式流计算系统可以对数据流进行实时处理，保障大数据的时效性和价值性。

对于大数据的处理，除了选择分布式处理与计算系统，还需要高效的大数据分析与挖掘算法，以提升大数据的价值性、可用性、时效性和准确性。在进行大数据处理时，要根据大数据类型、需求选择合适的数据处理方法。目前，大数据的处理普遍采用以深度学习（Deep Learning，DL）为代表的 AI 算法等。深度学习是机器学习（Machine Learning，ML）领域中一个研究方向，通过建立进行分析学习的多层次深度神经网络，组合低层特征形成更加抽象的高层表示属性类别或特征，以发现数据的分布式特征表示。

5．结果可视化技术

可视化是指通过图形化的方式，以一种直观、便于理解的形式展示数据及分析结果的方法。大数据可视化是指利用图形处理、计算机视觉等对大数据进行可视化展示。在大数据可视化的过程中，不仅可以将数据集中的每个数据项看成单个图元素，用数据集构成数据图像，还可以将数据的各个数据属性值以多维形式表示。通过大数据可视化技术，人们可以从不同的维度观察数据，从而更深入地观察和分析数据，获取对海量数据的宏观感知。

大数据可视化技术有着极为重要的作用，它不仅有助于人们跟踪数据，还有助于人们分析数据，让人们从宏观、整体的视角来分析和理解数据。大数据可视化技术的应用使信息的呈现方式更加形象、具体和清晰，为人们提供了理解数据的全新视角。

7.2.3 大数据平台

大数据平台主要包括大数据采集平台、大数据批处理平台、流数据处理平台、内存计算平台和深度学习平台等。

1．大数据采集平台

目前，具有代表性的大数据采集平台主要有 Apache 的 Nutch、Cloudera 的 Flume、Facebook 的 Scribe 等。本节重点介绍 Apache 的大数据采集平台 Nutch。

Nutch 是采用 Java 语言编写的具有高可扩展性的搜索引擎，基于模块化的设计思想，具有跨平台的优点。Nutch 的运行方式有两种：一种是基于分布式的数据采集方式，另一种是基于传统单机的采集方式。利用 Hadoop 分布式平台，Nutch 可以让多个设备分布式并行进行高速数据采集，以保证系统的性能。Nutch 还支持插件开发机制，可以进行相关自定义的操作，完成二次接口的开发和系统的扩展[8]。

Nutch 为实现基于 Hadoop 分布式平台下的多物理主机并行进行数据采集提供了有效支持。在 Hadoop 分布式平台下，Nutch 采用 Hadoop 分布式文件系统，通过 Hadoop 的 MapReduce 计算模型来采集页面中与某个主题相关的数据，可在短时间内采集大量的数据。Nutch 与 Hadoop 的关系如图 7.4 所示。

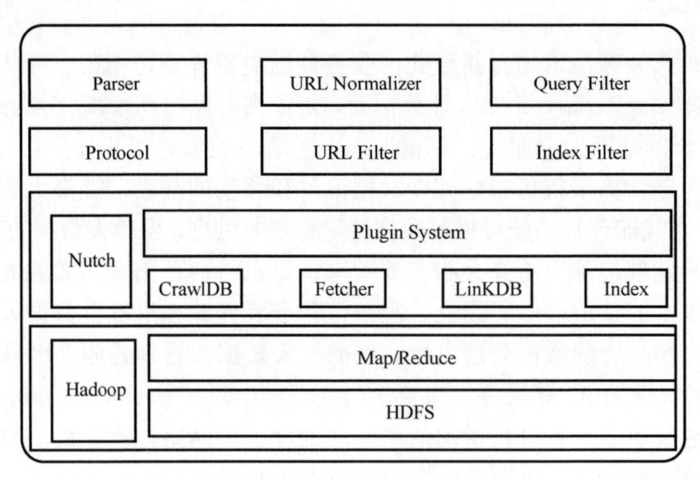

图 7.4　Nutch 与 Hadoop 的关系图

Nutch 的工作流程主要涉及两个方面，一方面是页面数据采集（基于采集模块），另一方面是对采集到的数据进行检索（基于检索模块），如图 7.5 所示。

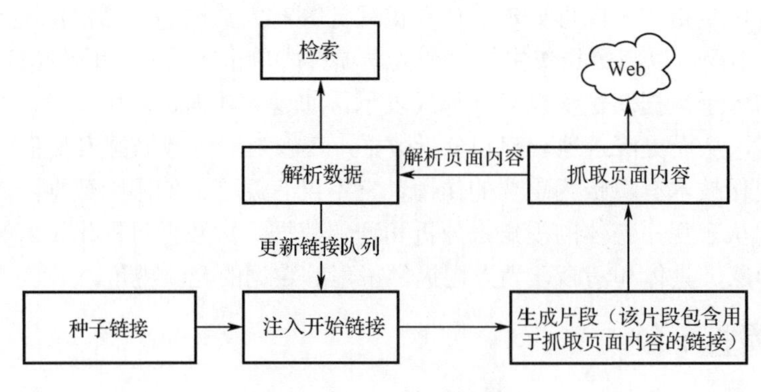

图 7.5　Nutch 的工作流程

2．大数据批处理平台

对于数据处理时间没有较高要求的大数据分析，通常可以采用大数据批处理平台。当前主流的大数据批处理平台是 Hadoop。

Hadoop 是一个由 Apache 基金会开发的分布式架构，由多台普通并且廉价的物理主机组合而成，可以对数据进行高效的处理[9]。Hadoop 最初的架构设计思路来自 Google 提出的 GFS 文件系统和 MapReduce 计算模型，因此 Hadoop 最核心的组件是 Hadoop 分布式文件系统（HDFS）和 MapReduce 计算模型，HDFS 是运行在多台物理主机上的一种分布式文件系统。在分布式架构下，通过 MapReduce 计算模型，可以将多台物理主机联合起来共同处理的任务。Hadoop 的具体内容详见第 15 章。

3．流数据处理平台

在对具有实时性、易失性、突发性、无序性和无限性等特征[10]的流式大数据进行计算时，离线的大数据批处理平台（如 Hadoop）不再适用。与大数据批处理平台采用的先存储数据后计算的模式不同，流数据处理平台在数据产生初期就进行计算，使用可靠传输模式，不保存中间的计算结果。流数据处理平台目前已广泛应用于对数据分析实时性要求较高的场景。目前，典型的流数据处理平台有 Storm、Flink、Spark Streaming、Puma 和 S4 等，本节重点介绍 Storm。

Storm 是一个分布式的、高容错的流数据处理平台。如果将 Hadoop 的工作机制看成一桶桶地搬运水，那么 Storm 就好像在已经安装好水管的前提下，只要打开水龙头就可以立即得到源源不断的水[11]。由于新特性的加入、更多库的支持，以及与其他开源项目的无缝融合，使得 Storm 逐渐成为业界的研究热点，被称为实时处理领域的 Hadoop[12]。

Storm 实现了一个如图 7.6 所示的数据流（Data Flow）模型[13]，在这个模型中，数据持续不断地流经一个由很多转换实体构成的网络，一个数据流可以被抽象为流（Stream），Stream 是由无限多的元组（Tuple）组成的序列。Tuple 可以用标准数据类型（如 int、float 和 byte 数组等）和用户自定义类型（需要额外的序列化代码）的数据结构来表示。每个 Stream 都有一个唯一的 ID，该 ID 可以用来构建网络拓扑中各个组件的数据源。

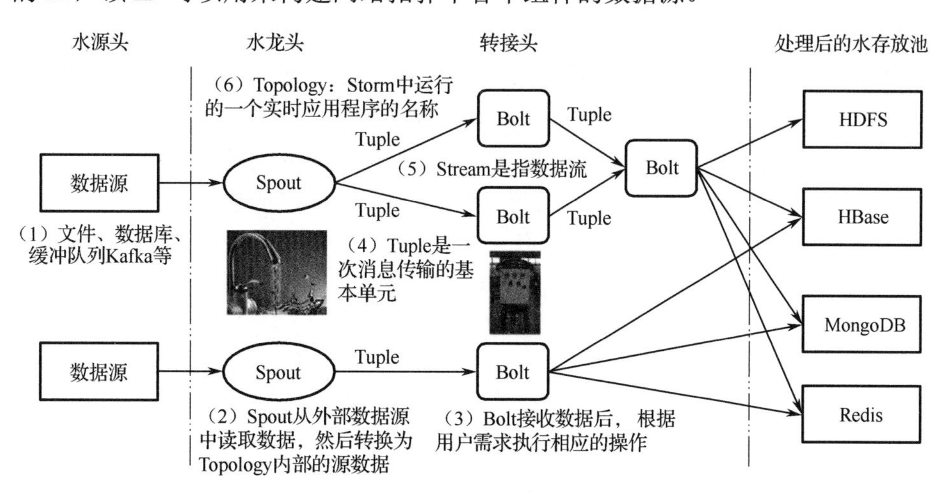

图 7.6 数据流模型

Spout（数据源头）是 Stream 的来源，将数据转化为一个个 Tuple 并发送出去。Bolt（数据处理单元）是流数据处理平台的核心功能，Topology（拓扑）中的所有计算都是在 Bolt 中实现的。Bolt 不仅可以接收并计算 Tuple，还可以订阅多个由 Spout 或者其他 Bolt 发送的数据流，用以构建复杂的数据流转换网络，该转换网络可以输出一个或者多个流。Topology 是对 Storm 中实时计算逻辑上的封装，也就是说，Topology 是由一系列通过数据流相互关联的 Spout 和 Bolt 组成的有向无环图（Directed Acyclic Graph，DAG）。

作为一个面向实时处理的计算框架，Storm 本身具有很多可以满足实时计算的优点：

（1）容错性。主节点通过心跳机制来监测各个工作节点的状态，并将这些状态信息记录在 ZooKeeper 中，当节点出现故障问题时，可以重新启动。

（2）易用性。Storm 采用的简单开发模型，按照开发规范就可以轻松地开发出适应性强的应用，并降低实时处理的复杂度；Storm 还支持多种开发语言，开发者可以采用 Java、Python 或者 Ruby 等语言进行开发。

（3）扩展性。Storm 依靠分布式并行机制，可以通过增加物理主机来提高运行速度、拓展计算容量。

（4）可靠性。Storm 采用一种追踪每个数据去向和结果的 Acker 机制，保证不会轻易丢失数据包，一旦任务失败就会重新处理。

（5）处理快。Storm 采用一种轻量级消息内核 ZeroMQ 来进行通信处理，ZeroMQ 具有并发性，可以保证数据处理的速度。

4．内存计算平台

内存计算（In-memory Computing）是指在计算过程中尽量利用内存进行数据存储和处理，减少甚至避免 I/O 操作，如让 CPU 从内存读写数据，而不是从磁盘读写数据，以显著提高海量数据处理的性能。本节从大数据的内存计算和高并发角度出发，重点介绍内存计算平台 Spark[14]。

Spark 是一个开源的分布式数据处理框架，最初在 2009 年由加利福尼亚大学伯克利分校的 AMP 实验室开发，在 2013 年捐赠给了 Apache 基金会，如今已经成为大数据处理领域热度最高的分布式计算平台之一。开源社区不断地对 Spark 进行完善，并将 Spark 和 SQL 查询分析引擎、流计算、图计算和分布式机器学习库集成在一起构成综合性数据分析平台，称为伯克利数据分析栈（Berkeley Data Analysis Stack，BDAS）。BDAS 的组成结构如图 7.7 所示[15]。Spark Core 是 Spark 的底层计算引擎；虽然 HDFS 和 Yarn/Mesos 等组件不属于 Spark，但 Spark 可以利用 HDFS 和 Yarn/Mesos 来实现数据存储和集群资源调度的功能。

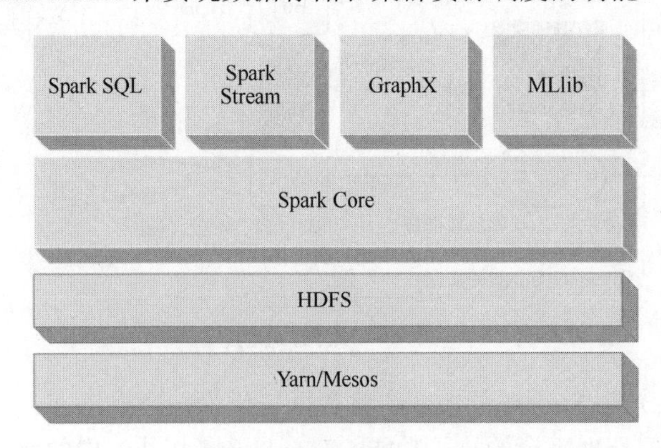

图 7.7　BDAS 的组成结构

（1）Spark 作业执行架构。Spark 作业执行采用主从式架构，当作业提交到 Spark 集群中时，集群管理器（Cluster Manager）会在一台物理主机上启动 Driver 进程，Driver 进程负责维护 Spark 作业的上下文（SparkContext）并对计算任务进行切分，然后向资源调度器申请资源并执行计算任务。Spark 作业执行架构如图 7.8 所示。

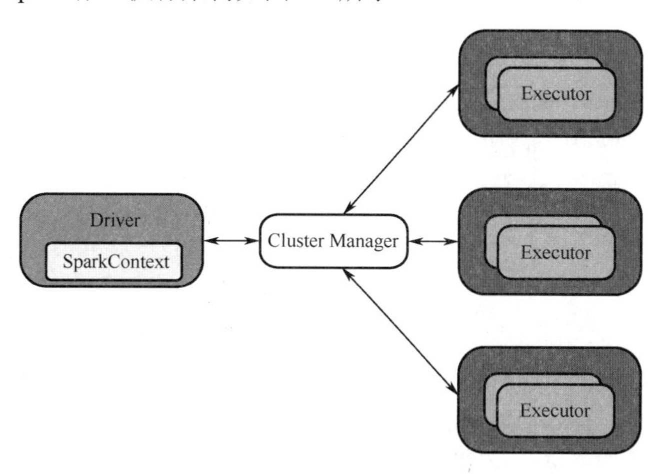

图 7.8　Spark 作业执行架构

在 Driver 进程中，首先通过 Shuffle 过程将 Spark 作业分成若干阶段（Stage），其次将每个 Stage 细分成若干个在不同数据上执行相同计算任务的 Task，最后 Driver 进程在申请到的集群资源上启动 Executor 进程并执行 Task。

（2）弹性分布式数据集。Spark 将数据抽象成弹性分布式数据集（Resilient Distributed Dataset，RDD），并在 RDD 上定义表达各种计算逻辑的计算算子。从逻辑上来看，RDD 可以被看成一个分布式的“数组”对象，这个“数组”按一定的分区策略（默认的是哈希分区）被分成一定数量分区，并散布在整个集群中，Spark 可以对各个分区进行细粒度的控制。

在执行 Spark 任务时，开发者可以利用 Cache 算子将多次使用的中间计算结果缓存到内存中。在使用这些中间计算结果时，Spark 会自动读取内存中缓存的数据，从而避免磁盘 I/O 的大量时间开销。这种缓存机制使得 Spark 在数据处理速度方面，比 MapReduce 有 10～100 倍的提升。

（3）有向无环图。在 Spark 中，某个 RDD 和基于该 RDD 的计算结果之间存在父子关系，这种依赖关系会被 Spark 记录下来，用于计算的调度和容错。RDD 之间的依赖关系分为两种：窄依赖和宽依赖。窄依赖是指父 RDD 的分区最多被一个子 RDD 的分区使用，宽依赖是指父 RDD 的分区可以被多个子 RDD 的分区使用。窄依赖和宽依赖的示意图如图 7.9 所示[16]。

由于存在上述依赖关系，Spark 的作业可以看成一个以 RDD 为节点、以 RDD 之间的依赖关系为连边的有向无环图（DAG），Spark 可以根据这个 DAG 追踪图中任意 RDD 的生成过程。

5. 深度学习平台

以深度学习为代表的人工智能技术是实现大数据分析的重要手段。近年来，各种开源的深度学习平台也层出不穷，如 TensorFlow、Caffe、Keras、CNTK、Pytorch、MXNet、Leaf、Theano、Lasagne、Neon 等，本节重点介绍 TensorFlow[16]。

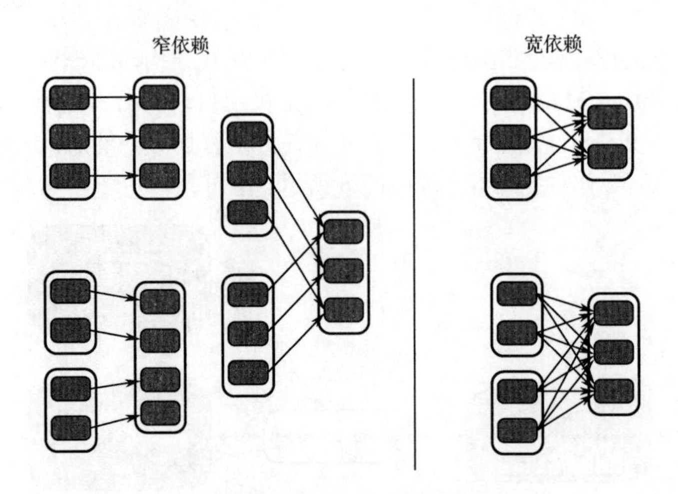

图 7.9 窄依赖和宽依赖的示意图

TensorFlow 由 Google Brain Team 的研究人员和工程师开发，是一个使用数据流图进行数值计算的开源软件库。TensorFlow 是由 Tensor 和 Flow 两部分组成的：张量（Tensor）是 TensorFlow 的核心数据单位，在本质上是一个任意维的数组，可用来统一各种量以适应神经网络的开发，它可以代表变量、常量、占位符、矩阵，而且变量的维度可以是标量或者高阶矩阵；Flow 指数据流，代表对数据的运算、类型转化等各类操作。在 TensorFlow 中，运算的定义和执行是分开的，可采用数据流图来形象地描述 TensorFlow 的运算过程。TensorFlow 数据流图如图 7.10 所示[17]，数据流图中的节点和边描述运算的过程，节点表示相应的数学操作，边表示数据的流向。

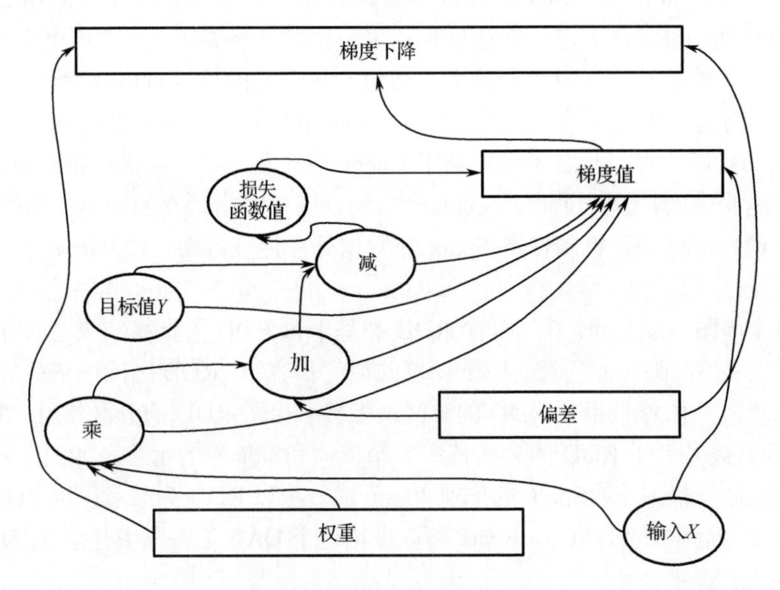

图 7.10 TensorFlow 数据流图

与其他深度学习平台相比，TensorFlow 具有以下优点：

（1）Google 在 TensorFlow 上投入了大量精力和资金进行技术的研发、维护和支持，自 TensorFlow 发布以来，其开发团队花费了大量的时间和精力来提升它的效率。TensorFlow 中的线性代数编译器，全方位地提升了 TensorFlow 的计算性能。

（2）TensorFlow 的工作流程相对容易，API 稳定、兼容性好，熟悉 Python 的用户可以快速上手 TensorFlow。目前，TensorFlow 已经拥有了众多功能非常强大的 API 供开发者调用。

（3）TensorFlow 的设计理念为其带来了极强的灵活性，可以支持多种深度学习模型和计算平台，可部署与应用在云端、本地、浏览器中或移动设备和边缘设备上。

（4）作为开源软件项目，TensorFlow 已经形成了一个强大的开发者社区，大量的应用都在 TensorFlow 平台上开发，在应用过程中促使 TensorFlow 能够快速迭代、不断完善。

7.3 数据思维与大数据价值

7.3.1 数据思维

在大数据时代，依靠强大的数据处理能力，可以处理全部的数据，而不是部分数据的采样，可避免由于采样的不合理而导致的分析结果偏差。另外，在很多场景下，精确、规范化、可以被关系数据库处理的数据大约只占全部数据的 5%，噪声数据和错误数据是客观存在的。大数据系统能容忍噪声数据和错误数据，保障分析结果的客观性和公平性。

与传统数据分析相比，大数据分析常常更加关注相关性，而不仅仅是因果性。人类的思维方式在不断发展，既根植于实践，又是传统思维方式的继承和延伸。大数据涉及的不光是技术的更新，还是思维的改变。

大数据思维包含以下几种思维方式[18]：

（1）逻辑思维。逻辑思维是指在大数据分析过程中，需要明确在分析过程中要收集哪些数据，通过什么方式获得这些数据，如何厘清各项数据之间的关系，以及数据分析的目标和结果，这些都是需要经过细致的逻辑思维归纳、推理得出。

（2）上切思维。在大数据分析过程中，上切思维就是要站在决策层的高度去考虑数据分析，数据分析不仅关系到数据部门，还关系到业务部门等其他部门。上切思维的关键就是要建立全局的眼光和目标，全面进行数据分析。

（3）下切思维。数据分析是为了解决问题，要通过数据分析的结果来看到问题的所在，这就需要细分大数据分析过程，了解数据的构成、进行数据的分解等，就是一个向下更加细分的过程。

（4）求异思维。面对大数据分析过程中接触到的大量数据，对于相似的数据，需要看到这些数据在哪些地方有不同，对不同的个体进行理解和分析。

（5）客观思维。客观思维是指在进行大数据分析过程中，要避免过度主观，要从客观的角度用数据来判断问题。基于客观的数据，便于用户从经验、偏见抽离出来，获取更多看待问题的角度，从而真正发现真相，利用大数据来更好地解决问题。

总之，大数据为人类提供了全新的思维方式，以及探知客观规律、改造自然和社会的新手段，这也是大数据引发经济社会变革的最根本性原因。

7.3.2 大数据的价值

大数据可喻为蕴藏价值的矿藏，通过挖掘可以获取高价值成果。大数据并不仅表现在“大”，还表现在“全”，其目标是“用”。对于各行各业，如何利用大数据来获得增值效益是赢得竞争的关键。

大数据提供了一种人类认识复杂系统的新思维和新手段。理论上讲，在足够小的时间和空间尺度上，对现实世界进行数字化，可以构造一个逼真的数字虚拟映像。在拥有充足计算能力和高效数据分析方法的前提下，对大数据的深度分析，将有能力真实理解和发现现实复杂系统的运行行为、状态和规律。

大数据的价值主要体现在以下几个方面：

（1）为大量消费者提供产品或服务的企业可以利用大数据进行精准营销。

（2）中小微企业可以利用大数据做服务转型。

（3）传统企业在转型时可充分利用大数据的价值。

在这个快速发展的智能硬件时代，困扰应用开发者的一个重要问题就是如何在功率、覆盖范围、数据传输速率和成本之间找到平衡点。分析相关数据可以帮助企业降低成本、提高效率、开发新产品、做出更明智的业务决策等。例如，通过大数据分析，企业可以[19]：

（1）及时解析故障、问题和缺陷的根源，从而降低成本。

（2）为成千上万的快递车辆规划实时交通路线，避开拥堵。

（3）分析库存，以利润最大化为目标来定价和清理库存。

（4）根据客户的购买习惯，推送客户可能感兴趣的优惠信息。

（5）从大量客户中快速识别出金牌客户。

（6）通过流量分析和数据挖掘来规避欺诈行为。

7.3.3 大数据的重点应用领域

在大数据与实体经济深度融合的情况下，大数据的驱动力和引领作用正在给国家、社会、经济、生活的各个领域带来革命性的变化。众多的政府机构、企事业单位、民间组织以及个人都顺应互联网、大数据、人工智能深度融合发展的技术和应用趋势，积极探索大数据的应用实践。随着大数据技术的广泛应用，大数据已成为推动社会产业经济快速发展和创新的有力工具，目前大数据的重点应用领域包括[20]：

（1）政务领域。大数据能够揭示传统技术手段难以展现的关联关系，在社会管理与公共服务领域采用大数据进行决策、管理、创新已经达成共识并逐步流行。很多政府机构都在加快推进政务大数据的部署和应用，提高政府的社会治理效率，提升宏观调控能力、风险防范能力、政务数据管理能力和公共服务水平，有效促进法治国家、创新社会、服务型政府的建设。

（2）农业领域。现代农业生产、经营、管理等各种活动中产生了大量具有潜在价值的数据。目前农业大数据的应用主要集中在精准农业、农资流通、农产品定价、农产品流通、土地流转、农产品质量追溯、农业生产者和经营者征信等方面。其中，精准农业是大数据在农业中最典型的应用领域之一，通过对气候、土壤和空气质量、作物成熟度，甚至设备和劳动力的成本及可用性方面的实时数据收集与预测分析，有助于做到精准种植、养殖，减少资源浪费和成本投入。人工智能、物联网、大数据等技术已经涉及耕地、育种、播种、施肥、植保、收获、储运、农产品加工、销售、畜牧业生产等环节，可以实现对作物种植、培育、成熟和销售等环节的管理，使得传统的粗放式农业生产模式向集约化、精准化、智能化、数据化迈进。

（3）制造领域。在制造领域，大数据应用已成为工业制造企业提升生产力、竞争力、创新能力提升的关键，是驱动制造过程、产品、模式、管理及服务标准化、智能化的重要基础，在产品全生命周期中的各个阶段发挥积极作用，加速制造业的转型升级。制造业大数据可用于产品研发过程的智能化，提升创新能力、研发效率和设计质量。通过产品全生命周期数据的采集，利用大数据建模和数字仿真技术优化设计模型，及早发现设计缺陷，减少试制实验次数，降低研发成本、提升设计效率，可缩短产品研发周期。在综合制造过程中对设备、效率、成本、耗能等数据展开建模分析，可实现运行过程的状态监测与优化工艺参数推荐。通过对生产工艺过程参数、设备运行状态、产品质量性能、生产库存负荷、单位产品能耗等数据进行关联性深度挖掘，可形成数据闭环，得出工艺参数配置、生产库存计划的最优方案、厂房能效优化的最佳调控手段等。

（4）电力领域。在电力领域，充分挖掘能源消耗、设备状态、客户行为等大数据，可以发现能源效率、市场需求以及用户消费规律等，从而提升运营效率。电力大数据主要来源于电力生产中的发电、输电、变电、配电、用电和调度等环节。电网的发展依赖于网络通信系统与电力基础设施的深度融合，融合的过程也将产生大量的数据，如何管理和利用这些数据并通过数据的融合、挖掘为未来电网建设与运营提供支持是重要的研发方向。

（5）水务领域。水资源作为国家资源之一，水源、水质、供水服务受到了广泛关注。水务企业生产监测系统、客户管理系统的实施建设，可提高供水生产效率、水质安全可靠性和水务管理水平。通过水务监测、运行、管理大数据，可进一步科学有效地开展水资源的合理开发、高效利用、优化配置、全面节约、有效保护和综合治理，对推动水务智能调度决策，推动水务技术和应用创新有着重要的价值。

（6）通信领域。通信行业的数据涉及范围广，不仅涉及业务营收、用户情况、市场信息等结构化数据，也涉及图片、文本、音频、视频等非结构化数据。此外，运营商拥有的数据涵盖多业务和多渠道，数据记录周期长，信息全面，数据可用性好，数据价值高。

（7）电商领域。电商业务和数据之间存在天然的紧密联系，大数据促进了电商的时代转型。电商经营中获取的数据，如商家信息、用户信息、交易数据和产品使用体验等，蕴藏着具有巨大的研究和应用价值。借助大数据挖掘与分析技术，电商可在经营的各个环节中充分利用大数据提高效率，获得更好的经营效益，也能为消费者提供更丰富、更优质的产品和服务，促进电商的可持续发展。

（8）交通领域。交通运输是重要的服务性行业，与社会、经济和个人生活紧密相关。交通领域积累了体量巨大、类型繁多的数据。充分利用交通领域的海量数据，深度挖掘数据价值，不仅可以为交通领域的发展提供更多机遇，也可为社会公众提供更加便捷、安全、高效、绿色的出行环境，推动整个交通领域向前发展。例如，通过大数据实时分析控制公交车和地铁的发车班次和时间，可减少空车率；通过记录每位用户在行驶过程中的实时数据（如行驶车速、所在位置等）并进行数据汇总分析，可计算出最佳线路，让用户避开拥堵；对用户出行数据进行分析，可以预测不同城市之间的人口迁移情况，或某个城市内群体出行的态势。

（9）物流领域。物流领域运用大数据技术构建了邮递大数据平台，整合了海量的物流数据，保证了物流数据的有效性、完整性和准确性，充分运用大数据挖掘分析技术，建立科学合理的仿真模型，可主动发现物流异常或低效情形。以物流大数据平台作为数据支撑基础，综合评估管理与服务绩效，可根据评估结果及时进行调整和优化。另外，通过物流大数据可判断仓库、营业网点等有否重复建设、车辆资源配备是否合理，提升物流资源利用率和效益。

（10）金融领域。目前，以互联网金融为代表的金融科技飞速发展，银行、券商等金融机构通过大数据平台等基础设施建设，快速地将发展重心转向基于大数据的业务价值探索和应用实践。金融大数据以客户为中心，全面分析金融业务。金融大数据的典型应用包括客户管理、营销管理、运营管理、绩效管理、风险管理等。例如，银行可通过大数据分析识别出高价值客户，通过构建客户流失预警模型，对流失率等级高的客户发售高收益理财产品予以挽留；通过对客户交易记录进行分析，可有效识别出潜在的小微企业客户。

（11）科研领域。基于对科研大数据的处理和分析将成为从科学数据、科学发现到科学实践的重要桥梁，能够为诸多学科的科研提供坚实的技术基础，加速成果产出。基于大数据的科技活动可促进科技成果转化，支撑区域科学发展，构建基于知识流、人才流的科技创新业态，提高科研创新效率。

（12）教育领域。信息技术与教育的深度融合，可全方位、深度追踪和量化学习过程，采集和汇聚教育场景中各类数据，甚至其他各种跨界数据。基于大数据，可以促进教育的标准化和个性化相结合。大数据与教育的结合成为时代发展的必然要求。教育大数据是指整个教育活动过程中所产生的，以及根据教育需要采集到的、用于教育发展并可创造巨大潜在价值的数据集合，可促进教育管理科学化、教学模式改革、个性化教学、教育评价体系重构，以及教育服务人性化。教育大数据作为教育信息化发展的更高阶段，成为促进教育公平、提高教育质量、推动教育改革的有力工具。

7.4 典型的大数据

本节重点介绍几种典型的大数据。

7.4.1 网络百科大数据

百科全书（Encyclopedia）是指一种大型参考书，常采用词典的形式编排，收录各科专门名词、术语，分列条目，详细解说，比较完备地介绍科学文化知识，是人们对过去积累的主要知识的书面概要。百科全书可按种类分为包罗万象的综合性百科全书和专科性百科全书，如医学百科全书、工程技术百科全书等。

网络百科全书是百科全书的网络版，通过集中式或分布式的架构，将百科全书的内容存储于互联网上，并基于检索和索引算法，将网络百科全书通过页面等媒介展现给用户。网络百科全书数据量巨大，是名副其实的网络百科大数据。

可以确定地说，没有任何一部百科全书能够收录人类过去积累的所有知识，任何百科全书所收录的内容都只能是人类全体知识的子集，而网络百科全书相对于百科全书的最大优点就是它天然具备的即时可拓展性。作为特定网络百科全书的创建者，可以为了实现其即时可拓展性，通过预先设定的更新和拓展策略，使网络百科全书所记录的内容能够不断增长并保持最新，不断提高其可用性和有效性。

1. 历史与发展历程

网络百科全书的发展历程可以概括为以下几个阶段：

（1）第一阶段：基于联机模式的电子百科全书。基于联机模式的电子百科全书是百科全书的电子化阶段。1966年，美国洛克希德飞机公司建立了第一个联机情报服务系统——Dialog系统，并建立了世界上第一个以数据库为主体进行联机服务的信息检索系统。1973年，总部设在纽约州的美国书目检索服务社（Bibliographic Retrieval Service，BRS）成立，专门开展书目文献数据库的联机检索服务。1980年，BRS推出了由1000篇文献组成的全文数据库，这个数据库不仅提供标题、文摘，而且可以进行全文检索。同年，《美国学术百科全书》出版，它是第一部以数据库为媒介，通过网络向读者提供声像资料的百科全书，也是世界上第一部网络百科全书。不久，该百科全书的出版商Grolier又推出了CD-ROM版学术百科，它也是世界上第一张百科全书只读光盘。继学术百科的创举之后，专业百科《基尔克-奥斯默化学技术百科全书》也纳入了BRS的检索体系。1981年，不列颠百科全书出版公司建立《不列颠百科全书》全文数据库，不久又与著名的法律咨询公司Mead Data Central合作，通过该中心的联机检索系统向用户提供联机检索服务。在成功收购康普顿百科之后，不列颠百科出版公司于1989年出版了《康普顿多媒体百科全书》（Compton's Multimedia Encyclopedia），即光盘版康普顿百科。《不列颠百科全书（光盘版）》出版于1994年[21]。

第一阶段的网络百科全书的形态表现为百科全书的电子化，并依托可用的数据库技术，将可用的百科全书内容存储在电子媒介中，并以定点联机的模式来访问和编撰。在这个阶段中，网络百科全书并未以互联网访问的模式呈现出来。

（2）第二阶段：基于互联网的网络百科全书。互联网的开放性、交互式、超文本、超媒体的特性更适合于以服务为宗旨的文献信息检索服务，而且网络数据库的更新和管理也使得信息管理者拥有了更多的主动性。因此，百科全书正式“上网”，开启了基于互联网访问模式的网络百科全书时代。1994年，不列颠百科全书出版公司推出了面向互联网的第一部百科全书——不列颠百科在线。1999年，不列颠百科在线首个版本的网站在互联网上发布，开辟了网络百科全书的新时代。在它之后，世界图书百科全书、康普顿百科全书等相继在互联网上“筑巢”。Grolier更是不甘人后，将美国百科全书、美国学术百科全书、知识新书等6部百科捆绑在一起，在互联网上推出集成式的Grolier在线，以单卷本知识浓缩著称的哥伦比亚百科全书在线则成为综合性参考工具检索引擎Bartleby.com的一员[22]。

这个阶段的网络百科全书，是在电子百科全书的基础上，集成互联网技术，遵循一系列的互联网访问协议，将电子化的内容搬上互联网，以使其能够被全球的互联网用户访问，在数据规模和访问规模上都有了大幅增加。

（3）第三阶段：自由内容、自由编撰、动态更新的多语言网络百科全书。传统的网络百科全书，其内容由网络百科全书的发布者进行定期更新和维护，而随着网络百科全书的内容规模不断扩大，边界不断拓展，对网络百科全书内容的维护所需要的人力资源也不断提高；同时，各种分门别类的网络百科全书也存在着语言的局限性，导致非母语的用户在使用网络百科全书时存在一定困难，整个项目无法达到创建者的初衷。

为了解决上述问题，自由内容、自由编撰、动态更新以及多语言网络百科全书系统诞生了，其典型代表是维基百科（Wikipedia）。

由 Jimrny Donal Wales 和 Larry Sanger 创建的维基百科[22]于 2001 年 1 月 15 日正式上线。维基百科拥有数百种语言（及方言）版本，其中英语板块是内容最丰富的语言板块，全球注册用户兼内容编辑以千万计，其中有超过十万人的活跃内容编辑。维基百科是全球访问量最高的网站之一，已经成为当前世界最大、发展最快的网络百科全书。

从简单的百科全书内容电子化，到将其搬上互联网，再到公共版权、开放编撰、动态更新和多语言，在实现和优化网络百科全书知识系统过程中涉及的相关技术在其他领域也必将得到很好的应用。

2. 维基百科的特征、体系架构和工作流程

维基百科的技术基础是一款称为维基（wiki）的应用软件，其概念源于 1995 年在美国普渡大学计算机中心（Purdue University Computing Center）工作的 Ward Cunningham 开发的波兰特模式知识库（Portland Pattern Repository），并在建立这一知识库的过程中提出了维基的概念和名称。维基是一种基于 Web 2.0 模式的超文本协作式写作工具，为社群提供“协同创作”的环境[23]。维基容许和接纳任何人自由地共同参与对同一个文本内容的编撰[22]。

维基这一技术使得维基百科突破了传统的百科全书的集中式组织编撰模式[24]，其内容的编撰模式对传统百科全书的编撰理念也具有颠覆性的影响：改变了过去由专家和权威为百科全书编撰主题的金字塔式，通过自由编撰，形成了扁平式的维基模式[25]。

正是由于其自由内容、自由编撰的特点，使得维基百科不同于之前的网络百科全书，传统的网络百科全书的内容维护以整个百科全书的权威发布者为主，因此权威发布者需要对百科全书的内容真实性和准确性负责，这种负责通过商业信誉的形式保证。对于维基百科来说，由于对百科全书内容编撰权利分发给了普通网民，因此很难保证所有条目的真实性和准确性，这使得维基百科在内容置信度上饱受诟病。维基百科通过设计各种规则、引用各种内容、用户识别方法对用户编撰内容的真实性和准确性进行保证，不断完善其内容质量。在这个过程中，维基百科逐渐形成了一套纷繁复杂的内容审核、用户识别规则和发布体系。维基百科的架构如图 7.11 所示。

（1）GeoDNS 模块。GeoDNS 模块使 DNS 解析考虑了地域因素，便于用户访问离其最近的 Web 服务器。

（2）LVS 模块。开源的 LVS 模块可以实现 Linux 平台下的简单负载均衡，主要由负载调度器、服务器池和共享存储构成。

（3）Squid 缓存层。Squid 缓存层用来缓存互联网中的数据，适合用户遍布全球、数据中心却很集中的网站系统。Squid 缓存层的内容分为两组，一组是文档内容（主要是 HTML 页面），另一组是图片等多媒体内容。

（4）存储模块。存储模块包含核心数据库、外部存储以及图片存储等。数据修改历史、数据链接和用户资料等内容被存储在核心数据库；正文存储在外部存储服务器；用户上传的图片等信息则单独存储在图片存储服务器。

（5）媒体平台。维基百科的项目基本都运行在媒体平台上，这是一个遵守通用公共许可证（General Public License，GPL）的开源软件，采用 PHP 语言开发，由一个中心控制台控制。媒体平台注重缓存机制，多数缓存都放在 Memcached 分布式对象缓存中[26]。

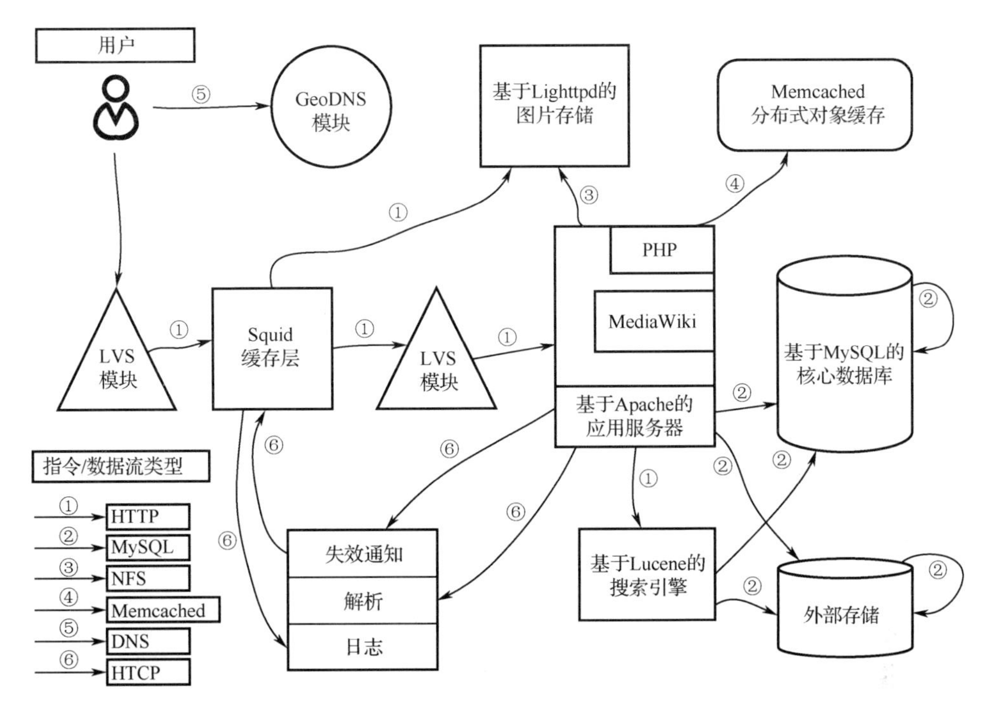

图 7.11 维基百科的架构

网络百科的运营流程比较简单：用户首先根据书写规则和代码范例进行内容编撰，添加必要的图片等多媒体信息后，上传并由 Squid 缓存层进行保管；然后媒体平台根据事先设计好的内容审核和分类规则对上传内容进行审核、分类并存储到数据存储单元中去，针对内容更新的情况，将历史数据转存。当其他用户访问维基百科时，GeoDNS 模块和 LVS 模块负责协调访问负载和目标服务器，将用户访问请求疏导到不同地区的服务器上。

3. 维基百科的内容管理技术和规范

维基百科允许任何人参与编撰词条内容，体现了其内容的开放性。与此同时，为了保证内容的正确性，维基百科在技术上和运行规则上做了以下一些规范，以便做到既让大众公开参与，又尽量降低众多参与者带来的风险[27]。

（1）版本控制。保留词条每一次更新的版本，即使参与者将整个词条删掉，管理者也可以很方便地从记录中恢复词条。

（2）词条锁定。采用锁定技术将一些主要词条的内容锁定，其他人就不可再编撰这些词条。

（3）更新备注。在更新一个词条时可以在描述栏中备注，以便管理员知道词条更新的操作细节。

（4）IP 禁用。为了防止恶意用户对系统及内容的破坏，维基百科通过识别和禁用 IP 的方式，防止恶意用户的后续破坏行为。

（5）沙盒测试。维基百科的词条都建有沙盒测试页面，以便让初次参与的人先到沙盒页面来无损害的熟悉系统功能，即使操作失误也没有关系。

4．其他网络百科全书

除了维基百科，国内外还有不少影响广泛的网络百科全书。具有代表性的部分网络百科全书如表 7.1 所示。

表 7.1　具有代表性的部分网络百科全书

名　称	语　言	描　述
百度百科	中文	百度开发的全球领先的中文百科全书
360 百科	中文	360 开发的网络百科，是 360 搜索的重要组成部分
A+医学百科	中文	开放的在线医学百科全书网站
Canadian Encyclopedia	英文	加拿大百科全书
Encyclopædia Britannica	英文	不列颠百科全书的网络版
Den StoreDanske Encyklopædi	丹麦语	目前最全面的丹麦语百科全书
Digital Universe	英语	收集有关教育、文化和科学主题的文章
EcuRed	西班牙语	基于 Wiki 软件的古巴在线百科全书

7.4.2　医疗健康大数据

医疗健康大数据有助于医生为病人选择更好的治疗方案，对医疗服务质量的提升和医疗成本的降低具有积极的作用[28]。目前，由于人口的增长和老龄化的加剧，慢性病的发病率逐步提升，尤其是癌症、心脏病和糖尿病，预计到 2040 年，全球糖尿病患者将达到 6.42 亿[29-30]。推进医疗健康大数据的应用，可激发深化医药卫生体制改革的动力和活力，提升健康医疗服务效率和质量。大数据技术的应用将从机构运作、临床研发、诊断治疗、生活方式等多个方面为医疗健康产业带来变革性的改善[31-34]。

例如，腾讯公司发布的医疗 AI 引擎——腾讯睿知，从诊前环节切入，推出智能导诊，利用大数据与人工智能解决医疗资源错配的问题。腾讯睿知的主要数据类型分为三类：第一类是来自互联网用户的数据；第二类是患者语料库，腾讯睿知学习了百万级的脱敏数据；第三类是静态数据，包括权威的医学先验知识，以及各种症状体征、检验检查指标、用药治疗的疾病知识库。腾讯睿知以自然语言处理技术为核心，结合医学图像文字识别、深度学习等 AI 算法构建疾病判断引擎和沟通对话引擎，实现了对疾病及病程的预判。

医疗健康大数据分为三大类：院外数据、院内数据和基因数据。院外数据包括健康档案、智能硬件体征及环境监测/检测；院内数据包括就医行为、临床诊疗等；基因数据包括外显子、全基因等。在具体场景应用方面，通常使用不同类型数据，并结合智能硬件监测、诊疗用药历史等数据为用户提供及时的健康状态预警监测。

医疗健康大数据具有以下特性：

（1）体量大。医疗健康数据体量巨大，一张 CT 图像包含的数据量就可达到 100 MB。

（2）类型多。医疗健康数据来源多样，数据类型复杂多样，包括文本、数字、图像、视频等。随着医疗技术和手段的不断创新与发展可能会产生新的数据类型，数据的维度也在不断增长。多类型的数据对数据处理能力提出了更高的要求，加大了医疗数据分析和处理的难度。

（3）不完整。大量的医疗数据来源于人工记录，通常存在偏差和残缺，同时许多数据的表达、记录也具有不确定性。

（4）冗余性。同一个人在不同医疗机构可能产生相同的数据，整个医疗数据库会包含大量重复和无关紧要的数据，如常见疾病的相关描述信息、与病理特征无关的信息等。

（5）时效性。医疗健康数据的创建速度快，更新频率高，许多数据的采样周期已从周、天变为分、秒，甚至是连续性记录，这对响应速度及处理速度提出更高要求。

（6）隐私性。隐私性是医疗健康大数据的重要特点。个体的患病情况、诊断结果、基因数据等医疗健康数据的泄露会对个人产生负面影响，且涉及侵犯公民权。

医疗健康大数据是多种学科知识交叉的典型范例。医疗健康大数据所面临的挑战涉及数据采集、分析、保护和应用等方面。合规性是医疗健康大数据领域的重要问题。医疗健康大数据采集及管理、分析的任一环节都存在合规性问题，相关主体需要根据从事的业务领域关注相应的合规义务。获得优质数据是企业在挖掘医疗健康大数据价值的关键，把握优质医院资源将使企业在该领域拥有先发优势。

医疗健康大数据的真正落地需要政府、医院和医疗企业三方共同合作，政府负责制定相应的法律法则、标准制度、管理要求、监督规范，同时要消除信息不对称、资源不均衡。医院提供医学专业知识并合规地采集、存储、传输相关医疗数据。医疗企业则负责前沿技术的研发并承担一部分数据的采集、存储、传输、追踪任务，提升市场化竞争实力，为挖掘医疗健康大数据的价值提供支持。海量的医疗健康大数据需要云计算、人工智能提供的强大的计算能力、存储能力与分析技术。

在医疗中应用大数据技术，不仅可以辅助各种临床诊断及临床治疗，还可以优化临床路径。临床诊断、临床治疗及临床路径分析的基础是电子病历，利用大数据技术可以对医疗中的各种临床病历及各种治疗路径进行分析，其中分析内容包括具体的治疗效果及费用，从而得到最优的临床诊断和临床治疗方法。但是仅依靠大数据技术对这些数据进行分析是不够的，还需要在结合人的各种经验的基础上得出最佳的临床治疗方案，从而使实际临床效果得到很大的提升。

总体来说，医疗健康大数据将会向精细化、智能化和便捷化的方向更快发展，互联网有助于实现个性化与社会化的健康管理制度，医疗健康大数据将更加注重开放共享和隐私保护。

7.4.3 灾害大数据

近年来，由于自然灾害和人为灾害的频繁发生，灾害应急管理受到世界各国越来越多的关注。随着灾害信息量的急剧增长，灾害应急管理领域更加期待利用数据分析技术来提升灾害应急响应的水平。

灾害大数据将给防灾减灾带来不可估量的变革作用[35]。灾害大数据的来源主要有以下两个方面：

（1）灾害发生前后社交媒体产生的数据。常见的社交媒体有新闻媒体、官方网站、微博、贴吧、知乎、微信等，通过研究这些社交媒体产生的数据，通过分析出在灾害发生时用户在这些社交媒体上的行为，可以归纳出灾情的特点和关注点，挖掘出的灾情能为抗灾救灾提供重要的数据支撑。来自互联网的社交媒体数据不仅可用于应对灾害，还具有风险预警的功能。社交媒体产生的数据能够扩大危机沟通的覆盖面、提高灾害评估内容的有效性等。此外，在突发发生时，社交媒体作为信息高速传播的渠道，能够在灾害应急管理响应中承担部分责任，有助于备灾[36-37]。在掌握这些信息的基础上，政府能够立即启动应急预案，赶赴现场，有效、精准地开展救援工作。因此，如果在突发事件的前期有数据支撑，特别是一些有价值的数据（如具有快速传播功能的社交媒体数据等），就能够有效提升灾害应急管理的响应效率[36]。

（2）灾害发生前后传感器采集的数据。现在越来越多的设备都配备了用于连续测量和报告环境情况的传感器。例如，地震观测系统的地震台站、地方性地震台网（包括遥测台网、专用台网和社会台网）、省级区域地震台网、国家地震台网和全球地震台网，可实时地对地磁、地电、地下流体、大地形变、地壳形变、重力等进行观测。这些观测到的地震数据是复杂和多样的，按其观测类型的不同，可分为测震数据、强震动观测数据、地磁观测数据、地电观测数据、地下流体观测数据、大地形变测量数据、定点地壳形变观测数据、重力测量数据、地震遥感数据、其他地震观测数据等[38]。地震数据具有海量、多源、异构等特点，地震数据集的维度一般包括地震发生的日期、地震发生的时间、震中位置的纬度、震中位置的经度、震源深度，以及地震震级。

总之，随着灾害大数据来源的日益多元化和复杂化，灾害大数据为灾害应急管理提供了有力的数据支撑。在此基础上，实时掌握灾害大数据并在正确时间向适当的人员发送正确信息的重要性不言而喻。如果政府部门能够实时获得与灾害相关的信息，便可帮助工作人员实时了解灾害状况、有效地组织救援，以及解决赈灾和灾后恢复过程中的资源配置问题；如果企业管理人员能够及时了解企业生产中相关物资的短缺情况或者供应链上其他单位的受灾情况，就能够及时制定恢复生产和获取相应物资的方案；如果普通民众能够及时了解应急疏散信息和各个救助点的配置情况，就能够有针对性地进行撤离。

7.4.4 制造业大数据

制造业是指大规模地把原材料加工成成品的工业生产过程。高端制造业是指制造业中新出现的具有高技术含量、高附加值、强竞争力的产业。典型的高端制造业包括半导体生产、精密仪器制造、生物制药等领域。这些领域往往涉及精密的工程设计、精确的过程控制和严格的材料规范。产量和品质极大地依赖流程管控和优化决策，因此，制造业不遗余力地采用各种措施优化生产流程、调优控制参数、提高产品品质和产量，从而提高企业的竞争力。

随着工艺、装备和信息技术的不断发展，制造业产生和积累了大量的生产过程历史数据。这些数据中蕴含有对生产和管理有很高价值的知识和信息。然而，如何有效地利用这些数据优化生产过程、提升生产效率，成为制造业关注的焦点。因此，制造业需要一种高效可靠的分析方法及工具，把隐藏在海量数据中有用的深层次的知识和信息挖掘出来，以提升制造业在控制、优化、调度、管理等各个层面分析问题和解决问题的能力。数据挖掘技术是解决制造业海量信息数据处理的关键技术之一[39]。

随着计算机、微处理器、传感器、数/模转换器等电子技术的发展，采集数据的能力也变得更加的强大。这些数据来源于实际生产，并与生产设计、机器设备、原材料、环境条件等生产要素高度相关。通常，分析人员很难察觉到参数间关联模式和影响品质的重要生产要素等信息，通过数据分析能将被挖掘出数据转换成有价值的生产制造知识，从而在实际生产中改进产品品质、提升产品性能和生产效率，最终达到提高企业竞争力的目的。

然而，制造业的数据特点使得数据分析面临很多挑战：

（1）7×24 的自动化生产方式和新数据采集工具的使用使得数据量急剧增长，需要强大的数据分析能力来支撑。

（2）大量过程控制参数造成的数据高维特性，对数据分析的效率和分析结果的准确性提出了更高要求。

（3）产生和收集数据的方式不同造成数据的多样性，使有效集成数据并保证数据的一致性也变得更加的困难。

基于以上特点，依靠传统信息系统从海量数据中查询信息或者单纯利用专家经验来分析和发现具有潜在有价值的信息已经变得不太现实。因此，制造业需要利用数据分析技术、工具或平台，智能地从大量复杂的原始生产数据中发现新的模式和知识作为改进生产过程的决策依据。

数据处理平台的架构如图 7.12 所示，由物理资源层、逻辑资源层、数据分析任务管理层和数据分析层组成。这种分层的架构充分考虑了海量数据的分布式存储、不同数据挖掘算法的集成、多种分析任务的配置，以及系统和用户的交互功能。

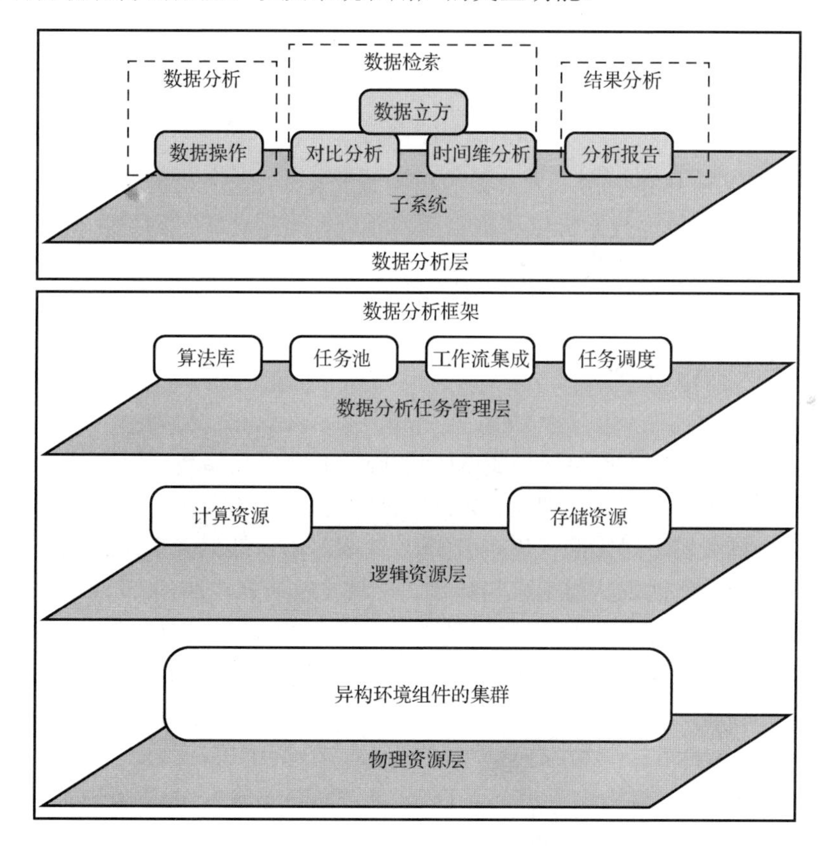

图 7.12　数据处理平台的架构

（1）物理资源层。物理资源层主要包括底层的物理设备，这些物理设备能有效地支撑数据存储和扩展。

（2）逻辑资源层。逻辑资源层包括存储资源和计算资源。存储资源建立在物理设备的基础上，包括传统数据库、本地文件系统、分布式文件系统等。计算资源是逻辑上的计算单元，数据处理平台的计算能力依赖于计算单元的数量，通过扩展配置计算单元的数量能有效地支撑上层的数据挖掘任务。

（3）数据分析任务管理层。该层是数据处理平台的核心，能有效地连接分析功能与后台集群。合理的数据分析平台设计需要具备任务管理能力主要包括易于算法扩展、支持任务流和任务间依赖关系的配置、任务调度、计算资源和存储资源的配置。数据分析平台通过数据分析框架来有效支撑数据分析任务管理。

（4）数据分析层。数据分析层提供具体分析任务的用户执行接口，数据分析任务主要包括数据立方、对比分析、时间维分析、数据操作、结果展示和分析报告。

总之，大数据挖掘技术可帮助制造企业把隐藏在海量数据中有用的、深层次的知识和信息挖掘出来，有效提升高端制造业在控制、调度、管理、库存、销售等各个层面分析和解决问题的能力。结合特定的制造流程，将数据挖掘算法应用到数据分析平台上并验证其有效性，并对有效的技术成果进行推广应用，可提高对制造过程中出现的问题的分析和解决效率，使产品的综合良品率及生产效率得到了快速提升。

7.5 本章小结

本章首先从 DIKW 体系引出了大数据的相关概念及特征，然后介绍了大数据生命周期和大数据平台，接着分析了大数据价值和重点应用领域，最后介绍了网络百科大数据、医疗健康大数据、灾害大数据和制造业大数据。

本章参考文献

[1] 王珊，萨师煊．数据库系统概论[M]．5 版．北京：高等教育出版社，2014．

[2] 周屹，李艳娟．数据库原理及开发应用[M]．2 版．北京：清华大学出版社，2013．

[3] 刘超．中国人实用思维的理论研究[D]．南京：南京师范大学，2019．

[4] 梅宏．大数据发展现状与未来趋势[J]．交通运输研究，2019, 5(5):1-11．

[5] 李学龙，龚海刚．大数据系统综述[J]．中国科学：信息科学，2015, 45(1): 1-44．

[6] 闫树．大数据：发展现状与未来趋势[J]．中国经济报告，2020(1): 38-52．

[7] 李涛，曾春秋，周武柏，等．大数据时代的数据挖掘——从应用的角度看大数据挖掘[J]．大数据，2015, 1(4): 57-80．

[8] Michael M, Moreira J E, Shiloach D, et al. Scale-up x Scale-out: A Case Study Using Nutch/Lucene [C]. the 21st IEEE International Parallel and Distributed Processing Symposium, 2007.

[9] Feng D, Zhu L, Zhang L, et al. Review of Hadoop Performance Optimization [C]. the 2nd IEEE International Conference on Computer and Communications (ICCC), 2017.

[10] 孙大为，张广艳，郑纬民．大数据流式计算：关键技术及系统实例[J]．软件学报，2014, 25(4): 839-862

[11] 朱群. 基于 Storm 的实时推荐系统的设计与实现[D]. 西安：西安电子科技大学，2017.

[12] 鲁亮，于炯，卞琛，等. 大数据流式计算框架 Storm 的任务迁移策略[J]. 计算机研究与发展，2018, 55(1): 71-92.

[13] 林子雨. 大数据技术原理与应用[M]. 2 版. 北京：人民邮电出版社，2017.

[14] Zaharia M. An Architecture for Fast and General Data Processing on Large Clusters [M]. CA: Morgan & Claypool, 2016.

[15] 胡楠. 面向复杂网络的时序链路预测与局部社团挖掘[D]. 南京：南京邮电大学，2018.

[16] 杨春春. 面向网络数据的定向采集与自动摘要技术的研究[D]. 南京：南京邮电大学，2018.

[17] 费宁，张浩然. TensorFlow 架构与实现机制的研究[J]. 计算机技术与发展，2019, 29(9): 1-5.

[18] 张瑞敏. 大数据背景下高校思想政治教育创新研究[D]. 上海：华东师范大学，2020.

[19] 董甜甜. 互联网时代中华元素的数字化艺术传播研究[D]. 南京：东南大学，2019.

[20] 杜庆昊. 中国数字经济协同治理研究[D]. 北京：中共中央党校，2019.

[21] 贾玉文. 网络百科全书的发展及其意义[J]. 大学图书馆学报，2002, 20(6): 35-38.

[22] 付巧. 基于“众源方式”的维基百科编撰模式研究[D]. 西安：陕西师范大学，2017.

[23] Leuf B, Cunningham W. The Wiki Way: Quick Collaboration on the Web[M]. Boston, Massachusetts: Addison-Wesley Professional, 2001.

[24] 卢华国. 试论现代辞书学发展的“维基范式”[J]. 外语研究，2011, (3): 70-73.

[25] Lih A. The Wikipedia Revolution: How a Bunch of Nobodies Created the World’s Greatest Encyclopedia[M]. New York: Hyperion, 2009.

[26] 王明帅. 基于 J2EE 架构的校园课评系统的设计与实现[D]. 西安：西安电子科技大学，2014.

[27] 韩毅，杨晓琼. 数字图书馆历史：研究范式的起源与演进[J]. 情报资料工作，2005, 1(3): 59-62.

[28] Xi W. British State Strategy of Developing Big Data [J]. Global Science Technology & Economy Outlook, 2013, 28(8): 24-27.

[29] Mozaffarian D, Benjamin E J, Go A S, et al. Executive Summary. Heart Disease And Stroke Statistics-2015 Update: a Report from the American Heart Association [J] Circulation, 2015, 131(4): 434-441.

[30] Mozaffarian D, Benjamin E J, Go A S, et al. Executive Summary. Heart Disease And Stroke Statistics -2016 Update: a Report from the American Heart Association [J] Circulation, 2016, 131(4): 434-441.

[31] Kuo M H, Sahama Kushniruk A W, et al. Health Big Data Analytics Current Perspectives Challenges and Potential Solutions [J]. International Journal of Big Data Intelligence, 2014, 1: 114-126.

[32] Raghupathi W, Raghupathi V. Big Data Analytics in Healthcare: Promise And Potential [J]. Health Information Science and Systems, 2014, 2(1): 3.

[33] Farahani B, Firouzi F, Chang V, et al. Towards fog-driven IoT eHealth: Promises and challenges of IoT in medicine and healthcare [J]. Future Generation Computer Systems, 2018, 78(2): 659-676.

[34] Wang Y C, Kung L A, Wang W Y C, et al. An integrated big data analytics-enabled transformation model: Application to health care [J]. Information & Management, 2018, 55(1): 64-79.

[35] 周芳检. 大数据时代城市公共危机跨部门协同治理研究[D]. 湘潭: 湘潭大学，2018.

[36] Dufty N. Using social media to build community disaster resilience [J]. Australian Journal of Emergency Management, 2012, 27(1): 40.

[37] 江苏盐城响水一化工企业发生爆炸:央视网[EB/OL]. [2019-07-19]. https://tv.cctv.com/2019/03/21/VIDEkbB0eZrDAp12Iye5BGzU190321.shtml.

[38] 李瑞芬，高伟.《地震地磁观测与研究》创刊 30 年总目录（1980～2009 年）[J]. 地震地磁观测与研究，2009, 30(5): 152-220.

[39] 李涛. 数据挖掘的应用与实践：大数据时代的案例分析[M]. 厦门：厦门大学出版社，2013.

第8章 大数据采集

8.1 数据采集概述

8.1.1 数据采集的概念

如前文所述，在整个大数据的生命周期中，数据采集处于生命周期中的第一个阶段。数据采集，又称为数据收集、数据获取、数据抓取，是数据分析的前提，是指通过各种技术手段实时或非实时地采集各种数据源产生的数据。

数据采集的对象类型是复杂多样的，主要包括结构化数据、半结构化数据、非结构化数据[1]。

（1）结构化数据。结构化数据能够用统一、规范的数据结构加以表示，如传统的关系数据库存储的数据，一般可用二维表结构表示，可以用固定的键值获取相应的信息，且数据的格式是固定的。

（2）非结构化数据。非结构化数据的数据结构不规整或不完整，没有预定义的数据模型，包括各种格式的传感器数据、文档、图像、声音、超媒体等信息。

（3）半结构化数据。半结构化数据介于结构化数据和非结构的数据之间，如 XML、HTML 文档等，一般具有可识别的模式并可以解析，数据的格式不固定，同一键值下对应的信息可能是数值型的，也可能是文本型的。

8.1.2 数据采集的性能要求

在大数据时代中，数据采集有以下三个基本的性能要求[2]。

（1）全面性。采集的数据要具有分析价值，并足以支撑分析的需求。例如，通过网络分析民众对特定事件、主题（如某个热门新闻）的观点、情绪、倾向，以及特定事件或主题的发展趋势，即在进行网络舆情分析时，需要在互联网的基础上通过多个渠道来全面采集多个社交平台上大规模用户发布的信息。

（2）多维性。采集的数据要满足分析的需求。针对数据的多种属性，需要进行多维度的数据采集，以满足不同目标的分析需求。例如，通过互联网采集电商平台的商品数据并进行分析时，采集的商品数据维度不但要包括商品ID、名称、型号、价格、销量、厂商等基本属性，还要包括商品的用户浏览量、销量、评价信息等。

（3）高效性。数据采集的高效性是数据采集的过程和采集的结果要满足高效率的要求，具体包含采集数据的速度要快、开销要少，采集的数据要具有针对性，采集的数据质量能够满足后续数据分析的要求。

8.1.3 传统数据采集和大数据采集

与传统数据采集相比，大数据采集有一定的差异，如表8.1所示。

表8.1 传统数据采集与大数据采集的区别

	传统数据采集	大数据采集
数据源	数据源单一	来源广泛
数据量	数据量相对较少	数据量巨大
数据类型	结构单一	数据类型丰富，包括结构化、半结构化和非结构化数据
数据产生速度	速度有限	速度越来越快
数据存储	采用关系数据库和数据仓库存储	采用分布式数据库和分布式文件系统存储

（1）数据源。传统数据采集的数据源相对单一，例如从单一的客户关系管理系统、企业资源计划系统及相关业务系统中采集数据；大数据采集的数据来源较多，不仅包括企业系统中的客户关系管理系统、企业资源计划系统、库存系统、销售系统等，也包括工业网络中的智能仪表、工业设备传感器、视频监控系统等，还包括基于互联网的电商系统、政务系统等。

（2）数据量。互联网和机器系统产生的数据量巨大，大数据采集需要采集的数据量也远远超出传统数据采集的数据量。

（3）数据类型。传统数据采集的数据类型单一，大都为结构化数据；大数据采集需要采集大量的视频、音频、图片等非结构化数据，以及页面、博客、日志等半结构化数据。

（4）数据产生速度。传统数据采集的数据源产生数据的速度有限，大数据采集的数据源产生数据的速度越来越快，为全面、及时地进行数据采集带来了困难。

（5）数据存储。传统数据采集获取的数据可采用关系数据库和数据仓库进行存储，大数据采集获取的数据需要采用分布式数据库和分布式文件系统来存储。分布式数据库具有更好的可扩展性。

8.2 数据采集的工具

8.2.1 网络数据采集

互联网已成为数据信息发布和存储的最大载体，蕴含巨大的价值。要实现数据价值的最大化，就要根据需要从互联网中获取相应的数据，网络数据采集技术及工具是关键。

网络数据采集技术用于对互联网等网络平台上数据进行采集，可进行广泛的或有针对性的数据抓取，按照一定规则和筛选标准对数据进行处理、归类，并存入数据库中。网络数据采集是搜索引擎等信息系统的重要组成部分，主要利用网络爬虫等工具，从网络上获取数据。

网络爬虫又称为网络蜘蛛、网络机器人，是一种按照一定的规则自动地抓取 Web 数据的程序或者脚本。网络爬虫会从一个或若干初始页面的统一资源定位器（Uniform Resource Locator，URL）开始，获得初始页面上的数据，并且在抓取页面数据的过程中，不断从当前页面中抽取新的 URL 并放入 URL 队列，直到满足设置的停止条件为止。网络爬虫的工作流程如图 8.1 所示，具体如下：

（1）选取一部分种子 URL。

（2）将这些 URL 放入待抓取 URL 队列。

（3）从待抓取 URL 队列取出待抓取 URL，通过域名解析，得到主机的 IP 地址，将 URL 对应的页面下载下来，并存储到已下载的页面库中。

（4）将这些 URL 放入已抓取 URL 队列。

（5）分析已抓取 URL 队列中的 URL，分析其中的其他 URL，并且将这些 URL 放入待抓取 URL 队列，进入下一轮循环。

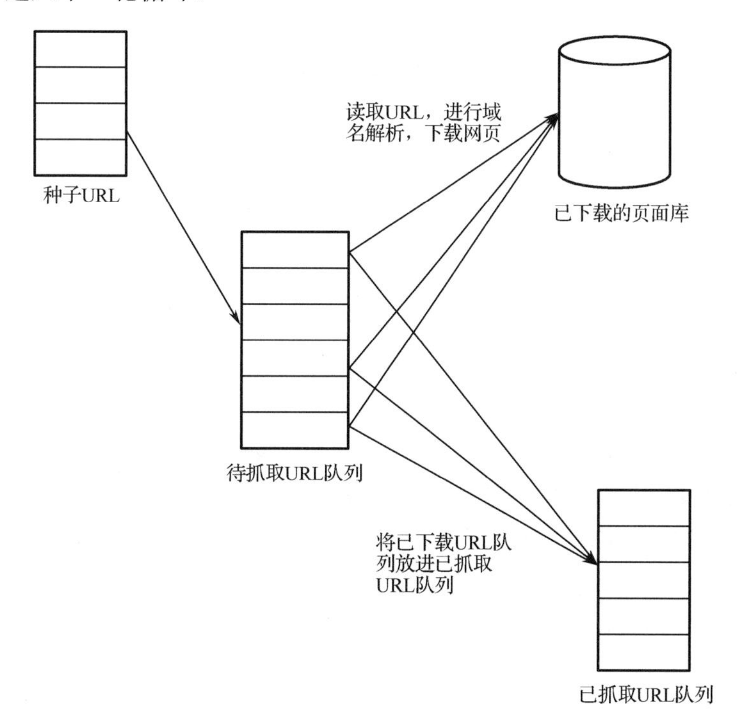

图 8.1　网络爬虫的工作流程

按照网络爬虫的系统结构和实现技术，可以将网络爬虫分为通用网络爬虫、聚焦网络爬虫、增量式网络爬虫、深层网络爬虫。实际的网络爬虫通常是几种爬虫技术相结合的产物。

典型的网络数据采集工具包括 Nutch、Scrapy 等，Scrapy 的架构及其组件[3]如图 8.2 所示。

（1）引擎。引擎负责控制 Scrapy 所有组件之间的数据流，并在发生某些动作时触发对应的事件。

（2）调度器。调度器用于接收来自引擎的请求，并将引擎的请求排入队列。

（3）下载器。下载器负责下载页面并将它们提供给引擎，由引擎将下载的页面提供给爬虫（Spider）。

（4）Spider。Spider 提供构建爬虫的基本类，用于定义如何抓取数据及解析数据。

（5）项目管道。管道负责处理抓取的数据项目，对数据进行清理、验证和持久化存储。

（6）下载器中间件。下载器中间件是位于引擎和下载器之间，并在请求从引擎传递到下载器时处理请求，以及从下载器向引擎传递响应信息。

（7）Spider 中间件。Spider 中间件位于引擎和爬虫之间，作用对象是爬虫，负责处理爬虫的输入和输出。

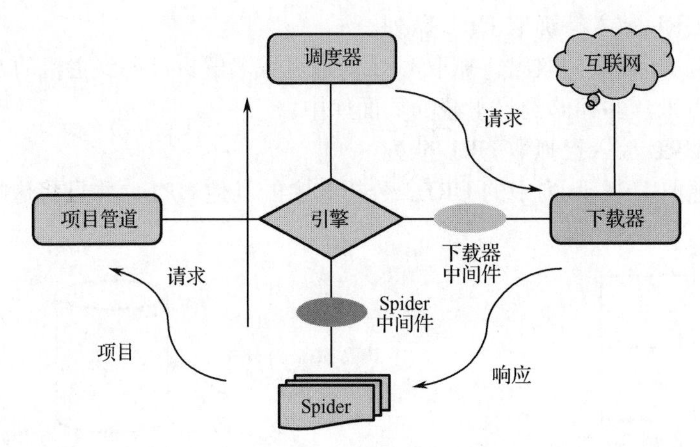

图 8.2 Scrapy 的架构及其组件

8.2.2 感知设备数据采集

感知设备数据采集是指通过传感器、摄像头和其他智能终端自动采集信号、图片或录像等数据。随着物联网和无线传感器网络的普及，数以万计的传感器节点可以通过无线通信技术接入信息系统，利用感知设备进行数据采集为后续数据分析与环境控制提供了基础。

传感器是指能感受规定的被测量的信息并按照一定的规律将被测量的信息转换成可用输出信号的器件或装置，又称为敏感元件、检测器件、转换器件等。电子技术中的热敏元件、磁敏元件、光敏元件及气敏元件，在机械测量中的转矩、转速测量装置，在超声波技术中的压电式换能器等都可以统称为传感器。

传感器一般由敏感元件、转换元件、信号调理转换电路组成，有时还需外加辅助电源来提供转换能量，如图 8.3 所示。

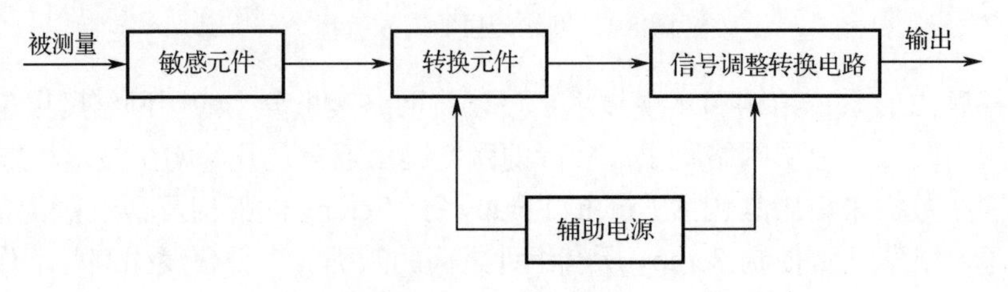

图 8.3 传感器的组成

根据敏感元件的不同，传感器可分为以下几类[4]：

（1）光敏传感器。光敏传感器是对光信号或光辐射有响应或转换功能的器件或装置。

（2）声敏传感器。声敏传感器是一种可以将在气体、液体或固体中传播的机械振动或声波转换成电信号的器件或装置。

（3）气敏传感器。气敏传感器是用来检测气体浓度和成分的器件或装置，在环境保护和生产安全监督等方面有重要的作用。

（4）化学传感器。化学传感器是对各种化学物质敏感并将其浓度转换为电信号的器件或装置。

传感器技术作为获取数据的重要手段，与通信技术和计算机技术共同构成信息技术的三大支柱，目前已经成为智慧城市服务和应用的前提。近年来，随着生物科学、材料科学和微电子科学的迅猛发展，现代传感器技术的发展趋势可以概括为四个方面：一是开发基于新材料、新工艺的新型传感器；二是实现传感器的多功能、高精度、集成化和智能化；三是实现传感技术硬件系统与元器件的微型化；四是实现传感器与其他学科的交叉整合[5]。

传感器网络用于实现各种传感器节点之间的互联互通，完成多源数据的快速采集。得益于智能手机的普及，各种智能手机附带的传感器都在发挥着作用。除了智能手机，各种具有通信和感知能力的移动设备，如智能手环等，也能作为感知节点采集数据。

群体感知（Crowd Sensing）[5]是结合众包思想和移动设备感知能力的一种新型数据获取模式，通过人们已有的移动设备形成交互式的、参与式的感知网络，并将感知任务发布给网络中的个体或群体来完成，从而大规模地进行数据收集、信息分析和知识共享。例如，通过分析大量智能手机的定位数据可以掌握人口的流动规律。

8.2.3 系统日志采集

系统日志（Log）[6]用于在时间上连续地记录由系统指定的对象的动作及动作结果。系统日志可以记录系统进程和设备驱动程序的活动，包括系统服务的开启、关闭、暂停等状态，以及设备驱动程序启动、自检、故障等情况。操作系统、数据库、网络系统等平台每天都会产生大量的系统日志，收集、存储、处理和管理这些系统日志需要特定的日志系统。

日志系统不仅可以进行接近实时的在线日志分析和离线日志分析，还具有高可扩展性，也就是说，当系统日志的数据量规模过大时，可以通过增加节点进行分布式扩展。

目前典型的日志系统有 Fluentd、Logstash、Flume、Scribe 等，其中 Fluentd 受到了广泛的关注。

Fluentd[7]是 Apache 2.0 协议许可的开源日志数据收集器，支持用户实时地从数千台机器收集数据，主要特色包括：

（1）使用 JSON 格式统一日志记录。Fluentd 将数据结构化为 JSON 格式，不仅可以更容易地统一处理日志数据的收集、过滤、缓冲和输出，还可以保留灵活的模式。统一日志记录例图如图 8.4 所示。

（2）可插拔架构。Fluentd 拥有灵活的插件系统，用户可以通过插件更好地使用日志。可插拔架构如图 8.5 所示，Fluentd 的众多插件使其可以兼容数十种数据源和数据输出，插件也很容易编写和部署。

（3）节省资源开销。Fluentd 是采用 C 语言和 Ruby 语言编写的，需要较少系统资源，实例可以运行在数十 MB 的内存上，每个引擎每秒可以处理数以万计的事件。

（4）基于内存和文件的缓存。Fluentd 支持基于内存和文件的缓存，可防止数据丢失。

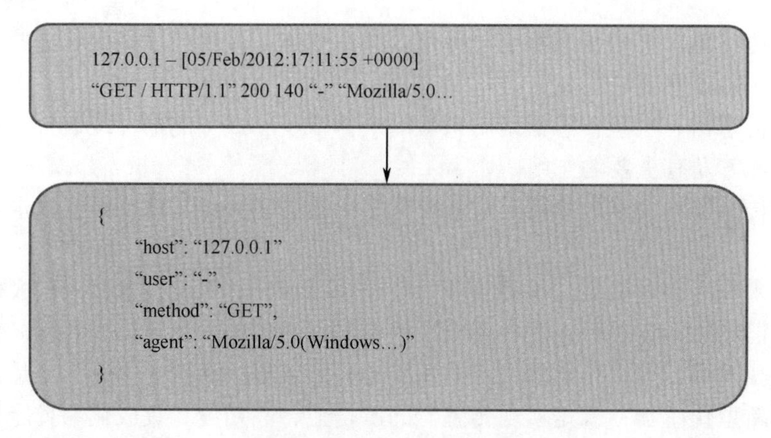

图 8.4　统一日志记录例图

（5）数据源与后端系统分离。Fluentd 通过在数据源与后端系统之间提供统一的日志层来将二者分离，如图 8.6 所示。日志层允许开发人员和数据分析师使用多种类型的日志，可以更好地利用日志数据。

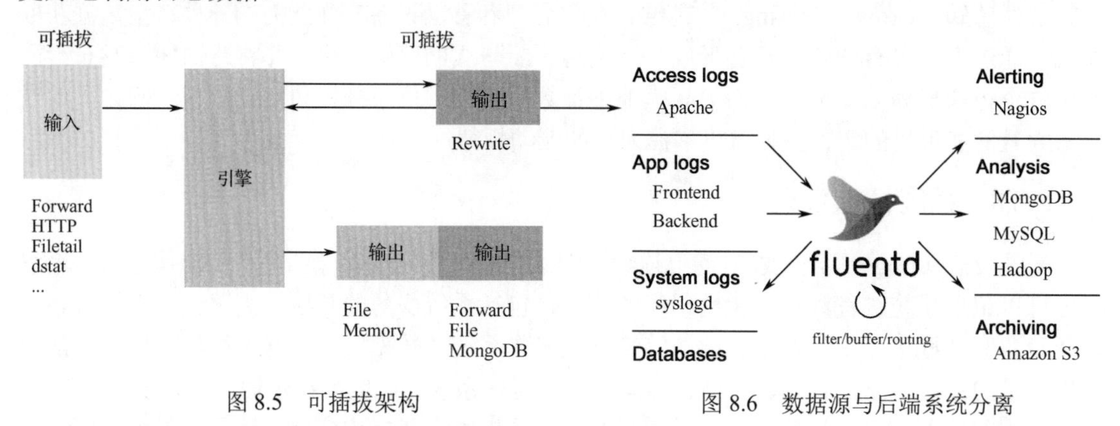

图 8.5　可插拔架构　　　　图 8.6　数据源与后端系统分离

8.3　分布式数据采集

8.3.1　分布式数据采集系统

随着数据量的增大，导致数据的采集和处理均需要采用分布式技术，采用分布式技术可以有效提高数据采集的速率[8]。基于 Hadoop 平台的 Nutch 能够实现分布式数据的采集。

Nutch 是著名的 Apache 的一个优秀的开源项目，是采用 Java 语言实现的具有高可扩展性的搜索引擎。Nutch 基于模块化的思想设计，具有跨平台的优点。利用 Hadoop 的分布式平台，Nutch 可以让多台机器同时进行数据的采集，可保证系统的高性能。Nutch 支持插件开发的机制，可以进行相关自定义的操作，从而完成二次接口的开发和系统的扩展。Nutch 为实现基于分布式的数据采集提供了可靠的平台。

Nutch 可以在 Hadoop 分布式平台下进行多台机器分布式并行采集，采用 HDFS 作为文件的存放单元，能够在短时间内采集并存储大量的页面数据。

Nutch 的工作主要可以分为两个环节：首先采集相关的页面，然后将采集的页面数据存放在本地，并建立索引。Nutch 的运行流程如图 8.7 所示。

步骤 1：建立初始种子链接的 URL 集合，将 URL 集合存放在文本，然后上传至 HDFS。

步骤 2：执行 Inject 的操作，将种子 URL 集合注入 URL 队列。

步骤 3：执行 Generate 的操作，通过 URL 队列生成采集所需的链接列表。

步骤 4：执行 Fetch 的操作，根据链接列表的种子链接采集相关的页面内容。

步骤 5：执行 Parse 的操作，解析采集到的页面数据，然后生成 parsedata 和 parsetext 两个文件目录，分别存放页面文本内容和页面中的超链接等信息。

步骤 6：执行 Update 的操作，将抽取的新链接更新到始种子链接队列。

步骤 7：循环执行步骤 3 到步骤 6，当满足设定的条件时，结束数据采集工作。

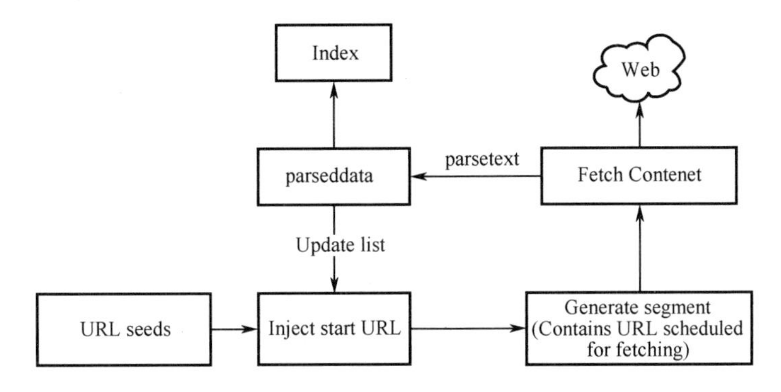

图 8.7　Nutch 的运行流程

分布式数据采集系统的主要特点有：

（1）伸缩性强。无论大规模的系统还是中小规模的系统，都适合使用分布式数据采集系统，均可以通过选用适当数量的采集节点来构建相应规模的系统。

（2）可靠性高。由于采用了多个数据采集节点，若某个数据采集节点出现故障，只会影响该节点数据，而不会对系统其他部分造成任何影响，也便于故障查找。

（3）速度高。分布式数据采集系统采用了多机器并行的工作模式，能够快速采集大规模的数据并进行数据预处理，可满足大型、高速、广域数据采集的需求。

8.3.2　分布式数据采集系统的架构

以网络采集系统为例，数据采集系统需要面对整个互联网上数以亿计的页面，单个数据采集程序不可能完成这样的任务。分布式数据采集系统往往采用三层结构：分布在不同地理位置的数据中心，每个数据中心有若干台抓取服务器，而每台抓取服务器上又部署了若干套爬虫程序。分布式数据采集系统的架构如图 8.8 所示[9]。

分布式数据采集系统常常采用主从式和对等式这两种架构[10]。

对于主从式架构而言，由一台专门的主服务器来维护待抓取的 URL 队列，该服务器负责将 URL 分发到不同的工作服务器，而工作服务器则负责页面下载的工作。主服务器除了维护待抓取的 URL 队列以及分发 URL，还要负责调节各个工作服务器的负载情况。基于主从式架构的分布式数据采集系统的优点是结构简单，容易管理和配置；其缺点是主服务器容易成为系统性能的瓶颈，特别是当工作服务器数量过于庞大时。

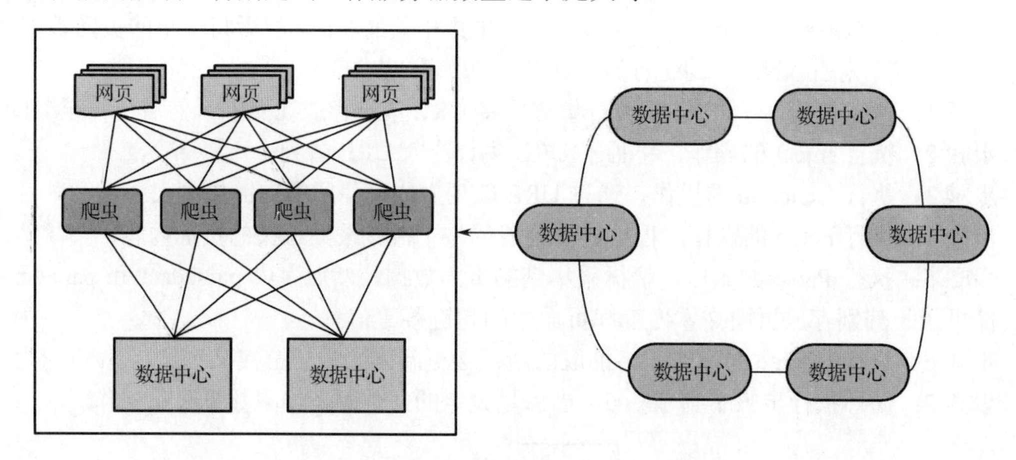

图 8.8　分布式数据采集系统的架构

基于主从式架构的分布式数据采集系统如图 8.9 所示，主要由爬行控制器和爬行终端组成，通过爬行控制器可以控制爬行终端，爬行终端负责数据的采集，并将相关的拓扑数据等反馈给爬行控制器。

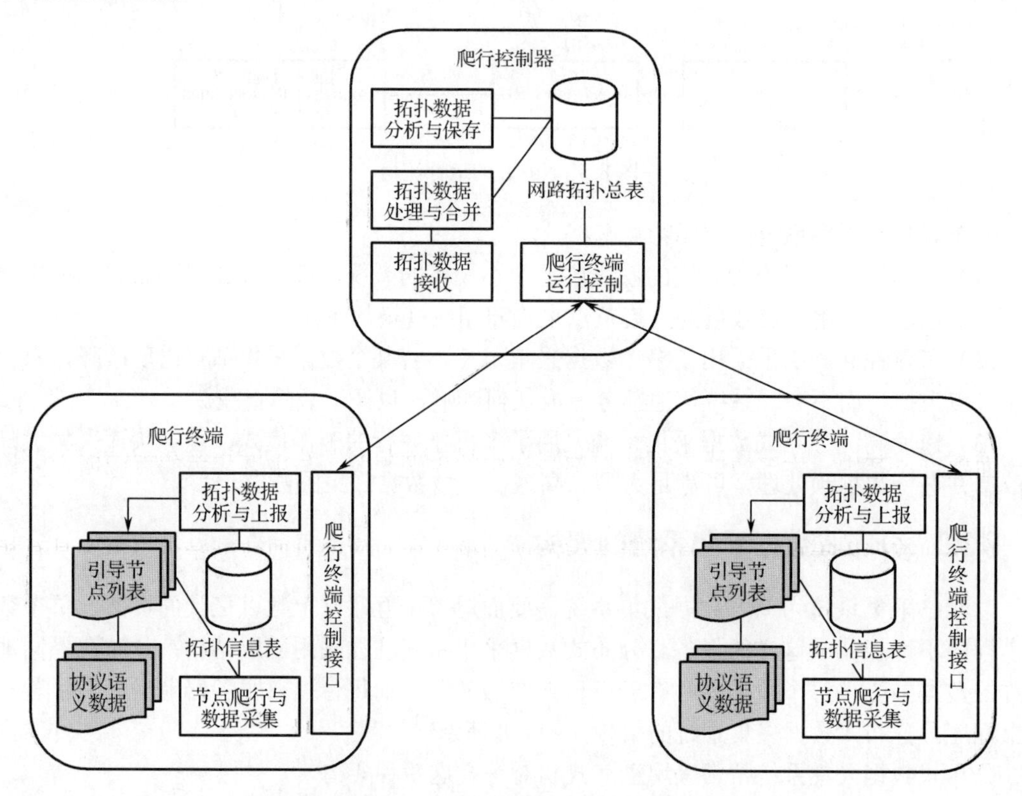

图 8.9　基于主从式架构的分布式数据采集系统

基于对等式架构的分布式数据采集系统没有主服务器，所有的抓取服务器在分工上没有区别，分别负责不同部分的网络数据的抓取。每一台抓取服务器都可以从待抓取的 URL 队列中利用 Hash 等方式获取需要负责抓取的部分 URL，然后并行抓取，如图 8.10 所示。

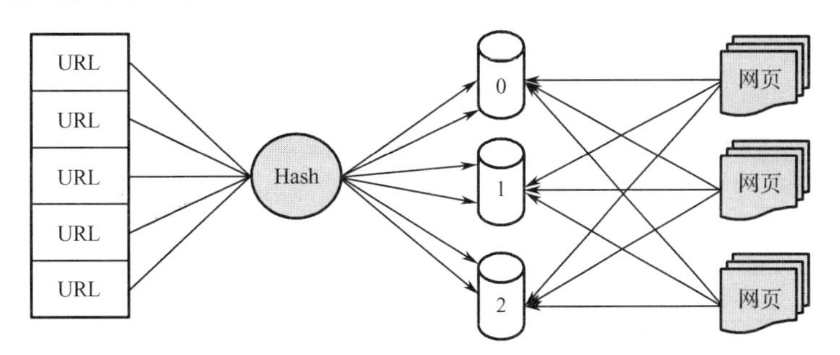

图 8.10　基于对等式架构的分布式数据采集系统

8.4　定向数据采集

8.4.1　定向数据采集的基本工作原理

搜索引擎一般会在一定的时间内自动地从互联网上采集相关数据，并将采集的数据用于后续的应用。数据的采集过程是由系统完成的，系统中的每个模块都会有独立的数据采集器。当系统采集完成一个页面时，就会获得所采集页面上的所有链接。数据采集程序可以通过这些链接跳转到其他的页面，如此反复地运行，直到采集完所有页面的数据为止。这种数据采集的方法一般用于通用数据的采集。

通用数据采集的对象是从特定的种子链接开始的，采用广度搜索的方式，其目标是采集互联网上的全部页面。由于通用数据采集要求对所有的页面进行全文索引，因此，对网络采集器的要求很高，不仅要求其数据采集的路径要尽可能覆盖整个网络，还要尽可能地扩大数据采集的范围。通用数据采集的工作流程图如图 8.11 所示。

与通用数据采集相对的是以聚焦网络爬虫为核心的定向数据采集。定向数据采集服务于特定的专业群体，采集的数据只局限于某个主题或者与其相关的领域[11]。互联网蕴含着海量的页面数据，其中，大多数的页面数据都与特定的主题无关，与主题相关的页面所占的比重很小[12]。

在定向数据采集过程中，首先需考虑发现的链接所对应的页面数据是否与主题具有相关性，然后决定是否对其进行采集。因此，定向数据采集需要考虑采用何种方法才能尽可能多地采集与主题相关的页面数据，需要对链接进行分析，挑选与主题相关的页面数据进行采集，避免采集与主题无关的页面数据。

定向数据采集首先要指定与主题相关的关键词，计算链接与主题的相关度；然后将主题的相关度转化为阈值，舍弃低于阈值的链接，将高于阈值的链接保存到待采集队列。定向数据采集的工作流程如图 8.12 所示。

定向数据采集重视待采集页面与主题的相关度，因此定向数据采集尽可能多地采集与主题相关的页面数据，尽量避免采集与主题相关度较低的页面或者无关的页面，从而提高采集主题资源的精准率。若要更好地实现上述功能，则不但要求系统具备高性能的主题相关度算法，而且还要选择合适的种子链接，同时还得制定完善的主题的表达方式以及相关的采集搜索策略等。

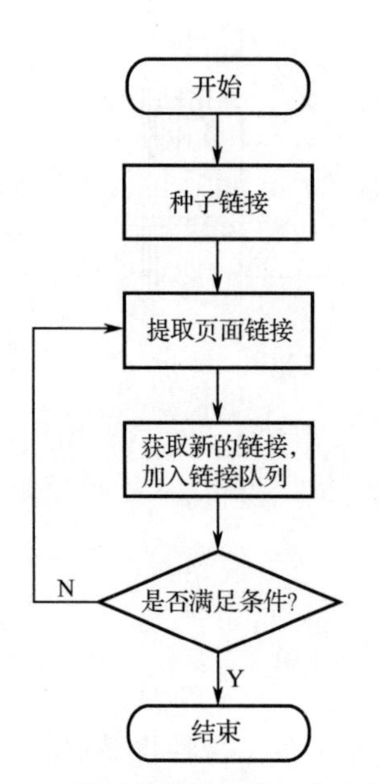

图 8.11　通用数据采集的工作流程

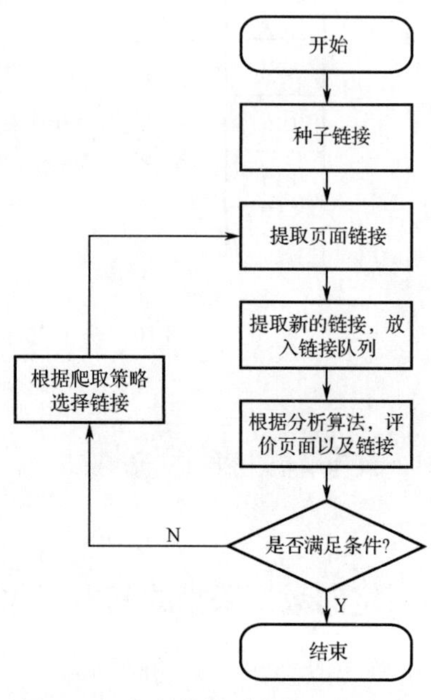

图 8.12　定向数据采集的工作流程

8.4.2　定向数据采集算法

目前定向数据采集主要对主题与页面数据的相似性进行判定，若相似度大于设定的阈值，则保存相关的页面数据。这种方法的效率比较低，采集的数据准确率也不高，难以实现对页面数据的准确采集。基于链接结构的主题采集算法主要判定待采集的链接与主题的相关性，易造成“主题漂移”的现象，忽略了链接的相关反馈信息。

互联网上的页面通常都是按照主题来分类的，主题相关的页面通常是相互链接的。当一个页面的数据与主题相关时，该页面包含与主题相关链接的可能性极大。

结合页面的评价、页面之间的链接信息，并引入遗传算法等，可以构建数据定向数据采集算法。采用自适应选择的方法，挑选相关度相对较高的链接作为初始种子链接，从而减少与主题无关链接的页面数据采集；较低相关度的链接采用较大的变异概率，较高相关度的种子链接将会采用较小的变异概率，目的是在保证有足够新的链接结构的同时，定向数据采集算法能够达到全局最优。通过在进化的不同时期采用不同的变异概率对父代个体链接进行基因变异，可选出与主题相关度高的链接。

典型的定向数据采集算法包括以下步骤：

步骤 1：将初始的种子 URL 全部放入链接队列，根据初始的种子 URL 进行页面数据的采集，提取锚文本的内容、页面的标题及正文。

步骤 2：对正文进行分词的操作，计算关键字的权重和文本的相关度。

步骤 3：利用文本聚类算法将相关度高文本聚集在一起。

步骤 4：根据聚类好的文本，利用朴素贝叶斯算法计算待抓取的页面属于该主题的概率。

步骤 5：通过归类完成的与主题相关的页面生成页面主题评价器，假设所采集页面的数量小于预先设定的最大页面数量，则循环执行以下步骤。

步骤 6：从链接集合中选出得分最高的链接，采集该链接对应页面的数据，抽取对应页面中的链接并插入链接队列。

步骤 7：计算页面的主题相关度，若大于阈值，则保存所对应的页面，否则进行交叉和变异操作。

步骤 8：及时调整当前页面得分，重新计算从当前页面抽取的链接对应页面的得分。

步骤 9：根据最新的页面得分重排链接队列中的所有链接，把与主题相关的页面放入训练集合中，获取最新的页面主题评价器。

步骤 10：比较计算出的相关度与阈值，大于阈值的链接则重新返回步骤 1；小于阈值的链接则直接舍弃。

步骤 11：按照上述的步骤，对页面进行定向数据采集，直到采集的页面数量大于或等于预先设定的最大页面数量为止。

8.4.3 定向数据采集系统的发展

Yahoo 网站在成立初期主要采用人工方式采集网络数据，并将不同的网站进行分类，制作成树状目录。随着互联网技术的飞速发展，网站与页面的数量急剧增加，通过人工方式采集页面数据的效率低、不够全面。自动采集网络的程序应运而生，通过网络爬虫可代替人工采集。1994 年，全世界首个搜索引擎 Web Crawler 创立。1998 年，Google 公司正式成立，Google 搜索引擎逐渐成为全球范围内最流行的搜索引擎之一。2000 年，致力于中文搜索的百度公司正式创立。搜索引擎一般会每隔一段时间进行一次全面的网络数据采集，利用所采集的数据更新服务器。这些搜索引擎都属于通用数据采集平台，广泛收集互联网所有数据。

定向数据采集系统最早的原型是 Archie 系统[13]，是由加拿大麦吉尔大学的 Emtage 教授等共同开发的。Archie 系统的文件资源基于 FTP 服务器，可以自动地采集服务器上的页面数据，并实现相关的检索功能。

为了聚焦搜索内容，实现采集结果的精准化，定向数据采集技术正逐渐成为研究和应用的热点。与通用数据采集系统不同的是，定向数据采集系统更偏向于为某些特定领域服务，如特定的新闻搜索、图片搜索、音乐搜索等。比较具代表性的定向数据采集系统是加利福尼亚大学伯克利分校的 Charkrabarti 等人研发的 Focus Crawler 系统[14]。该系统根据定制的程序来指导采集器进行页面数据的采集，定制的程序包含两方面，一是计算所采集的页面数据与特定主题之间的相关度，二是从众多链接中挑选出与主题相关的链接进行采集。

8.5 网络数据采集系统

8.5.1 基于网络的地震数据采集

本节以基于网络的地震数据采集[15]为例介绍典型的网络数据采集系统。作为自然灾害严重的国家之一，我国的灾害类型多、发生频率高，造成了严重的经济损失。近 20 年来，我国平均每年约有 3 亿人次受到各类自然灾害的影响，直接经济损失超过 2000 亿元。

地震是一场毁灭性的、不可避免的自然灾害，严重时会造成房屋损坏、交通瘫痪和人员伤亡。由于地震本身的突然性和不可预测性，目前还无法有效预测地震的发生并且提前做出预防工作，因此，地震发生以后及时有效的救援工作显得尤为重要。

国内外的学者在地震灾害评估、风险管理、灾害预警、应急响应和灾后重建等方面开展了大量的研究，形成一系列理论和技术。其中，精准的数据采集是应对突发性自然灾害的重要措施，应急救援的效率在很大程度上取决于地震后的有效数据。

在短时间内，精准地采集与灾害相关的页面数据，会对灾后救援产生积极的作用。以“地震”作为主题，通过设计定向数据采集系统，及时采集与灾害相关的数据，可以及时掌握地震的损害程度，合理地配置人力进行救援。

8.5.2 网络数据采集系统的架构

面向地震主题的网络数据采集系统主要目标是实现地震数据的精准采集，主要目标包括：

（1）能够精确、可靠地实现与地震主题相关的数据采集。

（2）能够从采集的海量数据中抽取出关键的内容。

（3）将采集的数据进行图形化的显示。

（4）通过友好的界面将结果反馈给用户。

系统通过灵活地配置参数，可以实现精准的数据采集，主要参数包括种子链接的集合、采集的线程数量、文件存放的路径、采集的深度，以及所需的集群主机数量。

网络数据采集系统可采用流行的 Eclipse 平台开发，主要包含前端开发和后端开发。网络数据采集系统的架构如图 8.13 所示，模型层主要从数据库中获取相关的数据；控制层主要负责处理用户的请求；视图层主要负责把相关的数据显示在页面上。

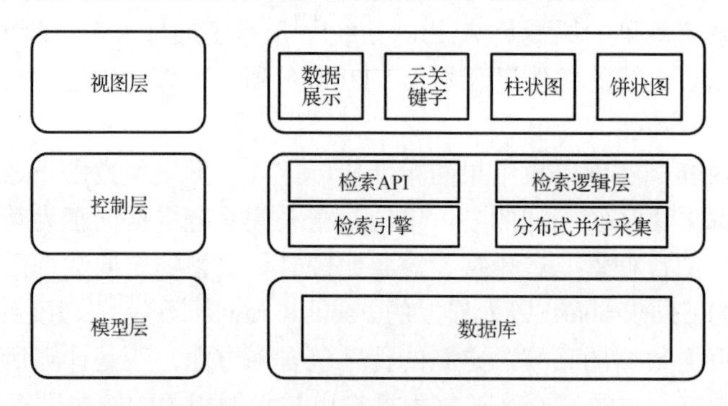

图 8.13 网络数据采集系统的架构

为了实现分布式并行数据采集，系统也可以选择 Hadoop 分布式平台，并且结合 Nutch 数据采集架构。因此，面向地震主题的网络数据采集系统本质上是分布式定向数据采集系统，运行在由多台物理主机构建的集群上，支持在集群中添加物理主机从而提高其性能。系统底层采用的是分布式文件系统 HDFS，计算模型采用的是 Map/Reduce 的技术，利用多线程将采集的数据直接存储在 HDFS 中，主服务器节点负责对其他任务节点进行资源的分发和集群监测。分布式系统架构的核心在于各节点之间的协同工作。

分布式网络数据采集系统的工作流程如图 8.14 所示。

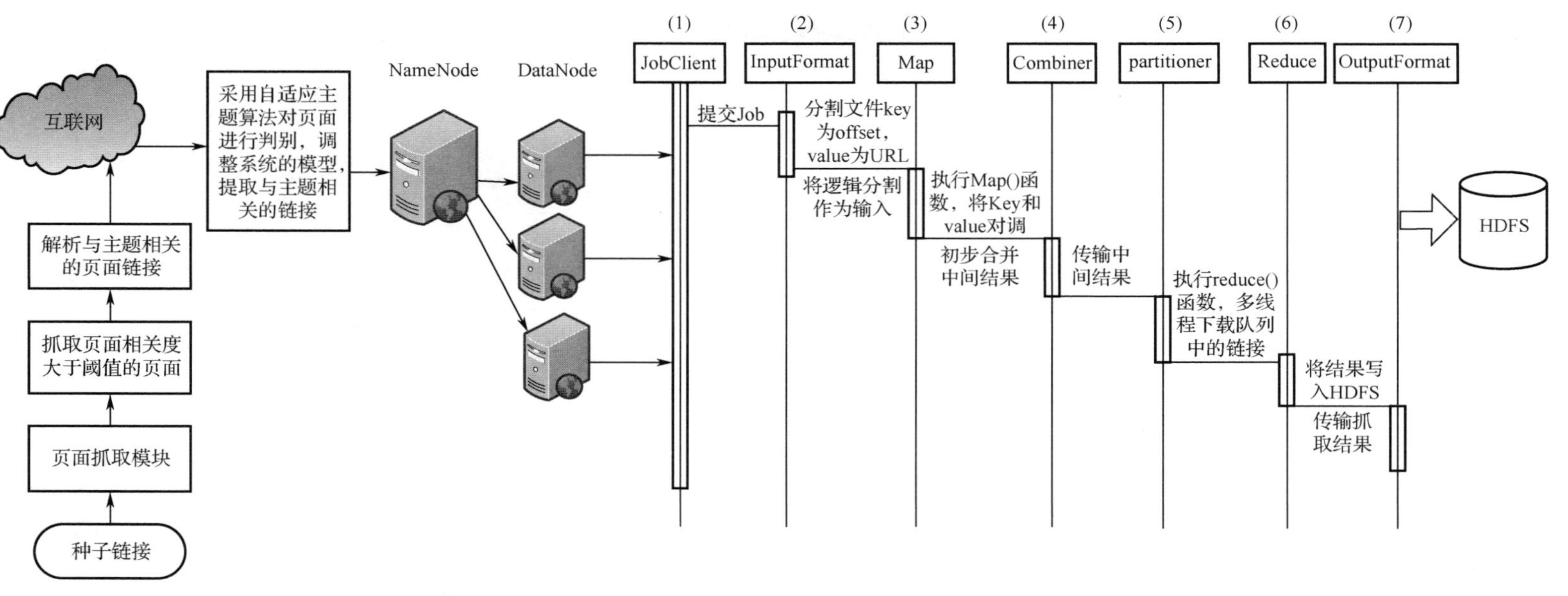

图8.14 分布式网络数据采集系统的工作流程

分布式网络数据采集系统的工作流程可以分为 7 个阶段，具体如下：

（1）JobClient 阶段：系统新建的任务将会以 Job 的方式发送到 Hadoop 集群，Hadoop 开始执行这些任务。

（2）InputFormat 阶段：系统通过自适应函数对所有的链接文件进行挑选，首先把与主题相关的链接文件分割成多个块，然后把每个块内的数据解析成<key, value>形式的键-值对。

（3）Map 阶段：通过 Map()函数互换 key 和 value 的值，使 key 值变为链接（URL），value 值变为偏移量（offset）。

（4）Combiner 阶段：合并每个 Map()函数的执行结果，将合并后的中间结果发送到 Reduce 阶段。

（5）Partitioner 阶段：在存在多个 Reduce()函数的情况下，将 Map()函数的结果指定给具体的 Reduce()函数，从而得出单独的输出文件。

（6）Reduce 阶段：根据自适应函数的结果选择与主题相关的链接，启动 Nutch，采用多进程的方式抓取页面的数据。

（7）OutputFormat 输出：将抓取到的页面数据存放在 HDFS 中，完成数据抓取的任务。

8.5.3 网络数据采集系统的功能模块

本节以面向对象的方法描述网络数据采集系统的功能模块，系统中的 Spider 类是系统运行的入口，负责整个系统的启动。采集数据的主要类模块如下：

1. 页面下载模块

页面下载模块的主要作用是从互联网上采集与主题相关的页面数据。首先根据 URL 获取页面所在的服务器，然后与服务器建立连接，通过多线程的方式下载页面数据，这样不仅可以提高数据采集的效率，还可以充分利用 Map/Reduce 的计算模型。

（1）Downloader 类（见图 8-15）。Downloader 类是页面下载模块的接口类，通过它可以有效地下载不同的页面数据。当使用 Nutch 进行采集的相关工作时，可利用 Nutch 提供的二次开发接口有效地扩展 Downloader 类。在 Downloader 类中，download()方法的主要作用是把相关的页面数据保存到 HDFS；setThread()方法用于多线程进行数据采集，可以根据实际的需求设定线程的数目。

（2）HttpClientDownload 类（见图 8.16）。具体的页面下载类是从服务器中获得响应，并使用 HttpClient 技术下载页面数据的。当需要执行下载任务时，系统首先会创建一个新的 Job 对象，将参数传递给对象的相关方法，然后完成具体采集任务的配置。

Downloader
+webpage：Page -url：URL
+download()：Page +setThread()：void

图 8.15 Downloader 类

HttpClientDownload
-webpage：Page -url：URL
+download()：Page +setThread()：void +getHtmlCharse(HttpResponse, byte[]))()：string +getContent(String, HttpResponse))()：string

图 8.16 HttpClientDownload 类

（3）DownLoadMap 类（见图 8.17）和 DownLoadReduce 类（见图 8.18）。页面下载模块

的 DownLoadMap 类继承自 Mapper 类，主要的作用是运行 Map()函数。从待采集链接中选取与主题相关的链接并对其进行分割，将偏移量作为 key()值、将 URL 作为 value 的值，形成<key,value>形式的键-值对，执行 Map()函数对调 key 值和 value 值产生的中间结果。DownLoadReduce 类中的 reduce()函数用于并行地下载与主题相关的页面数据。

DownLoadMap
+url：URL
+map()：void

图 8.17　DownLoadMap 类

DownLoadReduce
+url：URL
+reduce()：void

图 8.18　DownLoadReduce 类

2．页面解析模块

（1）MyPageProcessor 类（见图 8.19）。MyPageProcessor 类是有关页面解析的接口类，通过该类可以解析不同的页面，其中的 process()函数用于判断待采集的链接是否与主题相关，如果相关则把链接以参数的形式传递给采集对象。

（2）Selector 类（见图 8.20）。Selector 类的作用是为了简化页面解析而开发的，使用解耦合的方式运行，可以通过 Xpath 的方式、正则表达式对不同的页面进行解析。由于不同解析方式的返回结果都是可选类型，所以能够实现对页面数据的精准采集。

MyPageProcessor
+dataItem：DataItems +url：URL
+process()：Page

图 8.19　MyPageProcessor 类

Selector
+url：URL
+select()：string +selectItems()：DataItems +SelectURL()：URL

图 8.20　Selector 类

（3）PageMap 类（见图 8.21）和 PageReduce 类（见图 8.22）。PageMap 类和 PageReduce 类主要是重写 map()函数和 reduce()函数，这两个函数的主要功能是执行 Map/Reduce 计算模型的方法，map()函数从待采集的链接队列中获取链接，并对其进行分割，形成<key,value>形式的键-值对，reduce()函数将合并所产生的结果。

PageMap
+url：URL
+map()：void

图 8.21　PageMap 类

PageReduce
+url：URL
+reduce()：void

图 8.22　PageReduce 类

3．链接调度模块

链接调度模块的作用是完成海量链接的优化去重工作。在网络数据采集的过程中，通常会遇到海量的链接，当遇到重复或与主题无关的链接时，网络数据采集系统会自动地清除这些链接。只有先对采集到的链接进行优化去重处理，才能提高网络数据采集系统的性能。链接调度模块可以实现链接的优化去重，并以标准化的形式输出链接，这些工作可以使用过滤器实现。

（1）Scheduler 类（见图 8.23）。Scheduler 类的主要作用是负责不同的链接之间的相互调度，有利于实现对网络数据采集系统的扩展。当定义一个采集器时，可以通过调用 Scheduler 类中的 scheduler()函数将实现类传递给新生成的对象。

（2）BloomFilter 类（见图 8.24）。当链接的数量非常庞大时，通常要采用布隆过滤算法对链接进行过滤。BloomFilter 类的主要作用就是快速地过滤掉重复无用的链接。

Scheduler
+url：URL +priopity：Long +extract：object
+scheduler()：void

图 8.23　Scheduler 类

BloomFilter
-url：URL
+isDuplicate()：Boolean +getTotalURLcount()：int +add()：void

图 8.24　BloomFilter 类

（3）NomalizeFilter 类（见图 8.25）。NomalizeFilter 类的主要功能是对链接进行规范化处理。该类中的 webTransform()函数主要用于链接的大小写转换，webRemove()函数主要用于删除无意义的链接。

NomalizeFilter
+url：URL
+normalize()：void +webTransform()：void +webRemove()：void

图 8.25　NomnlizeFilter 类

（4）SchedulerMap 类（见图 8.26）和 SchedulerReduce 类（见图 8.27）。SchedulerMap 类和 SchedulerReduce 类分别重写了 map()函数和 reduce()函数，map()函数的主要作用是执行 Map/Reduce 的方法，map()函数把获取到的链接文件进行分割，将 key 的值设置为偏移量、value 的值设置为 URL，最后形成<key,value>形式的键-值对，reduce()函数将所产生的中间结果进行合并。

SchedulerMap
+url：URL
+map()：void

图 8.26　SchedulerMap 类

SchedulerReduce
+url：URL
+reduce()：void

图 8.27　SchedulerReduce 类

8.5.4　网络数据采集系统的界面展示

基于网络的地震数据采集系统的系统参数配置界面如图 8.28 所示，主要包括来源 URL、集群数量、线程数目（threads）、采集深度（depth）及文件路径等参数。

基于网络的地震数据采集系统的系统主界面（见图 8.29）包括“主题信息描述”输入框、“开始爬取”按钮、“停止爬取”按钮，以及“后台管理”链接。在“主题信息描述”输入框中输入“地震”关键字，然后单击“开始爬取”按钮，系统即可开始自动采集与地震相关的页面数据。

基于网络的地震数据采集系统

业务管理
数据来源管理
基本参数的配置
网络数据管理
数据的动态展示
灾害的统计饼图
灾害的统计柱状图
发生地震城市示意图
云关键字
多文本自动摘要
索引管理
爬取首页

栏目名称：地震信息
Nutch：-threads 500
Nutch：-depth 10
来源URL：
http://www.cea.gov.cn/
http://www.csi.ac.cn/
http://www.sina.cn/
http://www.cenc.ac.cn/
http://www.js-seism.gov.cn/
文件路径：C:\File
Nutch：-topN 10
集群数量：4台
确认添加　取消

图 8.28　基于网络的地震数据采集系统的系统参数配置界面

图 8.29　基于网络的地震数据采集系统的系统主界面

系统会自动显示采集的相关数据，包括地震灾害发生的时间、地震灾害的信息来源等。采集结果的动态显示如图 8.30 所示。

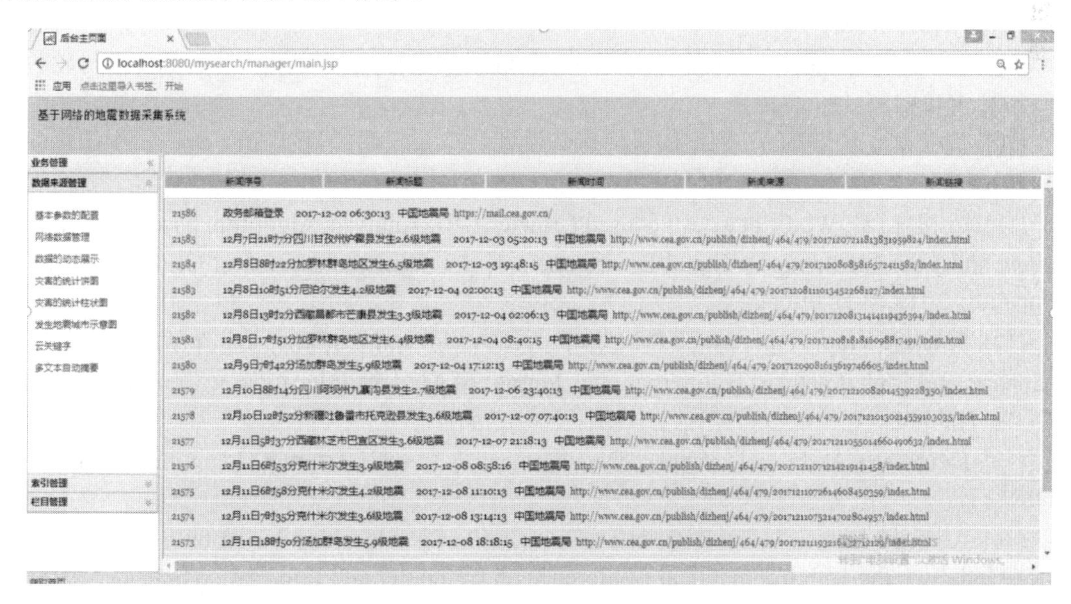

图 8.30　采集结果的动态显示

8.6 本章小结

本章首先介绍了大数据采集的基本概念、性能要求，对比了传统数据采集和大数据采集的差别；然后介绍了网络数据采集、感知设备数据采集以及系统日志采集的工具，重点阐述了分布式数据采集和定向数据采集的关键技术；最后，以面向地震主题的分布式定向数据采集系统为例展示一个典型网络数据采集系统的设计与实现。

本章参考文献

[1] 半结构化数据 [EB/OL]. [2021-08-12]. https://baike.baidu.com/item/半结构化数据.

[2] 王勇，艾伟强. 大数据背景下中国投入产出核算的机遇与挑战[J]. 统计研究，2015,32(09):11-18.

[3] 陈皓，周传生. 基于 Python 和 Scrapy 框架的网页爬虫设计与实现[J]. 电脑知识与技术，2021,17(13):3-5.

[4] 张福学. 传感器电子学及其应用[M]. 北京：国防工业出版社，1990.

[5] 徐小龙，徐佳，梁吴艳，等. 灾害大数据与智慧城市应急处理[M]. 北京：电子工业出版社，2021.

[6] 王春兰，张小英. Windows 系统日志取证分析简述[J]. 电子世界，2020,{4}(24):21-22.

[7] 罗东锋，李芳，郝汪洋，等. 基于 Docker 的大规模日志采集与分析系统[J]. 计算机系统应用，2017,26(10):82-88.

[8] 张志强，徐泉，刘文庆，等. 分布式实时数据采集与传输系统的研究[J]. 控制工程，2020,27(09):1582-1588.

[9] 贺宗平，王正路. 一种面向互联网文本数据采集框架的设计[J]. 电子技术与软件工程，2021,4(12):187-189.

[10] 魏云龙. 基于 Mesh 网络的机坪保障设备数据采集系统设计[D]. 天津：中国民航大学，2016.

[11] Li M, Li C, Wu C, et al. A Focused Crawler URL Analysis Algorithm based on Semantic Content and Link Clustering in Cloud Environment[J]. International Journal of Grid & Distributed Computing, 2015, 8(2):49-60.

[12] Singh B, Gupta D K, Singh R M. Improved Architecture of Focused Crawler on the Basis of Content and Link Analysis[J]. International Journal of Modern Education & Computer Science, 2017, 9(11):33-40.

[13] Deutsch P. Archie-a Darwinian Development Process[J]. Internet Computing IEEE, 2000, 4(1):69-71.

[14] Xu L H, Sun S T, Wang Q, et al. Text Similarity Algorithm based on Semantic Vector Space Model[C]. the 15th International Conference on Computer and Information Science, 2016.

[15] 杨春春. 面向网络数据的定向采集与自动摘要技术的研究[D]. 南京：南京邮电大学，2018.

第9章 大数据处理

9.1 大数据预处理

9.1.1 数据预处理概述

随着信息技术在各行各业中的广泛应用，数据作为一种资源被不断地采集与处理，产生的数据量急剧增多。

由于各种原因，采集到的数据中通常存在数据属性命名不一致、数据重复、数据缺失、数据无效等问题，使得数据质量无法满足实际的需要。数据质量主要包括数据的完整性、可靠性、一致性、正确性。这些具有数据质量问题的数据会影响数据挖掘过程中抽取模式的正确性，可能导出错误的规则，使得数据挖掘与数据分析的结论出现差错，给科学研究和研发生产带来误导和损失。因此要想从海量的数据中发现有价值的信息，就必须对大数据进行处理。大数据处理的过程如图 9.1 所示。

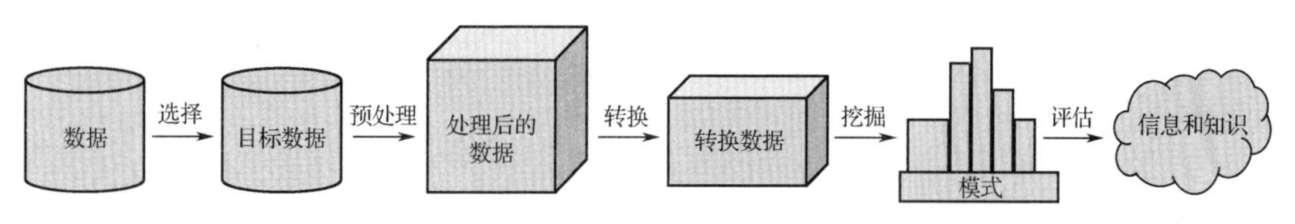

图 9.1　大数据处理的过程

在进行数据挖掘时，如果待挖掘的数据集中的数据内容、格式或类型不符合数据挖掘算法的要求、规范和标准，就需要在进行数据挖掘前对数据集进行必要的预处理，使数据集达到数据挖掘算法的最低要求[1,2]。

简言之，数据预处理的目的是为数据挖掘模块提供准确、有效、具有针对性的数据，剔除与数据挖掘不相关的数据，甚至错误的数据或者属性信息，通过统一数据集中的数据格式，为数据挖掘提供高质量的数据，从而提高数据挖掘与知识发现的效率[2]。数据预处理是在进行数据挖掘前不可或缺的一个步骤，主要包括数据清洗、数据集成、数据转换、数据规约等。

9.1.2 数据清洗

所谓数据清洗，就是对数据进行重新审查和校验的过程，目的是删除重复数据、纠正数据中存在的错误，并使数据保持一致性[3]。

在现实生活中，由于各种原因，数据集中的数据通常是不一致和不完整的，为了提高数据的质量，针对残缺数据、错误数据、重复数据，必须通过数据清洗来清除数据集中不一致的数据对象，改善数据集中数据的不完整性。数据清洗的常用方法包括缺失值处理、离群点检测、不一致数据处理、冗余数据处理等，其中缺失值处理、离群点检测是两种典型的数据清洗方法。

1. 缺失值处理

缺失值是指在现有的数据集中缺失的数据，即存在某个属性的值是不完全的。数据集中的缺失值是影响数据集完整性的主要因素。由于数据无法获取、数据的遗漏、人为操作等因素，导致数据集中某些数据的丢失。这些不完整的数据会影响数据挖掘与数据分析的结果，有时还会导致在数据挖掘时建立错误的模型，使得数据挖掘结果与实际相偏离，甚至背道而驰。

缺失数据会导致三个主要的问题[4]：

（1）目前大部分数据挖掘算法缺乏有效处理含有缺失数据的数据集的能力，在处理有缺失数据的数据集时，无法使用这些数据挖掘算法。

（2）在数据挖掘过程中，为了操作简单和节省时间，往往会忽视缺失的数据，这会使得数据集的规模减小、数据集的信息变少，导致统计的结果变差。

（3）由于待挖掘的数据集含有缺失数据，并且大部分数据挖掘算法对数据集中数据缺失率有较强的敏感性，数据集中有效数据的减少会导致数据挖掘的效果快速下降，甚至出现偏差。

总之，数据集中缺失的数据对后续数据挖掘结果的影响是比较大的，在进行数据挖掘、分析、处理时，为了使得已经采集到的数据被充分地利用起来，对含有缺失数据的数据集进行处理是重要的一步。

缺失数据的处理方法主要有删除具有缺失数据的元组、直接分析有缺失数据的数据集、填充缺失值[5,6]。

（1）删除具有缺失数据的元组。该方法的思想是将有缺失数据的元组直接删除，使得数据集中没有缺失数据。这种方法简单易行，尤其在缺失数据的数据量占整个数据集数据量很小的情况下。但这种方法可能会丢失一些重要的数据，因为删除有缺失数据的元组，只留下有完整数据的元组，会导致分析的数据集数量变少，尤其是当缺失率很大的情况下，会造成数据集中包含的数据减少，从而导致数据挖掘的结果出现偏差[7,8]。

（2）直接分析有缺失数据的数据集。直接分析有缺失数据的数据集是指忽略缺失数据，不删除具有缺失数据的元组，也不对有缺失数据的数据集进行填补，直接在具有缺失数据的数据集上进行数据挖掘与分析。这种方法可以节约大量时间，避免因填充缺失数据而产生的噪声，但数据集中缺失数据会导致有用数据的流失，使得数据挖掘结果产生偏差，因此使用该方法对离散型数据集进行分析会导致准确性较差。

（3）填充缺失值。填充缺失值是指将元组中具有缺失数据的值重新填进去，这就需要采用缺失值填充技术。通过缺失值填充技术，可以填充缺失数据，使得数据集具有完整性，并且不会破坏数据集的原有特征，能够为后续的数据挖掘做准备。

缺失值填充的常用方法有[9]：

① 忽略数据。若某条数据记录中有属性值被遗漏了，则可忽略该条数据记录，尤其是在没有类别属性值，但又要进行分类的场合。但这种方法并不是很有效，尤其是在每个属性的遗漏值的记录比例相差较大时。

② 人工填写缺失值。该方法一般比较耗时，适合数据偏离较小，且数据量较少的情况，对于存在许多缺失值的大规模数据集而言，该方法的可行性较差。

③ 使用默认值填充缺失值。对一个属性的所有缺失值，可以利用一个事先确定的默认值来填补，当一个属性的缺失值较多时，就可能误导数据挖掘进程。该方法较简单，但需要仔细分析填补缺失值后的情况，以尽量避免对最终的数据挖掘结果产生较大误差。

④ 用属性的均值填充缺失值。计算一个属性值的平均值，并用该值填补该属性的所有缺失值。例如，客户的平均收入为10000元，则可用该值填补客户收入属性中所有的缺失值。

⑤ 用同类样本的属性均值填充缺失值。该方法适合在进行分类挖掘时使用。例如，若要对商场客户按信用风险进行分类挖掘时，可以用在同一信用风险类别（如良好）下的客户收入属性的平均值，来填补所有在同一信用风险类别客户收入属性的缺失值。

⑥ 使用最可能的值填充缺失值。该方法是通过已存数据的多数信息来推测缺失值的，可以利用回归分析、贝叶斯方法或决策树推断出该条记录特定属性的最可能的值。例如，利用数据集中其他客户的属性值，可以构造一个决策树来预测客户收入属性的缺失值。与其他方法相比，该方法最大程度地利用了当前数据所包含的信息来预测缺失值。

2. 离群点检测

离群点是指数据集中的异常数据。离群点的形成原因有多种：由于数据来自不同类别，从而导致离群点的产生；由于数据采集和测量存在误差，从而导致离群点的产生。例如，人为操作的错误导致记录存在误差，机器的故障导致错误的数据值等，这样的离群点会导致数据质量的下降。

离群点的分类方法如下：

（1）从离群点的位置来看，离群点可以分为全局离群点和局部离群点。全局离群点是指某个数据对象在整个数据集中都是离群点。有些数据对象在整个数据集中并非是离群点，但与它的邻域相比较，这些数据对象具有一定的离群性，这样的数据对象称为局部离群点。

（2）从数据对象属性的角度来看，离群点可以分为单属性离群点和多属性离群点，其实质就是根据数据对象的属性来判断数据对象是不是离群点。数据集中的数据对象可能具有多个属性，在某些属性上这个数据对象可能具有异常值，而在其他属性上这个数据对象没有异常值，即便在所有属性上这个数据对象的取值都是正常的，该数据对象也可能是离群点。例如，某个身高为150 cm或者体重为75 kg的人是正常的，但是一个身高为150 cm且体重为75 kg的人就是比较少见的。

（3）从数据的类型上看，离群点可以分为离散型离群点和数值型离群点，这主要取决于数据集中每个属性的数据类型。

（4）从存储数据的数据库上看，离群点可以分为传统数据库中的离群点和空间数据库中的离群点。在传统的数据库中检测离群点时不需要考虑数据的空间属性，而在空间数据库中检测离群点时则需要考虑数据的空间属性。

离群点检测是指从数据集中发现非常规模式的数据，其目的是消除数据集的噪声或者发现数据集中潜在的有价值信息[10]。常用的离群点检测方法包括基于统计学的离群点检测、基于深度的离群点检测、基于密度的离群点检测、基于距离的离群点检测、基于聚类的离群点检测等，下面介绍前三种方法[11,12]。

（1）基于统计学的离群点检测方法。该方法首先为数据集创建一个统计学分布模型，然后检测数据集与数学分布模型的拟合概率。该方法将那些对与分布模型拟合度小的数据定义为离群点。例如，最常用的分布模型是正态分布模型，正态分布模型使用 $N(\mu,\sigma)$ 来表示，μ 表示数据的平均值，σ 表示数据的方差。正态分布模型如图 9.2 所示。

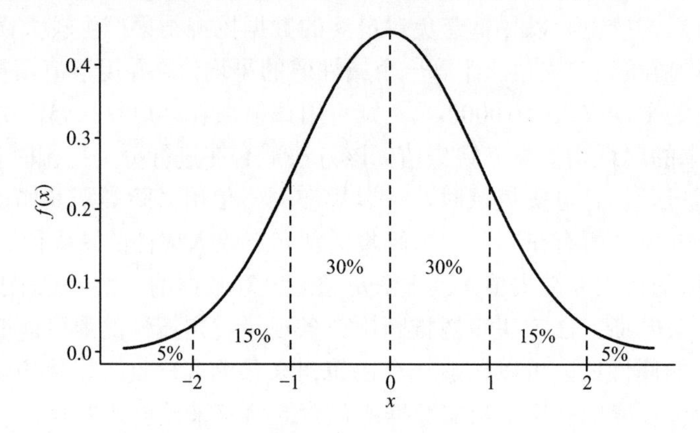

图 9.2　正态分布模型

从图 9.2 中可以看出，正态分布曲线在两端的概率是非常小的，当数据集的数据量比较大的时候，采用基于统计学的离群点检测方法的效果较好。但是这种离群点检测方法首先要准确地识别数据集的具体分布模型，虽然许多数据集可以使用常见的一些分布模型，如正态分布、泊松分布、二项式分布等模型，但现实生活中很多数据集不符合标准分布模型。如果选择了错误的分布模型，那么离群点检测的效果将大大降低。

（2）基于深度的离群点检测方法。该方法将那些处于浅层的数据定义为离群点。首先将每一个数据元组标记为维空间中的数据对象，然后根据深度方式的定义来计算出数据对象的深度，最后根据数据对象的深度对数据集中的数据对象进行分层，处在深层的数据对象是正常的数据，处在浅层的数据对象可能是数据集中的离群点。因此在基于深度的离群点检测方法中，只需找出层次较浅的离群点即可。利用数据点之间深度来计算离群点，当数据集的层次太多时，如果数据集中数据元组的数量为 N，数据集的属性个数为 K，那么其时间复杂度为 $\Omega(N^{K/2})$。

（3）基于密度的离群点检测方法。该方法用于具有不同密度区域的数据集的离群点检测，将离群点定义为低密度区域中的数据对象。所谓密度，就是指单位距离内该数据对象的邻居数据对象的数目[12]，可通过计算数据对象之间的距离来计算其密度。数据对象之间的距离越大，其密度就越小；数据对象之间的距离越小，其密度就越大。但是当数据包含不同密度的区域时，采用基于密度的离群点检测方法就不能正确地检测离群点。

下面以一种典型的基于密度的离群点检测方法——局部异常因子（Local Outlier Factor,

LOF）为例进行说明。LOF 方法将定义离群点为：将某数据对象周围的密度与该数据对象邻域周围的密度进行比较，若该数据对象周围的密度与该数据对象邻域周围的密度相差较大，则该数据对象即离群点。

给定一个数据集 D，数据对象 p 的 h-近邻域记为 $\text{dist}_h(p)$，p 与另一数据对象的 $q(q \in D)$ 之间的欧氏距离为 $\text{dist}(p,q)$。p 的 h-近邻域包含所有到 p 的欧氏距离不大于 $\text{dist}_h(p)$ 的数据对象，记为 $N_h(p)$，表示为：

$$N_p(p) = \{q \mid d(p,q) \leqslant \text{dist}_h(p)\} \tag{9.1}$$

数据对象 p 到其他数据对象 o 的可达距离为：

$$\text{reachdist}_h(p,o) = \max\{\text{dist}_h(p), \text{dist}(p,o)\} \tag{9.2}$$

数据对象 p 的局部可达距离可表示为：

$$\text{lrd}_h(p) = \frac{|N_h(p)|}{\sum_{o \in N_h(p)} \text{reachdist}_h(p,o)} \tag{9.3}$$

数据对象 p 的局部离群点可表示为：

$$\text{LOF}_h(p) = \frac{\sum_{o \in N_h(p)} \frac{\text{lrd}_h(o)}{\text{lrd}_h(p)}}{|N_h(p)|} \tag{9.4}$$

LOF 方法首先计算每个数据对象 p 与数据集中的其他数据对象 o 的欧氏距离 $\text{dist}(p,o)$；然后对这些欧氏距离进行排序，计算第 h 距离和第 h-近邻域 $\text{dist}_h(p)$；接着计算每个数据对象 p 的可达距离 $\text{lrd}_h(p)$，计算得出每个数据对象的局部离群点 $\text{LOF}_h(p)$；最后排序每个数据对象的局部离群点并输出所有离群点。LOF 方法是通过数据对象的 h-近邻域来计算密度的，而不是全局计算，因此得名局部异常因子。LOF 方法可以有效地解决数据集包含不同密度区域时离群点的检测，同基于距离的离群点检测方法一样具有较高的时间复杂度，并且对参数选择比较敏感。LOF 方法选择不同的 h 值，取最大的离群点得分解决该难题，但是仍然需要选择这些值的上界和下界。

通过离群点检测准确率通常可以判断一个离群点检测方法的优劣，即在一个数据集检测离群点时，统计找出来的离群点中真正的离群点所占据的比例，比例越高说明离群点检测准确率越高。

数据清洗是一个非常重要的数据预处理任务，一般应根据数据挖掘算法的需求以及数据集的自身特点来设计数据清洗方法。

9.1.3 数据集成

由于大数据的快速发展，各行各业的数据量急剧增加，每个行业都会对自己的数据进行管理，各个行业之间的数据信息系统可能不同。如果对不同行业、不同来源所产生的数据进行挖掘，那么就需要通过数据集成统一不同数据源。所谓数据集成，就是将存储在不同的存储介质中的数据合并到一致的存储介质中[13]。数据集成主要面临以下问题[13]：

1. 字段意义问题

字段意义问题是指当两个数据源中有两个相同的字段，但这两个字段分别代表不同的意义，或者两个数据源中意义相同的数据是用不同的字段表示的。

例如，在整合数据源时，两个数据源中有着相同的字段“salary”，但该字段分别表示税前工资和税后工资；又如，两个数据源中记录的都是税前工资，但分别用不同的字段表示，一个字段是“payment”，另一个字段是“salary”。

由于现实生活中语义的多样性及数据命名的不规范，上述两种情况在数据集成中是经常碰到的。为了减少这种情况，应该在数据集成前做好调研，确认每个字段的实际意义。例如，可以整理一张专门的规则表用来记录字段命名规则，使字段、表名、数据库名均能自动生成，并统一命名；一旦发现新的规则，还能实时更新规则表。

2．字段结构问题

字段结构问题是指两个或多个数据源在存储相同字段的数据时采用不同的存储形式，通常有以下四种情况：

（1）字段的数据类型不同。例如，存储员工薪水的“salary”字段，一个数据源保存为数值型，另一个数据源保存为字符型。

（2）字段的数据格式不同。例如，存储员工薪水的“salary”数值型字段，一个数据源中使用逗号分隔，另一个数据源中用科学记数法。

（3）字段的单位不同。例如，存储员工薪水的“salary”数值型字段，一个数据源中的单位是人民币，另一个数据源中的单位是美元。

（4）字段的取值范围不同。例如，存储员工薪水的“salary”数值型字段，一个数据源中允许空值（NULL），另一个数据源中则不允许空值。

3．字段冗余问题

字段的冗余一般是由字段之间存在的强相关性或者几个字段间可以相互推导得到而导致的，不同类型的数据通常采用不同的方法来检测字段的相关性。

（1）分类型数据通常采用卡方检验来检测字段的相关性。卡方检验是假设检验中的一种，在给定的置信水平下，若有充分证据能拒绝原假设，则字段 A 与 B 之间存在相关性；若不能拒绝原假设，则字段 A 与 B 相互独立。

（2）数值型数据通常采用相关系数与协方差来检测字段的相关性。相关系数与协方差都是衡量字段之间相关性的指标。如果用 Pearson 相关系数检验数据相关性，则 Pearson 相关系数越靠近+1 或-1，相关性越大，+1 为完全正相关，-1 为完全负相关；若 Pearson 相关系数为 0，则两个字段之间不相关。当采用协方差衡量数段之间的相关性时，如果两个字段协方差绝对值越大，则相关性越强，协方差为正数时表示正相关，协方差为负数时表示负相关；如果协方差为 0，则两个字段之间不相关。

4．数据重复问题

数据重复问题指数据集中可能存在多条相同的数据。在检查重复数据记录时一般需要通过表的主键，主键能够确定唯一的数据记录，但数据记录既有可能是一个字段，也有可能是几个字段的组合。因此在设计表时，一般会设定主键，否则就需要对表进行优化，以便过滤重复数据。

5. 数据冲突问题

数据冲突主要指的是在两个数据集中存在同样的数据，但这些数据的取值却不一样。造成数据冲突的原因，除了可能是人工误录，还可能是因为客观的计量方法不同。

常用的数据集成方法有以下几种[14]：

（1）模式集成方法。该方法的最大特点就是用户可以对透明的数据进行访问，采用该方法需要在构建系统时将各数据集的视图集成为全局模式，全局模式主要描述数据集共享数据的结构、语义和操作等。用户可以直接在全局模式下提交请求，数据集成系统将处理这些请求，并转换为各数据集能在本地视图上执行的请求。

（2）数据复制方法。该方法在用户使用数据集之前，将可能用到的数据预先复制到相关数据集中，当用户使用数据时仅需访问少量的数据集，从而在很大程度上提高了用户请求的处理效率，同时也达到了维护数据集的整体一致性的作用。例如，数据仓库将各数据集的数据复制到同一数据仓库，用户可以直接对数据仓库进行正常访问。但数据复制存在延时问题，难以保证数据的实时一致性。

（3）综合集成方法。该方法主要是指将以上两种方法结合起来使用的方法，既可以向用户提供虚拟的数据模式视图，也可以对数据集中的常用数据进行复制。对于简单的数据，通过数据复制方法可对用户提供访问接口，满足访问需求；对于复杂的数据，在无法使用数据复制方法的情况下，可通过虚拟视图方法为用户提供访问接口。

9.1.4 数据转换

各个行业通常都会根据自身需要构建数据管理系统来管理本行业的数据。数据集的数据格式千差万别，但在对数据进行分析时，数据挖掘算法又对数据的格式有特定的限制，因此要求在进行数据挖掘时对数据格式不一样的数据集进行数据转换，使得所有数据的格式统一化。

所谓数据转换，就是将数据从一种表示形式转换为另一种表现形式。常用的数据转换策略有以下几种[15]：

（1）平滑处理。平滑处理目标是去除数据中的噪声，主要技术方法有 Bin 方法、聚类方法和回归方法。

（2）合计处理。合计处理指对数据进行总结或合计操作，常用于构造数据立方或对数据进行多粒度的分析。例如，每天的数据经过合计操作可以获得每月或每年的总额。

（3）泛化处理。泛化处理指概念的替换，使用高层次的概念替换低层次的概念。例如，地点属性城市，可以泛化成省级或者国家等高层次的概念；又如，年龄属性，可以映射到更高层次的概念，如青年、中年和老年。

（4）属性构造。属性构造又称为特征构造，是指在数据集中根据已有的属性集构造新的属性，以帮助数据处理过程。

（5）规格化处理。规格化处理是指将有关属性的数据按比例投射到特定的范围中。常用的三种规格化方法有最大最小规格化方法、零均值规格化方法、十基数变换规格化方法。

（6）数据离散化。数据离散化是指将数据集中连续的数值属性转换为离散的分类属性，以符合数据挖掘算法只能处理分类属性的要求。

9.1.5 数据归约

各种大数据系统中普遍存在一些重复数据条目或者冗余属性，利用数据归约识别这些重复的数据以及冗余属性，既可缩小数据集的规模，又可尽量保留原有数据集的完整信息。

所谓数据归约，就是在尽可能保持数据原貌的前提下，最大限度地精简数据量[16]。常用的数据归约策略有以下几种[17]：

（1）属性子集的选择。现实中数据集的属性可能有成千上万个，但并不是所有的属性都与数据挖掘的任务相关。这些不相关的属性可能会导致数据挖掘的时空复杂度过高，使挖掘效率变差，因此有必要对这些数据集进行属性子集的选择。常用的属性子集的选择方法一般包括：逐步向前选择、逐步向后删除、向前选择和向后删除相结合、判定归纳树（分类算法）、基于统计分析的主成分分析和回归分析等。

（2）属性值的归约。属性的取值复杂或者十分巨大，属性值的归约是通过较小的数据来减少原始数据的数据量。常用的属性值的归约方法一般分为两种：有参方法和无参方法。有参方法主要是使用一个参数模型估计数据，只要存储参数即可，主要方法有线性回归、多元回归、对数线性等；无参方法主要有直方图、聚类、选样等。

（3）实例归约。实例归约用于缩小数据集的大小，主要使用抽样的方式得到比较小的数据集合，并且尽量不破坏原数据集信息分布的完整性，以便后续的数据挖掘。

9.2 数据处理任务

9.2.1 数据处理概述

随着互联网的发展，大数据的应用更加广泛，数据相应地变得更加复杂。若要有效利用大数据，大数据处理技术是不可或缺的环节。随着大数据的广泛应用，大数据处理技术也不断发展，通过行之有效的处理方法去完成数据处理任务。数据处理的任务主要包含分类、聚类、关联分析等。

（1）分类是一种重要的数据处理任务，是指根据数据的属性或特征将同一属性或特征的数据归并在一起，同时构造分类函数或分类模型（分类器）。构造分类函数或分类模型的目的是根据数据集的特点把未知类别的样本数据映射到给定类别中。

（2）聚类是一种探索性的数据分析任务，是指将数据归类到不同的类或簇中的一个过程。分类是按照已确定的程序模式和标准进行判断划分，在进行分类之前，已经有了一套数据划分标准，只需要严格按照标准进行数据分组就可以了。与分类不同，聚类事先不知道数据划分的标准，主要是通过算法判断数据之间的相似性，简单来说就是物以类聚，把相似的数据存放在一起。聚类的目的是探索和挖掘数据中的潜在差异和联系。

（3）关联分析是一种在大规模的数据中寻找有价值关系的任务。关系有两种形式，即频繁项集（Frequent Item Sets）和关联规则（Association Rules）。这两种形式是递进的，并且前者是后者的抽象基础。频繁项集是经常出现在一起的物品的集合，暗示了某些事物之间总是结伴或成对出现的。从本质上来说，不管因果关系还是相关关系，都是共现关系，所以从这点上来讲，频繁项集是覆盖量（Coverage）指标上的一种度量关系。关联规则暗示两种事物之间可能存在强关系，关注的是事物之间的互相依赖和条件先验关系。关联规则是一种更强的共现关系，暗示了组内某些属性间不仅共现，而且还存在明显的相关关系和因果关系。因此可以看出，关联规则是准确率（Accuracy）指标上的一种度量关系。

为了方便数据处理，已经诞生了一系列开源或商用的数据分析工具，具有代表性的数据分析工具包括：

1．开源数据分析工具

（1）Weka[18]。Weka（Waikato Environment for Knowledge Analysis）是一款基于Java的开源机器学习以及数据挖掘软件，该软件的源代码可在其官方网站下载。Weka集成了大量能承担数据挖掘任务的机器学习算法，可以实现数据预处理、分类、回归、聚类、关联规则以及数据可视化等功能。

（2）SPSS[18]。SPSS 采用表格的方式输入与管理数据，数据接口较为通用，能方便地从其他数据库中读入数据，操作界面友好。

（3）Hive。Hive是一种数据仓库工具，它将HDFS上的数据组织成关系数据库的形式，可提供SQL查询功能。Hive基于MapReduce，可对存储在HDFS中的大规模数据进行分布式并行数据提取、转化、加载、查询和分析，适合对大型数据仓库进行统计分析。

2．商用数据分析工具[19]

（1）RapidMiner。RapidMiner 具有丰富数据挖掘分析算法，常用于解决各种的商业关键问题，如营销响应率分析、客户细分、资产维护、资源规划、预测性维修、质量管理、社交媒体监测和情感分析等。

（2）Tableau。Tableau在商用智能领域较有名气，可以进行分类、聚类等数据分析操作。另外，Tableau还集合了多个数据视图，可进行更深入的分析。

9.2.2　分类任务

数据分类是有监督的学习，其过程主要包括学习和分类两个模块，实现分类的步骤如下：

（1）构建模型。此步骤要预设分类类别，主要是对每个样本进行类别标记，通过数据的训练集构成分类模型。

（2）测试模型。此步骤要识别测试样本的所属类别，主要是通过对比测试样本的识别类别与实际类别来评价模型正确性。模型的正确性用输出正确分类样本数与样本总数的百分比来衡量。

（3）使用模型。此步骤要利用模型来完成数据分类任务，输出最终的分类结果。

按照分类的需求，通常遇到的分类问题有：

（1）二分类问题。二分类问题就是简单的“是否”“有无”问题。例如，在对网络数据进行分类时，常将数据包分为“正常”“异常”。

（2）多分类问题。多分类问题是指区别两种以上的类别问题。例如，通过观察人们的外貌、衣着、言行等判断这个人是亚洲人、欧洲人还是非洲人；判断某个人的睡眠状态是清醒、浅度睡眠，还是深度睡眠；判断某个人的情绪是高兴、消极，还是平静等。

这里介绍一个简单的分类示例：利用花瓣的长宽对两个不同的花种进行分类，分类示例结果如图 9.3 所示，横轴为花瓣的长度，纵轴为花瓣的宽度，花种 1 的花瓣长宽较短，花种 2 花瓣长度和宽度较长。

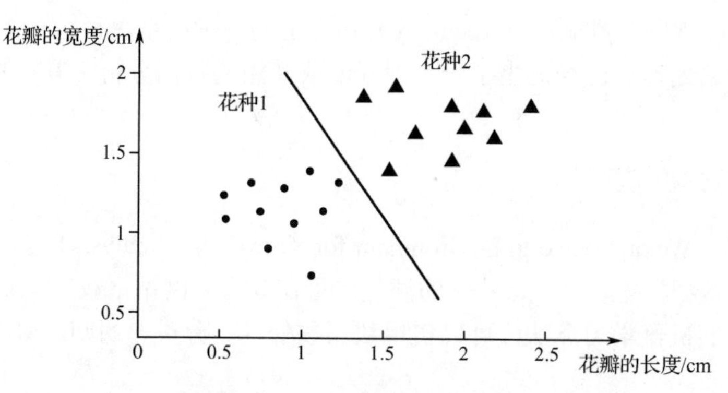

图 9.3　利用花瓣的长宽对两个不同的花种进行分类

9.2.3　聚类任务

聚类是一种无监督学习，聚类过程通常包括数据准备、特征选择与提取、聚类或分组。聚类算法所满足的要求主要包括[18]：

（1）具有可扩展性。许多聚类算法在小数据集中可以工作得很好；但一个大数据集可能包含数以百万的对象。利用采样方法进行聚类分析可能得到一个有偏差的结果，因此需要具有可扩展性的聚类算法。

（2）具有处理不同类型属性的能力。许多算法是针对基于区间的数值型属性设计的，但有些应用需要处理其他类型数据，如二值类型、符号类型、顺序类型，甚至是多种数据类型的组合。

（3）具有发现任意形状聚类的能力。许多聚类算法是根据欧氏距离和曼哈顿距离来进行聚类的。这类基于距离的聚类方法一般只能发现具有类似大小和密度的圆形或球状聚类，而实际一个聚类可能是任意形状的，因此，设计能够发现任意形状聚类的算法是非常重要的。

（4）具有自动决定输入参数的能力。许多聚类算法需要用户输入聚类分析中所需的一些参数，聚类结果通常都与输入参数密切相关；而这些参数常常也很难决定，特别是包含高维对象的数据集，这不仅构成了用户的负担，也使得聚类质量难以控制。合理、自动地决定输入参数可以减轻人工负担，提升聚类质量。

（5）具有处理噪声数据的能力。现实世界的数据集中通常包含异常数据、不明数据、缺失数据和噪声数据，有些聚类算法对这些数据非常敏感，并会导致分析质量变差，因此需要能够处理噪声数据的聚类算法。

（6）对输入数据顺序不敏感。一些聚类算法对输入数据的顺序敏感，也就是不同的输入数据顺序可能获得不同的分析结果，因此需要对输入数据顺序不敏感的聚类算法。

（7）具有处理高维数据的能力。许多聚类算法在处理低维数据时性能表现较好，但现在很多数据集包含高维数据，因此需要能够对高维数据，特别是对高维稀疏分布空间的数据进行高效聚类的算法。

（8）可进行基于约束的聚类。现实世界中的应用可能需要在各种约束之下进行聚类。例如，在一个城市中确定新加油站的位置，就需要在城市中的河流、路段及每个区域的客户需求等约束情况下对居民住地进行聚类。因此，需要设计能够满足特定约束条件且具有较好聚类质量的算法。

9.2.4 关联分析任务

关联分析又称为关联挖掘，其目标是发现数据集中不同数据项之间的关系，查找存在于项目集合或对象集合之间的频繁模式、关联、相关性或因果关系，从而描述某些属性同时出现的规律和模式。典型的关联分析案例就是超市中的“啤酒+尿布”现象：约 70%的顾客在购买啤酒的同时也会购买尿布，通过合理地摆放啤酒和尿布或捆绑销售可提高销量，即通过分析顾客同时放入其购物车的不同商品，分析顾客的购买习惯。通过了解哪些商品频繁地被顾客同时购买，这种关联的发现可以帮助超市制定商品摆放策略。

关联挖掘中涉及一系列概念术语。例如，将牛奶、面包组成一个集合{牛奶、面包}，其中牛奶和面包为项，{牛奶、面包}为项集。

项集 A、B 同时发生的概率称为关联规则的支持度，即：

$$\text{support} = P(AB) \tag{9.5}$$

在项集 A 发生的情况下，则项集 B 发生的概率称为关联规则的置信度，即：

$$\text{confidence} = P(B|A) = \frac{P(AB)}{P(A)} \tag{9.6}$$

支持度大于或等于某个阈值的项集称为频繁项集。例如，将阈值设为 60%时，因为{牛奶、面包}的支持度是 80%，所以它是频繁项集。如果项集 A 中包含 k 个元素，那么称这个项集 A 为 k 项集，支持度大于或等于某个阈值的项集 A 称为频繁 k 项集[20]。

由频繁项集产生强关联规则包括：

（1）K 维项集 L_K 是频繁项集的必要条件是它所有 K−1 维子项集也为频繁项集，记为 L_K−1。

（2）如果 K 维项集 L_K 的任意一个 K−1 维子项集 L_k−1 不是频繁项集，则 K 维项集 L_K 本身也不是最大项集。

（3）L_K 是频繁 K 项集，如果所有频繁 K−1 项集 L_k−1 中包含 L_K 的 K−1 维子项集的个数小于 K，则 L_K 不可能是频繁 K 项集。

（4）同时满足支持度大于或等于阈值和置信度阈值的规则称为强关联规则。

关联分析的最终目标就是要找出强关联规则。

9.3 数据处理方法

9.3.1 数据挖掘

数据挖掘[21]是指通过算法从大量的数据中搜索隐藏于其中信息的过程，也称为知识发现（Knowledge Discovery in Database，KDD）的过程。

数据挖掘旨在构建出具有描述性或预测性的模型，并通过处理大量数据来发现其中的知识、模式或趋势。数据挖掘通过提取大量数据中的有用信息，帮助人们解决实际的问题，并协助人们做出正确的决定和判断。数据挖掘已被广泛地应用到金融、工业、通信、教育、商业等各种领域中，并取得了良好的效果。

常见的数据挖掘算法如下：

1．监督学习

监督学习[22]先通过已有的训练样本（即已知数据及其对应的输出）训练得到一个最优模型（这个模型属于某个函数的集合，最优则表示在某个评价准则下是最佳的），再利用这个模型将所有的输入映射为相应的输出，对输出进行简单的判断，从而实现分类的目的，即具有了对未知数据进行分类的能力。数据挖掘算法中属于监督学习的有 K 最近邻法、决策树算法、线性回归算法、逻辑回归算法等。K 最近邻算法、决策树算法是其中较典型的数据挖掘算法，下面将逐一介绍。

（1）K 最近邻算法。K 最近邻算法主要用于分类任务，按照“近朱者赤，近墨者黑”的基本思想，为了判断某样本的类别，通过将已知类别的样本作为参照来计算未知样本与已知样本的距离，从中选取与未知样本距离最近的 K 个已知样本，根据“少数服从多数”的投票法则（Majority Voting），K 个最邻近样本中所属类别占比较多的那一类就是未知样本的所属类别[23]。

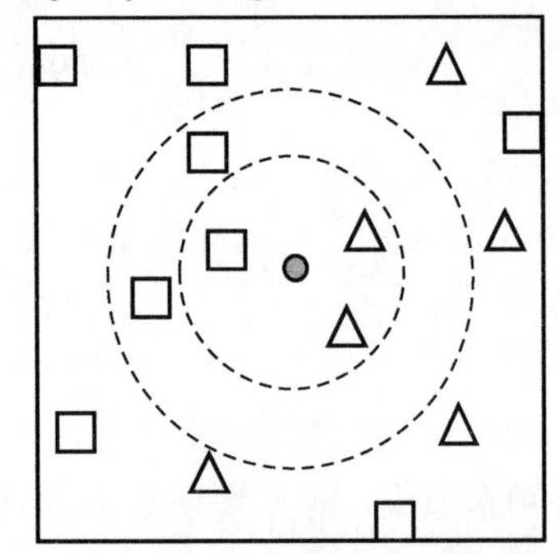

图 9.4　K 最近邻算法分类简单示例

如图 9.4 所示，判断图中间的圆形属于哪一类别。首先确定 K 的大小，假设 K=3，三角形的所占比例为 2/3，正方形的所占比例为 1/3，那么圆形将被判断为三角形那一类；假设 K=5，三角形的所占比例为 2/5，正方形的所占比例为 3/5，那么圆形将被判断为正方形那一类。

K 最近邻算法的关键步骤包括：

① 对样本的所有特征进行可比较的量化。若样本特征中存在非数值的类型，则需要将其量化为数值。例如，样本特征中包含的颜色，可通过将颜色转换为数值来实现距离计算。

② 对样本特征进行归一化处理。样本中一般有多个参数，每个参数都有其自己的具体定义及取值范围，而不同的定义域对距离有着不同的影响，因此不能一起进行距离运算，必须对所有特征的数值进行归一化处理。

③ 计算两个样本之间的距离。常用的计算距离的方式有欧氏距离、余弦距离、汉明距离、曼哈顿距离等。欧氏距离适用于连续变量；在类似文本分类这种非连续变量情况下，可以选择汉明距离。若运用一些特殊的算法来计算度量，则 K 最近邻算法的精度可得到显著提高，如大边缘 K 最近邻算法或近邻成分分析法。

以计算二维空间中的 $A(x_1, y_1)$、$B(x_2, y_2)$两点之间的距离为例，典型的欧氏距离和曼哈顿距离计算方法分别如式（9.7）和式（9.8）所示。

欧氏距离的计算方法为

$$\text{EuclideanDistance}(d) = \sqrt{(x_2 - x_1)^2 + (y_2 - y_1)^2} \tag{9.7}$$

曼哈顿距离的计算方法为：

$$\text{MahattanDistance}(d) = |x_2 - x_1| + |y_2 - y_1| \tag{9.8}$$

④ 确定 K 值。K 值选得太大则容易引起欠拟合，太小则容易过拟合，需要采用交叉验证法来确定 K 值。

由于 K 最邻近算法在分类决策时只依据最邻近的一个或者几个样本的类别来决定待分类样本所属的类别，而不是靠判别类域的方法来确定所属类别的，因此对于类域的交叉或重叠较多的待分样本集来说，K 最近邻算法较其他方法更为适合；但同时也很容易导致样本容量较小的类域比较容易产生误分，因此较适用于样本容量比较大的类域分类。

分类模型性能的主要评价标准有准确率、错误率、召回率、精度、F1 分数等。分类模型的评价标准如表 9.1 所示[18]。

表 9.1　分类模型评价标准

实际的类 \ 预测的类	yes	no	合计
yes	TP	FN	P
no	FP	TN	N
合计	P	N	$P+N$

各个评价标准的计算公式如下。

准确率：

$$\text{Accuracy} = \frac{\text{TP} + \text{TN}}{P + N} \tag{9.9}$$

错误率：

$$\text{error} = \frac{\text{FP} + \text{FN}}{P + N} \tag{9.10}$$

召回率：

$$\text{recall} = \frac{\text{TP}}{P} \tag{9.11}$$

精度：

$$\text{precision} = \frac{\text{TP}}{\text{TP} + \text{FP}} \tag{9.12}$$

F1 分数：

$$\text{F1} = \frac{2 \times \text{precision} \times \text{recall}}{\text{precision} + \text{recall}} \tag{9.13}$$

通过交叉验证的方式可以评价分类模型：①数组分组，将原始数组分成训练集和验证集；②模型训练，先用训练集对分类器进行训练，再利用验证集测试训练得到的模型作为评价分类器的性能指标。常见的交叉验证方式有 Hold-out 验证、K 折叠交叉验证、留一验证等。

（2）决策树算法。决策树算法是一种经典的数据挖掘算法，主要用于分类任务，其基本思想是：采用自顶向下、递归的方式构造决策树；树上的每个节点上均使用信息增益度量选择属性，可以从所生成的决策树中提取分类规则；使用属性值对样本集逐级划分，直到一个节点仅包含同一类的样本为止。

决策树算法借助于树的分支结构实现分类，树的内部节点表示对某个属性的判断，该节点的分支是对应的判断结果；叶子节点代表一个类标。

决策树示例如图 9.5 所示，该决策树用于预测一个人是否会购买智能产品，通过该决策，可以对新的记录进行分类。从根节点（年龄）开始，如果某人的年龄为中年人，则可以直接判断这个人会购买智能产品；如果某个人是青少年，则需要进一步判断这个人是否是学生；如果某个人是老年人，则需要进一步判断这个人是否使用过智能产品，直到叶子节点可以判定记录的类别为止。

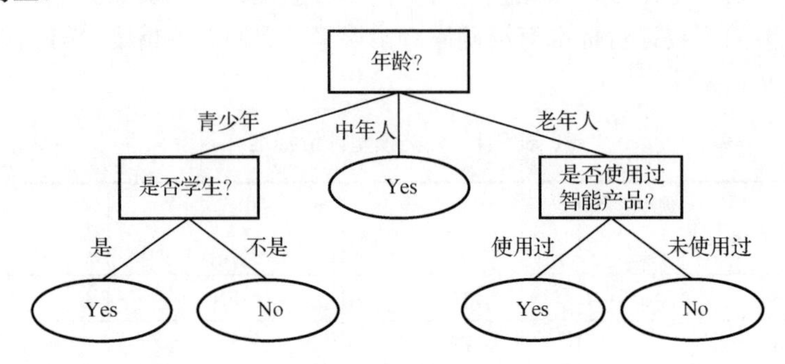

图 9.5　决策树示例

在决策树中，与熵有关的概念有信息熵、条件熵和互信息。下面分别介绍这三个概念[24]。

① 信息熵。信息熵是衡量信息的指标，更确切地说，是衡量信息的不确定性或混乱程度的指标。不确定性是指一个事件出现不同结果的可能性。信息的不确定性越高，信息熵越大。决定信息的不确定性或复杂程度主要因素是概率。决策树中的一元模型是指单一事件，如抛硬币，可能出现的结果有两个，分别是正面和反面，而每次抛硬币的结果是一个非常不确定的信息。

将抛硬币事件看成一个随机变量 S，它可能的取值有两种，分别是正面和反面，这两种取值的概率分别为 P_1 和 P_2。要获得随机变量 S 的取值结果至少要进行 1 次试验，试验次数与随机变量 S 可能的取值数量的对数有联系。信息熵的计算公式为：

$$E(S)=\sum_{i=1}^{c}-p_i\log_2 p_i \tag{9.14}$$

② 条件熵。条件熵是通过获得更多的信息来消除一元模型中的不确定性的，也就是通过二元模型或多元模型来降低一元模型的信息熵。知道的信息越多，信息的不确定性越小。例如，只使用一元模型时无法根据用户历史数据中的购买频率来判断这个用户本次是否也会购买，因为不确定性太大，加入促销活动、商品价格等信息后，在二元模型中可以发现用户购买与促销活动或者商品价格变化之间的联系，可通过购买与促销活动一起出现的概率，和不同促销活动时购买出现的概率来降低不确定性。

计算条件熵时使用到了两种概率，分别是联合概率 $P(C)$和条件概率 $E(C)$。条件熵 $E(T,X)$的计算如式（9.15）所示，条件熵的值越低说明二元模型的不确定性越小。

$$E(T,X)=\sum_{C\in X}P(C)E(C) \tag{9.15}$$

③ 互信息。互信息是用来衡量信息之间相关性的指标。当两个信息完全相关时，互信息为 1，完全不相关时互信息为 0。在前面讨论的例子中，用户购买与促销活动这两个信息间的

相关性究竟有多大，可以通过互信息这个指标来度量。互信息的计算方法就是求信息熵与条件熵之间的差，即：

$$G(T,X)=E(T)-E(T,X) \tag{9.16}$$

例如，高尔夫俱乐部记录了不同天气状况用户来打高尔夫球的记录，通过构建决策树可预测用户是否会来打高尔夫球。用户是否来打高尔夫球是一个一元模型，具有不确定性，信息熵很高，因此需要借助天气状况来降低不确定性，可以通过天气状况计算条件熵和互信息来构建决策树。

决策树可以产生人能直接理解的规则，其准确率也比较高，在不需要了解背景知识的情况下就可以进行有效的分类。决策树算法有很多变种，如 ID3、C4.5、C5.0、CART 等。决策树同样可以利用式（9.9）到式（9.13）进行评价。

2. 无监督学习

与监督学习不同，无监督学习[22]没有任何训练样本，直接对数据进行建模。在数据挖掘中，常用的无监督学习的算法有 K-Means 算法、DBSCAN 算法、Apriori 算法、FP-growth 算法等，下面主要介绍前三种算法。

（1）K-Means 算法[25]。K-Means 算法是典型的数据挖掘算法，主要用于聚类任务，基本思想是：对于给定的样本集，按照样本之间的距离大小将样本集划分为 K 个聚类；让聚类内的点尽量紧密地连在一起，而让聚类间的距离尽量大；K-Means 算法必须提前知道数据有多少聚类/组，该算法具有速度快、计算简便等优点。

K-Means 算法的执行流程如下：

输入：需要聚类的数据集和 K 值。

输出：每一个聚类的中心点。

步骤 1：从数据中随机选取 K 个轨迹点作为初始聚类的中心。

步骤 2：遍历整个数据集，计算每一个轨迹点到 K 个聚类中心的距离，对距离进行排序，将距离某个聚类中心的轨迹点并入该聚类中。

步骤 3：对于步骤 2 中形成的每一个聚类，计算它们的中心点；

步骤 4：重复步骤 2 和步骤 3，直到聚类中心和上次中心点的差值小于规定的阈值为止。

（2）DBSCAN 算法[25]。DBSCAN[26]是一种基于密度的聚类算法，该算法需要输入一对全局密度参数 MinPts 和 Eps。参数 MinPts 是指某数据对象一定邻域范围内数据点的个数，而 Eps 则是邻域范围的半径。DBSCAN 算法可以检测出数据集中的聚类和噪声。对于部分数据分布不均匀的情况，适合采用 DBSCAN 算法。

基于 DBSCAN 算法的执行流程如下：

输入：样本数据集 D、参数 MinPts 和 Eps。

输出：聚类的结果集和噪声。

步骤 1：从样本数据集 D 中随机抽取一个点 $P(x,y)$，若该点在其邻域 Eps 满足密度阈值要求，则称其为核心对象。

步骤 2：在整个样本数据集 D 中，找到数据集中所有从数据对象 P 的密度可达数据对象，将这些数据对象归为一个新的聚类。

步骤 3：通过密度相连产生最终的聚类结果。

步骤 4：重复执行步骤 2 和步骤 3，直到样本数据集 D 中的数据被处理完为止。

（3）Apriori 算法[18]。Apriori 算法主要用于关联规则任务。该算法主要包含两个步骤：首先通过迭代，检索出事务数据库中的所有频繁项集，即支持度不低于用户设定的阈值的项集；然后利用频繁项集构造出满足用户最小置信度的关联规则。Apriori 算法的步骤如图 9.6 所示，核心步骤是连接步和剪枝步[20]：

① 连接步的目的是找到 k 项集。对给定的最小支持度阈值，分别对 1 项候选集 C_1，剔除小于该阈值的项集得到频繁 1 项集 L_1；由 L_1 自身连接产生 2 项候选集 C_2，保留 C_2 中满足约束条件的项集得到频繁 2 项集，记为 L_2；再由 L_2 与 C_2 连接产生 3 项候选集 C_3，保留 C_3 中满足约束条件的项集得到频繁 3 项集，记为 L_3；不断循环，直到无法发现频繁 k+1 项集 L_{k+1} 为止，此时的频繁 k 项集 L_k 便是算法的输出结果。

② 剪枝步紧接着连接步，在产生候选项 C_k 的过程中起到减小搜索空间的目的。由于 C_k 是 L_{k-1} 与 L_k 连接产生的，频繁项集的所有非空子集也必须是频繁项集，不满足该性质的项集不会存在于 C_k 中，该过程就是剪枝。

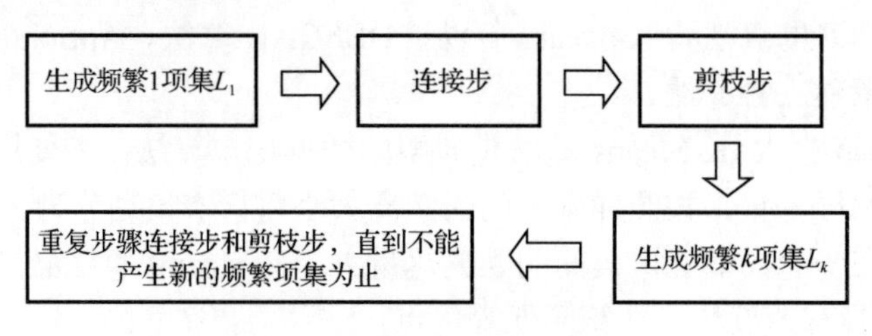

图 9.6　Apriori 算法的步骤

下面举例说明 Apriori 算法的步骤。假设有一个数据集 D，如表 9.2 所示，其中有 4 个事务，求频繁项集。

表 9.2　数据集 D

事　务	项
T1	A、B、E
T2	C、D、E
T3	A、C、D、E
T4	C、E

设置最小支持度为 2，扫描数据集 D，对每个候选项进行支持度计算，如表 9.3 所示。

表 9.3　候选项的支持度计算

项　集	支 持 度
{A}	2
{B}	1
{C}	3
{D}	2
{E}	4

比较候选项支持度与最小支持度，产生频繁1项集L_1，如表9.4所示。由L_1产生候选项集C_2，如表9.5所示；扫描数据集D，对每个候选项集进行支持度计算。

表9.4 频繁1项集L_1

项 集	支 持 度
{A}	2
{C}	3
{D}	2
{E}	4

表9.5 候选项集C_2

项 集	支 持 度
{A、C}	1
{A、D}	1
{A、E}	2
{C、D}	2
{C、E}	3
{D、E}	2

比较候选项支持度与最小支持度，产生频繁2项集L_2，如表9.6所示；由L_2产生候选项集C_3，如表9.7所示。

表9.6 频繁2项集L_2

项 集	支 持 度
{A、E}	2
{C、D}	2
{C、E}	3
{D、E}	2

表9.7 候选项集C_3

项 集	支 持 度
{A、C、D}	1
{A、C、E}	1
{A、D、E}	1
{C、D、E}	2

比较候选项支持度与最小支持度2，产生频繁3项集L_3，如表9.8所示。

表 9.8 频繁 3 项集 C_3

项 集	支 持 度
{C、D、E}	2

Apriori 算法使用了层次搜索策略和剪枝技术，使得其在挖掘频繁模式时具有较高的效率。但是，Apriori 算法也有以下性能缺陷：

① Apriori 算法是一个多趟搜索算法，每次搜索都要扫描数据集，开销较大。对于候选 k 项集 C_k 来说，必须扫描其中的每个元素以确认是否加入频繁 k 项集 L_k，若候选 k 项集 C_k 中包含 n 项，则至少需要扫描 n 次数据集。

② 可能产生庞大的候选项集。由于针对频繁 k−1 项集 L_{k-1} 的 k−2 连接运算，由 L_{k-1} 产生的候选 k 项集 C_k 是成指数增长的，对于计算机的运算时间和存储空间来说都是巨大的挑战。

9.3.2 机器学习

机器学习（Machine Learning，ML）[27-32]是研究计算机系统如何模拟或实现人类的学习行为，以获取新的知识或技能，重新组织已有的知识结构使之不断改善自身的性能，以实现分析、预测等行为的一组方法，在效率、规模、可重复性等方面比人类更加出色。因此，利用机器学习可以解决现实中很多领域的问题，如自动驾驶、医疗诊断、自然语言处理等。

1．特征选择（Feature Selection，FS）[28]

在使用机器学习前，需要采集许多维度的数据来提升模型的性能。当数据维度达到一定水平时，将所有特征放入算法中将会带来维度灾难，分类算法需要花费大量的时间进行训练才能让模型算法收敛。特征选择是指选择出适合模型算法的最优特征子集。

特征选择从特征集合中挑选的特征子集，并不会更改数据的原始表示，因此可以提供合理的解释性。

许多机器学习算法最初是为特定功能设计的，因此将这些算法与特征选择相结合已成为其应用的必要条件。特征选择的目标有多种，最重要的目标是：

（1）提高模型的泛化能力，避免过拟合并，降低误差。

（2）减少特征数量，提高计算效率，提供更快的、具有成本效益的模型。

（3）筛选出不相关特征，降低模型的学习难度，这要求对特征本身有更深入的了解。

对相关特征子集的搜索会在建模任务中引入额外的复杂性，需要为最优特征子集优化模型的参数，这是因为整个特征集的最优参数对于最优特征子集来说不一定是最优的。需要一定的时间去找到最适合模型的最优特征子集。

特征选择可以分为三大类：过滤器方法、包装器方法和嵌入式方法[29-31]。

（1）过滤器方法。过滤器方法根据数据的差异或相关性等固有属性对每个特征进行评分，设置一个阈值或选择阈值数量来完成特征的选择。在大多数情况下，过滤器方法会计算特征相关性的得分，删除低分的特征。常见的方法有方差法、相关系数法、相互性方法等，这些算法的通用性强、复杂性低、效率较高，且与分类算法无关，可省去分类器的训练时间。过滤器方法仅需要执行一次，即可评估不同的分类器。但是由于过滤器方法忽略了与分类器的交互，并且大多数都是单变量的，一些特征作为个体处理时其区分能力不高，而作为整体却具备很强的区分能力，这意味着将每个特征分开考虑，忽略了数据的特征依赖性，容易将一些内部依赖性特征当成冗余特征剔除，无法完全剔除冗余特征。

（2）包装器方法。包装器方法首先选定算法，通过不断的启发式方法来搜索特征子集，将特征子集放入模型中训练，然后根据算法效果来比较特征子集。与过滤器方法相比，包装器方法考虑了数据特征的依赖性，但存在过拟合的风险较高且计算量很大等不足。当模型训练的数据量较大时，训练时间长，模型效率低。

（3）嵌入式方法。嵌入式方法在模型训练过程中可以自动进行特征的选择，将搜索最优特征子集嵌入在分类器中，模型训练与特征选择是同步完成的。嵌入式方法的基学习器需要本身带有特征重要度因子，非常依赖于算法本身，适用性不高。

2. 机器学习算法

机器学习算法的目标是从海量的数据中挖掘出隐藏在其中的规律并作为规则，可以将规则看成一个函数，输入是样本数据，输出是预期结果。

经典的机器学习算法有朴素贝叶斯算法、支持向量机、集成学习等。

（1）朴素贝叶斯算法。朴素贝叶斯算法主要用于分类任务，要求数据各个特征之间要尽可能互相独立，并且各个特征之间重要性尽量相同。在此基础上，对于一条数据 $(x_1, x_2, \cdots, x_n)$，判断它属于某一个类别 y 的概率的计算公式为：

$$P(y \mid x_1, x_2, \cdots, x_n) = \frac{P(y)P(x_1, x_2, \cdots, x_n \mid y)}{P(x_1, x_2, \cdots, x_n)} = \frac{P(y)\sum_{i=1}^{n} P(x_i \mid y)}{P(x_1, x_2, \cdots, x_n)} \tag{9.17}$$

在判断某个数据属于哪个类别时，应当根据该数据属于哪个类别的概率 y^* 最大，概率 y^* 的计算公式为：

$$y^* = \arg_y \max P(y)\sum_{i=1}^{n} P(x_i \mid y) \tag{9.18}$$

例如，某女生在思考今天要不要穿裙子时的历史数据如表 9.9 所示。通过表 9.9 可以看到某天的气候指标有天气好坏、风力、气温、光照度，通过这 4 个属性可判断女生是否会穿裙子。

表 9.9　某女生在思考今天要不要穿裙子时的历史数据

天 气 好 坏	风力大不大	气温高不高	光照度强不强	穿与不穿
好	大	高	不强	不穿
不好	一般	一般	不强	不穿
好	一般	高	强	穿
好	大	高	强	穿

将此分类问题转化成数学问题，即比较 P［穿|（天气不好、风力不大、气温不高、阳光不强）］与 P［不穿|（天气不好、风力不大、气温不高、阳光不强）］的大小，观察哪个概率大，就是女生是否穿裙子的答案。

朴素贝叶斯算法结合了贝叶斯公式和最大似然估计等理论，属于生成类方法。判别模型

会直接从训练数据中学习到 $P(y|x)$，寻找到不同类别间的差异，但不能反映训练数据本身的特征；生成式模型需要先通过数据来学习联合概率分布 $P(\overline{x},y)$，再求 $P(y|\overline{x})$。朴素贝叶斯算法可获得数据本身的相似度，且生成式模型可以处理训练数据少、噪声严重的情况。

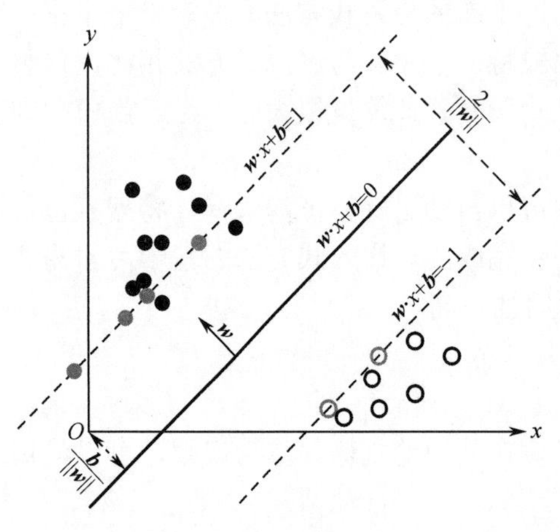

图 9.7　SVM 的分离超平面[33]

（2）支持向量机。支持向量机法主要用于分类任务。通过学习，支持向量机可以自动找出那些对分类有较好区分能力的支持向量，由此构造出的分类器可以最大程度上增大类与类的间隔。也就是说，支持向量机的目的是求解能够正确划分训练数据集并且几何间隔最大的分离超平面。支持向量机的分离超平面如图 9.7 所示，$\boldsymbol{w}\cdot\boldsymbol{x}+\boldsymbol{b}=0$ 为分离超平面，对于线性可分的数据集来说，这样的超平面有无穷多个，但几何间隔最大的分离超平面却是唯一的。正因如此，支持向量机有较好的适应能力和较高的准确率。

支持向量机只需要根据各类域的边界样本的类别即可判定最后的分类结果，因此对小样本的自动分类有着较好的效果。

（3）集成学习。集成学习是一种机器学习范例，可通过结合多个基本模型来提高整体模型的鲁棒性。在集成学习中，最为关键的问题是如何整合基学习器的结果。通常，整合可以分为三个层次：

① 排位层次。每个基学习器提供一个可能的学习结果列表，其中的学习结果按照可能性大小排列。

② 抽象层次。每个基学习器只提供一个学习结果或者学习结果子集。

③ 度量层次。每个基学习器不仅提供学习结果，还提供每种学习结果的可能性。

按照基学习器的生成方式以及结果的整合方式，集成学习主要分为以下三种：

① Boosting。串行学习算法，其工作机制为：首先使用初始训练集训练一个基学习器并评估其学习效果，然后根据评估结果进行权重调整，提升模型预测错误的样本权重；接着使用调整好的训练集来训练下一个基学习器，不断重复上述过程，终止条件通常为训练好的基学习器数量达到设定值或者学习效果达到预期目标。基学习器的结合以权重为主，即被赋予高权重的基学习器拥有更高的主导地位。

② Bagging。并行学习算法，基于自助采样策略，首先从训练集中有放回地取出一定数量的样本构成采样集，重复多次可得到多个采样集，每一个采样集都可以训练对应的基学习器；然后是基学习器的结合，不同任务使用不同的方法，常用的方法有平均法和投票法。

③ Stacking。串行学习算法，其训练出的模型具有层级结构，前一层的输出作为后一层的输入，这种算法具有较强的表征学习能力。

事实上，几乎所有的机器学习任务都可以使用集成学习来达到更优的学习效果，目前集成学习得到了广泛的应用。

9.3.3　深度学习

深度学习（Deep Learning，DL）是机器学习的一个重要分支，是在神经网络（Neural

Networks，NN）发展到一个新阶段而被提出的。生物神经网络主要是指大脑中的神经网络，而人工神经网络（Artificial Neural Networks，ANN）是受生物神经网络启发的人工智能技术，但不能简单认为是生物神经网络的技术复现。人工神经网络的主要任务是根据实际应用的需要建造人工神经网络模型，设计相应的学习算法，模拟智能活动以解决实际问题。人工神经网络的核心是连接模型，依靠系统的复杂程度，通过调整内部大量节点之间相互连接的关系，从而达到处理信息的目的。在过去几十年中，人工神经网络的相关研究经历了多次起伏[34]：

（1）在 20 世纪 40 年代至 60 年代，神经网络诞生于控制论的相关研究，当时出现的感知机[35]是首个能够通过样本及标签来进行权重学习的模型。

（2）20 世纪 80 年代，神经网络随着联结主义相关概念的兴起而进入新一次研究浪潮，当时所形成的分布式表示概念以及反向传播算法直到现在都广泛应用于人工智能的相关研究中。但由于硬件性能的关系，当时研究人员普遍认为深度神经网络难以训练。

（3）2006 年，深度信念网络（Deep Belief Networks，DBN）[36]被提出，人工神经网络的研究趋向于使用更多层神经网络的深度学习，这也说明了在过去不可能被充分训练的深度神经网络已经可以被训练了。相比于传统的机器学习方法，基于深度学习的方法在多个领域的任务中取得了更加优秀的性能。

下面具体介绍深度学习的相关网络模型与函数方法[37-44]。

1．人工神经网络

人工神经网络的抽象结构与神经突触非常类似，在功能上都是在接收外界输入刺激之后对复杂信息的一种处理操作。人工神经网络实质上是由数量众多的简单基本单元组成的，且拥有感知机所没有的极强非线性能力，故可以并行存储信息和处理复杂逻辑操作。神经元模型如图 9.8 所示，可学习的突触强度 ω_i 放大或缩小沿着轴突传播的信号后与其他神经元的树突信号相乘，对全部突触的值求和，辅以非线性激活函数（Activation Function）$f(\cdot)$，即可获得一个神经元模型，其表达式如式（9.19）所示。

$$f\left(\sum_i \omega_i x_i + b\right) \tag{9.19}$$

式中，$\omega_i x_i$ 代表神经元强度（权值）和一个神经元的输入信号的乘积；b 是偏置项（Bias）。

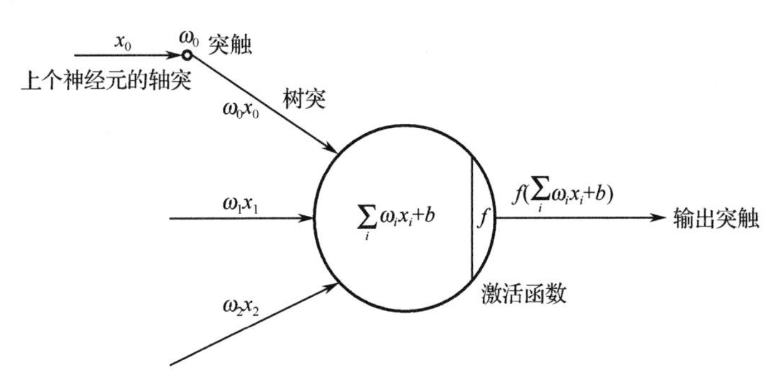

图 9.8　神经元模型

当数量众多的神经元全部连接起来后，可呈现网络状，如果各个神经元之间无环，则为多层前馈神经网络（Multilayer Feed-Forward Neural Network，MLFNN）。顾名思义，前馈神经网络中上下两层之间的神经元两两互连，且至少有 3 层。前馈神经网络如图 9.9 所示。输入层是前馈神经网络中的第一层，代表输入数据的全部特征信息，它的神经元称为输入神经元。输出层代表前馈神经网络的预测结果。上述二者之间的层全部都是隐藏层（Hidden Layer），隐藏层的作用都是提取前一层的输入特征并进行层层抽象。隐藏层的数量以及其中神经元的个数都不是固定不变的。图 9.9（a）所示的前馈神经网络仅有一个隐藏层，而图 9.9（b）所示前馈神经网络有两个隐藏层。若只是像这样前后互连，那么该神经网络的表达能力和感知机将毫无差别，仍然是线性模型，叠加再多层也毫无意义。神经网络得以成功的一个重要原因就是具备非线性且可微的激活函数，该函数向每一个神经元赋予了非线性的表达能力。可以推断出，若前馈神经网络具备足够多的隐藏层以及足够多的神经元，其理论上的表达能力可以拟合任何非线性函数。激活函数必须可微是因为任何神经网络目前都依赖反向传播（Back Propagation，BP）回传梯度以完成训练。实践表明，两层以上的隐藏层对前馈神经网络的性能并不能总是起到太大的帮助。

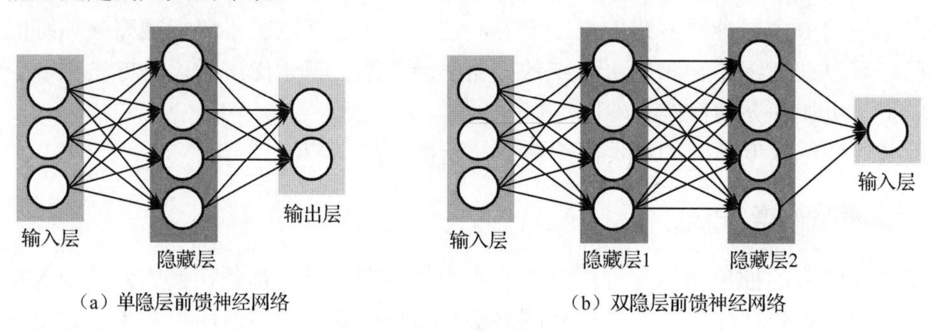

（a）单隐层前馈神经网络　　（b）双隐层前馈神经网络

图 9.9　前馈神经网络

2. 卷积神经网络

卷积神经网络（Convolutional Neural Networks，CNN）的概念脱胎于由生物感受野研究，起源于神经认知机。卷积神经网络模拟生物的视觉机制，可以胜任多种学习机制，其自主学习能力强，可以抽取格点化（Grid-like Topology）属性数据的绝大多数据特征[45]。区别于人工神经网络，卷积神经网络的最大优势就是采用了实质为稀疏矩阵的卷积核，只需要消耗较小的计算量，就能够将相邻两层局部连接。在计算机中，图片是三维的，即二维的长宽像素点加上一维的 RGB 通道。卷积神经网络不需要像人工神经网络那样，破坏图片数据的基本结构，将其降维拉伸成一维数据，而是直接对三维结构的图片数据进行卷积，得到的特征矩阵也是和图片一样的三维矩阵，从而保证了特征结构在整个网络中的一致性。卷积神经网络现已成为计算机视觉中提取特征的不二之选。卷积神经网络如图 9.10 所示，网络中的参数，即卷积核只将相邻两层中的一小部分相连接。卷积神经网络主要包括卷积层、激活函数层、池化层、批归一化层和随机失活层。

（1）卷积层。卷积层为卷积神经网络的基石，该层由数量不定的卷积核加上偏置项（Bias）组成。卷积核在本质上是个权值矩阵，矩阵中的值是稀疏的。局部特征提取过程的实质就是通过卷积核与上一层输出的特征完成点积和累加操作，得到特征矩阵，也称为特征图（Feature Map）。参数值不同的卷积核在局部特征提取中扮演的角色各不相同。特征图上每个单元所能接触到的信息区域，即感受野（Receptive Field），取决于卷积核的大小和范围。卷积层的所有卷积核在进行特征提取的过程中，其参数值，也就是权值矩阵的值是固定且共享的。卷积核在进行局部特征提取时，会严格遵循式（9.20）所示的规律覆盖整张输入特征图，与其进行矩阵点积并累加偏置项[45]：

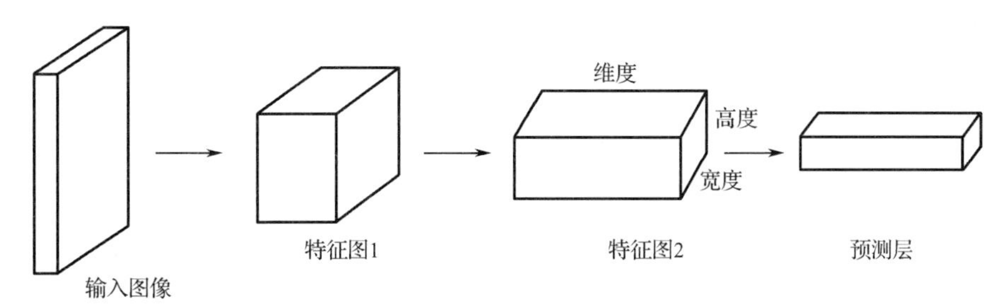

图 9.10 卷积神经网络

$$Z^{l+1}(i,j)=[Z^l \otimes \omega^{l+1}](i,j)+b=\sum_{k=1}^{K_l}\sum_{x=1}^{f}\sum_{y=1}^{f}[Z_k^l(s_0 i+x, s_0 j+y)\omega_k^{l+1}(x,y)]+b \tag{9.20}$$

式中，$(i,j)\in\{1,2,\cdots,L_{l+1}\}$；这里的$\otimes$实质是交叉相关（Cross-Correlation）；b为偏置项；Z^l和Z^{l+1}分别表示第$l+1$层的卷积输入和输出特征图，这里假设特征图长宽相同；$Z(i,j)$表示特征图上的每一个像素；K表示特征图的通道数；L_{l+1}表示该卷积层中输入和输出特征图的尺度，其计算公式为：

$$L_{l+1}=\frac{L_l+2p-f}{s_0}+1 \tag{9.21}$$

式中，L_l是输入特征图的尺寸；f代表卷积核尺度；s_0为卷积核扫过特征图时的步长（Stride）；p为对特征图四边填零（Padding）的数量[45]。

特殊地，当卷积核的$f=1$、步长$s_0=1$且不包含填充的单位卷积核时，交叉相关就等价于矩阵乘法，并由此在卷积层间构建了全连接网络，其计算公式为：

$$Z^{l+1}=\sum_{k=1}^{K_l}\sum_{i=1}^{L}\sum_{j=1}^{L}(Z_{i,j,k}^l\omega_k^{l+1})+b=\omega_{l+1}^L Z_{l+1}+b, \qquad L^{l+1}=L \tag{9.22}$$

单位卷积核的优势是它可以按照研究者的要求，任意升降特征图的通道数，同时还可以保持特征图的大小不变。当降低特征图的通道数时，单位卷积核可以降低该层卷积层的计算量，这一点在轻量化网络和构建一些特殊结构时（如特征金字塔）十分高效。由单位卷积核构成的卷积层称为多层感知器卷积层[49]。

（2）激活函数层。和人工神经网络一样，激活函数层出现在卷积层之间，赋予卷积神经网络拟合复杂任务的能力。Sigmoid 和 ReLU 在卷积神经网络中较为常用。

（3）池化层。池化层[50,51]可以模拟视觉皮层中的阶层结构，该层在构建一个完整的卷积神经网络时的作用仅次于卷积层。池化层不含参数，因此可以在不学习的情况下采样。池化层具有缩小特征图的作用，且因其不含参数，因此比卷积层中进行的采样更高效。池化操作一般形式为：

$$A_k^l(i,j)=\left[\sum_{x=1}^{f}\sum_{y=1}^{f}A_k^l(s_0 i+x,s_0 j+y)^p\right]^{\frac{1}{p}} \tag{9.23}$$

式中，s_0、(i,j)与卷积层中的定义相同；p是预设参数。当$p=1$时，L_p称为平均池化（Average Pooling）；当$p\to\infty$时，L_p称为最大池化（Max Pooling）。前者取均值，后者取极值。为了保留图像的纹理背景等信息且提高效率，不得不舍弃特征图的部分信息，这是一种折中的做法[50]。常用的池化方法为最大池化和平均池化，如图 9.11 所示。

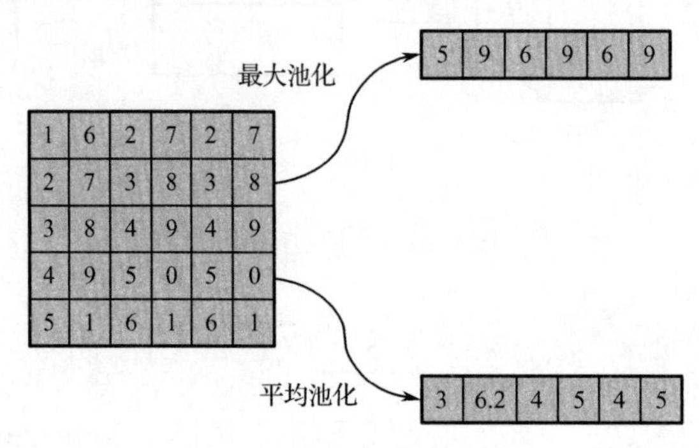

图 9.11　最大池化与平均池化

图 9.11 对二维矩阵的列向量进行了池化运算，以第一列向量[1，2，3，4，5]为例，在最大池化中，将会得到该列向量中的最大值 5，而平均池化会对该列向量求平均，得到该列向量的平均值 3。

（4）批归一化层。在深层卷积神经网络中，梯度消失有时是无法避免的，其原因是每个卷积层中的特征值分布随着整体网络层数的逐渐增多，越来越趋向于激活函数输出区间的极限，即或者趋向 0 或者趋向 1。批归一化（Batch Normalization，BN）操作能够巧妙地缓解这种现象，它将其作用的每层特征值分布在标准正态分布上，使得梯度变大，从而激活函数对其敏感，同时加速收敛。

（5）随机失活层。随机失活（Dropout）层主要起抗过拟合的作用。卷积神经网络中的每个神经元并不总处在工作状态，在每轮迭代中，都有可能以一定的概率被丢弃。在预测时，卷积神经网络又需要关闭随机失活，启动所有的神经元完成前向推导过程。每一层的随机失活概率可能不尽相同。

3．循环神经网络

循环神经网络（Recurrent Neural Network，RNN）是同层节点相互连接的一种结构，循环神经网络的这种结构使其在自然语言处理、生理电信号等领域中得到了更广泛的应用。在一般的网络中，节点之间是相互独立的。但是对于序列化数据，节点之间是有联系的，不是独立存在的。循环神经网络的神经元有两个输入，一个是上一层的输出，另一个是本层的一个反馈，按照时间序列观察，可以看到循环神经网络中同层节点依据时序依次连接共享权值。因此在循环神经网络中，t 时刻的输入还会包含着前面时刻的信息，t 时刻之前的信息会对当前内容产生影响。

循环神经网络如图 9.12 所示，主要由输入层、隐藏层和输出层组成。如果去掉隐藏层中的循环层，循环神经网络就会变成一个简单的全连接神经网络。X 是输入层的值，S 是隐藏层的值，O 是当前节点的输出，$\boldsymbol{U}$ 是输入层到隐藏层的权重矩阵，$\boldsymbol{V}$ 是隐藏层到输出层的权重矩阵。循环层的作用是在隐藏层之间运算，也就是隐藏层 S 的值不仅仅取决于输入层 X 的值，还取决于隐藏层上一个节点的值，所以 $\boldsymbol{W}$ 就是隐藏层上一个节点的值输入当前隐藏层节点的权重矩阵。

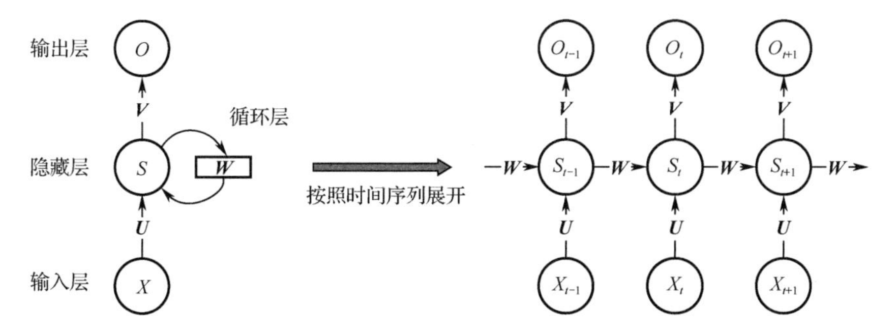

图 9.12　循环神经网络

将循环神经网络的结构按照时间序列展开，可以得到图 9.12 右侧的示意图，以循环神经网络在 t 时刻为例，当前的输入是 X_t，隐藏层输出的值是 S_t，输出值是 O_t，其计算公式为：

$$S_t = f(\boldsymbol{U} \cdot X_t + \boldsymbol{W} \cdot S_{t-1}) \tag{9.24}$$

$$O_t = g(\boldsymbol{V} \cdot S_t) \tag{9.25}$$

式中，f 和 g 为非线性激活函数。从式（9.24）中可以看出，S_t 的值不仅取决于输入值，还取决于 t-1 时刻隐藏层输出的值。当前时刻输出 O_t 由 S_t 的内容计算得出，表明当前时刻的输出与之前时刻的内容相关，这也是循环神经网络适合处理序列化数据的原因。

循环神经网络的优点是在处理时序化数据时，可以利用上下文的数据用来帮助预测当前时刻的网络数据。但是在深度神经网络中，当模型规模较大时，随着循环数据的不断传递，前文相关数据也在不断衰减，提供的数据量也不断减少。这既是循环神经网络在处理长期依赖问题时出现的梯度消失问题，序列后面的梯度很难通过反向传播到前面序列；而且在多层循环神经网络中，靠近输入层的网络计算所得的偏导过大，在权重更新时会变成很大的数字，造成梯度爆炸。这两个问题是使用循环神经网络处理文本数据时的常见问题。

对此，Hochreiter 和 Schmidhuber 等人[52]提出一种长短期记忆（Long Short-Term Memory，LSTM）网络，LSTM 网络使用门控结构来解决循环神经网络存在的问题，通过引入输入门、遗忘门和输出门解决了梯度消失问题和梯度爆炸问题。

图 9.13 是将 LSTM 网络按照时间序列展开后的结构图，对于 LSTM 网络的神经元，首先要决定从单元状态中丢弃哪些信息，该部分由遗忘门 f 来进行决定。i 为输入门，决定当前的输入有哪些信息需要添加到后续的分析。o 为输出门决定输出当前神经元的系统状态，并参与后续的计算。遗忘门、输入门和输出门均由 sigmoid 函数实现。

通过使用多个门实现的 LSTM 网络可以很好地控制输入信息的忘记或保留，不像普通的循环神经网络那样只能够使用记忆叠加方式。对于大多数需要长期记忆的任务来说，LSTM 网络的效果尤为明显。

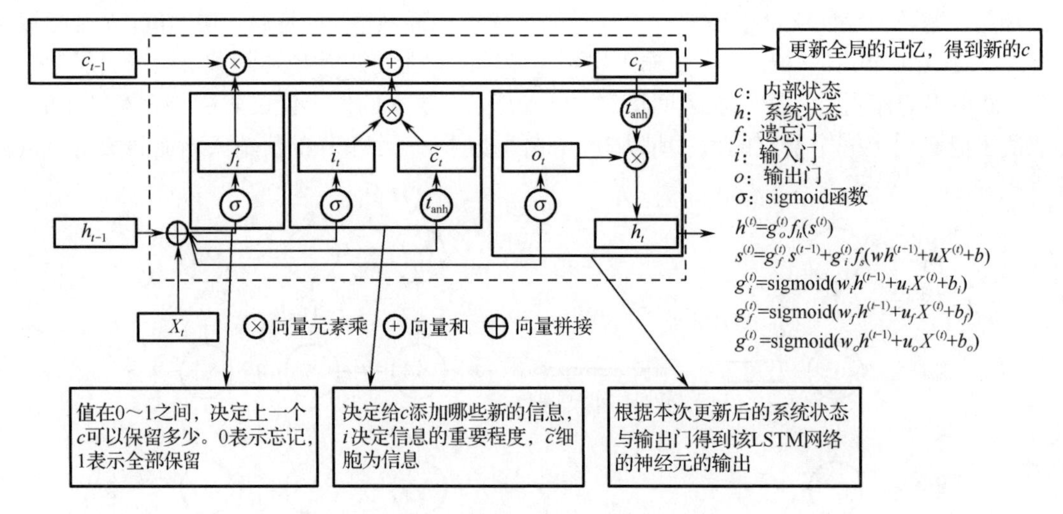

图 9.13　将 LSTM 网络按照时间序列展开后的结构图

4．激活函数

激活函数渗透在神经网络模型的每一个神经元中，发挥着至关重要的作用。如前所述，激活函数的作用是为模型赋予利用非线性函数抽象复杂问题模型能力。如果没有激活函数的参与，那么神经网络模型仅靠线性函数的重复叠加只能够表达输入和输出之间的线性关系。

sigmoid 函数是一种常见的激活函数，该函数可以将输入映射到（0，1）内，经过 sigmoid 函数的运算可以将输入转换为事件的发生概率，因此该函数可用于二分类问题。sigmoid 函数及其导数的计算公式如式（9.26）和式（9.27）所示。

$$\text{sigmoid}(x)=\frac{1}{1+\exp(-x)} \tag{9.26}$$

$$\text{sigmoid}'(x)=\frac{1}{1+\exp(-x)}\left[1-\frac{1}{1+\exp(-x)}\right]=\text{sigmoid}(x)[1-\text{sigmoid}(x)] \tag{9.27}$$

sigmoid 函数及其导数的图形如图 9.14 中所示，sigmoid 函数的导数存在饱和区，在输入较大或较小时，其导数会接近 0。在神经网络的反向传播中，会出现多层 sigmoid 函数导数连乘的情况，而 sigmoid 函数的导数最大值为 0.25，且随着输出绝对值的增大而减小，在神经网络的反向传播中，这种连续乘法运算会导致梯度迅速降低。因此，在使用 sigmoid 函数作为激活函数时，很容易出现梯度消失的问题，这将严重影响训练效率。

另一种常用的激活函数是 tanh 函数，该函数可以将输入变量映射到（-1,1）内。tanh 函数及其导数的计算公式分别如式（9.28）和式（9.29）所示。

$$\tanh(x)=\frac{\exp(x)-\exp(-x)}{\exp(x)+\exp(-x)} \tag{9.28}$$

$$\tanh'(x)=1-\left(\frac{\exp(x)-\exp(-x)}{\exp(x)+\exp(-x)}\right)^2=1-\tanh^2(x) \tag{9.29}$$

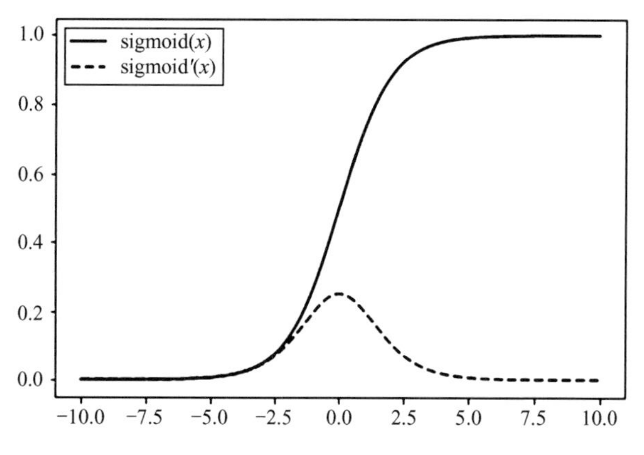

图 9.14　sigmoid 函数及其导数的图形

tanh 函数及其导数的图形如下图 9.15 所示。tanh 函数和 sigmoid 函数存在同样的问题，在输入极大或极小时，tanh 函数的导数存在趋近于 0 的饱和区。与 sigmoid 函数相比，tanh 函数的导数图形更为陡峭，导数减小的速度更快，这意味着梯度变化更快。因此，tanh 函数也不能避免梯度消失问题。

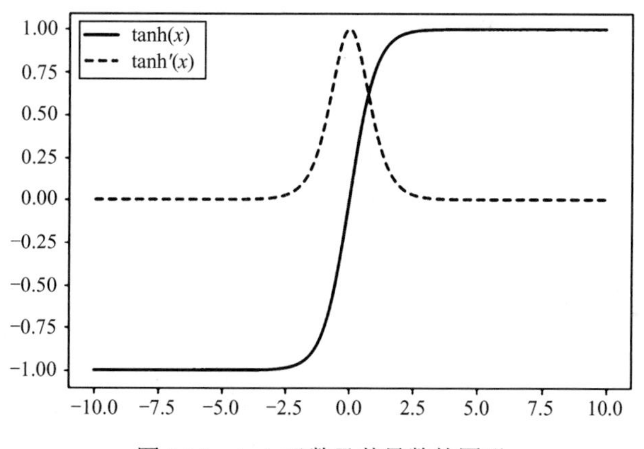

图 9.15　tanh 函数及其导数的图形

针对 sigmoid 函数和 tanh 函数中的梯度消失问题，ReLU 函数使用了一种分段函数来解决这个问题。ReLU 函数及其导函数的计算公式分别如式（9.30）和式（9.31）所示。

$$\mathrm{ReLU}(x)=\begin{cases}x, & x\geqslant 0\\ 0, & x<0\end{cases} \tag{9.30}$$

$$\mathrm{ReLU}'(x)=\begin{cases}1, & x\geqslant 0\\ 0, & x<0\end{cases} \tag{9.31}$$

ReLU 函数及其导数的图形如图 9.16 所示。当输入大于 0 时，ReLU 函数的导数恒定为 1，从而解决了梯度消失问题。ReLU 函数还有一个优点，即该函数本身不依赖于指数运算，对计算能力的要求较低。但 ReLU 函数的缺点是，当输入小于 0 时，ReLU 函数的导数将为 0，这意味着对应的参数将不会参与训练。很多 ReLU 函数的改进方法被提出，如 Leaky 函数等通过在输入为负值时，设置函数的导数趋近于 0，从而弥补了这个缺点。

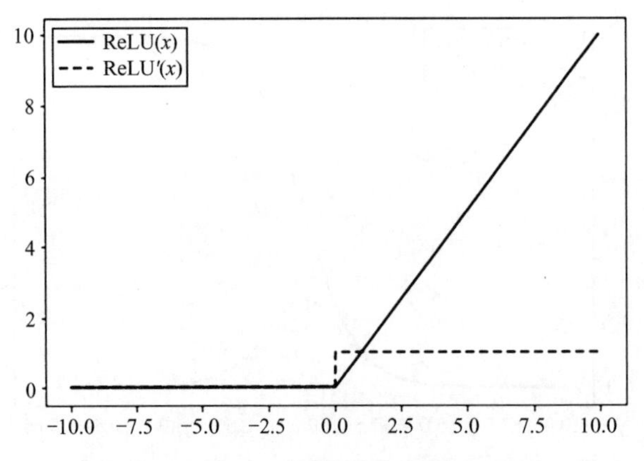

图 9.16　ReLU 函数及其导数的图形

5．过拟合问题

在使用深度学习模型时，需要训练的参数数量较大，由于训练集中的训练数据是有限的，因此在这种情况下深度学习模型对训练数据拟合得较好，在训练集上的评价指标会不断变高，损失函数的收敛也较好。但在测试集上的结果却并不理想。训练集中的数据只是抽样出的一部分数据，与测试集中的数据分布并不完全一致，而深度学习模型拟合的仅仅是训练集中的数据，这种现象称为过拟合。

简言之，当深度学习模型过于复杂且训练样本较少时，容易使深度学习模型产生过拟合问题，这也是深度学习模型的一大挑战。目前已有许多优秀的缓解方法，经常使用的两种方法为正则化和随机失活。

（1）正则化。在深度学习模型中，常常会由于数据量较小，深度学习模型过于复杂，导致深度学习模型对数据过拟合。为了防止深度学习模型出现过拟合并提高深度学习模型的泛化能力，往往会对深度学习模型进行正则化。正则化主要包含 L1 正则化（L1 Regularization）和 L2 正则化（L2 Regularization）。L1 正则化将参数的绝对值作为惩罚项，而 L2 正则化则将参数的平方作为惩罚项。L1 正则化倾向于将网络中的部分权重变为 0，使参数矩阵变得稀疏，从而降低深度学习模型的复杂度。L2 正则化会使深度学习模型中的所有参数都接近于 0，降低参数对输入数据较大变换的敏感度。L1 正则化与 2 正则化项计算公式分别如式（9.32）和式（9.33）所示。

$$L_1 = \frac{1}{n}\sum_{i=1}^{n}|w_i| \tag{9.32}$$

$$L_2 = \frac{1}{n}\sum_{i=1}^{n}(w_i)^2 \tag{9.33}$$

（2）随机失活。随机失活[53]是一种常用的缓解过拟合方法。如果使用随机失活，那么会在训练时随机将神经网络中一部分节点遗弃，也就是将这些节点中的数值置 0，使这些节点的相关参数不会参与训练。图 9.17 所示为是否使用随机失活的比较，图 9.17（a）中没有使用随机失活，图 9.17（b）的中间一层使用了遗弃值为 0.2 的随机失活，遗弃值为 0.2 表示有 20% 的节点将会被遗弃。图 9.17（b）中的虚线表示被遗弃的节点，由于节点被遗弃，因此将节点中的数值置为 0，节点不会参与反向传播。随机失活只会在训练中遗弃节点，使用随机失活会使得神经网络少了一部分输入，在进行求和运算时的总值会比没有遗弃节点时小，因此在测试时，节点会乘以训练时所设置的遗弃值来补偿训练时遗弃节点所产生的数据分布上的差距。

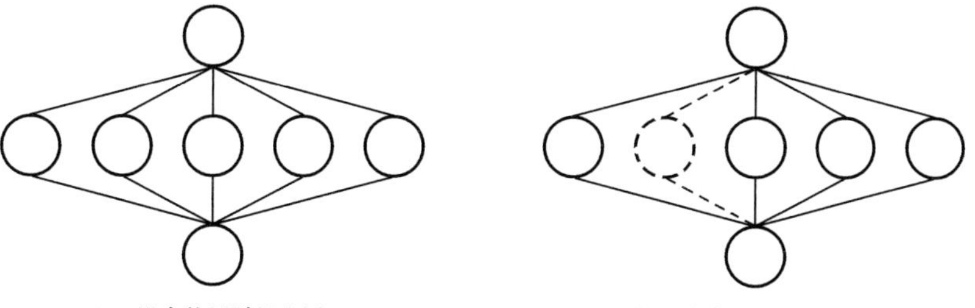

（a）没有使用随机失活
（b）使用遗弃值为0.2的随机失活

图 9.17 是否使用随机失活的比较

由于随机失活在训练时会随机遗弃一部分节点，在每次训练中只有剩下的节点参与训练，因此每次训练模型都不是完全一样的，多轮训练相当于训练出了多个不同的深度学习模型，这些深度学习模型在测试时共同影响结果。随机失活可以看成一种特殊的 bagging 集成方法，而 bagging 集成方法能够有效降低深度学习模型的方差，从而在一定程度上缓解过拟合的程度。

9.4 大数据处理架构

9.4.1 集中式处理架构

大数据处理架构可分为集中式处理架构和分布式处理架构两种。集中式处理架构一般由高性能、大容量的主服务器作为中心节点，数据的存储、整个架构中的所有业务单元的部署都集中在中心节点上，且所有功能都集中处理。集中式处理架构的典型代表是大数据一体机。集中式数据存储可以使远程终端通过电缆同机中心节点相连，保证每个远程终端都能共享数据资源。

在集中式处理架构中，所有的任务处理都由中心节点完成，远程终端只用来输入和输出，不做任何处理，如图 9.18 所示。

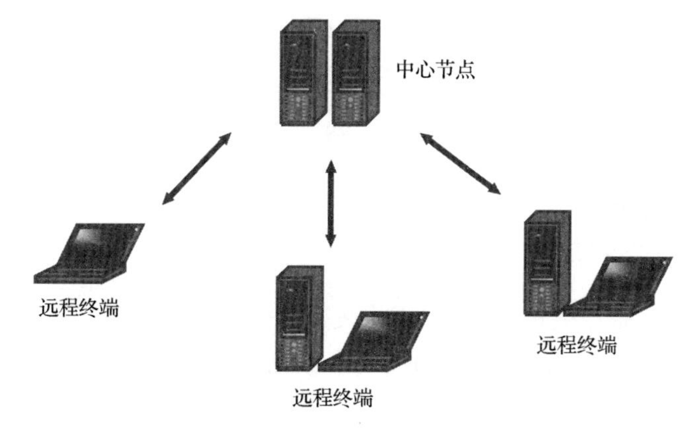

图 9.18 集中式处理架构

集中式处理架构的最大优点就是结构简单，无须考虑多节点之间的协作问题；其缺点是所有任务都由中心节点完成，可能导致单点失效、性能瓶颈和网络拥塞等现象，难以满足所有用户的不同需求。基于这些限制，目前大多数网络都采用了分布式处理架构。

9.4.2 分布式处理架构

分布式处理架构先将一组节点连接起来形成系统，然后将需要处理的大批量数据分布在多个节点上，由多个节点去执行，通过分布式并行处理提高处理效率，最后合并计算的中间结果，得出最终结果。分布式处理架构如图 9.19 所示。

在分布式处理架构中，每个节点的计算、存储、通信能力都不算强，但每个节点只负责一部分计算任务，多个节点并行计算，从而使数据处理的效率得到大大提升。

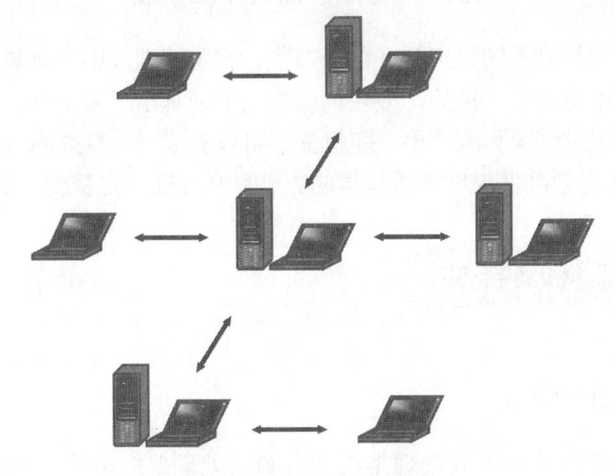

图 9.19　分布式处理架构

分布式处理架构的优点是可以平衡负载和共享资源，使得大数据处理的成本大大降低，支持大数据在更多场景下的应用。

服务器集群就是由互相连接在一起的服务器组成的一个并行式或分布式系统，成百上千的服务器组成的服务器集群具备强大的计算能力，可以支持大数据分析的运算负荷。随着需求的提升，可在服务器集群中增加节点，从而能实现更大规模数据的处理。基于虚拟化等技术，分布式的服务器集群在逻辑上表现为一台服务器，对外提供统一的服务。

目前，基于服务器集群的分布式大数据处理平台包括 Hadoop、Spark、Storm、Samza、Flink 等。

9.5 本章小结

本章主要介绍了大数据处理的相关内容，大数据处理是大数据生命周期中最核心的一环。本章首先介绍了大数据预处理、数据处理任务和数据处理方法，特别是通过具体步骤及实例对相关数据处理算法进行了剖析；然后介绍了大数据处理架构。通过本章的学习，读者可以对大数据处理有较全面的了解，为理解大数据的应用打下基础。

本章参考文献

[1] 崇卫之．数据预处理机制的研究与系统构建[D]．南京：南京邮电大学，2018．

[2] 杨东华，李宁宁，王宏志，等．基于任务合并的并行大数据清洗过程优化[J]．计算机学报，2016, 39(01): 97-108．

[3] 数据清洗．[EB/OL]．[2021-07-12]．https://baike.baidu.com/item/数据清洗．

[4] Pearson R K. The Problem of Disguised Missing Data [J]. ACM SIGKDD Explorations Newsletter, 2006, 8(1): 83-92．

[5] Zhu X F, Zhang S C, Jin Z, et al. Missing Value Estimation for Mixed-Attribute Data Sets [J]. IEEE Transactions on Knowledge & Data Engineering, 2010, 23(1): 110-121．

[6] Qin Y S, Zhang S C, Zhu X F, et al. Semi Parametric Optimization for Missing Data Imputation [J]. Applied Intelligence, 2007, 27(1): 79-88．

[7] Rubin D B. Multiple Imputation for Nonresponse in Surveys [J]. Journal of Marketing Research, 1987, 137(1): 180．

[8] Little R J A, Rubin D B. Statistical Analysis with Missing Data [M]. 2nd ed. New York: John Wiley and Sons, 2002．

[9] 周党生．大数据背景下数据预处理方法研究[J]．山东化工，2020,49(01):110-111, 122．

[10] 薛安荣，鞠时光，何伟华，等．局部离群点挖掘算法研究[J]．计算机学报，2007, 30(8): 1455-1463．

[11] Johnson T, Kwok I, Ng R T. Fast Computation of 2 Dimensional Depth Contours [C]. the 4th International Conference on Knowledge Discovery and Data Mining, 1998．

[12] Breunig M M. LOF: Identifying Density based Local Outliers [C]. the 2000 ACM SIGMOD International Conference on Management of Data, 2000．

[13] 李丹．大数据技术在互联网信息管理中的应用——评《大数据管理：数据集成的技术、方法与实践》[J]．现代雷达，2021,43(08):113．

[14] 王淞，彭煜玮，兰海，等．数据集成方法发展与展望[J]．软件学报，2020,31(03):893-908．

[15] 李小菲．数据预处理算法的研究与应用[D]．西安：西安交通大学，2006．

[16] 数据归约[EB/OL]．[2021-07-12]．https://baike.baidu.com/item/数据归约．

[17] 孔钦，叶长青，孙赟．大数据下数据预处理方法研究[J]．计算机技术与发展，2018,28(05):1-4．

[18] 刘鹏．大数据[M]．北京：电子工业出版社，2017．

[19] 李雨霏．数据分析技术工具发展现状及趋势[J]．信息通信技术与政策，2020(04):23-30．

[20] 韩小龙．基于大数据的计算机信息数据处理技术分析[J]．冶金管理，2021(15):130-131．

[21] 张芷有．基于数据挖掘的入侵检测方法的研究[D]．南京：南京邮电大学，2020．

[22] 李小娟，韩萌，王乐．监督与半监督学习下的数据流集成分类综述[J]．计算机应用研究，2021,38(07):1921-1929．

[23] 赵志强，易秀双，李婕．基于 GR-AD-KNN 算法的 IPv6 网络 DoS 入侵检测技术研究[J]．计算机科学，2021,48(S1):524-528．

[24] 贾晓帆，何利力．融合朴素贝叶斯与决策树的用户评论分类算法[J]．软件导刊，2021,20(07):1-5．

[25] 邱玉华．基于时空轨迹大数据的路线规划机制的研究与系统构建[D]．南京：南京邮电大学，2020．

[26] Ester M, Kriegel H P, Sander J, et al. A Density-based Algorithm for Discovering Clusters in Large Spatial Databases with Noise[M]. Palo Alto, CA:AAAI Press, 1996.

[27] 李迪媛，康达周．融合机器学习与知识推理的可解释性框架[J]．Computer Systems & Applications,2021,30(7):22-31．

[28] 蒋帅．基于机器学习的网络入侵与恶意软件检测机制的研究[D]．南京：南京邮电大学，2021．

[29] Chandrashekar G, Sahin F. A Survey on Feature Selection Methods[J]. Computers & Electrical Engineering, 2014, 40(1): 16-28.

[30] Visumathi J, Shunmuganathan K L. An effective IDS for MANET Using Forward Feature Selection and Classification Algorithms[J]. Procedia engineering, 2012, 38: 2816-2823.

[31] Siva Shankar G, Ashokkumar P, Vinayakumar R, et al. An Embedded-based Weighted Feature Selection Algorithm for Classifying Web Document[J]. Wireless Communications and Mobile Computing, 2020: 10.

[32] Pierazzi F, Cristalli S, Bruschi D, et al. Glyph: Efficient ML-based Detection of Heap Spraying Attacks[J]. IEEE Transactions on Information Forensics and Security, 2021, 16(99): 740-755.

[33] 裴修侗，周晓东，陈凯祥，等．基于支持向量机的糖尿病诊断优化算法研究[J]．技术与市场，2021,28(08):9-11．

[34] Goodfellow I, Bengio Y, Courville A. Deep learning[M]. Massachusetts: MIT Press, 2016.

[35] Rosenblatt F. The Perceptron: a Probabilistic Model for Information Storage and Organization in the Brain[J]. Psychological Review, 1958, 65(6): 386-386.

[36] Hinton G E, Osindero S, Teh Y W. A Fast Learning Algorithm for Deep Belief Nets[J]. Neural Computation. 2006, 18(7): 1527-1554.

[37] Sato R, Chiba D, Goto S. Detecting Android Malware by Analyzing Manifest Files[J]. Asia-Pacific Advanced Network, 2013, 36: 23-31.

[38] Du Y, Wang J, Li Q. An Android Malware Detection Approach Using Community Structures of Weighted Function Call graphs[J]. IEEE Access, 2017, 5: 17458-17486.

[39] Zhang J, Qin Z, Zhang K, et al. Dalvik Opcode Graph based Android Malware Variants Detection Using Global Topology Features[J]. IEEE Access, 2018, 6: 51964-51974.

[40] Burguera I, Zurutuza U, Nadjm-Tehrani S. Crowdroid: Behavior-based Malware Detection System for Android[C]. the 1st ACM workshop on Security and Privacy in Smartphones and Mobile Devices, 2011.

[41] You W, Zhang H, Zhao X. A Siamese CNN for Image Steganalysis[J]. IEEE Transactions on Information Forensics and Security, 2021, 16: 291-306.

[42] Ding B, Wang H, Chen P, et al. Surface and Internal Fingerprint Reconstruction from Optical Coherence Tomography through Convolutional Neural Network[J]. IEEE Transactions on Information Forensics and Security, 2021, 16: 685-700.

[43] Sun B, Osborne L, Xiao Y, et al. Intrusion Detection Techniques in Mobile Ad hoc and Wireless Sensor Networks[J]. IEEE Wireless Communications, 2007, 14(5): 56-63.

[44] 陈高升. 基于机器学习的网络入侵检测方法研究[D]. 重庆：重庆邮电大学，2020.

[45] Goodfellow I, Bengio Y, Courville A. Deep Learning[M]. Cambridge: MIT Press, 2016.

[46] Russakovsky O, Deng J, Su H, et al. Imagenet Large Scale Visual Recognition Challenge[J]. International Journal of Computer Vision, 2015, 115(3): 211-252.

[47] Li Q, Zeng Z, Zhang T, et al. Path-Finding through Flexible Hierarchical Road Networks: an Experiential Approach Using Taxi Trajectory Data[J]. International Journal of Applied Earth Observation & Geoinformation, 2011, 13(1):110-119.

[48] Qu M, Zhu H, Liu J, et al. A Cost-Effective Recommender System for Taxi Drivers[C]. the 20th ACM SIGKDD International Conference on Knowledge Discovery and Data Mining, 2014.

[49] Hu J H, Huang Z, Deng J, et al. Hierarchical Path Planning Method based on Taxi Driver Experiences[J]. Journal of Transportation Systems Engineering & Information Technology, 2013, 13(1):185-192.

[50] Yazici M A, Kamga C, Singhal A. A Big Data Driven Model for Taxi Drivers' Airport Pick-Up Decisions in New York City[C]. 2013 IEEE International Conference on Big Data, 2013.

[51] Luo Z, Lv H, Fang F, et al. Dynamic Taxi Service Planning by Minimizing Cruising Distance without Passengers[J]. IEEE Access, 2018, 6: 70005-70016.

[52] Hochreiter S, Schmidhuber J. Long Short-Term Memory[J]. Neural computation, 1997, 9(8): 1735-1780.

[53] Srivastava N, Hinton G, Krizhevsky A, et al. Dropout: a Simple Way to Prevent Neural Networks from Overfitting[J]. Journal of Machine Learning Research, 2014, 15(1): 1929-1958.

第 10 章 大数据应用

10.1 生物电大数据

10.1.1 生物电信号概述

200 多年前，人们就发现动物体带电的现象，并利用电鳐所产生的生物电治疗精神病。生物电这一现象最初发现于海洋动物群体，用来描述生物体内的电现象。一切活着的细胞或组织，无论在静息态还是在活动态均具有生物电。

1922 年，加瑟和埃夫兰格首先用阴极射线示波器（CRT）研究神经动作电位，奠定了现代电生理学的技术基础。1939 年，霍奇金和赫胥黎将微电极插入枪乌贼大神经，直接测出了神经纤维膜内外的电位差，这一发现，推动了电生理学理论的发展。1960 年，电子计算机的发明使诱发电位能从自发性的脑电波中清晰地区分出来，电子计算机开始应用于电生理的研究。

生理电信号[1,2]是指在没有发生应激性兴奋的状态下，生物组织或细胞的不同部位之间所呈现的电位差。例如，眼球的角膜与眼球后面对比，有 5～6 mV 的正电位差；神经细胞膜内外存在几十毫伏的电位差等。

静息态细胞膜内外的电位差，称为静息膜电位，简称为膜电位。该电位的大小与极性，主要决定于细胞内外的离子类型、离子浓差以及细胞膜对这些离子的通透性。例如，神经细胞或肌肉细胞，膜外较膜内正几十毫伏的电位差[2]。

活的生物体具有应激性，即当它受到一定强度的刺激时，会引起细胞的代谢或功能的变化。这种引起变化的刺激要有一定的变化速率，缓慢地增强刺激不会引起应激反应。应激反应之后，要经过一段恢复时期，才能再次对刺激起反应。在应激反应过程中，常常伴有细胞膜电位或组织极性的改变。

典型的人体电信号有脑电（Electroencephalogram，EEG）、心电（Electrocardiogram，ECG）、肌电（Electromyography，EMG）、眼电（Electrooculogram，EOG）、胃电（Electrogastrogram，EGG）。本书重点介绍脑电信号和心电信号。

1. 脑电信号[3]

脑电信号是通过脑电传感器放大并记录头皮的自发电位而获得的生物电信号，对脑电信号的分析、分类引起了研究人员的极大关注[4]。基于脑电图的数据分析方法[5]在神经科学、脑疾病诊断、疲劳驾驶监测、学习注意检测和残疾人辅助领域中得到了广泛的应用。

（1）脑电信号的产生原理。人体中枢神经系统中的神经元是通过打开或闭合与钠、钾和钙有关的离子通道来传递生物电信号的，从而形成脑电信号[6]。关于发生机理主要有两种理论，神经细胞的自发放电和神经元回路的兴奋周期循环。第二种理论得到了广泛的接受[7]。

每个神经元都会和中间神经元形成闭合的回路，因此当神经元被外部刺激激发时，将通过中间神经元来刺激自身，通过闭合反馈回路形成一系列反射，实现自我刺激，从而产生脑细胞反复放电的现象[8]。

（2）脑电信号的分类。在临床医学中，主要按照以下几种方式对脑电信号进行分类[9,10]：

① 按频率分类，可将脑电信号分为 5 个频段，分别为 δ（1～3 Hz）、θ（4～7 Hz）、α（8～15 Hz）、β（16～31 Hz）和 γ（>32 Hz）。

② 按 Gibbs 分类，根据脑电信号组成部分的周期、振幅、出现方式和波形等特征进行综合考虑的一种分类方式。

③ 按图形分类，将 EEG 信号按照优势波分类，可以分为 4 种：α、β、平坦脑电图和不规则脑电图。

（3）脑电信号在不同频段的表现。根据频率可将脑电信号划分为 5 个频段，即 δ、θ、α、β 和 γ。不同频段的脑电信号对应着不同的生理特征，如表 10.1 所示[10-13]。

① δ 频段，频率为 1～3 Hz，智力发育不成熟，婴儿期，成年人在极度疲劳、昏睡和麻醉等状态下，这种频段在颞叶和顶叶会比较活跃。

② θ 频段，频率为 4～7 Hz，在成年人遭受挫折、抑郁、患有精神病时这种频段较为显著。

③ α 频段，频率为 8～15 Hz，是正常脑电信号的基本成分，在没有外界刺激的情况下，该频段是相当稳定的。人在清醒时和安静并闭眼时该频段最为明显，受到光刺激或接收到其他刺激时，α 频段会立即消失。

④ β 频段，频率为 16～32 Hz，当精神紧张、情绪激动、亢奋时会该频段会比较明显。

⑤ γ 频段，频率大于 32 Hz，当产生认知行为时该频段的会比较明显。

表 10.1 不同频段的脑电信号对应的生理特征

频　段	频率/Hz	对应的生理特征
δ 频段	1～3	深度睡眠、极度疲劳
θ 频段	4～7	失望或受到挫折
α 频段	8～15	意识放松状态，闭上眼睛
β 频段	16～32	积极思考、专注、高度警觉
γ 频段	>32	认知行为

2. 心电信号

心电信号也是一种检测人体生理状态的重要手段。心血管疾病被世界卫生组织列为主要的死亡原因，为了更好地检测心血管疾病，心电信号（ECG 信号）被作为非侵入性的诊断工具被广泛应用[14]。

（1）心电信号的产生原理。人体的 ECG 信号是非常弱的低频生理电信号，其最大振幅通常不超过 5 mV，ECG 信号的频率为 0.05～100 Hz。

人体心脏的窦房结会发出兴奋信号，并按照一定的路径和时间依次传递到心房和心室，从而使整个心脏处于兴奋状态。在每个心动周期中，在心脏各部分的兴奋过程中发生的生物电变化的方向、路径、次序和时间具有规律。这种生物电变化通过心脏周围的导电组织和体液反映在人体表面上，从而产生心电信号。

（2）心电信号的各波段。根据心脏的起搏可以将心电信号分为以下部分。

① P 频段，代表心房的去极化。心房去极化从窦房结向房室结传播开始，从右心房扩散到左心房。如果 P 频段的持续时间异常长，则可能表示心房增大。

② PR 间期，是从 P 频段的开始到 QRS 频段的开始。该间期反映了生物电脉冲从窦房结穿过房室结所花费的时间。PR 间期的异常是分析心包炎的关键因素。

③ QRS 复合频段，代表左右心室的快速去极化。与心房相比，心室的肌肉较大，因此 QRS 复合频段的振幅通常比 P 频段大得多。QRS 复合频段常用来对心律失常、高钾血症、左心室肥大、心包积液和浸润性心肌病等进行诊断。

④ J 点，是 QRS 复合频段结束点和 ST 频段开始点。J 点可以用来分析体温过低或高钙血症。

⑤ ST 频段，代表心室去极化的时期，ST 频段连接 QRS 复合频段和 T 频段。ST 频段是识别心肌梗死和局部缺血的关键频段。

⑥ T 频段，代表心室的复极化。除了 aVR 和 V1 引线，所有引线通常都直立。T 频段异常是识别心肌缺血、左心室肥大、颅内压高或代谢异常的关键频段。

⑦ QT 间期，是从 QRS 复合频段的开始到 T 频段的结束。该间期范围会随心率的变化而变化，因此必须通过除以两个 QRS 频段中 R 频段的间期时间的平方根，将其改为按心率校正的 QT 间期（QTc 间期）。QTc 间期延长是识别室性快速性心律失常和猝死的关键因素。

⑧ U 频段，是由室间隔的复极化引起的。该频段的振幅通常很低，甚至更多时候是完全不存在的。非常显著的 U 频段可能是低钾血症、高钙血症或甲亢的征兆。

10.1.2 基于脑电数据的疲劳监测方法

脑电信号除了可用于脑部疾病的诊断，在疲劳监测方面也有十分重要的意义。智能化的疲劳监测在疲劳驾驶检测、教育、危险作业等领域有着十分重要的应用价值。特别是近年来，交通事故发生的频率越来越高，因疲劳驾驶造成的交通事故也在逐年增加[15]，因此设计一个智能的实时疲劳监测模型是非常有意义的。

本节介绍基于脑电数据的疲劳监测方法，首先简述处理生物电信号的相关方法，再通过具体实例介绍基于脑电数据疲劳监测方法。

1. 处理生物电信号的相关方法

生物电信号通常具有频率低、信号弱、噪声大、非平稳的特点，因此在使用生物电信号进行分类预测等任务之前需要先对生物电信号进行预处理。常见的信号预处理方法如表 10.2 所示。

表 10.2 常见的信号预处理方法

名 称	优 点	缺 点
回归方法	直观易懂、物理意义明确	不可避免地会去除一部分 EEG 信号，需要使用额外的传感器
滤波算法	可在线实现，无处理和校准环节，易于使用	传感器需要使用额外的参考信号
盲源分离	去除伪迹的精度较高	单通道无法使用，迭代过程复杂
小波变换	鲁棒性与通用性高	无法完全去除伪迹
经验模式分解	自适应性和灵活性高	会出现模态混叠现象

这里主要介绍两种具体的信号预处理方法：盲源信号分离和小波包变换。

（1）盲源信号分离。在使用多通道采集设备所得的生物电信号中，每个通道的生物电信号会包含其他通道的生物电信号成分或噪声信号。快速盲源信号分离（Fast Independent Component Analysis，FastICA）[16]可以对盲源信号进行分离，这是一种快速寻优迭代算法，通过不动点迭代方案和负熵最大原理找到经过白化处理的各数据之间非高斯性最大的解混矩阵 $\boldsymbol{W}$，具体步骤如下：

步骤 1：使用多通道设备采集的生物电信号，各通道之间的生物电信号具有很强的相关性，需要对生物电信号进行初步的处理，去除生物电信号之间的线性相关性。采用白化的方法作为预处理过程，可降低处理的复杂度，使得算法达到更好的收敛性。

例如，在基于脑电数据的疲劳监测方法中，要对 5 个通道的脑电信号 X 进行去中心化，每个通道的脑电信号 $X_{i,n}$ 代入 $L_{i,n}=X_{i,n}-\sum X_{i,n}/2K$。得到新的数据 $L_i=\{L_{i,1},L_{i,2},L_{i,3},\cdots,L_{i,n-1},L_{i,n}\}$，使得 L 的均值为 0。白化后的结果 $Z_i=\boldsymbol{W}\cdot L_i$，其中有 $E\{\boldsymbol{Z}\cdot\boldsymbol{Z}^{\mathrm{T}}\}=\boldsymbol{I}$，$E\{\}$ 为均值运算，$\boldsymbol{I}$ 为单位矩阵。令 $\boldsymbol{W}=\boldsymbol{U}\boldsymbol{\Lambda}^{-1/2}\boldsymbol{U}^{\mathrm{T}}$，其中 $\boldsymbol{\Lambda}$ 为 $\boldsymbol{L}\cdot\boldsymbol{L}^{\mathrm{T}}$ 的特征值的对角矩阵，$\boldsymbol{U}$ 为 $\boldsymbol{L}\cdot\boldsymbol{L}^{\mathrm{T}}$ 的特征值的正交矩阵。

步骤 2：使用 FastICA 进行盲源信号分离。使用基于负熵最大的原则进行盲源信号分离，在信号的方差相等的情况下，高斯信号的熵值最大。

在 FastICA 中利用熵值来度量信号之间的非高斯性，常用熵的修正形式就是负熵。当所有通道的分离信号的负熵最大时，即可完成信号各独立成分的分离。由于负熵在代码中难以实现，所以通常采用下面的近似公式实现：

$$N_g(Y)=\{E[g(Y)]-E[g(Y_{\mathrm{Gauss}})]\}^2 \tag{10.1}$$

式中，Y_{Gauss} 和 Y 是方差相同的随机高斯变量；$E[]$ 表示均值运算；$g()$ 表示非线性函数，分别如式（10.2）到式（10.4）所示。

$$g_1(y)=\tanh(y) \tag{10.2}$$

$$g_2(y)=y\exp\left(-\frac{y^2}{2}\right) \tag{10.3}$$

$$g_3(y)=y^3 \tag{10.4}$$

式中，$Y=\boldsymbol{W}^{\mathrm{T}}\boldsymbol{X}$，最重要的规则是解出一个矩阵 $\boldsymbol{W}$，使最终分离出的 $\boldsymbol{W}^{\mathrm{T}}\boldsymbol{X}$ 具有最大的负熵。负熵 $N_g=(\boldsymbol{W}^{\mathrm{T}}\boldsymbol{X})$ 的近似值就可以度量分离信号之间的非高斯性，$\boldsymbol{W}^{\mathrm{T}}\boldsymbol{X}$ 的方差约束为 1。在此约束下，$\boldsymbol{W}^{\mathrm{T}}\boldsymbol{X}$ 的负熵最大近似值可以通过优化 $E[g(Y)]$ 来获得，$E[g(Y)]$ 的最优值所在的点需要满足式（10.5）。

$$E\{Z_g(\boldsymbol{W}^{\mathrm{T}}\boldsymbol{X})\}+\beta\boldsymbol{W}=0 \tag{10.5}$$

可以继续通过牛顿迭代法解式（10.5），这里采用 F 表示式（10.5）的左边，可得到 F 的雅可比矩阵 $\boldsymbol{J}_{F(\boldsymbol{W})}$，如式（10.6）所示：

$$\boldsymbol{J}_{F(\boldsymbol{W})}=E\{\boldsymbol{ZZ}^{\mathrm{T}}g'(\boldsymbol{W}^{\mathrm{T}}\boldsymbol{Z})\}-\beta\boldsymbol{I} \tag{10.6}$$

式（10.6）还可以继续简化，由白化处理过程可以知道 $E\{\boldsymbol{ZZ}^{\mathrm{T}}\}=\boldsymbol{I}$，因此，$E\{\boldsymbol{ZZ}^{\mathrm{T}}g'(\boldsymbol{W}^{\mathrm{T}}\boldsymbol{Z})\}\approx E\{\boldsymbol{ZZ}^{\mathrm{T}}\}\cdot E\{g'(\boldsymbol{W}^{\mathrm{T}}\boldsymbol{Z})\}=E\{g'(\boldsymbol{W}^{\mathrm{T}}\boldsymbol{Z})\}\boldsymbol{I}$，此时 $\boldsymbol{J}_{F(\boldsymbol{W})}$ 为对角阵，根据对角阵的求逆公式可以得到下列近似的牛顿迭代公式：

$$\boldsymbol{W}^{*}=\boldsymbol{w}-\frac{E\{Z_g(\boldsymbol{W}^{\mathrm{T}}\boldsymbol{Z})\}-\beta\boldsymbol{W}}{E\{Z_{g'}(\boldsymbol{W}^{\mathrm{T}}\boldsymbol{Z})\}-\beta} \tag{10.7}$$

$$\boldsymbol{W}=\frac{\boldsymbol{W}^{*}}{\|\boldsymbol{W}^{*}\|} \tag{10.8}$$

此处的 $\beta=E\{\boldsymbol{W}^{\mathrm{T}}Z_g(\boldsymbol{W}^{\mathrm{T}}\boldsymbol{Z})\}$，$\boldsymbol{W}^{*}$ 为 $\boldsymbol{W}$ 的新值，继续简化式（10.8），可得到最终基于最大负熵的 FastICA 迭代公式。混解矩阵 $\boldsymbol{W}$ 迭代的步骤如下：

步骤 1：随机初始化混解矩阵 $\boldsymbol{W}$。

步骤 2：令 $\boldsymbol{W}^{*}=E\{\boldsymbol{Z}_g(\boldsymbol{W}^{\mathrm{T}}\boldsymbol{X})\}-E\{\boldsymbol{Z}_{g'}(\boldsymbol{W}^{\mathrm{T}}\boldsymbol{X})\}\boldsymbol{W}$。

步骤 3：令 $\boldsymbol{W}=\dfrac{\boldsymbol{W}^{*}}{\|\boldsymbol{W}^{*}\|}$。

步骤 4：若 $\boldsymbol{W}$ 不收敛则转到步骤 2，若 $\boldsymbol{W}$ 收敛则结束。

步骤 5：令 $Y=\boldsymbol{W}^{\mathrm{T}}\boldsymbol{Z}$，$Y$ 为最终分离所得的信号。

（2）小波包变换。小波包变换[17]是基于小波变换提出的信号不同频率的分解算法。相对于小波变换，小波包变换的主要优点是小波包可以对信号的高频部分做更细致的分解，获取更多的信号特征，弥补了小波变换的不足。

对每个信号源产生的脑电信号进行小波包变换可得到不同频率的信号，脑电信号通过小波包分解可以得到 δ 频段、θ 频段、α 频段、β 频段、γ 频段。不同频段的脑电信号对应着不同的生理特征，将脑电信号按频率分类有利于后续模型对大脑的状态进行分析。针对 64 Hz 的信号，可将小波包变换的过程描述为一个二进制树结构，二进制树的节点处的数值为(j,n)。需要重构的节点分别为(4,0)、(4,1)、(3,1)、(2,1)、(1,1)，分别对应着 δ 频段、θ 频段、α 频段、β 频段、γ 频段。对 64 Hz 的信号进行分解的 4 层二进制树结构图如图 10.1 所示。

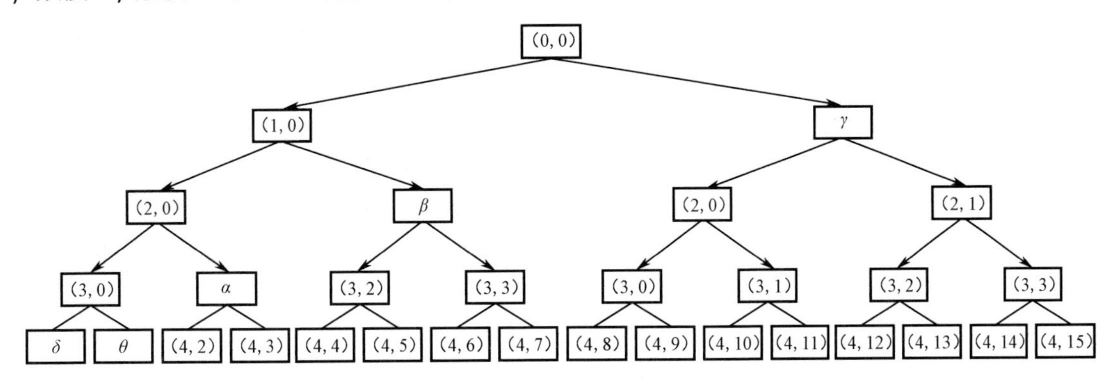

图 10.1 对 64 Hz 的信号进行分解的 4 层二进制树结构图

① 信号分解。$Y(k)$为需要分解的信号，其中 k 表示信号中的采样点，$d_j^i(k)$ 表示第 j 层上的第 i 个小波包分解系数：

$$d_0^0(k)=Y(k) \tag{10.9}$$

$$d_j^{2n}(k)=\sum_k d_{j-1}^n(k)g_0(m-2k) \tag{10.10}$$

$$d_j^{2n+1}(k)=\sum_k d_{j-1}^n(k)g_1(m-2k) \tag{10.11}$$

式中，m 表示在小波包变换中，将频带(j, n)按二进制方式细分为 2^m 个频带，$g_0(k)$、$g_1(k)$ 为一对正交滤波器，二者之间满足式（10.12）。

$$g_1(k)=(-1)^{1-k}g_0(1-k) \tag{10.12}$$

② 信号重构。第 j 层的小波包分解系数可以通过第 j-1 层的小波包分解系数来求得，依次类推，可以求出一个数字信号 $f(k)$的各层小波包分解系数。在节点(j,n)处的小波包分解系数 d_j^p 可由式（10.13）重建：

$$d_j^n(k)=\breve{d}_{j+1}^{2n}(k)g_0(k)+\breve{d}_{j+1}^{2n+1}(k)g_1(k) \tag{10.13}$$

式中，$\breve{d}_{j+1}^{2n}(k)$ 和 $\breve{d}_{j+1}^{2n+1}(k)$ 分别是 $d_{j+1}^{2n}(k)$ 和 $d_{j+1}^{2n+1}(k)$ 两个点插入一个 0 后所得的序列，$d_j^n(k)[k=0,1,\cdots,2^j-1;(n,j)=(4,0),(4,1),(3,1),(2,1),(1,1)]$，即重构所得的数据。

2. 疲劳监测

完成生物电信号的预处理后，可将对生物电信号进行特征提取，并利用神经网络或机器学习的方法完成数据的分类、回归、预测等任务，从而实现基于脑电数据的疲劳监测。

在采集脑电信号时往往会有很多噪声信号，如眼电信号、肌电信号、工频干扰信号等，分离并有效地利用这些信号是提升模型性能的关键。当眼球转动时，它会在角膜和视网膜之间引起大约 100 μV 的电位差。角膜是相对阳性的，而视网膜是相对阴性的。眼电信号包含在收集的 EEG 信号中，如果直接分析收集到的 EEG 信号，由于眼电信号的干扰，分析精度会很差。肌电信号（EMG 信号）的频率通常高于 25 Hz，并有较大的振幅，EMG 信号主要来源于紧握、咀嚼、皱眉和吞咽等肌肉活动。

工频干扰信号是由电力系统所产生的一种噪声信号，在采集脑电信号时，人体会作为一个天线会接收周围家用电器的电磁信号，频率通常为 50 Hz 或 60 Hz，具体取决于不同国家或地区的交流电频率，主要表现为观测信号与 50 Hz 或 60 Hz 正弦波的叠加。

头皮上有许多通道可以收集脑电信号，每个通道对应于记录电极或参考电极的放置位置。记录电极是用于收集 EEG 信号的电极，放置在距脑电活动电场最近的位置。参比电极理论上应处于零电位处，但人体表面几乎没有这样的部位，耳垂处的电位相对较弱，因此通常将耳垂作为参考电极。无论电极的数量如何，都应注意对半球表面的解剖，并应遵循等对称和等间距的原则。图 10.2 所示为记录电极的通道分布，此处选择了 5 个通道进行分析，包括 AF3、AF4、T7、T8 和 Pz。

基于脑电数据的疲劳监测模型无法从 FastICA 分解的信号中直接学习这些特征，将脑电信号进行进一步分解有利于模型获取更多信息。

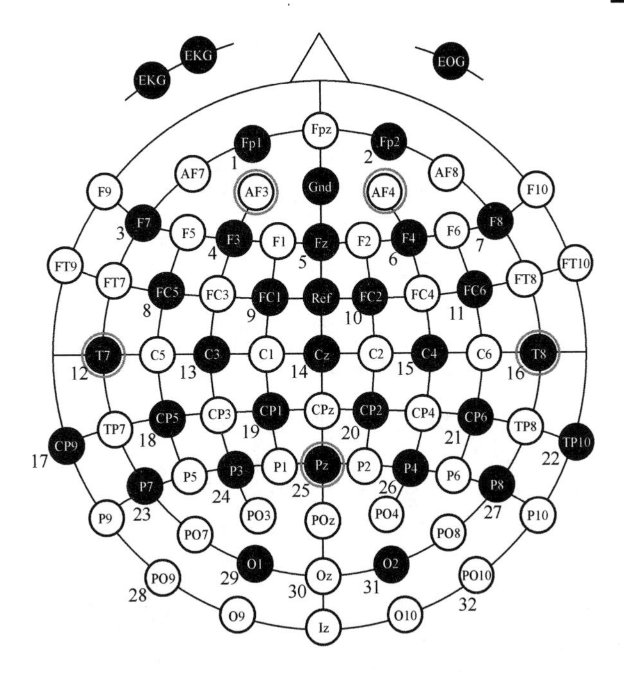

图 10.2 记录电极的通道分布

基于脑电数据的疲劳监测的模型首先使用盲源信号分离 5 个通道的信号。然后用小波包变换对每个通道的信号进行分解以获得 5 个不同频段的信号。基于脑电数据的疲劳监测模型的输入为 5 个通道的 5 种频段的信号。使用单层多尺度卷积结构代替通过多层卷积结构，以加深网络深度的方式提取总体特征。长度较短的卷积核用于提取局部特征，长度较长的卷积核用于提取信号的总体特征。单层结构可以大大减少反向传播的计算量，提高网络的训练速度。在前向传播时可以对每个尺度的卷积核进行并行计算，从而大大提升模型计算的实时性。通过训练，对每个通道的信号都可以得到一个分类模型，其中还包括一些使用噪声信号进行分类的模型。最后，对每个模型的结果进行加权和投票以获得最终结果。基于脑电数据的疲劳监测模型如图 10.3 所示。

基于脑电数据的疲劳监测模型结构如下：

（1）盲源信号分离与小波包变换。首先使用 FastICA 对采集到的 5 个通道的始信号进行盲源信号分离，分离出脑电信号、眼电信号、肌电信号等。接着对分离后的信号进行小波包变换，将每个信号分解到不同的频段上，最终可以获得 25 个频段的输入数据。

（2）输入层。在输入层中，输入的是由 5 个通道信号之一通过小波包变换获得的 5 个频段的 EEG 信号，输入到每个基于脑电数据的疲劳监测模型的数据的形状为 256（长）×1（宽）×5（通道数）×5（频段数）。

（3）卷积层。在卷积层中，针对一个通道信号的 5 个频段，设计有长度分别为 4、8、16、32、64 的五种卷积核，宽度均为 1，通道数均为 5，卷积核的卷积计算是针对所有频段上的数据共同进行的。每种卷积核都有 16 个卷积核，卷积核的这种设计有助于基于脑电数据的疲劳监测模型获取不同频段信号的特征。共有 5 个通道的信号，最终要构建 5 个这样的模型。

（4）批归一化层。随着深度神经网络的加深，其输入值的分布将由于非线性变换而发生变化，这将导致梯度消失。批归一化层[18]将深度神经网络中神经元的输入值的分布更改为标准正态的分布。这使激活输入值训练时有较大的梯度，避免梯度消失的问题并加速损失函数的收敛。由于 EEG 信号的非平稳性[19]，EEG 信号的分布会随时间而变化，因此有必要使用批归一化层使得卷积核始终对被卷积的数据保持高敏感性。

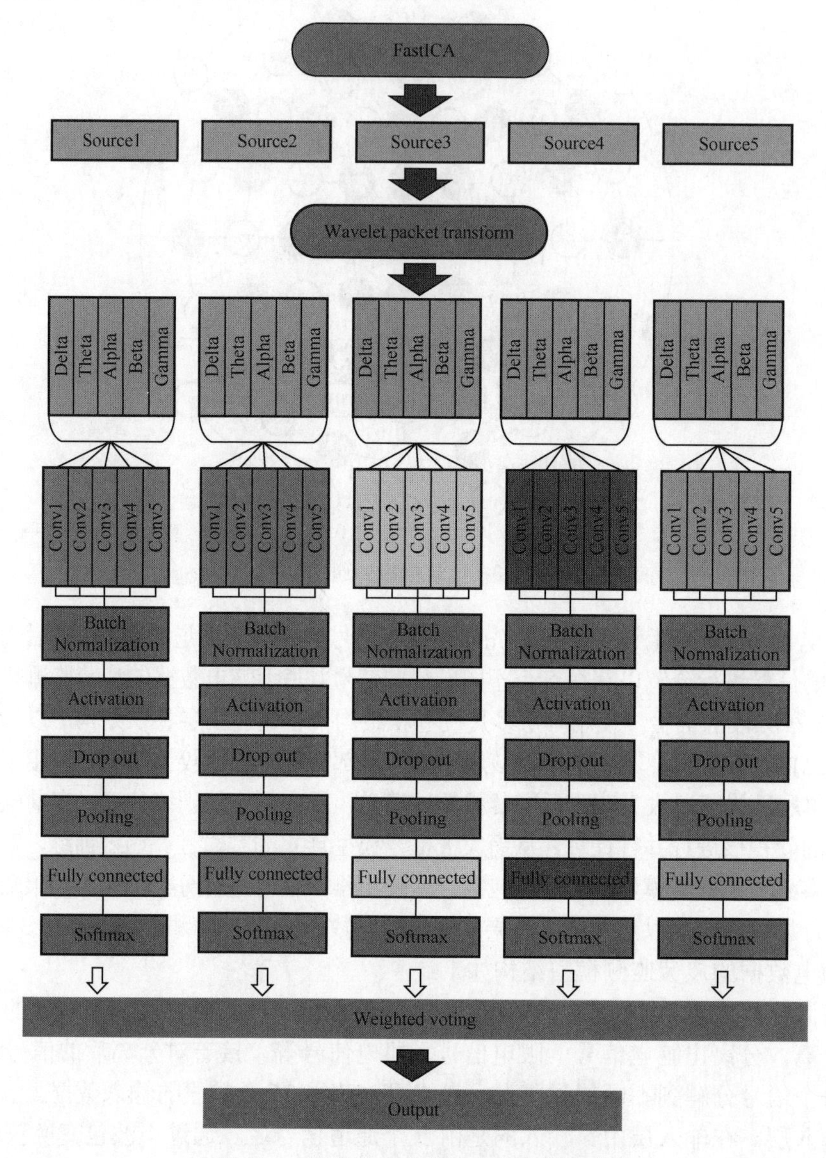

图 10.3　基于脑电数据的疲劳监测模型

（5）随机失活。利用随机失活[20]操作在模型训练期间根据一定的概率暂时丢弃一部分神经元，可以加快模型训练并防止过拟合。

（6）池化层。基于脑电数据的疲劳监测模型首先使用最大池化，接着使用均值池化。使用最大池保留更多纹理信息的特征，使用均值池化将这些特征进行整合压缩，不仅简化了特征图，也简化了后续网络计算的复杂性。特征压缩可以提取主要特征并增强模型的泛化能力。

（7）全连接设计。池化的结果输入全连接层，全连接层用于对分布式要素表示进行分类并将其映射到样本标签空间。将每个均值池化的结果连接成一维向量，将向量与两个输出神经元连接起来构成一个全连接层，输出疲劳或不疲劳的值。将全连接层输出的值输入到

Softmax 中以获得疲劳的概率与不疲劳的概率。Softmax 中有 c 个类，每个类的输出是第 i 个类的概率。Softmax 使用交叉熵函数作为损失函数，并使用梯度下降法传播反向误差。输出和损失的计算方法如下：

$$p_i = \mathrm{e}^{x_i} / \sum_i^c \mathrm{e}^{x_i} \tag{10.14}$$

$$\mathrm{Loss} = -\sum_i^c P_i \log p_i \tag{10.15}$$

（8）加权投票与损失函数设计。首先根据 5 个通道的信号，训练出 5 个模型，然后对 5 个模型进行加权投票输出最终的结果。将 5 个分类器的输出值求平均，(P_t^0，P_t^1)表示结果为疲劳的概率和不疲劳的概率，并返回概率最大的下标，计算公式如下：

$$c = \mathrm{argmax}\left(\sum_{t=1}^{5} P_t\right) \tag{10.16}$$

10.1.3 基于脑电数据的疲劳监测系统

基于 10.1.2 节介绍的基于脑电数据的疲劳监测方法，本节主要介绍基于脑电数据的疲劳监测系统的设计与实现。系统可以分为 4 层：感知层使用便携式的 EEG 信号设备，通过少量的通道采集 EEG 信号；传输层使用蓝牙将 EEG 信号设备采集的数据传输到 USB dongle 中再将数据读取到数据库中；控制层使用 FastICA、小波包变换、归一化等方法对 EEG 信号进行预处理，使用基于脑电数据的疲劳监测方法来进行特征学习与分类；应用层包含了工厂的危险作业、网课学习统计、驾驶状态监测等领域的应用。基于脑电数据的疲劳监测系统架构如图 10.4 所示。

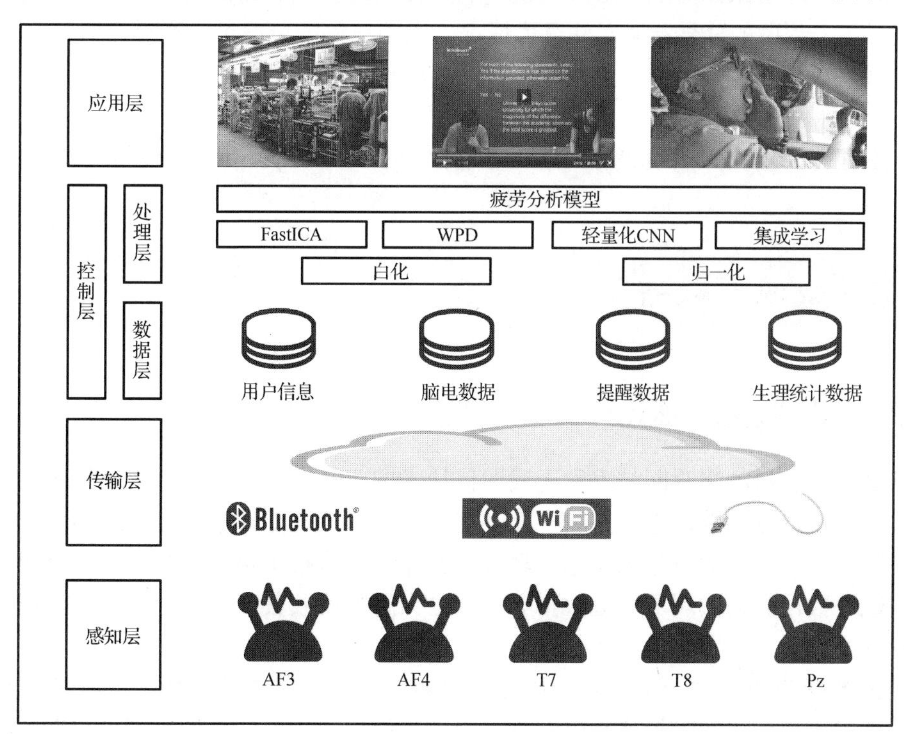

图 10.4 基于脑电数据的疲劳监测系统架构

基于脑电数据的疲劳监测系统界面如图 10.5 所示，主要包含以下五个模块。

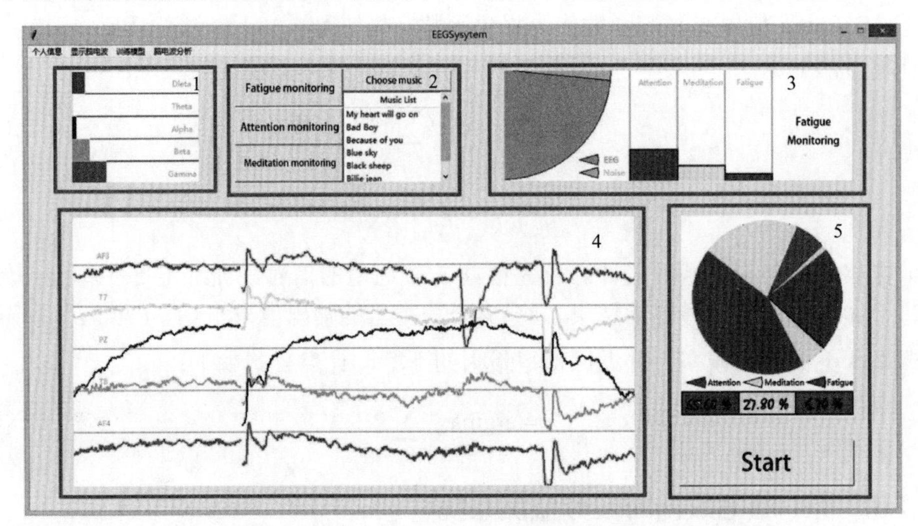

图 10.5　基于脑电数据的疲劳监测系统界面

（1）各频段信号能量展示模块。模块显示 δ、θ、α、β 和 γ 频段信号的能量。

（2）音乐提醒模块。选择所要提醒的指标，以及提醒时所使用的音乐，在所选指标超过设定的阈值时进行提醒。

（3）噪声情况与生理状态实时显示模块。左边是工频干扰信号的检测，若工频干扰信号的比例较大，则表示佩戴情况不好。本模块除了可以根据疲劳监测机制对疲劳值进行分析，还可以根据各个频段的信号能量对注意力情况、大脑放松的情况进行实时显示。

（4）原始数据显示模块。将 EEG 信号设备采集的数据加入原始脑电数据集中，并显示出来。

（5）生理统计模块。该模块对生理状态进行一段时间的统计后，分别显示各个生理状态所占的比例。

10.2　轨迹大数据

10.2.1　轨迹大数据概述

近年来，随着移动物联网技术和无线通信技术的高速发展，以及空间定位和全球导航系统的日益完善，轨迹大数据也随之增多。时空轨迹是由地理空间中的物体运动而产生的，通常由包含时间和经纬度的点集来表示。轨迹大数据[21,22]包括车辆交通数据、人类运动数据、动物迁移轨迹数据和自然现象轨迹数据等。轨迹大数据的收集、表示、检索、挖掘和应用成为越来越重要的研究课题。

轨迹大数据是通过对一个或多个移动对象运动过程的采样所形成的具有时空特征的数据，一般由被记录位置的坐标值和时间戳二元信息组成，丰富一点的轨迹大数据可能包含行进速度和方向等高阶信息[22]。

轨迹大数据不仅具有大数据的 4V 特征[23]，还具备时空序列性、异频采样性，并且本身质量偏低。轨迹大数据最重要的特征就是时空序列性，轨迹大数据是携带时间戳的有序坐标集合，存在运动对象一连串的时空动态特征。轨迹采样是将运动对象连续的轨迹以一定时间间隔抽象出来离散化表示。采样过程中的误差是客观存在的，且大小不确定，因此采用预处理的方式也不尽相同，受到这些因素的影响产生了数据质量偏低的特点，使得基于轨迹大数据的分析具有一定的困难。

下面具体介绍轨迹大数据的预处理和数据挖掘过程[24]。

1．轨迹大数据的预处理

（1）轨迹滤噪。轨迹大数据通常不是完全准确的，这主要是由于传感器噪声，以及其他因素（如在城市中定位信号的接收不良）造成的。在大多数情况下，这种误差是可以接受的，例如，车辆的坐标仍可以落在实际驾驶的道路上或附近。轨迹大数据中的噪声点如图 10.6 所示，其中的 P6、P9、P10 和 P11 产生的误差距离太大，这种情况下从中无法得出有价值的信息，甚至会对分析轨迹方向和行进速度造成严重干扰。因此在开始挖掘任务之前有必要将轨迹大数据中可能影响分析质量的噪声点过滤掉，现有的滤噪方法主要有均值（或中值）滤波器、卡尔曼滤波器、基于启发式的离群点检测三大类[6]。

（2）停留点检测。有些坐标点表示人们在该点及附近逗留了一段时间，如购物中心，这些点称为停留点。停留点给轨迹大数据中原本单纯的坐标和时间戳的组合增添了额外的语义信息。显然，在轨迹大数据中各个轨迹点的重要性并不完全相同。轨迹大数据中的停留点如图 10.7 所示，停留点可以分为两类，一类是位置坐标不发生改变的停留点，如图 10.7 中的 P3；更为常见的停留点是第二种类型，类似于图 10.7 中的 P5 到 P8 围成的停留点，表示人们围绕着停留点移动，但位置坐标的变化不大。

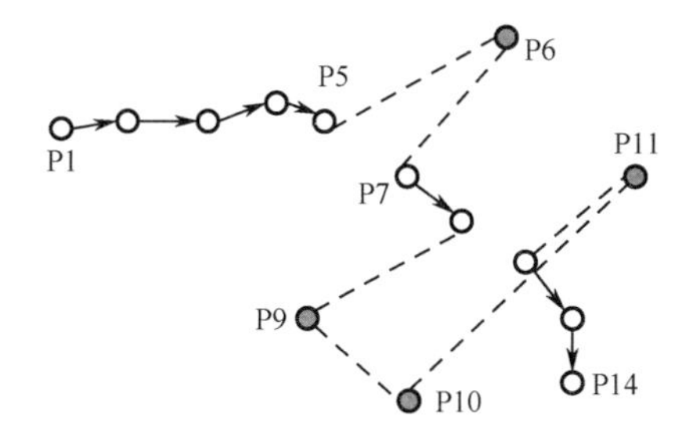

图 10.6　轨迹大数据中的噪声点

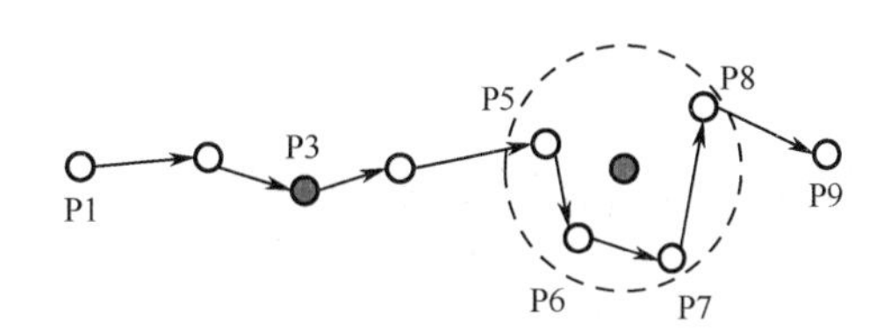

图 10.7　轨迹大数据中的停留点

根据停留点包含具体语义，停留点可以将轨迹转化成一连串具有意义的行程集合，由此促进了一系列轨迹服务应用的发展，如旅行推荐[25, 26]和目的地预测[27]。另外，在某些应用中，如行程时间预测，应在预处理期间将轨迹大数据中的停留点删除。

（3）轨迹压缩。过于频繁的轨迹记录会大大加重存储和计算的开销，为了减小轨迹大数据规模的大小，又不损害新数据表示的准确性，有两种可选的轨迹压缩策略：一种是离线压缩，主要特点是先记录后压缩，即在轨迹记录完成之后再缩小轨迹大数据的规模；另一种是在线压缩，主要特点是在轨迹记录的同时进行压缩。

（4）轨迹分割。在轨迹聚类过程中，轨迹大数据的预处理需要将以段为单位将轨迹划分为数个小轨迹的集合来进行进一步处理。轨迹分割的方法通常有三种：第一种基于时间间隔的轨迹分割，当前后两个轨迹点之间的时间间隔过大，在此处进行分割是比较合适的；第二种是基于形状的轨迹分割；第三种基于语义含义的轨迹分割，即根据停留点的语义将轨迹分为多段，其中停留点的去留取决于应用服务具体需求，有的应用服务需要估算行驶速度，轨迹中的停留点只会造成大段无意义的零速度，如出租车在信号灯前等候起步或在路边等候客人，这时应当去除停留点。在估计两个轨迹之间的相似性时[28]，包含语义信息的停留点则应该引起研究者的关注，其他轨迹点则可以忽略。

（5）地图匹配。地图匹配的目的是将轨迹点坐标映射到真实世界路网上，获得轨迹对应路网信息。例如，从轨迹中分析车辆行驶的道路就是一项有利于轨迹数据服务应用展开的特征。根据使用的附加信息或轨迹中考虑的采样点范围，有两种方法可以对地图匹配方法进行分类：根据所使用的附加信息，地图匹配算法可分为四类，即几何、拓扑、概率和其他高级技术；根据所考虑的采样点范围，地图匹配算法可分为两类，即局部增量和全局方法。

2. 轨迹大数据的挖掘

经过预处理的轨迹大数据要经过挖掘才能分析与获取其中隐藏着的信息。轨迹大数据的挖掘主要包含四种不同类别，即伴随模式、轨迹聚类、序列模式和周期模式。

（1）伴随模式挖掘。轨迹的伴随模式挖掘是指发现一组在连续多个时间戳内一起运动的物体，既可以依靠一组对象轨迹的形状相似度，也可以依靠轨迹密度，还可以依靠一组对象轨迹的持续时间，或者多种因素的组合来进行轨迹大数据挖掘。

（2）轨迹聚类挖掘。轨迹聚类的目的是从多个目标轨迹中得到公共的路段或运动趋势。例如，利用共享单车的轨迹大数据规划自行车专用道。常见的方法是首先将轨迹大数据用特征向量表征，完成轨迹大数据的向量化；然后研究两两向量之间的距离，用这个距离来表示轨迹之间的相似度；最后完成聚类，为每个聚类的轨迹打上对应的标签。轨迹聚类挖掘的缺点是在向量化的过程中，由于轨迹大数据存在异频采样和数据质量偏低的问题，轨迹之间关系也较为复杂，所以很难保留所有轨迹信息的向量化。

（3）序列模式挖掘。当一批移动对象轨迹在出现了重复，也就是说在一定的时间范围内轨迹发生了重叠，就可以把这段重叠的轨迹看成这批移动对象的轨迹序列模式。值得注意的一点是，轨迹中的序列模式不一定是连续不断的。为了检测轨迹的序列模式需要在序列中定义一个公共位置。在理想情况下，轨迹大数据中每个位置都有唯一的标识，如果两个位置有相同的标识，则它们是公共的。

（4）周期模式挖掘。人们每天去上班，定期去购物，动物也在每年迁徙，大部分移动对象的活动都呈现出周期性变化的特点。周期性行为有助于抽象出历史轨迹大数据，方便在历史轨迹大数据的基础上压缩轨迹，利用移动对象周期性变化的特点准确预测未来的运动状态。

随着移动终端的普及，以及位置定位等技术的迅猛发展，人类社会产生了海量的轨迹大数据。在基于位置的社交网络中，如微博、微信等，每天都会产生大量带有位置信息的数据。这些数据在一定程度上反映了用户的生活兴趣和喜好，如在线生活经验分享[29]和社交网络构建[30]等。在基于位置的出行服务中，如滴滴出行、Uber 和共享单车等，日订单高达千万级别[31]。在外卖系统、物流配送系统中，随着用户数量的增加，轨迹大数据呈现爆炸式的增长。这些数据表明人类社会已经进入轨迹大数据时代[32]。基于交通轨迹大数据的挖掘是轨迹大数据挖掘的一个重要分支，在路径规划[33]、交通监管[34]、城市规划[35]、共享单车排放[36]等方面有着广泛的应用。

10.2.2 基于轨迹大数据的路径规划方法

本节重点介绍基于轨迹大数据的路径规划方法。

1．路径规划相关方法[37]

路径规划问题通常可以抽象成旅行商问题（Traveling Salesman Problem，TSP）。对于海量的轨迹大数据，即使经过数据清洗也会存在大量的冗余点。TSP 是 NP-hard 问题，在求解 TSP 问题时，当城市的规模增大到一定复杂程度时，路径规划算法的时间复杂度将急剧增加。因此需要先对轨迹大数据进行聚类，选出轨迹中的高价值点，减少问题求解规模，聚类方法可以使用 K-Means、DBSACN 等算法。

解决 TSP 问题时一般采用两类算法，一是精确算法，二是启发式算法。在求解问题最优解时，精确算法可以在问题规模较小时给出解并且求解时间在可接受范围内。但是，当问题规模变大时，无论求解的计算量还是求解需要的存储空间，都会呈现指数型的增长，会带来所谓的“组合爆炸”问题。启发式算法一般是求得问题的次优解或以一定的概率求其最优解。判断启发式算法优劣的标准主要有三个，分别是通用性、稳定性和收敛性。在路径规划算法方面，已经提出了许多有效的启发式算法，如蚁群算法[38-40]、遗传算法[41-43]和模拟退火算法[44-47]等。

（1）蚁群算法。以蚂蚁系统（Ant System，AS）[38]为代表的蚁群算法，是针对 TSP 问题提出的。AS 虽然能找到问题的优化结果，但该算法效率过低。AS 中包含蚂蚁密度（Ant-Density）、蚂蚁量（Ant-Quanity）、蚂蚁圈（Ant-Cycle）三个概念，在蚂蚁密度和蚂蚁量中，蚂蚁每到一个地点就释放信息素，蚂蚁圈是构建一条完整路径之后再根据路径长度来释放的信息素。

AS 是蚁群算法的雏形，之后诞生了许多改进版本的蚁群算法，包括了精英蚂蚁系统（Elitist AS，EAS）[48]、最大最小蚂蚁系统（Max-Min AS，MMAS）[49]和基于排列的蚂蚁系统（Rank-Based AS）[50]。这些算法大多数是在 AS 上直接进行改进的，通过修正信息素的更新方式和添加信息素维护过程来提高算法的性能。后来提出的蚁群系统（Ant Colony System，ACS）[51]，算法性能明显优于 AS。

蚁群算法对 TSP 的求解流程主要包括两大步骤，路径构建和信息素更新。

① 路径构建。在路径的构建中，每只蚂蚁随机选择一个地点作为自己的初始出发地点。为了记住依次经过的地点，蚁群算法利用路径记忆向量 $\boldsymbol{R}^k$ 来存储经过的地点。当蚂蚁选择下一个要去的地点时，需要按照一个随机比例规则来选择。假设蚂蚁 k 当前所在的地点为 i，则其选择的地点 j 作为下一个访问对象的概率为：

$$P_k(i,j)=\begin{cases}\dfrac{[\tau(i,j)]^{\alpha}\cdot[\eta(i,j)]^{\beta}}{\sum\limits_{u\in J_k(i)}[\tau(i,j)]^{\alpha}\cdot[\eta(i,j)]^{\beta}}, & j\in J_k(i)\\ 0, & \text{其他}\end{cases} \tag{10.17}$$

式中，$J_k(i)$ 表示从地点 i 可以直接到达的且又不在蚂蚁访问过的路径记忆向量 $\boldsymbol{R}^k$ 中的地点集合；$\eta(i,j)$ 是一个启发信息，通常由 $\eta(i,j)=1/d_{ij}$ 直接计算，d_{ij} 表示地点 i 到地点 j 之间的距离；$\tau(i,j)$ 表示边 (i,j) 上的信息素。由式（10.17）可知，长度越短、信息素浓度越大的路径被蚂蚁选择的概率就越大。参数 α 和 β 是用来控制启发式信息和信息素浓度作用的权重关系。

② 信息素更新。蚁群算法会初始化所有边上的信息素浓度 τ_0，其中 $\tau_0=m/C^m$，m 是蚂蚁个数，C^m 是贪婪算法构造的路径长度。若初始化的信息素浓度太小，则蚂蚁可能会集中选择一条路径，即局部最优解。若初始化的信息素浓度太大，则会大大削弱在路径构建中对蚂蚁下一个地点选择的指导作用，从而影响蚁群算法的性能。

信息素更新由两部分组成。第一部分是信息素的蒸发，可以减少各条路径的信息素积累。在新一轮的迭代中，通过对所有边上的信息素乘以一个小于 1 的常数来达到信息素蒸发的目的。信息素蒸发可以舍弃蚁群算法上次迭代中的非优质解，减少信息素积累。第二部分是信息素释放，在路径构建中，蚂蚁根据路径的长短决定释放信息素的多少。为了寻找最优解，蚂蚁经过一条边的次数越多，则这条边所获得的信息素就越多。路径越短，信息素浓度就越高。信息素的更新公式为：

$$\tau(i,j)=(1-\rho)\cdot\tau(i,j)+\sum_{k=1}^{m}\Delta\tau_k(i,j) \tag{10.18}$$

$$\Delta\tau_k(i,j)=\begin{cases}(C_k)^{-1}, & (i,j)\in\boldsymbol{R}^k\\ 0, & \text{其他}\end{cases} \tag{10.19}$$

式中，m 是蚂蚁个数；ρ 是信息素的蒸发率，$0<\rho<1$；$\Delta\tau_k(i,j)$ 是第 k 只蚂蚁在它经过的边上释放的信息素；C_k 表示路径长度，它是 $\boldsymbol{R}^k$ 中所有边的长度和。

（2）遗传算法。遗传算法（Genetic Algorithm，GA）[41]是一种随机自适应的全局搜索算法，该算法从自然界的生物遗传进化得到启发，通过归纳总结来解决组合问题中的最优解。遗传算法模仿自然界中生物的进化，通过引入类似于自然进化中的选择、交配以及变异等算子来求解组合问题中的最优解。遗传算法通过不断循环迭代来搜索组合问题的最优解，直到满足预设的终止条件才结束。遗传算法的每一次循环都是模拟了一次自然界中生物的进化。

假设 N 是生物种群规模，G 是进化代数，P_c 是交配概率，P_m 是变异概率，遗传算法的基本流程包含以下步骤：

步骤 1：初始化生物种群，当前进化代数 G=0。

步骤 2：染色体评价，利用评估函数计算生物种群中每个染色体的适应值，将适应值最大的染色体标记为 Best。

步骤 3：选择，采用轮盘赌算法选择产生规模为 N 的生物种群。

步骤 4：染色体交配，父染色体交换部分基因以产生新的子染色体，从而形成新的生物种群。在染色体交配过程中，遗传算法按照交配概率 P_c 从生物种群中选择染色体。

步骤 5：染色体变异，对步骤 4 中产生的新生物种群中染色体基因进行变异操作，变异的概率是 P_m，变异后的新染色体将进入新生物种群。

步骤 6：计算适应值，对于新生物种群，计算所有染色体的适应值。若某染色体的适应值大于 Best，则将该染色体重新标记为新的 Best。

步骤 7：判断，进化代数 G 自增一次，此时判断 G 是否满足定义的最大值或 Best 达到误差要求。若是，则遗传算法结束；否则转步骤 3。

（3）模拟退火算法。模拟退火算法（Simulated Annealing Algorithm，SAA）从物理退火原理上得到启发，进一步演化形成的一种启发式算法，可应用到组合问题的求解上[44,45]。在组合问题的求解时，模拟退火算法首先会生成一个随机解，然后对随机解进行扰动，最后评估被扰动之后的解。通过比较扰动解与当前解的目标函数值来决定是否将扰动解定义为新解。若扰动解不能代替新解，可根据 Metropolis 准则进行替换。Metropolis 准则定义了物体在某一温度 T 下，从状态 i 转移到状态 j 的概率 P_{ij}^{T}，即：

$$P_{ij}^{T}=\begin{cases}1, & E(j)\leqslant E(i)\\ \mathrm{e}^{-\left(\frac{E(j)-E(i)}{KT}\right)}=\mathrm{e}^{-\left(\frac{\Delta E}{KT}\right)}, & \text{其他}\end{cases} \tag{10.20}$$

式中，e 是自然常数；$E(i)$ 和 $E(j)$ 分别表示物体在状态 i 和 j 下的内能；$\Delta E=E(j)-E(i)$ 表示内能的增量；K 是玻耳兹曼常数。

模拟退火算法不仅会在同一温度下进行多次扰动，还能通过自身参数的变化来模拟温度下降过程。采用模拟退火算法求解最优解的流程如图 10.8 所示。

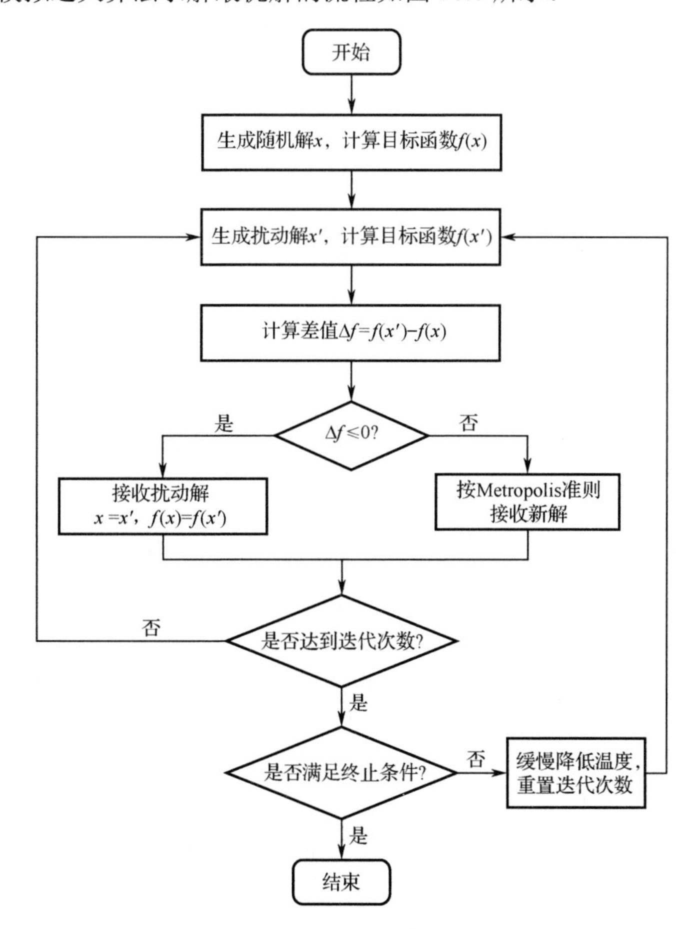

图 10.8 采用模拟退火算法求解最优解的流程

2. 出租车路线规划实例

城市的快速发展使居民出行需求不断增加，出租车作为城市公共交通的重要组成部分，为大众的出行带来了极大的方便。目前推出的打车软件，如滴滴、Uber 等，主要服务的模式是由乘客发出请求，司机去指定地点接送乘客。但是，对司机而言，在没有订单的情况下，只能选择在原地被动等待，或者自主寻客。这种情况不仅会消耗大量的时间和油料，降低出租车的运行收益，而且对于整个城市道路交通而言，尤其是上下班的高峰时期，大量空载的出租车还会增加城市道路的交通负担。因此，合理有效的出租车路径规划对于整个出租车行业，甚至整个城市的通勤效率有着重要的作用。

下面以出租车寻找最佳客源为例，介绍基于轨迹大数据的路径规划方法，进一步说明轨迹大数据的分析处理。在此先介绍相关的定义。

定义 10.1（距离）：坐标点 $P_s(x,y)$ 和坐标点 $P_t(x,y)$ 之间的距离是 $\rho(P_s,P_t)$，距离定义的是轨迹点的球面距离。

$$\rho(P_s,P_t)=2\cdot R_e\cdot \arcsin\left(\sqrt{\sin^2\left(\frac{a}{2}\right)+\cos(y_s)\times\cos(y_t)\times\sin^2\left(\frac{b}{2}\right)}\right) \tag{10.21}$$

式中，$a=|y_s-y_t|$，为 P_s、P_t 两点的纬度的差值；$b=|x_s-x_t|$，为 P_s、P_t 两点的经度的差值；参数 R_e 代表了地球的球面半径，$R_e=6378.137$。

定义 10.2（上下客点）：在轨迹 $T:P_1\to P_2\to\cdots\to P_n$ 中包含了出租车 id 和载客状态 flag。

上客点：

$$P_i.\text{id}=P_{i+1}.\text{id}(1\leqslant i\leqslant n) \tag{10.22}$$

$$P_{i-1}.\text{flag}=0 \tag{10.23}$$

$$P_i.\text{flag}=1 \tag{10.24}$$

下客点：

$$P_i.\text{id}=P_{i+1}.\text{id}(1\leqslant i\leqslant n) \tag{10.25}$$

$$P_i.\text{flag}=1 \tag{10.26}$$

$$P_{i+1}.\text{flag}=0 \tag{10.27}$$

定义 10.3（最佳客源点）：最佳客源点是出租车历史轨迹上/下客点数据中最密集的点集的中心点，这表明大量的出租车司机曾经到过该区域。如果空载的出租车能够精准地找到这些地点，必然能最大概率地接到乘客，提高盈利能力。最佳客源点此处表现为基于出租车轨迹数据中的上/下客点经过 DBSCAN 算法和 K-Means 算法两次聚类之后的点集。

图 10.9 是出租车路径规划方案示意图，可以看到，在轨迹大数据的预处理中，首先对出租车的轨迹大数据进行清洗，去除噪声数据，以获取高质量的数据集；然后根据出租车的载客状态提取轨迹大数据中的上/下客点；最后在数据的时空分析中，对上/下客点数据进行先分时段再分区域的操作。从时间和空间两个方面分析轨迹大数据的分布，以便基于时空数据规划出更加科学合理的路径。

在最佳客源点的挖掘中，可采用两种不同的聚类算法。数据经过分时段、分区域处理之后，每个区域的数据量都不同。如果采用全局聚类会导致一些边缘地区的数据被看成噪声数据而剔除，得出的结果是最佳客源点主要集中于数据量较多的中心城区。但是，对于全城的规划而言，路径规划不能仅仅局限于中心城区，所以分别对划分的区域进行了两次聚类，主要分为两个步骤。第一次聚类是挖掘每个区域轨迹中的簇，即热门区域。第二次聚类是挖掘热门区域中的中心点。利用 DBSCAN 算法在剔除噪声数据的同时挖掘出轨迹大数据中的簇，数据经过第一次聚类形成了数据量大小不同的簇，每个簇对应现实生活中大小不一的区域，即一些热门的区域。利用 K-Means 算法可以找出每个簇的中心点，即最佳客源点。出租车司机在寻找客人的过程中，若能快速找到最佳客源点，则将大大提高上座率。数据经过两次聚类处理后，形成了一系列的最佳客源点的集合。在盈利路径的规划中，使用基于最佳客源点的蚁群算法的路径规划，利用成本函数来评判路径的盈利能力。

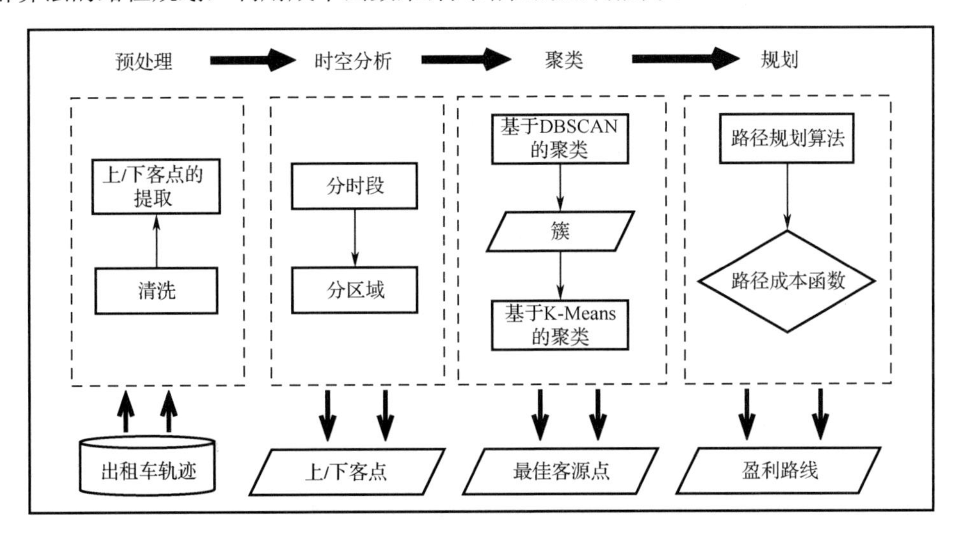

图 10.9　出租车路径规划方案示意图

（1）数据清洗。剔除噪声数据，包括缺失数值和错误数值。缺失数值指的是缺少经纬度信息或者经纬度信息不全的轨迹点。错误的数值指的是数据类型错误，或者经纬度坐标超出了目标城市经纬度范围的轨迹点。例如，成都的经纬度介于东经 102° 54′～104° 53′、北纬 30° 05～31° 26′，超过这个经纬度范围的数据就是噪声数据。除此之外，还可以关注数据价值密度，即关注哪个时段的数据是几乎无效的。

（2）上/下客点提取。首先对数据按照时间进行排序。轨迹大数据中的上/下客点如图 10.10 所示，出租车的载客状态从 1 变到 0，是一个下客点；出租车的载客状态从 0 变到 1，是一个上客点。在轨迹大数据中，这样的点更有价值的，因此对轨迹大数据中这样的点进行提取。

```
1,30.680264,104.105795,1,2014/8/03 09:52:52
1,30.680064,104.105608,1,2014/8/03 09:52:54
1,30.679142,104.102062,1,2014/8/03 09:53:24
1,30.680456,104.100241,1,2014/8/03 09:53:53
1,30.680516,104.100271,1,2014/8/03 09:53:54
1,30.681699,104.101125,0,2014/8/03 09:54:25
1,30.682117,104.101446,0,2014/8/03 09:54:56
1,30.682347,104.101629,0,2014/8/03 09:55:26
1,30.682356,104.101607,0,2014/8/03 09:55:56
1,30.682372,104.101614,0,2014/8/03 09:56:27
```

```
1,30.683271,104.101039,0,2014/8/03 10:08:25
1,30.683288,104.101013,0,2014/8/03 10:08:56
1,30.683298,104.101031,0,2014/8/03 10:09:26
1,30.683476,104.100746,0,2014/8/03 10:09:57
1,30.683655,104.100514,1,2014/8/03 10:10:19
1,30.683680,104.100539,1,2014/8/03 10:10:20
1,30.684993,104.102706,1,2014/8/03 10:10:54
1,30.682847,104.103743,1,2014/8/03 10:11:25
1,30.682158,104.104071,1,2014/8/03 10:11:55
1,30.680321,104.105386,1,2014/8/03 10:12:26
```

图 10.10　轨迹大数据中的上/下客点

（3）数据时空分析。为了提取更加精准的最佳客源点，将提取出来的数据做进一步的时段分析。图 10.11 所示为一周内不同时段上/下客点的数据变化，图 10.12 所示为每个时段的上/下客点数据在一周内的变化。从这两个图可以看出，06:00:00～07:00:00 是出租车上/下客点数据的历史最低点，之后处于一个上升的状态，上升状态一直持续到 13:00:00～14:00:00，达到一个高峰，然后出现下降，在 18:00:00～19:00:00 出现低谷。19:00:00 之后又开始上升，在 21:00:00～22:00:00 达到了一天中的最大值，之后又开始下降。

从数据上来看，白天的上/下客点的数据总体来说比较均衡，呈现了早高峰和晚高峰两个阶段。7:00:00 之后，居民出行逐渐增加；在 18:00:00～19:00:00 出现了“V”字形递减特征。这是由于该时段处于下班的高峰时期，打车订单增多，交通量急剧上升，造成大面积的交通堵塞，因此导致了行程时间变长，上/下客的频率变低，上/下客点的数据减少。19:00:00 之后情况出现好转。在 23:00:00 之后，由于乘客数量减少，上/下客点的数据也骤然减少。

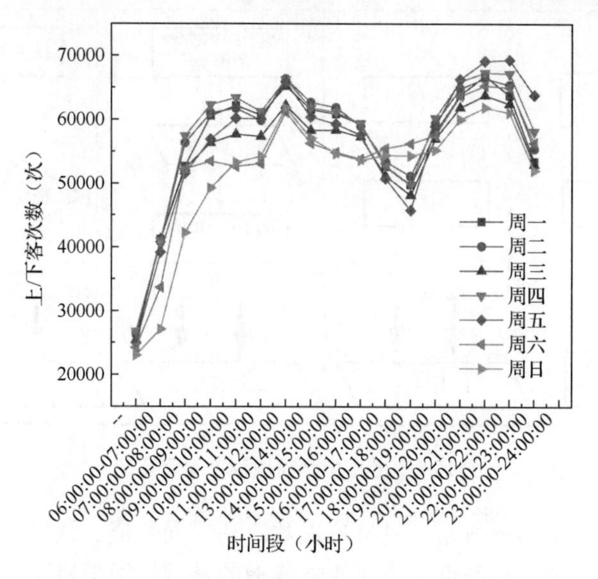

图 10.11　一周内不同时段上/下客点数据的变化

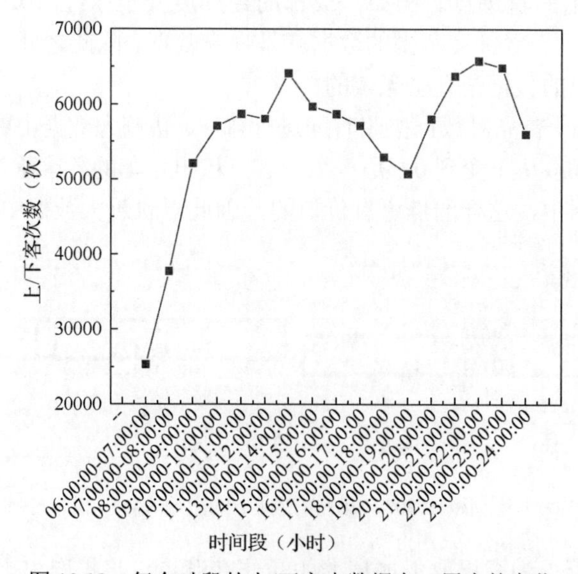

图 10.12　每个时段的上/下客点数据在一周内的变化

工作日和非工作日上/下客点的数据变化如图 10.13 和图 10.14 所示。从这两个图可以看出，工作日和非工作日上/下客点的数据变化大致相同，唯一的不同点是，工作日的 18:00:00～19:00:00 是下班高峰期，出现了“V”字形递减特征；但非工作日上班的人数减少，这样的情况出现了好转。通过对各个时段的上/下客点的数据变化，以及工作日和非工作日的上/下客点的数据变化，可以对每一个时段的出租车司机推荐最佳规划路径。

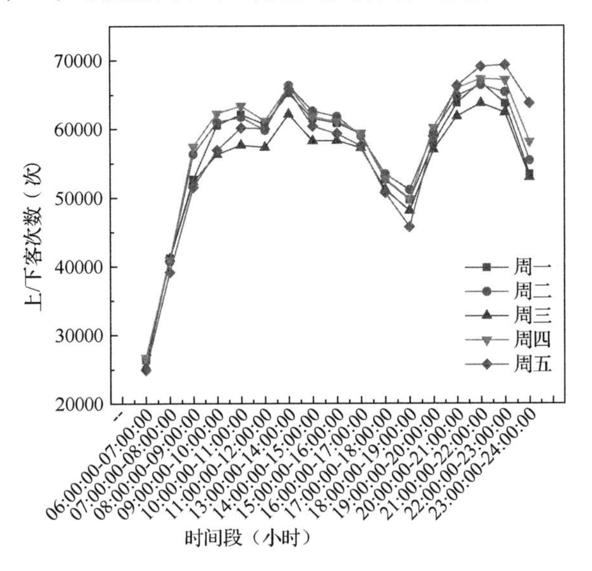

图 10.13　工作日上/下客点的数据变化

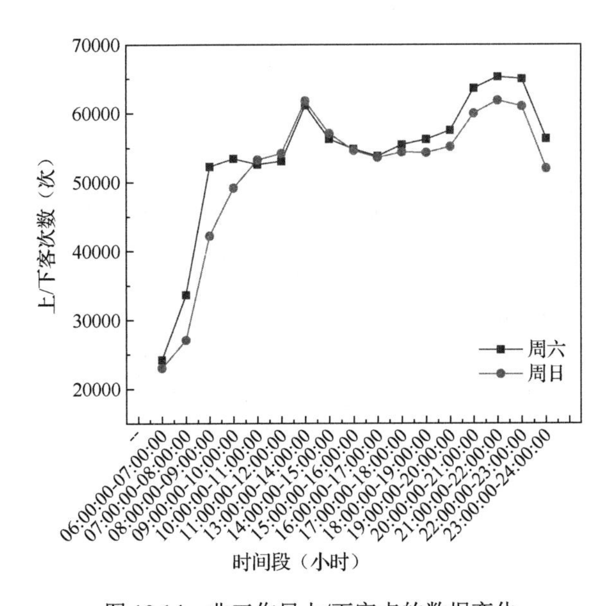

图 10.14　非工作日上/下客点的数据变化

对于每个时段的数据，还需要进行空间（区域）分析。以成都市的市中心为例进行说明。以天府广场（30.6633976913,104.0723725172）为中心，以环城公路为辅助，进行城市的分区，共分为 3 级区域。一级区域是城市的核心区域，在这部分区域中，出租车轨迹大数据是最为密集的，存在最多的最佳客源点，城市的外围区域（三级区域）是远离城市主城区的一些区域，这里的出租车轨迹大数据较为稀疏。一级区域和外围区域之间的区域就是二级区域，这里的出租车轨迹大数据的分布没有一级区域分布得那么密集，但比外围区域的要多。

（4）热门区域的挖掘。对于每个时段的每个区域应用 DBSCAN 算法，挖掘轨迹大数据中的热门区域。由于各个区域的数据量不同，可以根据每个区域的数据量来调试 DBSCAN 算法的参数。在 DBSCAN 算法中，采用定义 10.1 中的距离公式来计算两个轨迹点之间的距离。

（5）最佳客源的挖掘。采用 K-Means 算法，对最佳客源点进行挖掘。首先将 K-Means 算法中的 K 值置为 1，然后通过迭代来调整簇中对象的划分，产生最终的聚类结果。

（6）最优路径的规划。基于以上的最佳客源点，假设司机在某个时段从成都火车站出发去周边寻客，首先以司机所在位置为圆心，在半径为 2 km 的范围内搜索最佳客源点。在此范围内的最佳客源点如表 10.3 所示。

表 10.3　某范围内的最佳客源点

标　　号	经　纬　度	标　　号	经　纬　度
1	104.079219,30.707789	6	104.0593389102,30.6963963781
2	104.100173,30.70132	7	104.0736151914,30.7133611002
3	104.0587089102,30.6975663781	8	104.0796926263,30.6925533598
4	104.0811216263,30.6925663598	9	104.0976859109,30.6985056598
5	104.0859692617,30.6993860830	10	104.10104,30.695214

搜索完之后可以利用了模拟退火算法、遗传算法、蚁群算法来求解最优路径长度，即司机在遍历范围内的最佳客源点时，行驶距离最短的路径。

10.2.3　基于轨迹大数据的路径规划系统

本节主要介绍基于轨迹大数据的路径规划系统，该系统的架构如图 10.15 所示。整个系统主要的功能模块有三个，分别是地图服务模块、最佳客源点模块和路径规划模块。基于轨迹大数据的路径规划系统首先会定位用户的位置并读取当前时间；其次会根据用户当前时间和所处位置进行周边最佳客源点的搜索并展示在系统界面上，同时用户也可以查询基于任意位置和任意时间的最佳客源点；最后基于已经搜索的最佳客源点规划路径，并进入导航界面，便于用户出行。

登录系统后，主界面左侧的功能界面主要有两大类，最佳客源点搜索和路径规划。由于各个时段的最佳客源点有所差异，所以通过设计日期框和时间轴为用户推荐基于当前时段的最佳客源点。在路径规划时，设计了导航的功能，便于用户出行。搜索到的最佳客源点和规划的路径均展示在系统界面地图上。

（1）最佳客源点搜索。将 10.2.2 节的最佳客源点存储在数据库中。用户打开基于轨迹大数据的路径规划系统后，系统首先会定位用户当前位置和时间，通过 currentTimeMillis()函数可获取系统时间，通过 getLocation()函数可实现定位。

用户单击系统界面的“搜索”按钮，系统会根据用户当前时间和位置从数据库中搜索相应的最佳客源点，并将最佳客源点显示在地图上。用户可以通过放大地图，来查看最佳客源点的大致位置，还可以通过功能区的搜索框来输入需要查询地点，输入的地点将会被转化为具体的经纬度，同时拖动时间轴和日期框就可以查询任意时段在当前位置周围的最佳客源点。

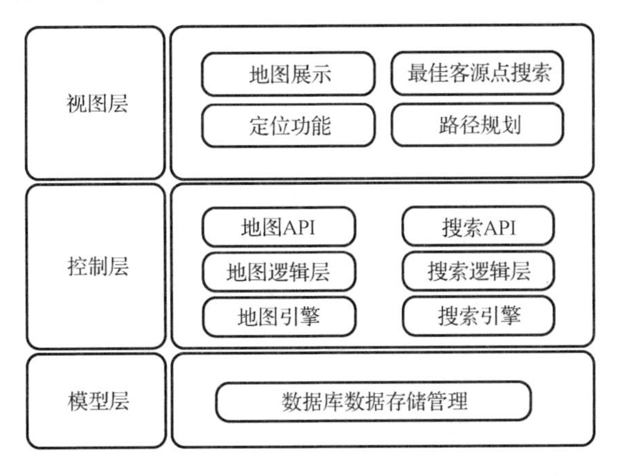

图 10.15　基于轨迹大数据的路径规划系统架构

（2）路径规划。用户单击功能区的“路径查询”按钮，系统会基于搜索到的最佳客源点计算路径，并将计算结果展示在界面上。单击“导航”按钮跳转至导航界面，可对规划的路径进行分段导航，并将导航结果显示在地图上，同时显示预计时间和里程。

10.3 文本大数据

10.3.1　文本大数据概述

在网络大数据时代下，纸质文档快速向电子化、数字化转变，网络文本数据呈现指数级增长，并出现了各种各样的基于文本大数据系统。人们通过网络技术获取信息的方式越来越便捷，但在海量的数据中获取对自己有用的信息变得十分困难。在信息获取中，搜索引擎是一种十分便利的工具，可以解决很多用户的搜索需求。但在获取信息时，搜索引擎的弊端也非常明显。搜索引擎以用户输入的关键字作为限定筛选页面，如果想要进一步获取所需的信息，就需要一个一个地浏览页面。用户需要阅读大量的页面，才能找到目标内容，搜索引擎无法直接给出精确的信息。另外，搜索引擎的性能在很大程度上取决于关键词的质量，准确简练的关键词是十分必要的，这对用户的归纳总结能力又提出了要求。因此，在当前背景下，搜索引擎很难满足人们对精确知识获取的要求，问答系统应运而生，成为自然语言处理领域的一个热门研究方向。

自然语言处理（Natural Language Processing，NLP）[52]是专门对文本大数据进行分析处理的一门学科，它从人工智能研究的一开始就成为探索人类理解自然语言的基本方法。近年来，随着计算机硬件和网络技术的发展，自然语言处理受到前所未有的广泛关注，已经发展为一门相对独立的学科领域。

自然语言处理被定义为[53]：自然语言处理是研究人与人交互中，以及人与计算机交互中的语言问题的一门学科。自然语言处理要研制表示语言能力和语言应用的模型，建立计算框架来实现这样的语言模型，并提出相应的方法来不断完善语言模型，根据语言模型设计各种的应用系统，并探讨这些应用系统的测评技术。

目前自然语言处理的挑战主要来自两个方面。一方面是歧义消解问题，人们日常语言是极为复杂的，其中存在大量的歧义现象，有些是词法方面的歧义，有些是句法方面的歧义，其他还有更深层的语义和语用歧义。因此，在自然语言处理中，歧义问题是核心问题。另一方面是对未知语言现象的处理，在一个系统中，总会遇到未知词汇、未知结构。语言是动态变化的，新的词汇、用法随着时间推移也在不断出现。为了保证系统的鲁棒性，要保证系统能应对预料之外的输入。此外，在面向问答系统、机器翻译等具体任务时，如何处理文本数据、提取文本特征等也是自然语言处理的重要任务。

1. 自然语言处理简介

下面简单介绍自然语言处理中的部分基本概念和常用技术。

（1）语言模型。语言模型（Language Model，LM）是判断一个词语序列是否构成一句话概率，在自然语言处理中占有重要的地位。对于一个字符串 s，计算它的概率分布 $p(s)$，$p(s)$ 代表字符串 s 是否能够成一个句子的概率，语言模型并不判断句子是否合乎语法。

（2）词袋模型。词袋模型（Bag-of-Word，BoW）不考虑句子的词法和语序信息，根据分词结果，整理出一个词表，把所有的词语装进一个袋子中。词袋模型可以被认为是 n 元语法模型中 unigram 的特例，不考虑词语之间的关系，每个词语是相对独立的。在获得词表后，根据词表再遍历文本，如果出现词表中的词语，则在对应位置加 1，最终将文本表示为与词表相同维度的向量。词袋模型忽略了文本的上下文关系，只以词语出现的频率这一统计信息作为文本统计特征，在文本分类领域有着一定应用。但是词袋模型的缺点也十分明显，在词表较大时文本的维度也过大，并且句子之间的语序信息也被忽略了。

（3）词频-逆向文档频率。TF-IDF 由词频（Term Frequency，TF）和逆向文档频率（Inverse Document Frequency，IDF）两部分组成。TF-IDF 是一种基于统计的文本特征提取方法，常用于评估某个文档集中一个文档中某个基元的重要程度。TF 的思想很容易理解，在预处理后的文本中，出现多次的词语更能代表文本，可在一定程度上反映文本的特征。但要考虑到，在某些文档集中，有些词语会大量出现。这时再以词频作为文本的特征会发现文档集中各个文本的特征基本相同，无法区分文档集中不同文本。TF-IDF 作为表示文本的一种方法，其核心思想是某个基元在文本中重要性，随着它在文本中出现次数正比上升，但与它在整个文档集中的出现频率反比下降。

（4）独热编码。在一个文本经过分词后，再输入到建立好的处理模型前，需要对其进行数字表示。直接向模型中输入字符串，会使得模型难以计算和比较，也不利于语言建模。因此，需要将文本转化为数字向量，这就是文本的向量化。最简单的例子就是独热（One-Hot）编码。将词语转化为词表长度的向量，每个位置对应一个词语，每个词语的向量只有对应位置为 1，其余位置为 0。例如，4 个词语，将苹果表示为[1,0,0,0]，香蕉表示为[0,1,0,0]，梨表示为[0,0,1,0]，西瓜表示为[0,0,0,1]，这样就可以把这 4 个词语区别开来。一个句子就可以根据句子中词语的对应位置，表示为相应的长向量，也可以认为是一种词袋模型。

独热编码适合分类算法，在分类算法中，独热编码在一定程度上扩充了特征。但独热编码的缺点也很明显，自然语言中的词汇数量是极其庞大的，对应的向量维度也会非常高；另外，向量中只有极少数的位置有数据，导致高纬度特征稀疏。词语之间没有联系，但在自然语言中，词语与词语之间有相关性，如同义词、反义词等都反映了词语之间的关系。在独热编码中，任意的两个不同的向量内积为零，表明这两个词语毫无关系，两个词语之间是相互独立的；同样，独热编码也不能区分多义词语。

（5）词嵌入。词嵌入（Word Embedding）是指将词语放置在空间上的一个点。为了克服独热编码缺陷，词嵌入通常将词语转化成为一个分布式表示的定长连续稠密向量。例如，Mikolov 等人[54]提出的 Word2vec 模型，相较于独热编码的高维稀疏向量，该模型的低维稠密向量更加利于计算；同时，该模型提出了意思相近词语向量之间的距离较近，词语之间不再是孤立的，而是具有空间上的关系。

Word2vec 模型是一个较为简单的神经网络，其输入就是独热编码，隐藏层没有激活函数，最后的输出内容使用 Softmax 进行回归。根据 Word2vec 模型的输入输出不同，可分为两种模型，即 CBOW（Continuous Bag-of-Words）模型与 Skip-Gram 模型，如图 10.16 所示。

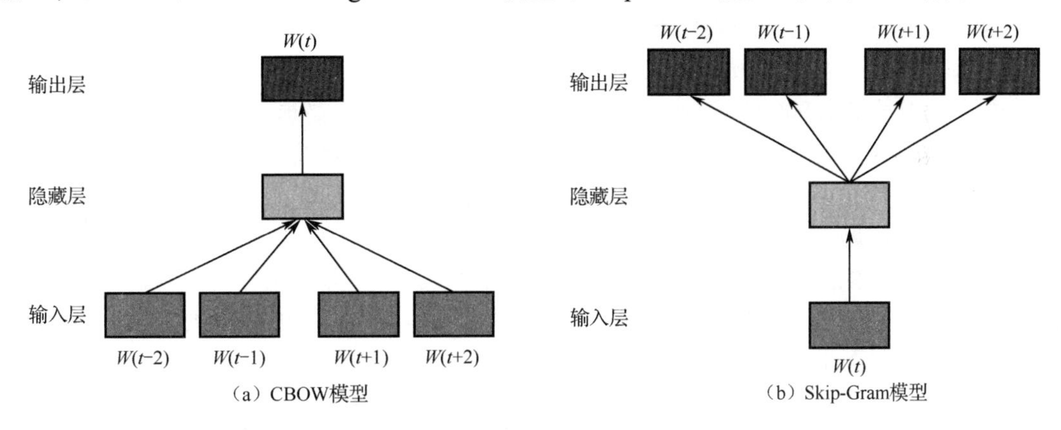

图 10.16　Word2vec 模型

CBOW 模型将目标词语的上下文词语的向量作为输入，通过神经网络学习，输出的是目标词语的向量。图中 $W(t-2)$、$W(t-1)$、$W(t+1)$、$W(t+2)$表示输入的词语，通常是一个独热编码，是通过语料构建的词典。在 CBOW 模型中，输入的独热编码维度与词典中词语数目一致，首先通过定义的网络权值获得隐藏层的表示，进行求和平均运算；然后乘以第二个权重矩阵，将得到的向量输入到 Softmax 中获得每一维的概率分布，概率最大的词语为预测的中心词。Skip-Gram 模型则正好相反，首先输入中心词的向量，然后输出中心词上下文词语的向量。后来提出的 FastText 模型[55]也可用于文本分类项目，该模型在预训练词向量部分增加了 n-gram 模型，用以优化词序问题，并且通过层级 Softmax 增加了模型速度，也是一种常用的词嵌入技术。Glove 词向量[56]基于全局词频统计，其不同之处在于通过词语与上下文词语在特定大小的窗口中共同出现的次数来构建权重矩阵，获取低维度稠密向量。

在日常使用中，词语存在多义现象，因此，使用一个固定的词向量表示词语就不够准确，研究人员提出用一些动态词向量技术来表示词语，如 ELMo、GPT 和 BERT 等。这类模型通常会首先在大规模高质量的语料中进行训练，然后保存得到的模型参数，在使用这类词向量时，通常会把预训练模型融入任务底层，任务使用的是词向量会随着模型的训练而训练，动态地随使用环境的变化而变化。随着高质量大型语料库的建立，这类模型的应用范围也更加广阔，很多任务都会将这类预训练模型融入其中。

2．智能问答系统

自然语言处理技术的典型应用是智能问答系统，这是一种高级的信息搜索工具，允许用户使用自然语言提出问题，系统从候选文档集中查找或筛选答案。传统的搜索引擎技术通过给出的关键词搜寻相关页面，然后将这些信息全部返回给用户。例如，针对“中国最大湖泊是什么？”等问题，用户的意图十分明确，以自然语言提出问题，可得到确切答案。在这样的场景下，智能问答系统相较于传统搜索引擎更为适合。智能问答系统是集知识表示、信息搜索、自然语言处理和智能推理为一体的新一代搜索引擎。智能问答系统在接收用户的自然语言提问后，首先利用相关技术从提问中分析出用户的要求，然后根据分析结果获取相关结果，最后将目标内容解析成答案，并将答案返给用户。

根据不同分类标准，智能问答系统也可被分为不同的类型，下面简单介绍根据获取答案所需的数据进行分类及其他分类标准下的智能问答系统。

（1）基于结构化数据的智能问答系统。基于结构化数据的智能问答系统通过对用户问题进行分析，提取关键信息后转化为一个查询任务。查询的内容就是提前构建好的结构化数据，把查询到的内容作为答案返回给用户。这类智能问答系统的构建关键有两点：首先要根据系统要求和应用领域设计一个合适且完备的结构化数据库，数据库的质量会影响查询的精度；其次是如何分析问题，将问题准确且高效地转化为查询结构，这会决定智能问答系统的查询速度和查询精度。但是这类智能问答系统的应用面比较狭窄，如果用户的问题超出了范围，则这类智能问答系统很难处理这类问题。基于结构化数据的智能问答系统的常见实例有医疗咨询系统中的左手医生等，其架构如图 10.17 所示。

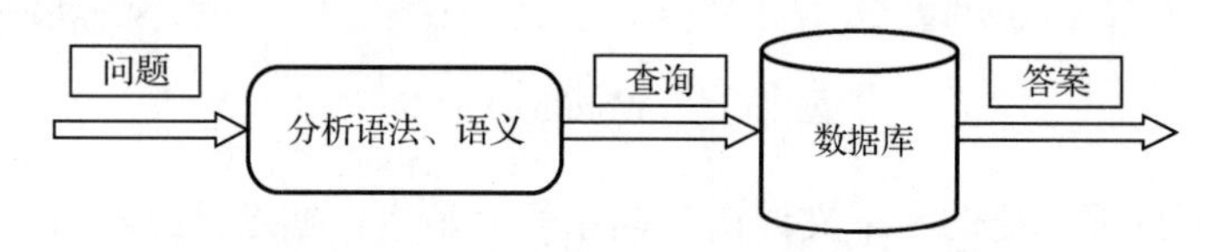

图 10.17　基于结构化数据的智能问答系统架构

（2）基于自由文本的智能问答系统。基于自由文本的智能问答系统不限定于特定领域，通常是面向开放领域的智能问答系统。这类智能问答系统首先在问题分析部分对问题进行分类、提取主题和关键词，以便后续环节进行处理；信息搜索部分接着根据问题分析结果查询文档，通常包含两个部分，一是根据查询找出包含答案的文档，二是在这个文档中定位包含正确答案的段落；答案提取是最后一个环节，这一步会定位到文档的段落，根据问题类型提取候选答案。基于自由文本的智能问答系统的典型代表是微软的小冰等，其架构如图 10.18 所示。

（3）基于常见问题集的智能问答系统。基于常见问题集的智能问答系统常用于公司或者企业的客服系统，如京东的 JIMI 等，也称为常见问题解答（Frequently Asked Questions，FAQ）系统。基于常见问题集的智能问答系统的数据集通常包括常见的问题及对应的答案，根据用户的问题在数据集中匹配最为相似的问题并返回其答案，或者直接匹配最佳答案。由于基于常见问题集的智能问答系统受到领域和数据集的限制，也限定了其应用范围。后来出现的社区智能问答系统也采用问题与对应答案的形式，但用户之间可以交流，既可以提出问题，也可以回答别人的问题。社区智能问答系统的出现为基于常见问题集的智能问答系统提供了大量的可用数据集，也推动着基于常见问题集的智能问答系统的发展和进步。基于常见问题集的智能问答架构如图 10.19 所示。

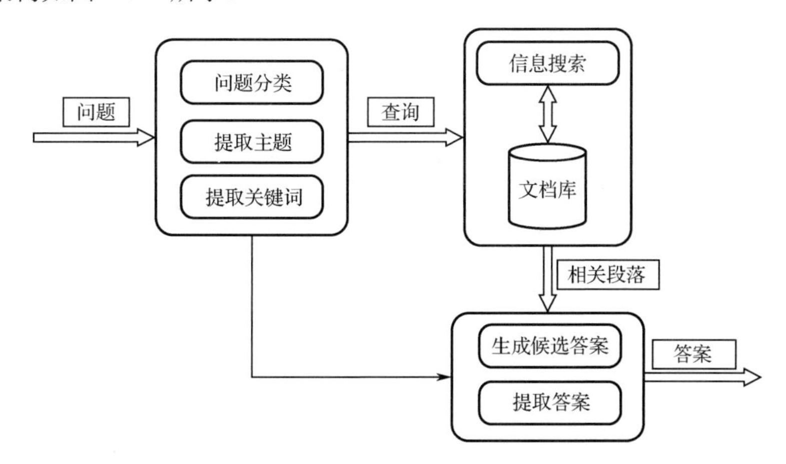

图 10.18　基于自由文本的智能问答系统架构

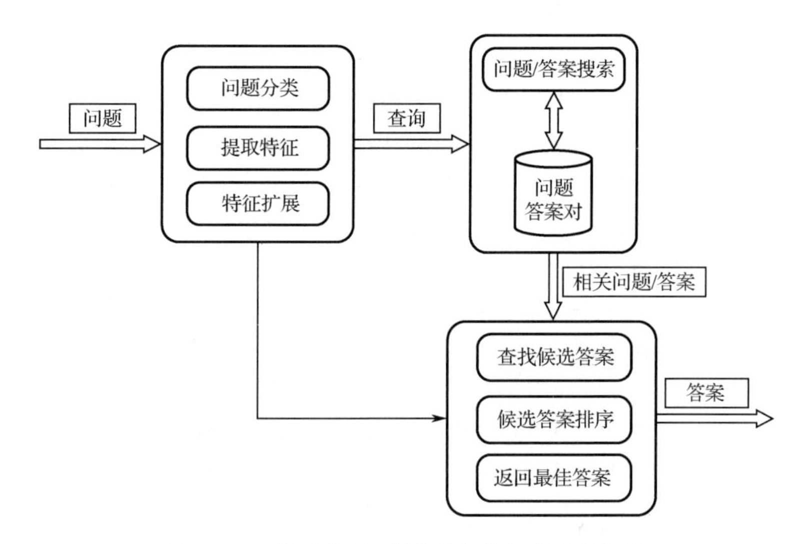

图 10.19　基于常见问题集的智能问答系统架构

（4）其他分类标准。按照智能问答系统的适用领域，可将其分为限定领域和开放领域两类智能问答系统。限定领域智能问答系统处理的数据通常局限于某个特定领域，如银行、足球等领域，只能解决该领域内的问题。限定领域智能问答系统常用的方法是将领域内知识通过特定规则，整理成适合搜索的结构，可以方便地搜索问题。开放领域智能问答系统通常的应用是“漫无边际”的问题内容，这类问答系统通过已经构建好的知识图谱进行搜索推理，具有很好的扩展性。端到端的问答算法是开放领域智能问答系统的发展方向，该算法基于深度学习技术，主要包括解码部分和编码部分。

按照答案获取分类，智能问答系统可以分为通过阅读理解获取答案的智能问答系统和通过对答案句子选择的智能问答系统。通过阅读理解获取答案的智能问答系统，根据包含答案的文本中能够作为答案的短语，有两种解决方案：一是对提取出的可能包含答案短语排序，获取答案后进行短语排序；二是对短语能否构成答案进行 0/1 标记，通过标注获得答案。通过对答案句子选择的智能问答系统首先从候选文本中寻找能够作为答案的句子，然后对候选句子集合进行打分，依照打分结果进行排序，从而获取最佳答案。

10.3.2 基于文本大数据的问题分类方法

近年来深度学习的各种方法开始流行于各个领域，大大促进了自然语言处理相关技术的发展。智能问答系统是一个人与计算机通过自然语言不断交互的过程，在互联网的飞速发展下，基于文本大数据的智能问答系统成为各大科技公司的研发重点，它不仅可以实现信息查询，还可以通过聊天机器人与用户互动[57]。

本节针对智能问答系统中基于文本大数据的问题分类问题，对文本大数据的处理方法做进一步介绍。

1. 问题分类的相关方法

智能问答系统中的问题分类主要是对用户问题进行准确的分类，要知道用户想要知道什么。用户的问题通常是一个简短的句子，因此问题的意图识别就是一种对面向问句的短文本分类。目前短文本分类方法主要可以分为基于特征扩展的方法和基于深度学习的方法。

（1）基于特征扩展的方法。通过对当前文本特征进行扩展，获取更加丰富的特征，可以运用隐狄克雷分布（Latent Dirichlet Allocation，LDA）扩展文本特征，提取潜在的特征内容。利用额外的分类知识库和知网，扩展目标类别的概念，在获取类别额外特征后通过相似性确定文本类别，从而对短文本进行分类。基于特征扩展的方法既可以将网络搜索结果作为特征扩展的依据，根据返回结果提升分类精度；也可以利用外部知识或预先训练好的主题进行特征扩展。基于特征扩展的方法往往面对特定的场景与资源，特征扩展步骤依赖于领域知识[58]，计算效率低，难以推广到其他场景。

（2）基于深度学习的方法。深度学习在文本分类中同样有着广泛的应用，在深度学习中，基于神经网络的词嵌入技术可以从更高的语义层面表示文本之间的关系，是目前最有效的文本表示方法之一，广泛应用于文本分类模型。在短文本分类领域更是如此，文本中的信息含量较少，预训练词向量在训练时使用额外的语料库，能够有效丰富文本的信息，提高文本分类的效果。

基于深度学习的方法并不依赖于特定场景，适应性好，通常利用卷积神经网络、循环神经网络、长短期记忆网络、注意力机制等建立特定的文本模型，一般能达到良好的分类效果。

2. 问题分类的具体流程

在智能问答系统中，面对用户提出的问题，问题分析的核心就是问题分类，通过问题分类可以识别用户意图，决定信息搜索的方向，问题分类的质量决定了后续环节的准确性。智能问答系统中的问题常常是短文本，研究问题分类在本质上是对短文本分类进行研究。下面以基于常见问题集的智能问答系统的问题分类为例，说明问题分类的具体流程。

（1）文本预处理。文本预处理最重要的目的在于，通过预处理将自然语言转化为计算机可以理解的符号语言。同时在预处理的过程中，通过去除特殊符号、停用词等操作，提高文本的质量，方便系统对文本的处理。

接下来通过一个例子，具体展示对文本预处理的过程。

例句：It's the kind of movie that ends up festooning art house screens for no reason other than the fact that it's in French (well, mostly) with English subtitles and is magically 'significant' because of that.

① 首先将英文缩写替换，将意思等价的缩写统一成为完整格式。英文有大小写之分，但对语义没有影响，将文本统一替换成小写形式，即：

it is the kind of movie that ends up festooning art house screens for no reason other than the fact that it is in French (well, mostly) with English subtitles and is magically 'significant' because of that.

② 使用正则化方式去除文本中无用的各类符号，按照空格进行分词，使用拼写检查工具处理文本，减少拼写错误导致的噪声。

‘it’, ‘is’, ‘the’, ‘kind’, ‘of’, ‘movie’, ‘that’, ‘ends’, ‘up’, ‘festooning’, ‘art’, ‘house’, ‘screens’, ‘for’, ‘no’, ‘reason’, ‘other’, ‘than’, ‘the’, ‘fact’, ‘that’, ‘it’, ‘is’, ‘in’, ‘French’, ‘well’, ‘mostly’, ‘with’, ‘English’, ‘subtitles’, ‘and’, ‘is’, ‘magically’, ‘significant’, ‘because’, ‘of’, ‘that’

③ 删除对分类没什么影响的停用词，如‘a’，‘is’等：

‘kind’, ‘movie’, ‘ends’, ‘festooning’, ‘art’, ‘house’, ‘screens’, ‘no’, ‘reason’, ‘fact’, ‘French’, ‘well’, ‘mostly’, ‘English’, ‘subtitles’, ‘magically’, ‘significant’

④ 在深度学习模块，需要使用词嵌入对文本进行初始化。例如，使用 GloVe 预训练的词向量来初始化词嵌入层。为了方便输入深度学习模型，将处理后的句子扩展或删除句尾，使句子的长度固定为 maxsize，并将对应的词向量表转换为一个 maxsize×100 的矩阵，如图 10.20 所示。

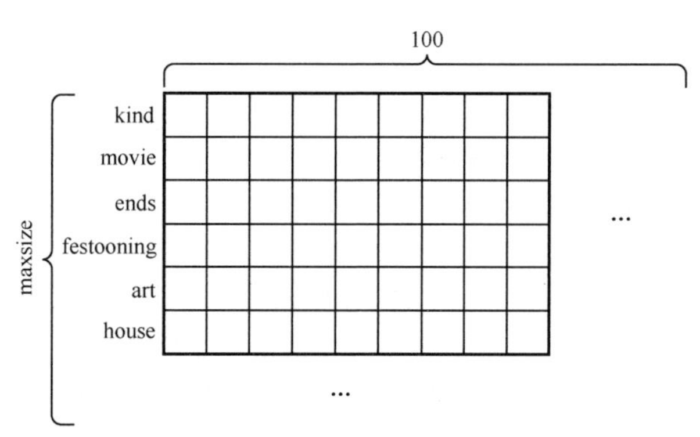

图 10.20　maxsize×100 的矩阵

在文本预处理时，不同语言的预处理过程可能会有不同。例如，英文的分词可根据单词之间的空格来进行，但中文则需要借助一些工具对文本进行分词。

（2）特征提取及融合。特征提取分别使用 TF-IDF、CNN 及 LSTM 模块进行，通过三个不同角度的特征提取达到丰富特征信息的目的。

① TF-IDF 模块。TF-IDF 由词频和逆向文档频率两部分组成，这里使用深度学习词嵌入

的思路，通过对数据集的文本进行统计，计算出每个类别词语的 TF-IDF 的值，然后利用这些值建立特征词典。不同类别的同一词语的重要性不同，意味着其 TF-IDF 值不同，选取对分类影响最大的词语 TF-IDF 值来建立特征词典。

TF-IDF 模块的步骤如图 10.21 所示。

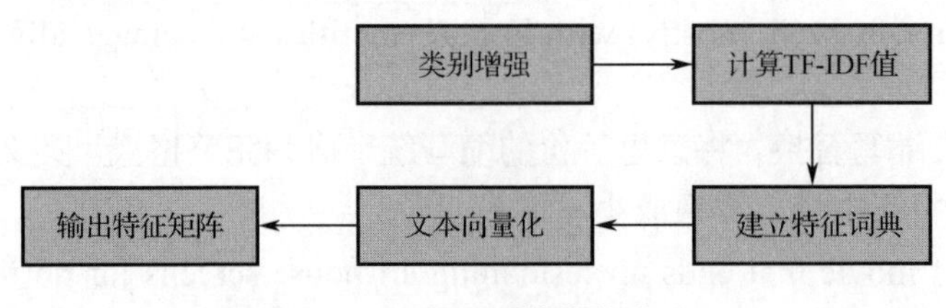

图 10.21 TF-IDF 模块的步骤

（a）类别增强。TF-IDF 值是根据文本统计量来计算的，面对短文本时，这种方法很难发挥作用。类别增强将短文本内容按照其类别拼接成对应的文档，然后去除文档中多余的噪声词，将处理后的内容作为计算 TF-IDF 值的文档。

（b）计算 TF-IDF 值。对不同类别文档数据，分别计算出 TF-IDF 的值，根据算法的定义，可以知道，TF-IDF 值是对应文档词表形成的向量。

（c）建立特征词典。根据每个类别的计算的 TF-IDF 值，TF-IDF 值越大表示该词语在该类别中作用越重要，其表现类别特征的能力就越强，根据这样的规则，保留较大的 TF-IDF 值，从而建立特征词典。

（d）文本向量化。将训练集中的短文本按照特征词典映射，得到训练数据对应的 TF-IDF 特征值。

（e）输出特征矩阵。将获得的特征矩阵输出。

② CNN 模块。CNN 是一种优化的前馈神经网络，其核心在于输入矩阵与不同卷积核之间的卷积运算。对文本分类而言，CNN 是一种高效率的特征提取网络，可通过卷积核在输入矩阵上提取特征[60]；但 CNN 在提取文本信息时也有其缺点，在卷积过程中，会丢失文本特征的时序信息，破坏文本的序列化特征。

CNN 模块通过不同尺度的卷积核得到不同尺度的抽象语义信息，但多尺度的卷积核会带来特征向量过高的问题。通过最大池化操作，不仅可以精简特征向量，获取最具代表性的特征，还可以实现特征向量的降维，避免 CNN 模块提取的特征在最后的特征融合中占据过大的位置。将这些特征拼接起来即可得到 CNN 模块的特征。

③ LSTM 模块。LSTM 采用门结构设计，使得节点在传递时序信息时可以有选择地记忆信息，并遗忘不重要的信息。LSTM 模块的同层单元之间可以传递文本的序列化信息，能够兼顾前后文内容，产生的是融合时序信息的输出数据。LSTM 模块首先将词嵌入后的特征输入到 LSTM 隐藏层，然后将得到编码输出到全连接层，并调整成合适的特征矩阵输出。

每个 LSTM 单元都具有记忆能力，并能在合适的时机释放存储的状态数据，从而能够体现出文本中相距较远的两个词语之间的相互影响。LSTM 单元能够有选择性地记忆信息，并遗忘不重要的信息，有效地文本词语之间传递关联信息。LSTM 模块的结构如图 10.22 所示。

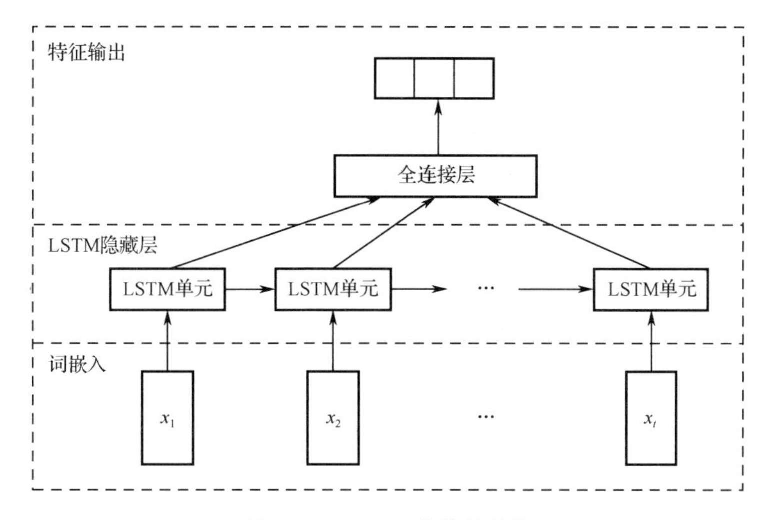

图 10.22 LSTM 模块的结构

图中 $x_1,x_2,\cdots,x_t$ 是词嵌入后的矩阵，代表当前时间步输入。$x_1,x_2,\cdots,x_t \in \boldsymbol{R}^{\mathrm{Id}\times 1}$，其中 Id 为词嵌入的维度。每个 LSTM 单元均包含输入门、输出门和遗忘门，使得 LSTM 单元可以判断、控制和记忆相关的信息。另外，每个 LSTM 单元还可以接收与传递其状态和 LSTM 隐藏层的状态。普通 RNN 节点的结构与 LSTM 单元的结构图 10.23 所示。

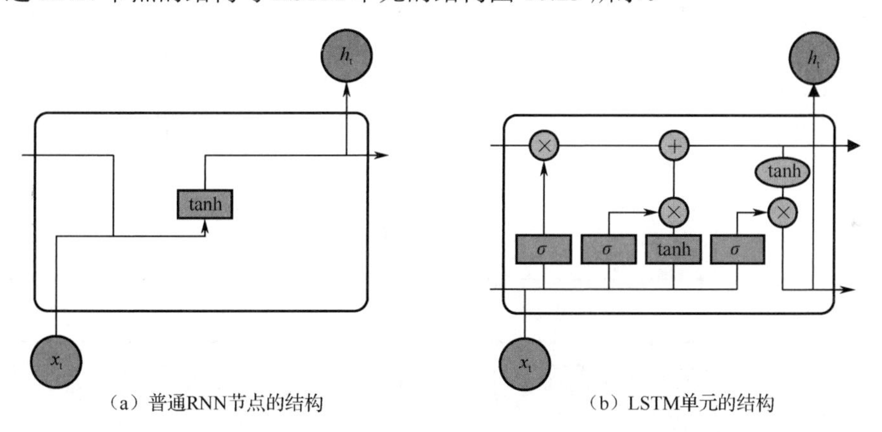

图 10.23 普通 RNN 节点的结构与 LSTM 单元的结构

LSTM 单元的门结构是用来限制信息量的，并且可以使 LSTM 单元记住历史信息，比 RNN 更加适合处理文本信息。在文本中，词语之间相互联系，同一个句子的词语出现是基于其他词语背景的，这也是语言模型的研究点。因此融合节点之间关系的 CNN 提取的特征值包含的语序信息，与之前提取的特征互补，使得特征提取更加全面。

使用三个模块提取特征后，获得的是文本词语的统计信息、局部抽象语义和序列化信息，三类特征的角度不同，从而达到互补的效果。将提取的特征向量调整为相同长度，其中 CNN 模块有 3 种不同的卷积核，可获得三类特征向量，将这三类特征向量并列拼接，组成特征矩阵 $\boldsymbol{X}$ 后，交由下一层继续处理。

（3）注意力机制。注意力机制就是对输入权重分配的关注，主要是对三类特征向量的权重进行分配。将特征矩阵输入到注意力层，注意力层面对的是经过处理的特征矩阵，为了在尽量不丢失特征信息的情况下对三类特征向量进行权重分配，需要保证输出与输入的维度不变。通过使用自注意力（Self-Attention）机制实现相关功能，自注意力机制的核心思想是给定序列 $\boldsymbol{X}=[x_1,x_2,\cdots,x_n]$，求取 x_i 与 $\boldsymbol{X}$ 的关系，也就是求取自己与自己关系，其计算公式为：

$$\boldsymbol{Q}=\boldsymbol{W}^q\boldsymbol{X} \tag{10.28}$$

$$\boldsymbol{K}=\boldsymbol{W}^k\boldsymbol{X} \tag{10.29}$$

$$\boldsymbol{V}=\boldsymbol{W}^v\boldsymbol{X} \tag{10.30}$$

$$z=\text{Softmax}\left(\frac{\boldsymbol{Q}\boldsymbol{K}^{\mathrm{T}}}{\sqrt{d_k}}\right)\boldsymbol{V} \tag{10.31}$$

式中，$\boldsymbol{Q}$、$\boldsymbol{K}$、$\boldsymbol{V}$ 是每个特征的 3 个不同向量，可通过特征向量 $\boldsymbol{X}$ 乘以不同的权重矩阵 $\boldsymbol{W}^q$、$\boldsymbol{W}^k$、$\boldsymbol{W}^v$ 得到。通过三个权重矩阵将 $\boldsymbol{X}$ 映射到三个不同的区间后，对每个向量计算 score 值，即 $\boldsymbol{Q}\boldsymbol{K}^{\mathrm{T}}$。为了模型更加稳定，首先对计算的特征向量进行归一化处理，然后使用 Softmax 函数作为激活，最后通过点乘 $\boldsymbol{V}$ 得到结果。

（4）分类层。在 LSTM 模块的最后有两层全连接层，也就是问题的分类器。首先将经过注意力层加权的特征矩阵输入全连接层进行进一步学习，然后根据分类数量调整最后的输出维度，最后调整为合适的大小后输入 Softmax 中，可得出每个聚类的概率，其中概率最高的聚类就是分类结果。

10.3.3 基于文本大数据的智能问答系统

文本大数据的研究与应用在智能问答系统、答案选择系统等方面都有十分重要的意义。基于 10.3.2 节介绍的问题分类方法，本节主要介绍基于文本大数据的智能问答系统，其架构如图 10.24 所示。

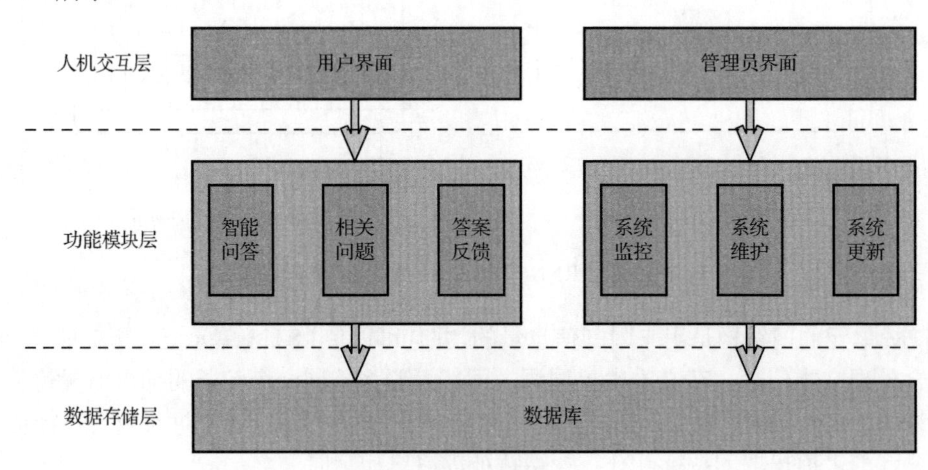

图 10.24 基于文本大数据的智能问答系统架构

基于文本大数据的智能问答系统主要分为两个模块——用户模块和管理员模块，两个模块分别有各自的功能。

1. 用户模块

用户是基于文本大数据的智能问答系统的使用者，可以通过该系统获取自己想要的答案。

用户模块的功能主要包含：

（1）智能问答，用户通过提出问题，通过系统获取所需答案。

（2）相关问题，用户可以查看与所提问题相关的问题及其答案，获取更多相关内容。

（3）答案反馈，获取系统给出的答案后，用户根据对答案满意度进行反馈。

图 10.25 所示为基于文本大数据的智能问答系统用户界面聊天窗，用户通过聊天窗口输入问题后，系统首先使用问题分类方法对问题分类，通过分类结果定位到具体类别；然后使用信息搜索技术找到候选答案；最后使用答案选择算法，对用户问题进行排序，获得最佳答案，并在聊天窗中返回给用户。本书介绍的基于文本大数据的智能问答系统（即知识获取系统）主要包括 4 个类别的知识问答对，分别是闲聊类、法律类、保险类和银行类。例如，用户的问题是“交通肇事罪的判罚标准是什么？”，系统会返回知识库中的相关答案。

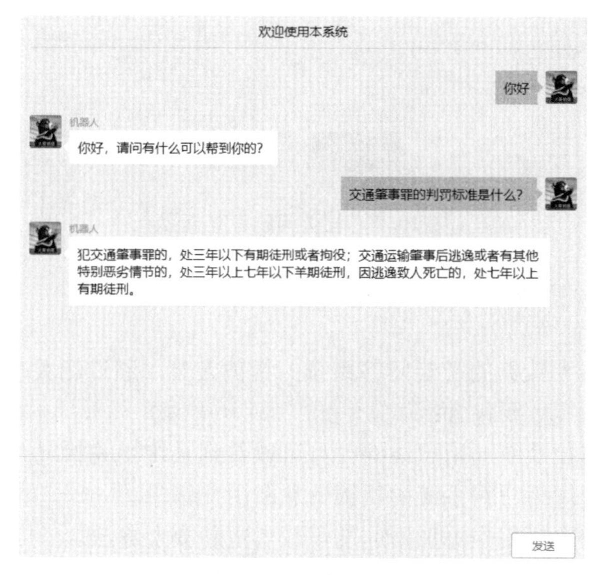

图 10.25 用户聊天窗

如果想要了解更加详细的内容，单击“分类细节”后可以看到问题被分类算法判断属于各个类别的概率。问题分类细节如图 10.26 所示。

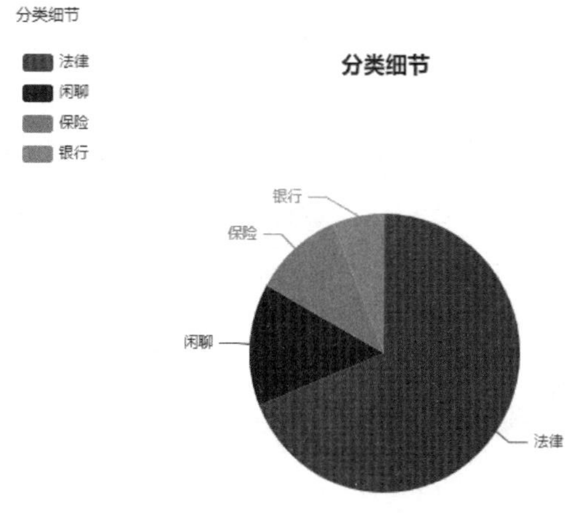

图 10.26 问题分类细节

基于文本大数据的智能问答系统不仅为用户提供了最佳答案内容，还提供了其他相关知识。如果用户对当前知识不够满意或者想要查看其他相关知识，则可以在系统中寻找感兴趣的问题，并且单击查看对应问题的答案。相关问题答案查看如图 10.27 所示。

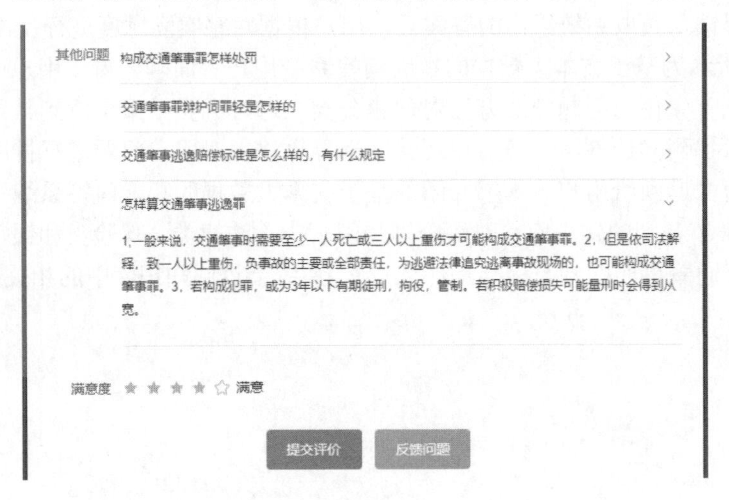

图 10.27　相关问题答案查看

2. 管理员模块

管理员是基于文本大数据的智能问答系统的维护人员，通过相关功能对系统进行监控和维护。管理员模块的功能主要包含：

（1）系统监控，监控系统的用户访问并且可以看到系统相关状况。

（2）系统维护，管理用户对系统的反馈信息和用户信息。

（3）系统更新，向数据库中添加新的知识或者更新模型算法。

管理员模块主要包含三个子模块。

（1）首页。首页主要用于对整个系统的状态进行监控，主要包含累计访问、用户提问、新增建议、近期热词、知识库访问占比、上周用户满意度。管理员界面的首页如图 10.28 所示。

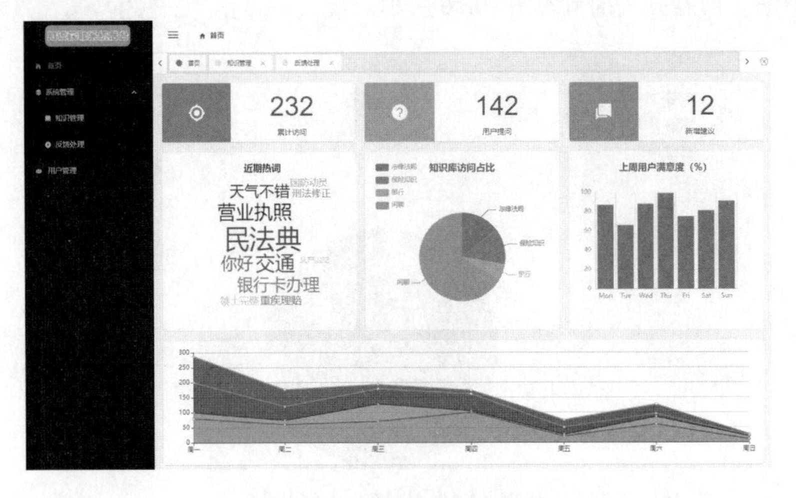

图 10.28　管理员界面的首页

（2）系统管理。管理员可以在系统管理子模块中审核和添加知识内容，保持知识库的更新，并且查看用户反馈信息，对问题进行知识优化。系统管理子模块分为知识管理和反馈处理，其中的知识管理界面如图 10.29 所示。

图 10.29　知识管理界面

（3）用户管理。用户管理子模块包含系统用户的增删改查等基本功能。

10.4　图像大数据

10.4.1　图像大数据概述

目前在大多数行业都有相关的图像大数据应用，如零售业、商品库存管理、制造业、医疗行业、自动驾驶、农业等。通常我们看到一幅图像（见图 10.30），可以通过计算机视觉、图像大数据处理等技术识别出图像中的对象及其特征，如形状、纹理、颜色、大小、空间排列等。

图 10.30　图像示例

图像大数据处理一般包含图像分类、图像分割、目标检测、目标识别、目标跟踪、图像生成、视频处理等任务。

（1）图像分类（Image Classification）。图像分类指对图片的整体内容进行识别，输出粗粒度或细粒度的类别标签，一般应用于场景分类、人脸属性分类、动植物分类、车型分类、食物分类、艺术品分类、边缘检测等。图像分类常常用于开发拍照识物、以图搜图引擎等应用。

（2）图像分割（Object Segmentation）。图像分割指对图片的语义目标进行像素级分类，并输出轮廓等，一般应用于场景分割、人像抠图、组织分割等。图像分割常常用于开发抠图产品、医学器官图像分割等应用。

（3）目标检测（Object Detection）。目标检测是指对图片中的目标进行定位，并输出具体类别，一般应用于人脸检测、行人检测、车辆检测、文本检测、标志检测、缺陷检测等。目标检测常常用于开发安防监控系统、工业品外观缺陷检测系统等应用。

（4）目标识别（Object Recognition）。目标识别包括文本特征识别和生物特征识别。文本特征识别是指对各类场景图片中的文字与标志进行识别，一般应用于文档识别、发票识别、银行卡识别、车牌识别、快递单识别、仪表盘读数识别等；生物特征识别是指对人体相关的生物特征进行识别，一般应用于人脸识别、人体识别、手势识别、指纹识别、步态识别等。

（5）目标跟踪（Object Tracking）。目标跟踪是指对视频中的语义目标进行跟踪，一般应用于车辆跟踪、行人跟踪、动物跟踪、手势跟踪、人脸跟踪等。目标跟踪常常用于开发重点人群监控、自动驾驶系统等应用。

（6）图像生成（Image Synthesis）。图像生成是指生成新的图像，一般应用于图像生成、数据增强、数据仿真等。图像生成常常用于制作数据集等。

（7）视频处理（Video Processing）。视频处理是指对视频中的事物进行分类、生成、提取等操作，一般应用于视频分类、行为分类、视频分割、视频生成、视频预测、视频检索、关键帧提取、视频换脸等。视频处理常常用于开发视频摘要检索系统、智能视频剪辑系统等应用。

10.4.2 基于图像大数据的目标检测方法

目前，计算机视觉（Computer Vision，CV）技术不断推陈出新，图像大数据成为研究热点。自动驾驶（Autonomous Driving）是人工智能、物联网与汽车生产等高端技术相结合的产物，在目前全球交通智能互联化发展中扮演重要角色，而基于图像大数据的目标检测方法正是自动驾驶系统亟待解决的核心技术。

计算机视觉技术的进步为自动驾驶的真正落地提供了极大的助力。自动驾驶技术对车辆安全性有着高要求，每时每刻车辆上搭载的自动驾驶系统都会对周围路况进行严密监测，一旦发现诸如行驶路线偏移、道路前方车辆违反交通规则、发生事故等情况，就会提前为驾驶员提供警报。

目标检测的主要目的是自动预测一幅图像中感兴趣目标的类别和位置。首先，通过给相关方法提供足够的自动驾驶场景图片来训练模型，就可以获得在自动驾驶场景中提取特征和识别行人、车辆、交通信号灯等目标的能力；然后，将获取的自动驾驶场景目标信息和其他传感器共享并整合，就能够使自动驾驶系统理解车辆目前所处道路环境；最后，依赖车辆内的各种交互系统为驾驶员提供预警，甚至直接控制车辆转向或刹车，以此对自动驾驶场景做出反应，从而应对复杂的路况以及突发事件，保证行车安全。

1. 目标检测的相关方法[61]

下面简要介绍传统的目标检测方法和基于深度学习的目标检测方法。

（1）传统的目标检测方法。传统的目标检测方法大多需要为各个应用场景分别设计特征表达方式，特征提取是传统目标检测方法中的关键。特征提取是指从原始图像中抽象出足以捕捉感兴趣目标的各类别的高级特征，同时还要抵抗背景的干扰。在传统的目标检测方法中，提取特征这一过程并不需要事先给图像做人工标注，也就是采取无监督方式，利用提取出的高级特征训练分类器。常用的特征包括梯度方向直方图（Histogram of Oriented Gradient，HOG）、尺度不变特征变换（Scale-Invariant Feature Transform，SIFT）、局部二值模式（Local Binary Patterns，LBP）。

（2）基于深度学习的目标检测方法。基于深度学习的目标检测方法可以分为以 R-CNN、SPP-Net、Fast R-CNN、Faster R-CNN、R-FCN 等为代表的两阶段（Two Stage）方法和以 YOLO、SSD 等为代表的单阶段（One Stage）方法[62]。

R-CNN 采取的检测策略与传统的目标检测方法一脉相承，简明易懂。首先生成候选区域，这一思路与传统的目标检测方法基本一致，只是方式不同，采用的是选择性搜索算法（Selective Search）[63]或边缘盒检测算法（Edge Boxes）[64]等；然后利用事先在 ImageNet 数据集上预训练完的 AlexNet 模型对缩放到固定尺寸的所有候选区域进行特征提取；最后利用支持向量机作为分类器来区分前景类别，并剔除背景。

Fast R-CNN 的第一步和 R-CNN 的第一步基本相同，但与 R-CNN 不同的是，Fast R-CNN 不再缩放候选区域，而是让预训练完的网络直接对尺寸固定的输入图像进行特征提取，候选区域按比例映射到特征图里，提取出的不同尺寸感兴趣区域通过 RoI Pooling[65]层规范为尺寸一致的特征矩阵，利用两个不同的全连接层分别预测候选区域的位置和类别。

R-CNN 和 Fast R-CNN 都存在相同的弊端，就是生成大量候选区域的效率极低。针对这一问题，Faster R-CNN 设计了区域建议网络（Region Proposal Networks，RPN），在确保精度的前提下，利用 RPN 在卷积神经网络中的特征图上做区域建议，极大降低了候选区域数量，使得检测速度大大加快[66]。具体来说，Faster R-CNN 在负责抽取特征的主干网络后接上一个卷积核大小为 3×3 、填零为 1 的卷积层来获取一个通道数为 512 的特征图，以该特征图上的每个像素点为中心，各自负责生成由 3 种不同大小和 3 种不同长宽比所确定的 9 种不同尺度的锚框。

而单阶段目标检测方法则没有区域建议这一环节，通过设置默认框在原始图像上进行冗余窗口的截取，并从深度特征中直接回归出的基于默认框的类别以及位置偏移量来进行目标检测。

YOLO 将图像看成大小为 $s\times s$ 的单元格。YOLOv1[67]中 s 为 7，一个单元格负责预测属于自身物体的置信度和以自身中点为中心的两个不同边界框的位置，但其实际效果并不理想。YOLOv2[68]针对目标检测输入图像大小与 ImageNet 预训练图像大小不一致，导致主干网络在训练时需要重新学习目标检测的输入尺寸的问题，设计了高分辨率分类器。YOLOv2 精心设计了锚框，利用 K-Means 算法对训练数据集中所有的真实框进行聚类操作以获取最具代表性的锚框，通过权衡模型精度与复杂度，设定每个单元格负责生成的锚框数量为 5。上述所有操作使 YOLOv2 的准确率有明显提高，同时为了将浅层特征图中的细粒度特征共享到深层，

YOLOv2 引入转移层，提升了网络对小目标的敏感度。

YOLOv3[69]在此基础上进行了如下改进：第一，将浅层和深层特征融合，构造出 3 种不同尺度，每个单元格负责在每个尺度上都负责预测 3 个锚框；第二，设计独立类别预测分支和边框位置预测分支，使用逻辑回归负责类别置信度的预测；第三，YOLOv3 证明了使用 Softmax 的局限性，若依赖它进行多分类，后续无法适用类别数更多的大数据集，于是提出以多个逻辑回归结合二元交叉熵的方式来独立预测类别，适合面对多分类问题时的目标检测。

单发多框检测器（Single Shot MultiBox Detector，SSD）在浅层到深层共计 6 个特征图进行预测。在其主干网络 VGG 之后，舍弃全连接层，直接串联 5 层卷积层进行 5 次减半下采样，在得到的 5 层特征图和原 VGG 中某层特征图的基础上，生成锚框并匹配真实框。

2. 目标检测的具体流程

了解完目标检测的相关方法后，下面以基于图像大数据的目标检测为例，进一步说明基于图像大数据的目标检测具体流程。

（1）空洞卷积。空洞卷积[70]最早应用在图像分割领域。在全卷积网络（Fully Convolutional Network，FCN）[71]中，卷积层的结构类似经典的 VGG，让输入图像周期性地通过卷积层和池化层，一步步地对图像进行下采样，同时扩大特征图上每个单元所能接触到的信息区域（即感受野）。但图像分割的最后阶段（即预测阶段），和图像识别、目标检测完全不同，空洞卷积的输出必须是像素层面的，故原图像在逐级下采样获得高级特征图后，必须将最后一级特征图反过来进行上采样，以回到原图尺寸。而这一做法，即通过池化层将图像下采样以扩大特征图上每个像素感受野（编码阶段），再通过上采样回到原图尺寸（解码阶段），当时成为图像分割的规范。但在对特征图的缩放过程中，往往会损失一些关键信息。为解决此问题，空洞卷积应运而生，它能够在维持该卷积层输出特征图尺寸不变且卷积核参数数量不变的前提下，不依赖池化层操作，获得较大的感受野信息。

在不降低分辨率和覆盖范围的前提下，系统的扩张使得感受野随扩张率（以下用 r 表示）以指数级扩大。在特征图层面，空洞卷积可看成对特征图的稀疏采样。普通卷积和空洞卷积如图 10.31 所示，扩张率代表了对特征图的采样频率，在标准的卷积操作中，扩张率 r 设为 1，卷积核的感受野为 $3\times3=9$，此时对原图的采样不会漏掉任何信息；当扩张率 $r>1$ 时，如 $r=2$，卷积核在特征图上每隔 $r-1=1$ 个像素点进行采样，此时卷积核的感受野为 $7\times7=49$。卷积核对这些像素点进行卷积，其感受野就变相增大了。

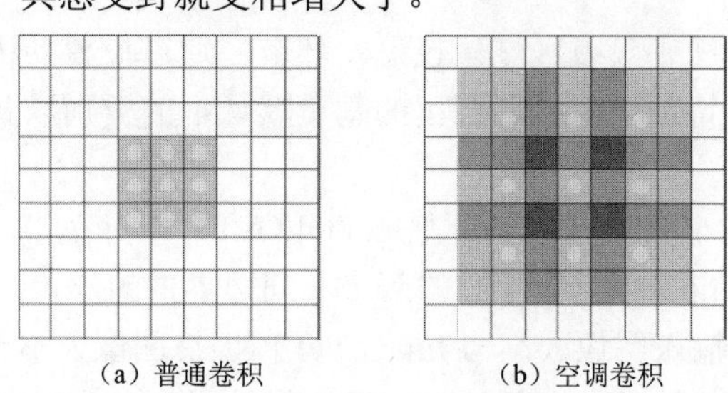

（a）普通卷积　　（b）空调卷积

图 10.31　普通卷积与空洞卷积

在卷积核层面，扩张就是扩大卷积核的尺寸，即先在卷积核中的各相邻参数间之间填充 $(r-1)$ 个 0 值，然后使用扩大后的卷积核对特征图进行卷积。

根据以上描述可知，如果卷积核的大小为$k \times k$，同时卷积核中插入$r-1$个 0 值，则卷积核的尺寸将扩大为k_e：

$$k_e = k + (k-1)(r-1) \tag{10.32}$$

（2）特征融合。对感兴趣的目标进行分类和定位是基于卷积神经网络的目标检测的主要任务，既需要区分清楚各类目标，也需要精准探测目标在图片中所处的位置。然而二者往往是矛盾的，浅层特征图提取的特征比较低级，语义信息少，无法单独检测小目标；而深层特征图提取的高级特征拥有很强的平移不变性，其语义信息也比较丰富。但卷积神经网络逐层加深的特征图形成了特征金字塔，网络所包含的语义信息随特征图加深而更加丰富，针对这一点有各种特征融合的方式：多层特征连结（Concatenate）；跨层连接（Skip Connections），此方式可以将浅层和高层特征图结合起来，从而充分利用综合信息；自顶向下（Top-down）的各层特征图结合，此方式可以将各层特征图结合起来，从而提高性能。

上述的特征融合方式或多或少用到了连结（Concatenation）和逐元素加法（Element-wise Add）这两个操作。若为通道数相等的两路输入矩阵进行卷积，逐元素加法可视为在连结操作后，在相应通道间共享同一卷积核。设上述两路输入矩阵的通道数分别为X_i和Y_i，$1 \leqslant i \leqslant c$，$c$为通道数，连结操作中单个输出矩阵的通道数为 Z_{concat}（*表示卷积）。

$$Z_{\text{concat}} = \sum_{i=1}^{c} X_i * K_i + \sum_{i=1}^{c} Y_i * K_{i+c} \tag{10.33}$$

逐元素加法的单个输出通道为Z_{add}，如式（10.34）所示。

$$Z_{\text{add}} = \sum_{i=1}^{c} (X_i + Y_i) * K_i = \sum_{i=1}^{c} X_i * K_i + \sum_{i=1}^{c} Y_i * K_i \tag{10.34}$$

连结操作可以保留更多的通道，而当两路输入矩阵具有相同通道数时，用逐元素加法操作替代连结操作，可以节省参数和计算量。特征融合模块结合自顶向下的特征金字塔结构和连结操作，可以使特征融合更加充分地利用各层特征图提取的信息。

（3）网络结构设计。在不过分增加网络参数和计算量，以及不过分降低网络前向推理速度的前提下，可以通过改进主干网络结构和多尺度特征融合模块来增大网络浅层感受野，以丰富浅层包含的语义信息，从而提高模型对于小目标的敏感度。结合空洞卷积和多尺度特征融合模块的 SSD 网络结构如图 10.32 所示。

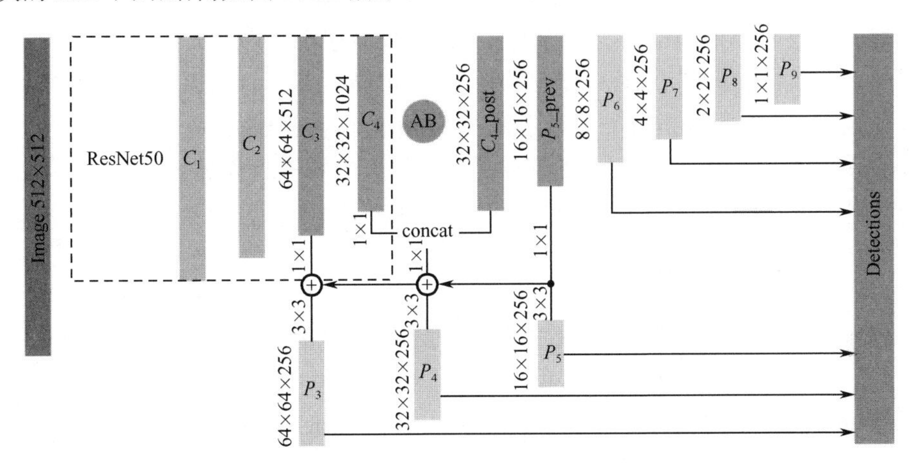

图 10.32　结合空洞卷积和多尺度特征融合的 SSD 网络结构

SSD 网络使用在图像分类任务上普遍表现更强且参数量更少的主干网络 ResNet50[72]代替原 SSD 模型中的主干网络 VGG-16[72,73]。不选用 ResNet 中网络结构更深的 ResNet101[72]和 ResNet152[72]，是因为其参数量较大，要求的计算量也较多，会在一定程度上降低目标检测的速度。对所选的主干网络做出改动，FPN 通过从 ResNet 中 C_1、C_2、C_3、C_4 这 4 层提取特征来构建特征金字塔。为了避免特征融合模块过于复杂，网络参数量过多，SSD 网络中只保留 C_3 和 C_4 这 2 层，之后串连 Atrous Bottleneck（AB）。SSD 网络在得到的 C_4_post 层后通过 5 次连续的、卷积核大小为 3×3、步幅（stride）为 2 的卷积进行下采样，得到 P_5_prev、P_6、P_7、P_8、P_9 这 5 层。

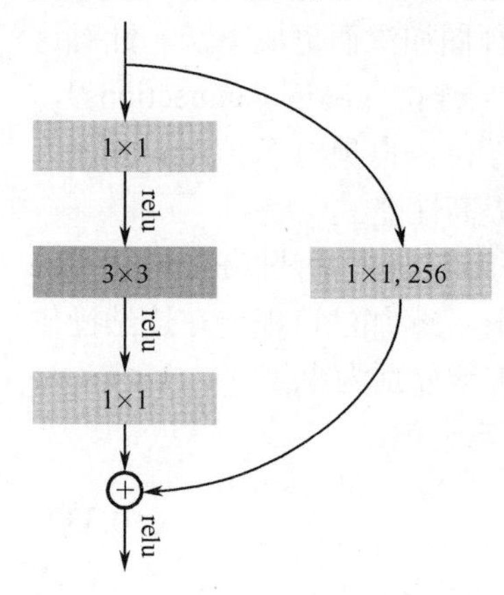

图 10.33　AB 结构示意图

AB 结构设计思想源自 ResNet 中 Bottleneck 结构，将 ResNet50 中 C_4 和 C_4_post 之间 3 个 Bottleneck 中卷积核大小为 3×3 的普通卷积全部替换为扩张率为 2 的空洞卷积。AB 结构如图 10.33 所示，即将输入特征图分别通过卷积核大小为 1×1、3×3、1×1 的卷积所串联的卷积组和卷积核大小为 1×1 的卷积，且此阶段将通道数全部设为 256，将两者的输出做逐元素加法操作，从而得到该结构的输出特征图，同时还可以保持特征图大小在此阶段不变。

在多尺度特征融合部分，网络利用 C_3、C_4、C_4_post、P_5_prev 这 4 层构建特征金字塔：首先将 C_4 层通过 1×1 卷积将通道数降低到 256，这样做一方面是为了之后和 C_4_post 做逐元素加法操作，另一方面是为了降低计算量；接着将 C_3 与 P_5_prev 以及 C_4 与 C_4_post 连结操作后得到的输出分别通过 1×1 卷积形成横向连接；然后将上一步得到的输出通过双线性插值（Bilinear Interpolation，BI）算法进行上采样；最后自顶向下进行特征融合。为了防止抵抗上采样可能导致的混叠效应，对所有融合结果再进行一次 3×3 卷积，从而得到 P_3、P_4、P_5 层。

原 SSD 模块中的 SSD512 模型在 7 个用于预测的特征图上设置的先验框数分别为 $\{4,6,6,6,6,4,4\}$，SSD 网络中 P_3 至 P_9 这 7 个用于预测特征金字塔的先验框数全部设为 9。在特征金字塔的每层，先验框长宽比设置为 $\{1:2,1:1,2:1\}$，对于不同长宽比的先验框，其大小设置为 $\{2^0,2^{1/3},2^{2/3}\}$。在一个大小为 $n\times n$、包含 n^2 个单元的特征图上，若每个先验框都可以由 4 个目标类别数为 K 的边框回归目标核独热编码向量表示，那么该特征图上的每个单元都会产生 $9(K+4)$ 个预测值，故该特征图会共计产生 $9n^2(K+4)$ 个预测值。预测操作采用卷积来预测边框位置和类别，因此需要配置通道数为 $9(K+4)$ 的卷积核。

（4）损失函数设计。在处理二分类问题时，交叉熵损失函数是不二之选，其形式如式（10.35）所示，其中 $y\in\{0,1\}$，是真实标签，$\hat{y}$ 是预测值。

$$L_{\text{ce}} = -y\log\hat{y} - (1-\hat{y})\log(1-\hat{y}) = \begin{cases} -\log\hat{y}, & y=1 \\ -\log(1-\hat{y}), & y=0 \end{cases} \tag{10.35}$$

推广到多分类任务中，该损失函数的形式 L_{conf} 为：

$$L_{\text{conf}} = -\text{Softmax}(-x)\log\text{Softmax}(x) \tag{10.36}$$

代入 Softmax 函数，可得到 $L_{\text{conf}}(x,c)$，即该损失函数的完全表达形式，如式（10.37）所示，其中 c_i^p 为预测框关于类别的置信度。

$$L_{\text{conf}}(x,c)=-\sum_{i\in\text{total}}^{N}\frac{\exp(-c_i^p)}{\sum_p \exp(-c_i^p)}\log\frac{\exp(c_i^p)}{\sum_p \exp(c_i^p)} \tag{10.37}$$

处理边框回归任务的损失函数 L_{loc} 为：

$$L_{\text{loc}}(x,l,g)=\sum_{i\in\text{Pos}}^{N}\sum_{m\in\{c_x,c_y,w,h\}} x_{ij}^k \text{smooth}_{L1}(l_i^m-\hat{g}_j^m) \tag{10.38}$$

式中，i 代表预测框编号；Pos 表示预测一次输出的正样本框集；total 表示神经网络预测一次输出的所有预测框集；j 代表真实框编号；p 代表类别编号，$p=0$ 表示背景；x_{ij}^k 表示第 i 个预测框和第 j 个真实框关于类别 k 是否匹配，其中 smooth_{L_1} 为：

$$\text{smooth}_{L_1}(x)=\begin{cases}0.5x^2, & |x|<1\\ |x|-0.5, & \text{其他}\end{cases} \tag{10.39}$$

预测框位置信息 l_i^m 为：

$$l_i^{c_x}=(b_i^{c_x}-d_i^{c_x})/d_i^w \tag{10.40}$$

$$l_i^{c_y}=(b_i^{c_y}-d_i^{c_y})/d_i^h \tag{10.41}$$

$$l_i^h=\log\left(\frac{l_i^h}{d_i^h}\right) \tag{10.42}$$

$$l_i^w=\log\left(\frac{l_i^w}{d_i^w}\right) \tag{10.43}$$

真实框相对于锚框的编码位置信息 $\hat{g}_j^m$ 为：

$$\hat{g}_j^{c_x}=(g_j^{c_x}-d_i^{c_x})/d_i^w \tag{10.44}$$

$$\hat{g}_j^{c_y}=(g_j^{c_y}-d_i^{c_y})/d_i^h \tag{10.45}$$

$$\hat{g}_j^w=\log\left(\frac{g_j^w}{d_i^w}\right) \tag{10.46}$$

$$\hat{g}_j^h=\log\left(\frac{g_j^h}{d_i^h}\right) \tag{10.47}$$

预测框位置信息和真实框相对于锚框的编码位置信息都由框的中心点横坐标 c_x、纵坐标 c_y、框的宽 w、高 h 所确定。其中，d^{c_x}、d^{c_y}、d^w、d^h 代表锚框中心点的横、纵坐标与锚框的宽、高；b^{c_x}、b^{c_y}、b^w、b^h 代表预测边界框中心点的横、纵坐标与预测边框的宽、高；l^{c_x}、l^{c_y}、l^w、l^h 代表偏移值中心点的横、纵坐标与偏移值的宽、高。

该网络损失函数 $L(x,c,l,g)$ 由 L_{conf} 和 L_{loc} 加权相加得到，即：

$$L(x,c,l,g)=\frac{1}{N}[L_{\text{conf}}(x,c)+\alpha L_{\text{loc}}(x,l,g)] \tag{10.48}$$

10.4.3　面向自动驾驶的目标检测系统

基于图像大数据的目标检测方法可用于自动驾驶等多个领域。本节以自动驾驶场景为例介绍目标检测系统的设计与实现。面向自动驾驶的目标检测系统包括 3 个基本组成模块：视频流解析模块、图像预处理模块和目标检测模块。

1．视频流解析模块

视频流解析模块的主要功能是先获取计算机内置摄像头所摄的视频流，或者获取计算机本地视频，再解析接收到的视频流或者视频，此时还需要按照具体需求设置解析帧率，即每隔多长一段时间截取一帧图像，输出一连串单帧图像，从而完成输入图像的采集。视频流解析模块如图 10.34 所示。

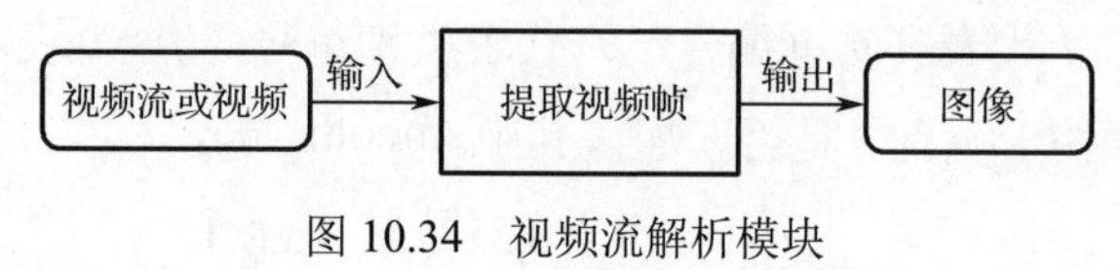

图 10.34　视频流解析模块

2．图像预处理模块

目标检测方法通常都要求所有原始输入图像的尺寸固定、一致，这是由其训练方式决定的。因为在训练时，考虑到训练的效率和梯度方向的选择，输入图像往往是成批的，因此只有将图像缩放为统一的尺寸，才能匹配特征提取网络的设计结构。另外，还需要将这些统一尺寸的图像进行归一化处理，即将 RGB 三通道的值（0～255）压缩为 0～1，这样做是为了让梯度在各个特征方向上的机会均等。输入图像同样要进行这一操作，即将视频流解析模块所采集到的图像交给图像预处理模块，缩放到统一尺寸，再进行归一化处理，得到待检测图像。图像预处理模块如图 10.35 所示。

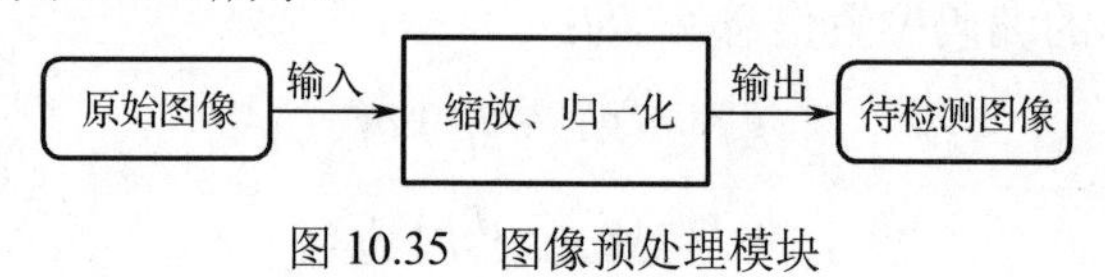

图 10.35　图像预处理模块

3．目标检测模块

目标检测模块是面向自动驾驶的目标检测系统的核心模块，对系统提出的全部要求几乎都由该模块负责实现。目标检测模块主要包括两部分：训练部分和预测部分。训练部分并不出现在系统的可视化界面中，但其作用却是最重要的。训练部分需要准备和预处理训练数据集、添加各种数据增广策略、训练算法并优化其性能，训练部分最终得到的是算法的模型文件。预测部分连接图像预处理模块，首先进行网络初始化，此阶段会需要几秒的时间，以等待训练部分的最终模型文件被加载进内存中；然后通过网络提取图像预处理模块输出的待检测图像的特征，完成对图像中感兴趣目标的分类和定位，将这些信息在该帧图像上标注出来，并在可视化界面中显示出来。整个过程（包括视频流解析、输入图像预处理、识别定位目标）是非常快的，可以摄像头捕捉到的图像很快地显示在可视化界面上。目标检测模块如图 10.36 所示。

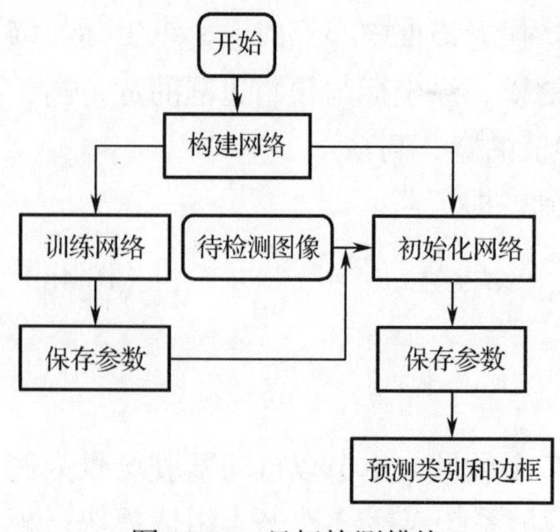

图 10.36　目标检测模块

在训练模型时，每幅图像都按一定的概率随机采用 3 种数据增广方式（水平翻转、随机裁减、缩放）来对数据集进行扩增，使系统对自动驾驶场景下的尺度变化多样的目标更具鲁棒性。值得注意的是，对训练图像进行数据增广时，图中出现目标的真实框坐标也要做出相应的变换。上述 3 种数据增广对比原图的效果如图 10.37 所示。

（a）标注出真实框的示例原图

（b）水平翻转效果图

（c）随机裁减效果图

（d）缩放效果图

图 10.37　3 种数据增广方式与原图的对比效果

面向自动驾驶的目标检测系统的流程如图 10.38 所示。首先，视频流解析模块监听视频流输入，一旦发现计算机本地摄像头获取到视频流，就以 60 帧/秒的帧率截取单帧图像进行图像采集；接着，将单帧图像送入图像预处理模块进行预测之前的必要预处理，其中统一缩放尺寸与训练阶段一致，为800×256，得到待检测图像；最后，将待检测图像输入目标检测模块，提取特征，完成对该帧图像中感兴趣目标的预测。此过程循环往复，直到系统被人为停止为止。

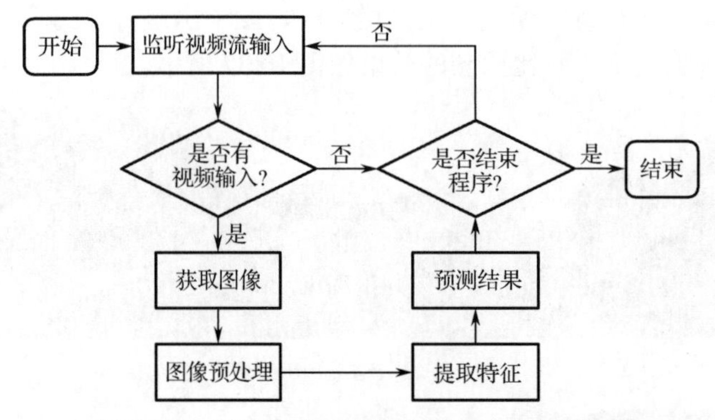

图 10.38　面向自动驾驶的目标检测系统的流程

面向自动驾驶的目标检测系统界面如图 10.39 所示，有摄像头实时检测和上传视频辅助检测两种功能。这两种方式仅仅是视频流来源不同。示例 1 监听内置摄像头输入，示例 2 监听本地上传的视频流。系统可实时地显示对视频中每一帧图像的预测结果：对检测到的目标的定位以边框形式给出，对该目标预测的类别名称和置信度置于预测边框的左上方。

（a）示例1

（b）示例2

图 10.39　面向自动驾驶的目标检测系统界面

10.5　本章小结

本章主要介绍了大数据的典型应用，结合具体的应用场景进一步介绍大数据的关键技术，以及如何在实际场景中发挥作用。本章选择了生物电大数据、轨迹大数据、文本大数据、图像大数据这四种具有典型特色的大数据及其应用进行具体阐述，分析了各自的数据特征，针对各自的数据特点介绍了数据处理的代表性技术，并展示了原型系统的设计与构建。

本章参考文献

[1] 陈丽，詹业宏，熊建文．生物电研究简史[J]．工科物理，1998(04):46-48, 43.

[2] 生物电[EB/OL]．[2021-07-12]．https://baike.baidu.com/item/生物电/652229?fr=aladdin.

[3] 徐浩严．基于深度学习的生理状态分析与检测机制的研究与应用[D]．南京：南京邮电大学，2021.

[4] Panwar S, Joshi S D, Gupta A, et al. Automated Epilepsy Diagnosis Using EEG with Test Set Evaluation[J]. IEEE Transactions on Neural Systems and Rehabilitation Engineering, 2019, 27(6): 1106-1116.

[5] Gutierrez L, Husain M. Design and Development of a Mobile EEG Data Analytics Framework[C]. the 5th International Conference on Big Data Computing Service and Applications (BigDataService), 2019.

[6] 王月荣．睡眠弱信号实时特征提取研究[D]．兰州：兰州大学，2010.

[7] 李颖洁．脑电信号动力学特性分析及其在精神分裂症中的应用研究[D]．上海：上海交通大学，2001.

[8] 张美云，张本恕，王凤楼，等．正常成人脑电信号多尺度分析[J]．临床神经电生理学杂志，2009, 18(2): 72-79.

[9] Min J, Wang P, Hu J. Driver Fatigue Detection through Multiple Entropy Fusion Analysis in an EEG-based System[J]. PLoS one, 2017, 12(12): e0188756.

[10] 叶恒．基于 Android 系统的多生理信号采集与处理系统[D]．南京：南京邮电大学，2016.

[11] Wang H, Dragomir A, Abbasi N I, et al. A Novel Real-Time Driving Fatigue Detection System based on Wireless Dry EEG[J]. Cognitive neurodynamics, 2018, 12(4): 365-376.

[12] 郭元兆．基于脑电的疲劳驾驶检测技术的研究[D]．沈阳：东北大学，2011.

[13] 李珊珊．便携式脑电信号采集系统[D]．哈尔滨：哈尔滨理工大学，2016.

[14] S S Patel, S R Daniels. Beginning With the End in Mind: The Case for Primordial and Primary Cardiovascular Prevention in Youth.[J]. Canadian Journal of Cardiology,2020,36(9): 1344-1351.

[15] 吴联栩．驾驶员疲劳驾驶与侥幸心理对策调整[J]．科学咨询，2021(01):38.

[16] Jindal K, Upadhyay R, Singh H S. Application of Hybrid GLCT-PICA De-Noising Method in Automated EEG Artifact Removal[J]. Biomedical Signal Processing and Control, 2020, 60. DOI:10.1016/j.bspc.2020.101977.

[17] Dodia S, Edla D R, Bablani A, et al. An efficient EEG based Deceit Identification Test Using Wavelet Packet Transform and Linear Discriminant Analysis[J]. Journal of neuroscience methods, 2019, 314: 31-40.

[18] Polat K, Güneş S. Classification of Epileptiform EEG Using a Hybrid System based on Decision Tree Classifier and Fast Fourier Transform[J]. Applied Mathematics and Computation, 2007, 187(2): 1017-1026.

[19] Sharma M, Pachori R B. A Novel Approach to Detect Epileptic Seizures Using a Combination of Tunable-Q Wavelet Transform and Fractal Dimension[J]. Journal of Mechanics in Medicine and Biology, 2017, 17(07). DOI:10.1142/S0219519417400036.

[20] Nicolaou N, Georgiou J. Detection of Epileptic Electroencephalogram based on Permutation Entropy and Support Vector Machines[J]. Expert Systems with Applications, 2012, 39(1): 202-209.

[21] Zheng Y. Trajectory Data Mining: an Overview[J]. ACM Transactions on Intelligent Systems and Technology (TIST), 2015, 6(3): 1-41.

[22] 高强，张凤荔，王瑞锦，等. 轨迹大数据:数据处理关键技术研究综述[J]. 软件学报，2017, 28(4):959-992.

[23] Rumelhart D E, Hinton G E, Williams R J. Learning Internal Representations by Error Propagation[R]. California Univ San Diego La Jolla Inst for Cognitive Science, 1985.

[24] 孔诚恺. 基于轨迹大数据的行程时间预测及隐私保护机制研究[D]. 南京：南京邮电大学，2021.

[25] Chen L, Wu Z, Cao J, et al. Travel Recommendation via Fusing Multi-Auxiliary Information into Matrix Factorization[J]. ACM Transactions on Intelligent Systems and Technology, 2020, 11(2): 1-24.

[26] Dhaware M, Vanwari P. A Tourism and Travel Recommendation System based on User-Location Vector[C]. International Conference on Data Science, Machine Learning and Applications, 2019.

[27] Song Z, Wu K, Shao J. Destination Prediction Using Deep Echo State Network[J]. Neurocomputing, 2020, 406: 343-353.

[28] Zheng B, Weng L, Zhao X, et al. REPOSE: Distributed Top-k Trajectory Similarity Search with Local Reference Point Tries[C]. IEEE International Conference on Data Engineering (ICDE), 2021.

[29] Zheng Y, Wang L, Zhang R, et al. GeoLife: Managing and Understanding Your Past Life over Maps[C]. the 9th International Conference on Mobile Data Management, 2008.

[30] Zheng Y, Chen Y, Xie X, et al. GeoLife2.0: a Location-based Social Networking Service[C]. the 10th International Conference on Mobile Data Management: Systems, Services and Middleware, 2009.

[31] 姚迪，张超，黄建辉，等．时空数据语义理解：技术与应用[J]．软件学报，2018, 29(07):196-223.

[32] Eldawy A, Mokbel M F. The Era of Big Spatial Data: A Survey[J]. Foundations and Trends in Databases, 2016, 6(3-4): 163-273.

[33] Gui Z, Yu H, Tang Y. Locating Traffic Hot Routes from Massive Taxi Tracks in Clusters[J]. Journal of Information Science and Engineering, 2016, 32(1):113-131.

[34] Yuan Y, Van Lint H, Van Wageningen-Kessels F, et al. Network-Wide Traffic State Estimation using Loop Detector and Floating Car Data[J]. Journal of Intelligent Transportation Systems, 2014, 18(1):41-50.

[35] Yuan N J, Zheng Y, Xie X, et al. Discovering Urban Functional Zones using Latent Activity Trajectories[J]. IEEE Transactions on Knowledge and Data Engineering, 2014, 27(3): 712-725.

[36] Li T, Wu J, Dang A, et al. Emission pattern Mining based on Taxi Trajectory Data in Beijing[J]. Journal of cleaner production, 2019, 206: 688-700.

[37] 邱玉华．基于时空轨迹大数据的路线规划机制的研究与系统构建[D]．南京：南京邮电大学，2021.

[38] Dorigo M, Maniezzo V, Colorni A. The Ant System: Optimization by a Colony of Cooperating Agents[J]. IEEE Transactions on Systems, Man, and Cybernetics, 1996, 26(1): 29-41.

[39] Ye Z, Yin Y, Zong X. An Optimization Model for Evacuation based on Cellular Automata and Ant Colony Algorithm[C]. the 7th International Symposium on Computational Intelligence and Design (ISCID), 2014.

[40] Eaton J, Yang S, Gongora M. Ant Colony Optimization for Simulated Dynamic Multi-Objective Railway Junction Rescheduling[J]. IEEE Transactions on Intelligent Transportation Systems, 2017, 18(11): 2980-2992.

[41] Booker L B, Goldberg D E, Holland J H. Classifier Systems and Genetic Algorithms[J]. Artificial Intelligence, 1989, 40(3): 235-282.

[42] Durak M, Durak N, Goodman E D, et al. Optimizing an Agent-based Traffic Evacuation Model using Genetic Algorithms[C]. the Winter Simulation Conference (WSC), 2015.

[43] Gregor M, Miklóšik I, Spalek J. Automatic Tuning of a Fuzzy Meta-Model for Evacuation Speed Estimation[C]. the Cybernetics & Informatics (K&I), 2016.

[44] Kirkpatrick S, Gelatt C D, Vecchi M P. Optimization by Simulated Annealing[J]. Science, 1983, 220(4598): 671-680.

[45] Gao Y, Xue R. An Improved Simulated Annealing and Genetic Algorithm for TSP[C]. the 5th IEEE International Conference on Broadband Network & Multimedia Technology, 2013.

[46] Blagojevic B, Srdjevi B, Srdjevi Z. Heuristic Aggregation of Individual Judgments in AHP Group Decision Making using Simulated Annealing Algorithm[J] Information Sciences, 2016, 330(C): 260-273.

[47] Ferdousi S, Tornatore M, Habib M F, et al. Rapid Data Evacuation for Large-Scale Disasters in Optical Cloud Networks[J]. IEEE/OSA Journal of Optical Communications and Networking, 2015, 7(12): 163-172.

[48] Dorigo M. Optimization, learning and natural algorithms[D]. Milano: Politecnico di Milano, 1992.

[49] Stützle T, Hoos H H. MAX-MIN Ant System[J]. Future Generation Computer Systems, 2000, 16(8): 889-914.

[50] Bullnheimer B, Hartl R F, Strauss C. A New Rank based Version of the Ant System. a Computational Study[C]. Central European Journal for Operations Research and Economics, 1997.

[51] Dorigo M, Gambardella L M. Ant Colony System: a Cooperative Learning Approach to the Traveling Salesman Problem[J]. IEEE Transactions on Evolutionary Computation, 1997, 1(1): 53-66.

[52] 路欣远. 面向智能问答系统的答案选择与自然语言推理模型[D]. 南京：南京邮电大学，2021.

[53] Manaris B. Natural Language Processing: A Human-Computer Interaction Perspective[J]. Advances in Computers, 1998, 47(08):1-66.

[54] Peyrard M. A Simple Theoretical Model of Importance for Summarization[C]. the 57th Annual Meeting of the Association for Computational Linguistics, 2019.

[55] Heilman M, Smith N A. Tree Edit Models for Recognizing Textual Entailments, Paraphrases, and Answers to Questions[C]. the 2010 Annual Conference of the North American Chapter of the Association for Computational Linguistics, 2010.

[56] 刘聪. 问答系统中问题分类与答案选择的研究与应用[D]. 南京：南京邮电大学，2021.

[57] Wang M, Manning C D. Probabilistic Tree-Edit Models with Structured Latent Variables for Textual Entailment and Question Answering[C]. the 23rd International Conference on Computational Linguistics, 2010.

[58] Hinton G E. Learning Distributed Representations of Concepts[C]. the 8th Annual Conference of the Cognitive Science Society, 1986.

[59] Kim Y. Convolutional Neural Networks for Sentence Classification[C]. the 2014 Conference on Empirical Methods in Natural Language Processing, 2014.

[60] 赵家瀚. 面向自动驾驶场景的目标检测算法研究与应用[D]. 南京：南京邮电大学，2021.

[61] Liu W, Anguelov D, Erhan D, et al. SSD: Single Shot MultiBox Detector[C]. European Conference on Computer Vision, 2016.

[62] Uijlings J R R, Sande K E A V D, Gevers T, et al. Selective Search for Object Recognition[J]. International journal of computer vision, 2013, 104(2): 154-171.

[63] Zitnick C L, Piotr Dollár. Edge Boxes: Locating Object Proposals from Edges[C]. European Conference on Computer Vision, 2014.

[64] Girshick R. Fast R-CNN[C]. the IEEE International Conference on Computer Vision, 2015.

[65] Ren S, He K, Girshick R, et al. Faster R-cnn: Towards Real-Time Object Detection with Region Proposal Networks[C]. the Advances in Neural Information Processing Systems, 2015.

[66] Redmon J, Divvala S, Girshick R, et al. You Only Look Once: Unified, Real-Time Object Detection[C]. the IEEE Conference on Computer Vision and Pattern Recognition, 2016.

[67] Redmon J, Farhadi A. YOLO9000: Better, Faster, Stronger[C]. the IEEE conference on Computer Vision and Pattern Recognition, 2017.

[68] Redmon J, Farhadi A. Yolov3: An Incremental Improvement[J]. arXiv e-prints, 2018, arXiv:1804.02767.

[69] Yu F, Koltun V. Multi-Scale Context Aggregation by Dilated Convolutions[J]. arXiv e-prints, 2015, arXiv:1511.07122.

[70] Long J, Shelhamer E, Darrell T. Fully Convolutional Networks for Semantic Segmentation[J]. IEEE Transactions on Pattern Analysis & Machine Intelligence, 2014, 39(4): 640-651.

[71] He K, Zhang X, Ren S, et al. Deep Residual Learning for Image Recognition[C]. the IEEE Conference on Computer Vision and Pattern Recognition, 2016.

[72] Simonyan K, Zisserman A. Very Deep Convolutional Networks for Large-Scale Image Recognition[J]. arXiv e-prints, 2014, arXiv:1409.1556, 2014.

[73] Zhu R, Zhang S, Wang X, et al. ScratchDet: Training Single-Shot Object Detectors from Scratch[C]. the IEEE Conference on Computer Vision and Pattern Recognition, 2019.

第11章 大数据隐私保护

11.1 隐私保护问题分析

11.1.1 数据隐私保护现状

个人隐私（Individual Privacy）是任何可以确认特定个人或者与可确认的个人相关，但个人不愿被暴露的信息，如身份证号、就诊历史、购物记录等。

云计算经过多年的发展已经较为成熟，已成为数据挖掘强有力的支撑，在云计算平台上使用机器学习算法对海量数据进行挖掘分析已经成为发掘知识和规律的常用手段。但这些海量的数据中通常包含了很多个人隐私数据，如果任由个人隐私数据被随意收集和挖掘，则必然会损害个人利益，甚至造成社会秩序的混乱。2020 年 2 月 9 日，中央网络安全和信息化委员会办公室发布《关于做好个人信息保护利用大数据支撑联防联控工作的通知》[1]，要求任何单位和个人不得借疫情防控为由收集个人信息。早在 2018 年 5 月 25 日，欧盟保护用户隐私的法规《通用数据保护条例》[2]（General Data Protection Regulation）便开始实施，许多互联网服务提供商都曾因为违反该法案而付出代价。在数据挖掘的同时保护个人隐私不受威胁，已经成为一个十分重要的问题。

2018 年 3 月，一家名为剑桥分析（Cambridge Analytica）的数据分析公司通过一个心理测试应用程序收集了 5000 万 Facebook 用户的个人信息，包括姓名、性别、年龄、种族、地址等各类资料，这些信息被曝用来干预选民投票意向。同年 4 月，Facebook 官方首次确认，多达 8700 万用户的个人信息可能被剑桥分析不正当分享[3]。在 Facebook 爆发的隐私泄露危机之后，Facebook 的股市一度蒸发 590 亿美元。扎克伯格出席了美国国会听证会，听证会上扎克伯格被问询，Facebook 用户数据是如何被不当分享给政治咨询公司剑桥分析的[3]。同年 9 月，Facebook 再次通告，黑客利用控制的 40 万个账户获得了 3000 万 Facebook 用户的信息，这些黑客可以在不输入密码的情况下，随意登录这些用户的个人主页，任意拿走他们想要的数据[3]。

11.1.2 数据隐私问题来源

随着计算能力、存储能力和网络带宽等硬件条件的不断提高，以及物联网感知设备的广泛部署，能采集到的数据越来越多。数据随之爆炸式增长，并且渗透到了每一个行业中，成为重要的生产资料，使人类社会迈入了大数据时代。

在大数据时代，数据隐私问题的来源可以分为以下三类：

（1）数据被肆意收集。例如，用户就医记录、购物及服务记录、网站搜索记录、手机通话记录、手机位置轨迹记录等，在收集这些信息时，通常未经用户同意，并且很可能被泄露给恶意攻击者。

（2）数据集成融合。数据集成融合将多个异构数据连接在一起，可识别出相应的实体。多个异构数据的集成融合几乎能够推理出个人所有的敏感信息，无形中给个人隐私数据的保护带来了严峻挑战。

（3）大数据分析。数据分析过程中存在频繁模式支持度攻击、分类与聚类攻击、特征攻击等，通过对大数据中的异常点、频繁模式、分类模式及相关性的挖掘可以获取用户行为规律等信息。

11.1.3 数据隐私保护目标

在对数据进行分析和使用的过程中，数据经历了从原始数据转变为有效信息，再从有效信息转变为规律性总结或者其他知识的过程。这个过程要求在保护数据隐私的同时，寻求数据机密性、完整性和可用性之间的平衡。

（1）机密性。确保信息未被泄露，不被非授权的个人、组织和计算机程序使用。数据的机密性通常是通过隐私保护技术来保证的，但是一些隐私保护技术可能会在一定程度上削弱数据的完整性和可用性。因此，数据的机密性、完整性和可用性之间的平衡一直是隐私保护研究的重点。

（2）完整性。完整性要求数据不被未授权方修改或删除，即数据在传输或者存储时应该保持不被蓄意或无意删除、修改或伪造的特性。数据的完整性在一定程度上保证了数据的可用性。

（3）可用性。确保信息可以为授权用户使用，保证信息仍然保持一定的价值，即数据在传输或者存储的过程中对数据进行的加密或扰动的保护行为，不会影响数据在解密或者修正后的真实可用性。

11.2 隐私保护关键技术

11.2.1 隐私保护技术概述

大数据时代的到来，推动了隐私保护技术的发展。基于所采用的技术特点，隐私保护技术可分为匿名技术、加密技术、失真技术以及数据销毁技术[4]。

（1）匿名技术是指在发布数据时将隐私数据中的显式标识符删除，如删除个人的姓名或者身份标识码来达到匿名化的效果。匿名技术主要有 k-匿名（k-Anonymity）、l-多样性和 t-相近性等技术。

（2）加密技术是指利用密码学理论在传输时对数据进行加密或者改造，在接收端可以通过事先约定好的解密方式进行解密恢复数据。加密技术主要有同态加密和安全多方计算等。

（3）失真技术是指在分享数据时对数据进行一定程度上的改动，并且改动后的数据具有不可恢复的特点，从而保护隐私数据。需要特别注意的是，在对数据进行改动时要把数据的可用性当成一项重要的指标来考虑。差分隐私是失真技术的典型代表。

（4）数据销毁技术是指通过一定手段将指定的待删除数据进行有效删除，使其被恢复的可能性足够小，甚至不可被恢复，从而达到保护隐私数据的目的。数据销毁技术主要包括数据的硬销毁和软销毁两种方式。

面向大数据的各类隐私保护技术的优缺点如表 11.1 所示。

表 11.1　面向大数据的各类隐私保护技术优缺点

<table>
<tr><th>方 法 分 类</th><th>代表性技术</th><th>优　　点</th><th>缺　　点</th></tr>
<tr><td rowspan="3">匿名技术</td><td>k-匿名</td><td rowspan="3">可保证数据的真实性，算法简单，模型丰富</td><td rowspan="3">依赖于特定的攻击能力假设，没有严格的理论证明，安全性偏低</td></tr>
<tr><td>l-多样性</td></tr>
<tr><td>t-相近性</td></tr>
<tr><td rowspan="2">加密技术</td><td>同态加密</td><td rowspan="2">安全性高，理论完备</td><td rowspan="2">过程比较烦琐，效率偏低，不适合大规模数据</td></tr>
<tr><td>安全多方计算</td></tr>
<tr><td>失真技术</td><td>差分隐私</td><td>有完整的定义，有可量化的隐私保护水平，数据可用性高</td><td>无法恢复原始数据</td></tr>
<tr><td rowspan="2">数据销毁</td><td>硬销毁</td><td>彻底的销毁数据，安全系数较高</td><td>销毁的是存储介质，会造成资源浪费，甚至环境污染</td></tr>
<tr><td>软销毁</td><td>存储介质可以重复使用，经济有效</td><td>安全系数比硬销毁低</td></tr>
</table>

11.2.2　匿名技术

匿名技术的优点是能够保证数据的真实性，算法简单，模型丰富；但其缺点是依赖于特定的攻击能力假设，而且没有严格的理论证明，安全性偏低。

原始数据表（见表 11.2）中的数据属性可以分为四类：

（1）显式标识符（Explicit Identifier，ID）：能唯一标识个体身份的属性，包括姓名（在不能有重名情况下）、身份证号码等，如表 11.2 中的 Name。

（2）准标识符（Quasi Identifier，QI）：可以与其他数据表链接来标识个体身份的属性集合，如表 11.2 中的 Gander、Age、Zip code。

（3）敏感属性（Sensitive Attributes，SA）：需要保护的包含个体敏感信息的属性，包括疾病、薪水等，如表 11.2 中的 Disease。

（4）非敏感属性（Non-Sensitive Attributes，NSA）：不属于上述三类的其他属性，一般可以直接使用。

表 11.2 原始数据表

Name	Gander	Age	Zip code	Disease
Bob	Male	34	100751	Cancer
Linda	Female	20	100720	Flu
Sam	Male	47	200386	HIV
Jacky	Male	55	178642	Flu
Tom	Male	44	177634	Cancer
Emma	Female	59	200431	Flu
Rose	Female	18	173611	HIV

目前具有代表性的隐私攻击方法是链接攻击（Linkage Attack），又称为背景知识攻击（Background Knowledge Attack）。链接攻击可以将剩余的属性信息与其他来源的数据进行匹配，间接识别出发布的数据记录与个体身份之间的对应关系，从而导致隐私数据泄露。链接攻击的最终目标是特定个体的隐私数据，但是从本质上看是该个体的隐私数据与个人身份标识之间的联系。同质攻击（Homogeneity Attack）利用敏感属性取值缺少多样性造成隐私数据泄露；相似性攻击（Similarity Attack）利用敏感属性值不同，但在语义相近似时造成隐私数据泄露；偏斜攻击（Skewness Attack）利用数据总体分布偏差较大造成隐私数据泄露。

隐私数据保护的目的是隐藏个体身份信息及其敏感属性信息，但在数据发布时，为了保证数据可用性，一般只删除数据表中显式标识符，即进行匿名化，如表 11.3 所示，但依然有可能造成隐私数据泄露。

表 11.3 匿名化后的数据表

Gender	Age	Zip code	Disease
Male	34	100751	Cancer
Female	20	100720	Flu
Male	47	200386	HIV
Male	55	178642	Flu
Male	44	177634	Cancer
Female	59	200431	Flu

将表 11.2 中的 Name 列删除可得到匿名化后的数据表，但匿名化后的数据表中还包含 Gender、Age、Zip code 等属性。如果恶意攻击者将这些属性（即准标识符，QI）链接到公开发布的非匿名化公开的数据表（见表 11.4），则可以准确识别某个个体的显式识别符及其敏感信息，导致隐私数据的泄露。

表 11.4 非匿名化公开的数据表

Name	City	Race	Age	Zip code	Gender	Status
…	…	…	…	…	…	…
Sam	New York	Asian	47	200386	Male	Married
…	…	…	…	…	…	…

例如，某个个体是已婚男性，年龄 47 岁，居住在纽约市的 200386 区。假设该记录的是唯一的，通过链接表 11.3 和表 11.4，很容易推出“Sam，Male，New York，Asian，Married，47，200386，HIV”，可以得知该男性就是 Sam，并且感染了 HIV，个人隐私数据被泄露。

1. k-匿名模型

为了抵御数据发布中的链接攻击，Sweeney 等人提出了 k-匿名模型[5]。k-匿名模型的思想是在数据发布前对数据进行处理，使得发布的数据中每个元组都存在一定数量（至少为 *k* 个）、在准标识属性上取值相同的元组。即使攻击者进行链接攻击也无法唯一标识出各元组所有者的身份，仅能以不超过一定的概率标识元组所属的个体身份。

k-匿名模型涉及以下的两个概念：

（1）k-匿名。给定数据表 $T(A\_1, A\_2, \cdots, A\_n)$，QI 是 *T* 的准标识符，*T*[QI]为 *T* 在 QI 上的投影（元组可重复），当且仅当在 *T*[QI]上出现的每组值至少要在 *T*[QI]上出现 *k* 次，则 *T* 满足 k-匿名。

（2）等价类。设 *T* 为一个 k-匿名表，把 *T* 在准标识符上具有相同值的元组的集合称为匿名表的等价类。

在 k-匿名模型中，*k* 是由用户定义的整型参数，通过调整参数的大小可达到对隐私数据不同程度的保护，*k* 越大，隐私数据保护越强。进行 k-匿名处理后的数据表如表 11.5 所示，准标识符为 Gender、Age、Zip code，*k*=2。表 11.5 中的每个记录至少与另外 1 个记录在准标识符上具有相同的值，这样攻击者对该表的准标识符进行链接攻击时，至少会链接到该表的 2 个记录，不能进一步区分具体个体的敏感信息。

表 11.5　进行 k-匿名处理后的数据表

Group	Gender	Age	Zip code	Disease
1	Male	[20，35]	100***	Cancer
	Male	[20，35]	100***	Flu
2	Female	[46，60]	200***	HIV
	Female	[45，60]	200***	Flu
3	Male	[36，45]	177***	Flu
	Male	[36，45]	177***	Cancer
	Male	[36，45]	177***	HIV

对数据进行处理使其满足 k-匿名，必然会产生一定的信息损失。信息损失可作为匿名化数据质量的一种度量。*k* 的大小与 k-匿名化数据质量的关系是：*k* 越大，信息损失越大，匿名化数据质量也就越低。在使用 k-匿名模型时，应权衡隐私数据保护和数据质量两方面的需求，选取合理的 *k* 值。

2. l-多样性模型

k-匿名模型并非总是安全的，在某些情况下，k-匿名处理后的数据表仍可能受到同质攻击和背景知识攻击。l-多样性模型[6]是一种增强的 k-匿名模型，目的是克服 k-匿名的缺陷。l-多样性模型要求发布的数据表中每个 k-匿名的等价类至少包含 l 个不同的敏感属性值，这样攻击者推断出某一记录的隐私数据的概率将低于 $1/l$。

给定数据表 T 及其等价类 E，若 T 中的任意等价类的不同敏感属性值的个数至少为 l，则称 T 满足 l-多样性。表 11.5 中每个等价类中至少包含 2 个不同的敏感属性，满足 2-多样性。

l-多样性模板主要不足之处有：

（1）l-多样性的要求很难达到。假设有 10000 条的记录，其中 9900 个敏感属性是“是”，有 100 个敏感属性是“否”，为了达到 2-多样性，至少要有 100 个等价类，信息损失很大。

（2）l-多样性不能有效阻止偏斜攻击和相似性攻击。对于敏感属性分布偏差很大的情况，或者敏感属性在语义上相近似的情况，攻击者仍然可以获取相关有用的信息。假设一个等价类中敏感属性为{脂肪肝、酒精肝、乙肝}，该等价类满足 3-多样性，但仍然暴露了个体患有肝脏疾病的隐私数据。

3．t-相近性模型

针对 k-匿名和 l-多样性的不足，李宁辉等提出了 t-相近性模型[7]，对每个匿名组内的敏感属性值的分布进行了限制，要求与原始数据表中的分布相似，两者差值需小于阈值 t。两个分布之间的差值通过推土机距离（Earth Mover’s Distance，EMD）来衡量。

t-相近性模型涉及以下两个概念：

（1）t-相近性。如果敏感属性在一个等价类中的分布和该敏感属性在整个表中的分布不超过阈值 t，则称该等价类是 t-相近性的；如果数据表中所有的等价类都满足 t-相近性原则，则称该数据表满足 t-相近性。

（2）EMD 距离。EMD 距离是衡量两个变量取值分布差异性大小的指标，在 t-相近性模型中用来衡量敏感属性取值分布间的距离大小。

对于两个数值型属性 $P=(p_1, p_2, \cdots, p_m)$和 $Q=(q_1, q_2, \cdots, q_m)$，其 EMD 为：

$$\text{EMQ}(P, Q) = \frac{1}{m-1}\sum_{i=1}^{m}\left|\sum_{j=1}^{i}(p_j - q_j)\right| \tag{11.1}$$

t-相近性仅考虑敏感值的分布情况，与 k-匿名结合才能保护隐私数据，虽然 t-相近性能抵御偏斜攻击和相似性攻击，但仍然存在以下缺陷：

（1）模型缺乏灵活性，不能为不同的敏感属性提供不同程度的保护。

（2）EMD 并不能完全阻止数值敏感属性的攻击。

（3）实现 t-相近性不仅会极大地降低数据可用性，还会导致敏感属性与准标识符的关联被破坏，因为 t-相近性要求所有等价类中敏感属性的分布都保持一致。

目前的匿名技术可以归纳为以下几类：

（1）泛化（Generalization）。泛化是实现匿名模型的经典方法，其基本思想是降低准标识符的精度，增加准标识符上相同元组的个数，从而降低攻击者通过准标识符识别个体的概率。数值型属性一般泛化为区间，如年龄属性{10，15，20，21，30，32}，可泛化成{[10-15], [10-15], [20-25], [20-25], [30-35], [30-35]}。分类型属性一般泛化为更一般的属性，如邮编属性{32001，32002，32003，32001，43700，43701}，可泛化成{3200*，3200*，3200*，3200*，4370*，4370*}。

（2）微聚集（Micro-Aggregation）。微聚集主要用于实现 k-匿名模型，其基本思想是先将数据基于准标识符划分为多个类，每个类中包含 k 个元组，然后以类质心（众数、均值等）取代类内所有元组的准标识符对应的值。划分类时要求类中元组在准标识符上的取值要尽可能相似，这样在进行质心取代时，降低信息的损失。凝聚与微聚集比较类似，其基本思想是先将记录聚成多个组，对每个组提取一些统计信息，如和、协方差等足以保持均值和不同属性的相互关系，然后根据统计特征发布各组数据。

（3）分解（Anatomy）。分解主要用于 l-多样性模型，其基本思想是不修改准标识符或敏感属性，而是将敏感属性分组，并将敏感属性与其他属性分开发布，以此扰乱准标识符与敏感属性之间的关联。

11.2.3 加密技术

加密技术包括同态加密（Homomorphic Encryption）和安全多方计算（Secure Multi-Party Computation，SMPC）等，其优点是安全性高、理论完备，但其加密过程比较烦琐、效率偏低，不适合大规模隐私数据的保护。

1．同态加密

同态加密[8]允许用户直接对密文进行特定的代数运算，得到的结果仍是加密的结果，与对明文进行同样的代数运算再将结果加密的效果相同。

假设 M 是明文空间，C 是密文空间，$\oplus$是同态运算符，E 是加密算法，k 为密钥，则对于任何的 x，$y\in M$，$E_k(x)\oplus E_k(y)=E_k(x\oplus y)$，则该算法满足同态加密。

同态加密运算包括加法同态和乘法同态。

（1）加法同态：运算符$\oplus$为加法时，满足加法同态，$E_k(m_1)\oplus E_k(m_2)=E_k(m_1+m_2)$。

（2）乘法同态：运算符$\oplus$为乘法时，满足乘法同态，$E_k(m_1)\oplus E_k(m_2)=E_k(m_1\times m_2)$。

按照支持密文运算的种类和次数，同态加密可分为部分同态加密（Partial Homomorphic Encryption，PHE）和全同态加密（Fully Homomorphic Encryption，FHE）。

（1）部分同态加密：对于加密算法 E 在明文空间 M 上，只对一种运算成立的称为部分同态加密。

（2）全同态加密：对于加密算法 E 在明文空间 M 上，能够实现所有同态加密运算的称为全同态加密。

经典的同态加密算法有 RSA 算法、Paillier 算法、ElGamal 算法等。

2．安全多方计算

安全多方计算是指在多个参与方之间进行协作计算，每个参与方秘密地输入一个保密数据，最终各个参与方获得期望的计算结果，而无法得知其他参与方的输入数据[9]。

参与方指的是参与协议的各方，参与方可能会输入虚假数据，也可能会猜测其他输入方的数据，甚至会拒绝参与协议。根据参与方的行为可将其分为三类：

（1）诚实参与方。在协议中完全按照规则和步骤来完成协议，不存在提供虚假数据、泄露数据、窃听数据和中止协议的行为。

（2）半诚实参与方。完全按照协议规则和步骤来完成协议，但是会保留收集到的数据来推断出其他参与者的秘密数据。

（3）恶意参与方。完全无视协议要求，可能提供虚假数据、泄露数据、篡改数据，甚至中止协议。

攻击方又称为攻击者，是指企图破坏协议的正确性或者安全性的主体。攻击者有三种攻击模型，如图 11.1 所示。

（1）Corruption 模型。攻击者分为静态攻击者和动态攻击者。静态攻击者只能在协议开始前攻击参与者；动态攻击者可以在协议开始前后随时攻击参与者。

（2）Action 模型。攻击者分为主动攻击者和被动攻击者。被动攻击者又称为窃听者，只能攻击参与者来收集数据；主动攻击者能完全控制信道，可以删除、注入、修改、重放、阻止信道中的数据。

（3）Power 模型。攻击者分为无限计算能力攻击者和多项式计算能力攻击者。

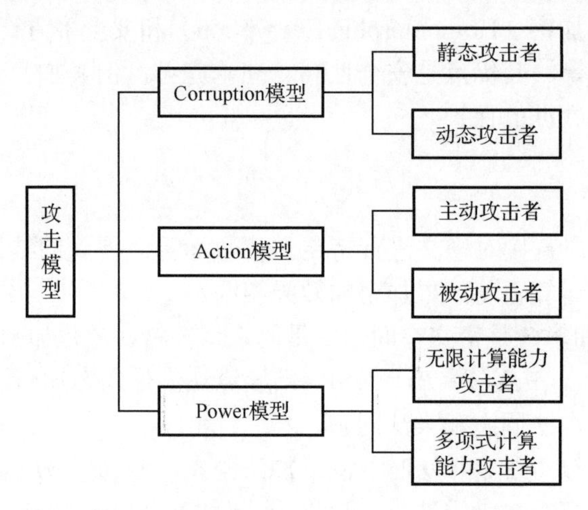

图 11.1　攻击模型

如果安全多方计算的参与方均为半诚实参与方或者诚实参与方，那么这个模型就称为半诚实模型（Semi-Honest Model）；如果参与方中有恶意参与方，则该模型称为恶意模型（Malicious Model）。恶意模型下参与方的行为方式不定，需要更多的手段来保证协议的安全性；半诚实模型下的安全多方计算则相对容易很多。

零知识证明（Zero-Knowledge Proof）[10]是实现安全多方计算的重要密码学理论之一。假设有 P 和 V 两方，P 代表证明方，V 代表验证方。P 可以向 V 证明某个命题的真实性，但又不让 V 知道它证明这个命题所用的关键数据，这样的证明就称为零知识证明。

零知识证明必须满足完备性、可靠性和零知识性。

（1）完备性。证明方 P 在多项式时间内让 V 相信自己掌握了知识。

（2）可靠性。对于任意无效知识，证明方 P 无法在多项式时间内以不可忽略的概率让验证方 V 相信自己掌握了知识。

（3）零知识性。验证方 V 只能获知证明方 P 是否掌握知识，但不知道其他任何有用数据。

安全多方计算已经发展成为隐私数据保护的一个重要工具，应用到了越来越多的实际场景[11]，例如：

（1）电子拍卖。买家希望在保护自己的标价信息前提下，通过安全多方计算获得拍卖结果。

（2）计算几何。多个参与方在进行几何计算时保护隐私数据，使其他参与方无法获得自己的输入数据（如点、线、圆等）。

（3）信息检索。用户向服务器上的数据库提交查询请求，服务器返回查询结果，在此过程中服务器不知道用户查询的具体数据，用户也无法获得其他数据，从而保护用户的隐私数据。

（4）隐私保护数据挖掘。用户有自己的私有数据，希望在联合数据上进行挖掘，但不希望在挖掘过程中泄露自己的私有数据。

11.2.4 失真技术

失真技术一般通过添加噪声扰动数据使敏感数据失真，同时，还能够尽量保持数据的原始统计特性，使得处理之后的数据仍然可以发布并用于数据挖掘。

差分隐私（Differential Privacy）[12]在数据集上的计算处理结果对于具体某个数据记录的变化是不敏感的，单个数据记录在数据集中或者不在数据集中对计算结果的影响微乎其微。攻击者无法通过计算结果来获取准确的个体数据。

例如，当数据集 D 中包含个体 A 时，设对 D 进行任意查询操作 f（如计数、求和、平均值、中位数或其他范围查询等）所得到的结果为 $f(D)$；如果将个体 A 的数据从 D 中删除后进行查询，得到的结果仍然为 $f(D)$，则可以认为个体 A 的数据并没有因为被包含在数据集 D 中而产生额外的风险。

对于两个几乎完全相同的数据集（两者的区别仅在于一条不同的数据记录），分别对这两个数据集进行查询访问，在两个数据集上产生同一结果的概率的比值接近于 1，就表示无论任何个体在不在数据集中，对最终的查询结果几乎没有影响。

给定一个算法 K，如果数据 $D1$ 和 $D2$ 最多相差一条数据记录，Range(K)表示算法 K 的取值范围。若算法 K 满足 ε-差分隐私，则对于所有的 $S\in \mathrm{Range}(K)$，隐私数据被泄露的风险为：

$$\Pr[K(D_1)\in S]\leqslant \exp(\varepsilon)\times \Pr[K(D_2)\in S] \tag{11.2}$$

式中，Pr[ ]表示隐私被泄露的风险概率；实数 ε 是差分隐私保护强度的参数，也称隐私保护预算，ε 的值越小，隐私保护强度越大。

给定查询函数 $f:D\rightarrow R^d$，函数 f 的敏感度定义为：

$$\Delta f = \max_{D_1, D_2} \| f(D_1) - f(D_2) \| \tag{11.3}$$

式中，数据集 D_1 和 D_2 为只相差一条数据记录的相邻数据集；R 表示所映射的实数空间；d 表示函数 f 的查询维度。差分隐私所需添加的噪声大小与查询函数的敏感度有着密切关系。

差分隐私包含序列组合性和并行组合性两个性质：

（1）序列组合性（Sequential Composition）。设有算法 M_1，M_2，…，M_n，其隐私保护预算分别为 ε_1，ε_2，…，ε_n，那么对于同一数据集 D，由这些算法构成的组合算法 $M[M_1(D)$，$M_2(D)$，…，$M_n(D)]$提供 $\sum_{i=1}^{n}\varepsilon_i$ -差分隐私保护。

（2）并行组合性（Parallel Composition）。设有算法 M_1，M_2，…，M_n，其隐私保护预算分别为 ε_1，ε_2，…，ε_n，那么对于不相交数据集 D_1，D_2，…，D_n，由这些算法构成的组合算法 $M[M_1(D)$，$M_2(D)$，…，$M_n(D)]$提供 $\max\varepsilon_i$ -差分隐私保护。

根据应用场景（即数据处理方式），差分隐私模型可分为中心化差分隐私（Centralized Differential Privacy，CDP）和本地化差分隐私（Local Differential Privacy，LDP）两类。

1．中心化差分隐私

中心化差分隐私模型需要一个可信的第三方来收集、存储未处理的用户原始隐私数据，经过隐私处理（如加噪）之后再统一对外发布。中心化差分隐私模型如图 11.2 所示。

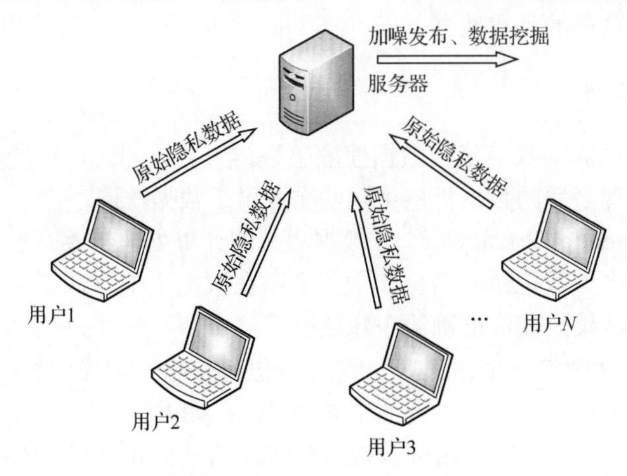

图 11.2　中心化差分隐私模型

（1）拉普拉斯机制（Laplace Mechanism）。给定数据集 D，设有函数 $f:D\rightarrow R_d$，其敏感度为Δf，则随机算法 $M(D)=f(D)+Y$ 提供 ε-差分隐私保护，其中 $Y\sim \text{Lap}(\Delta f/\varepsilon)$为随机噪声，服从尺度参数为 $\Delta f/\varepsilon$ 的拉普拉斯分布。

拉普拉斯机制用于数值型数据。记位置参数为 0、尺度参数为 b 的拉普拉斯分布为 Lap(b)，那么其概率密度函数 $p(x)=\dfrac{1}{2b}\exp\left(-\dfrac{|x|}{b}\right)$。拉普拉斯概率分布如图 11.3 所示，参数 b 越大，拉普拉斯概率分布越平均，对输出的扰动就越大，对隐私数据的保护程度就越高。

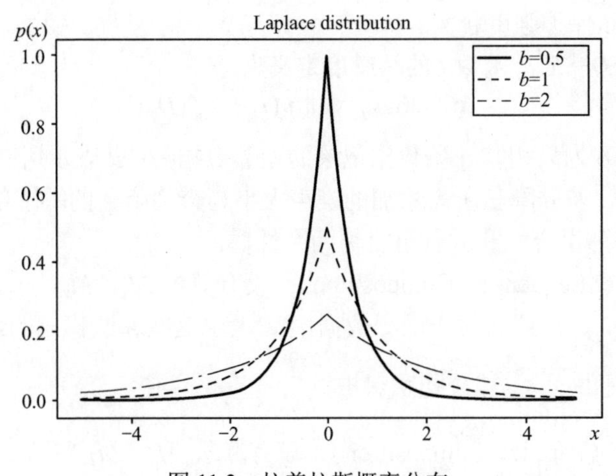

图 11.3　拉普拉斯概率分布

（2）指数机制（Exponential Mechanism）。给定数据集 D，$q(D,r)$为可用性函数，Δq 为函数 $q(D,r)$的敏感度，若算法 M 以正比于 $\exp(\varepsilon q(D,r)/2\Delta q)$ 的概率从值域中选择并输出 r，那么算法 M 提供 ε-差分隐私保护。

以举办一场体育比赛为例[13]，投票从集合｛足球，排球，篮球，网球｝中选择项目，并保证整个决策过程满足 ε-差分隐私保护要求。以得票数量为可用性函数，显然Δq=1。当 ε 较大时，可用性最好的选项输出的概率被放大，反之所有选项概率趋于相等。指数机制加密投票结果如表 11.6 所示。

表 11.6　指数机制加密投票结果

项　目	可　用　性	概　　率		
	Δq =1	ε=0	ε=0.1	ε=1
足球	30	0.25	0.424	0.924
排球	25	0.25	0.330	0.075
篮球	8	0.25	0.141	1.5E-0.5
网球	2	0.25	0.125	7.7E-0.7

2．本地化差分隐私

本地差分隐私不需要依赖可信第三方来集中管理隐私数据，它将数据的隐私处理转移到每个用户的本地，由用户自行对数据加噪，数据收集者只能接触到用户数据的加噪版本。本地化差分隐私模型如图 11.4 所示。

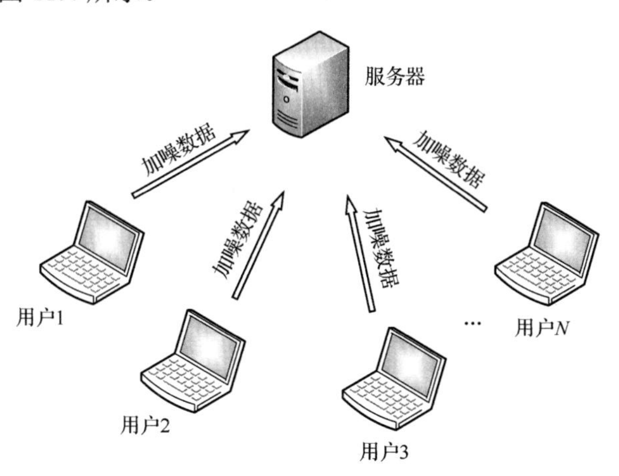

图 11.4　本地化差分隐私模型

本地化差分隐私继承了中心化差分隐私技术对隐私的量化定义，同时不依赖可信第三方，而将数据的隐私化处理过程转移到用户的本地，使得每个用户都可以独立处理和保护个人隐私数据。本地化差分隐私技术已经在实际生活中有了很多成熟的应用。

给定一个隐私算法 M，Range(M)表示算法 M 的取值范围。若算法 M 满足 ε-本地差分隐私，则在任意两条记录 t 和 t'上得到相同的输入结果 t^*满足：

$$\Pr[M(t)=t^*]\leqslant\exp(\varepsilon)\times\Pr[M(t')=t^*] \tag{11.4}$$

本地化差分隐私是针对任意两条数据记录而言的，而中心化差分隐私则是通过两个相邻数据记录来定义的，因此需要可信第三方来预先收集数据。

本地化差分隐私是借助随机响应技术（Randomized Response，RR）[14]来实现的，最早是用来保护敏感话题调查参与者的隐私数据的。假如所有的被调查者不是属于组 A 就是属于组 B，使用随机响应技术就可以在无须直接了解每个人的组别的情况下，估算组 A 的人数所占的比例。

如图 11.5 所示，假设有 n 个用户，其中艾滋病患者的真实比例为 π，为了调查这个比例，向每个用户提问“你是否患艾滋病？”，用户 i 的答案 X_i 为 Y 或 N。出于保护隐私数据考虑，用户不需要直接回答真实情况，只需要借助硬币来回答，正面向上的概率为 1/2，反面向上的概率为 1/2。抛一枚硬币，正面向上就回答真实情况；反面向上就再扔一次。第二次正面朝上就回答 Y，第二反面朝上就回答 N。抛到正面就真实回答，抛到反面就回答相反的答案。数据收集者并不知道抛硬币的情况，只负责收集答案。

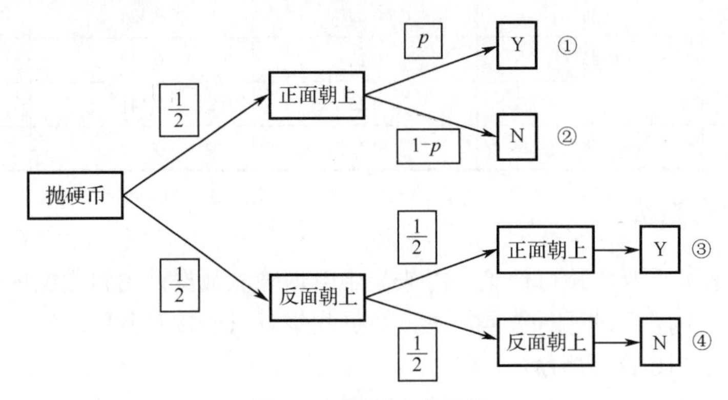

图 11.5　随机响应示例

$$P[\text{answer=Y}]= ①+③=\frac{1}{2}p+\frac{1}{2}\times\frac{1}{2} \tag{11.5}$$

$$P[\text{answer=N}]= ②+④=\frac{1}{2}(1-p)+\frac{1}{2}\times\frac{1}{2} \tag{11.6}$$

我们知道了回答为 Y 的人数就可以推算出真实答案为 Y 的人数概率 p。假设调查总数为 10000 人，收集的答案中有 6000 人回答 Y，4000 人回答 N，则可以推算出 $P[\text{true=Y}]=2\times\frac{6000}{10000}-0.5=0.7=70\%$。

11.2.5　数据销毁技术

数据销毁技术[15]主要分为数据硬销毁和数据软销毁两种。数据硬销毁通常用于保密等级比较高的场合，如国家机密、军事要务等。数据软销毁则通常用于保密等级相对而言不是很高的场合，如一般的企业、个人文件等，存储空间可以重复使用。

数据硬销毁[16]是指采用物理破坏方法、化学破坏方法直接销毁存储介质，从而彻底销毁存储在其中的用户数据。物理破坏方法有焚烧、粉碎等，但是磁盘的碎片仍然可以被恶意用户所利用，而且物理破坏方法需要特定的环境和设备。化学破坏方法是指用特定的化学物来熔炼的方法。然而，不管物理破坏方法还是化学破坏方法，被销毁的存储介质都不能重复使用，造成了一定的浪费，并且有一定的污染，所以没有得到广泛的应用。

数据软销毁即逻辑销毁，是指采用数据覆盖等一系列软件方法进行数据销毁的手段。数据覆写[16]是既经济又有效的数据软销毁方法，基本原理是将无规则、无意义的 0、1 序列写入原数据位，从而使得数据变得无效、没有意义。

在大数据时代下，本地的存储空间往往不能满足数据存储的需求，利用云存储等方式异地托管数据已经十分普遍。因此，当数据达到其生命周期的终点或用户期望其从异地存储系统中完全清除时，如何对数据进行有效销毁，以避免残留数据泄露用户隐私数据，就成为关键。

本节重点介绍云端托管数据的销毁机制。数据销毁应遵循一定的原则、标准，即在何时选择怎样的手段销毁哪一类数据，简称 2W1H 原则，即 Which（选择销毁哪一类）、When（何时销毁）、How（如何销毁）。

（1）Which。

第一大类：过期数据。云存储系统中的过期数据主要包括到达预先设定生命周期的数据、访问频率在一定时间内低于预先设定值的冷门数据、更新失败的数据、冗余副本数据等。

第二大类：遭到恶意攻击的数据。恶意攻击主要包括未授权访问、恶意篡改、服务提供商有意泄露、黑客攻击等。除了数据拥有者自身和授权用户，其他用户均可能成为恶意攻击者。

第三大类：数据残留。节点数据有过多的副本、删除不彻底、待删数据所在的存储节点暂时离线等都会造成云存储系统中的数据残留。残留数据中可能包含用户不希望他人获知的隐私数据，同时还会影响存储空间的有效利用，用户和云存储系统本身都有全面清除残留数据的需求。

（2）When。数据销毁的时间会影响用户数据的安全以及云端空间资源的充分利用。对于那些有预设时间的节点数据，当预设时间到达时即可进行销毁。一旦节点数据发生存储环境异常或者被未授权访问者恶意攻击，就可立即销毁该节点数据，然后将与该节点数据相关的其他节点上的数据块或者副本迁移甚至删除。此外，对于那些没有预设时间的、过期的、信息陈旧的、残留的数据，云端定期进行轮询，发现这类数据立即销毁。

（3）How。对于过期数据、多余副本、残留数据等，能实现主动销毁，这样就不需要额外的人力、技术去干涉执行销毁操作；对于那些有预设值的节点数据销毁，能很好地完成定时销毁；对于被恶意攻击、欺骗等数据，在被攻击、欺骗的萌芽阶段就能实现防御型销毁，这样能够避免用户数据的泄露，从而保证用户数据的安全。

数据自身、副本放置、安全等级等都是多样的，没有统一的标准，授权访问者的需求更是多变的，以及恶意攻击者能力的不确定性，往往使得在某一时刻单一的销毁方式无法完成数据销毁的任务，因此有必要采取复合销毁方式。

销毁模式主要有主动销毁、定时销毁和防御型销毁三种。

1．主动销毁

主动销毁是指不受任何外界因素干预，只根据云存储系统的内在设置对存储的数据进行合理的自销毁。例如，当一个用户数据的副本数大于云存储系统的上限时，就主动销毁最先设置的副本或者销毁所有副本。用户在将数据上传至云端之前先对云服务器进行一定的了解，比如，一般形成几份数据副本、销毁机制等内部设置。一般遇到以下情况时使用主动销毁模式，如表 11.7 所示。

表 11.7　使用主动销毁模式的几种情况

问 题 描 述	解 决 办 法
副本过多	销毁副本数大于副本的上限
过期数据	销毁原数据和所有副本
节点不在线	仅销毁本节点数据

2．定时销毁

定时销毁是指预先设定一个阈值，一旦到达这个阈值就销毁该阈值作用的节点数据，无论节点是否在线。定时销毁可利用云存储系统的限定时间来保护云端的用户数据不被泄露，因此需要一个定时机制，让系统根据用户的需求销毁数据。限定时间可长可短，甚至可以动态变化。

用户可以在上传数据之前设置好生命周期，同时上传用户数据及定时器。定时器的设置完全由用户控制，限定时间可长可短，并且可以不告诉云存储系统，保证只有授权用户可见。当用户想要改变定时器的限定时间时，向存储数据的节点发送指令，让定时模块更新这个时间即可。

3．防御型销毁

防御型销毁是指在用户数据面临潜在危险的情况下或者具有面临潜在危险可能的情况下，对存储在节点上的数据进行销毁。

主动销毁和定时销毁都是基于一个阈值的，具有滞后性。防御型销毁是在数据处于不安全情况下或者具有不安全可能的情况下对存储在节点上的数据进行销毁，具有一定的超前性。云端数据防御型销毁的流程如图 11.6 所示。

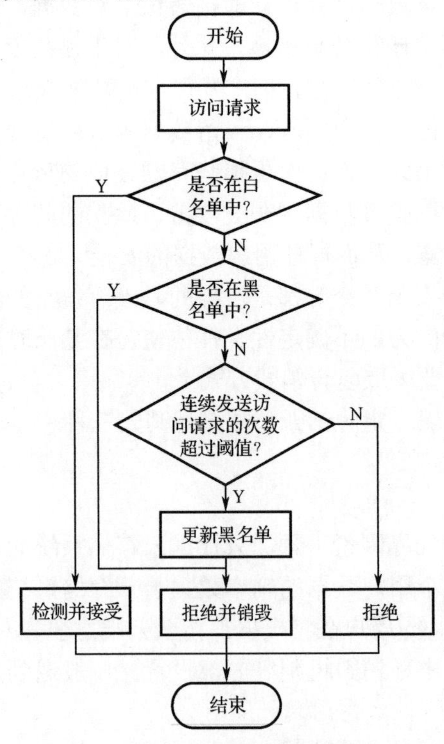

图 11.6　云端数据防御型销毁的流程

用户在上传数据之前自定义白名单（White List，WList）和黑名单（Black List，BList）。当一个 BList 中的访问者发出请求（Access Request，AR）时，则拒绝访问并立即调用销毁指令对该节点数据进行删除。若发现该访问者既不在 WList 中也不在 BList 中，则仅仅是拒绝该次访问，无须对节点数据作任何操作。但如果该访问者在拒绝访问之后仍多次通过类似伪造身份的方式强制访问节点上的数据，当达到设置的访问次数（Visit Times）时，将该访问者写入 BList，并立即销毁该节点上的数据。

11.3 差分隐私保护机制

11.3.1 本地化差分隐私技术

针对差分隐私保护机制，本节重点介绍本地化差分隐私（LDP）技术。目前典型的 LDP 技术有 DP k-Means 算法、RAPPOR 算法、KRR 算法和 S-Hist 算法。本节将对 DP k-Means 算法和 RAPPOR 算法进行详细介绍。[17,18]

1. DP k-Means

在 k-Means 算法中，当计算簇的质心时，需要用到簇内所有点之和除以数目，这会造成隐私数据泄露。基于差分隐私保护的聚类算法旨在确保当数据集的任何一条数据记录被删除时，由于簇中心的变化而没有隐私数据被泄露。DP k-Means 是本地化差分隐私 k-Means 聚类算法（Differential Privacy k-Means Algorithm）。

DP k-Means 算法通过在迭代的过程中对求和及计数的结果加入拉普拉斯噪声来解决以上问题。加入噪声后计算得到的质心相当于实际质心的近似值，这样可以避免隐私数据的泄露，使聚类的过程满足差分隐私保护。DP k-Means 算法的主要步骤包括：

步骤 1：将数据集 $D=\{x_1, x_2, \cdots, x_n\}$ 归一化到 d 维空间 $[0,1]^d$，从中随机选择 k 个点 $u_1, u_2, \cdots, u_k$ 作为初始点，返回 $[0,1]^d$ 空间内加入噪声的初始点 $u'_1, u'_1, \cdots, u'_k$。

步骤 2：将样本点 x_i 划分给距离最近的质心 u'_j，数据集 D 被划分为 k 个簇 $C=\{C_1, C_2, \cdots, C_k\}$。

步骤 3：对于每一个簇 C_j，分别计算其中的样本点的和 sum 以及样本数目的和 num，分别添加拉普拉斯噪声后得到 sum′和 num′，添加的噪声函数为 $\mathrm{Lap}(\Delta f/\varepsilon)$，并计算该簇的新质心 u''_j=sum′/num′。

步骤 4：重复步骤 2 和步骤 3，直到簇的划分不再发生变化或者迭代次数到达上限为止。

2. RAPPOR[19]

Google 提出的随机聚合隐私保护有序响应技术（Randomized Aggregatable Privacy-Preserving Ordinal Response，RAPPOR）是另一种典型的本地化差分隐私技术，用于在 Chrome 浏览器中采集用户行为的统计数据。RAPPOR 可以实现针对客户端群体的类别、频率、直方图和字符串类型统计数据的隐私保护分析。

RAPPOR 是单值频数统计的代表方法，每个用户只发送一个变量取值的情形，数据收集者根据统计得到候选值列表，统计每个候选值的频数并进行发布，主要包括以下环节：

（1）布隆滤波器。当一个元素被加入集合时，布隆滤波器通过 K 个散列函数将这个元素映射成一个位数组中的 K 个点，把它们置为 1。在检索时，只要看看这些点是不是都是 1 就（大约）知道集合中有没有这个元素。如果这些点有任何一个 0，则被检元素一定不在；如果都是 1，则被检元素很可能在。布隆滤波器如图 11.7 所示。

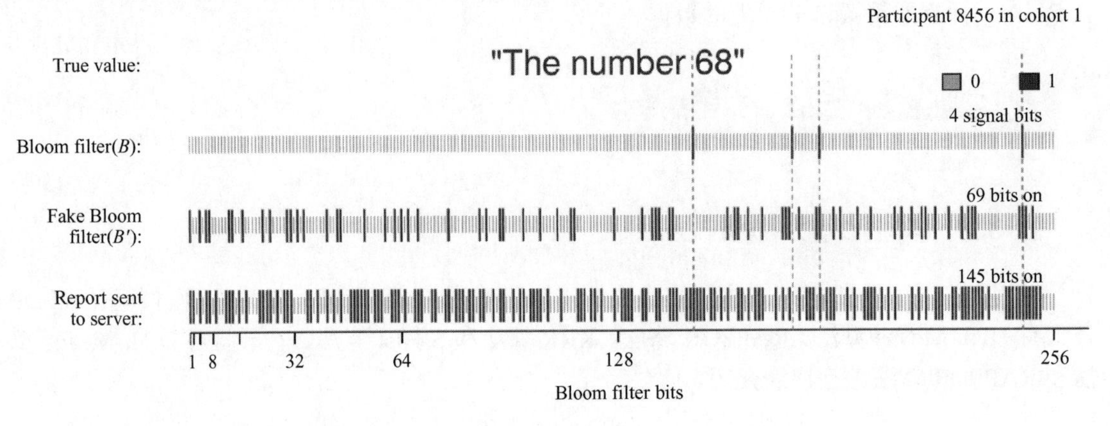

图 11.7　布隆滤波器

（2）编码。使用布隆过滤器将一个数字 v 的编码映射到一个比特串 B。

（3）永久随机响应（Permanent Randomized Response，PRR）。对 B 进行处理，得到 B'，用 B'永远代替 B。处理的方法就是对第一步的比特串 B 的每一位以 f 的概率随机回答，以 $1-f$ 的概率真实回答。

（4）瞬时随机响应（Instantaneous Randomized Response，IRR）。对 B'的每一位进行二次扰动，得到 B'处理之后得到的 S。

（5）发送报告。发送产生的结果 S，收集者统计每一位上的 1 的个数，进行解码，得到每个项的频数。

RAPPOR 工作示意图如图 11.8 所示。

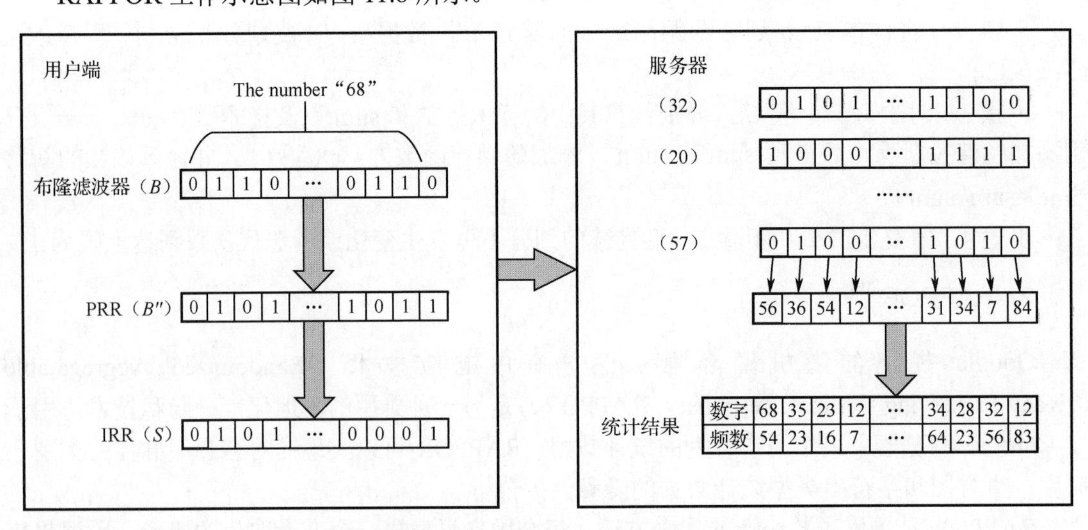

图 11.8　RAPPOR 工作示意图

RAPPOR 主要包含以下三种类型：

（1）One-time RAPPOR：针对单次数据收集，如果只收集一次数据，那么可以直接跳过 IRR 步骤，使用 $x=(y-nf/2)/(1-f)$来解码，y 为收集到 1 的个数，x 为真实的个数。

（2）Basic RAPPOR：输入已经是编码完成的（如独热编码），可以跳过布隆滤波器进行哈希函数处理的步骤。

（3）Basic One-time RAPPOR：这是最简单的 RAPPOR，相当于 One-time 和 Basic 的结合，只有 PRR 这一步骤。不变的概率设为 p，翻转的概率为 $1-p$，使用 $x=[y-n(p-1)]/(2p-1)$ 来解码。

11.3.2　中心化差分隐私保护实践

中心化差分隐私是通过添加噪声实现的，主要实现方式包括拉普拉斯机制和指数机制，其中拉普拉斯机制用于保护数值型数据，而指数机制用于保护分类型数据，这两种机制都受敏感度和隐私预算的制约。本节介绍如何使用拉普拉斯机制实现一个中心化差分隐私保护，先统计出数据集中每个年龄的具体人数，然后对每个年龄的人数进行中心化差分隐私加密，并以直方图的形式展示。

所用到的数据集为 Adult 数据集（来源为：Dua D and Graff C (2019). UCI Machine Learning Repository. Irvine, CA: University of California, School of Information and Computer Science），这是 1994 年美国人口普查数据集。处理后的数据集包含 32561 条数据记录、15 个属性，使用均方误差 MSE=$\sum_{i=1}^{n}\frac{1}{n}(f_v-f)^2$ 来作为隐私保护评价指标。

使用拉普拉斯机制实现中心化差分隐私保护的步骤如图 11.9 所示。

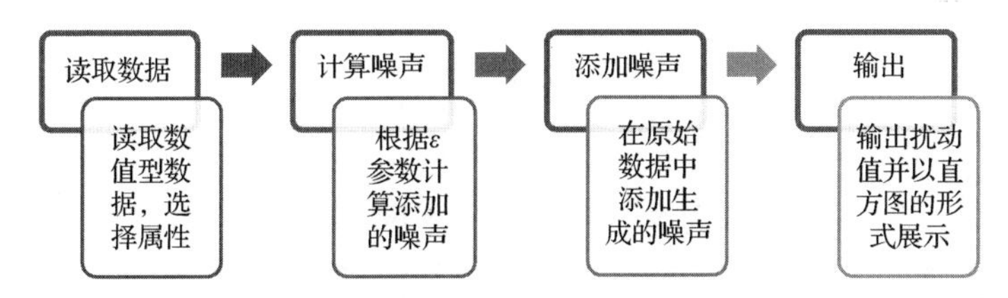

图 11.9　使用拉普拉斯机制实现中心化差分隐私保护的步骤

（1）读取数据：读取数值型数据，选择属性。

```
import pandas as pd
import numpy as np
import matplotlib. pyplot
#读取数据
dataset=pd. read_ csv('D: \Workplace\pyworkplace \SSS\dataset/adult.csv')
```

选择年龄属性，统计各年龄具体人数，如表 11.8 所示。

```
datacount=dataset[' Age' ] .value_ counts( )
print(datacount)
```

表 11.8　各年龄具体人数展示

年龄	36	31	34	23	35	…	83	85	88
具体人数	898	888	886	877	876	…	6	3	3

（2）计算噪声：根据 ε 参数计算添加的噪声。每个年龄的噪声如图 11.10 所示。

```
#设置隐私参数
delta_ f=1
epsilon=0.1
scale=delta_ _f/epsilon
#生成满足 Laplace 分布的噪声
Laplacian_ nosie=np. random. laplace(0,scale,len(datacount))
print(Laplacian_ noise)
```

```
array([-20.59088094,   2.86075886,  -3.5243019 ,  -6.80879935,
         1.81618888,  -4.09628743,   0.35907511,  -7.02809631,
        -2.14783117,  -0.20084304,  27.91159924,   2.09812968,
        20.57060168,  20.60455703,  14.65735023,   9.06486105,
        -4.75771137, -16.45590059, -20.10084162,  -0.10452027,
         3.92822497,   1.94655048,  -2.59618665, -17.86270939,
         8.39750904,   9.05227334,  -9.07794597,   6.00760412,
        -0.28838371,  18.46288883,  -6.58878125,  -5.54205171,
        22.12753307,   1.10895027, -16.66861579, -18.67119282,
        -2.608673  ,   1.09804635,   0.19380718,  10.2187469 ,
        -1.50308442,  -3.77011129,  -5.36915233,  13.72452961,
        18.47361154,   0.64426292, -18.59706781,  -1.45158659,
```

图 11.10　每个年龄的噪声

（3）添加噪声：在原始数据中添加生成的噪声，如表 11.9 所示。

```
noisydata = datacount + Laplacian_noise
```

表 11.9　添加噪声后各年龄的人数

年龄	36	31	34	23	35	…	83	85	88
具体人数	892	880	873	883	879	…	3	2	4

（4）输出：输出扰动值并以直方图的形式展示。直方图展示效果如图 11.11 所示。

```
#绘图，为了方便用黄色（图中为浅灰色）表示原始数据，红色（图中为深灰色）表示噪声
index = list( datacount . index)
laplacenoise = pd. Series(Laplacian_ noise，index=index)
plt. figure(figsize=(20，10))
plt . ylabel("num")
plt .xlabel("Age")
plt. bar(range(len(noisedata))，datacount，label= ' datacount'，fc='y')
plt. bar(range(1en(noisedata))，laplacenoise，bottom=datacount，label='noise'，tick_ _labe1=index，fc='r')
plt . legend()
plt. show( )
```

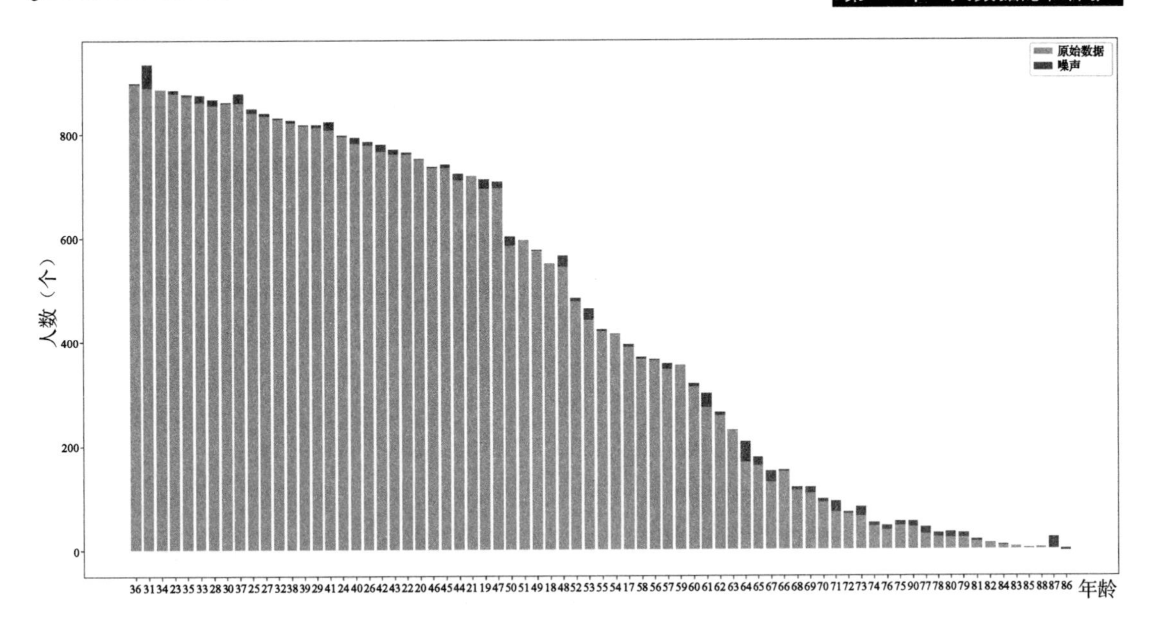

图 11.11　直方图展示效果

（5）计算评价指标。

```
mse = ((datacount -noisedata)**2).mean(axis=0)
print(mse)
```

最终得出的 MSE 为 23.0079。

11.4　轨迹大数据的隐私保护

11.4.1　基于差分隐私的轨迹大数据泛化机制

轨迹大数据的利用在为用户提供各种便利的同时，也对用户的隐私数据构成了相当大的潜在威胁[20]。轨迹大数据中通常包含了用户的行为特征、个人爱好、健康状况和社会关系等隐私数据，肆意地发布和使用轨迹大数据存在极大的隐私数据泄露风险。数据科学家 Tocher 仅仅凭借公开数据和新闻上知名人士搭乘出租车的照片，就识别出了其行程的起/终点甚至是费用。研究显示，仅轨迹大数据中的 4 个点就足以唯一识别大型数据集中 95%的个体。因此，任何不经处理的轨迹大数据发布都有可能给用户带来潜在的隐私数据泄露风险。因此重视隐私数据保护的用户和公司都不愿提供和发布轨迹大数据，这大大限制了研究者研究轨迹大数据以便造福公众的能力。

基于差分隐私的轨迹大数据集泛化机制以生成的泛化轨迹代替原轨迹进行发布[21]，在泛化算法中以每个时间戳为单位，对在该时间戳上的轨迹坐标进行泛化，通过指数机制选择概率最大的泛化方案生成新的泛化轨迹，统计泛化轨迹中包含真实轨迹的计数，为了补齐发布数据集轨迹数量会随机生成一批泛化轨迹。

对于轨迹数据集 T 在同一个时间戳 t_i 上的所有坐标组成的集合 $T(t_i)$，将其划分为 g 个簇。

显然，g 越大，每个簇合并在一起的坐标越少，轨迹精度损失就越低，发布机制的可用性也就越高。对 $T(t_i)$ 进行划分的泛化方案记为 p，而将使用 k-Means 聚类算法、基于欧氏距离对 $T(t_i)$ 进行划分的方案记为 $\tilde{p}$。用 s 表示 $T(t_i)$ 的大小，$s=|T(t_i)|$。用 τ 表示所有可能的候选泛化方案集合大小，$\tau=g^s$。显然，当 s 特别大时，数据集中包含的轨迹大数据记录特别多，此时候选泛化方案将变得过大，而难以比较每一个方案。

对于 τ 中每一个可能的泛化方案 p 定义一个效用函数 $u:D\times\tau\rightarrow R$：

$$u(D,p)=\frac{\text{MeanDist}(\tilde{p})}{\text{MeanDist}(p)} \tag{11.7}$$

式中，

$$\text{MeanDist}(p)=\frac{1}{g\,|D_{\text{LS}_p^k}|}\sum_{k=1}^{g}\sum_{T_i\in D_{\text{LS}_p^k}}\text{Distance}(T_i,\tilde{T}_i) \tag{11.8}$$

式中，LS_p^k 是在泛化方案 p 中被划分到簇 k 的轨迹坐标集合；$D_{\text{LS}_p^k}$ 是经过这些轨迹坐标的轨迹集合；T_i 是 $D_{\text{LS}_p^k}$ 中的第 i 条轨迹；$\tilde{T}_i$ 是 $D_{\text{LS}_p^k}$ 中的平均轨迹。

对于 τ 中每一个可能的泛化方案 p，$\text{MeanDist}(p)$ 要大于 $\text{MeanDist}(\tilde{p})$。使用 k-Means 聚类算法的方案能够取得最大的效用函数值，该效用函数的灵敏度 Δu 为 1。

使用指数机制按照效用函数计算采用每一个泛化方案的概率，泛化方案 p 被选中的概率正比于 $\exp\left[\frac{a_1}{2\Delta u}u(D,p)\right]$，计算公式为 $\frac{\exp\left[\frac{a_1}{2\Delta u}u(D,p)\right]}{\sum_{p\in\tau}\exp\left[\frac{a_1}{2\Delta u}u(D,p)\right]}$。故泛化方案选择使用 k-Means 聚类算法将基于欧氏距离将 $T(t_i)$ 划分为 g 个簇，并使用簇心来替代原点生成新的泛化轨迹。基于差分隐私的轨迹大数据泛化流程如图 11.12 所示。

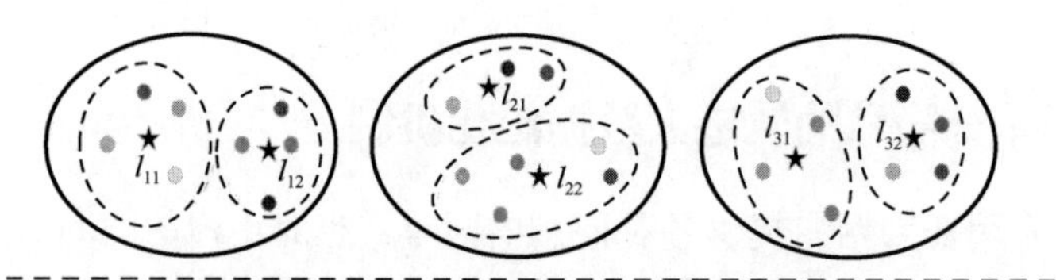

泛化轨迹	真实的Tr	正确个数	噪声数值
$l_{11}\rightarrow l_{21}\rightarrow l_{31}$	null	0	0.243
$l_{11}\rightarrow l_{21}\rightarrow l_{32}$	T_1, T_5	2	3.735
$l_{11}\rightarrow l_{22}\rightarrow l_{31}$	T_3, T_4	2	1.297
$l_{11}\rightarrow l_{22}\rightarrow l_{32}$	null	0	1.303
$l_{12}\rightarrow l_{21}\rightarrow l_{31}$	null	0	0.107
$l_{12}\rightarrow l_{21}\rightarrow l_{32}$	T_8	1	1.541
$l_{12}\rightarrow l_{22}\rightarrow l_{31}$	T_2, T_6	2	2.386
$l_{12}\rightarrow l_{22}\rightarrow l_{32}$	T_7	1	0.762

图 11.12　基于差分隐私的轨迹大数据泛化流程

11.4.2　轨迹大数据应用管理系统及隐私数据保护模块

任何不经处理的轨迹大数据发布都可能会给用户带来灾难性的后果，这对强有力保护隐私的轨迹大数据发布方案提出了迫切的需求。本节结合轨迹大数据的应用和隐私数据保护的研究设计了轨迹大数据应用管理系统。

本节重点介绍轨迹大数据应用管理系统中隐私数据保护模块的实现[21]。用户通过轨迹大数据应用管理系统可以得到轨迹数据集的一些详细信息，并且能够获得基于轨迹数据集的相关服务。可视化技术是了解轨迹的最直观、效率最高的方式，并有可能从与轨迹大数据的交互中识别新的趋势。管理员需要在后台对轨迹大数据应用管理系统有一个较为全面的掌控，能够了解系统各项功能被用户使用的次数，以及能够控制系统内发布数据集的隐私数据保护程度。

因此，根据上述的要求，从系统的需求分析出发，可以知道轨迹大数据应用管理系统应该至少实现下述功能：

（1）提供泛化轨迹数据、数据的发布展示和详情查询等功能。

（2）提供直观的泛化轨迹可视化。

（3）提供高精度的行程时间预测功能。

（4）允许管理员通过设定隐私预算来更改数据集中泛化轨迹。

（5）向用户提供泛化轨迹数据的查询功能。

轨迹大数据应用管理系统架构如图 11.13 所示。

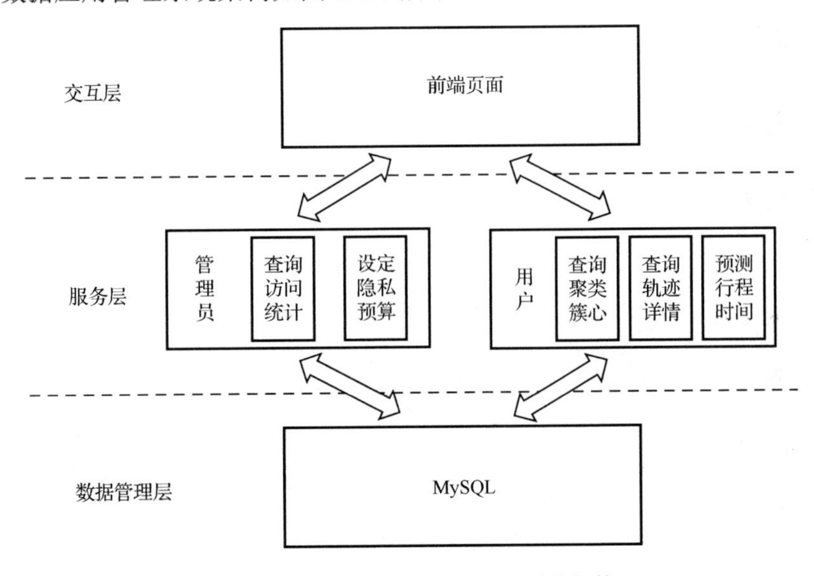

图 11.13 轨迹大数据应用管理系统架构

轨迹大数据应用管理系统共分为三个层次，从上到下依次是交互层、服务层、数据管理层。

（1）交互层是基于 Web 前端框架 Vue 实现的，为管理员模块和用户模块提供数据动态呈现和可互动的界面。

（2）服务层是轨迹大数据应用管理系统的核心组成部分，主要用于从数据库中提取数据，管理员可以在服务层进行查询访问统计和设定隐私预算，用户可在服务层查询聚类簇心、查询轨迹详情和预测行程时间。服务层的核心算法与数据库的相关操作被写成了脚本，通过 Flask 框架设计了 API，可供交互层调用。

（3）数据管理层是轨迹大数据应用管理系统的基础，用于存储泛化轨迹数据和页面访问等相关信息。例如，采用关系数据库 MySQL 实现数据的存储。

图 11.14（a）所示为泛化轨迹数据发布界面，泛化轨迹数据中的 P 表示时间戳，T 表示轨迹的编号，L 表示在 P 时间戳上泛化轨迹 T 由哪个簇心代替。可以在“查询”按钮左侧的两个下拉菜单中选择用户想要查询的簇心，查询返回结果如图 11.14（b）所示。此外，当用户想要对一整条泛化轨迹的详细情况进行查询时，直接单击表格中对应的行即可，弹窗将会返回一整条泛化轨迹的详细情况（包括每个时间戳的坐标），并直观地将轨迹展示在地图上。

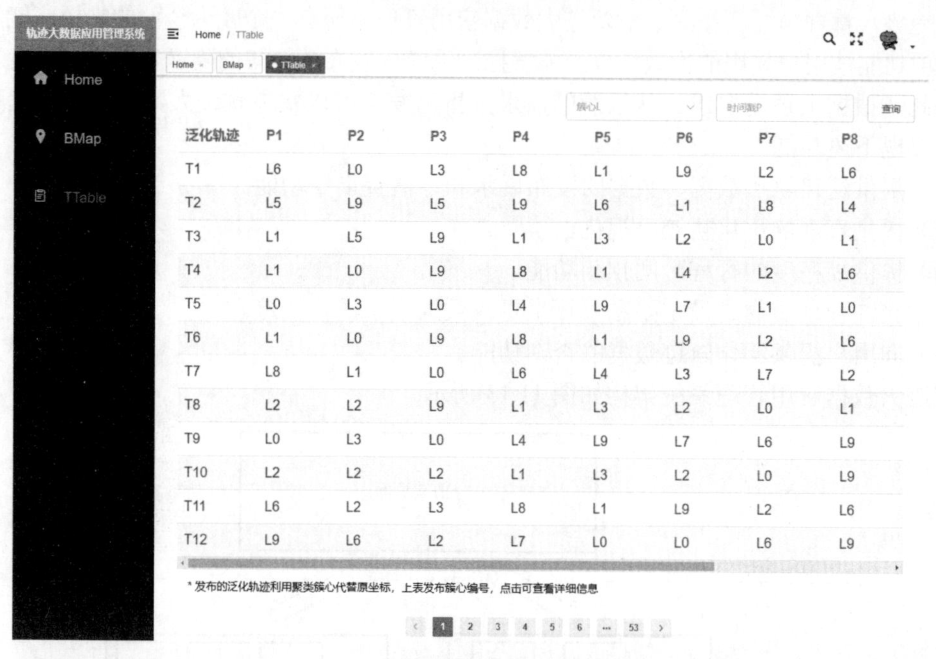

泛化轨迹	P1	P2	P3	P4	P5	P6	P7	P8
T1	L6	L0	L3	L8	L1	L9	L2	L6
T2	L5	L9	L5	L9	L6	L1	L8	L4
T3	L1	L5	L9	L1	L3	L2	L0	L1
T4	L1	L0	L9	L8	L1	L4	L2	L6
T5	L0	L3	L0	L4	L9	L7	L1	L0
T6	L1	L0	L9	L8	L1	L9	L2	L6
T7	L8	L1	L0	L6	L4	L3	L7	L2
T8	L2	L2	L9	L1	L3	L2	L0	L1
T9	L0	L3	L0	L4	L9	L7	L6	L9
T10	L2	L2	L2	L1	L3	L2	L0	L9
T11	L6	L2	L3	L8	L1	L9	L2	L6
T12	L9	L6	L2	L7	L0	L0	L6	L9

（a）泛化轨迹数据发布界面

（b）簇心查询返回结果

图 11.14　泛化轨迹数据发布界面及簇心查询返回结果

图 11.15 所示为设定隐私预算界面，图 11.15（a）和图 11.15（b）分别将隐私预算设定为 0.1 和 0.5。管理员可以通过更改隐私预算来生成新的泛化轨迹数据，从而改变隐私数据的保护程度。后台会根据不同的隐私预算生成新的泛化轨迹，并替换数据库中的原数据。设定隐私预算界面显示的是不同隐私预算的噪声分布图，当隐私预算不同时，界面上的噪声分布图会相应地发生变化。

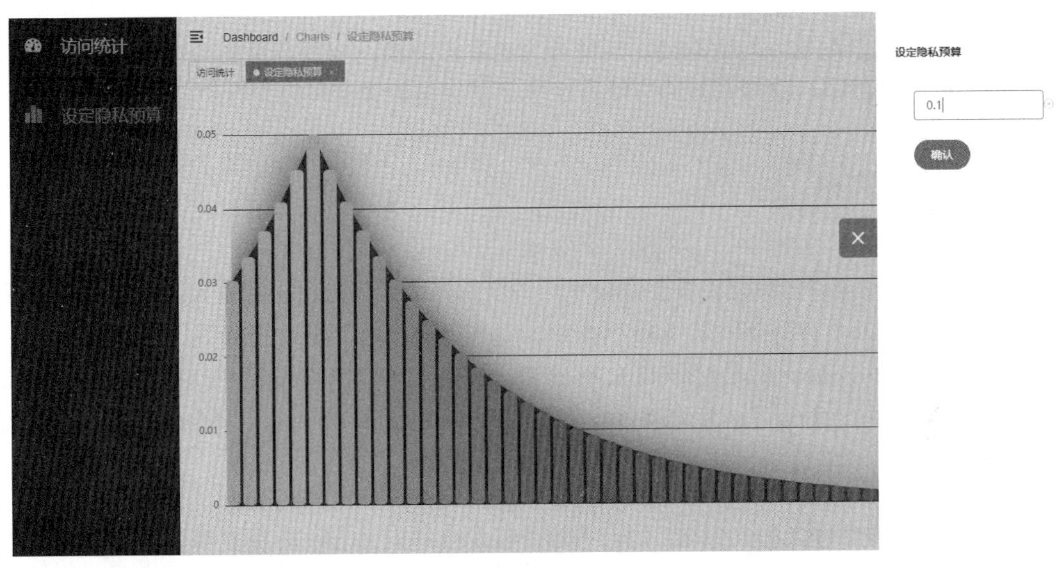

（a）设定隐私预算为 0.1

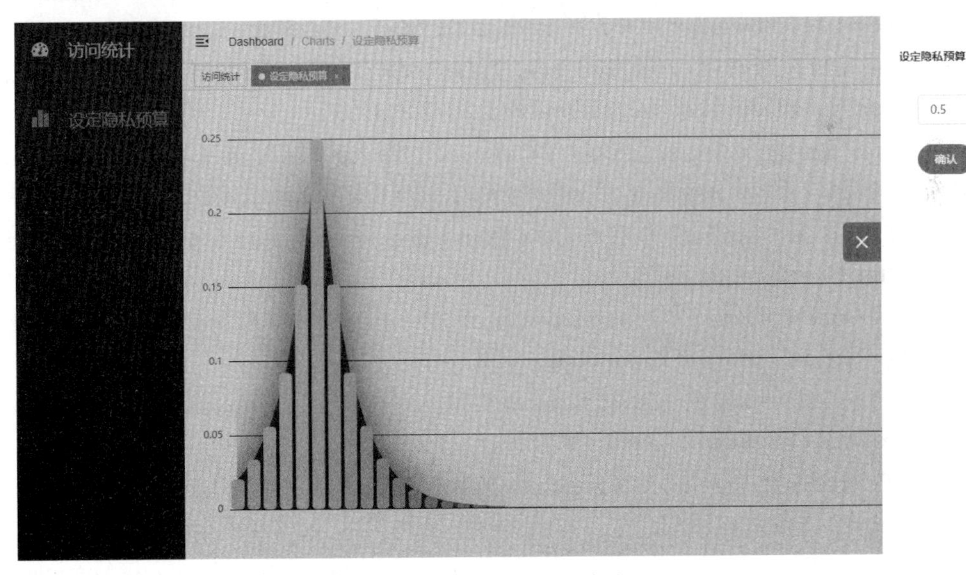

（b）设定隐私预算为 0.5

图 11.15　设定隐私预算界面

11.5 本章小结

本章主要介绍大数据隐私的概念，首先介绍了几种隐私数据的保护方法，接着介绍了数据的销毁机制。大数据的隐私保护需要根据具体应用场景具体分析。在大数据隐私保护中，数据保护的方法固然重要，但数据使用后的处理也不可忽视，所以数据销毁也构成为大数据隐私保护中的重要环节，数据销毁的方法有很多，感兴趣的读者可以自行查阅。

本章参考文献

[1] 中央网络安全和信息化委员会办公室．关于做好个人信息保护利用大数据支撑联防联控工作的通知[EB/OL].[2021-07-12]. http://www.cac.gov.cn/2020-02/09/c_1582791585580220.htm.

[2] Campanile L, Iacono M, Marulli F, et al. Designing a GDPR Compliant Blockchain-based IoV Distributed Information Tracking System[J]. Information Processing & Management, 2021, 58(2): 1-23.

[3] 剑桥分析丑闻[EB/OL]．[2021-07-12]．https://baike.baidu.com/item/剑桥分析丑闻.

[4] 信息销毁[EB/OL]．[2021-07-12]．https://baike.baidu.com/item/信息销毁.

[5] Sweeney L. K-Anonymity: A Model for Protecting Privacy[J]. International Journal of Uncertainty, Fuzziness and Knowledge-based Systems, 2002, 10(5): 557-570.

[6] Machanavajjhala A, Kifer D, Gehrke J, et al. L-Diversity: Privacy beyond K-Anonymity[J]. ACM Transactions on Knowledge Discovery from Data, 2007, 1(1): 3.

[7] Li N, Li T, Venkatasubramanian S. T-Closeness: Privacy beyond K-Anonymity and L-Diversity[C]. the IEEE 23rd International Conference on Data Engineering (ICDE), 2007.

[8] Ronald R, Len A, Michael D. On Data Banks and Privacy Homomorphisms[C]. the Foundations of Secure Computation, 1978.

[9] David C, Claude C, Ivan D. Multiparty Unconditionally Secure Protocols[C]. the 20th annual ACM Symposium on Theory of Computing, 1988.

[10] Fortnow L, Goldwasser S, Micali S, et al. The Knowledge Complexity of Interactive Proof Systems[J]. Journal of Symbolic Logic, 1991, 56(3):1092.

[11] Yao A. Protocols for Secure Computations[C]. the 23rd Annual IEEE Symposium on Foundations of Computer Science, 1982.

[12] Dwork C. Differential Privacy[C]. the 33rd International Colloquium on Automata, Languages and Programming (ICALP), 2006.

[13] 熊平，朱天清，王晓峰. 差分隐私保护及其应用[J]. 计算机学报，2014, 37(1):101-122.

[14] Warner.S.L. Randomised Response: a Survey Technique for Eliminating Evasive Answer Bias[J]. Journal of the American Statistical Association, 1965, 60 (309): 63-69.

[15] Qin J, Zhang Y P, Zong P. Research on Data Destruction Mechanism with Security Level in HDFS[C]. the 3rd International Conference on Materials and Products Manufacturing Technology, 2014.

[16] 龚培培．云端融合计算环境中的数据销毁机制[D]．南京：南京邮电大学，2015.

[17] Blum A, Dwork C, Mcsherry F, et al. Practical Privacy: the SuLQ Framework[C]. the 24th ACM SIGMOD-SIGACT-SIGART Symposium on Principles of Database Systems, 2005.

[18] 范泽轩．面向云边融合计算的差分隐私保护机制研究与系统构建[D]．南京：南京邮电大学，2021.

[19] Erlingsson Ú, Vasyl P, Aleksandra K. Rappor: Randomized Aggregatable Privacy-Preserving Ordinal Response[C]. the 2014 ACM SIGSAC Conference on Computer and Communications Security, 2014.

[20] De Montjoye Y A, Hidalgo C A, Verleysen M, et al. Unique in the Crowd: the Privacy Bounds of Human Mobility[J]. Scientific Reports, 2013, 3(1): 1-5.

[21] 孔诚恺．基于轨迹大数据的行程时间预测及隐私保护机制研究[D]．南京：南京邮电大学，2021.

第 3 篇

平　台　篇

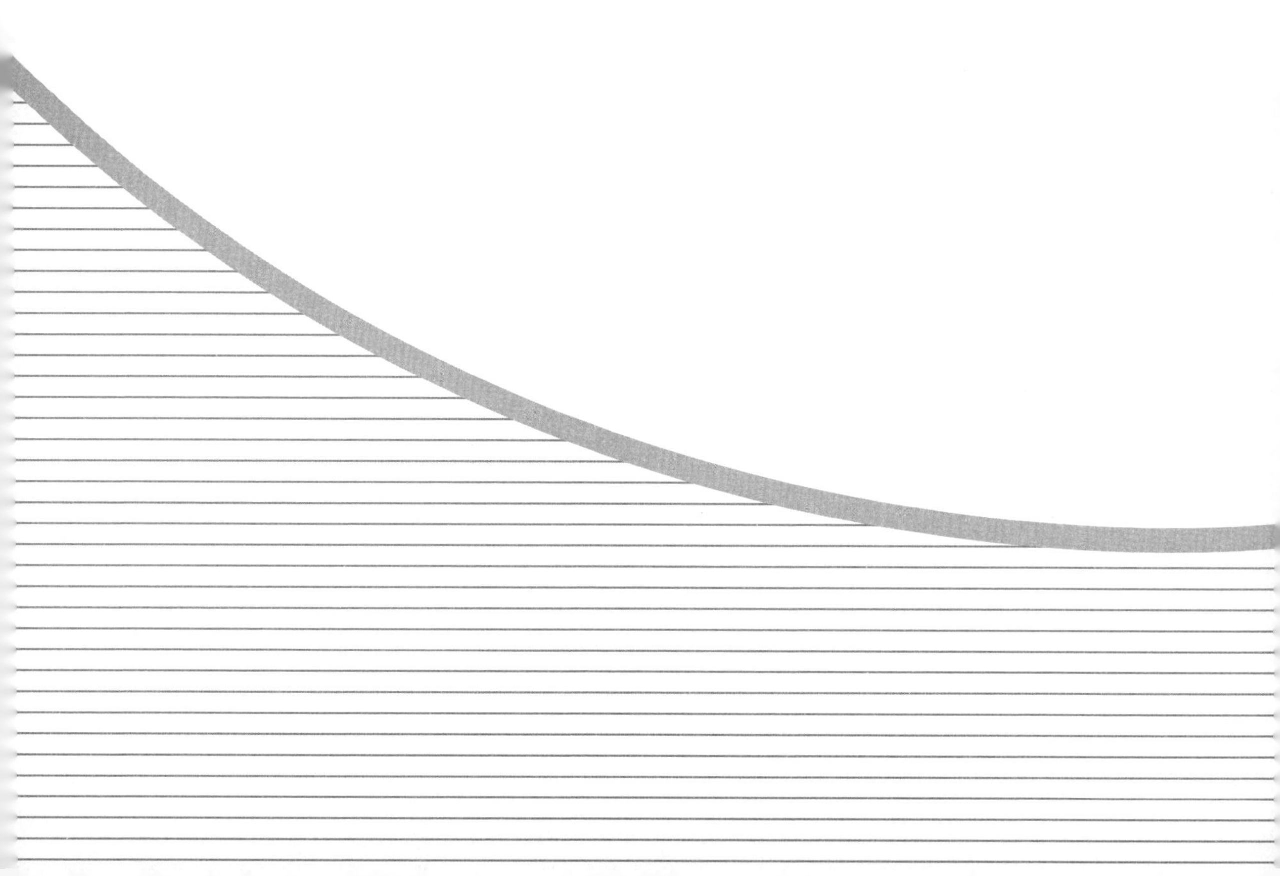

第12章 商用云计算平台

12.1 Amazon云计算平台

12.1.1 系统简介

Amazon 凭借其在电子商务领域长期建设的大规模 IT 基础设施和积淀的先进计算技术，很早就进入了云计算领域，并在云计算、云存储等方面处于领先地位，拥有庞大的用户群体。

Amazon 的云计算平台 AWS（Amazon Web Services）[1]为企业、个人提供了托管式的服务，使得开发者能够在云计算平台上快速构建和发布自己的网络应用，用户可以通过远程的操作界面接入使用。AWS 云计算平台架构如图 12.1 所示，Amazon 不断进行技术创新，提升了云计算平台的性能，拓展了云计算平台的组件，推出了一系列新颖、实用的云计算服务。

目前 Amazon 的云计算平台的组件主要包括 Amazon 弹性计算云（Elastic Compute Cloud，EC2）、分布式文件系统 Dynamo、简单存储服务（Simple Storage Service，S3）、简单数据库服务 SimpleDB、简单队列服务（Simple Queue Service，SQS）、分布式计算服务 MapReduce、内容推送服务 CloudFront、电子商务服务 DevPay 和灵活支付服务（Flexible Payment Service，FPS）等[1]。这些组件涉及云计算的方方面面，用户可以根据自己的需要选取一个或多个组件，并按需获取资源支持。本节主要介绍 AWS 云计算平台中具有代表性特色的分布式文件系统 Dynamo 和弹性计算云（EC2），并剖析这些组件涉及的重要技术、服务的基本架构和核心思想。

12.1.2 分布式文件系统 Dynamo

Dynamo[2]是以 key-value 形式存储数据的 NoSQL 类型的分布式文件系统，具有良好的可扩展性、灵活性、可用性和可靠性。Dynamo 已经成为 Amazon 云计算平台的基础组件之一。

一个面向实际应用的云存储系统除了需要实现数据持久化，还需要考虑负载均衡分布、冲突和故障检测、故障恢复、副本同步、过载处理、并发和工作调度等问题。Dynamo 解决的主要问题及相关技术如表 12.1 所示。

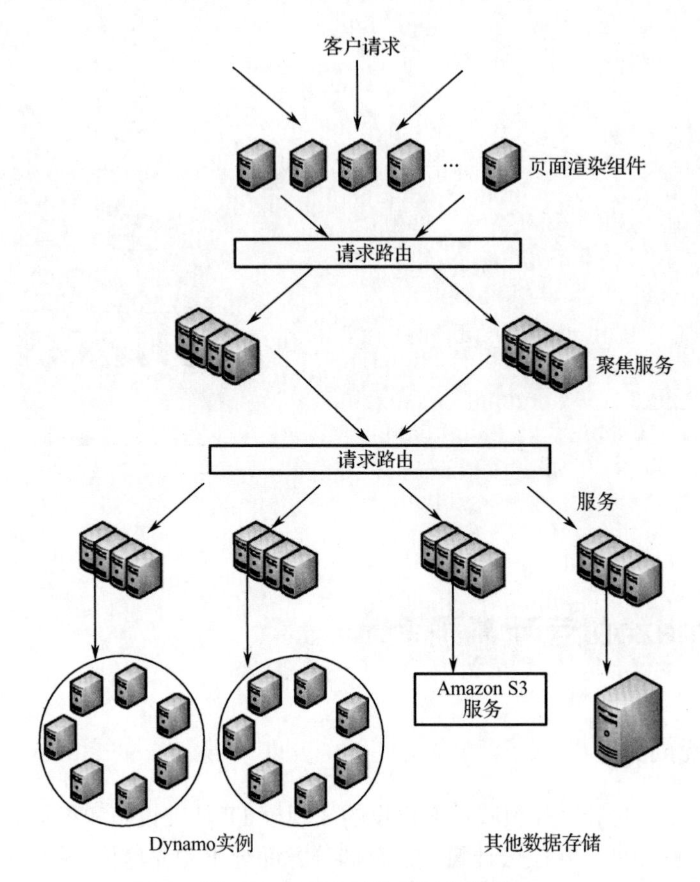

图 12.1　AWS 云计算平台架构

表 12.1　Dynamo 解决的主要问题及相关技术

问　　题	采取的相关技术
负载均衡分布	改进的一致性 Hash 算法
数据冲突处理	向量时钟（Vector Clock）
临时故障处理	采用 HintedHandoff（数据回传机制），可调的弱 Quorum 机制
永久故障后的恢复	Merkle 哈希树
成员资格以及错误检测	基于 Gossip 的成员资格协议和错误检测

1．负载均衡分布

Dynamo 的重点设计目标之一是实现负载均衡分布，以满足可扩展性要求。这就要将负载动态分布到云存储系统中的各个节点上。Dynamo 使用改进后的一致性 Hash 算法解决了这个问题。

一致性 Hash 算法（Consistent Hash）是目前主流的分布式 Hash 表（Distributed Hash Table，DHT）协议之一，该算法通过改进简单的 Hash 算法来解决网络热点问题，使得 DHT 可以应用于去中心化的环境中。

Dynamo 在一致性 Hash 算法的基础上根据自己的业务需求做出如下改进：每个节点被分

配到环上的多点，而不是映射到环上的一个单点。Dynamo 使用了虚拟节点的概念，系统中一个虚拟节点看起来像单个节点，但每个节点可对多个虚拟节点负责。当一个新的节点添加到系统中时，它将被分配到环上的多点。

如果一个节点由于故障或日常维护而不可用，则该节点的负载将被均匀地分布到剩余的可用节点。当一个节点再次可用，或一个新的节点添加到系统中时，新的可用节点接收来自其他可用的、与每个节点大致相当的负载。一个节点负责的虚拟节点的数目可以根据其处理能力来决定。

2．数据冲突处理

Dynamo 允许数据的更新操作异步传递到各个副本，但这种异步更新方式会导致一些问题，如在更新操作传递到所有副本之前执行读操作可能会得到一个过时版本的数据。

Dynamo 为了解决数据冲突问题，采用了最终一致性模型（Eventual Consistensy）。由于最终一致性模型不保证过程中数据的一致性，在某些情况下不同的数据副本可能会出现不同的版本，数据副本可能会以不同的顺序得到更新结果，而不同顺序的更新很可能会造成数据的不一致。为此，Dynamo 利用向量时钟推断各个更新的实际发生次序。向量时钟原理图如图 12.2 所示。

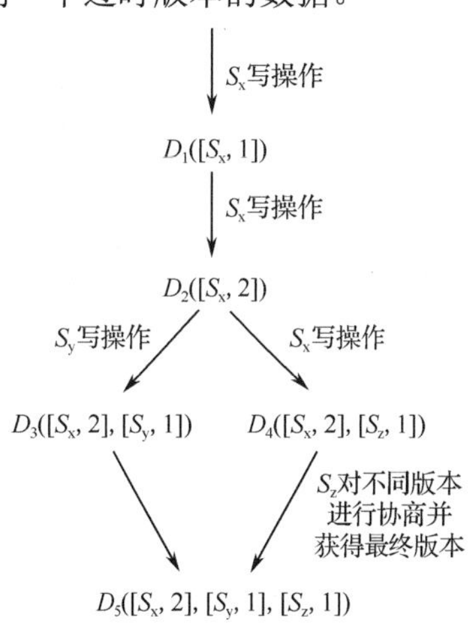

图 12.2　向量时钟原理图

Dynamo 中的向量时钟用一个（nodes，counter）对表示。其中 nodes 表示节点，counter 是一个计数器，初始值为 0。首先，S_x 对某个对象进行一次写操作，产生一个对象版本 $D_1([S_x,1])$；接着 S_x 再次操作，由于 S_x 是第二次进行操作，所以 counter 值更新为 2，产生第二个版本 $D_2([S_x,2])$；之后，S_y 和 S_z 同时对该对象进行写操作，S_y 将自身的信息加入向量时钟，产生了新的版本 $D_3([S_x,2],[S_y,1])$，S_z 同样产生了新的版本信息 $D_4([S_x,2],[S_z,1])$。这时系统中就有了两个版本的对象，但是系统不会自行选择，会将这两个版本同时保存，等待客户端解决冲突。最后 S_x 再次对对象进行操作，这时它会同时获得两个数据版本，用户根据版本的信息，重新计算获得一个新的对象，记为 $D_5([S_x,2],[S_y,1],[S_z,1])$，并将新的对象保存到系统中。需要注意的是，向量时钟的数量是有限制的，当超过限制时需根据时间戳（Time Stamp）删除最开始的向量时钟。这种解决一致性问题的方式对 Amazon 电子商务系统来说非常有用。

12.1.3　弹性计算云 EC2

Amazon 弹性计算云 EC2[1,3]可以让用户租用 IaaS 资源来运行自己的应用系统。EC2 提供可调整的云计算能力，通过提供 Web 服务的方式让用户可以弹性地运行自己的应用系统，使网络计算变得更为容易，性价比更高。

EC2 具有以下的技术特性：

（1）灵活性。EC2 不仅允许用户自行配置运行的实例类型、数量，也可以选择实例运行的物理位置，还可以根据用户的需求改变实例的资源使用量。

（2）低成本。EC2 使得企业不必为暂时的业务增长而购买额外的服务器等设备，EC2 的服务按照使用量和时长来计费。

（3）安全性。EC2 向用户提供了一整套安全措施，包括基于密钥的 SSH 访问方式、可配置的防火墙机制等，同时允许用户对其应用程序进行监控。

（4）易用性。用户可以根据 Amazon 提供的模块来自由地构建自己的应用程序，同时 EC2 还会对用户的服务请求自动进行负载均衡。

（5）容错性。利用系统提供的诸如弹性 IP 地址等机制，在故障发生时，EC2 能最大限度地保证用户服务维持在稳定的水平。

EC2 的基本架构如图 12.3 所示。

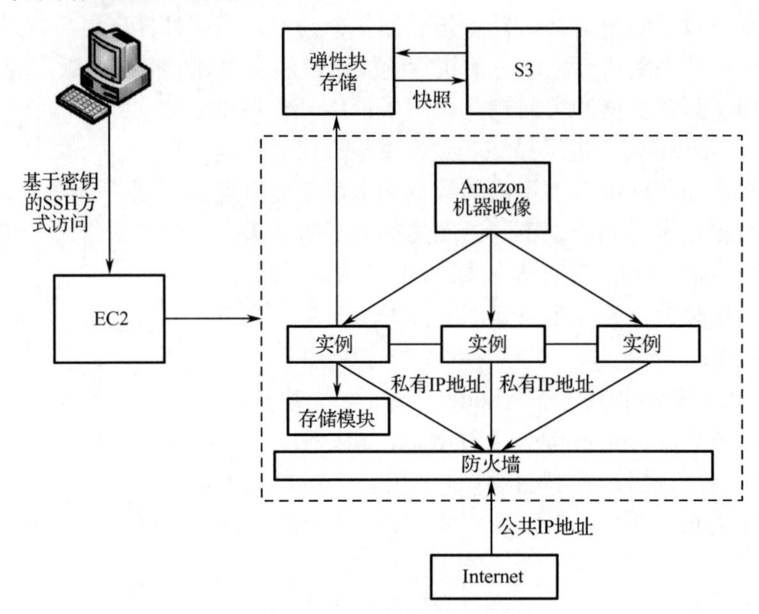

图 12.3　EC2 的基本架构

EC2 的特色在于弹性块存储（Elastic Block Store，EBS）、可用区域（Zone）、弹性 IP 地址（Elastic IP Address）、弹性负载平衡（Elastic Load Balancing）、监控服务（Amazon Cloud Watch）和自动伸缩（Auto Scaling）等。

（1）弹性块存储。Amazon 弹性块存储（EBS）为 Amazon EC2 实例提供了持久性存储。EBS 卷是一种可用性和可靠性都非常高的存储卷，需要通过网络访问，并且能独立于实例的生命周期而存在。EBS 卷可用于 Amazon EC2 实例的启动分区，或作为标准块存储设备附加在运行的 Amazon EC2 实例上。将 Amazon EC2 实例作为启动分区使用时，实例可在停止后重新启动，因此用户可以仅支付维护实例状态时使用的存储资源。

（2）可用区域。可用区域是 EC2 中独有的概念。Amazon EC2 可以将实例放在多个位置。可用区域是专用于隔离其他可用区域内故障的独立位置，可向相同区域中的其他可用区域提供低延时的网络连接。通过启动独立可用区域内的实例，可以保护用户的应用程序不受单一位置故障的影响。区域由一个或多个可用区域组成，其地理位置分散于独立的地理区域。

（3）弹性 IP 地址。在 Amazon EC2 中，系统各个模块之间及系统和外界之间的信息交互是通过 IP 地址进行的。EC2 中的 IP 地址包括三大类：公共 IP 地址、私有 IP 地址和弹性 IP 地址。这里主要介绍弹性 IP 地址。

弹性 IP 地址是专用于动态云计算的静态 IP 地址，它与用户的账户关联，用户可以自行设置该地址。与传统的静态 IP 地址不同，使用弹性 IP 地址，用户可以用编程的方法将公共 IP 地址重新映射到账户中的任何实例，从而有效应对实例故障或可用区域故障。Amazon EC2 可以将弹性 IP 地址快速重新映射到要替换的实例，这样用户就可以处理实例或软件问题，而不用等待技术人员重新配置或重新放置主机。

（4）弹性负载平衡。弹性负载平衡能够在多个 Amazon EC2 实例间自动分配应用的访问流量，可以让用户实现更好的应用程序容错，同时持续满足应用程序传入流量所需要的负载均衡需求。弹性负载平衡可以检测出不正常的实例，并自动更改路由，使其指向有效的实例，直到异常实例恢复为止。

（5）监控服务。监控服务用于监控通过 Amazon EC2 启动的 AWS 云资源和应用程序，可以显示资源利用、操作性能和整体需求情况，如 CPU 利用率、磁盘读取和写入，以及网络流量等度量值。用户可以获得业务统计数据图表，并设置度量数据警告。要使用监控服务，只需选择要监控的 Amazon EC2 实例，监控服务就可以汇集并存储监控数据，这些数据可通过 Web 服务 API 或命令行工具访问。

（6）自动伸缩。自动伸缩可根据用户定义的条件自动扩展 Amazon EC2 容量。通过自动伸缩，用户既可以确保所使用的 Amazon EC2 实例数量在需求高峰期实现平滑增长，也可以在需求低谷期自动缩减，以最大程度地降低成本。自动伸缩适合每小时、每天或每周使用率都不同的应用程序，可通过监控服务启用自动伸缩。

12.2 Microsoft 云计算平台

12.2.1 系统简介

Microsoft Azure[4]是 Microsoft 设计并构建的大规模云计算平台，主要目标是为开发者提供一个 PaaS 平台，方便用户开发可运行在云服务器和 PC 上的跨平台应用程序。开发者能够使用 Microsoft 全球数据中心的计算能力、存储能力和网络服务。Microsoft Azure 网站界面如图 12.4 所示。

Azure 是一种灵活的、支持互操作的云计算平台，可以用来创建在云中运行的应用或者基于云的特性来加强现有应用的功能及性能。Azure 云计算平台包括 Windows Azure、SQL Azure 以及 Windows Azure AppFabric 等主要组件。其中，Windows Azure 是面向 Web 应用的操作系统平台，SQL Azure 是基于云计算平台的数据库，而 Windows Azure AppFabric 包含了服务总线、访问控制等模块。Windows Azure 以云技术为核心，提供“软件+服务”的计算模式，是 Azure 云计算平台的基础。

图 12.4 Microsoft Azure 网站界面

12.2.2 服务组件

下面具体介绍 Azure 云计算平台中的各个主要组件。

1. Windows Azure

Windows Azure 可以让开发者构建和运行云计算平台应用程序，它分为计算（Compute）、存储（Storage）和内容分发网络（Content Delivery Network）等几个部分。

Windows Azure Compute 让开发者构建基于云计算平台的应用程序，有三个主要角色：Web 角色（Web Role）、工作者角色（Worker Role）和虚拟机角色（VM Role）。Web 角色是为了在 Windows Azure 上构建 Web 应用程序而设计的；工作者角色是为后台处理等高性能任务而设计的，工作者角色可用来处理来自 Web 应用程序的任务，以便将应用程序分离开来；虚拟机角色可以让开发者将虚拟硬盘映像上传到云端。

Windows Azure 的另一个主要部分是存储，存储包含三个部分：表存储器（Table Storage）、Blob 存储器（Blob Storage）和消息队列（Message Queue）。表存储器是一种 NoSQL 存储器，企业可以将大量数据存储在表存储器中；Blob 存储器用于存储大型的二进制对象，如视频、图像或文档；消息队列用于在组件之间传递消息。

Windows Azure 虚拟网络（Windows Azure Virtual Network）包含一个名为 Windows Azure Connect 的子产品。Windows Azure Connect 让云和机构内部间可以实现直接 IP 连接，目的是实现现有平台与云计算平台的互操作性。Windows Azure Connect 的另一个重要功能是活动目录集成，开发者可以将活动目录用于权限管理。

内容分发网络（Content Delivery Network，CDN）是为不同地区的高性能内容分发而构建的。CDN 可用来传输视频流或者将文件等内容分发到某个地区的最终用户。

Windows Azure 集市（Windows Azure Marketplace）可以让开发者在网上通过应用程序市场（App Market）来销售其产品。Windows Azure 集市的数据市场（Data Market）可以让开发者购买和销售应用广泛的原始数据。

2．SQL Azure

SQL Azure 本质上是 Microsoft 的云端数据库，它基于 Microsoft 自有 SQL Server 产品，其构成如图 12.5 所示。

（1）SQL Azure 数据库是云端关系数据库，可以满足扩展和分区的需要。

（2）SQL Azure Data Sync 是基于同步框架（Sync Framework）构建的，用于在不同的数据中心之间实现数据同步。

（3）SQL Azure 报告为 SQL Azure 增添了报告和商业智能（Business Intelligence，BI）功能。

3．Windows Azure AppFabric

Windows Azure AppFabric 是一款云中间件，用于集成现有的应用程序，并允许互操作。Windows Azure AppFabric 的构成如图 12.6 所示。

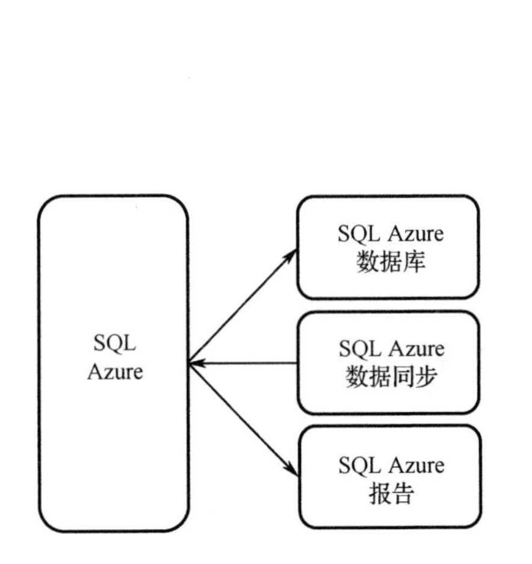

图 12.5　SQL Azure 的构成

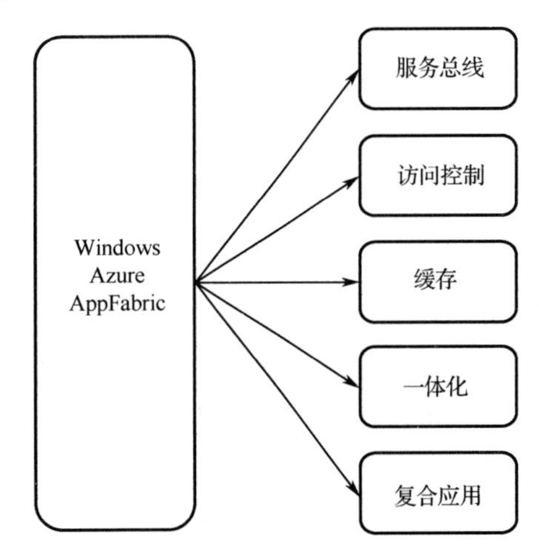

图 12.6　Windows Azure AppFabric 的构成

Windows Azure AppFabric 目前有五个不同的产品。服务总线（Service Bus）为云端的服务发现充当了一种可靠的消息传递方法。访问控制（Access Control）可以让用户根据不同网站（如 Facebook、Google、Yahoo 和 Windows Live）的用户凭证，以及企业验证机制（如活动目录）来进行验证。如果应用程序需要扩展、涵盖更多实例，缓存（Caching）常常是个瓶颈，可能会引起一些负面影响。Windows Azure AppFabric 引入缓存就是为了解决这个问题。这个部分现在也集成到了 Windows Azure 中，以解决 Windows Azure 和 SQL Azure 之间可能出现在大规模系统中的缓存问题。用户可以通过一体化把现有的 BizTalk Server 任务集成（Integration）到 Windows Azure 中。复合应用（Composite Applications）可用来部署基于 Windows Communication Foundation 和 Workflow Foundation 的分布式系统。

12.2.3 Azure Kubernetes 服务

本节着重介绍 Windows Azure 计算涉及的 Azure Kubernetes 服务（Azure Kubernetes Service，AKS）。

AKS 是用于自动部署、扩展和管理容器化应用程序的系统，可以自动处理运行状况监控和维护等关键任务。

当用户部署 AKS 集群时，系统会为用户部署和配置 Kubernetes 主节点和其他节点。在部署过程中，可以配置高级网络、Azure 活动目录（Azure Active Directory，Azure AD）、集成、监控和其他功能。

AKS 能够提供以下的功能：

（1）集成式日志记录和监控。负责监控容器运行状况的 Azure 监视器（Azure Monitor）可以从 AKS 集群和部署的应用程序中的容器、节点和控制器收集内存或处理器性能状况，查看容器日志和 Kubernetes 日志。这些日志存储在 Azure 日志分析器（Azure Log Analytics）的工作区中，可通过 Azure 终端获取。

（2）自动调整集群和节点。AKS 将一个或多个容器封装到一个称为 Pod 的结构中，相同 Pod 中的任何容器都将共享相同的名称空间和本地网络，从而使容器既能运行在一个物理节点上，又能保持一定程度的隔离。如果对资源的需求发生变化，则用于运行任务、提供服务的集群节点或 Pod 的数目会自动增多或减少。系统可以根据需求自动调整 Pod 或集群，并只运行必要的资源。

（3）方便升级集群节点。AKS 提供多个 Kubernetes 版本。当新的版本可在 AKS 中使用时，可以使用 Azure 门户或 Azure 命令行接口进行集群升级。在集群升级过程中，节点会被仔细检测，以尽量减少中断正在运行的应用程序的可能性。

（4）支持创建启用 GPU 节点池。Azure 目前提供单个或多个启用 GPU 的 VM，启用 GPU 的 VM 是针对计算密集型、图形密集型和可视化工作任务设计的。

（5）支持创建机密计算节点池。机密计算节点支持机密容器，允许容器在基于硬件的可信执行环境中运行。容器之间的隔离可提供深层容器安全防御策略。

（6）支持并发访问存储卷。系统通过装载静态或动态存储卷来保存持久性数据，根据预期要共享存储卷的已连接 Pod 数目，可支持多个 Pod 并发访问 Azure 存储卷。

12.2.4 Azure Cosmos DB

很多应用程序需要系统具备高响应能力并能始终在线。若要实现低延时和高可用性，需要在靠近用户的数据中心中部署应用程序实例。应用程序需要实时响应高峰期的服务请求，存储不断增长的数据。

Azure Cosmos DB[5]是一种用于云托管的 NoSQL 数据库。NoSQL 数据库是相对于 SQL Azure 的非关系数据库。Azure Cosmos DB 支持服务等级协议（Service-Level Agreement，SLA），在保持 SLA 的同时可以应对不可预测的工作负载，确保业务连续性。Azure Cosmos DB 支持自动管理、更新和维护，用户无须进行数据库管理。Azure Cosmos DB 采用基于角色的访问控制，可确保数据安全，并提供精细的控制。

各种 Web 应用、移动应用、网络游戏和物联网应用，如果需要处理大量的数据和全局规模的读写操作，要求各种数据的响应时间接近实时，就可以充分利用 Azure Cosmos DB 所保证的高可用性、高吞吐量、低延时，以及可调的一致性。

12.2.5　Azure 存储

Azure 存储不仅可以提供大规模的对象存储服务（Object Storage Service，OSS），如为 Azure 虚拟机提供磁盘存储服务、为文件提供云存储服务，还可以提供可靠消息传送机制。

Azure 存储包括以下特点：

（1）高可靠性。Azure 存储通过冗余机制确保数据在发生硬件故障时是可用的，可以在多个数据中心或地理区域之间复制数据，从而在发生人为灾难或自然灾害时确保数据的可靠性。

（2）安全性。Azure 存储会对所有写入的数据进行加密，可以精细地控制访问数据的主体和权限。

（3）可伸缩性。Azure 存储可大规模伸缩，可以满足各类应用程序在数据存储和性能方面的不同需求。

（4）易访问性。用户可通过 HTTP 或 HTTPS 在任何位置访问 Azure 存储中的数据，支持.NET、Java、Node.js、Python、PHP、Ruby、Go 等语言。Azure 存储不仅提供了适用于客户端的 REST API，支持通过 Azure PowerShell 或 Azure 命令行运行脚本，还提供了用于处理数据的简单可视化解决方案。

Azure 存储包括 Azure Blob 存储器、Azure 文件、Azure 队列、Azure 表、Azure 磁盘，共 5 种存储服务。其中，Azure Blob 存储器是 Azure 的对象存储解决方案，Blob 存储器适合存储海量的非结构化数据，可用于直接向浏览器提供图像或文档、存储文件以供分布式访问、对视频和音频进行流式处理、向日志文件进行写操作、存储备份和还原、灾难恢复以及存档。

Azure Blob 存储器为大数据分析模块 Azure Data Lake storage Gen2 提供了支持，实现了数据低成本分层存储、高可用性、一致性、灾难恢复等功能。

12.3　阿里云计算平台

12.3.1　系统简介

2008 年 9 月，阿里巴巴集团确定“云计算”和“数据”战略，决定自主研发大规模分布式计算操作系统——飞天[6]。2009 年 2 月飞天系统正式开始研发，同年的 9 月，阿里巴巴集团成立了子公司阿里云计算有限公司，主要负责阿里云的系统研发、维护和业务推广。

目前，阿里云已经成为国内最重要的云计算平台，不但对外提供服务，还为阿里巴巴集团旗下的蚂蚁金服、淘宝和天猫提供数据存储、数据处理和安全防御等服务。目前，阿里云在国内外多个地区部署了云数据中心，并且拥有着极具竞争力的产品体系。

阿里云在发展过程中吸收了很多开源的技术框架，如 Hadoop、Spark、OpenStack 等，基于这些技术自主研发了符合市场需求的阿里云飞天系统，其结构如图 12.7 所示。

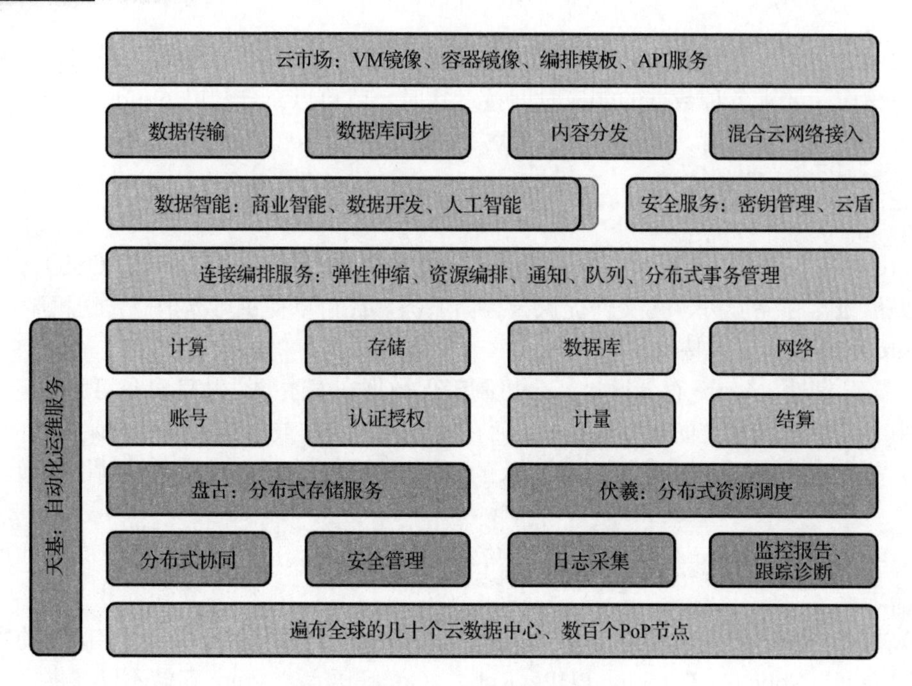

图 12.7　阿里云飞天系统的结构

阿里云计算平台包含了弹性计算、存储、数据库等核心模块。

12.3.2　弹性计算

阿里云的弹性计算[6]由弹性计算服务（Elastic Compute Service，ECS）和弹性高性能计算（Elastic High Performance Computing，E-HPC）两个模块构成。

1.　ECS

ECS 是阿里云提供的性能卓越、稳定可靠、弹性扩展的 IaaS 级云计算服务。ECS 让用户可以像使用水、电、天然气等公共资源一样，便捷、高效地使用计算资源，实现计算资源的即开即用和弹性伸缩，解决用户的多种业务需求，助力其业务发展。

目前，ECS 能实现百万级别服务器的平稳调度，为全球用户解决 IT 基础设施性能优化、资源扩容和自动化运维等难题，用户遍布互联网、数字政府、工业、电商、金融、教育、科学计算等多个领域。

ECS 提供以整机为交付粒度的弹性裸金属服务器和专有宿主机搭配分布式存储架构的块存储，既能应对常见的网站、App、测试环境等场景，也能应对大型数据库、搜索引擎、Hadoop、Spark 集群、深度学习等众多工作任务。弹性裸金属服务器和云盘更是在阿里巴巴的“双十一”电商购物节上完美解决了极限峰值流量的性能问题。ECS 可以在数分钟内部署多个实例，支持自动升级和在线扩容云盘，有效应对业务流量波动。搭配弹性供应（Auto Provisioning）和弹性伸缩（Auto Scaling），ECS 能根据业务策略自动调整计算节点的规模，保障资源供应的确定性。

ECS 提供了丰富的运维功能和 API，可满足细粒度操作可控性的要求，通过资源编排（Resource Orchestration Service，ROS）、运维编排（Operation Orchestration Service，OOS）、

云监控等服务构建了自动化运维流程和底层性能监控方案，用户可以随时创建快照和设置自动快照策略备份数据。

ECS 提供网络安全和数据安全，支持虚拟私有云（Virtual Private Cloud，VPC），支持用户自定义划分交换机子网，支持 SSL 证书、SSH 密钥对等功能，保证网络传输的安全性和身份标识的唯一性。

2. E-HPC

E-HPC 提供了性能卓越、稳定可靠、弹性扩展的高性能计算服务，可聚积计算能力，采用并行计算方式解决大规模的科学、工程和商业问题，在科研机构、石油勘探、金融市场、气象预报、生物制药、基因测序、图像处理等行业得到了广泛的应用。E-HPC 的架构如图 12.8 所示。

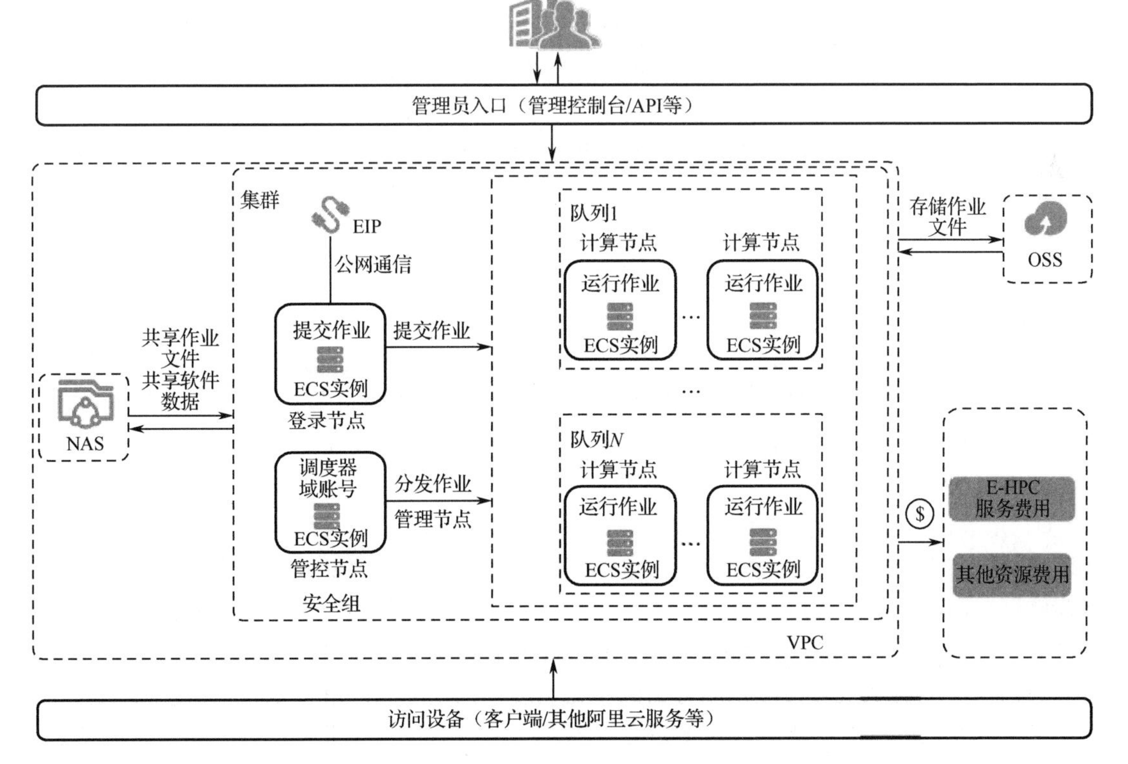

图 12.8　E-HPC 的架构[6]

与传统集群计算相比，E-HPC 具有一系列优势，如表 12.2 所示。

表 12.2　E-HPC 的优势

项　目	优　势
部署	即买即用，可快速得到计算结果
安全	数据保存在云端，高可靠存储，安全无忧
成本	按需自动扩容资源，在保证服务可靠可用的前提下，可提供优化的调度机制，节约成本
运维	自动运维，可自动替换不健康的节点

12.3.3 存储

阿里云针对数据块、文件和对象等各种存储资源提供低成本、高可靠、高可用的存储服务，涵盖数据备份、归档、容灾等场景[6]。阿里云的存储服务包括：

（1）对象存储。阿里云对象存储是一款海量、安全、低成本、高可靠的云存储服务，其容量和处理能力可弹性扩展，支持多种存储类型，覆盖热数据、冷数据等各种数据存储场景，可全面优化存储开销。

（2）块存储。阿里云块存储支持高性能、低延时、随机读写，用户可以像使用物理硬盘一样来使用块存储。

（3）网络存储。阿里云网络存储是支持阿里云 ECS 实例、E-HPC 和容器服务等计算节点的高可靠、高性能分布式存储系统，可共享访问、弹性扩展。

（4）云并行文件系统（Cloud Parallel File System）。云并行文件系统的数据存储在集群中的多个数据节点上，可支持多个客户端并行访问，可满足高性能计算机集群的高吞吐、低延时的数据存储需求。

（5）面向 HDFS 的文件存储（Apsara File Storage for HDFS）。面向 HDFS 的文件存储主要满足以 Hadoop 为代表的分布式计算业务对分布式存储性能、容量和可靠性等要求。

（6）云存储网关（Cloud Storage Gateway）。云存储网关部署在用户数据中心和阿里云的网关产品，以阿里云对象存储 OSS 为后端存储，为云上应用和云下应用提供标准的文件服务与块存储服务。

（7）表格存储（Table Storage）。阿里云表格存储用于结构化数据的存储，提供海量结构化数据存储，以及快速的查询和分析服务，具备海量存储、高吞吐量以及低延时的服务能力，被广泛用于社交互联网、物联网、人工智能、元数据和大数据等领域结构化数据业务场景。

作为阿里云自主研发的结构化数据存储，表格存储的适用场景主要包括：

① 元数据。用户在存储海量的文档、媒体文件等数据时，对文件元数据的存储和分析是不可或缺的，电商的订单、银行流水、运营商话费账单也需要存储及分析大量的元数据，表格存储可实现高效的元数据管理。

② 消息数据。表格存储中的时间线（Timeline）模型主要用于消息数据，能够抽象出支撑海量的轻量级消息队列，可以存储大量社交信息，包括即时通信，以及评论、跟帖和点赞等信息，如支撑钉钉的海量消息同步等。

③ 轨迹溯源。表格存储提供了面向轨迹类场景的时间流（Timestream）模型，可帮助用户管理和分析跑步、骑行、健走、外卖等轨迹大数据。

④ 多维网格数据。多维网格数据是一种科学大数据，在气象、海洋、地质、地形等领域的应用非常广泛，且数据规模也越来越大。相关的科学工作者有快速浏览数据、在线查询的需求。表格存储可以解决科学大数据的海量存储和查询性能问题。

⑤ 互联网大数据。互联网电商平台和信息服务平台需要汇总统计和分析各类数据作为发展依据，公关部门和市场部门也需要根据舆情及时做出相应的处理，表格存储可以帮助用户实现百亿级互联网舆情数据的存储及分析。

⑥ 物联网。表格存储可以满足物联网设备、监控系统等时序数据的存储需求，提供大数据分析 SQL，以及高效的增量流式读接口，可进行离线分析与实时流计算。

表格存储除了有适用场景广泛的特点，还具备了高性能、高扩展性和弹性，以及高安全性等特点。

① 高性能。表格存储的单表可提供 10 PB 级数据量、万亿条记录、千万级别的 TPS，以及毫秒级延时的服务能力，可支持自动负载均衡及热点迁移，无须人工运维，提供高吞吐写入能力，以及稳定可预期的读写性能。

② 扩展性和弹性。表格存储通过数据分片和负载均衡技术，实现了存储的无缝扩展。随着表数据量的不断增大，表格存储会进行数据分区的调整，从而为该表配置更多的存储。

③ 安全性。表格存储提供表级别和 API 级别的鉴权与授权机制，支持 STS 临时授权和自定义权限认证及主/子账号功能，实现了用户级别的资源隔离。表格存储支持互联网、ECS 内网及 VPC 私有网络访问，提供了网络访问控制功能。

12.3.4 数据库

本节介绍阿里巴巴自主研发的特色数据库 PolarDB 和 PolarDB-X[6]。

1. PolarDB

阿里巴巴自主研发的云原生关系数据库 PolarDB 有 3 个独立的引擎，分别用于兼容 MySQL、PostgreSQL、Oracle。PolarDB 的存储容量最高可达 100 TB，适用于多样化的数据库应用场景。

PolarDB 采用存储和计算分离的架构，多个计算节点共享一份数据，提供故障恢复、全局数据一致性和数据备份容灾服务。PolarDB 既具备商业数据库稳定可靠、高性能、可扩展的特征，又具有开源云数据库简单开放、自我迭代的优点。PolarDB 兼容原生 MySQL 和 RDS MySQL，用户可以在不修改应用程序的代码和配置的情况下，将 MySQL 数据库迁移至 PolarDB。

PolarDB 采用多节点集群的架构，集群中有一个主节点（可读写）和至少一个只读节点。当应用程序使用集群地址时，PolarDB 通过内部代理 Polar Proxy 对外提供服务，应用程序的请求先经过代理，然后才能访问数据库节点。Polar Proxy 不仅可以实现安全认证和保护，还可以解析 SQL，把写操作发送到主节点，把读操作均衡地分发到多个只读节点，实现读写的分离。对于应用程序来说，就像使用一个单点数据库一样简单。

PolarDB 存储空间无须配置，可根据数据量自动伸缩，用户只需要为实际使用的数据量付费，在业务峰值前后实现自动弹性升降配置，轻松应对业务量波动。PolarDB 大幅提升了联机事务处理过程）性能，支持超过 50 万次/秒的读请求，以及超过 15 万次/秒的写请求。

PolarDB 存储与计算分离的架构，配合容器虚拟化技术和共享存储，存储容量可自动在线扩容，无须中断业务。

2. PolarDB-X

PolarDB-X 是由阿里巴巴自主研发的云原生分布式数据库，融合分布式 SQL 引擎 DRDS 与分布式自研存储 X-DB，可支撑千万级的并发规模及百 PB 级的海量存储，有效地解决了海量数据存储、超高并发吞吐以及复杂计算效率等问题，承载大量用户核心在线业务，横跨互联网、金融支付、教育、通信、公共事业等多行业，是阿里巴巴所有在线核心业务及众多阿里云客户业务接入分布式数据库的事实标准。

稳定性是数据库最核心的性能要求，PolarDB-X 的稳定性建立在合理使用 MySQL 的基础上。PolarDB-X 将数据拆分到多个 MySQL 存储，使每个 MySQL 承担合适的并发、数据存储和计算负载，各个 MySQL 处于稳定状态。PolarDB-X 在计算层面实现了分布式逻辑，最终得到一个具有稳定可靠、高度扩展性的分布式关系数据库系统。

相比传统单机关系数据库，PolarDB-X 采用的分层架构可确保在并发、计算、数据存储三个方面均可线性扩展，通过增加 PolarDB-X 计算资源与存储资源，可以达到水平扩展效果。

12.4 本章小结

本章详细介绍了典型的商用云平台，包括 Amazon 云计算平台、Microsoft 云计算平台、阿里云计算平台，对平台架构、核心模块、特色优势进行了说明。读者可通过进一步的拓展性阅读来深入了解目前主流的商用云计算平台的关键技术、实现方式及业务内容。

本章参考文献

[1] 刘鹏．云计算[M]．3 版．北京：电子工业出版社，2015．

[2] Decandia G, Hastorun D,Jampani M, et al. Dynamo: Amazon's Highly Available Key-Value Store[J]. ACM Sigops Operating Systems Review,2007,41(6):205-220.

[3] AmazonEC2 入门[EB/OL]. [2021-7-18]. https://aws.amazon.com/cn/ec2/getting-started/.

[4] Windows Azure[EB/OL]. [2021-7-18]. https://baike.baidu.com/item/Windows%20Azure.

[5] Microsoft. Azure 文档[EB/OL]. [2021-7-18]. https://docs.microsoft.com/zh-cn/azure/?product=featured.

[6] 阿里云. 帮助中心[EB/OL]. [2021-7-18]. https://help.aliyun.com/?spm=5176.22772544.J_8058803260.32.65822ea99dowE5.

第 13 章 云操作系统 OpenStack

13.1 操作系统概览

13.1.1 操作系统基本概念

1. 操作系统的定义

操作系统[1]的发展极为迅速，各种新型操作系统层出不穷。以常用的个人计算机操作系统 Windows 为例，短短数十年，就从 Windows95、Windows98、Windows2000、WindowsXP，发展到 Windows7、Windows8、Windows10，实现了快速迭代。学术界、产业界对操作系统的定义并不完全统一。本书采用的是比较全面，而且也得到了广泛接受的一种定义——操作系统是计算机系统中最为基本的一种系统软件，它是程序模块的集合。操作系统的功能有：

（1）能够以尽量有效、合理的方式组织和管理计算机的软硬件资源，合理地组织计算机的工作流程。

（2）能够控制程序的执行，并向用户提供各种服务功能，使计算机系统能够高效运行。

（3）能够改善人机界面，使用户能够灵活、方便、有效地使用计算机。

操作系统在计算机、智能终端、服务器、路由设备等组件的信息系统中占有核心地位。计算机系统是由硬件系统和软件系统构成的，而在软件系统中，操作系统占据最为核心的地位，是硬件基础上的第一层软件。

没有软件系统的计算机硬件系统称为裸机。操作系统是计算机硬件和其他软件之间的接口。图 13.1 所示为计算机系统的层次结构，将计算机系统分层，可以方便不同任务的开发者明确各自的任务。

（1）操作系统开发者要考虑的是操作系统如何跟硬件打交道，以及如何为上层各种软件提供支撑。

（2）系统软件（如编译系统、数据库系统等）开发者要考虑是如何基于操作系统运行，并且给其他的应用软件提供服务。

（3）应用软件开发者不用考虑底层的硬件和系统是如何工作的，仅需要了解如何通过下层系统给上层所提供的 API 调用相应的功能模块，以便实现快速开发和部署。

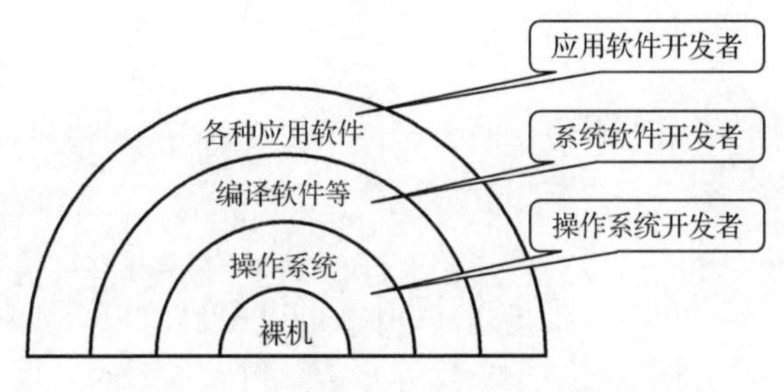

图 13.1　计算机系统的层次结构

2. 操作系统的作用

下面从用户和资源管理的角度介绍操作系统在计算机系统中的作用。

从用户的角度出发，可以把操作系统看成用户和计算机硬件系统之间的接口（Interface），包含两种类型：

（1）操作接口。操作接口既可能是图形化界面，也可能是命令行方式，用来对系统进行操作。

（2）编程接口。从程序员用户的角度来看，操作系统需要给应用程序提供编程接口，调用模块来实现程序功能。

从资源管理的角度出发，可以将操作系统看成计算机系统中所有资源的管理者。资源既包括各种硬件资源，也包括软件、数据资源。总之，计算机系统的所有资源都要靠操作系统来管理。

在设计和构建操作系统时，应至少满足以下的基本目标：

（1）方便性。操作系统要为用户提供友好的用户接口，用户可以按需输入命令，操作系统按照命令来控制程序的执行，用户可以在程序中调用操作系统的功能模块来完成相应的任务，而不必了解硬件的物理特性。

（2）有效性。操作系统能够有效管理和分配硬件资源与软件资源，合理组织计算机系统各个任务的工作流程，提高计算机系统的工作性能。

（3）可扩充性。操作系统应能够满足计算机硬件、系统、应用程序的不断升级、变化及规模拓展的需求，能够方便扩展、增添新功能模块，淘汰不合适的模块。

（4）开放性。开放性意味着操作系统中各种组件、技术之间能够遵循标准化的接口，相互连接和协作。如果操作系统具有开放性，并遵守各种标准的接口，就可以跟其他的系统软件、应用软件和硬件设备进行交互。

13.1.2　新型操作系统

目前人类社会已进入大数据、物联网和人工智能的时代，除了在个人计算机、服务器上运行的操作系统，在移动终端、智能穿戴设备、传感器节点、网络路由交换设备以及各种智能家电上，都普遍安装并运行着各类操作系统。

当前，比个人计算机操作系统更受到关注的是平板电脑与智能手机操作系统。由于个人计算机操作系统和平板电脑、智能手机的操作系统都是面向终端用户的，因此在功能、性能上具有很多相同或相似的要求，包括人性化的交互界面、快速的响应速度、方便的应用扩展性等。

然而，与个人计算机相比，平板电脑、智能手机又有显著的不同之处，包括较小的显示屏幕，多传感器，强调触摸、语音等交互方式，注重节能优化技术，依赖移动通信和无线网络，以及主要用于游戏、影音、导航、生活等应用。这就使得平板电脑与智能手机的操作系统不能简单地将个人计算机的操作系统直接或经过简单修改后移植到平板电脑与智能手机上，而需要从核心到界面重新设计操作系统的整个逻辑，才能满足设备与用户的需求。经过多年的发展，曾经围绕平板电脑与智能手机出现过一系列操作系统，著名的包括 Palm OS（1996—2008 年）、Web OS（2009—2010 年）、Danger OS（2002—2010 年）、Symbian（2000—2012 年）、MeeGo（2008—2012 年）等。但这些操作系统在 Android 和 iOS 这两大操作系统的冲击下，均已基本退出平板电脑与智能手机领域，有些转向智能家电等领域。

应用于智能家电的操作系统通常是物联网操作系统。由于物联网中存在的异构计算节点、设备类型多种多样，计算、存储、通信、续航能力各不相同，面向的应用领域也有较大的差异，因此作为基础的软件平台，物联网操作系统必须适应这种复杂的硬件环境，才能管理好各种资源，并为各种层出不穷的新型物联网应用的开发和运行提供支撑。

物联网操作系统需要经过详细的需求分析，科学的体系架构设计，使其具有轻量化、灵活性、可移植、可裁减等特征，实现更强的物理硬件抽象能力，有效屏蔽底层硬件的差异，以支撑物联网产业生态。

进一步讲，物联网操作系统应具备丰富、友好的用户界面和应用开发接口，从而支持网络数据存储、访问和共享，提升物联网系统开发和部署的效率；具备统一管理、访问控制和动态配置接口的能力，从而提升物联网系统的可管控性、可维护性和安全可靠性。

与传统的个人计算机操作系统相比，物联网操作系统更强调以下特点。

（1）微内核设计。采用更为简洁的内核，减少内核代码量，充分模块化，增强内核可裁减性、可靠性和可移植性，以适应异构的硬件平台，特别适配性能受限的嵌入式设备。

（2）系统实时性强。智慧交通、智慧安防等很多物联网应用要求系统具备实时性，包括：中断响应实时性，一旦发生中断，就必须在限定时间内响应中断并进行处理；任务调度实时性，一旦任务所需资源准备就绪，就必须马上得到调度。

（3）功能扩展性强。由于各类应用的层出不穷，物联网系统需要统一定义接口和规范，方便在其中增加新的功能、提供新的硬件支持；同时采用灵活设备管理策略，方便动态加载设备驱动程序等模块。

（4）高安全可靠性。无人驾驶、智慧军事等物联网系统要求操作系统必须足够安全、可靠，具有高安全等级、高鲁棒性，不仅要能有效容忍系统异常、故障，还要能抵御各类恶意攻击。

（5）绿色高能效。物联网系统中的设备、节点数量多，消耗大量的能源；另外，采用无线移动工作模式，需要具备足够的电源续航能力，除了要在底层硬件控制功耗，还需要操作系统对能源进行有效管理，具备省电模式，通过动态电压频率调节（Dynamic Voltage and Frequency Scaling，DVFS）等技术，以最大限度降低功耗，提升能效。

（6）远程监控配置。物联网系统常常规模庞大，有必要远程对系统中的设备、节点进行性能监控、参数配置、功能开关、系统升级和故障诊断等。

（7）丰富的网络协议。物联网操作系统必须支持丰富的网络通信协议，既能支持一般的TCP/IP 协议，又能支持 4G、5G 等移动通信技术；也能支持 ZigBee、蓝牙等近距离通信协议，以及实现 XML 标准化数据格式解析；还能支持不同协议间的相互转换，将一种协议数据报文转换成为另一种协议数据报文。

（8）多模态用户界面。在目前物联网应用的智能终端中，常常要求能够通过语音、手势、文本、触摸等多模态方式完成用户和设备之间的交互。物联网操作系统要能够根据用户、应用的需要，提供各类交互界面，提升交互效率，缩短响应时间。

（9）丰富的开发接口。物联网操作系统必须提供丰富的开发接口和便捷成熟的开发工具，支持多种编程语言，实现多语言多设备编译，方便第三方开发人员快速开发出所需的应用系统，并能实现迭代开发，以适应快速发展变化的物联网应用场景，降低开发时间和成本；操作系统还应能够提供应用的远程下载、远程调试等工具，支撑开发的全过程。

除了上述的操作系统，还有一些部署在远程云端的云操作系统，下面将详细介绍云操作系统。

13.1.3 云操作系统

云操作系统[2]是以云计算、云存储技术作为支撑的操作系统，是云计算后台数据中心的整体管理运营系统，是指构架于服务器、存储、网络等基础硬件资源，以及单机操作系统、中间件、数据库等基础软件之上的，用于管理海量的基础软硬件资源的云平台综合管理系统。

云操作系统通常由大规模基础软硬件管理、虚拟计算管理、分布式文件系统、业务资源调度管理、安全管理控制等几大模块组成。简单来讲，云操作系统有以下作用：一是能管理和驱动海量服务器、存储设备等基础硬件，能将一个数据中心的硬件资源在逻辑上整合成一台服务器；二是为云应用软件提供统一、标准的接口；三是管理海量的计算任务以及资源调配。目前，典型的云操作系统有 FusionSphere、CloudStack 和 OpenStack 等。

1. FusionSphere

FusionSphere 是华为自主知识产权的云操作系统[3]，集虚拟化平台和云管理特性于一身，目标是让云计算平台的建设和使用更加简洁，以满足企业和运营商对云计算的需求。华为云操作系统提供了强大的虚拟化功能和资源池管理、丰富的云基础服务组件和工具、开放的 API 等，全面支撑传统和新型的企业级信息服务，可极大地提升 IT 基础设施的利用率和运营维护效率，降低运维成本。

FusionSphere 包括虚拟化引擎 FusionCompute 和云管理组件 FusionManager 等。

FusionCompute 是云操作系统的基础软件，主要由虚拟化基础平台和云基础服务平台组成，主要负责硬件资源的虚拟化，以及对虚拟资源、业务资源、用户资源进行集中管理。FusionCompute 采用虚拟计算、虚拟存储、虚拟网络等技术，完成计算资源、存储资源、网络资源的虚拟化；采用虚拟化管理软件，将计算、存储和网络资源划分为多个虚拟机资源，为用户提供高性能、可运营、可管理的虚拟机。

FusionManager 是云管理系统，通过统一的接口对计算、网络和存储等资源进行集中调度和管理，提升资源利用率和运维效率，保证系统的安全性和可靠性，帮助运营商和企业构筑高效、安全、节能的云数据中心。

2. CloudStack

CloudStack[4]的前身是 Cloudcom。2011 年 7 月，Citrix 收购 Cloudcom，并将 CloudStack 完全开源。2012 年 4 月 5 日，Citrix 又宣布将其拥有的 CloudStack 开源软件交给 Apache 软件基金会管理。目前，CloudStack 已经有了许多商用客户，包括 GoDaddy、英国电信、日本电报电话公司、塔塔集团、韩国电信等。

CloudStack 是一个开源的具有高可用性及扩展性的云操作系统，可以加速高伸缩性的公共云和私有云的 IaaS 平台的部署、管理、配置。CloudStack 支持大部分主流的虚拟机监视器，如 KVM、VMware、Oracle VM、Xen 等。

运营商可以快速、轻松地将 CloudStack 部署在云数据中心现有的基础设施上，并提供弹性云计算服务。作为开源的云操作系统，CloudStack 可以帮助用户利用自己的硬件提供类似于 Amazon EC2 那样的公共云服务。CloudStack 可以通过组织和协调用户的虚拟化资源，让用户构建一个安全的多租户云计算环境。此外，CloudStack 也兼容 Amazon 的 AWS API。

CloudStack 可以让用户快速和方便地在现有的架构上建立自己的云服务，帮助用户更好地协调服务器、存储、网络资源，从而构建一个 IaaS 平台。

与 FusionSphere、CloudStack 相比，OpenStack 得到了更广泛的关注与应用。下文将着重介绍开源的 OpenStack 云操作系统。

13.2 OpenStack 简介

13.2.1 来源背景

OpenStack[5]是由美国国家航空航天局（National Aeronautics and Space Administration, NASA）和 Rackspace 合作研发的，是 Apache 许可证授权的自由软件和开源的云计算项目。

OpenStack 几乎支持所有类型的云环境，其目标是提供实施简单、可大规模扩展、标准统一的云计算管理平台，因此被认为云操作系统。OpenStack 通过各种互补的服务提供 IaaS 解决方案，每个服务均提供 API 以便进行集成。

OpenStack 旨在为公开云及私有云的建设与运营提供管理软件，其首要任务是简化云计算系统的部署过程并为云计算系统带来良好的可扩展性，帮助云服务提供商和企业内部实现类似于 Amazon EC2 和 S3 的云基础架构服务。OpenStack 除了得到了 Rackspace 和 NASA 的大力支持，还得到了包括 Dell、Citrix、Cisco、Canonical 等公司的贡献和支持，发展迅猛。

OpenStack 本质上是一套开源的软件项目的综合。OpenStack 中最主要的两个项目是 Nova 和 Swift。Nova 是 NASA 开发的虚拟服务器部署和业务计算模块；Swift 是 Rackspace 开发的分布式云存储模块，两者可以一起使用，也可以分开单独用。

13.2.2 版本演变

OpenStack 大约每六个月发布一个新版本，按照 26 个英文字母的顺序为每个版本命名，具体版本的命名方法是：OpenStack 技术大会举办前，由社区投票选出和举办地或国家相关联的一个版本英文字母开头的单词作为名字。截至 2021 年 4 月 14 日，OpenStack 已发布 24 个版本，最新的几个版本如表 13.1 所示。OpenStack 项目拥有超过 530 家企业与 3 万名的个人支持者，覆盖全球的 176 个国家。OpenStack 拥有庞大的社区群体，它的社区拥有超过 130 家企业以及 1350 位的开发者，在中国它也有很多用户，如新浪、百度、京东、阿里、华为等。

表 13.1　OpenStack 最新的发布版本

发布版本	发布时间	发布版本	发布时间
Liberty	2015-10-15	Rocky	2018-08-30
Mitaka	2016-04-07	Stein	2019-04-10
Newton	2016-10-06	Train	2020-10-16
Ocata	2017-02-22	Ussuri	2020-05-13
Pike	2017-08-30	Victoria	2020-10-14
Queens	2018-02-28	Wallaby	2021-04-14

OpenStack 的主要目标是管理云数据中心的资源，包括计算资源、网络资源及存储资源等。OpenStack 可以实现弹性计算服务、按需分配、智能 DNS、大数据支持、软件定义网络、统一基础平台、流程化的管理与安装环境等。OpenStack 已经成为当今最流行的开源云计算平台管理项目。众多企业机构应用 OpenStack 以支持其新产品的快速部署、降低成本，以及实现内部系统的升级；而云服务提供商则利用 OpenStack 为客户提供可靠、易获取的云基础设施资源。

13.3　OpenStack 的体系架构与核心组件

13.3.1　OpenStack 的体系架构

OpenStack 的体系架构如图 13.2 所示。

（1）Nova 提供计算服务，计算实例生命期中所需的各种活动均由它进行处理和支撑。Nova 负责管理整个云计算平台的计算资源。虽然 Nova 不提供任何虚拟能力，但它使用 Libvirt 接口与宿主机进行交互，通过 Web 服务对外提供处理接口。

（2）Neutron 提供云计算平台的虚拟网络功能。在早期的 OpenStack 版本中（Folsom 版本之前），并没有 Neutron 组件，网络方面的功能是在 Nova 中实现的，即 Nova-Network，提供简单的 Linux 网桥（Bridge）模式和 VLAN 的网络结构。随着对 OpenStack 的需求越来越多，Nova-Network 的功能不能满足需求，于是 Neutron 应运而生。

（3）Swift 是 OpenStack 最早的组件之一。Swift 可以在比较便宜的通用硬件上构筑具有扩展性极强和数据持久性的存储系统，支持多租户，可通过 REST API 提供对容器和对象的增、删、改、查等操作。

（4）Cinder 为 OpenStack 的运行实例提供了稳定的数据块存储服务，提供从创建卷到删除卷的整个生命周期管理。

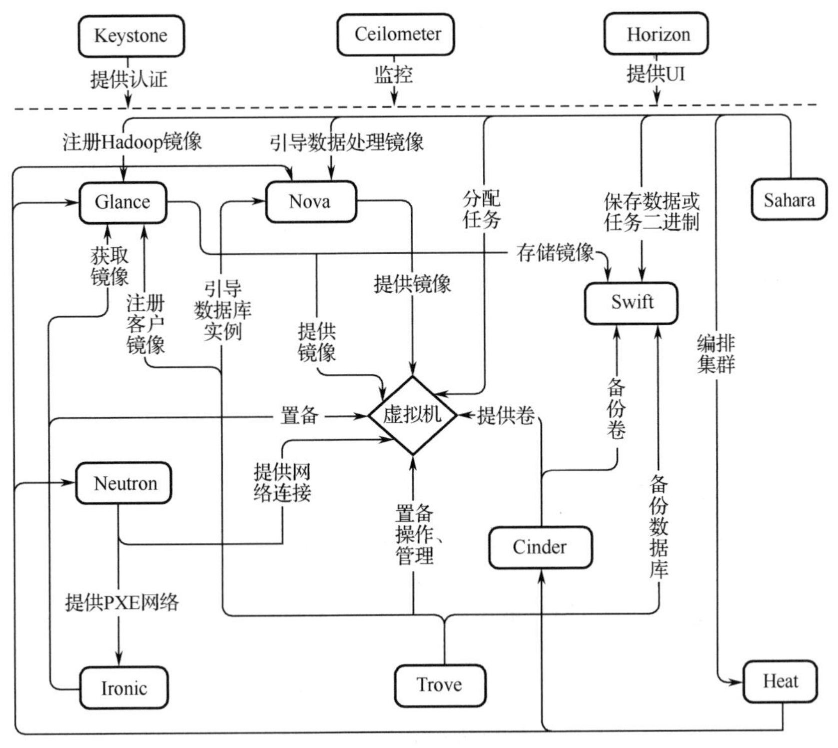

图 13.2　OpenStack 的体系架构

（5）Glance 提供的功能主要有：支持多种方式存储镜像，包括普通的文件系统、Swift、Ceph 等；提供 REST API ，让用户能够查询和获取镜像的元数据、镜像本身，以及对实例执行快照创建新的镜像等。

（6）Keystone 在 OpenStack 中负责身份验证、服务规则和服务令牌功能的管理。用户对资源的访问需要验证身份与权限，服务的操作执行也需要权限，这些权限均需要经过 Keystone 的验证。

（7）Horizon 为 OpenStack 提供了一个基于 Web 前端的 UI 管理界面。通过 Horizon 所提供的控制面板服务，管理员可以利用 Web 页面对 OpenStack 进行管理，并直观地观察各种操作的运行状态和结果。

13.3.2　OpenStack 的核心组件

OpenStack 的核心组件包括计算服务 Nova、网络服务 Neutron、对象存储服务 Swift、块存储服务 Cinder、镜像服务 Glance、认证服务 Keystone、控制面板服务 Horizon 等。

1．Nova

Nova 负责虚拟化管理，可以创建、删除、重启虚拟机等。OpenStack 之所以能够搭建云计算平台，主要因为 Nova 能够创建虚拟机。

Nova 的功能包括实例生命周期管理、计算资源管理、网络与授权管理，支持基于 REST API、异步连续通信、支持各种虚拟化平台（包括 Xen、XenServer/XCP、KVM、UML、VMware vSphere、Hyper-V）。

Nova 包含 API 服务器（Nova-API Server）、消息队列（RabbitMQ）、运算工作站（Nova-Compute）、网络控制器（Nova-Network）、卷工作站和调度器（Nova-Scheduler）等主要部分。

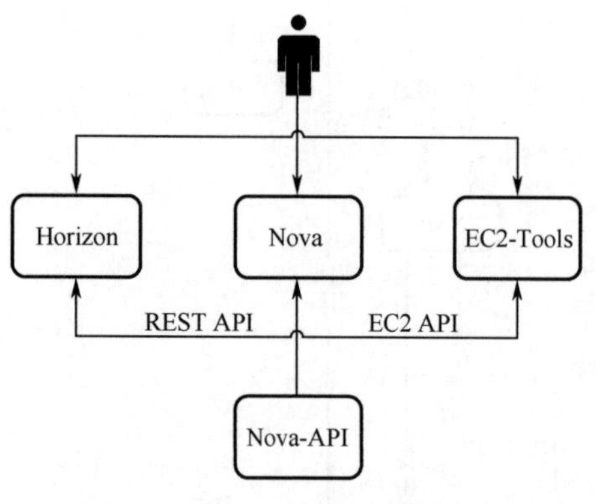

图 13.3　OpenStack 各逻辑模块的连接

（1）API 服务器。API 服务器提供云计算平台的设施与外界交互的标准化接口，是用户对云计算平台进行管理的唯一通道。通过使用 Web 服务来调用各种 EC2 的 API，API 服务器通过消息队列把请求发送到云计算平台内的目标设施进行处理，同时还可以实现与 OpenStack 其他各逻辑模块的通信。作为对 EC2 的 API 的替代，用户也可以使用 OpenStack 的原生 API（也称为 OpenStack API）。OpenStack 各逻辑模块的连接如图 13.3 所示。

（2）消息队列（RabbitMQ）。OpenStack 内部在遵循高级消息队列协议（Advanced Message Queuing Protocol，AMQP）的基础上采用消息队列进行通信。消息由 RabbitMQ 作为中间件转发，以远程过程调用（Remote Process Call，RPC）的方式进行。Nova 对请求应答进行异步调用，当接收到请求后便立即触发一个回调。由于使用了异步通信，用户的动作不会长时间处于等待状态。例如，启动一个实例或上传一份镜像的过程较为耗时，调用 API 后就等待返回结果，而不会影响其他操作，异步通信起到了很大作用，使整个系统变得更加高效。

RabbitMQ 是一种处理消息验证、消息转换和消息路由的架构模式，负责协调应用程序之间的信息通信，并使得应用程序或者软件模块之间的相互依赖最小化，可有效实现解耦。RabbitMQ 适合部署在一个拓扑灵活、易扩展的规模化系统环境中，可有效保证不同模块、不同节点、不同进程之间消息通信的时效性。另外，RabbitMQ 具有集群高安全可用保障能力，可以实现信息枢纽中心的系统级备份。节点具备消息恢复能力，当系统进程崩溃或者节点宕机时，RabbitMQ 不会丢失正在处理的消息队列，待节点重启之后可根据消息队列的状态数据和信息数据及时恢复通信。

（3）运算工作站。运算工作站的主要任务是管理实例的整个生命周期，通过消息队列接收请求后，对虚拟机 VM 实例进行各种操作，如虚拟机的创建、终止、迁移或伸缩等。在典型实际生产环境下，OpenStack 会设置许多运算工作站，根据调度算法，一个 VM 实例可以部署在任意一台可用的运算工作站上。运算工作站的架构如图 13.4 所示。

（4）网络控制器。网络控制器用于配置节点的网络，如 IP 地址的分配、配置项目 VLAN、设置安全群组，以及为计算节点配置网络。

（5）卷工作站。卷工作站既可以为一个实例创建、删除、附加卷，也可以从一个实例中分离卷。LVM 是 Linux 系统对磁盘分区管理的逻辑机制，在建立文件系统时屏蔽了下层磁盘分区布局，能够在保持现有数据不变的情况下动态地调整磁盘容量，提高磁盘管理的灵活性。卷工作站提供了一种保持实例持久存储的手段：当结束一个实例后，如果根分区是非持久化的，那么对其的任何改变都将丢失；如果从一个实例中分离卷，或者为一个实例附加卷，即使实例被关闭，数据仍然保存其中。这些数据可以通过将卷附加到原实例或其他实例的方式而重新访问。这种应用对于数据服务器实例的持久存储而言尤为重要。

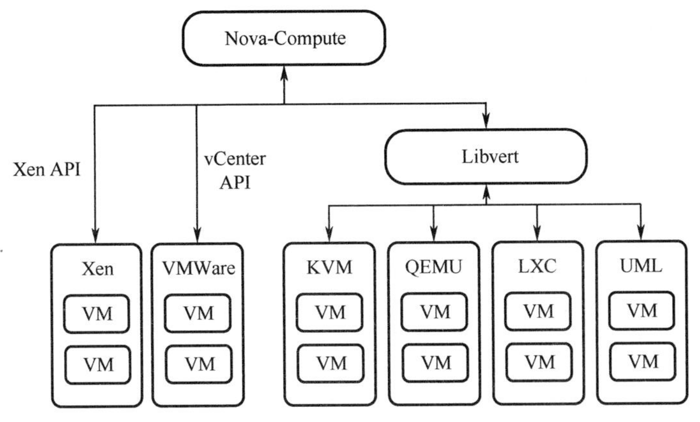

图 13.4　运算工作站的架构

（6）调度器。调度器负责把 Nova-API 调用送达给目标。调度器以名为 Nova-Scheduler 的守护进程方式运行，并根据调度算法从可用资源池中选择合适的服务节点。有很多因素都可以影响调度结果，如任务负载、内存大小、距离远近、CPU 架构等。调度器采用的是可插入式架构，目前调度器使用的调度方案如表 13.2 所示。

表 13.2　调度器使用的调度方案

名　　称	描　　述
Costs and Weights	按照花费（Cost）和权重（Weight）为每个候选节点打分，取分值最小的节点
Chance Scheduler	从候选节点中随机选择一个节点
Simple Scheduler	负载最小的节点将会被选中
Multi Scheduler	调度程序包含多个子调度程序，可以为 Nova-Compute 和 Nova-Volume 分别指定调度程序

2. Neutron

使用 Neutron 组件可以在 OpenStack 中为项目创建一个或多个网络，这些网络在逻辑上与其他租户的网络隔离，即使在一个共享网络中，不同的私有网络也是隔离的。Neutron 创建网络如图 13.5 所示。

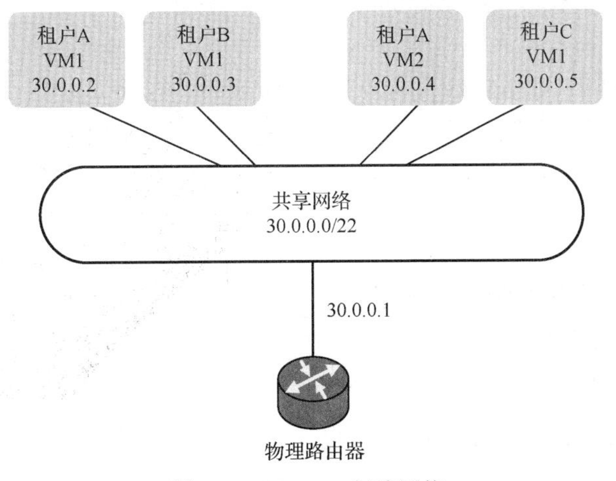

图 13.5　Neutron 创建网络

在 Neutron 中，常用的联网模式如下：

（1）Flat 模式。Flat 模式是最简单的一种联网模式，它不使用 VLAN，仅支持一个网络，并且需要在各节点上手动创建桥接设备，在这种模式下，每一个实例有一个固定 IP。Flat 模式如图 13.6 所示。

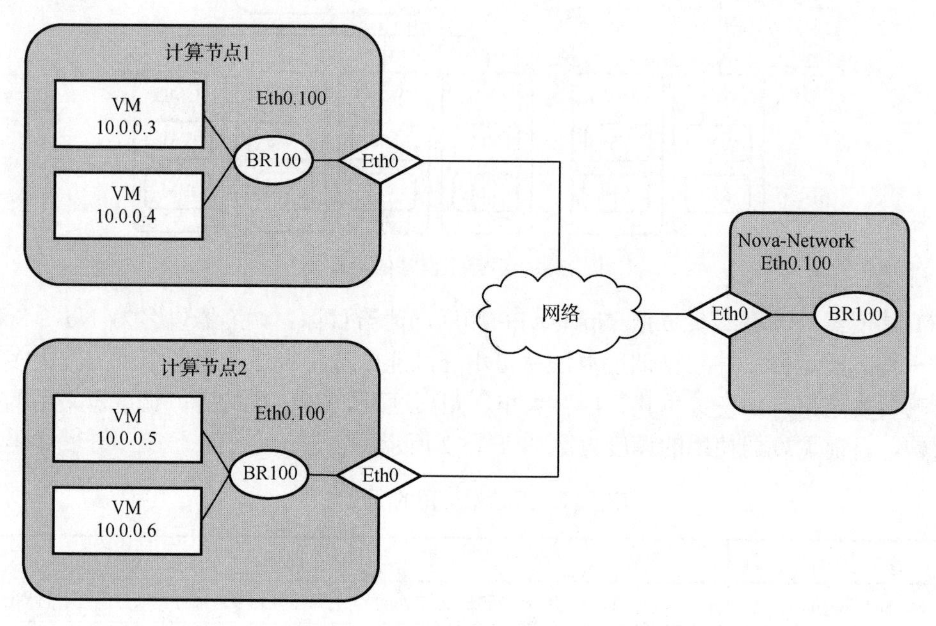

图 13.6　Flat 模式

（2）FlatDHCP 模式。在该模式下，需要启动一个动态主机配置协议（Dynamic Host Configuration Protocol，DHCP）服务器为虚拟机分配 IP 地址，除此之外，基本与 Flat 模式相同。FlatDHCP 模式如图 13.7 所示。

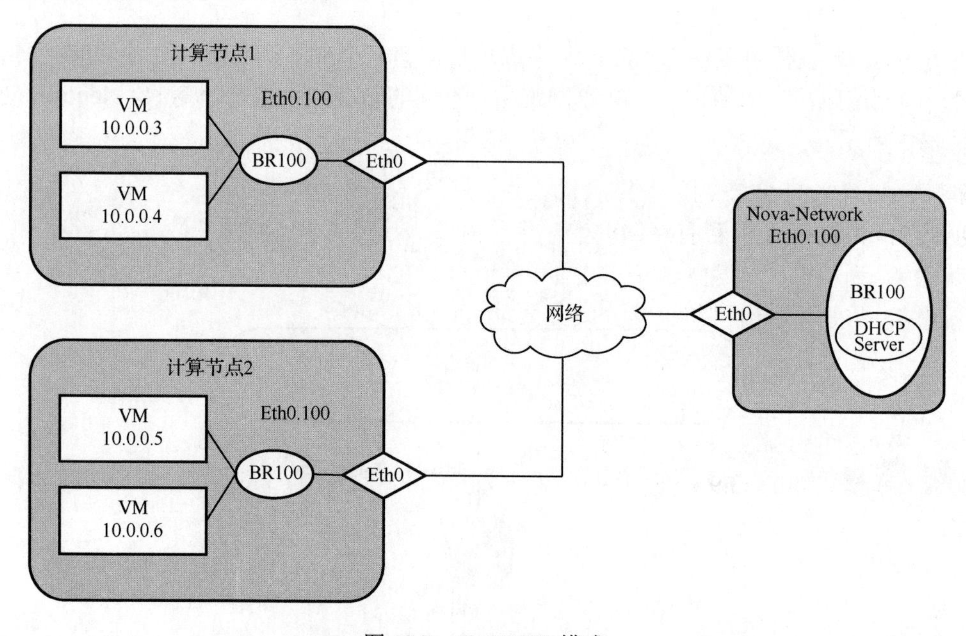

图 13.7　FlatDHCP 模式

（3）VLAN 模式。在 VLAN 模式下，每一个实例均有自己的 VLAN、Linux 网桥、DHCP 服务器，所有的虚拟机都属于同一 VLAN 并连接到同一网桥上。对于每一个实例来说，拥有自己的 VLAN 可以避免将包泛洪到整个网络的所有设备上。VLAN 模式可将一个大的广播域隔离开来，形成多个小的广播域，各个广播域内可以互通，默认情况下广播域之间不能直接通信，要经过三层路由来转发。VLAN 模式如图 13.8 所示。

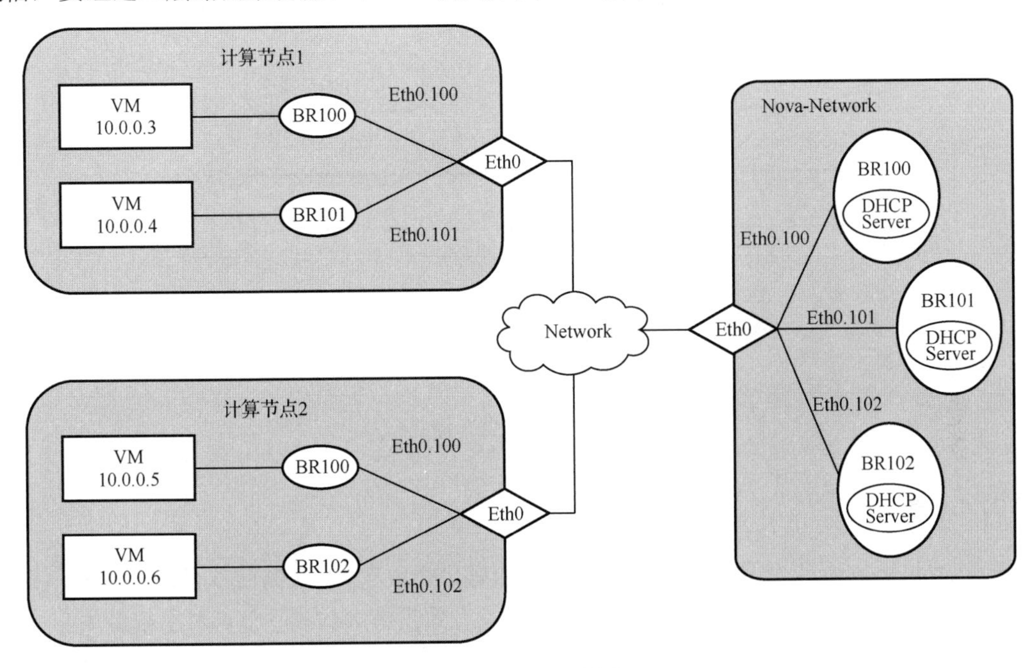

图 13.8　VLAN 模式

（4）VXLAN 模式。VLAN 有数量限制，不能满足大规模云数据中心的需求。物理网络基础设施也存在限制，基于 IP 子网的区域划分限制了需要二层网络连通的应用部署。虚拟扩展局域网（Virtual eXtensible Local Area Network，VXLAN）模式可用来解决上述问题。

VXLAN 模式下，租户创建自己专属网络区段的具体步骤包括：

步骤 1：以租户 A 为例，为租户 A 创建私有网络，不同私有网络需要通过 VLAN 标记进行隔离，相互之间不能广播。

步骤 2：为租户 A 的私有网络创建一个子网，用于配置 IP 网段。

步骤 3：为租户 A 创建一个路由器，用于访问外网。

步骤 4：将这个私有网络连接到路由器上。

步骤 5：创建一个外部网络。

步骤 6：创建一个外部网络的子网。

步骤 7：将路由器连接到外部网络上。

VXLAN 模式如图 13.9 所示。

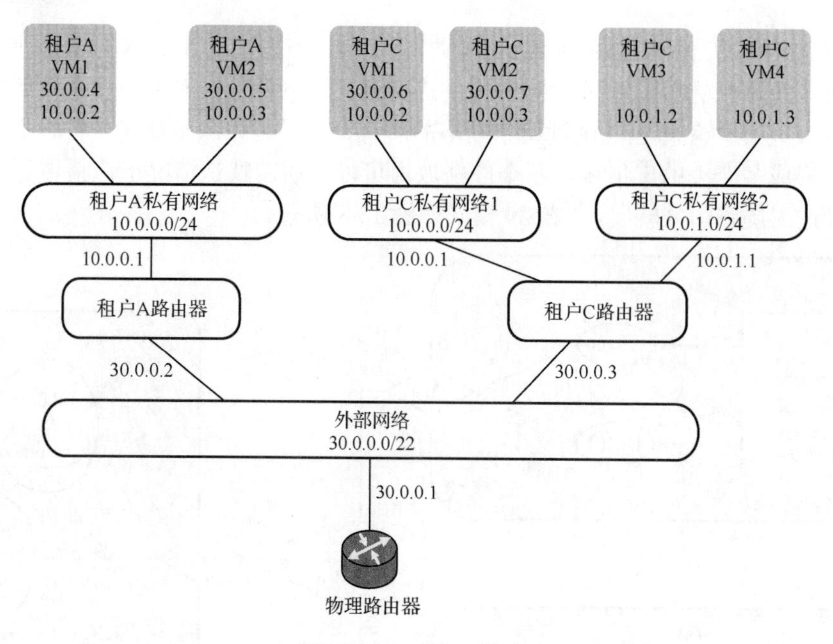

图 13.9　VXLAN 模式

3．Swift

Swift 为 OpenStack 提供了分布式对象存储服务，类似于 AWS 的简单存储服务 S3。Swift 内建冗余和备份管理，能够处理归档和媒体流，能有效支持大数据存储。对于很多用户来说，Swift 不是必需的。当系统的存储数量达到一定规模级别，并且要存储和管理非结构化数据时，Swift 将发挥显著作用。

Swift 的主要功能包括为虚拟机和云应用提供数据容器，支持海量对象存储、大文件存储、大数据处理、流媒体处理、数据冗余管理、存储安全保障、数据备份与归档，具有良好的可伸缩性。

相比传统的块存储，对象存储不仅克服了 NAS 可扩展性不足和 SAN 不容易安全共享数据的缺点，还能综合二者的优点。Swift 同时具有 SAN 的高速直接访问和 NAS 的数据共享等优势，提供了具有高性能、高可靠性、跨平台以及安全数据共享的存储体系结构。Swift 使用的是 REST API，而不是传统意义上的文件操作命令，如 open()、read()、write()、seek()和 close()等。Swift 不支持文件锁，没有文件目录，同时也不能作为块设备提供给虚拟机使用；无单点故障。Swift 并不是数据库系统，使用 Account-Container-Object 格式存储对象，可以列出指定容器中的对象。

Swift 中的主要组件包括：

（1）Swift 代理服务器。用户是通过 Swift-API 与 Swift 代理服务器进行交互的，Swift 代理服务器是接收外界请求的入口，负责检测合法的实体位置并转发请求。此外，Swift 代理服务器还负责处理实体失效、故障切换时的重复路由请求。

（2）Swift 对象服务器。Swift 对象服务器采用二进制存储方式，负责处理本地存储系统中对象数据的存储、检索和删除。对象是文件系统中的二进制文件，具有扩展文件属性的元数据，可用于 Linux 中的 EXT、XFS、Btrfs、JFS 和 ReiserFS 等文件系统。

（3）Swift 容器服务器。Swift 容器服务器可列出一个容器中的所有对象，在默认情况下对象列表存储为 SQLite 文件，也可以修改为 MySQL 文件。Swift 容器服务器会统计容器中包含的对象数量，以及容器的存储空间使用状况。

（4）Swift 账户服务器。Swift 账户服务器可以进行的操作包括 GET、PUT、DELTE、POST、HEAD。例如，通过 GET 操作可以获得某个账户所对应的容器列表。

（5）Swift 索引环。Swift 索引环记录了物理存储对象的位置信息，该位置信息是实体真实物理存储位置的虚拟映射，与查找及定位不同集群的实体真实物理位置的索引服务类似。这里的实体指账户、容器、对象，都拥有属于自己的 Swift 索引环。

4．Cinder

Cinder 是 OpenStack 中的块存储（Block Storage）模块，提供了虚拟机持久性块存储卷，可以管理块设备到虚拟机的创建、挂载和卸载。Cinder 架构延续了 Nova 的架构，是 Nova-Volume 的扩展，增加虚拟机的存储空间，已成为从 Nova 分离出来的独立块存储服务。Cinder 的结构如图 13.10 所示。

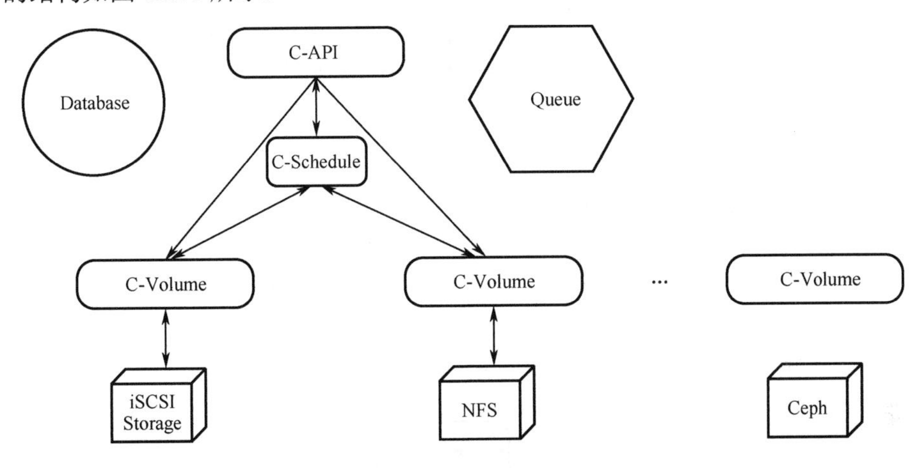

图 13.10　Cinder 的结构

在 Cinder 中，Cinder-API（C-API）负责接收和分发 API 请求信息；Cinder-Volume（C-Volume）负责后端存储，且用来支持 Cinder-Schedule（C- Schedule），其类似 Nova-Schedule，决定在哪个存储上创建 Cinder-Volume。目前，Cinder 的功能仍在完善中，在一些系统中可以用 Nova-Volume 来代替。

5．Glance

Glance 是一套虚拟机镜像发现、注册、检索系统，提供了 REST API，使用户能够查询虚拟机镜像元数据和实际镜像。通过镜像服务提供的虚拟机镜像，可以将镜像存储在本地文件系统（默认）、OpenStack 对象存储、S3 直接存储、S3 对象存储等。Glance 的结构如图 13.11 所示。

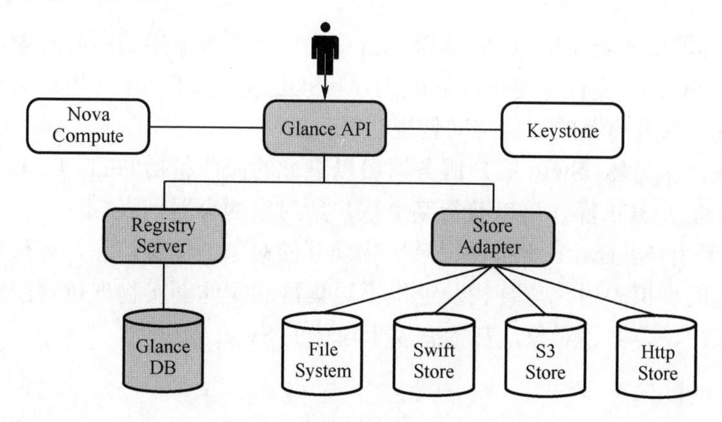

图 13.11 Glance 的结构

6．Keystone

Keystone 为 OpenStack 的所有组件提供了认证和访问策略服务，主要对 Swift、Glance、Nova 等的服务请求进行认证与授权。授权是通过对动作消息来源者请求的合法性进行鉴定的。Keystone 采用两种授权方式，一种是基于用户名/密码的授权方式，另一种是基于令牌（Token）的授权方式。

Keystone 提供三种服务，如图 13.12 所示。

（1）令牌服务（Token Service），包含授权用户的授权信息。

（2）目录服务（Catalog Service），包含用户合法操作的可用服务列表。

（3）策略服务（Policy Service），利用 Keystone 指定用户或群组的访问权限。

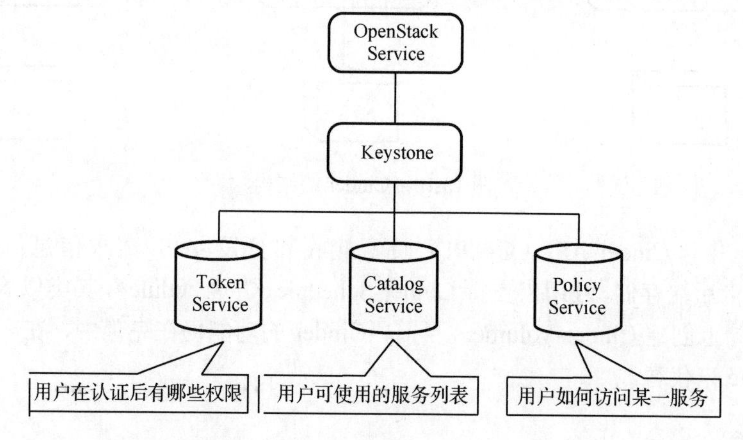

图 13.12 Keystone 提供的服务

Keystone 提供的认证服务涉及以下组件：

（1）入口。与 Nova、Swift 和 Glance 一样，Keystone 服务有一个指定的端口和专属的 URL，称为入口。

（2）区位。在云数据中心中，一个区位指定了一处物理位置。

（3）用户。OpenStack 以用户的形式来授权服务，用户拥有证书（Credentials），并且可能分配给一个或多个租户；经过验证后，可会为每个单独的租户提供一个特定的令牌。

（4）服务。任何通过 Keystone 进行连接或管理的组件都称为服务。

（5）角色。为了维护安全，用户关联的角色是非常重要的。一个角色是应用于某个租户的使用权限集合，允许某个用户访问或使用特定操作，可以将通用的权限简单地分组并绑定到与某个指定租户相关的用户。

（6）租间。租间是指具有全部服务入口并配有特定成员角色的一个项目。在对象存储中，一个租间可以有多个容器。根据不同的安装方式，一个租间可以代表一个客户、账号、组织或项目。

7. Horizon

Horizon 是一个用以管理、控制 OpenStack 服务的控制面板，能够以可视化的方式管理实例、镜像，创建密钥对，对 VM 实例添加卷，操作 Swift 容器等。

（1）对用户、实例进行管理，创建用户，创建和终止实例，查看终端日志，添加卷等。

（2）对访问与安全进行管理，包括创建安全群组、管理密钥对、设置动态 IP 等。

（3）用户能够在 Web 界面对虚拟硬件模板进行不同的自定义设定。

（4）在镜像和卷管理方面，可简化编辑或删除镜像流程，一键创建卷和快照。

（5）在对象存储处理上，提供创建、删除容器和对象的功能。

（6）用户可以在控制面板中使用控制终端（Console）直接访问实例。

13.4　OpenStack 的安装与部署

13.4.1　OpenStack 代码、SDK 和相关工具的获取

可以通过多种渠道获取 OpenStack 代码、SDK 和相关工具，例如从 OpenStack 的官网获取，也可以从相关的镜像网站获得。

在 OpenStack 的发展过程中，出现过很多部署工具，这些工具有各自的特性及部署特点。例如，RDO 是由 RedHat 研发的部署工具，支持 Redhat Linux、CentOS 等系统，是基于 Puppet 部署 OpenStack 组件的，支持单节点或多节点部署；又如，Fuel 是 Mirantis 研发的部署工具，通过 Web 来部署 OpenStack 的组件，安装方式友好。下面将介绍如何通过 Fuel 来安装与部署 OpenStack。OpenStack 的一些部署工具和特点如表 13.3 所示。

表 13.3　OpenStack 部署工具及其特点

部署工具	特　点	开 发 者
Fuel	Web 界面	Mirantis
RDO	命令行界面	RedHat
MaaS+Juju	Web 界面、命令行界面	Canonical
Rackspace Private Cloud	使用 Chef 开发	Rackspace
Crowbar	命令行界面	Dell
DevStack	命令行界面	开源项目

续表

部署工具	特点	开发者
Puppet	需要开发脚本	Puppet.org
Chef	需要开发脚本	getchef.com
Foreman	与 Puppet 结合使用，Web 界面	Theforeman.org

相关部署工具可以在它们各自的官网获取到镜像文件。例如，可以在 Fuel 的官网下载 Fuel OpenStack 的镜像包。

13.4.2 OpenStack 对安装环境的要求

在通过 Fuel 安装和部署 OpenStack 时，对安装环境的要求如下：

（1）需要在计算机上启用虚拟化技术，即在 BIOS 中设置虚拟化技术的相关选项。

（2）运行 OpenStack 的最低硬件配置一般为：CPU 双核 2.6 GHz 及以上、内存 4 GB 及以上、磁盘 80 GB 及以上，同时安装 Fuel 对应版本的镜像工具。

本节以配置为 16 GB 内存、AMD5800XCPU、1 TB 硬盘的计算机为平台，介绍通过 Fuel 安装与部署 OpenStack 的方法。

13.4.3 OpenStack 的安装过程

下面介绍 OpenStack 的安装过程。在利用 Fuel 安装和部署 OpenStack 时，要在 VirtualBox 上配置 Master 节点、Controller 节点和 Compute 节点，VirtualBox 选用 6.0 版本。

（1）插入网卡，进行网卡设置，如图 13.13 所示。

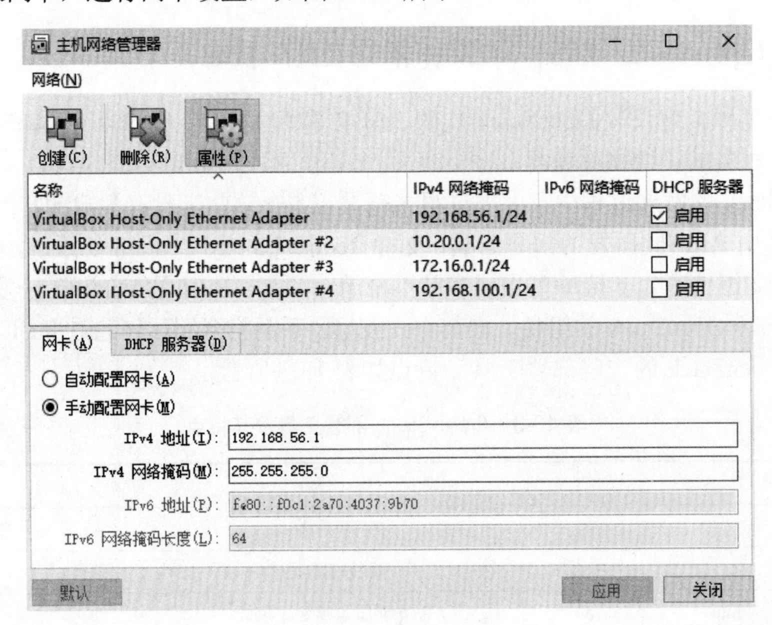

图 13.13 网卡设置

（2）新建虚拟机“fuel_master”，操作系统选择“Red Hat(64-bit)”，分配计算机内存大小为 6144 MB，存储空间为 80 GB，这里盘片选择的是 Fuel 社区版 11.0 的 ISO 文件。在创建完成启动前需要对网络进行设置，网络连接方式为“仅主机（Host-Only）网络”。fuel_master 节点虚拟机相关配置如图 13.14 所示。

图 13.14　fuel_master 节点虚拟机相关配置

Fuel 的安装如图 13.15 所示。

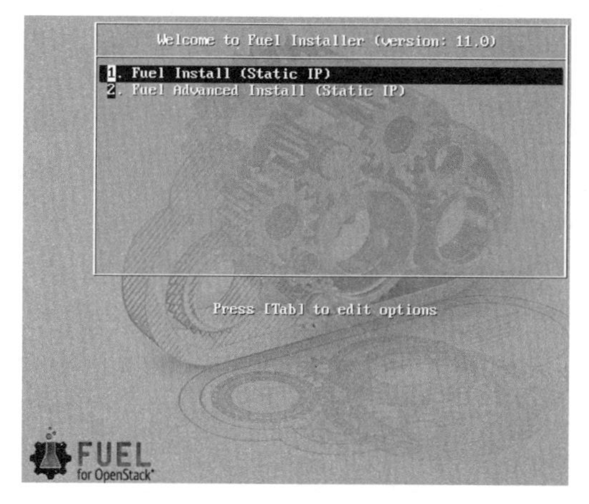

（a）静态安装 Fuel

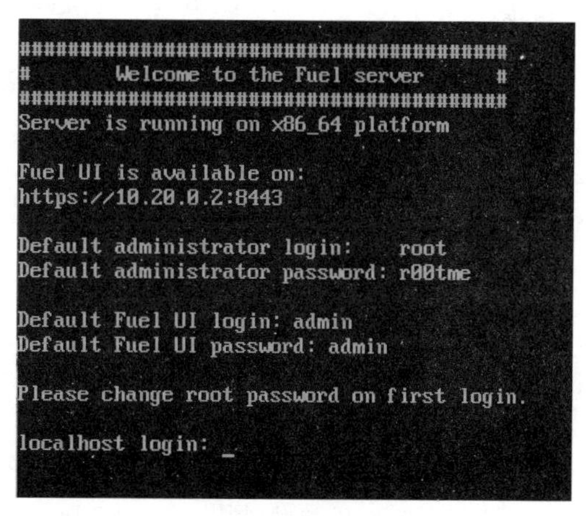

（b）Fuel 部署初始界面

图 13.15　Fuel 的安装

（3）输入默认账号密码，先查看并关闭 fuel_master 防火墙，查看和关闭命令分别是：

```
Systemctl status firewalld.service;Systemctl status iptables.service
Systemctl disable firewalld.service;Systemctl stop iptables.service
```

然后通过 Xshell 进行 SSH 隧道设置，如图 13.16 所示。

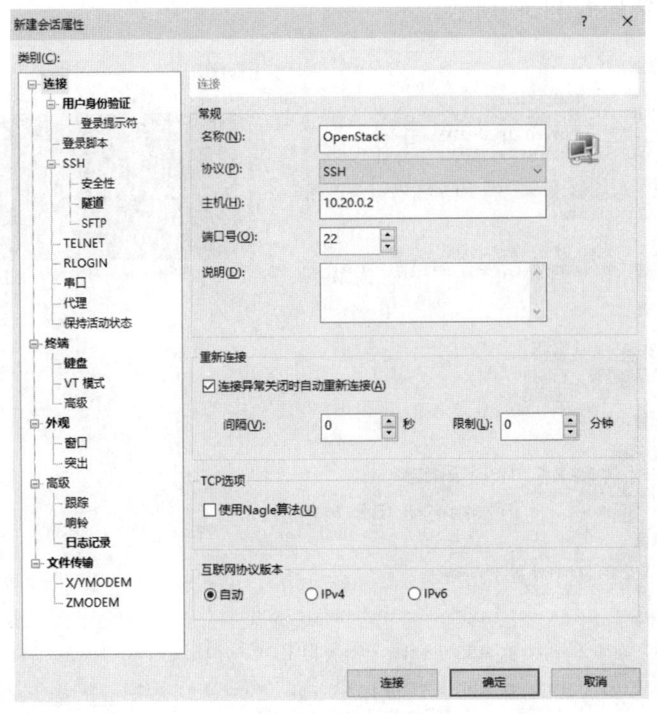

（a）主机 IP 以及端口设置

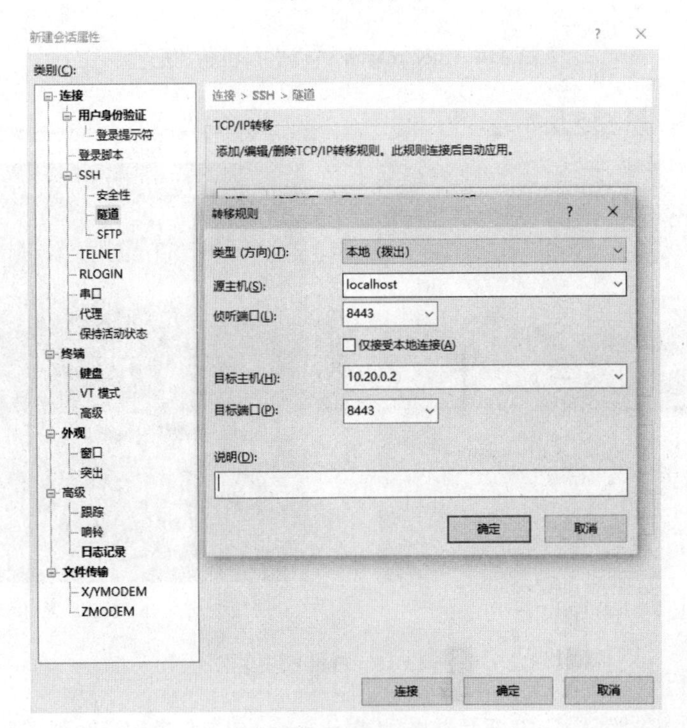

（b）新建 8443 端口隧道

图 13.16　通过 Xshell 进行 SSH 隧道设置

设置完成后在浏览器输入系统提示网址“htttps://10.20.0.2:8443”通过默认账户和密码访问 Web 端的 Fuel OpenStack 可视化界面，如图 13.17 所示。

图 13.17 通过默认账户和密码访问 Fuel OpenStack 可视化界面

由于默认的 OpenStack 源指向的是国外的网站，通常下载速度较慢，存在丢包的可能性，所以在新建 OpenStack 环境及部署组件之前将 OpenStack 源需要修改为本地源，提前下载好 bootstrap 包文件，通过 XFTP 工具将该文件传入 fuel-master 虚拟机，通过 fuel-bootstrap activate 命令激活，如图 13.18 所示。

```
anaconda-post-before-chroot.log        anaconda-post-partition.log
anaconda-post-configure-autologon.log  original-ks.cfg
[root@fuel ~]# cd active_bootstrap
[root@fuel active_bootstrap]# ls
initrd.img  metadata.yaml  root.squashfs  vmlinuz
[root@fuel active_bootstrap]# tar -zcvf active bootstrap.tar.gz initrd.img metadata.yaml root.squash
fs vmlinuz
tar: bootstrap.tar.gz: Cannot stat: No such file or directory
initrd.img
metadata.yaml
root.squashfs
vmlinuz
tar: Exiting with failure status due to previous errors
[root@fuel active_bootstrap]# tar -zcvf active_bootstrap.tar.gz initrd.img metadata.yaml root.squash
fs vmlinuz
initrd.img
metadata.yaml
root.squashfs
vmlinuz
[root@fuel active_bootstrap]# fuel-bootstrap import active_bootstrap.tar.gz
Try extract active_bootstrap.tar.gz to /tmp/tmp6JSDNr
Bootstrap image d01c72e6-83f4-4a19-bb86-6085e40416e6 has been imported.
[root@fuel active_bootstrap]# cd ..
[root@fuel ~]# cd active_bootstrap
[root@fuel active_bootstrap]# fuel-bootstrap activate d01c72e6-83f4-4a19-bb86-6085e40416e6
Starting new HTTP connection (1): 10.20.0.2
Starting new HTTP connection (1): 10.20.0.2
Starting new HTTP connection (1): 10.20.0.2
Starting new HTTP connection (1): 10.20.0.2
Bootstrap image d01c72e6-83f4-4a19-bb86-6085e40416e6 has been activated.
[root@fuel active_bootstrap]# fuel-bootstrap list
+--------------------------------------+--------------------------------------+--------+
| uuid                                 | label                                | status |
+--------------------------------------+--------------------------------------+--------+
| d01c72e6-83f4-4a19-bb86-6085e40416e6 | d01c72e6-83f4-4a19-bb86-6085e40416e6 | active |
+--------------------------------------+--------------------------------------+--------+
[root@fuel active_bootstrap]#
```

图 13.18 修改 OpenStack 源

（4）新建 OpenStack 环境，按需求进行自定义设置，如图 13.19 所示。

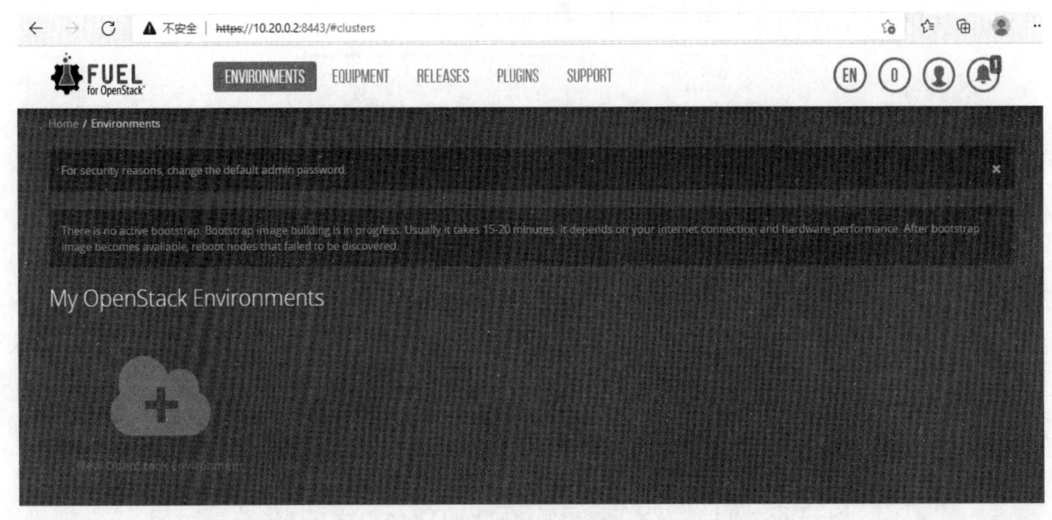

（a）OpenStack 初始界面

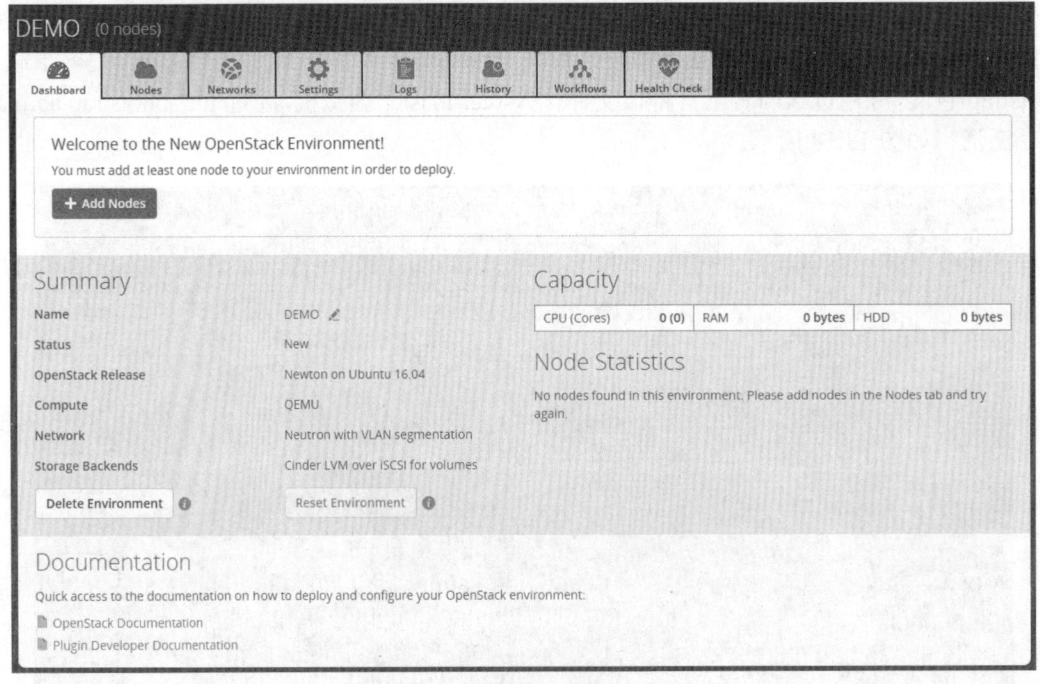

（b）设置 OpenStack 环境

图 13.19　新建 OpenStack 环境

13.4.4　OpenStack 的部署配置

OpenStack 环境建立完成之后，可以进行相关组件的部署。在 VirtualBox 上新建虚拟机并命名，设置网卡以及分配内存大小，可以测试建立一个 Controller 节点和一个 Compute 节点。Compute 节点的创建如图 13.20 所示。

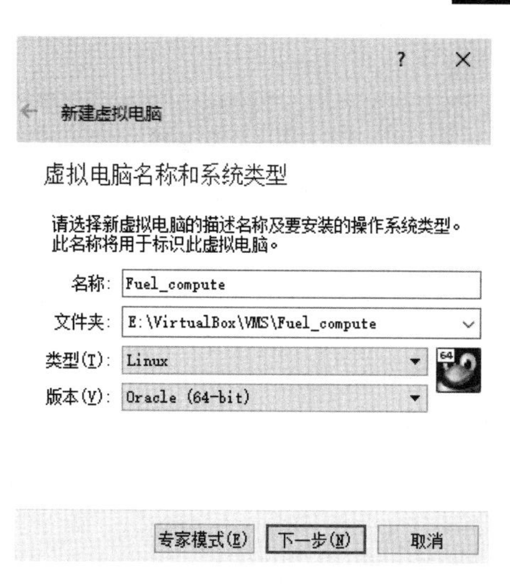

图 13.20　Compute 节点的创建

不选择盘片启动，初始化启动之后会在 Fuel 的 Web 端自动识别未分配的节点，如图 13.21 所示。

图 13.21　Fuel 自动识别未分配的节点

对未分配的节点进行设置，使节点间能够相互通信，如图 13.22 所示。

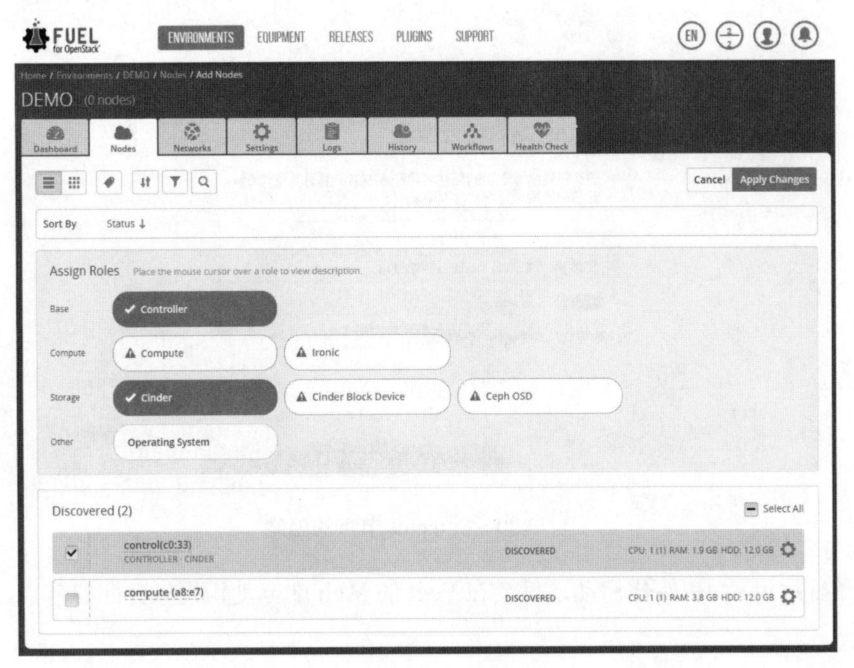

（a）Controller 节点的设置

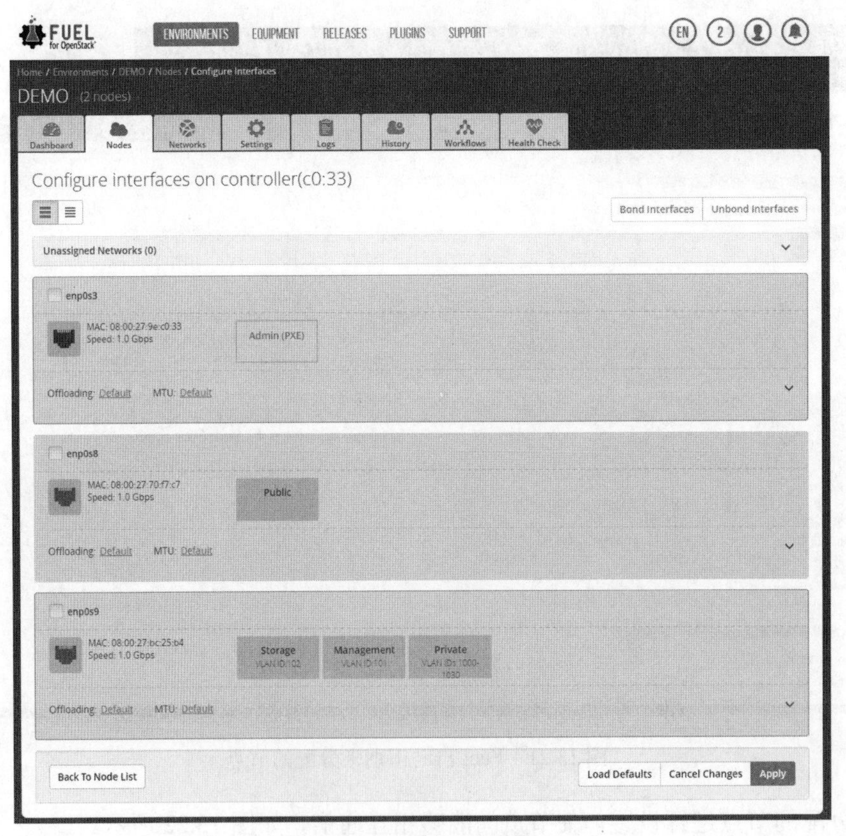

（b）节点的逻辑网络设置

图 13.22　对未分配的节点进行设置

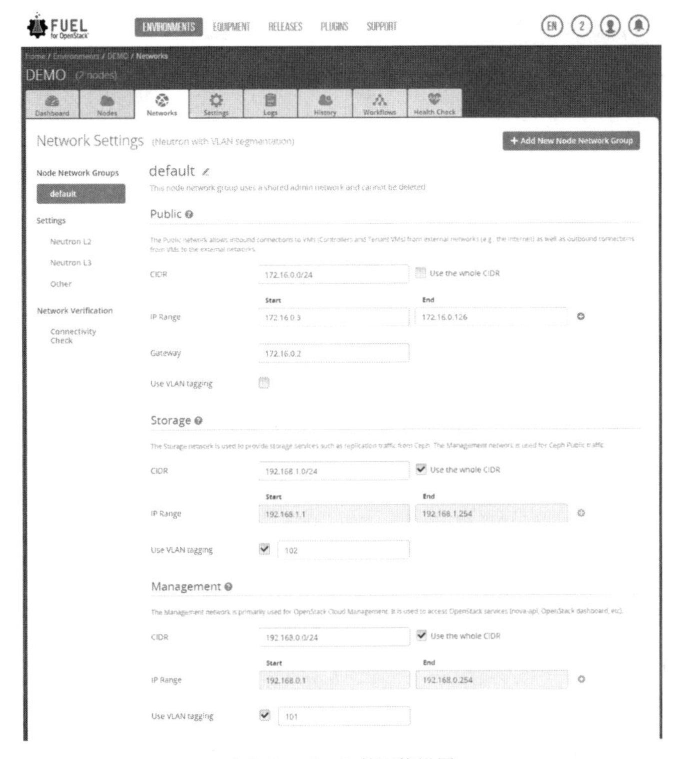

（c）OpenStack 的网络设置

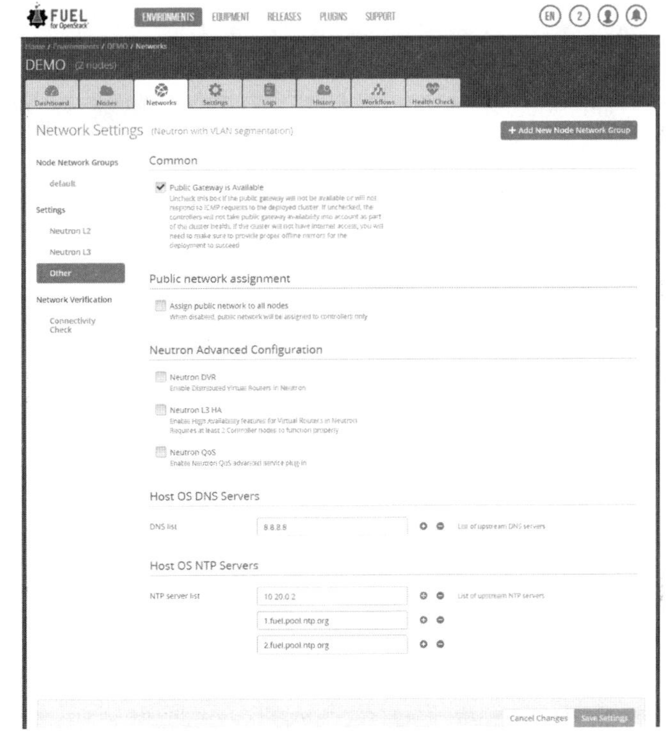

（d）主机服务器的设置

图 13.22　对未分配的节点进行设置（续）

保存设置之后进行网络验证，如图 13.23 所示。

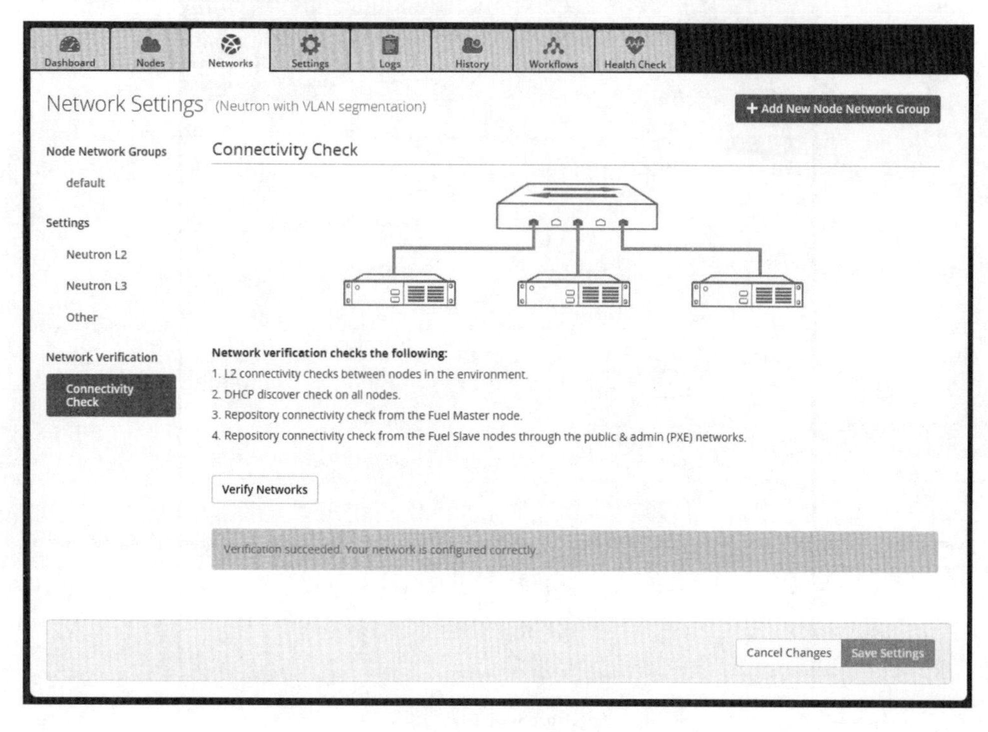

图 13.23　网络验证

最后进行节点部署，如图 13.24 所示。

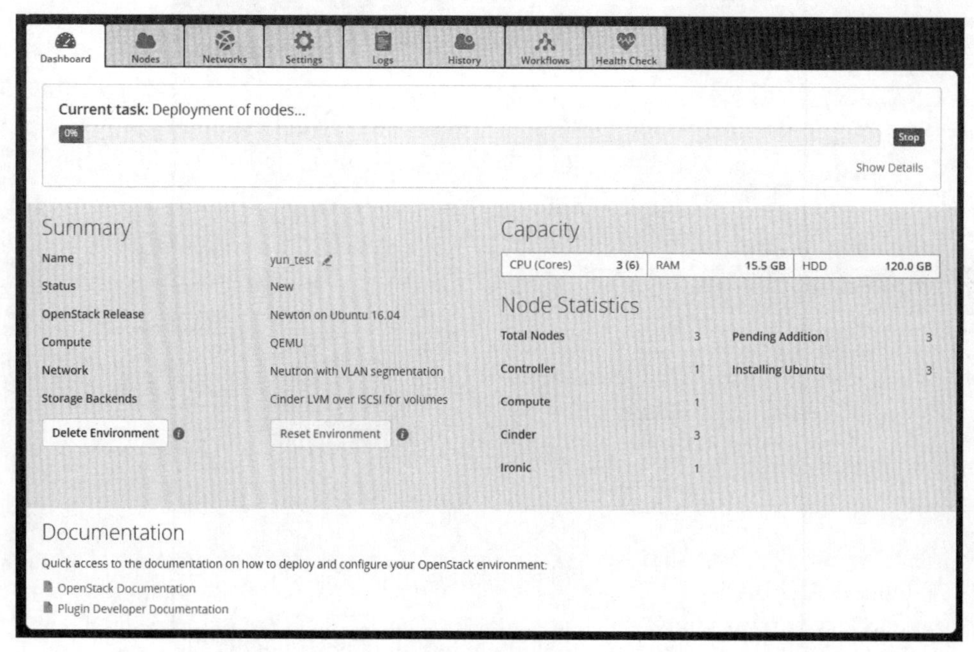

（a）节点部署进度

图 13.24　节点部署

（b）在节点安装 OpenStack

图 13.24　节点部署（续）

安装结束之后便可以在 Horizon 中查看节点的相关信息。至此，即可完成 OpenStack 的安装和部署。

13.5 本章小结

本章首先简单介绍了操作系统的基本概念、发展情况，特别介绍了物联网操作系统等新型操作系统；接着重点介绍了云操作系统 OpenStack 的体系架构及核心组件；最后介绍了如何通过 Fuel 来安装和部署 OpenStack。

本章参考文献

[1] 黄刚，徐小龙，段卫华．操作系统教程[M]．北京：人民邮电出版社，2009.

[2] 云操作系统[EB/OL]．[2021-07-12]．https://baike.baidu.com/item/云 OS?fromtitle=云操作系统&fromid=7895471.

[3] 黄海峰．推出 FusionSphere5.0：华为助力客户业务走向“云端”[J]．通信世界，2014(27):18.

[4] CloudStack [EB/OL]. [2021-07-13]. https://baike.baidu.com/item/CloudStack.

[5] OpenStack [EB/OL]. [2021-07-13]. https://baike.baidu.com/item/OpenStack.

第 14 章 云仿真平台 CloudSim

14.1 仿真平台概览

14.1.1 仿真的基本概念

仿真（Simulation）[1]又称为模拟，是利用模型复现实际系统及其发生的现象或过程，并通过对系统模型的实验来研究已经存在的或设计中的系统。

仿真的过程包括建立仿真模型和进行仿真实验两个主要步骤。

（1）建立仿真模型。仿真模型是被仿真对象的相似物或其结构形式。仿真模型可以是物理模型或数学模型，但并不是所有对象都能建立物理模型。例如，为了研究飞行器的动力学特性，在地面上只能用计算机来仿真，因此首先要建立对象的数学模型，然后将它转换成适合计算机处理的形式，即仿真模型。具体地说，计算机应将数学模型转换成程序。

（2）进行仿真实验。通过实验可观察系统模型各变量变化的全过程。为了寻求系统的最优结构和参数，常常要在仿真模型上进行多次实验。在系统的设计阶段，人们大多利用计算机进行数学仿真实验，修改、变换模型比较方便和经济。

在部件研制阶段，可用已研制的实际部件或子系统去代替部分计算机仿真模型进行半实物仿真实验，以提高仿真实验的可信度。在系统研制阶段，大多进行半实物仿真实验，以修改各部件或子系统的结构和参数。在个别情况下，可进行全物理的仿真实验，这时计算机仿真模型全部被物理模型或实物所代替。全物理仿真具有更高的可信度，但成本较高。

仿真三要素为系统、模型和计算机。系统很广泛，包括电气、机械、化工、水力、热力等系统，也包括社会、经济、生态、管理等系统，系统是研究的对象。模型包括物理的和数学的、静态的和动态的、连续的和离散的各种模型，模型是系统的抽象。计算机则是工具与手段。

仿真可以按不同原则来进行分类：

（1）按所用模型的类型，可以分为物理仿真、计算机仿真、半实物仿真。

（2）按所用计算机的类型，可以分为模拟仿真、数字仿真和混合仿真。

（3）按仿真对象中的信号流，可以分为连续系统仿真和离散系统仿真。

（4）按仿真时间与实际时间的比例关系，可以分为实时仿真、超实时仿真和亚实时仿真。

典型的仿真工具是 MATLAB。MATLAB 是美国 MathWorks 公司推出的商业数学软件，用于算法开发、数据可视化、数据分析和数值计算的高级技术计算语言与交互式环境，主要包括 MATLAB 和 Simulink 两大部分。

MATLAB 还与 Mathematica、Maple 并称为三大数学计算软件。MATLAB 可以进行矩阵运算、绘制函数和数据、实现算法、创建用户界面、连接其他编程语言的程序等，主要应用于工程计算、控制设计、信号处理与通信、图像处理、信号检测、金融建模设计与分析等领域。MATLAB 的基本数据单位是矩阵，它的指令表达式与数学、工程中常用的形式十分相似，所以用 MATLAB 来解算问题要比用 C、Java 等语言完成相同的任务更加便捷；在 MATLAB 的后续版本中还加入了对 C、C++、Java 等语言的支持。

14.1.2　云仿真平台介绍

随着云计算技术的普及，越来越多的科研人员投入到了云计算技术的研究中。但是，广大科研人员不易接触到真实大规模的云计算环境来开展实验研究。针对这种情况，云仿真平台应运而生。典型的云仿真平台大都采用软件的方式来实现，能够在一台计算机上模拟出一个由服务器集群构成的大规模云数据中心，可对云数据中心的任务、资源进行自由设置，还配备了易于用户使用的可视化交互界面，并开放了多种编程接口，具有良好的模拟结果。

目前广泛使用的云仿真平台包括：

1．FireSim[2]

随着云数据中心趋向于多样化，并采用定制硬件加速器和越来越高的高性能互联设备。设计符合需求的硬件成本高昂，过程缓慢。加利福尼亚大学伯克利分校的计算机架构研究小组开发了新的硬件模拟平台——FireSim，它可以基于 Amazon EC2 进行快速、可伸缩的硬件模拟。

FireSim 为研究大规模系统的硬件和软件开发人员提供了便利。软件开发人员可以使用新的硬件特性来模拟节点，就像使用一台真正的机器一样；硬件开发人员可以完全控制硬件模拟，可以运行真实的软件栈，即使硬件仍处于开发阶段。

FireSim 的研究团队持续改进 FireSim 平台，以便适合未来的云数据中心架构，支持更复杂的处理器、自定义加速器、网络模型和外围设备，除此之外还可以扩展到更多的现场可编程门阵列（Field-Programmable Gate Array，FPGA），允许用户修改硬件/软件堆栈的任何部分。

2．GreenCloud[3]

GreenCloud 主要用于云数据中心的能耗分析研究。GreenCloud 在数据包级别的网络模拟器 NS2 的基础上，进行了功能扩展。与 CloudSim、CloudAnalyst 等云仿真平台有所不同，GreenCloud 不仅抽取、聚合了云数据中心中的计算组件和通信组件的能耗，还考虑了当前和未来云数据中心的通信模式。在云数据中心中，仅有一小部分的能耗直接来自服务器，还有一大部分的能耗来自链路之间通信状态的维护和网络设备的运作，其余的能量则被零散系统消耗，以及系统产生了热量进一步引发温控设备的能耗。在 GreenCloud 中，将能源的开销划分成了三个部分：计算能耗组件、通信能耗组件，以及与云数据中心物理结构相关的能耗组件。

GreenCloud 重点关注节能，能耗模型的建立则显得尤其重要。GreenCloud 为云数据中心的每个组件（计算服务器和机架交换机等）都提供了能耗模型。能耗模型可以在数据包级别上进行操作，当新的数据包到达或离开链路时，或任务在物理主机上开始或完成时，允许更新相应层级上的能耗状态。

3. CloudAnalyst[4]

CloudAnalyst 可以方便地开展大量云计算相关实验并且降低成本，CloudAnalyst 的目标是在当前配置下实现各个用户群和云数据中心之间的最优调度。

CloudAnalyst 具有简单易操作的用户界面，可以灵活配置、模拟所需的属性，能够重复进行实验，实现图形化的结果输出，具有高可靠性和扩展性。

CloudAnalyst 中组件将全球划分为 6 个区域，其中的云数据中心以及用例模型都位于这 6 个区域中，它所包含的网络组件模拟了真实世界的网络属性，包括了网络传输延时和带宽等。CloudAnalyst 中的调度算法有轮转算法、动态监控算法和节流分配算法。

14.2 CloudSim 简介

CloudSim[5]是由澳大利亚墨尔本大学的网格实验室和 Gridbus 项目共同推出的开源云计算仿真平台，CloudSim 是基于 Java 语言开发的，可实现跨平台运行。CloudSim 在 GridSim、SimGrid、OptorSim 和 GangSim 的基础上进行了开发和改进。

CloudSim 有助于加快面向云计算平台的算法设计与测试速度，可降低开发的成本。用户可以通过 CloudSim 提供的众多核心类来进行大规模的云计算基础设施的建模与仿真，包括云数据中心的创建、云任务的提交、服务代理的模拟、调度策略的仿真设计等。

CloudSim 自推出以来，目前已经历了从 1.0 版到 5.0 版的变化。

（1）从 1.0 版到 2.0 版的主要变化是建立了新的仿真核心，CloudSim 能够可控地创建线程，伸缩性也得到了改善，同时改进了调度器，提高了仿真结果的准确性，增加了包括能耗感知模拟、联合模拟和网络模拟。

（2）从 2.0 版到 2.1 版，更改了目录结构，将整个项目迁移到 Apache Maven 中，项目符合 Maven 规范；从 2.1 版到 3.0 版时，变更了新的 VM 调度策略，搭建了新的云数据中心网络模型，新的能耗模型添加了 VM 类和 Cloudlet 类，添加了支持用户自定义仿真结束功能，同时支持外部工作负载和工作负载的跟踪。

（3）从 3.0 版到 4.0 版，一个重大变化是增加了对容器、虚拟机的支持。

（4）从 4.0 版到 5.0 版，主要增加了容器、虚拟机扩展、性能监控等功能。

14.3 CloudSim 架构与核心类

14.3.1 体系架构

CloudSim 提供了一个通用的、可扩展的模拟框架，支持云计算基础设施和应用服务的无缝建模、模拟和实验。CloudSim 的底层是离散事件模拟引擎 SimJava，负责执行高层模拟框架的核心功能，如查询和处理事件、系统组件（包括服务、客户端、数据中心、代理和虚拟机）的创建、不同组件之间的通信、模拟时钟的管理等。

SimJava 的上一层是 GridSim，该层支持高层软件组件，可建模多个网格基础设施，包括网络流量文件、基础的网格组件（如资源、数据集、负载测量和信息服务）。CloudSim 层在 GridSim 层上执行，它扩展由 GridSim 提供的核心功能。

CloudSim 层提供虚拟机、内存、存储和带宽等管理接口。CloudSim 层在模拟阶段管理虚拟机、客户端、数据中心、应用的实例和执行，能够并发地实例化和透明地管理大规模云基础设施中的数以千计的系统组件。CloudSim 的体系结构如图 14.1 所示。

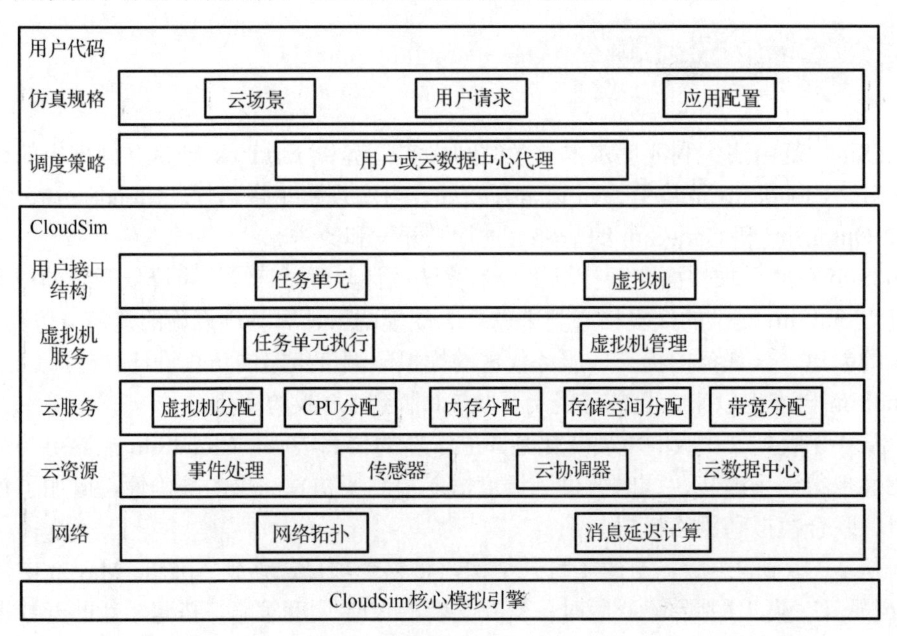

图 14.1 CloudSim 的体系结构

14.3.2 核心类介绍

CloudSim 提供了一系列核心类来模拟云计算平台的扩展，可模拟云计算基础设施和管理服务，实现资源调度算法在大规模云计算平台上的建模和仿真。

（1）Cloudlet 类用来构建云平台上的任务。

（2）DataCenter 类用来构建云数据中心，提供虚拟化的网格资源，处理虚拟机信息的查询，实现虚拟机对资源的分配策略。

（3）DataCenterBroker 类用来透明化地管理虚拟机，如创建任务、提交任务、销毁虚拟机等。

（4）Host 类用来扩展主机对虚拟机中除处理单元之外的参数分配策略，如带宽、存储空间、内存等，一台主机可对应多台虚拟机。

（5）VirtualMachine 类用来构建虚拟机，虚拟机运行在主机上，与其他虚拟机共享资源，每台虚拟机由一个拥有者所有，可提交任务，并由 VMScheduler 类定制该虚拟机的调度策略。

（6）VMScheduler 类用来定制虚拟机的调度策略，管理执行任务，实现任务接口。

（7）VMCharacteristics 类用来描述虚拟机。

（8）VMMAllocationPolicy 类是虚拟机监视器策略类，用来定制同一主机上的多台虚拟机共享资源的策略。

（9）VMProvisioner 类用来实现云数据中心的主机到虚拟机的映射。

作为一种云仿真平台，在算法、软件实际部署之前，CloudSim 能够在可重复和可控的虚拟环境中反复测试云计算平台性能的好坏，并能够在部署云计算平台之前调整好性能参数。

14.4　CloudSim 的安装与部署

14.4.1　CloudSim 安装包的获取

用户可以在 GitHub 上下载包括源代码、示例、jar 和 API 文档在内的 CloudSim 安装包。不同版本的 CloudSim 下载如图 14.2 所示。

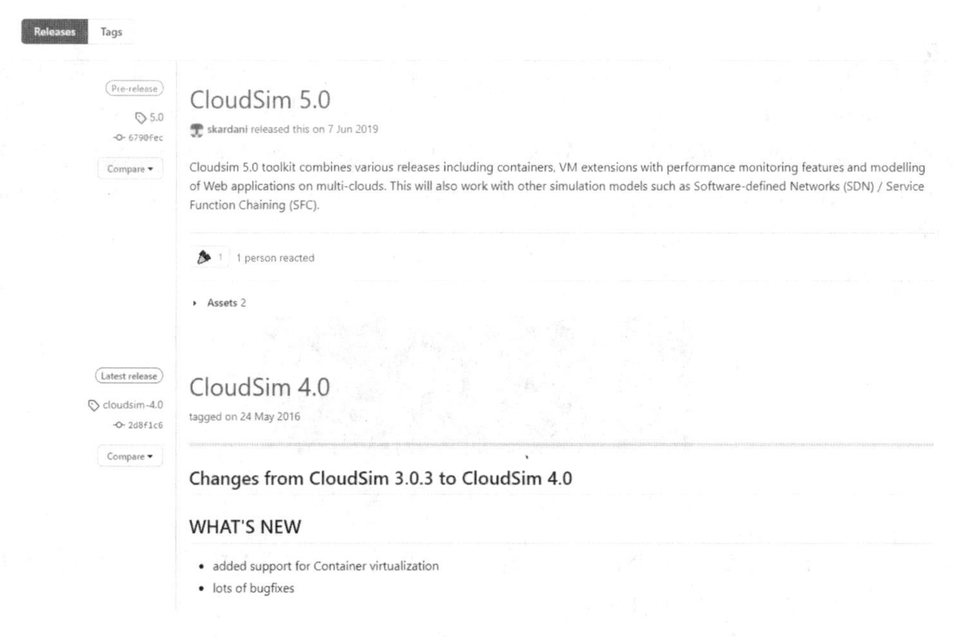

图 14.2　不同 CloudSim 版本的下载

14.4.2 CloudSim 对安装环境的要求

安装 CloudSim 的软硬件要求如下：

（1）由于 CloudSim 是基于 Java 语言开发的，所以需要在计算机上安装 Java 的工具包及其编辑器。

（2）由于 CloudSim 自 2.0 版之后将项目迁移到了 Apache Maven 中，所以需要提前安装和部署 Maven。无论 Windows 操作系统还是 Linux 操作系统，均可进行基于 CloudSim 的云仿真。

（3）在硬件配置方面，要求 CPU 双核 2.6 GHz 及以上、内存 2 GB 及以上。

本书选择在 64 位 Windows10 专业版上安装 CloudSim，硬件配置为 AMD5800XCPU、16 GB 内存、1 TB 硬盘。

14.4.3 CloudSim 的安装过程

CloudSim 是基于 Java 语言开发的，因此要先配置 Java 环境，并安装 IDEA。JDK 版本为 16.0.1，IDEA 版本为 2021.1.1Ultimate Edition。

CloudSim 的安装过程如下：

（1）CloudSim 所用到的外部类库 jar 包是通过 Maven 进行管理的，因此需要先安装 Maven。下载 Maven 的可执行 Binary3.8.1 版本进行解压缩，在计算机的“属性”中设置环境变量，完成即可在命令行窗口中输入“mvn –version”查看版本，如图 14.3 所示。

```
Apache Maven 3.8.1 (05c21c65bdfed0f71a2f2ada8b84da59348c4c5d)
Maven home: E:\maven\apache-maven-3.8.1\bin\..
Java version: 1.8.0_291, vendor: Oracle Corporation, runtime: D:\Program Files\Java\jdk-1.8.0_291\jre
Default locale: zh_CN, platform encoding: GBK
OS name: "windows 10", version: "10.0", arch: "amd64", family: "windows"
```

图 14.3 查看 Maven 版本

（2）配置本地仓库。首先自定义一个文件夹作为 Maven 本地仓库，命名为“Maven-repository”；其次在“apache-Maven-3.8.1\conf”文件夹下对 settings.xml 文件进行编辑，在节点 localRepository 的注释外添加“<localRepository>Maven-repository”的路径“</localRepository>”，本地仓库起到文件缓冲的作用；最后配置镜像，例如，在 settings.xml 文件中的 mirrors 节点添加阿里云服务器镜像。在命令行窗口中输入“mvn help:system”查看本地仓库是否配置成功，如图 14.4 所示。

[INFO] --
[INFO] BUILD SUCCESS
[INFO] --
[INFO] Total time: 2.954 s
[INFO] Finished at: 2021-07-19T13:38:37+08:00
[INFO] --

图 14.4 查看本地仓库是否配置成功

（3）从 GitHub 获取到 CloudSim5.0 安装包并解压缩，在 IDEA 中将解压缩后的安装包作为 Maven 项目导入即可，如图 14.5 所示。

（4）在运行项目之前，需要先在 IDEA 中更改 Maven 的安装版本，以及本地仓库的默认路径，如图 14.6 所示。

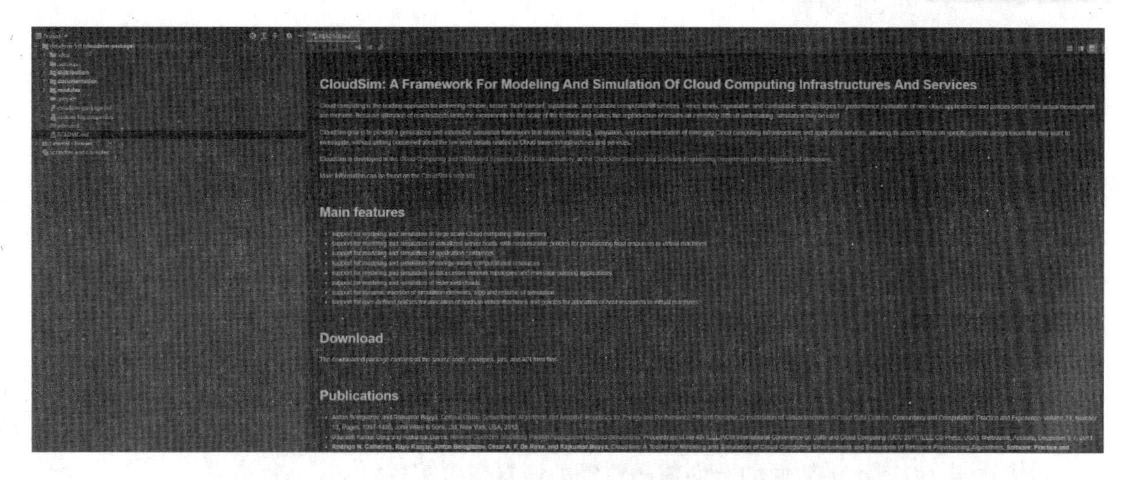

图 14.5　导入解压缩后的 CloudSim5.0 安装包

图 14.6　更改 Maven 的安装版本以及本地仓库的默认路径

至此便完成了 CloudSim 的安装。

14.4.4　CloudSim 实例的运行

CloudSim 的调度是指选择满足条件的主机，并在该主机上创建执行任务所需要的虚拟机的过程，这个过程由云数据中心负责。抽象类 VMAllocationPolicy 表示资源调度的过程，可以通过继承该类实现自己的调度策略。

在 CloudSim 中，实现了一种简单的调度策略 VMAllocationPolicySimple，可以从主机列表中选择合适的主机，并在其上创建所需的虚拟机，主要过程包含如下步骤：

步骤 1：从所有的主机中选出可用 CPU 核数最多的一台主机，并在其上创建虚拟机。

步骤 2：如果步骤 1 执行失败且还有主机没有被试过，就排除当前选定的这台主机，重新执行步骤 1。

步骤 3：如果创建虚拟机成功，则返回 True；否则返回 False。

在 CloudSim5.0 安装包中提供了 8 个示例代码。

示例代码 1：展示了如何通过一台主机创建一个云数据中心并在其上运行一个 Cloudlet。

示例代码 2：展示了如何通过一台主机运行两个云数据中心。

示例代码 3：展示了如何创建具有不同 MIPS 执行速度的虚拟机。

示例代码 4：展示了如何创建两个云数据中心。

示例代码 5：展示了如何运行两个用户的 Cloudlet。

示例代码 6：展示了如何创建可伸缩的实例。

示例代码 7：展示了如何动态创建、暂停和恢复模拟实体。

示例代码 8：展示了如何在运行时使用全局管理器（GlobalBroker）动态创建仿真实体。

进行 CloudSim 仿真前的准备工作包括：首先初始化 CloudSim 的工具包，创建云数据中心 DataCenter 和代理 DataCenterBroker；然后创建虚拟机列表 VmList，将虚拟机列表提交到云数据中心和代理；接着创建云任务列表 CloudletList；最后将云任务列表提交给云数据中心和代理。

CloudSim5.0 安装包内的资源如图 14.7 所示。

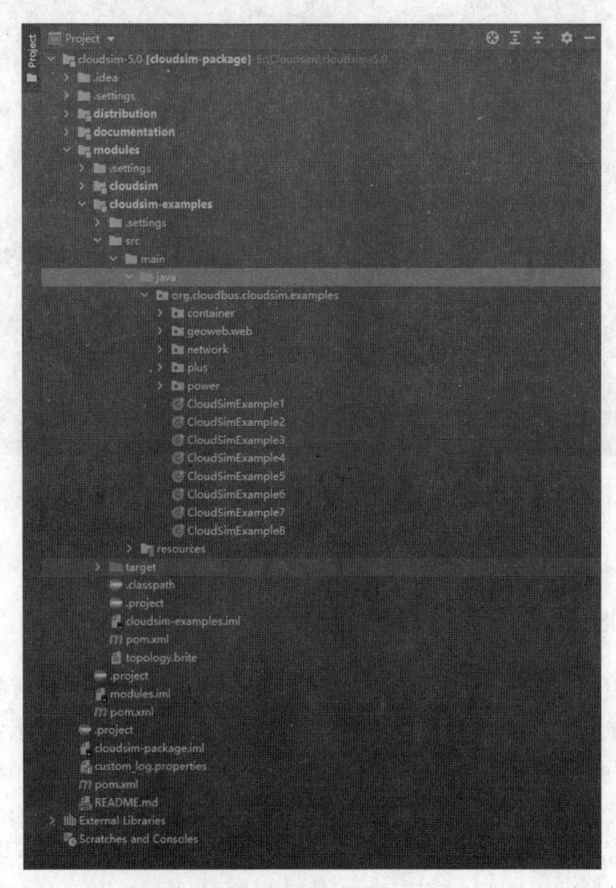

图 14.7　CloudSim5.0 安装包内的资源

在进行 CloudSim 仿真时，首先需要对 CloudSim 的核心类参数进行初始化，主要有 4 个核心类，分别是主机类 Host、云数据中心类 DataCenter、虚拟机类 VirtualMachine 和云任务列表类 Cloudlet。

Host 参数包括 ID、CPU、内存、带宽、外存等，Host 参数的定义及初始化代码如下：

```
int hostId = 0;
int ram = 2048;                          //Host memory (MB)
long storage = 1000000;                  //Host storage
int bw = 10000;
hostList.add( new Host(
      hostId,
      new RamProvisionerSimple(ram),
      new BwProvisionerSimple(bw),
      storage,
      peList,
      new VmSchedulerTimeShared(peList)));
```

DataCenter 参数包括主机架构、操作系统、虚拟机监视器种类、时区、CPU 的使用费用、内存的使用费用、外存的使用费用、带宽的使用费用等。DataCenter 参数的定义及初始化代码如下：

```
String arch = "x86";                 //system architecture
String os = "Linux";                 //operating system
String vmm = "Xen";
double time_zone = 10.0;             //time zone this resource located
double cost = 3.0;                   //the cost of using processing in this resource
double costPerMem = 0.05;            //the cost of using memory in this resource
double costPerStorage = 0.001;       //the cost of using storage in this
//resource
double costPerBw = 0.0;              //the cost of using bw in this resource
LinkedList<Storage> storageList = new LinkedList<Storage>(); //we are not adding SAN
//devices by now

DatacenterCharacteristics characteristics = new DatacenterCharacteristics(
      arch, os, vmm, hostList, time_zone, cost, costPerMem, costPerStorage, costPerBw);

//we need to create a PowerDatacenter object.
Datacenter datacenter = null;
try {
      datacenter = new Datacenter(name, characteristics, new VmAllocationPolicySimple(hostList),
                                 storageList, 0);
} catch (Exception e) {
      e.printStackTrace();
}
```

VirtualMachine 参数包括 ID、MIPS、镜像大小、内存大小、带宽、CPU 数、虚拟机命名等。VirtualMachine 参数的定义及初始化代码如下：

```
//VirtualMachine properties
int vmid = 0;
int mips = 1000;
long size = 10000;                    //image size (MB)
int ram = 512;                        //vm memory (MB)
long bw = 1000;
int pesNumber = 1;                    //number of cpus
String vmm = "Xen";                   //VMM name

//create VM
Vm vm = new Vm(vmid, brokerId, mips, pesNumber, ram, bw, size, vmm,
                new CloudletSchedulerTimeShared());

//add the VM to the vmList
vmlist.add(vm);

//submit vm list to the broker
broker.submitVmList(vmlist);
```

Cloudlet 参数包括编号、执行时的应用长度、用到的 CPU 数量、提交应用前的文件大小、应用执行完成后的文件大小、CPU 和内存的使用模型/策略、网络带宽的使用模型/策略等。Cloudlet 参数的定义及初始化代码如下：

```
//Cloudlet properties
int id = 0;
long length = 400000;
long fileSize = 300;
long outputSize = 300;
UtilizationModel utilizationModel = new UtilizationModelFull();

Cloudlet cloudlet = new Cloudlet(id, length, pesNumber, fileSize, outputSize,
                        utilizationModel, utilizationModel, utilizationModel);
cloudlet.setUserId(brokerId);
cloudlet.setVmId(vmid);

//add the cloudlet to the list
cloudletList.add(cloudlet);

//submit cloudlet list to the broker
broker.submitCloudletList(cloudletList);
```

下面对示例代码 4 进行测试。

（1）初始化以下内容：

```
ArrayList<SimEntity> entities;//标识模拟实体的数组列表，模拟实体对象保存了名称、ID、时间、SimEvent、状态（处于运行、等待、保持或结束状态）
LinkedHashMap<String,SimEntity> entitiesByName;    //链表 Hash 映射，表示相同模拟实体的LinkedHashMap
```

```
FutureQueue future;                              //事件 SimEvent 队列
DeferredQueue deferred;                          //事件 SimEvent 队列
HashMap<Integer,Predicate> waitPredicated;       //从队列中选择特定事件
clock=0;                                         //设置模拟时钟为 0
```

（2）当 initialize()完成后，在 initCommonVariable 方法中创建一个 CloudSimShutdown 实例（该实例是从 SimEntity 派生而来的），将该实例添加到模拟实体中后，其 ID 会变为 0（原来为-1）。集合 entities 和 entitiesByName 使用 SimEntity 更新。此时，initCommonVariable 方法执行完成。

（3）使用 init 方法创建一个 CloudInformationService 实例（该实例也是从 SimEntity 派生而来的），将该实例添加到模拟实体中后，SimEntity 的 ID 会变为 1（初始化时其 ID 为-1），根据 SimEntity 可更新 entities 和 entitiesByName。

以下代码实现了在 1 台主机中创建并运行 2 个云数据中心，结果如图 14.8 所示。

```
private static Datacenter createDatacenter(String name){
//Here are the steps needed to create a PowerDatacenter:
    //1. We need to create a list to store
    //our machine
    List<Host> hostList = new ArrayList<Host>();
    //2. A Machine contains one or more PEs or CPUs/Cores.
    //In this example, it will have only one core.
    List<Pe> peList = new ArrayList<Pe>();
    int mips = 1000;
    //3. Create PEs and add these into a list.
    peList.add(new Pe(0, new PeProvisionerSimple(mips))); //need to store Pe id and MIPS Rating
    //4. Create Host with its id and list of PEs and add them to the list of machines
    int hostId=0;
    int ram = 2048;                      //host memory (MB)
    long storage = 1000000;              //host storage
    int bw = 10000;
    hostList.add(new Host(
        hostId,
        new RamProvisionerSimple(ram),
        new BwProvisionerSimple(bw),
        storage,
        peList,
        new VmSchedulerTimeShared(peList))); //This is our machine
    //5.  Create a DatacenterCharacteristics object that stores the
    //properties of a data center: architecture, OS, list of
    //Machines, allocation policy: time- or space-shared, time zone
    //and its price (G$/Pe time unit).
    String arch = "x86";                 //system architecture
    String os = "Linux";                 //operating system
    String vmm = "Xen";
    double time_zone = 10.0;             //time zone this resource located
    double cost = 3.0;                   //the cost of using processing in this resource
    double costPerMem = 0.05;            //the cost of using memory in this resource
    double costPerStorage = 0.001;       //the cost of using storage in this resource
    double costPerBw = 0.0;              //the cost of using bw in this resource
```

```
        //we are not adding SAN devices by now
        LinkedList<Storage> storageList = new LinkedList<Storage>();
        DatacenterCharacteristics characteristics = new DatacenterCharacteristics(
                arch, os, vmm, hostList, time_zone, cost, costPerMem, costPerStorage, costPerBw);
        //6. Finally, we need to create a PowerDatacenter object.
        Datacenter datacenter = null;
        try {
            datacenter = new Datacenter(name, characteristics, new VmAllocationPolicySimple(hostList),
                                        storageList, 0);
        } catch (Exception e) {
            e.printStackTrace();
        }
        return datacenter;
    }
```

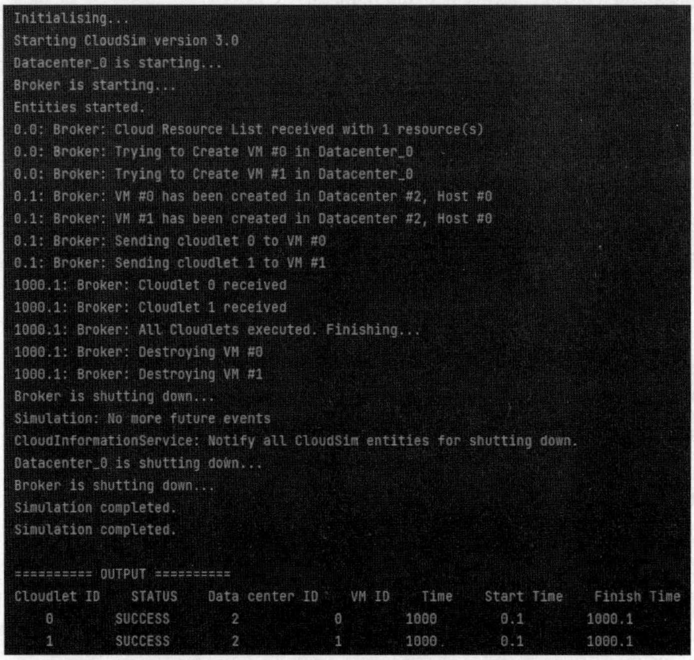

```
Initialising...
Starting CloudSim version 3.0
Datacenter_0 is starting...
Broker is starting...
Entities started.
0.0: Broker: Cloud Resource List received with 1 resource(s)
0.0: Broker: Trying to Create VM #0 in Datacenter_0
0.0: Broker: Trying to Create VM #1 in Datacenter_0
0.1: Broker: VM #0 has been created in Datacenter #2, Host #0
0.1: Broker: VM #1 has been created in Datacenter #2, Host #0
0.1: Broker: Sending cloudlet 0 to VM #0
0.1: Broker: Sending cloudlet 1 to VM #1
1000.1: Broker: Cloudlet 0 received
1000.1: Broker: Cloudlet 1 received
1000.1: Broker: All Cloudlets executed. Finishing...
1000.1: Broker: Destroying VM #0
1000.1: Broker: Destroying VM #1
Broker is shutting down...
Simulation: No more future events
CloudInformationService: Notify all CloudSim entities for shutting down.
Datacenter_0 is shutting down...
Broker is shutting down...
Simulation completed.
Simulation completed.

========== OUTPUT ==========
Cloudlet ID    STATUS    Data center ID    VM ID    Time    Start Time    Finish Time
    0         SUCCESS         2              0      1000       0.1          1000.1
    1         SUCCESS         2              1      1000       0.1          1000.1
```

图 14.8　在 1 台主机中创建并运行 2 个云数据中心

以下代码创建了 2 个云数据中心，每个云数据中心各有 1 台主机，结果如图 14.9 所示。

```
    private static DatacenterBroker createBroker(){
    DatacenterBroker broker = null;
        try {
            broker = new DatacenterBroker("Broker");
        } catch (Exception e) {
            e.printStackTrace();
            return null;
        }
        return broker;
    }
    /* Prints the Cloudlet objects
```

```
    * @param list    list of Cloudlets*/
    private static void printCloudletList(List<Cloudlet> list) {
    int size = list.size();
        Cloudlet cloudlet;
        String indent = "       ";
        Log.printLine();
        Log.printLine("========== OUTPUT ==========");
        Log.printLine("Cloudlet ID" + indent + "STATUS" + indent +
                    "Data center ID" + indent + "VM ID" + indent + "Time" +
                    indent + "Start Time" + indent + "Finish Time");
        DecimalFormat dft = new DecimalFormat("###.##");
        for (int i = 0; i < size; i++) {
            cloudlet = list.get(i);
            Log.print(indent + cloudlet.getCloudletId() + indent + indent);
            if (cloudlet.getCloudletStatus() == Cloudlet.SUCCESS){
                Log.print("SUCCESS");
                Log.printLine( indent + indent + cloudlet.getResourceId() + indent + indent +
                            indent + cloudlet.getVmId() +indent + indent +
                            dft.format(cloudlet.getActualCPUTime()) + indent +
                            indent + dft.format(cloudlet.getExecStartTime())+
                            indent + indent + dft.format(cloudlet.getFinishTime()));
                }
            }
        }
    }
```

```
Initialising...
Starting CloudSim version 3.0
Datacenter_0 is starting...
Datacenter_1 is starting...
Broker is starting...
Entities started.
0.0: Broker: Cloud Resource List received with 2 resource(s)
0.0: Broker: Trying to Create VM #0 in Datacenter_0
0.0: Broker: Trying to Create VM #1 in Datacenter_0
[VmScheduler.vmCreate] Allocation of VM #1 to Host #0 failed by MIPS
0.1: Broker: VM #0 has been created in Datacenter #2, Host #0
0.1: Broker: Creation of VM #1 failed in Datacenter #2
0.1: Broker: Trying to Create VM #1 in Datacenter_1
0.2: Broker: VM #1 has been created in Datacenter #3, Host #0
0.2: Broker: Sending cloudlet 0 to VM #0
0.2: Broker: Sending cloudlet 1 to VM #1
160.2: Broker: Cloudlet 0 received
160.2: Broker: Cloudlet 1 received
160.2: Broker: All Cloudlets executed. Finishing...
160.2: Broker: Destroying VM #0
160.2: Broker: Destroying VM #1
Broker is shutting down...
Simulation: No more future events
CloudInformationService: Notify all CloudSim entities for shutting down.
Datacenter_0 is shutting down...
Datacenter_1 is shutting down...
Broker is shutting down...
Simulation completed.
Simulation completed.

========== OUTPUT ==========
Cloudlet ID    STATUS    Data center ID    VM ID    Time    Start Time    Finish Time
    0          SUCCESS        2              0       160       0.2           160.2
    1          SUCCESS        3              1       160       0.2           160.2
```

图 14.9　2 个云数据中心中各有 1 台主机

14.5 本章小结

本章主要介绍了仿真的基本概念、云仿真平台 CloudSim 和实例的测试运行。首先介绍了仿真的定义及其作用；接着介绍了常用的仿真工具和具有代表性的云仿真平台；然后重点介绍了 CloudSim 的产生和发展，其架构及核心类；最后介绍了 CloudSim 的安装与实例运行。

本章参考文献

[1] 仿真 [EB/OL]．[2021-07-12]．https://baike.baidu.com/item/仿真/4330029.

[2] Sagar K, Howard M, Donggyu K, et al. FireSim: Fpga-Accelerated Cycle-Exact Scale-Out System Simulation in the Public Cloud[J]. IEEE Micro,2019,39(3):12-15.

[3] 王霞俊．云计算仿真工具分析与比较[J]．信息技术，2014(5):39-42.

[4] 张思颖．兼顾负载均衡的虚拟机节能调度算法研究[D]．成都：电子科技大学，2014.

[5] CloudSim [EB/OL]．[2021-07-13]．https://baike.baidu.com/item/CloudSim.

第 15 章 分布式大数据处理平台 Hadoop

15.1 分布式系统概览

15.1.1 分布式系统的基本概念

分布式系统[1]是建立在网络之上的一种软件系统。在分布式系统中，多台独立的计算机展现给用户的是一个统一的整体。面向云计算的分布式系统的重点是分布式存储以及分布式计算。

1．分布式存储

海量的大数据中隐藏着许多信息，分析海量的大数据可得到知识。在进行分析之前，首先要做的就是存储海量的大数据。传统的集中式存储方式因其容量小、可靠性低、成本高等特点已经无法满足海量大数据的存储需求，分布式存储应运而生。

2．分布式计算

随着数据规模的不断扩大，单机的计算能力已经无法满足大规模数据的计算需求，如何将多台机器的计算能力联合起来以满足日益增长的计算能力需求，是目前云计算领域的研究热点之一。

分布式计算是一种与集中式计算相对的计算方式。随着计算技术的发展，有些应用需要非常巨大的计算能力才能完成，如果采用集中式计算，则需要耗费相当长的时间。分布式计算将该应用分解成许多小的任务，并将这些小的任务分配给多台计算机进行处理，这样可以节约整体计算时间，提高计算效率。

与集中式计算相比，分布式计算具有以下优点：

（1）可以共享稀有资源。

（2）通过分布式计算可以在多台计算机上平衡计算负载。

（3）将程序部署在最适合运行的计算机上。

（4）与昂贵的并行计算机相比，价格便宜。

利用分布式计算平台，通过互联网等渠道，既可以分析来自外太空的电信号，寻找隐蔽的黑洞，并探索可能存在的外星智慧生命，也可以寻找超过1000万位数字的梅森质数，还可以寻找并发现更为有效的对抗艾滋病病毒的药物。这些项目需要巨大的计算能力，仅由单个的计算机是不可能在能接受的时间内完成的。

15.1.2 典型分布式系统

一个著名的分布式计算平台是伯克利开放式网络计算平台（Berkeley Open Infrastructure for Network Computing，BOINC）。BOINC是多个分布式计算项目可以共享的分布式计算平台，不同分布式计算项目可以直接使用BOINC的上传、下载和统计等系统，实现各个分布式计算项目之间的协调，使分布式计算资源的管理、使用更加方便易用。

15.1.3 分布式系统特点

例如，在1 TB大小的文件中，只有两个字符串是相同的。要查找这两个相同的字符串，典型的做法就是通过分布式系统来完成。首先计算每个字符串的Hash值，并通过取模的方式将余数相同的字符串分配到相同的计算节点中，再通过遍历的方式并行查找多个节点。这样就可以将一个大计算量的问题划分为多个小计算量的问题。

分布式系统具有如下4个特点：

（1）分布性。分布式系统具有软硬件分布性，构建分布式系统的各个组件在地理上是分散的，整个分布式系统的功能也是由多台计算机联合完成的。

（2）高可用性。分布式系统都有容错机制，用于故障发现和错误回复。例如，Hadoop可以通过SecondaryNameNode进行错误恢复。

（3）可扩展性。可扩展性是分布式系统中的重要特征，通过增加计算节点的数量可以显著地提升分布式系统的性能。

（4）并行性。各个节点可以进行并行处理，先将一个复杂任务细分为多个子任务，再将多个子任务分发给多个计算节点进行并行处理。

15.2 Hadoop简介

15.2.1 来源背景

Hadoop[2]是Apache推进的一个可靠的、可扩展的分布式开源计算框架，用户可以在不了解分布式系统底层细节的情况下，借助Hadoop充分利用集群的能力实现高性能的计算和海量数据的存储。

Hadoop的雏形始于Apache 2002年的Nutch。2003年，Google发表了一篇关于Google文件系统（GFS）技术细节的论文。2004年，Nutch创始人Doug Cutting基于Google的GFS论文实现了分布式文件存储系统NDFS。2004年，Google发表了一篇关于MapReduce计算模型的论文。2005年Doug Cutting又基于MapReduce，在Nutch搜索引擎上实现了MapReduce。2006年，Yahoo雇用了Doug Cutting，Doug Cutting将NDFS和MapReduce升级命名为Hadoop，

而且 Yahoo 还为 Goug Cutting 专门构建了一个独立的团队来研究 Hadoop。不得不说，Google 和 Yahoo 对 Hadoop 的诞生与发展功不可没。

这里简单介绍 Google 的 MapReduce 编程模型和分布式数据库 BigTable。

1. MapReduce 编程模型

MapReduce[3]编程模型是一种处理大数据的分布式计算模式。用户通过 Map 函数处理每一个键-值对（key-value），从而产生中间的键-值对集；然后指定 Reduce 函数合并所有具有相同 key 的 value 值，以这种方式编写的程序能自动在大规模的普通机器上实现并行化计算。当程序运行时，系统的任务包括分割输入数据、在集群上调度任务、进行容错处理、管理机器之间必要的通信，这样就可以让那些没有分布式并行处理系统研发经验的程序员高效地利用分布式系统开发处理海量数据的程序。

MapReduce 程序运行在规模可以灵活调整的、由普通机器组成的集群上，一个典型的 MapReduce 计算任务可以处理分布在几千台机器上的、以 TB 为单位的数据。

2. 分布式数据库 BigTable

BigTable[4]是一个分布式的结构化数据库系统，用来处理海量数据。Google 的很多项目都使用 BigTable 存储数据，如搜索引擎、Google 地球等。这些应用对 BigTable 的要求，无论在数据量上还是在响应速度上，均有很大的差异。尽管应用需求差异很大，但是，针对 Google 的这些产品，BigTable 成功地提供了灵活、高性能的统一解决方案。

图 15.1 所示为 BigTable 的数据模型。数据模型包括行、列及相应的时间戳，所有的数据都存放在表格中的单元里。BigTable 的内容按照行来划分，将多个行组成一个小表，保存到某一个服务器节点中，每个小表被称为 Tablet。

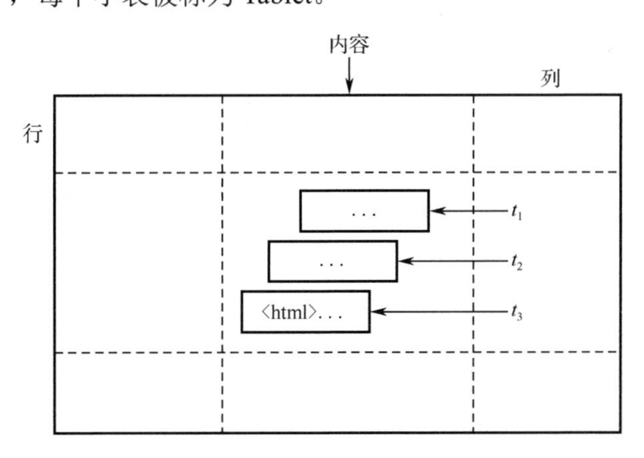

图 15.1　BigTable 的数据模型

Hadoop 的核心组件与 Google 提出的 GFS、Mapduce 编程模型，以及分布式数据库 BigTable 有很多相似之处，但也有不同。例如，在数据一致性方面，HDFS 更简单，对于失败的写操作，结果显示为“不一致”，对于成功的写操作，结果显示为“已定义”；在系统交互方面，DataNode 基本不处理租约；在主服务器上的操作，HDFS 也比较简单，不区分读/写锁；在垃圾回收方面，HDFS 并没有提供回收站的功能。

Hadoop 主要有以下几个优点：

（1）扩容能力强（Scalable）。Hadoop 能可靠存储和处理 PB 级的数据。

（2）成本低（Economical）。Hadoop 能通过普通机器组成的服务器集群来分发和处理数据，服务器集群规模可达数千个节点。

（3）效率高（Efficient）。Hadoop 能通过分发数据，在数据所在的节点上并行地进行处理，使得处理非常快速。

（4）可靠性（Reliable）。Hadoop 能自动维护数据的多份副本，并在任务失败后自动地重新部署计算任务。

（5）高容错性（Tolerance）。Hadoop 能在不同的节点上维护多份副本，对于访问失败的节点，Hadoop 会自动寻找副本所在的节点进行访问。

作为大数据应用的标准平台，Hadoop 的应用十分广泛，下面给出了几个典型的基于 Hadoop 的应用：

（1）Facebook 使用 Hadoop 的 Hive 来进行日志分析。

（2）淘宝搜索中的自定义筛选也曾使用 Hive。

（3）领英利用 Hadoop 的 Pig 进行高级的数据处理，用于发现用户可能认识的人，实现基于协同过滤的推荐。

（4）Yahoo 利用 Pig 进行垃圾邮件的识别和过滤、用户特征的建模等。

15.2.2 版本演变

较早的 Hadoop 版本为 Hadoop1.X 版本，包含 HDFS 和 MapReduce 两个模块；Hadoop2.X 包含 HDFS、MapReduce 及 Yarn 三个模块。与 Hadoop1.X 版本相比，Hadoop2.X 重点解决了单点故障问题。Hadoop1.X 主要用于批处理，Hadoop2.X 支持更多的处理类型，如交互式引擎、在线数据库、流式处理，内存模式下的图计算等。Hadoop3.X 版本是在 2017 年年底正式发布的。

与 Hadoop1.X 和 Hadoop2.X 相比，Hadoop3.X 增加以下新特性：

（1）Java 版本的最低要求从 Java 7 改为 Java 8。

（2）HDFS 支持纠删码，纠删码是一种持久存储数据的方法，可以节省存储空间。

（3）Yarn 的时间轴更新到 v.2 版本。

（4）隐藏了底层的依赖。Hadoop2.X 中存在一些过渡版本的 jar 包与应用程序使用的版本冲突的情况，可能产生问题。Hadoop3.X 将 Hadoop 的依赖关系隐藏在一个 jar 包中。

（5）支持 Containers 和分布式调度。

（6）进行了 MapReduce 任务级本地优化，对于 Shuffle 密集型的作业，这一操作可以使性能提高 30%以上。

（7）支持两个以上的 NameNode。

（8）重新设计了守护进程和堆内存管理。

15.3 Hadoop 架构和核心组件

15.3.1 体系架构

随着 Hadoop 的研发进展，Hadoop 从早期基于 Google 四大组件（GFS、MapReduce、BigTable 和 Chubby）的开源实现，逐步演化成一个独立的生态系统，其基本框架如图 15.2 所示。

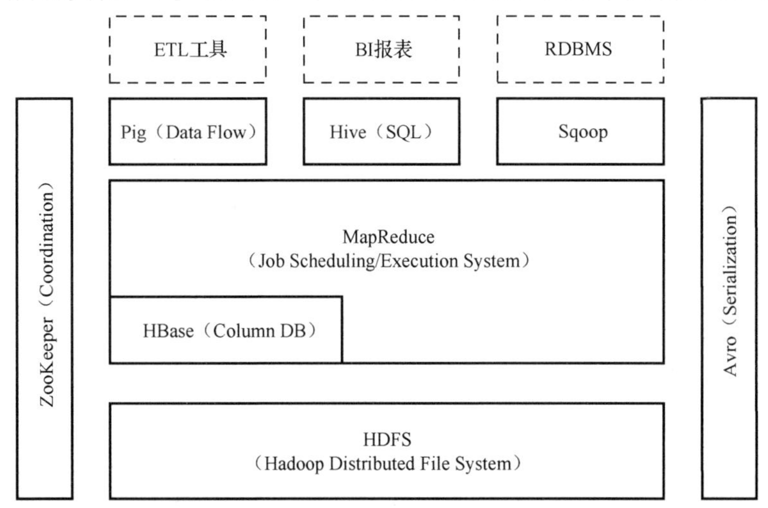

图 15.2　Hadoop 生态系统的基本框架

除了最核心的 Hadoop 分布式文件系统 HDFS 和 MapReduce 编程框架，Hadoop 还包括紧密相关联的 HBase 数据库集群和 ZooKeeper 集群[6]。

HDFS 采用了主从式体系结构，通过目录路径对文件进行 CRUD（Create、Read、Update 和 Delete）操作，为整个 Hadoop 生态系统提供了高可靠性的底层存储支持。

MapReduce 采用分而治之的思想，首先把对大规模数据集的操作分发给由一个主节点管理下的多个从节点共同完成，然后通过整合各从节点的中间结果而得到最终的结果，可提供高性能的计算能力。

HBase[5]位于结构化数据存储层，是基于 Hadoop 的开源数据库。Hadoop 最初被用来处理搜索等单一的应用，随着大数据时代的来临，Hadoop 得到更广泛的应用。

ZooKeeper 是用于 Hadoop 的分布式协调服务。Hadoop 的许多组件依赖于 ZooKeeper，它运行在计算机集群上面，用于管理 Hadoop 操作。例如，ZooKeeper 为 HBase 提供了分布式协调服务和失效切换机制（Failover）。

为了进一步简化 MapReduce 编程的复杂性，面向大规模数据分析的 Pig 平台为复杂的海量数据的分布式并行计算提供了一个简化的操作和编程接口。Pig 平台包括运行环境和用于分析 Hadoop 数据集的 PigLatin 脚本语言，其编译器将 PigLatin 脚本翻译成 MapReduce 程序序列。

Hive 用于运行存储在 Hadoop 上的类 SQL 查询语句，将这些语句转化为 Hadoop 上的 MapReduce 任务，让不熟悉 MapReduce 开发人员也能编写数据查询语句。Hive 吸引了很多熟悉 SQL 而非 Java 编程的数据分析师。

Sqoop 是一个连接工具，用于在关系数据库、数据仓库和 Hadoop 之间转移数据。Sqoop 利用数据库技术描述架构，进行数据的导入、导出，利用 MapReduce 实现并行化运行和容错。

Hadoop 关键组件[6]主要包括分布式文件系统 HDFS、分布式并行计算模型 MapReduce 和资源调度平台 Yarn。Hadoop 的 HDFS 和 MapReduce 分别是 Google 的 GFS 和 MapReduce 的开源实现。HDFS、MapReduce 是 Hadoop 的两大核心，整个 Hadoop 的体系结构主要通过 HDFS 来实现对分布式存储的底层支持，通过 MapReduce 来实现对分布式并行任务处理的程序支持。

在 Hadoop2.0 版本以后，Hadoop 引入了 Yarn 平台。Yarn 是 Hadoop 资源管理器，它是一个通用资源管理系统，可为上层应用提供统一的资源管理和调度。Yarn 的引入为集群在利用率、资源统一管理和数据共享等方面带来了巨大的好处，促进了 Hadoop 生态系统的发展。

15.3.2 HDFS

HDFS 的基本数据存储单位是数据块（Block），HDFS 中的文件是用大小相同的数据块来存储的。当 HDFS 中的文件小于一个数据块的大小时，并不占用整个数据块存储空间。HDFS 的架构如图 15.3 所示。

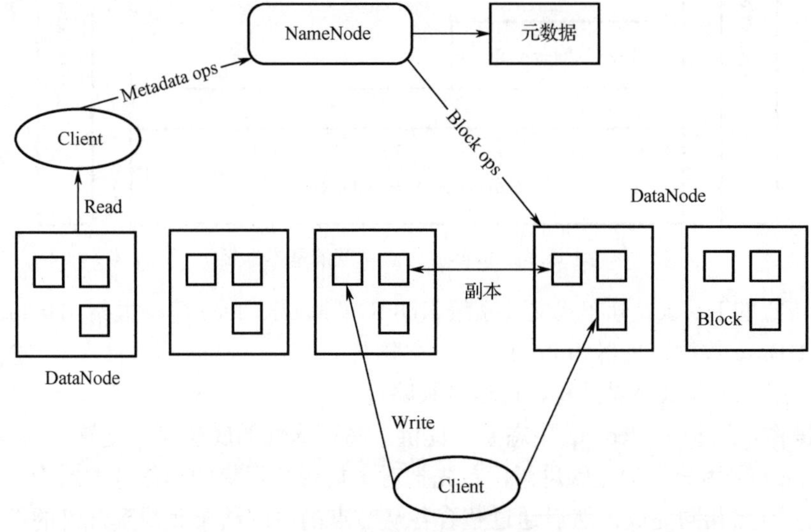

图 15.3 HDFS 的架构

元数据节点（NameNode）用来管理文件系统的命名空间，所有的文件和文件夹的元数据保存在一个文件系统树中，元数据节点文件夹结构如图 15.4 所示。这些信息也会在硬盘上保存成命名空间镜像（Namespace Image）及修改日志（Edit Log）。元数据节点还保存了一个文件为括哪些数据块，以及这些数据块（Block）分布在哪些数据节点（DataNode）上，这些信息在启动系统时从数据节点收集而来。数据节点是文件系统中真正存储数据的地方，当客户端（Client）向数据节点请求写入或者读出数据块时，数据节点会周期性地向元数据节点汇报其存储的数据块信息。

从元数据节点（Secondary NameNode）并不是元数据节点出现故障时的备用节点，它和元数据节点负责不同的事情。其主要功能是周期性地将元数据节点的命名空间镜像文件和修改日志进行合并，以防日志文件过大。合并后的命名空间镜像文件也在从元数据节点保存了一份，以便在元数据节点失效时可以恢复。

元数据节点的 Version 文件是 Java Properties 文件，保存了 HDFS 的版本号，其结构如图 15.5 所示。

```
${dfs.name.dir}/current/Version
                        /edits
                        /fsimage
                        /fstime
```

图 15.4　元数据节点文件夹结构

```
namespaceID=1232737062
cTime=0
storageTyep=NAME_NODE
LayoutVersion=-18
```

图 15.5　Version 文件的结构

当客户端进行写操作时，HDFS 首先把写操作记录在修改日志中，元数据节点在内存中保存了文件系统的元数据信息；然后由元数据节点修改内存中的数据结构。每次的写操作成功之前，修改日志都会同步（Sync）到 HDFS。

fsimage 文件是命名空间镜像文件，是一种序列化的格式，并不能在硬盘上直接修改该文件。当元数据节点失效时，首先将最新检查点（Checkpoint）的元数据信息从 fsimage 加载到内存中，然后逐一重新执行修改日志中的操作。

从元数据节点是用来帮助元数据节点将内存中的元数据信息写入硬盘上的。

（1）从元数据节点通知元数据节点生成新的日志文件，以后的日志都写到新的日志文件中。

（2）从元数据节点用 http.get 从元数据节点获得 fsimage 文件及旧的日志文件。从元数据节点将 fsimage 文件加载到内存中，并执行日志文件中的操作。在生成新的 fsimage 文件后，从元数据节点将新的 fsimage 文件用 http.post 传回元数据节点。

（3）元数据节点可以将旧的 fsimage 文件及旧的日志文件，换为新的 fsimage 文件和新的日志文件，然后更新 fstime 文件，写入时间信息。因此，元数据节点中的 fsimage 文件保存了最新的元数据信息，日志文件也重新开始读写。

元数据节点和从元数据节点的交互如图 15.6 所示，从元数据节点的目录结构如图 15.7 所示，数据节点的目录结构如图 15.8 所示。

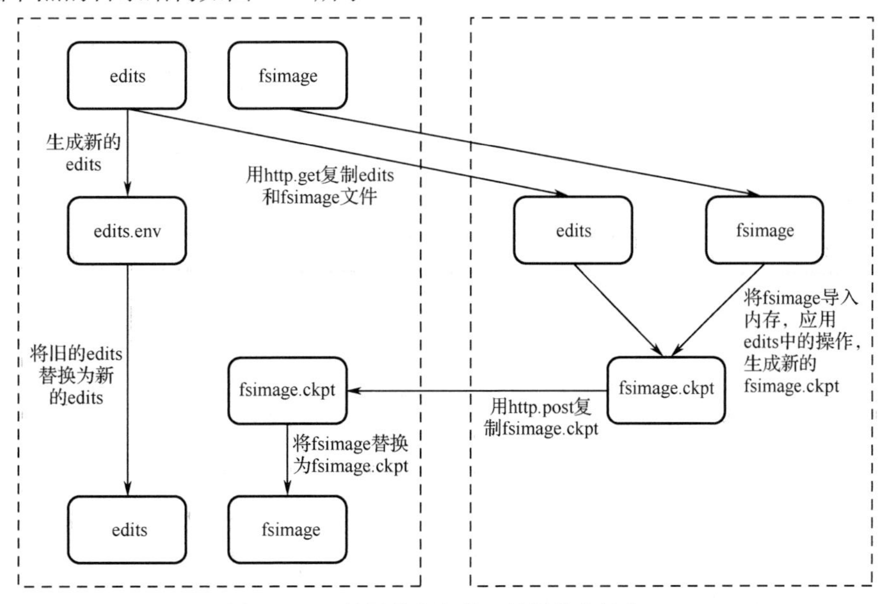

图 15.6　元数据节点和从元数据节点的交互

```
${fs.checkpoint.dir}/current/VERSION
                         /edit
                         /fsimage
                         /fstime
        /previous.checkpoint/VERSION
                         /edits
                         /fsimage
                         /fstime
```

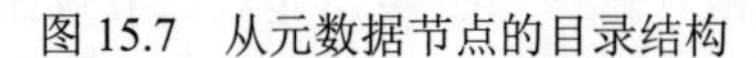
图 15.7　从元数据节点的目录结构

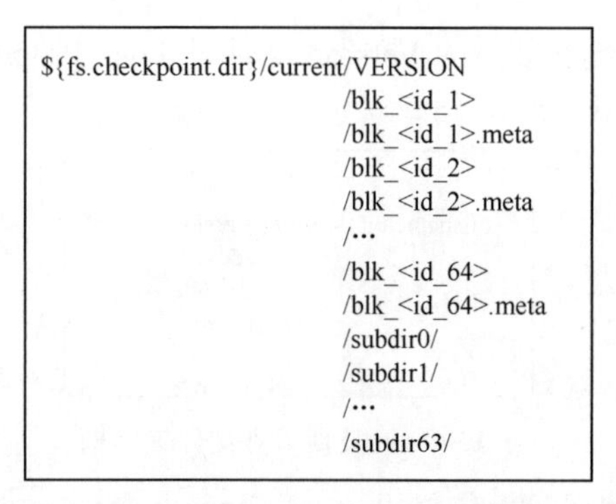

```
${fs.checkpoint.dir}/current/VERSION
                         /blk_<id_1>
                         /blk_<id_1>.meta
                         /blk_<id_2>
                         /blk_<id_2>.meta
                         /…
                         /blk_<id_64>
                         /blk_<id_64>.meta
                         /subdir0/
                         /subdir1/
                         /…
                         /subdir63/
```

图 15.8　数据节点的目录结构

blk_<id_*n*>保存的是 HDFS 的数据块，保存了具体的二进制数据。blk_<id_*n*>.meta 保存的是数据块的属性信息，如版本信息、类型信息等（*n*=1,2,…,64）。当一个目录中的数据块到达一定数量时，则创建子文件夹来保存数据块及数据块属性信息。

数据节点的 Version 文件格式如图 15.9 所示。

```
namespaceID=1232737062
storageID=DS-1640411682-127.0.0.1-50010
-1254997319480
cTime=0
storageType=DATA_NODE
layoutVersion=-18
```

图 15.9　数据节点的 Version 文件格式

HDFS 的文件读取过程如图 15.10 所示，包含如下环节：

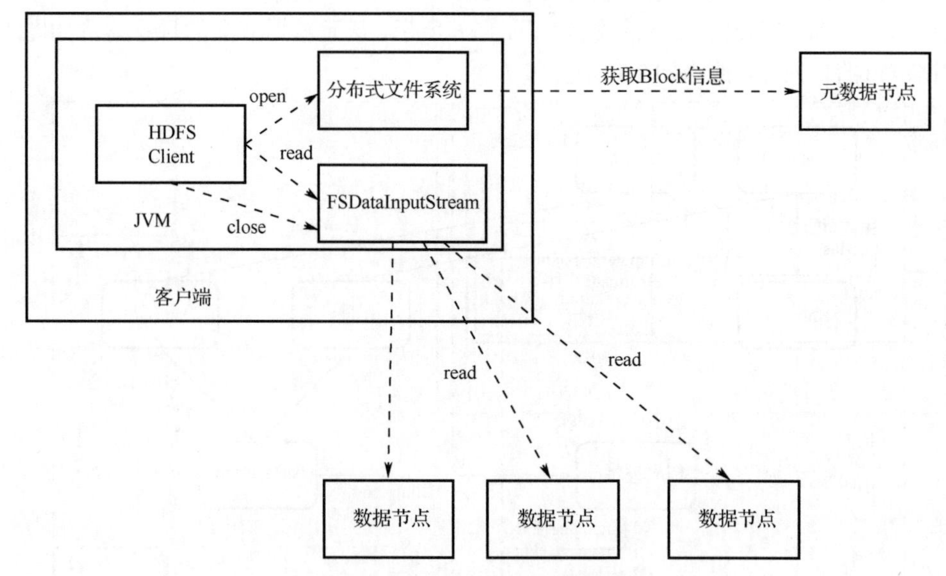

图 15.10　HDFS 的文件读取过程

（1）客户端用分布式文件系统的 open()函数打开文件。

（2）分布式文件系统远程调用 RPC，获取元数据节点的文件数据块信息；对于返回的每一个数据块信息，元数据节点只返回保存数据块的数据节点的地址；接着分布式文件系统返回 FSDataInputStream 对象给客户端，其中封装了读取数据的方法。

（3）客户端调用 FSDataInputStream 中的 read()函数开始读取数据；FSDataInputStream 封装了 DFSInputStream 对象中用于管理元数据节点和数据节点的 I/O 操作的方法，客户端调用 read()函数后，使用 DFSInputStream 对象中的 I/O 操作；DFSInputStream 连接一直保持，直到当前读取的文件中第一个数据块的最近数据节点中的数据读到客户端后，DFSInputStream 会关闭和此数据节点的连接；然后连接此文件的下一个数据块的最近数据节点。若在读取数据的过程中，客户端与数据节点的通信出现错误，则尝试连接包含此数据块的下一个数据节点；失败的数据节点将被记录，以后不再连接。

（4）当客户端读取完数据时，调用 DFSInputStream 的 close()函数，结束读取过程。

HDFS 的写文件过程如图 15.11 所示，包含如下环节：

（1）客户端调用 create()函数来创建文件。

（2）分布式文件系统远程调用 RPC，在元数据节点的命名空间中创建一个新的文件。元数据节点在确定文件不存在，并且客户端有创建文件的权限后，创建新文件。创建完成后，分布式文件系统返回 DFSOutputStream 对象给客户端，用于写数据。

（3）当客户端开始写数据时，调用 DFSOutputStream 中的方法将数据分成块并写入数据队列；数据队列由 Data Streamer 读取，并通知元数据节点分配数据节点，用来存储数据块（每个数据块均默认复制 3 份），分配的数据节点放在一个管道（Pipeline）里。其中，Data Streamer 是在调用 DFSOutputStream 对象过程中开启的线程。

（4）Data Streamer 将数据块写入管道涉及的第一个数据节点，第一个数据节点将数据块发送给第二个数据节点，第二个数据节点将数据发送给第三个数据节点。

（5）DFSOutputStream 将发送出去的数据块信息保存在 ack queue 队列里。如果数据块传输成功的话，就会删除 ack queue 队列里对应的数据块；如果不成功的话就将 ack queue 里的数据块取出来放到数据队列的末尾，等待重新传输。

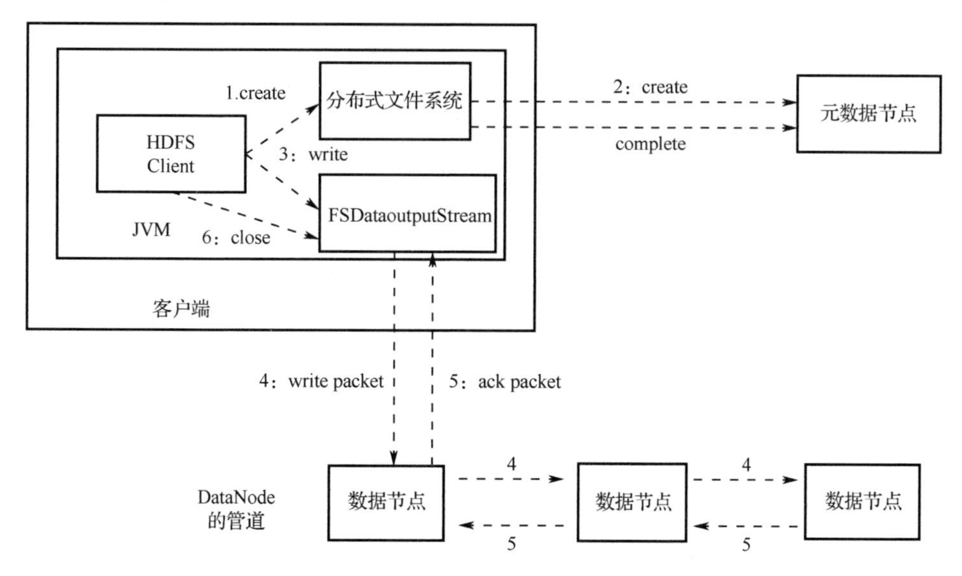

图 15.11　HDFS 的写文件过程

如果数据节点在写入的过程中失败，则关闭管道，将 ack queue 中的数据放入数据队列的开始。数据队列中的数据块若在已经写入的数据节点中，则会被元数据节点赋予新的标识，因此错误节点重启后能够察觉其数据块是过时的，过时的数据块将被删除。对于写入失败的数据节点则会从管道中移除，接着写入管道涉及的另外两个数据节点。此时元数据节点会被通知此数据块存在复制块数不足的问题，将来会再创建第 3 个备份。

（6）当客户端结束写入数据过程，则调用 DFSOutputStream 中的 close()函数，此时客户端不再向管道中写入数据，并关闭管道。在等到所有的写入数据的成功应答后，通知元数据节点写入完毕。

15.3.3 MapReduce

目前，Hadoop 中的 MapReduce 编程模型被广泛用于大规模数据集的分布式并行处理，其工作原理与 Google 公布的论文中描述的 MapReduce 有一定的不同之处。MapReduce 中的 Map（映射）和 Reduce（归约）思想，不仅借鉴了函数式编程语言，还借鉴了矢量编程语言的特性，使编程人员可以在不熟悉分布式并行编程的情况下，快速将自己的程序运行在分布式系统上。MapReduce 的实现方式是首先指定一个 Map 函数，用来把一组键-值对映射成一组新的键-值对；然后指定并发的 Reduce 函数，用来保证所有映射的键-值对共享相同的键组。MapReduce 涉及 Jobtracker 和 Tasktracker 两个角色。

1. MapReduce 的运行机制

MapReduce 的运行机制如图 15.12 所示。客户端先进行初始化工作，

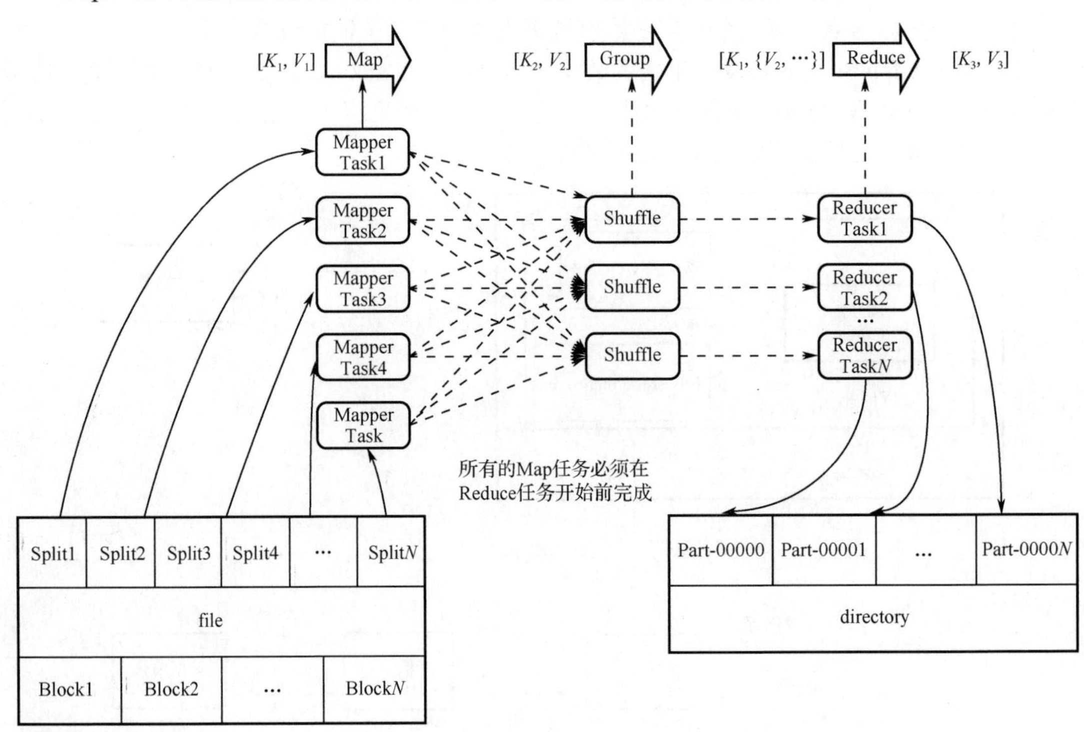

图 15.12 MapReduce 的运行机制

具体流程是：

（1）客户端编写好 MapReduce 程序，配置好 MapReduce 的作业（Job）并将其提交到 Jobtracker，由 Jobtracker 构建这个 Job，即分配一个新的 Job 任务 ID。

（2）由 Jobtracker 进行检查操作，确定输出目录和输入目录是否存在。如果输出目录存在，则 Job 就不能正常运行，Jobtracker 会抛出错误给客户端。如果输入目录不存在，则 Jobtracker 会抛出错误给客户端；如果输入目录存在，则 Jobtracker 会根据输入计算输入分片（Split）。如果分片计算不出来，则会抛出错误给客户端。

（3）检查操作完成后，Jobtracker 就会配置 Job 所需的资源。分配好资源后，Jobtracker 开始初始化。初始化的主要工作是将 Job 放入一个内部的队列，让配置好的作业调度器能够调度到这个 Job，并初始化这个 Job。初始化就是创建一个 Job 对象（封装任务和记录信息），以便 Jobtracker 能够跟踪 Job 的状态和进程。

（4）初始化完毕后，作业调度器会获取输入的分片信息，并为每个分片创建一个 Map 任务。这时 Tasktracker 会运行一个简单的循环机制来定期发送心跳（Heartbeat）消息给 Jobtracker（心跳的间隔时间默认为 5 s，程序员可以配置这个时间）。心跳消息是 Jobtracker 和 Tasktracker 沟通的桥梁，Jobtracker 可以通过心跳消息监控 Tasktracker 是否在线，也可以获取 Tasktracker 的状态和问题；同时 Tasktracker 也可以通过心跳消息的返回值来获取 Jobtracker 给它的操作指令。

（5）任务分配好后就可以执行任务了。在执行任务时，Jobtracker 通过心跳消息既可以监控 Tasktracker 的状态和进度，也可以计算出整个 Job 的状态和进度。当 Jobtracker 获得 Tasktracker 完成最后一个任务的通知时，Jobtracker 会把整个 Job 的状态置为成功，客户端可通过异步查询的方式获得 Job 成功的通知。如果 Job 中途失败，MapReduce 也会由相应的错误处理机制来进行处理。MapReduce 的错误处理机制能在一定程度上保证提交的 Job 正常完成。

2. MapReduce 的运行流程

MapReduce 运行过程[7]按照时间顺序可分为输入分片、Map 阶段、Combier 阶段，Shuffle 阶段和 Reduce 阶段。

（1）输入分片。在进行 Map 计算之前，MapReduce 会根据输入文件计算输入分片，每个输入分片针对一个 Map 任务，输入分片存储的并不是数据本身，而是一个分片长度和一个记录数据的位置的数组。例如，HDFS 存储块的大小为 64 MB，如果输入 3 个文件，大小分别是 3 MB、65 MB 和 127 MB，那么 MapReduce 会将 3 MB 的文件分成 1 个输入分片，将 65 MB 的文件、127 MB 的文件分别分成 2 个输入分片。在进行 Map 计算前可进行输入分片调整，如合并小文件。

（2）Map 阶段。Map 操作一般是本地化操作，即在数据节点上进行。Map 函数是由用户编写的。

（3）Combiner 阶段。Combiner 阶段是可选的。Combiner 在本质上是一种本地化的 Reduce 操作，是 Map 运算的后续操作，主要是在 Map 计算出中间文件前简单地合并重复 key 值的操作。例如，对文件里的单词频率进行统计，在进行 Map 计算时如果碰到一个单词“Hadoop”就记录为 1，但文件里的“Hadoop”可能会出现多次，那么 Map 输出文件的冗余就会很多，因此在进行 Reduce 计算前要进行合并操作，使文件变小，从而提高传输效率。Combiner 操作的使用原则是不影响 Reduce 计算的最终输入。例如，如果计算只是求总数、最大值、最小值，则可以使用 Combiner；但在计算平均值时使用 Combiner，最终的 Reduce 结果就可能出错。

（4）Shuffle 阶段。将 Map 的输出作为 Reduce 的输入的过程就是 Shuffle，这是 MapReduce 优化计算的重点。一般 MapReduce 通常计算的是海量数据，Map 的输出不可能把所有文件都放到内存中，因为 Map 写磁盘的过程比较复杂，且内存开销很大。Map 的输出会在内存里开启一个环状内存缓冲区，专门用来输出，默认大小是 100 MB，在配置文件里为这个缓冲区设定了一个阈值。Map 为输出操作启动一个守护线程 Spill，使写入磁盘和写入内存的操作互不干扰，如果缓存区满了，就会阻塞写入内存的操作，让写入磁盘的操作完成后，再继续执行写入内存的操作。

每次 Spill 操作，都表示在写入磁盘的操作时有写一个溢出文件，也就是说，在进行 Map 输出时有几次 Spill 操作就会产生多少个溢出文件。等 Map 输出全部完成后，Map 会合并这些输出文件。这个过程里还有一个 Partitioner 操作，Prtitioner 操作和 Map 阶段的输入分片类似，一个 Pritioner 对应一个 Reduce 作业。如果 MapReduce 操作只有一个 Reduce 操作，那么就只有一个 Partitioner；如果有多个 Reduce 操作，那么就会有多个 Paritioner。Partitioner 就是 Reduce 的输入分片，可以更好地实现 Reduce 负载均衡，并提高 Reduce 的效率。在 Reduce 阶段，当合并 Map 输出文件时，Partitioner 会找到对应的 Map 输出文件，然后进行复制操作，这时 Reduce 会开启几个复制线程（可以在配置文件更改复制线程的个数）。复制过程和 Map 写入磁盘过程类似，也有阈值和内存大小，阈值可以在配置文件里设置，而内存大小是直接使用 Reduce 的 Tasktracker 的内存大小。

（5）Reduce 阶段。Reduce 函数和 Map 函数一样，都是由用户在客户端编写的。每一个 Reduce 操作的输入是一个<K_2, list（V_2）>片段，list 中存放的是具有相同 key 值的对象。Reduce 操作调用用户定义的 Reduce 的函数，输出用户需要的键-值对，最终结果保存在 HDFS 上。

15.3.4 Yarn

Yarn[8]的基本设计思想是将资源管理、作业调度与监控功能拆分成两个单独的守护进程，如图 15.13 所示。

ResourceManager 和 NodeManager 组成了 Yarn 的整个框架。ResourceManager 是系统中掌控所有应用资源分配的最终决策者；NodeManager 是每台计算机上的监控代理，负责监控 Container 中的 CPU、内存、磁盘、网络等资源使用情况，并向 ResourceManager 和 Scheduler 汇报。这里的 Container 是指单个节点上物理资源（如 CPU、内存、网络等）的集合。单个节点上可以承载多个 Container，可以认为单个节点是由多个 Container 组成的。

每个应用程序的 ApplicationMaster（Appmstr）实际上是一个特定的框架库（Framework Specific Library），其任务包括:

（1）与 ResourceManager 协商并获得资源。

（2）和 NodeManager 合作，执行和监控任务。

ResourceManager 由调度器（Scheduler）和应用管理器（Applications Manager）两个组件构成。调度器可根据容量、队列等之间的密切约束，将系统中的资源分配给各个正在运行的应用。这里的调度器仅负责资源的调度，不再负责监控或者跟踪应用的执行状态；当某些任务由于应用程序或者硬件错误而失败时，也不为任务的重启提供授权。调度器基于各个应用的资源需求进行调度，Container 将内存、CPU、磁盘、网络等物理资源封装在一起。

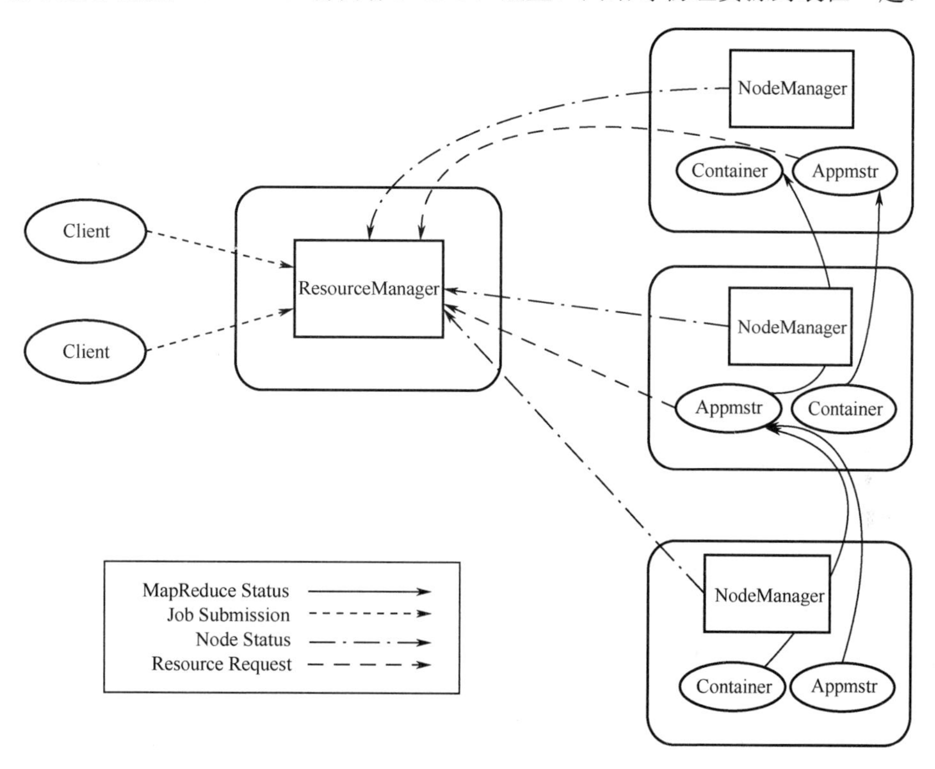

图 15.13 Yarn 的基本设计思想

调度器采用可插拔策略，主要负责将集群中的资源分配给多个队列和应用。Yarn 当前有多种资源调度器，如 Capacity Scheduler 和 Fair Scheduler 等，都以插件的形式运行。

应用管理器负责接收作业提交，协商并获取第一个 Container 用于执行这个应用程序的 Appmstr，以及提供重启失败的 Appmstr、Container 服务。每一个应用程序的 Appmstr 任务包括：

（1）和调度器协商并获得合适数量的 Container。

（2）跟踪 Container 的状态和进展情况。

15.3.5 HBase

HBase[9]是建立在 HDFS 上的 Hadoop 数据库，可提供高可靠性、高性能、列存储、可伸缩、实时读写的 NoSQL 数据库服务。本节简要介绍 HBase 的数据模型及架构。

1. HBase 的数据模型

HBase 中的数据存储示例如表 15.1 所示。HBase 以表的形式存储数据，行键（Row Key）是用来检索记录的主键。访问 HBase 表中的行有三种方式：通过单个行键访问、通过行键的范围扫描访问、全表扫描访问。HBase 的行键和关系数据库中主键的定义区别并不大，而 HBase

中的列与关系数据库中的列有很大的区别。HBase 中表的每个列（Column）都归属于某个列族（Column Family），列族需要在使用表之前进行定义，表中列名都以列族作为前缀。HBase 中通过行和列确定一个存储单元（Cell），每个存储单元都保存着同一份数据的多个版本，版本通过时间戳（Timestamp）来索引，时间戳可以在数据写入时由 HBase 自动赋值，其类型是 64 位整型。

表 15.1　HBase 中的数据存储示例

Row Key	Timestamp	Column Family	
		URI	Parser
r_1	t_3	url=http://www.xxx.com	title=xyz
	t_2	host=xxx.com	
	t_1		
r_2	t_5	url=http://www.yyy.com	content=…
	t_4	host=yyy.com	

2．HBase 的架构

HBase 的架构如图 15.14 所示。在 HBase 中，Region 是分布式存储的最小单位，RegionServer 处理 Region 的 I/O 请求，负责在运行过程中分割过大的 Region；Client 包含访问 HBase 的接口，用于维护缓存来加快对 HBase 的访问。

HBase 包含的组件及其功能如下：

（1）Region。Region 是 HBase 表中一部分数据组成的子集，当 Region 内的数据过多时能够自动分割，过少时会自动合并。

（2）RegionServer。RegionServer 的作用包括：

① 维护主节点分配给它的 Region。

② 处理 Region 的 I/O 请求，负责在运行过程中分割过大的 Region。

（3）HMaster。HMaster 是集群的主节点，其作用包括：

① 为 RegionServer 分配主节点。

② 负责 RegionServer 的负载均衡。

③ 发现失效的 RegionServer 并重新分配其上的 Region。

（4）ZooKeeper。ZooKeeper 作用包括：

① 保证任何时候，集群中只有一个 HMaster 存储所有 Region 的寻址入口。HMaster 与 RegionServer 在启动时会向 ZooKeeper 注册。

② 实时监控 RegionServer 的上线和下线信息，并实时通知 HMaster。

③ 存储 HBase 的 Schema，包括有哪些表、每个表有哪些列族，处理 Region 和 HMaster 的失效。

④ 避免 HMaster 单点故障的出现，保障系统高可用性。

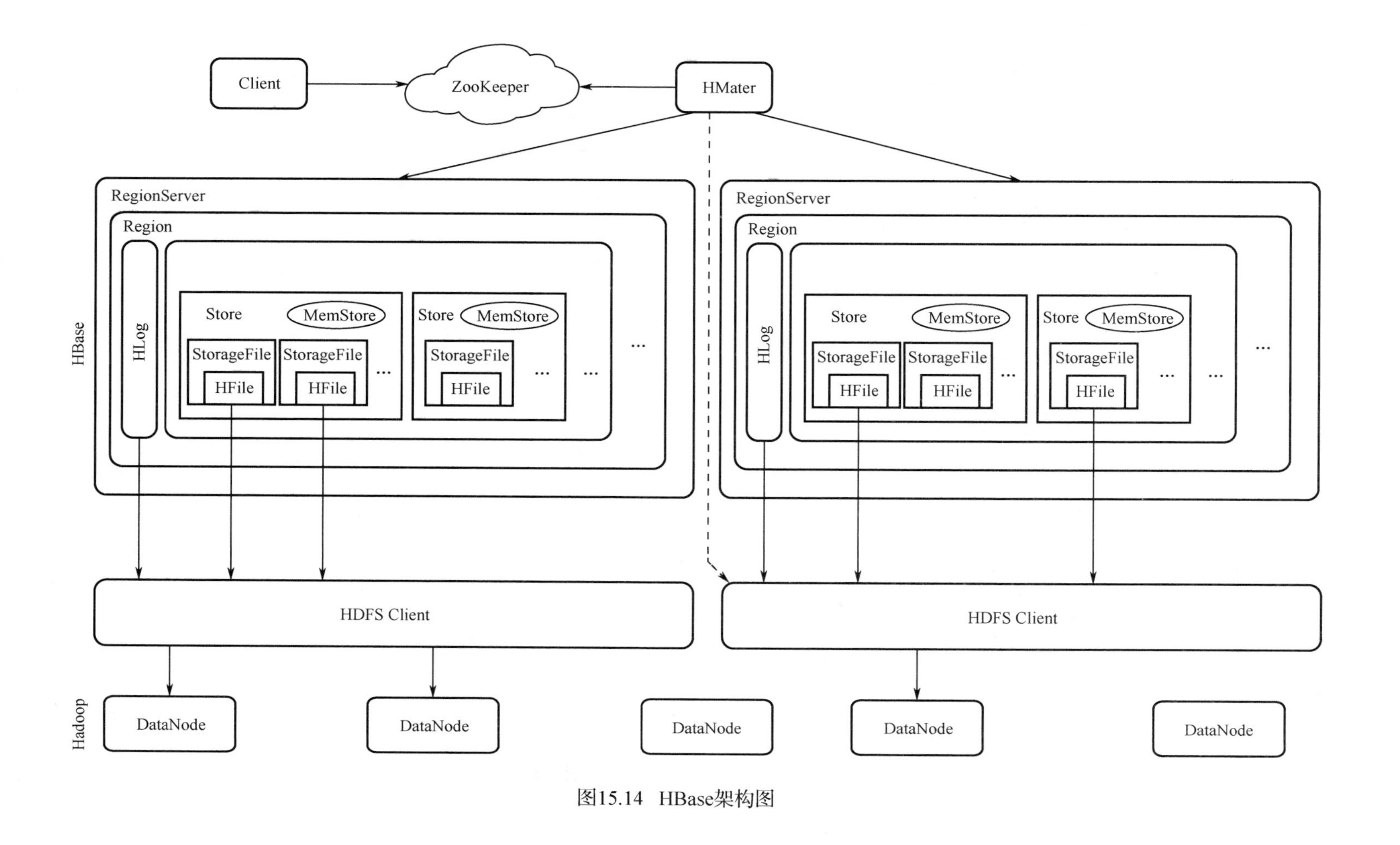

图15.14　HBase架构图

15.4 Hadoop 的安装与部署

15.4.1 Hadoop 安装包的获取

本节介绍 Hadoop 集群的搭建流程。为了完成安装，需要 JDK 以及 Hadoop 的安装包。JDK 的下载页面如图 15.15 所示，需要下载 jdk-8u291-linux-x64.tar.gz 压缩包。

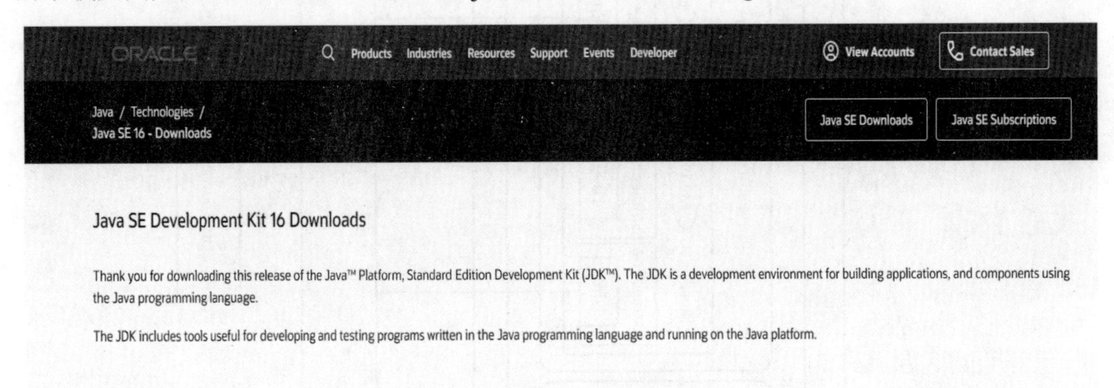

图 15.15　JDK 的下载页面

Hadoop 的下载页面如图 15.16 所示，需要下载 hadoop-2.4.1.tar.gz 压缩包，该 Hadoop 版本只需要在解压缩压缩包后对配置文件进行相应的设置即可使用。

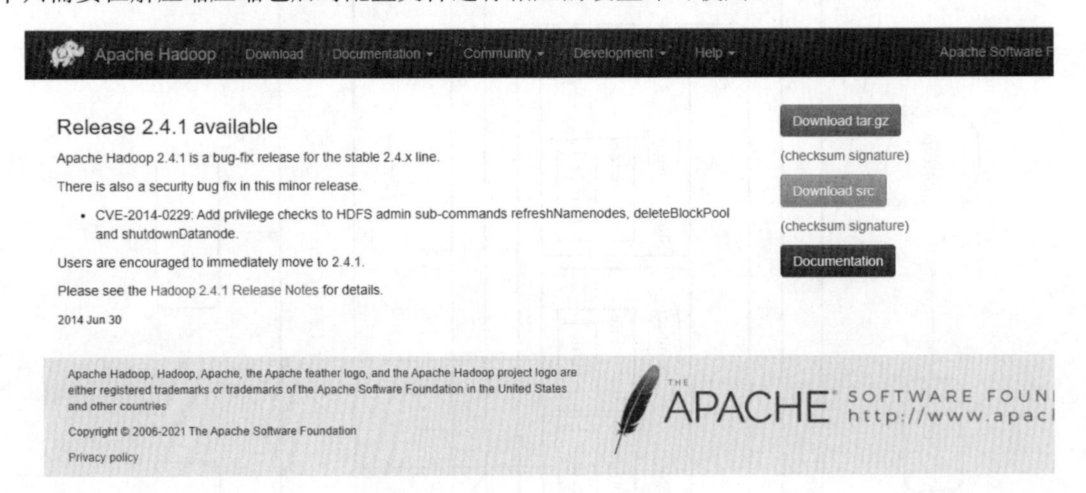

图 15.16　Hadoop 的下载页面

15.4.2 Hadoop 对安装环境的要求

Hadoop 安装环境的最低要求如下：

（1）操作系统为 Centos7。

（2）CPU 双核 2.6 GHz 及以上、内存 2 GB 及以上、磁盘 20 GB 及以上。
（3）JDK 版本为 1.7 及以上。
本章采用的 Hadoop 安装软件环境为：
（1）操作系统为 CentOS7。
（2）CPU 双核 2.6 GHz、内存为 4 GB、磁盘为 80 GB。
（3）JDK 版本 1.8。

15.4.3　Hadoop 的安装流程

本节介绍搭建拥有三个节点的 Hadoop 集群，其中主机名为 hadoop0 的节点是 NameNode 节点，主机名为 node1 及 node2 的节点是 DataNode 节点。具体的安装流程如下：

（1）安装 JDK。将下载的 jdk-8u291-linux-x64.tar.gz 压缩包上传到 hadoop0 节点中的“/usr/local”目录下。通过 cd 命令进入“/usr/local”查看是否上传成功。上传成功之后，使用“tar –zxvf jdk-8u291-linux-x64.tar.gz”解压缩压缩包。为了方便后续配置环境变量等操作，使用 mv 命令将解压缩后的文件夹命名为 jdk。这一步骤具体的命令如下：

```
[root@hadoop0 /]# cd /usr/local
[root@hadoop0 local]# tar –zxvf jdk-8u291-linux-x64.tar.gz
[root@hadoop0 local]# mv jdk1.8.0_291 jdk
```

（2）配置免密码登录。由于属于一个集群的节点之间会进行通信，为了避免后续每次跨节点访问时都要输入密码，可以配置三个节点之间免密码登录。首先，在 3 个节点的“/root”目录下创建“.ssh”文件夹。进入“.ssh”文件夹后，通过“ssh-keygen –t dsa”命令生成每个节点的公钥。将 hadoop0 节点的“/root/.ssh”目录下的公钥通过“cat id_dsa.pub >> authorized_keys”放入文件中。把 hadoop0 节点中 authorized keys 通过 scp 命令传输给 node1，node1 将自己的公钥追加到该文件后，将其通过 scp 命令传输给 node2，node2 将自己的公钥追加到该文件中，再通过 scp 命令传输给 hadoop0。这一步骤的具体命令如下：

```
# 生成密钥，在 3 个节点上都需要执行一遍
[root@hadoop0 /]# cd /root
[root@hadoop0 root]# mkdir .ssh
[root@hadoop0 .ssh]# cd .ssh
[root@hadoop0 .ssh]# ssh-keygen –t dsa
# 配置免密码登录
[root@hadoop0 .ssh]# cat id_dsa.pub >> authorized_keys
[root@hadoop0 root]# scp authorized_keys root@node1:`pwd`
[root@node1 .ssh]# cat id_dsa.pub >> authorized_keys
[root@node1 .ssh]# scp authorized_keys root@node2:`pwd`
[root@node2 .ssh]# cat id_dsa.pub >> authorized_keys
[root@node2 .ssh]# scp authorized_keys root@hadoop0:`pwd`
```

（3）安装 Hadoop。使用“cd /usr/local”命令进入“/usr/local”目录，通过“tar –zxvf hadoop-2.4.1.tar.gz”命令解压缩 Hadoop 压缩包。这一步骤具体的命令如下：

```
[root@hadoop0 .ssh]# cd /usr/local
[root@hadoop0 local]# tar –zxvf hadoop-2.4.1.tar.gz
```

解压缩之后，为了方便后续环境变量的配置，可使用 mv 命令将“hadoop-2.4.1”文件夹重命名为“hadoop”文件夹。

15.4.4 Hadoop 的部署配置

安装完 JDK 及 Hadoop 之后，需要进行相关的部署配置才能使用。

（1）配置 JDK。使用 vim 文本编辑器打开“/etc/profile”文件，在文件的末尾加入 JAVA_HOME 字段，该字段的值为 JDK 的安装目录；在 PATH 字段加入 JDK 安装文件夹下“bin”目录的路径。具体的配置内容如下：

```
export JAVA_HOME=/usr/local/jdk
export PATH=$PATH:$JAVA_HOME/bin
```

配置完成之后，使用“source /etc/profile”命令令更改后的配置文件生效。可以通过“java –version”命令查看 JDK 是否配置成功。

（2）配置 Hadoop 环境变量。使用 vim 文本编辑器打开“/etc/profile”文件，在文件的末尾加入 HADOOP_HOME 字段，该字段的值为 JDK 的安装目录；在 PATH 字段加入 Hadoop 安装文件夹下“bin”目录的路径。具体的配置内容如下：

```
export JAVA_HOME=/usr/local/hadoop
export PATH=$PATH:$HADOOP_HOME/bin
```

（3）配置 hadoop-env.sh。使用 cd 命令进入“/usr/local/hadoop/etc/hadoop”，通过 vim 打开 hadoop-env.sh 文件，找到第 27 行，修改 JAVA_HOME 字段的值，使该字段的值与此前配置的 JDK 环境变量保持一致。具体的配置内容如下：

```
# The java implementation to use
export JAVA_HOME=/usr/local/jdk
```

（4）配置 core-site.xml。通过 vim 打开 core-site.xml 文件，在该文件中配置 HDFS 的访问路径，以及 Hadoop 运行时产生文件的存储目录。具体的配置内容如下：

```
<configuration>
    <property>
        <name>fs.defaultFS</name>
        <value>hdfs://hadoop0:9000</value>
    </property>
    <property>
        <name>Hadoop.tmp.dir</name>
        <value>/usr/local/temp/Hadoop/tmp</value>
    </property>
</configuration>
```

（5）配置 hdfs-site.xml。通过 vim 文本编辑器打开 hdfs-site.xml 文件，配置 HDFS 中数据块的副本数量。具体的配置内容如下：

```
<configuration>
    <property>
```

```
            <name>dfs.replication</name>
            <value>2</value>
        </property>
        <property>
            <name>dfs.NameNode.name.dir</name>
            <value>file:/usr/local/temp/hadoop/dfs/name</value>
        </property>
        <property>
            <name>dfs.DataNode.data.dir</name>
            <value>file:/usr/local/temp/hadoop/dfs/data</value>
        </property>
    </configuration>
```

（6）配置 yarn-site.xml。通过 vim 打开 yarn-site.xml 文件，配置 Yarn 中 ResourceManager 的地址，以及在进行 MapReduce 作业时使用的 Shuffle 技术。具体的配置内容如下：

```
    <configuration>
    <property>
            <name>yarn.resourcemanager.hostname</name>
            <value>hadoop0</value>
    </property>
    <property>
            <name>yarn.nodemanager.aux-services</name>
            <value>MapReduce_shuffle</value>
    </property>
    </configuration>
```

（7）配置 mapred-site.xml.template。首先通过 vim 打开 mapred-site.xml.template，使用 mv 命令将该文件重命名为 mapred-site.xml 文件；然后配置 mapred.job.tracker 字段的值，配置的具体内容如下：

```
    <configuration>
        <property>
            <name>mapred.job.tracker</name>
            <value>192.168.196.130:9001</value>
        </property>
    </configuration>
```

（8）配置 slaves 文件。这一步骤用来指定哪些主机作为 DataNode。通过 vim 文本编辑器打开 slaves 文件，在其中输入 node1 及 node2。

（9）启动 Hadoop。启动 Hadoop 的步骤如下：

① 在终端输入“hadoop NameNode –format”对 Hadoop 进行格式化。

② 在终端输入“start-all.sh”即可启动 Hadoop 的所有进程，如果要关闭所有 Hadoop 进程，可以使用“stop-all.sh”命令。

③ 使用 jps 命令查看 Hadoop 的进程是否已启动成功，hadoop0 节点中出现如下所示的内容：

```
3920 SecondaryNameNode
3732 NameNode
9628 Jps
4079 ResourceManager
```

则表明已启动成功。其中 node1 和 node2 中没有 NameNode 进程只有 DataNode 进程。

（10）访问 Hadoop。在终端中输入“ip addr”命令查看虚拟机的 IP 地址，打开浏览器，输入“http://192.168.196.130:50070”，URL 中的 IP 地址填写虚拟机的 IP 的地址，即可查看 Hadoop 运行的信息，以及文件的存储情况。Hadoop 运行的相关信息如图 15.17 所示。

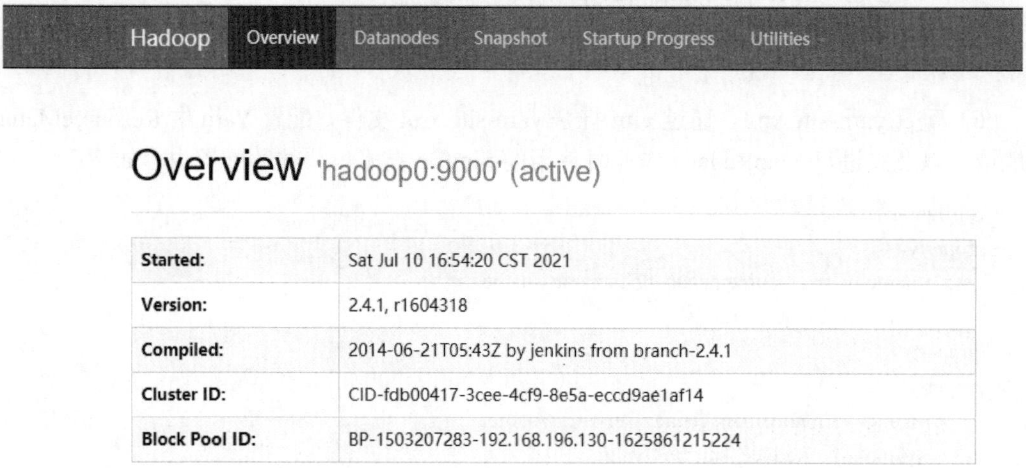

Hadoop　Overview　Datanodes　Snapshot　Startup Progress　Utilities

Overview 'hadoop0:9000' (active)

Started:	Sat Jul 10 16:54:20 CST 2021
Version:	2.4.1, r1604318
Compiled:	2014-06-21T05:43Z by jenkins from branch-2.4.1
Cluster ID:	CID-fdb00417-3cee-4cf9-8e5a-eccd9ae1af14
Block Pool ID:	BP-1503207283-192.168.196.130-1625861215224

图 15.17　Hadoop 运行的相关信息

15.4.5　Hadoop 实例的运行

本节通过 Hadoop 自带的 WordCount 程序来演示 Hadoop 实例的运行。WordCount 程序可以计算一篇文档中每个单词出现的次数，具体的运行过程如下：

（1）进入 MapReduce 目录。WordCount 相关程序的 jar 包保存在 MapReduce 目录下，通过 cd 命令进入 MapReduce 目录，方便后续的操作。

（2）创建 HDFS 目录。使用“hdfs dfs –mkdir /input”创建一个 HDFS 目录，用于存储输入的文件。前两步的具体操作命令如下：

```
[root@hadoop0 local]# cd Hadoop/share/Hadoop/MapReduce
[root@hadoop0 mapreduce]# hdfs dfs –mkdir /input
```

（3）创建文件 input.txt。通过 vim 创建一个有多个单词的文件 input.txt，作为输入文件，文件内容如下：

```
hello hadoop
hello tom
hello jack
hello Hadoop
```

（4）上传文件 input.txt。使用“hdfs dfs –put input.txt /input”将 input.txt 文件上传到创建的 HDFS 目录下，具体的命令如下：

```
[root@hadoop0 mapreduce]# hdfs dfs –put input.txt /input
```

这时可以通过浏览器查看文件是否上传成功。Hadoop 的文件目录如图 15.18 所示。

Browse Directory

/input　Go!

Permission	Owner	Group	Size	Replication	Block Size	Name
-rw-r--r--	root	supergroup	47 B	1	128 MB	input.txt
-rw-r--r--	root	supergroup	45 B	1	128 MB	word.txt

图 15.18　Hadoop 的文件目录

（5）运行 WordCount 程序。使用“hadoop jar hadoop-MapReduce-examples-2.4.1.jar WordCount /input /wcoutput”命令统计 input.txt 文件中的单词，程序的运行过程如下：

```
21/07/10 17:40:22 INFO MapReduce.Job: map 0% reduce 0%
21/07/10 17:40:27 INFO MapReduce.Job: map 100% reduce 0%
21/07/10 17:40:31 INFO MapReduce.Job: map 100% reduce 100%
```

（6）查看运行结果。可以在浏览器端直接下载输出文件，也可以在终端输入“hdfs dfs –text /wcoutput/part-r-00000”查看输出文件的内容。最终的输出如下：

```
hadoop 2
hello 4
jack 1
tom 1
```

15.5　本章小结

Hadoop 作为流行的分布式处理平台已经在很多领域得到了广泛的应用。本章首先简要回顾了分布式系统的相关概念、特点；然后重点介绍了 Hadoop 的发展历程、体系架构和核心组件；最后详细介绍了 Hadoop 的安装与部署过程，并通过 WordCount 程序演示了 Hadoop 的实例运行过程。

本章参考文献

[1] 分布式系统[EB/OL]. [2021-07-12]. https://baike.baidu.com/item/分布式系统/4905336.

[2] Hadoop[EB/OL]. [2014-12-22]. https://baike.baidu.com/item/Hadoop.

[3] Abdiaziz Omar Hassan, Abdulkadir Abdulahi Hasan. Simplified Data Processing for Large Cluster: A MapReduce and Hadoop based Study[J]. International Journal of Advances in Applied Sciences,2021,6(3).

[4] Chang F, Dean J, Ghemawat S, et al. BigTable: A Distributed Storage System for Structured Data[J]. ACM Transactions on Computer Systems, 2008, 26(2):1-26.

[5] 董新华，李瑞轩，周湾湾，等. Hadoop 系统性能优化与功能增强综述[J]. 计算机研究与发展，2013, 50(S2):1-15.

[6] 孙文金. 基于 Hadoop 的文件存取优化的方法研究[D]. 沈阳：沈阳工业大学，2020.

[7] Baike. MapReduce [EBOL]. [2021-07-12]. httpsbaike.baidu.comitemMapReduce133425.

[8] Yarn[EB/OL]. [2021-07-12]. https://baike.baidu.com/item/yarn/16075826.

[9] HBase[EB/OL]. [2021-07-12]. https://baike.baidu.com/item/HBase.

第16章 分布式内存计算平台 Spark

16.1 内存计算概览

16.1.1 内存计算的基本概念

内存计算不是一个新的概念，早在 20 世纪 90 年代就有关于内存计算的初步论述[1,2]，由于当时硬件条件有限，并没有得到进一步的研究。

内存计算[3]是一种新型的、以数据为中心的并行计算模式，依托计算机硬件，依靠新型的软件体系结构，通过对体系结构及编程模型等进行重大革新，将数据装入内存中处理，从而尽量避免 I/O 操作。

内存计算主要用于处理数据密集型计算任务，尤其是数据量极大且需要实时分析处理的应用。这类应用以数据为中心，需要极高的数据传输及处理效率。在内存计算中，数据的存储与传输效率成为需要解决的核心问题。

内存计算主要有以下特性：

（1）在硬件方面，需要大容量的内存，以便尽量将待处理的数据全部存放在内存中，内存可以是单机内存或分布式内存，且内存要足够大。

（2）在软件方面，需要有良好的编程模型和编程接口。

（3）在应用方面，主要面向数据密集型应用，数据规模大、对实时处理性能要求高。

（4）在体系方面，需要支持并行处理数据。

16.1.2 典型的内存计算平台

Ignite[4,5]和 Spark[6]是典型的内存计算平台，两者都是 Apache 的开源项目。经过多年的发展，Ignite 和 Spark 已经脱离了单一的技术组件或者框架，向着多元化的生态系统发展并且发展速度都很快。

本节简要介绍 Ignite，这是一个可扩展的、容错性好的分布式内存计算平台。用户可以使用 Ignite 构建以内存速度处理 TB 级数据的实时应用程序。Ignite 分布式多层存储可联合使用内存和磁盘资源，实现纵向和横向扩展。Ignite 可以用于内存缓存、内存数据网络或内存数据库。Ignite 是一个功能齐全的分布式 key-value 数据网格，它既可以在内存模式下使用，也可以与 Ignite 本地持久化一起使用。Ignite 兼备磁盘存储和内存存储，用户可以打开或关闭 Ignite 中的本机持久化功能，使得 Ignite 可以存储比可用内存更大的数据集。通常，较小的操作数据集只能存储在内存中，而无法放入内存的较大数据集可以存储在磁盘上，使用内存作为缓存层可以获得更好的性能。

总体上看，Ignite 是以内存为中心构建的分布式内存计算平台，底层存储模型更偏向关系数据架构，其架构及组件与 Hadoop 有明显的不同。

16.2 Spark 简介

16.2.1 来源背景

Spark 由加利福尼亚大学伯克利分校的 AMP 实验室开发，拥有 Hadoop 中 MapReduce 的优点。不同的是，Spark 的作业中间输出结果可以保存在内存中，不需要读写外存储器。因此，Spark 能更好地适用于数据挖掘与机器学习等需要迭代的 MapReduce 算法。Spark 基于内存计算，不仅提高了在大数据环境下数据处理的实时性，还保证了高容错性和高可伸缩性，允许用户将 Spark 部署在大规模廉价的服务器集群之上。

Spark 是采用 Scala 语言实现的，采用 Scala 作为其应用程序框架。Spark 和 Scala 紧密集成，Scala 可以像操作本地数据集一样轻松地操作分布式数据集。尽管创建 Spark 是为了支持分布式数据集上的迭代作业，但是实际上它也可以看成 Hadoop 的补充，可以使用 Yarn 作为资源调度器并在 Hadoop 文件系统中运行。此外，Spark 也可以使用 Mesos 等框架作为自身的资源调度器。

Spark 生态系统随着 BDAS（Berkeley Data Analytics Stack）的完善而日益全面。Spark 全面兼容 Hadoop 的数据持久层，如 HBase、HDFS、Hive，可以很方便地把计算任务从原来的 MapReduce 计算任务迁移到 Spark 中。目前 Spark 已经得到广泛应用，百度、阿里巴巴、腾讯等公司都建立了自己的 Spark 集群系统。

16.2.2 Spark 版本演变

自 2009 年 Spark 诞生于加利福尼亚大学伯克利分校的 AMPLab 实验室以来，Spark 得到了持续的关注，并不断发展。从 2015 年至今，Spark 在 IT 行业变得更加火爆，大量的公司开始重点部署、使用 Spark。表 16.1 列举了 Spark 发展史上的重要事件。

表 16.1　Spark 发展史上的重要事件

时　间	重 要 事 件
2009 年	Spark 诞生于加利福尼亚大学伯克利分校的 AMPLab 实验室
2010 年	通过 BSD 许可协议正式对外开源发布
2012 年	Spark 论文发布，第一个正式版 Spark 0.6.0 发布
2013 年	成为 Apach 基金项目；发布 Spark Streaming、Spark MLlib（机器学习）、Shark（Spark on Hadoop）

续表

时　间	重 要 事 件
2014 年	成为 Apache 的顶级项目；发布 Spark 1.0.0；发布 Spark Graphx（图计算）；Spark SQL 代替 Shark
2015 年	推出 DataFrame（大数据分析）
2016 年	推出 DataSet（更强的数据分析手段）
2017 年	发布 Structured Streaming
2018 年	发布 Spark 2.4.0，成为全球最大的开源项目
2020 年	发布 Spark 3.0 正式版

16.2.3 Spark 与 Hadoop 联系

Spark 是可以与 Hadoop 兼容的快速通用处理引擎[7]，它可以通过 Yarn 或独立运行在 Hadoop 集群中，并且可以处理 HDFS、HBase、Cassandra、Hive 等数据。

相比于 Hadoop 中的 MapReduce，Spark 的优势包括：

（1）中间结果可输出。基于 MapReduce 的计算模型会将中间结果序列化到磁盘上，而 Spark 将执行模型抽象为通用的有向无环图，可以将中间结果缓存在内存中。

（2）数据格式和内存布局。Spark 抽象出分布式内存存储结构 RDD，用于进行数据存储。Spark 能够控制数据在不同节点上的分区，用户可以自定义分区策略。

（3）执行策略。MapReduce 在数据 Shuffle 之前总是花费大量时间来排序，Spark 支持基于 Hash 的分布式聚合，Spark 默认 Shuffle 已经改为基于排序的方式。

（4）任务调度的开销。当 MapReduce 上不同的作业在同一个节点运行时，会各自启动一个 Java 虚拟机（Java Virtual Machine，JVM）； Spark 同一节点的所有任务都可以在一个 JVM 上运行。

（5）编程模型。MapReduce 仅仅提供了 Map 和 Reduce 两个计算原语，需要将数据处理操作转化为 Map 和 Reduce 操作，在一定程度增加了编程难度；Spark 则提供了丰富的输出处理算子，实现了分布式大数据处理的高层次抽象。

（6）统一数据处理。Spark 框架为批处理（Spark Core）、交互式（Spark SQL）、流式（Spark Streaming）、机器学习（MLlib）、图计算（GraphX）等计算任务提供一个统一的数据处理平台，各组件间可以共享数据。

16.3 Spark 的架构与核心组件

16.3.1 Spark 的架构

Spark[8]采用了分布式计算中的主从模型，其架构如图 16.1 所示。Master 对应集群中的含有 Master 进程的主节点，Slave 对应集群中含有 Worker 进程的从节点。Master 作为整个集群的控制器，负责整个集群的正常运行；Worker 相当于计算节点，接收 Master 的命令并进行状态汇报；Executor 负责任务的执行；Client 作为用户的客户端，负责提交应用；Driver 负责控制一个应用的执行。

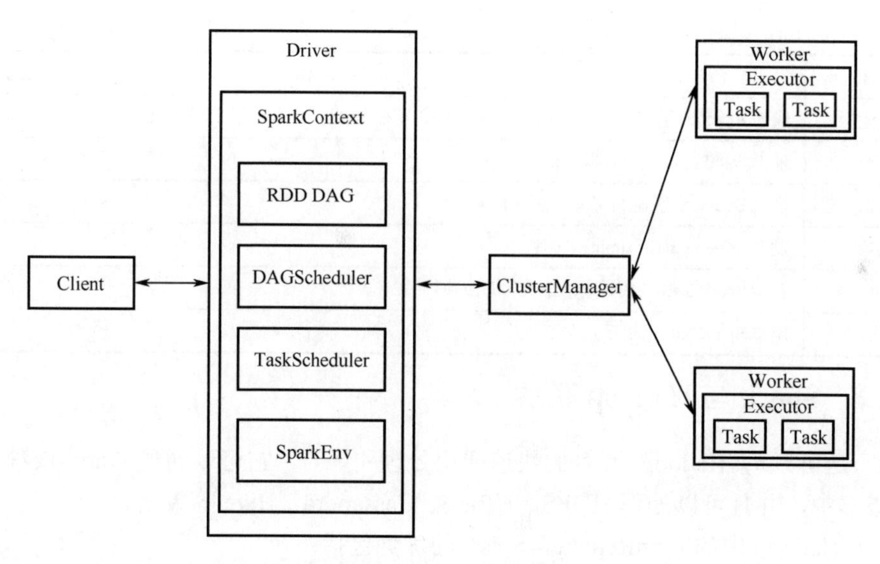

图 16.1　Spark 的架构

部署 Spark 集群后，需要 Master 和 Slave 分别启动 Master 进程和 Worker 进程，对整个集群进行控制。在一个 Spark 应用的执行过程中，Driver 和 Worker 是两个重要角色。Driver 是应用逻辑执行的起点，负责作业的调度，即任务（Task）的分发，而多个 Worker 用来管理计算节点和创建 Executor 并行处理任务。在执行阶段，Driver 会将任务和任务所依赖的 file 和 jar 序列化后传递给对应的 Worker，同时 Executor 对相应数据分区的任务进行处理。

下面简要介绍 Spark 主要组件的功能。

（1）ClusterManager 在 Standalone 模式中为主节点，控制整个集群，监控 Worker；在 Yarn 模式中为资源管理器。

（2）Worker 是计算节点，负责启动 Executor 或 Driver。

（3）Driver 运行应用的 main()函数并创建 SparkContext。

（4）Executor 在 Worker 上执行任务的组件，用于启动线程池运行任务，每个应用都拥有独立的一组 Executor。

（5）SparkContext 是整个应用的上下文，控制应用的生命周期。

（6）RDD 是 Spark 的基本计算单元，一组 RDD 可形成执行的有向无环图（RDD Graph）。

（7）DAGScheduler 负责根据作业（Job）构建基于 Stage 的有向无环图，并将 Stage 提交给 TaskScheduler。

（8）TaskScheduler 负责将任务（Task）分发给 Executor 执行。

（9）SparkEnv 是线程级别的上下文，存储运行时重要组件的引用。

（10）MapOutPutTracker 负责 Shuffle 元信息的存储。

（11）BroadcastManage 负责广播变量的控制与元信息的存储。

（12）BlockManager 负责管理存储、创建和查找块。

（13）MetricsSystem 监控运行时性能信息。

（14）SparkConf 负责存储配置信息。

Spark 的任务执行流程为[9]：首先由 Client 提交应用，Master 找到一个 Worker 启动 Driver；

然后由 Driver 向 Master 或者资源管理器申请资源，将应用转化为 RDD Graph；接着由 DAGScheduler 将 RDD Graph 转化为 Stage 的有向无环图并提交给 TaskScheduler；最后由 TaskScheduler 提交任务给 Executor 执行。在任务执行的过程中，其他组件协同工作，确保整个应用顺利执行。

16.3.2 弹性分布式数据集

在 Spark 出现之前，分布式数据处理系统中各个应用系统常常需要各自解决分布式执行和容错等问题，动态共享资源是比较困难的。集群计算的统一抽象在易用性和性能方面都有显著的好处，特别是对于复杂的应用程序和多用户环境。

Spark 引入了一个全新的弹性分布式数据集模型 RDD。在 Spark 中处理数据，无论用 BDAS 中的哪一个数据分析模型，最终都会将数据转化成基础的 RDD，通过各种 API 解析成基础的 RDD 操作。这样就可以通过底层的 Spark 执行引擎满足各种计算模式。

例如，在集群中加载一个很大的文本数据，Spark 就会将该文本抽象为一个 RDD，根据定义的分区策略，将这个 RDD 分为数个分区（Partition），这样就可以对各个分区进行并行处理，从而提高效率。对于用户来说，不需要考虑底层的 RDD 细节，就像在单机上操作一样。

RDD 是一系列只读分区的集合，它只能从文件中读取并创建 RDD，或者从旧的 RDD 生成新的 RDD。RDD 的每次变换操作都会生成新的 RDD，而不是在原来的基础上进行修改。这种粗粒度的数据操作方式为 RDD 带来了容错和数据共享方面优势，但是在面对大数据集中的频繁操作时，效率低下。

Spark 采取这样的设计，是因为很多时候都需要在多个计算模型间共享数据。MapReduce 实现数据共享的方式是将数据序列化到磁盘上，这样就会引入数据备份、磁盘 I/O 及序列化，极大降低了数据处理的效率。Spark 采用了统一的 RDD 抽象模型，数据共享变得简单直接。

容错机制是分布式系统中的一个很重要的概念，为了应对在数据处理过程中可能出现的各种数据丢失，常用的解决方案就是备份。RDD 通过一种名为血统（Lineage）的容错机制，每一个 RDD 都要记住从初始数据到构建出自己的一系列操作，这一系列操作构成了有向无环图，这也是 Spark 中的数据处理机制。在计算过程中任何一个环节出现数据丢失都可以通过血统快速进行恢复。

上述的这些优势使得 RDD 拥有广泛的适用性，可以满足不同计算框架的需求[10]。

下面以图 16.2 为例说明 Spark 中 RDD 的转换逻辑。

在 Spark 中，整个执行流程在逻辑上会形成有向无环图。Action 算子被触发之后，将所有累积的算子形成一个有向无环图，然后由调度器调度该有向无环图上的任务进行运算。Spark 的调度方式与 MapReduce 有所不同，Spark 根据 RDD 之间不同的依赖关系切分形成不同的阶段，一个阶段包含一系列函数执行流水线。图 16.2 中的 A、B、C、D、E、F 分别代表不同的 RDD，RDD 内的方框代表分区。数据从 HDFS 输入 Spark，形成 RDD A 和 RDD C，RDD C 执行 Map 操作后转换为 RDD D，RDD D 执行 Reduce 操作转换为 RDD E RDD B 和 RDD E 执行 Join 操作转换为 RDD F，而在 RDD B 和 RDD E 转换为 RDD F 的过程中又会执行 Shuffle 操作，通过函数 saveAsSequenceFile 输出 RDD F，并保存到 HDFS 中。

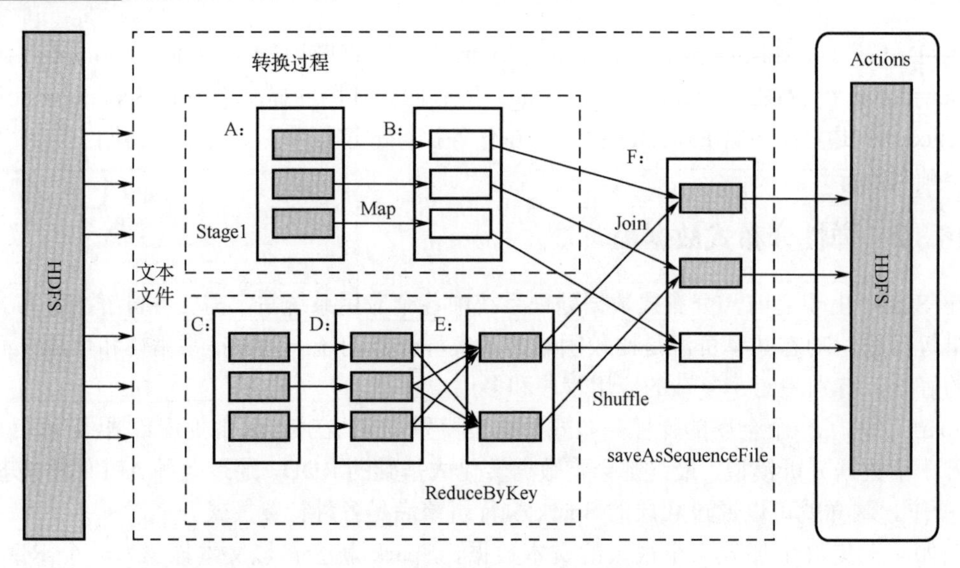

图 16.2　Spark 中 RDD 的转换逻辑

16.3.3　数据分析栈

加利福尼亚大学伯克利分校将 Spark 生态系统称为伯克利数据分析栈 BDAS，整体结构如图 16.3 所示。

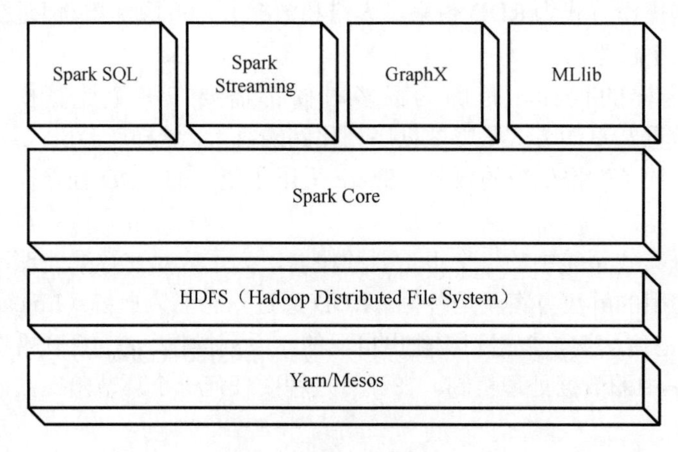

图 16.3　BDAS 的结构

1．Spark SQL

为了给熟悉关系数据库（Relational Database Management System，RDBMS）但又不熟悉 MapReduce 的技术人员提供快速上手的工具。Hive 是运行在 Hadoop 上的 SQL-on-Hadoop 工具，但由于 MapReduce 的计算过程中有大量的磁盘 I/O 操作，导致开销较大，运行效率较低。后来有出现了其他的 SQL-on-Hadoop，典型的是 Drill、Impala 及 Shark。

Shark 是伯克利实验室 Spark 生态环境的组件之一，它修改了内存管理、物理计划、执行三个模块，并使之能运行在 Spark 引擎上。Hive 和 Shark 的架构对比如图 16.4 所示。

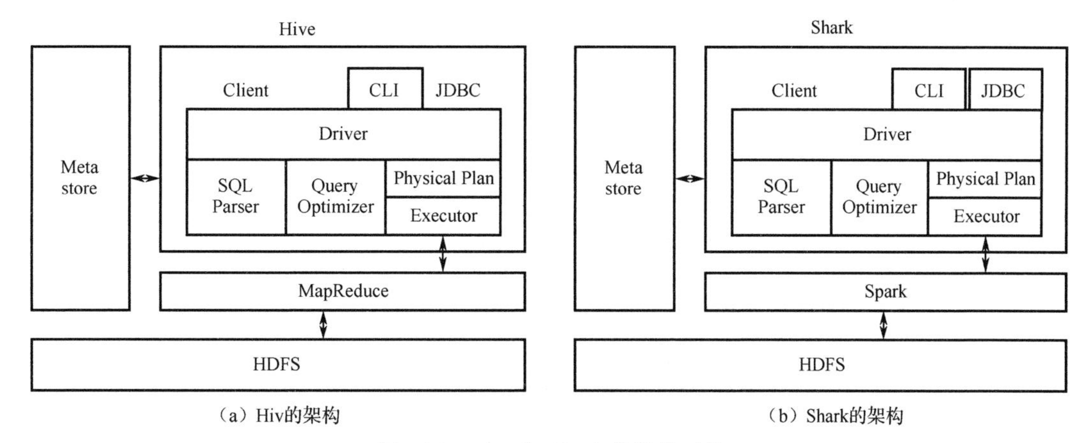

图 16.4 Hive 和 Shark 的架构对比

但 Shark 对 Hive 的依赖太多，如采用 Hive 的 SQL Parser、Query Optimizer 等，制约了 Spark 各个组件的集成，所以进一步提出了 Spark SQL 项目[11]。Spark SQL 抛弃 Shark 原有的代码，保留了 Shark 的一些技术优点，如内存列存储（In-Memory Columnar Storage）、Hive 兼容性等，重新开发了 Spark SQL 代码。由于摆脱了对 Hive 的依赖，Spark SQL 在数据兼容、性能优化、组件扩展方面都得到了极大的优化。在数据兼容方面，Spark SQL 不但兼容 Hive，还可以从 RDD、JSON 等文件中获取数据，未来也将支持获取 RDBMS 数据以及 Cassandra 等 NOSQL 数据；在性能优化方面，Spark SQL 引入成本模型（Cost Model）对查询进行动态评估、获取最佳物理计划等；在组件扩展方面，无论 SQL 的语法解析器、分析器还是优化器，Spark SQL 重新进行了定义和扩展。

2014 年 6 月 1 日，Shark 项目和 Spark SQL 项目的主持人 Reynold Xin 宣布停止对 Shark 的开发，团队将所有资源都放在 Spark SQL 项目上，由此发展出 Spark SQL 和 Hive on Spark。其中 Spark SQL 作为 Spark 生态的一员继续发展，而不再受限于 Hive，只是兼容 Hive；Hive on Spark 是一个 Hive 的发展计划，该计划将 Spark 作为 Hive 的底层引擎之一。

Shark 的出现，使得 SQL-on-Hadoop 的性能比 Hive 有了 10～100 倍的提升。摆脱对 Hive 的依赖后，Spark SQL 的性能虽然没有像 Shark 那样显著的提升，但也表现优异。

Spark SQL 语句是由 Projection（a1,a2,a3）、Data Source（tableA）、Filter（condition）组成的，分别对应 SQL 查询过程中的 Result、Data Source、Operation。Spark SQL 语句的执行顺序如图 16.5 所示。

执行 Spark SQL 语句的顺序为：

（1）对读入的 SQL 进行解析（Parse），分辨出 SQL 语句中的关键词（如 SELECT、FROM、WHERE）、表达式、Projection、Data Source 等，从而判断 SQL 语句是否规范。

（2）绑定（Bind）SQL 语句和数据库的数据字典（列、表、视图等），如果相关的 Projection、Data Source 等都存在的话，就表示这个 SQL 语句是可以执行的。

（3）数据库通常会提供几个执行计划，这些执行计划一般都有运行统计数据，数据库会在这些执行计划中选择一个优化（Optimize）计划。

（4）执行（Execute）是按 Operation→Data Source→Result 的次序来进行的，在执行过程中有时候不需要读取物理表就可以返回结果，如重新运行刚运行过的 SQL 语句，可直接从数据库的缓冲池中获取返回结果。

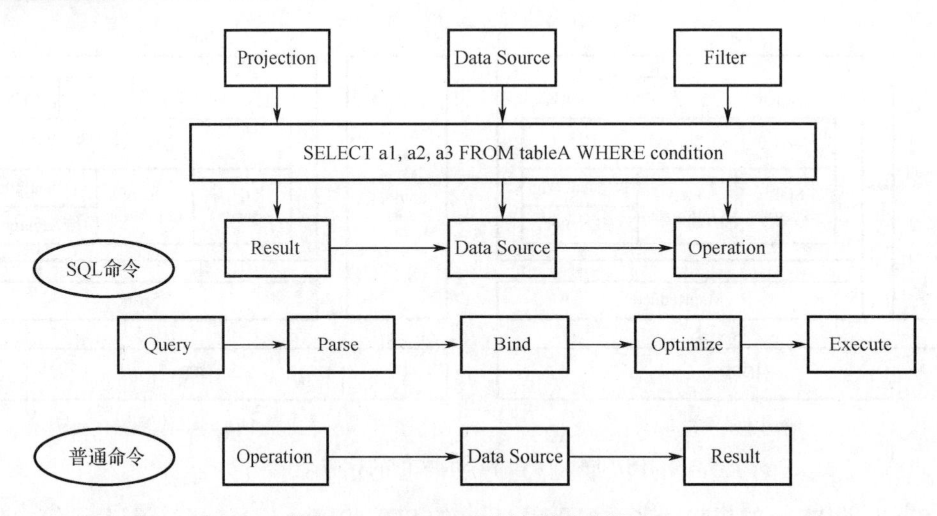

图 16.5　Spark SQL 语句的执行顺序

Spark SQL 对 SQL 语句的处理和关系数据库对 SQL 语句的处理采用了类似的方法，首先对 SQL 语句进行解析（Parse），形成一个树（Tree），后续的绑定、优化等处理过程都是对 Tree 的操作；然后基于规则（Rule），通过模式匹配对不同类型的节点采用不同的操作。在 SQL 语句的处理过程中，Tree 和 Rule 相互配合，完成了解析、绑定、优化、计划等，最终生成可执行的物理计划。

Spark SQL 主要由 Core、Catalyst、Hive、Hive-Thriftserver 四个模块组成。Core 负责处理数据的输入/输出，从不同的数据源（如 RDD、Parquet、JSON 等）获取数据，将查询结果输出成 schemaRDD；Catalyst 负责查询语句的整个处理过程，包括解析、绑定、优化、计划等；Hive 负责对 Hive 数据进行处理；Hive-ThriftASever 负责提供 CLI、JDBC、ODBC 等接口。

在这四个模块中，Catalyst 是最核心的部分，其性能优劣将影响整体的性能。Catalyst 采用插件式的设计，为未来的发展留下了很大的空间。图 16.6 所示为 Catalyst 的架构。

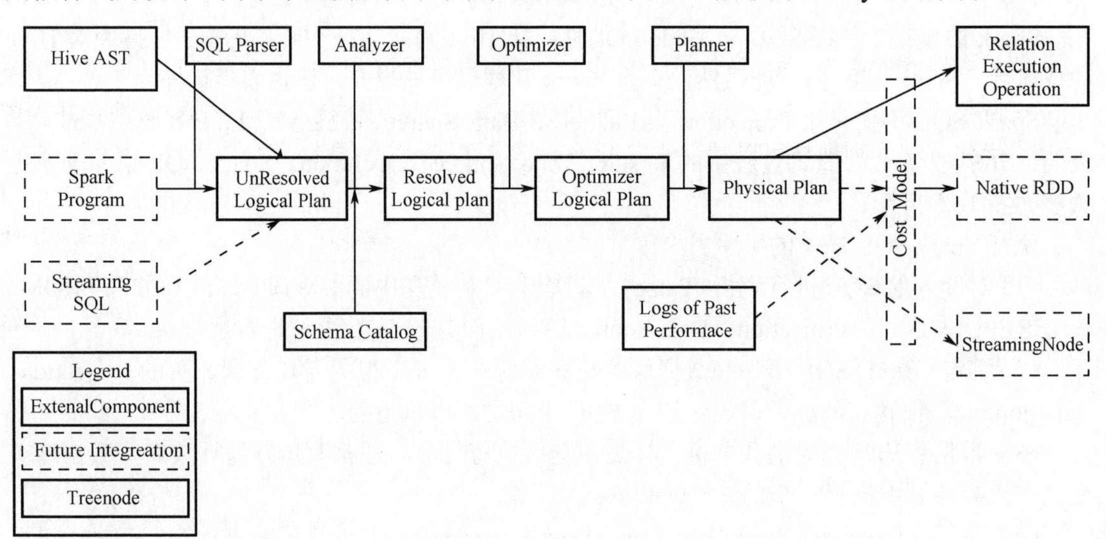

图 16.6　Catalyst 的架构

其中虚线部分是以后版本要实现的功能，实线部分是已经实现的功能。从图 16.6 可知，Catalyst 目前的主要组件包括：SQL Parser 负责完成 SQL 语句的语法解析功能，目前只提供了一个简单的 SQL 解析器；Analyzer 主要负责绑定工作，将不同来源的 UnResolved Logical Plan 和数据元数据（如 Hive Metastore、Schema Catalog）进行绑定，生成 Resolved Logical Plan；Optimizer 对 Resolved Logical Plan 进行优化，生成 Optimized Logical Plan；Planner 将 Optimizer Logical Plan 转换成 Physical Plan；Cost Model 主要根据过去的性能统计数据，选择最佳的物理执行计划。

Catalyst 首先将 SQL 语句通过解析生成 Tree，然后在不同阶段使用不同的 Rule 应用到 Tree 上，通过转换完成各个组件的功能。Analyzer 使用 Analysis Rules，配合数据元数据，完善 UnResolved Logical Plan 的属性，从而将其转换成 Resolved Logical Plan；Optimizer 使用 Optimization Rules，对 Resolved Logical Plan 进行合并、列裁减、过滤器下推等优化操作而转换成 Optimized Logical Plan；Planner 使用 Planning Strategies 对 Optimized Logical Plan 进行处理。

除了查询优化，Spark SQL 在存储上也进行了优化。

（1）存储与内存缓存表。Spark SQL 通过内存缓存表（CacheTable）将数据存储转换为列存储，同时将数据加载到内存缓存。内存缓存表相当于分布式集群中的内存视图，这样迭代的或者交互式的查询不用再从 HDFS 读数据，直接从内存读取数据，从而减少了 I/O 开销。列存储的优势在于 Spark SQL 只需要读出用户需要的列，而不需要像行存储那样每次都将所有列读出，从而减少内存缓存数据量，更高效地利用内存数据缓存，同时减少网络传输和 I/O 开销。由于数据类型相同的数据是连续存储的，采用列存储，能够利用序列化和压缩减少内存空间的占用。

（2）列存储压缩。为了减少内存和硬盘空间占用，Spark SQL 采用了一些压缩策略对内存列存储数据进行压缩，其压缩方式要比 Shark 丰富很多，支持 PassThrough、DictionaryEncoding、BooleanBitSet、IntDelta、LongDelta 等多种压缩方式，能够大幅减少内存空间的占用、网络传输和 I/O 开销。

（3）逻辑查询优化。Spark SQL 借鉴关系数据库的查询优化技术，在分布式环境下调整和创新特定的优化策略。Spark SQL 在逻辑查询优化上支持列剪枝、谓词下压、属性合并等逻辑查询优化方法。列剪枝可以减少读取不必要的属性列、减少数据传输和计算开销，在查询优化器进行转换的过程中会优化列剪枝。

（4）Join 优化。Spark SQL 对 Join 操作进行了优化，支持多种 Join 算法，很多原来 Shark 的元素也逐步迁移过来，如 BroadcastHashJoin、BroadcastNestedLoopJoin、HashJoin、LeftSemiJoin 等。例如，BroadcastHashJoin 先将小表转化为广播变量进行广播，这样可避免 Shuffle 开销，然后在分区内做 Hash 连接。

2．Spark Streaming

批处理框架 MapReduce 适合离线计算，但无法满足对实时性要求较高的业务，如实时推荐、用户行为分析等。Spark Streaming[12]是建立在 Spark 上的实时计算框架，提供了丰富的 API、基于内存的高速执行引擎，用户可以结合流式、批处理进行交互式查询应用。

下面详细介绍 Spark Streaming 的计算流程、容错机制与优势。

（1）计算流程。Spark Streaming 首先将流式计算分解成一系列短小的批处理作业，也就是把 Spark Streaming 的输入数据分成一段一段的数据（Discretized Stream），每段数据都转换成 Spark 中的一个 RDD；然后将对 Dstream 的 Transformation 操作变为对 Spark 中对 RDD 的 Transformation 操作，将 RDD 经过操作变成中间结果保存在内存中。整个流式计算根据业务的需求可以对中间的结果进行迭加，或者存储到外部设备。图 16.7 所示为 Spark Streaming 的工作流程。

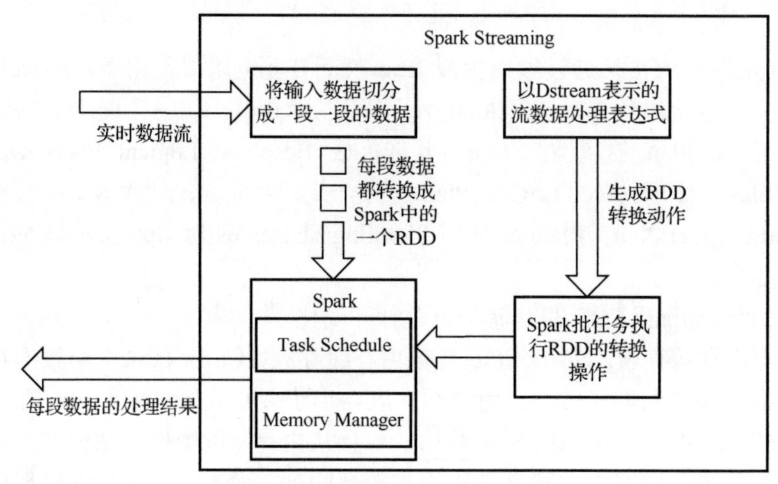

图 16.7　Spark Streaming 的工作流程

（2）容错机制。对于 Spark Streaming 来说，其 RDD 的传承关系如图 16.8 所示，图中的每一个圆角矩形表示一个 RDD，每个灰底圆形代表一个 RDD 中的一个分区，每一列的多个 RDD 表示 1 个 DStream（图中有 3 个 DStream），每行最后一个 RDD 表示产生的中间结果 RDD。可以看到图中的每个 RDD 都是通过继承相连接的，无论 Spark Streaming 输入数据来自磁盘，还是来自网络的数据流（SparkStreaming 会将网络输入数据的每一个数据流复制两份到其他的机器），都能保证容错性。RDD 中的任意分区出错，都可以并行地在其他机器上将出错的分区计算出来。

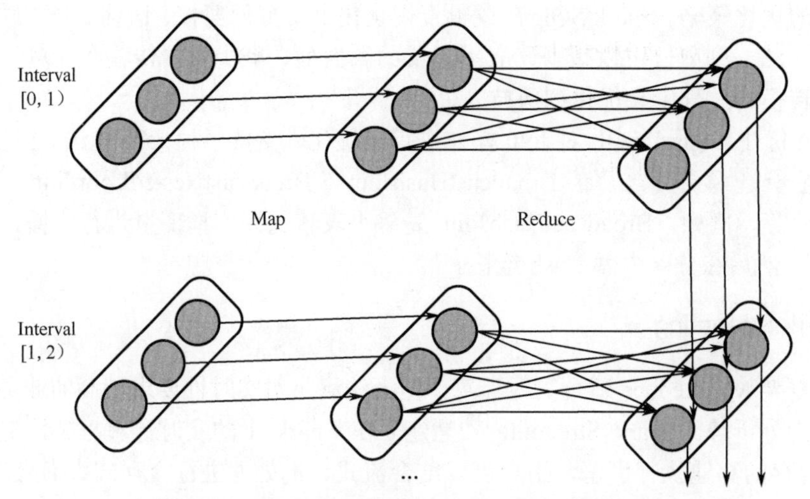

图 16.8　Spark Streaming 中 RDD 的继承关系

（3）优势。Spark Streaming 将流式计算分解成多个 Spark 作业，对于每一段数据的处理都会经过 Spark 有向无环图分解以及 Spark 的任务集的调度过程。Spark Streaming 能够满足除对实时性要求非常高（如高频实时交易）之外的所有流式准实时计算场景的要求。Spark 目前在 EC2 上已能够线性扩展到 100 个节点，以数秒的延时处理 6 GB/s 的数据量，其吞吐量也比 Storm 高 2～5 倍。

3. Spark GraphX

Spark GraphX[13]用于图计算，通过引入 Resilient Distributed Property Graph、带有顶点和边属性的有向多重图扩展了 Spark RDD。为了支持图计算，Spark GraphX 公开一组基本的功能操作及 Pregel API 的优化。另外，Spark GraphX 包含了一个日益增多的图算法和图构建器的集合，可以简化图分析任务。

在介绍 Spark GraphX 之前，需要先了解关于通用分布式图计算框架的两个常见问题：图存储模式和图计算模式。

巨型图的存储通常采用边分割和点分割两种存储方式，如图 16.9 所示。2013 年，GraphLab2.0 将其存储方式由边分割改为点分割，在性能上取得重大提升，目前基本上被业界广泛接受并使用。

边分割（Edge-Cut）存储方式中的每个顶点都存储一次，但有的边会被打断分到两台机器上。其优点是可以节省存储空间；其缺点是在对图进行基于边的计算时，如果一条边的两个顶点被分到不同机器上，则需要跨机器传输数据，通信流量大。

点分割（Vertex-Cut）存储方式中的每条边只存储一次，只会出现在一台机器上。其缺点是邻居多的点会被复制到多台机器上，增加了存储开销，同时会引发数据同步问题；其优点是可以大幅减少通信流量。

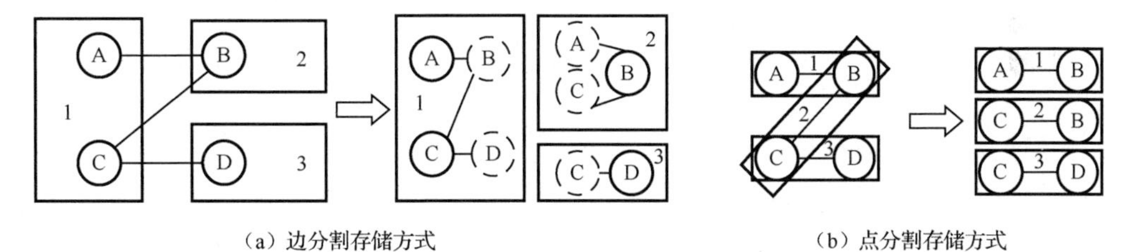

图 16.9　边分割存储方式与点分割存储方式

虽然两种存储方式各有利弊，但现在点分割存储方式占据了主流，各种分布式图计算框架都采用点分割存储方式。主要原因是磁盘价格下降，存储空间不再是问题，而内网的通信资源没有突破性进展，带宽是宝贵的，空间换时间是合理的策略。

在当前的应用场景中，绝大多数网络都是无尺度网络，遵循幂律分布，不同节点的邻居数量相差悬殊。而边分割存储方式会使很多邻居的点所相连的边被分割到不同的机器上，这样的数据分布会使得网络带宽更加捉襟见肘。

目前的图计算框架基本上都遵循块同步并行（Bulk Synchronize Parallelism，BSP）计算模型。BSP 将计算分成系列的超步（Superstep）的迭代（Iteration）。图 16.10 所示为 BSP 计算模型，每两个超步之间设置一个栅栏（Barrier），即整体同步点；从纵向上看，BSP 计算模型是一个串行模型；而从横向上看，它是一个并行模型，在所有并行计算都完成后再启动下一轮超步。

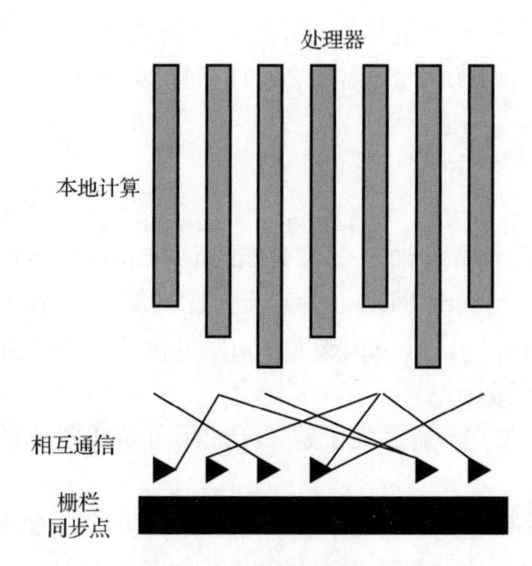

图 16.10　BSP 计算模型

每一个超步包含三部分内容：

（1）计算。每个处理器都利用上一个超步传过来的消息和本地的数据进行本地计算，对应图 16.10 中的本地计算。

（2）消息传递。每个处理器完成计算后，将消息传递给与之关联的处理器。

（3）整体同步点。确定所有的计算和消息传递都进行完毕之后，进入下一个超步。

Pregel 借鉴 MapReduce 的思想，采用消息在点之间传递的方式，提出了“像顶点一样思考”（Think Like a Vertex）的图计算模式，采用消息在点之间传递数据的方式，让用户无须考虑并行分布式计算的细节，只需要实现一个顶点的更新函数，让框架在遍历顶点时进行调用即可。

图 16.11 所示为 Pregel 的计算模型，其运行过程如下：

（1）Master 将图进行分区，然后将一个或多个分区分给 Worker。

（2）Worker 为每个分区启动一个线程，该线程轮询分区中的顶点，为每一个 Active 状态的顶点调用计算方法。

（3）计算完成后，按照边的信息将计算结果通过消息传递方式传给其他顶点。完成同步后，重复执行（2）、（3）操作，直到没有 Active 状态顶点或者迭代次数到达指定数目为止。

对于邻居数很多的顶点，Pregel 计算模型需要处理的消息非常庞大，在这个模式下，这些消息是无法被并发处理的，所以对于符合幂律分布的图，Pregel 计算模型下很容易崩溃。

作为第一个通用的大规模图处理系统，Pregel 已经为分布式图处理迈进了不小的一步，但也存在一些缺陷：

（1）在图的划分上，采用的是简单的 Hash 方式，这样固然能够满足负载均衡，但 Hash 方式并不能根据图的连通特性进行划分，导致超步之间的消息传递开销影响性能。

（2）简单的 Checkpoint 机制只能将状态恢复到当前超步的几个超步之前，要到当前超步还需要重复计算。BSP 计算模型本身有其局限性，整体同步并行对于计算速度快的 Worker，长期等待的问题无法解决。

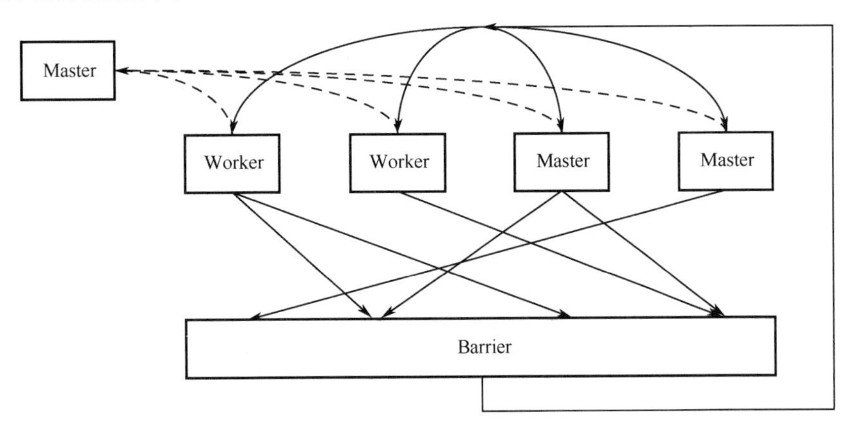

图 16.11　Pregel 的计算模型

（3）由于 Pregel 目前的计算状态都是常驻内存的，对于规模继续增大的图处理可能会导致内存不足。

如同 Spark 本身，每个子模块都有一个核心抽象。GraphX 的核心抽象是 Resilient Distributed Property Graph，这是一种点和边都带属性的有向多重图，它扩展了 Spark RDD 的抽象，有表（Table）和图（Graph）两种视图，如图 16.12 所示，而只需要一份物理存储。

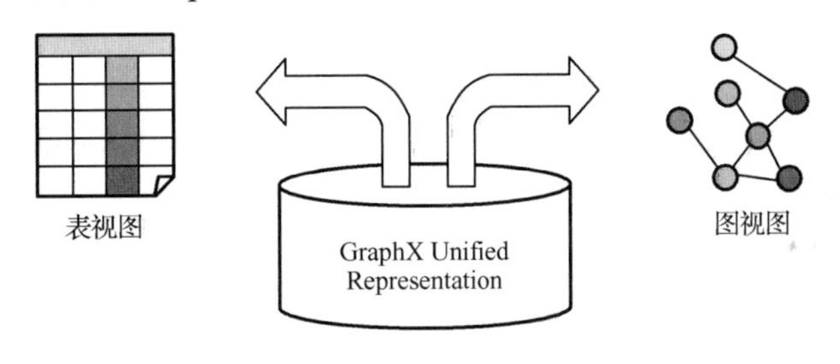

图 16.12　图的两种视图

对图视图的所有操作，最终都会转换成其关联的表视图的 RDD 操作来完成。这样对一个图的计算，最终在逻辑上等价于一系列 RDD 的转换过程。

两种视图底层共用的物理数据，由 RDD[VertexPartition]和 RDD[EdgePartition]这两个 RDD 组成。点和边实际都不是以表 Collction[tuple]的形式存储的，而是由 VertexPartition 和 EdgePartition 在内部存储一个带索引结构的分片数据块，以加速不同视图下的遍历速度。不变的索引结构在 RDD 转换过程中是共用的，降低了计算和存储开销。

图的分布式存储采用点分割存储方式，由用户制定不同的划分策略（Partition Strategy）。划划分策略的不同会影响到所需缓存的 Ghost 副本数量，以及每个 EdgPartition 分配的边的均衡程度，需要根据图的结构特征选取最佳策略。目前有 EdgePartition2d、EdgePartition1d、RandomVertexCut 和 CanonicalRandomVertexCut 四种策略。

GraphX 借鉴 PowerGraph，使用的是点分割存储方式实现图的存储，如图 16.13 所示。

所有这些优化均使 GraphX 的性能逐渐逼近 GraphLab。虽然还有一定的差距，但一体化的流水线服务和丰富的编程接口，可以弥补性能的差距。

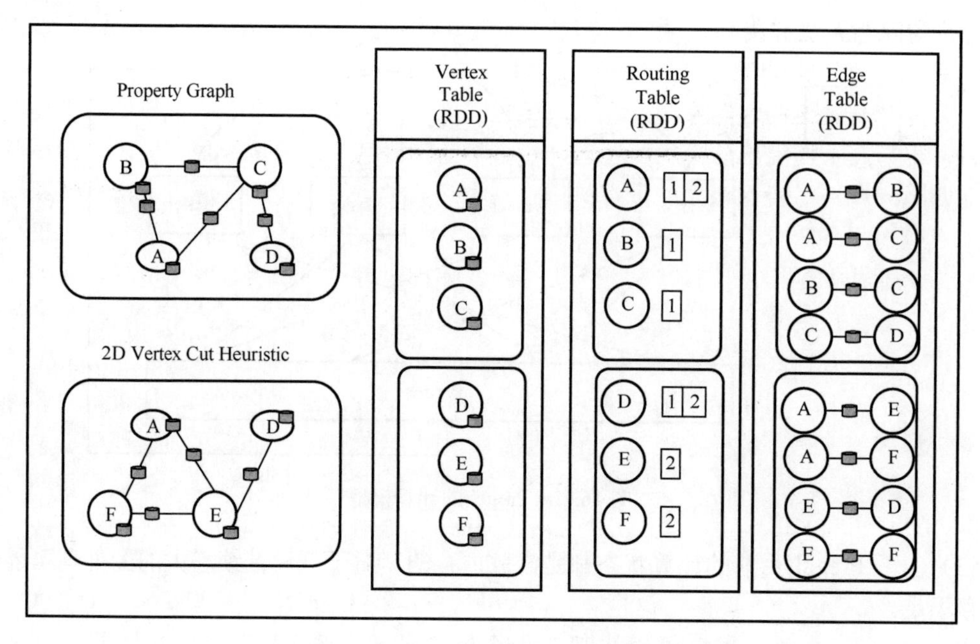

图 16.13　使用点分割存储方式实现图的存储

4．Spark MLlib

Spark MLlib 是一个机器学习库，为大规模集群计算提供了分类、回归、聚类和协同过滤等机器学习算法。其中一部分算法也适用于处理流式数据。由于 Spark 的内存计算模式，机器学习中常用的迭代计算在 Spark 中能获得优秀的性能表现。

值得注意的是，Apache Mahout（Hadoop 的机器学习算法软件库）已经脱离 MapReduce 阵营转而投向 Spark MLlib 中，Spark MLlib 拥有大量的开源贡献者来不断丰富其的算法库。

16.3.4　函数式编程语言

Scala 是 Spark 的原生语言，也是一门多范式的编程语言，集成面向对象编程和函数式编程的各种特性。Scala 语言和 Java 语言一样，运行在 Java 虚拟机 JVM 之上，Scala 语言能够和 Java 语言无缝集成，只要将 jar 包导进来，里面的类就可以使用。Java 程序员能够很快上手 Scala 编程。对于熟悉 Python 语言的程序员也同样如此。

作为一个多范式编程语言，尽管 Scala 语言不强求开发者使用函数式编程，不强求变量都是不可变的，但鼓励使用函数式编程。现在的计算机大多数都采用多核 CPU，想充分利用其多核处理，就需要编写可并行计算的代码。函数式编程在并行操作性有着天生的优势。

函数式编程的五大特性如下：

（1）闭包和高阶函数。在面向对象编程中，把对象作为编程中的第一类对象，所有代码的编写都是围绕对象来进行的。在函数式编程中，第一类对象就是函数，也称为闭包或者仿函数对象。而高阶函数则用另一个函数作为参数，甚至可以返回一个函数。

（2）无副作用。函数副作用是指当调用函数时，除了返回函数值，还会对调用产生附加影响。简单来说，就是在调用函数时，函数执行过程中会改变参数的值。在函数式编程中需要极力避免可变变量，因此才能彻底避免函数的副作用。

（3）递归与尾递归。尾递归是递归的一种优化方法。递归的空间效率很低，当递归深度很深时，容易产生栈溢出的情况。尾递归就是将递归语句写在函数的最底部，这样在每次调用尾递归时，就不需要保存当前状态值，可以直接把当前的状态值传递给下次一次调用，然后清空当前的状态。占用的栈空间就是常量值，不会出现栈溢出的情况。

（4）惰性计算。惰性计算特别适用于函数式编程语言。在使用延时求值时，表达式不在被绑定到变量之后就立即求值，而是在该值被使用时求值。隋性计算除了可以提升性能，还可以构造一个无限的数据类型。

（5）引用透明。引用透明的概念与函数的副作用相关，且受其影响。如果程序中两个相同值的表达式能在程序的任何地方互相替换，而不影响程序的动作，那么该程序就具有引用透明性，这比非引用透明的语言的语义更加容易理解。纯函数式语言没有变量，所以具有引用透明性。

16.4　Spark 安装与部署

16.4.1　Spark 安装包的获取

Spark 的安装与部署需要安装 Scala 及 Spark。Scala 的下载页面如图 16.14 所示，本书需要下载 Scala-2.10.4.tgz 压缩包。

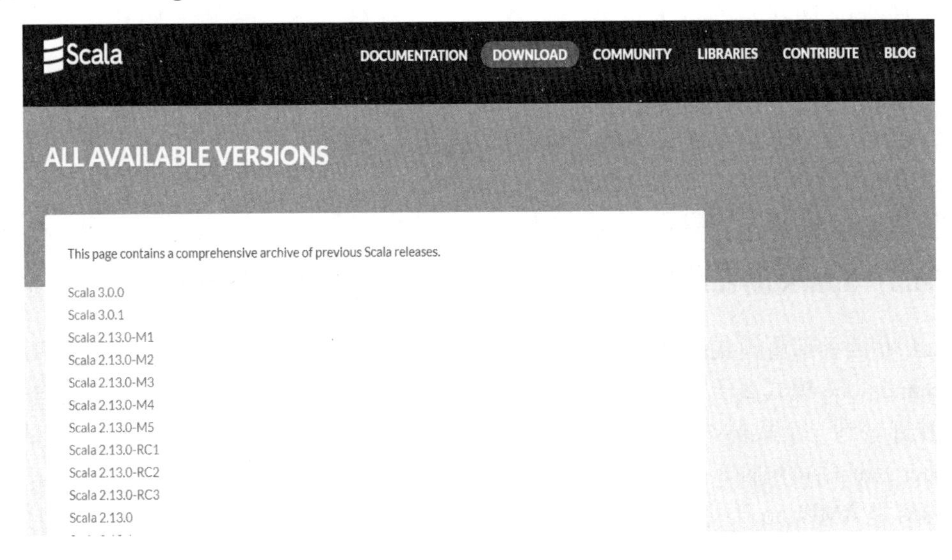

图 16.14　Scala 的下载页面

Spark 的下载页面如图 16.15 所示，本书需要下载 spark-1.6.1-bin-hadoop2.4.tgz 压缩包。

图 16.15 Spark 的下载页面

16.4.2 Spark 对安装环境的要求

Spark 对安装环境最低要求如下：

（1）操作系统 CentOS7。

（2）CPU 为双核 2.6 GHz 及以上，内存为 2 GB 及以上，磁盘为 20 GB 及以上。

（3）JDK 版本为 1.7。

（4）Hadoop 版本为 2.4.1 及以上。

本节介绍的 Spark 安装环境如下：

（1）操作系统为 CentOS7。

（2）CPU 为双核 2.6 GHz，内存为 4 GB，磁盘为 80 GB。

（3）JDK 版本为 1.8。

（4）Hadoop 版本为 2.4.1。

16.4.3 Spark 的安装过程

Spark 有四种部署模式：Local 模式、Standalone 模式、Spark on Yarn 模式、Spark on Mesos 模式。Standalone 模式属于主从模式，自带完整的服务，资源调度和文件管理都由自己完成，可以单独部署到一个集群中，无须依赖任何其他资源管理系统。目前 Standlone 模式可借助 ZooKeeper 保证高可用性。

Mesos 是 AMPLab 开发的资源调度器，Spark 可以在其上以插件的形式运行，正因为 Mesos 与 Spark 同源，所以 Spark 运行在 Mesos 上时灵活自然。Spark on Mesos 有两种调度模式：粗粒度模式（Coarse-grained Mode）和细粒度模式（Fine-grained Mode）。

Spark on Yarn 是一种较有前景的部署模式，但限于 Yarn 自身的发展，目前只支持粗粒度模式。本节采用的安装模式是 Spark on Yarn，部署在由 3 个节点构成的简单集群之上，1 个主节点和 2 个从节点。

（1）安装 Scala。首先将下载好的 Scala-2.10.4.tgz 压缩包上传到 Linux 主机的“/usr/local”目录下；然后通过 cd 命令进入“/usr/local”查看是否上传成功；上传成功之后，接着使用“tar –zxvf Scala-2.10.4.tgz”命令将压缩包解压到当前目录；为了之后方便配置环境，最后使用“mv Scala-2.10.4 scala”命令将解压后的文件夹命名为 scala。这一步骤具体的命令如下：

```
[root@hadoop0 /]# cd /usr/local
[root@hadoop0 local]# tar –zxvf Scala-2.10.4.tgz
[root@hadoop0 local]# mv Scala-2.10.4 scala
```

（2）安装 Spark。首先将下载好的 spark-1.6.1-bin-hadoop2.4.tgz 压缩包通过 XFTP 工具上传到 Linux 主机的“/usr/local”目录中；然后通过 cd 命令进入“/usr/local”查看是否上传成功；上传成功之后，接着使用“tar –zxvf spark-1.6.1-bin-hadoop2.4.tgz”命令将压缩包解压到当前目录；最后使用“mv spark-1.6.1-bin-hadoop2.4 spark”命令将解压后的文件名重命名为 spark，以便后续操作。这一步骤的具体命令如下：

```
[root@hadoop0 /]# cd /usr/local
[root@hadoop0 local]# tar spark-1.6.1-bin-hadoop2.4.tgz
[root@hadoop0 local]# mv spark-1.6.1-bin-hadoop2.4 spark
```

16.4.4 Spark 的部署配置

本节介绍 Spark on Yarn 的部署过程。

（1）配置 Scala 环境变量。通过文本编辑器 vim 打开“/etc/profile”文件，加入字段 SCALA_HOME，配置 Scala 的安装目录，修改 PATH 字段，将 Scala 的 bin 目录加入系统的环境变量。修改完成之后，使用“source /etc/profile”命令使配置的环境变量生效。具体命令以及配置完成之后的文件如下：

```
[root@hadoop0 local]# vim /etc/profile
export SCALA_HOME=/usr/local/scala
export PATH=$PATH:$JAVA_HOME/bin:$HADOOP_HOME/bin:$HADOOP_HOME
/sbin:$SCALA_HOME/bin
```

（2）检验 Scala 是否配置成功。使用“scala-version”命令检查系统中是否已安装 Scala，若出现如下内容则说明安装成功。

```
[root@hadoop0 bin]# scala -version
Scala code runner version 2.10.4 -- Copyright 2002-2013, LAMP/EPFL
```

（3）配置 spark-env.sh 文件。使用 cd 命令进入“/usr/local/spark/conf”目录，Spark 在该文件夹下提供了配置文件的模板，通过“cp spark-env.sh.template spark-env.sh”命令复制一份模板文件，使用 vim 文本编辑器打开 spark-env.sh 文件，在文件的末尾加入如下命令：

```
export SCALA_HOME=/usr/local/scala
export JAVA_HOME=/usr/local/jdk
export SPARK_WORKER_MEMORY=6g
export SPARK_MASTER_IP=192.168.196.130
export MASTER=spark://192.168.196.130:7077
```

（4）配置 slaves 文件。通过“cp slaves.template slaves”命令，将 slaves.template 文件复制一份且命名为 slaves。使用 vim 文本编辑器打开 slaves，在文件中写入 node1 及 node2，即声明 Spark 集群中工作节点的主机名称。在本节搭建的集群中，使用主机名为 node1 以及 node2 的节点作为工作节点。

（5）同步 slave 节点。在主机名为 hadoop0 的主机上完成了 Spark 集群的相关配置后，接下来需要将配置内容同步到 node1 以及 node2 中。使用“scp-r /usr/local/scala usrname@master:'pwd'”将配置好的 scala 文件夹发送给 node1 以及 node2；使用“scp -r /usr/local/spark username@master: 'pwd'”将配置好的 spark 文件夹发送给 node1 以及 node2。这一步骤使用的命令如下：

```
[root@hadoop0 conf]# cd /usr/local
[root@hadoop0 conf]# scp –r /usr/local/scala root@node1: 'pwd'
[root@hadoop0 conf]# scp –r /usr/local/scala root@node1: 'pwd'
[root@hadoop0 conf]# scp –r /usr/local/spark root@node1: 'pwd'
[root@hadoop0 conf]# scp –r /usr/local/spark root@node2: 'pwd'
```

（6）配置 node1 及 node2 的环境变量。由于 node1 以及 node2 只接收了 hadoop0 中配置好的 Scala 包以及 Spark 包，需要进一步修改 node1 以及 node2 的环境变量。配置步骤与步骤（1）相同，这里不再赘述。

16.4.5 Spark 实例的运行

下面通过一个演示程序说明 Spark 实例的运行过程。

（1）在终端输入 Start-all.sh 启动 Hadoop。

（2）进入 Spark 的 sbin 目录下，输入“./start-all.sh”启动 Spark，可以用 jps 查看进程启动的情况。通过 jps 命令查看 3 个节点中的进程，得到进程运行状态：

```
hadoop0 节点中进程状态。
[root@hadoop0 local]# jps
3920 SecondaryNameNode
3732 NameNode
7734 Jps
4377 Master
4079 ResourceManager
node1 及 node2 中进程状态。
[root@node1 local]# jps
3393 DataNode
3651 Worker
6084 Jps
3497 NodeManager
```

（3）进程都启动后，Spark 就可以正常运行了。打开浏览器并输入“192.168.196.130:8080”即可观察 Spark 集群的信息，如图 16.16 所示。

Spark 1.6.1 **Spark Master at spark://192.168.196.130:7077**

URL: spark://192.168.196.130:7077
REST URL: spark://192.168.196.130:6066 *(cluster mode)*
Alive Workers: 2
Cores in use: 8 Total, 0 Used
Memory in use: 2.0 GB Total, 0.0 B Used
Applications: 0 Running, 0 Completed
Drivers: 0 Running, 0 Completed
Status: ALIVE

Workers

Worker Id	Address
worker-20210719002907-192.168.196.131-34126	192.168.196.131:34126
worker-20210719002908-192.168.196.132-38201	192.168.196.132:38201

Running Applications

Application ID	Name	Cores	Memory per Node

Completed Applications

Application ID	Name	Cores	Memory per Node

图 16.16 Spark 集群的信息

（4）基于 Spark 来运行 WordCount 程序。

① 打开 Scala 编程入口。通过 cd 命令进入“/usr/local/spark/bin”目录，运行该目录下的 spark-shell 文件即可打开 Scala 编程入口。这一步骤的具体命令如下：

```
[root@hadoop0 local]# cd /usr/local/spark/bin
[root@hadoop0 bin]# spark-shell –master spark://192.168.196.130:7077
```

② 运行 WordCount 程序。首先通过 sc.textFile()方法读取 HDFS 存储的待计数的文件（该文件是 15.4.5 节创建的文件）；然后定义 Map 及 Reduce 的方式；最后通过 collect()函数输出程序运行结果。具体的命令如下：

```
scala> val file = sc.textFile("hdfs://hadoop:9000/input/input.txt")
scala> val count = file.flatMap(line => line.split(" ")).map(word => (word,1)).reduceByKey(_+_)
scala> count.collect()
```

通过上述命令得到的最终结果如下：

```
res0: Array[(String, Int)] = Array((tom,1), (hello,4), (hadoop,2), (jack,1))
```

16.5 本章小结

本章首先介绍了内存计算的基本概念；然后介绍了 Spark 的来源背景以及发展历程，重点介绍了 Spark 的核心技术，包括 Spark 的体系架构、弹性分布式数据集、伯克利数据分析栈以及函数式编程语言；最后详细介绍了 Spark 的安装步骤，并通过进程查看、浏览器访问集群信息、Scala 运行 WordCount 程序等展示 Spark 的实例运行过程。

本章参考文献

[1] Franklin M J, Carey M J, Livny M. The Global Memory Management in Client Server DBMS Architectures[C]. the 18th VLDB Conference, 1992.

[2] Garcia-Molina H, Salem K. Main Memory Database Systems: An Overview[J]. IEEE Trans on Knowledge & Data Engineering, 1992, 4(6):509-516.

[3] 罗乐，刘轶，钱德沛．内存计算技术研究综述[J]．软件学报，2016, 27(8): 2147-2167.

[4] Ignite Facts[EB/OL]. [2021-07-12]. https://ignite.apache.org/whatisignite.html.

[5] 佚名. Apache Ignite——新一代数据库缓存系统[J]. 电脑编程技巧与维护，2015(20):4.

[6] Zaharia M. An Architecture for Fast and General Data Processing on Large Clusters [M]. San Rafael, California: Morgan & Claypool, 2016.

[7] Spark[EB/OL].[2021-07-12]. https://baike.baidu.com/item/SPARK/2229312.

[8] 胡楠. 面向复杂网络的时序链路预测与局部社团挖掘[D]. 南京：南京邮电大学，2018.

[9] 高彦杰．Spark 大数据处理：技术、应用与性能优化[M]．北京：机械工业出版社，2014.

[10] Franklin M A, Chamberlain R D. Henrichs M, et al. An Architecture for Fast Processing of Large Unstructured Data Sets[C]. the 22nd International Conference on Computer Design, 2004.

[11] 黄文伟. 基于 SparkSQL 的数据划分算法设计与实现[D]. 哈尔滨：哈尔滨工业大学，2020.

[12] 宋灵城. Flink 和 Spark Streaming 流式计算模型比较分析[J]. 通信技术，2020,53(01): 59-62.

[13] 陈虹君．Spark 框架的 Graphx 算法研究[J]．电脑知识与技术，2015,11(01):75-77.